CG 设计案例课堂

Illustrator CC平面创意设计案例课堂

王 强 牟艳霞 编著

清华大学出版社
北 京

内 容 简 介

本书通过100个具体实例，全面系统地介绍了Adobe Illustrator CC的基本操作方法和平面广告的制作技巧。全书共分为16个章节。所有例子都精心挑选和制作，将Adobe Illustrator CC的知识点融入实例之中，并进行了简要而深刻的说明。可以说，读者通过对这些实例的学习，将起到举一反三的作用，一定能够由此掌握平面广告设计的精髓。

本书按照软件功能以及实际应用进行划分，每一章的实例在编排上循序渐进，其中既有打基础、筑根基的部分，又不乏综合创新的例子。其特点是把Adobe Illustrator CC的知识点融入实例中，读者将从中学到Adobe Illustrator CC的基本操作、常用文字特效的制作与表现、按钮图标的设计、插画设计、海报设计、报纸广告设计、户外广告设计、杂志广告设计、DM单设计、画册设计、书籍封面设计、卡片设计、Logo设计、VI设计、包装设计和工业设计等。

本书内容丰富、语言通俗、结构清晰，适合于初、中级读者学习使用，也可以作为大中专院校相关专业、相关计算机培训班的上机指导教材。

图书在版编目(CIP)数据

Illustrator CC平面创意设计案例课堂/王强，牟艳霞编著. --北京：清华大学出版社，2015（2021.9重印）
(CG设计案例课堂)
ISBN 978-7-302-39717-5

Ⅰ. ①I… Ⅱ. ①王… ②牟… Ⅲ. ①图形软件 Ⅳ. ①TP391.41

中国版本图书馆CIP数据核字(2015)第065969号

责任编辑：张彦青　李玉萍
装帧设计：杨玉兰
责任校对：王　晖
责任印制：沈　露

出版发行：清华大学出版社
网　　址：http://www.tup.com.cn, http://www.wqbook.com
地　　址：北京清华大学学研大厦A座　　**邮　　编**：100084
社 总 机：010-62770175　　**邮　　购**：010-62786544
投稿与读者服务：010-62776969, c-service@tup.tsinghua.edu.cn
质量反馈：010-62772015, zhiliang@tup.tsinghua.edu.cn
课件下载：http://www.tup.com.cn, 010-62791865
印 装 者：涿州汇美亿浓印刷有限公司
经　　销：全国新华书店
开　　本：190mm×260mm　　**印　　张**：34.25　　**字　　数**：821千字
(附DVD 1张)
版　　次：2015年6月第1版　　**印　　次**：2021年9月第6次印刷
定　　价：98.00元

产品编号：061589-01

前言

Adobe Illustrator 是一种应用于出版、多媒体和在线图像的工业标准矢量插画软件。作为一款非常好的图片处理工具，Adobe Illustrator 广泛应用于印刷出版、专业插画、多媒体图像处理和互联网页面的制作等，也可以为线稿提供较高的精度和控制，适合生产任何小型设计到大型设计的复杂项目。其最大特征在于钢笔工具的使用，使得操作简单、功能强大的矢量绘图成为可能。它还集成文字处理、上色等功能，不仅在插图制作，在印刷制品（如广告传单、小册子）设计制作方面也广泛使用，事实上已经成为桌面出版(Desk Top Publishing，DTP)业界的默认标准。

本书以 100 个精彩实例向读者详细介绍了 Illustrator CC 强大的绘图功能和图形编辑等功能。本书注重理论与实践紧密结合，实用性和可操作性强，相对于同类 Illustrator CC 实例书籍，本书具有以下特色。

● 信息量大：100 个实例为每一位读者架起一座快速掌握 Illustrator CC 使用与操作的“桥梁”；100 种设计理念令每一位从事平面设计的专业人士在工作中灵感迸发；100 种艺术效果和制作方法使每一位初学者融会贯通、举一反三。

● 实用性强：100 个实例经过精心设计、选择，不仅效果精美，而且非常实用。

● 注重方法的讲解与技巧的总结：本书特别注重对各实例制作方法的讲解与技巧总结，在介绍具体实例制作的详细操作步骤的同时，对于一些重要而常用实例的制作方法和操作技巧做了较为精辟的总结。

● 操作步骤详细：本书中各实例的操作步骤介绍非常详细，即使是初级入门的读者，只需一步一步按照本书中介绍的步骤进行操作，一定能做出相同的效果。

● 适用广泛：本书实用性和可操作性强，适用于广大图像设计爱好者使用，也可以作为职业学校和计算机学校相关专业教学使用教材。

一本书的出版可以说凝结了许多人的心血、凝聚了许多人的汗水和思想。在这里衷心感谢在本书出版过程中给予我帮助、付出辛勤劳动的编辑老师、光盘测试老师，感谢你们!

本书主要由王强、牟艳霞、李少勇、刘蒙蒙、于海宝、高甲斌、任大为、刘鹏磊、白文才、张炜、张紫欣、王玉、李娜、王海峰和弭蓬编写，刘峥录制多媒体教学视频，其他参与编写

的还有陈月娟、陈月霞、刘希林、黄健、刘希望、黄永生、田冰、徐昊，北方电脑学校的温振宁、刘德生、宋明、刘景君老师，德州职业技术学院的张锋、相世强老师，感谢大家为本书提供了大量的图像素材以及视频素材，谢谢你们在书稿前期材料的组织、版式设计、校对、编排以及大量图片处理所做的工作。

由于时间仓促，疏漏之处在所难免，恳请读者和专家指教。如果您对书中的某些技术问题持有不同的意见，欢迎与作者联系，E-mail：Tavili@tom.com。

编　者

目录
Contents

目录
Contents

第 6 章 报纸广告设计

第 7 章 户外广告设计

第 8 章 杂志广告设计

第 9 章 DM 单设计

第 10 章 画册设计

目录
Contents

第 11 章 书籍封面设计

第 12 章 卡片设计

第 13 章 Logo 设计

第 14 章 VI 设计

第 15 章 包装设计

目录
Contents

第 16 章 工业设计

第1章 Illustrator CC 基本操作

本章重点

- Illustrator CC 的安装
- Illustrator CC 的启动与退出
- 管理画板
- 对象的排列顺序
- 对齐与分布图形对象
- 对象的显示与隐藏
- 设置页面背景
- 辅助工具的使用
- 图形的显示模式
- 窗口的排列

CG设计案例课堂

在本章中将介绍如何安装、卸载、启动 Illustrator CC，并学习对该软件的一些基本操作，使我们在制作与设计作品时，可以知道如何下手，在哪些方面开始切入正题。

案例精讲 001　Illustrator CC 的安装

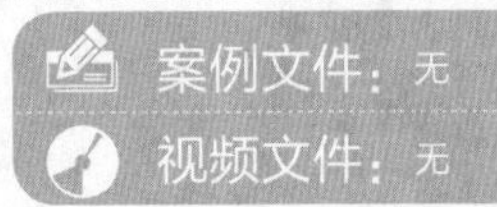

案例文件：无

视频文件：无

制作概述

本例将讲解如何安装 Illustrator CC。

学习目标

- 学习安装 Illustrator CC 的过程。
- 掌握 Illustrator CC 的安装方法。

操作步骤

(1) 将 Illustrator CC 的安装光盘放入光盘驱动器，系统会自动运行 Illustrator CC 的安装程序。首先屏幕上会弹出一个“正在初始化安装程序”的界面，如图 1-1 所示。这个过程大约需要几分钟的时间。

(2) Illustrator CC 的安装程序会自动弹出一个欢迎安装界面，单击【安装】或【试用】按钮，如图 1-2 所示。

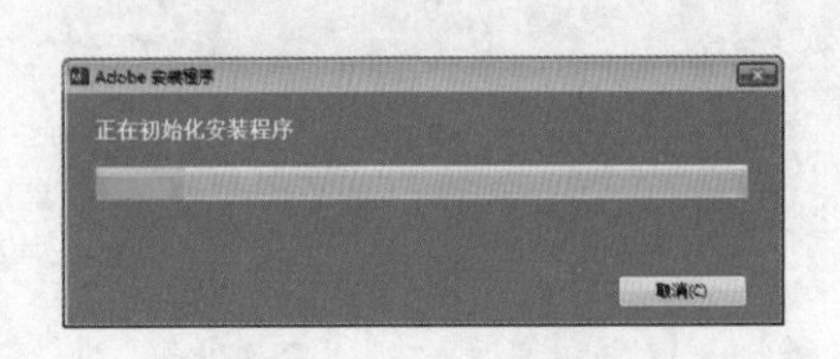

图 1-1　初始化安装程序

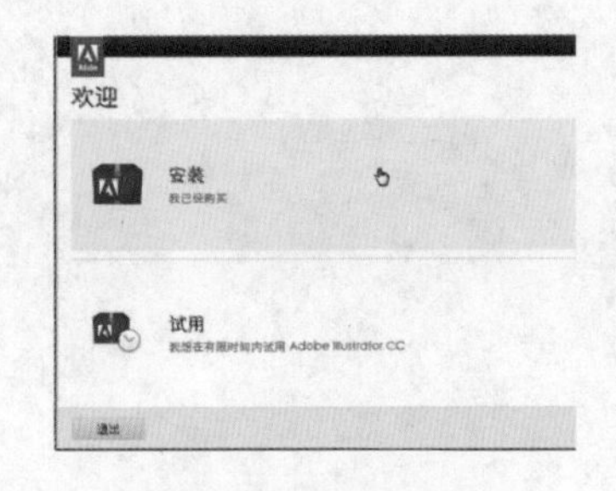

图 1-2　欢迎安装界面

(3) 弹出 Illustrator CC 授权协议界面，单击 Illustrator CC 授权协议界面右下角的【接受】按钮，如图 1-3 所示。

(4) 在弹出对话框的序列号空格中填入序列号进行安装，然后单击【下一步】按钮，如图 1-4 所示。

(5) 弹出 Illustrator CC 的安装路径界面，安装过程需要创建一个文件夹，用来存放 Illustrator CC 安装的全部内容。如果用户希望将 Illustrator CC 安装到默认的文件夹中，则直接单击【安装】按钮即可，如果想要更改安装路径，则可以单击安装位置右边的【更改】按钮，在磁盘列表中选择需要安装的磁盘，如图 1-5 所示。

(6) 用户选择好安装的路径之后，单击【安装】按钮，开始安装 Illustrator CC 软件，如图 1-6 所示。

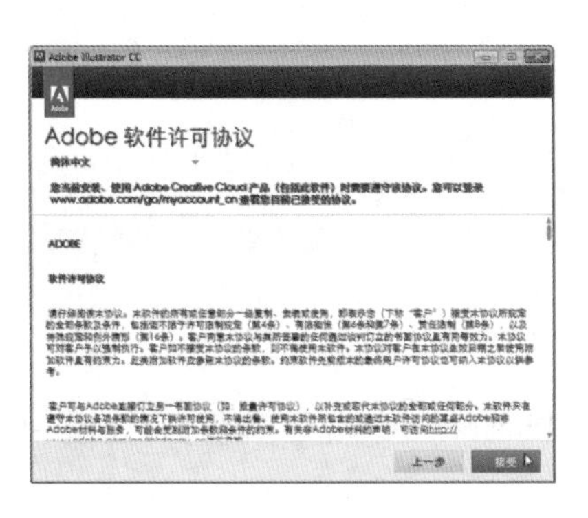

图 1-3　接受软件许可协议

图 1-4　输入序列号

图 1-5　安装路径选项界面

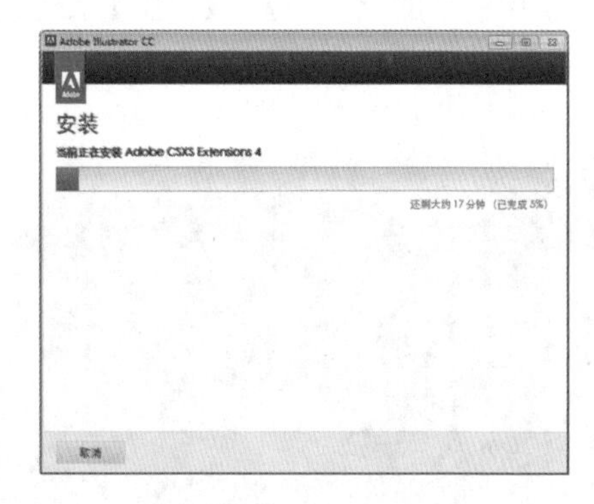

图 1-6　安装进程

(7) Illustrator CC 安装完成后，会显示一个安装完成界面，如图 1-7 所示。

(8) 单击【关闭】按钮，完成 Illustrator CC 的安装。软件安装结束后，Illustrator CC 会自动在 Windows 程序组中添加一个 Illustrator CC 的快捷方式，如图 1-8 所示。

图 1-7　安装完成界面

图 1-8　Illustrator CC 快捷方式

案例精讲 002　Illustrator CC 的启动与退出

 案例文件：无

 视频文件：视频教学 \ Cha01 \ Illustrator CC 的启动与退出 .avi

制作概述

本例将讲解如何启动与退出 Illustrator CC。

学习目标

学习启动与退出 Illustrator CC 的过程。

操作步骤

(1) 双击桌面上的Illustrator CC快捷方式，即可进入Illustrator CC的工作界面，如图1-9所示，这样程序就启动完成了。

(2) 要想退出程序，可以单击 Illustrator CC 工作界面右上角的 × 按钮关闭程序，也可以选择菜单栏中的【文件】|【退出】命令退出程序，如图 1-10 所示。

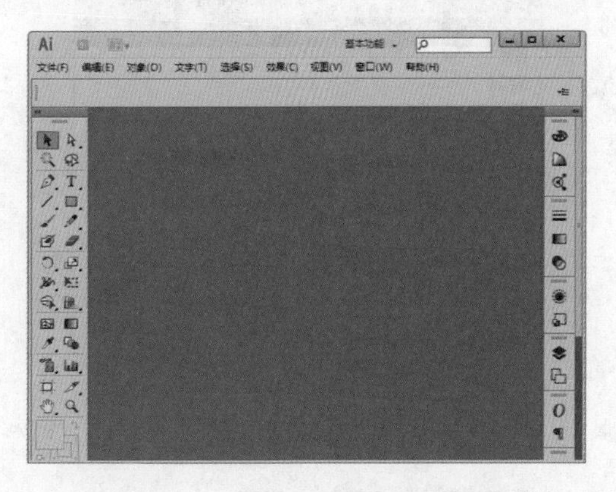

图 1-9 Illustrator CC 的工作界面

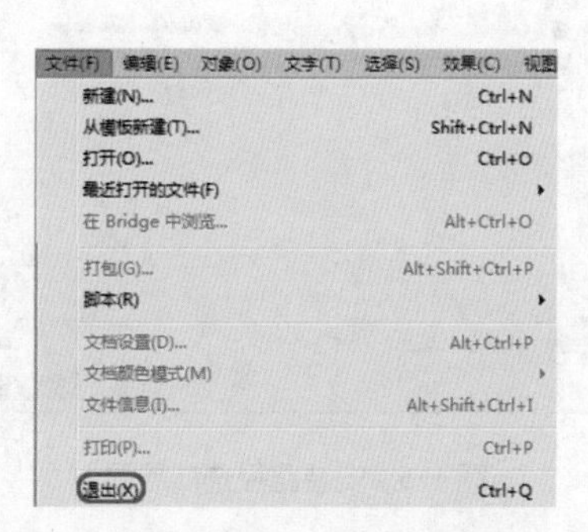

图 1-10 选择【退出】命令

案例精讲 003 管理画板

 案例文件：无

 视频文件：视频教学 \ Cha01 \ 管理画板 .avi

制作概述

本例将讲解管理画板的方法。

学习目标

- 学习管理画板的功能。
- 掌握管理画板的使用方法。

操作步骤

(1) 在 Illustrator CC 中通过【打开】命令，选择随书配套光盘中的 CDROM\ 素材 \Cha01\ 莲花 .ai 文件，如图 1-11 所示。

(2) 选择菜单栏中的【文件】|【存储为】命令，在【存储为】对话框中选择存储位置并输

入文件名，然后单击【保存】按钮，如图 1-12 所示。

图 1-11　导入文件

图 1-12　保存文件

(3) 在弹出的【Illustrator 选项】对话框中，选中【将每个画板存储为单独的文件】复选框，再单击【确定】按钮，如图 1-13 所示。

(4) 此时 Illustrator CC 将每个画板存储为一个单独的文件，并存储为一个将所有画板合并在一起的主文件。选择菜单栏中的【文件】|【打开】命令，弹出【打开】对话框，打开刚才存储的文件，如图 1-14 所示。

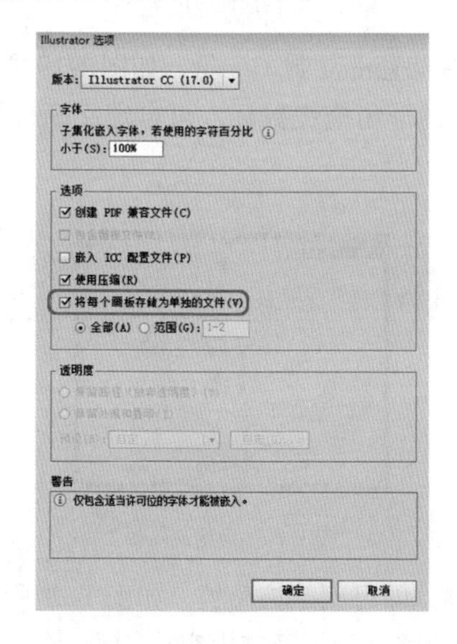

图 1-13　存储面板

图 1-14　【打开】对话框

(5) 选择菜单栏中的【窗口】|【画板】命令，此时打开【画板】面板，如图 1-15 所示。

(6) 单击【画板】面板底部的【新建画板】按钮 ，如图 1-16 所示。

(7) 此时【画板】面板中就增加了一个新的画板，而在工作区域中也相应地增加了一个画板，如图 1-17 所示。

(8) 单击【画板】面板中的【画板 1】，按住鼠标左键不放，将其拖曳到【新建画板】按钮 上，此时可复制【画板 1】，其命名则为“画板 1 副本”，如图 1-18 所示。

图 1-15 【画板】面板

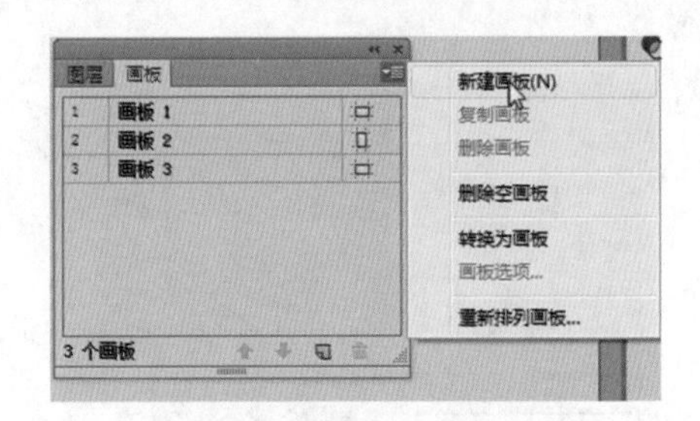

图 1-16 新建画板

图 1-17 效果视图

图 1-18 效果图

(9) 此时工作区域中也相应地将【画板 1】中的所有信息都复制了一份，如图 1-19 所示。

(10) 选中工具箱中的【画板工具】并指向画板的一角拖曳鼠标，可自定义画板的大小及位置，如图 1-20 所示。

图 1-19 效果视图

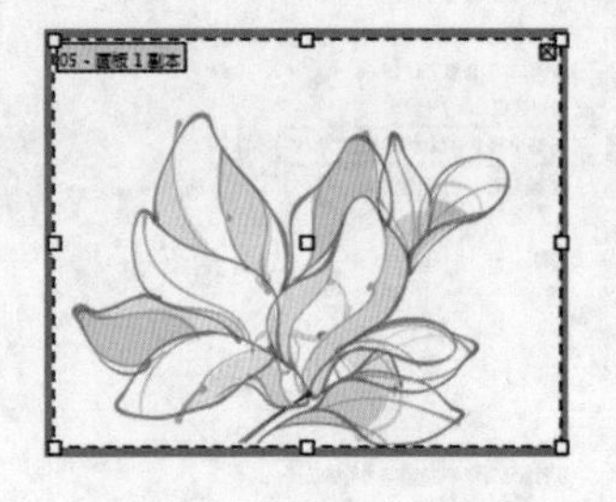

图 1-20 自定义画板

(11) 单击【画板】面板中的任意画板，按 Delete 键，即可删除该画板，如图 1-21 所示。

(12) 选中【画板工具】，然后单击【画板 2】，若要移动画板及其内容，在属性栏中的【移动 / 复制带画板的图稿】按钮处于点亮状态时，将指针置于画板中并拖动，如图 1-22 所示。

(13) 单击【画板】面板右上角的下拉菜单按钮，在弹出的下拉菜单中选择【画板选项】命令，如图 1-23 所示。

(14) 此时弹出【画板选项】对话框，可以重新设置关于画板的属性，如图 1-24 所示。

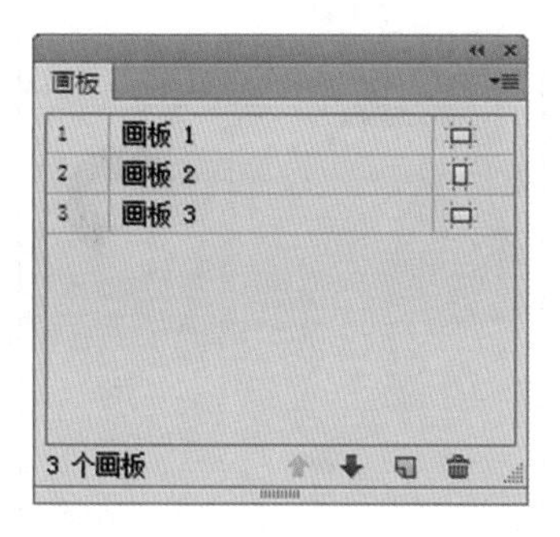

图 1-21　删除画板

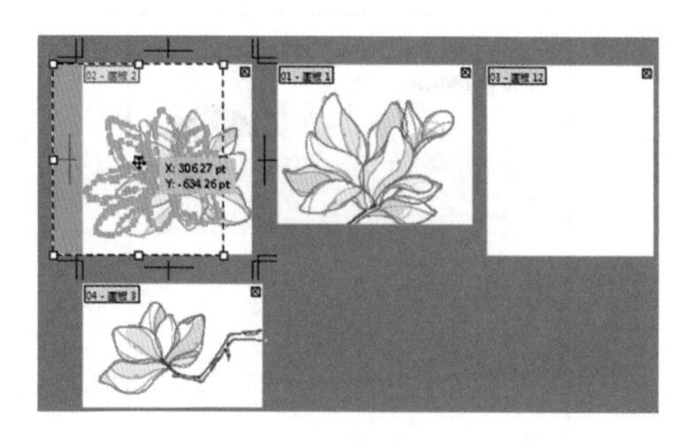

图 1-22　拖曳画板

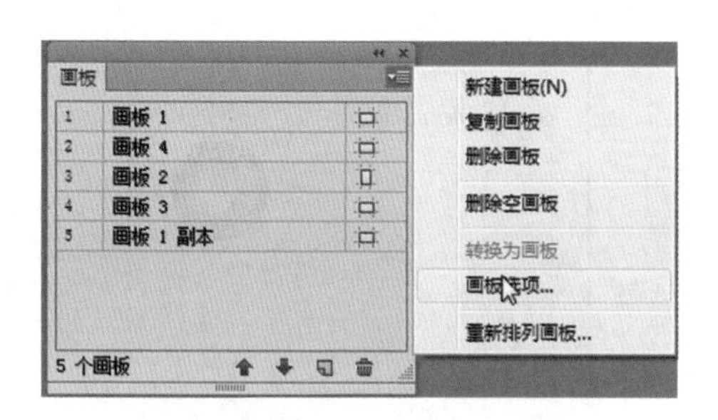

图 1-23　选择【画板选项】命令

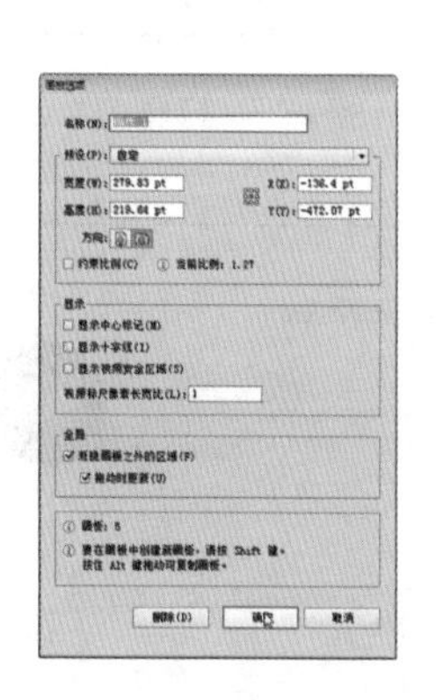

图 1-24　设置画板属性

案例精讲 004　对象的排列顺序

案例文件：无

视频文件：视频教学 \ Cha01 \ 对象的排列顺序 .avi

制作概述

本例将讲解 Illustrator CC 的对象排列顺序。

学习目标

- 学习 Illustrator CC 对象排列顺序的方法。
- 掌握 Illustrator CC 对象排列顺序的功能。

操作步骤

(1) 在 Illustrator CC 中选择菜单栏中的【文件】|【打开】命令，选择随书配套光盘中的 CDROM\ 素材 \Cha01\ 贺卡 .ai 文件，如图 1-25 所示。

(2) 使用选择工具选择如图 1-26 所示的对象。

(3) 选择菜单栏中的【对象】|【排列】|【置于顶层】命令，将所选择的对象移到所有图形对象的最上面，如图 1-27 所示。

(4) 使用选择工具，选择如图 1-28 所示的对象。

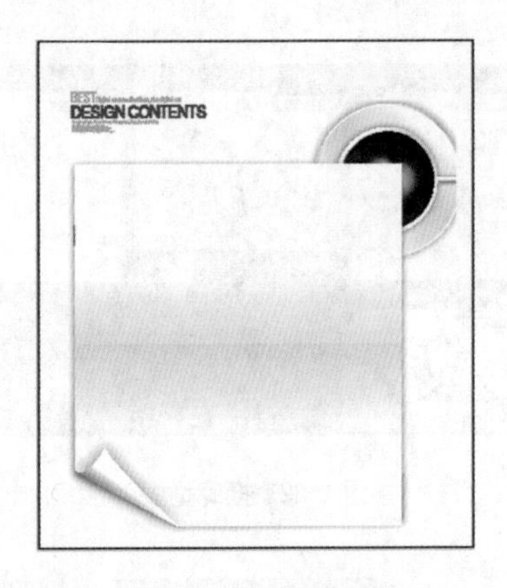

图 1-25　打开文件

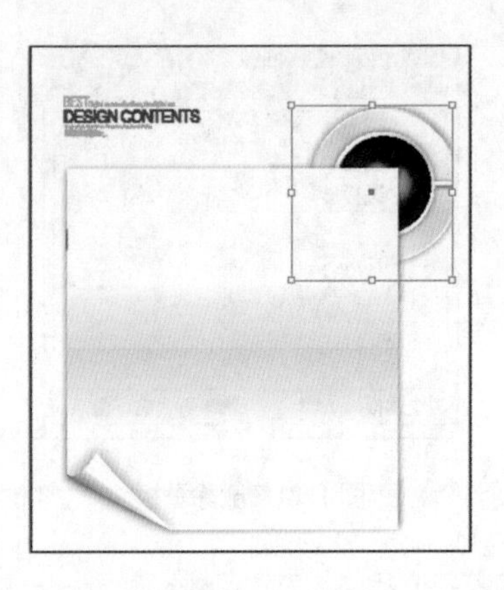

图 1-26　选择对象

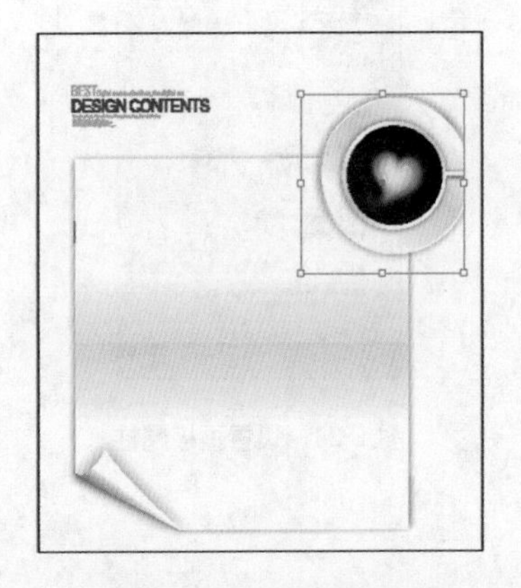

图 1-27　将对象置于顶层

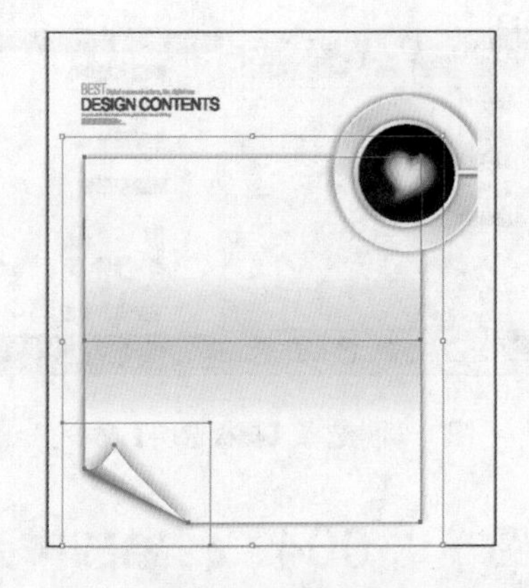

图 1-28　选择对象

(5) 选择菜单栏中的【对象】|【排列】|【置于底层】命令，将所选对象后移一层，如图 1-29 所示。

(6) 使用选择工具选择图 1-29 中的对象，同时按住 Shift 键不放加选其他的图形对象，选择菜单栏中的【对象】|【锁定】|【所选对象】命令，如图 1-30 所示。

图 1-29　将对象置于底层

图 1-30　锁定对象

案例精讲 005　对齐与分布图形对象

 案例文件：无

视频文件：视频教学 \ Cha01 \ Illustrator CC 的对齐与分布图形对象 .avi

制作概述

本例将讲解 Illustrator CC 的对齐与分布图形对象。

学习目标

- 学习 Illustrator CC 的对齐与分布对象的功能。
- 掌握 Illustrator CC 的对齐与分布对象的方法。

操作步骤

(1) 在 Illustrator CC 中选择菜单栏中的【文件】|【打开】命令，选择随书配套光盘中的 CDROM\ 素材 \Cha01\ 对齐与分布 .ai 文件，如图 1-31 所示。

(2) 如果没有显示【对齐】面板，可以选择菜单栏中的【窗口】|【对齐】命令，即可弹出【对齐】面板，如图 1-32 所示。

图 1-31　打开文件

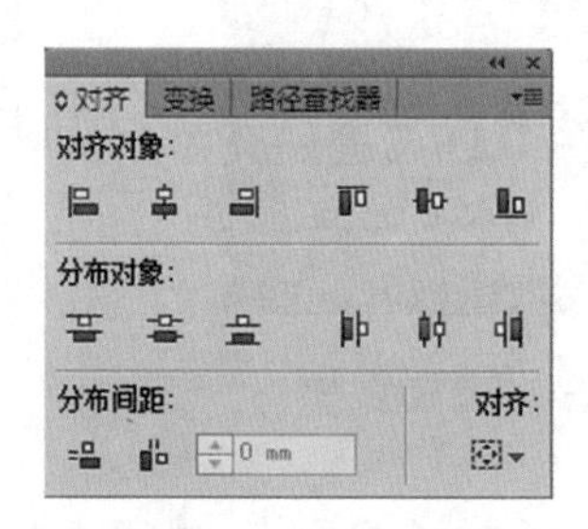

图 1-32　【对齐】面板

(3) 在【对齐】面板中，单击右上角的按钮，在弹出的下拉菜单中选择【隐藏选项】命令，即可隐藏【分布间距】选项组，如图 1-33 所示。单击相应的命令按钮，可以使选定的多个对象按一定的方式对齐。

(4) 使用【选择工具】选择如图 1-34 所示的对象。

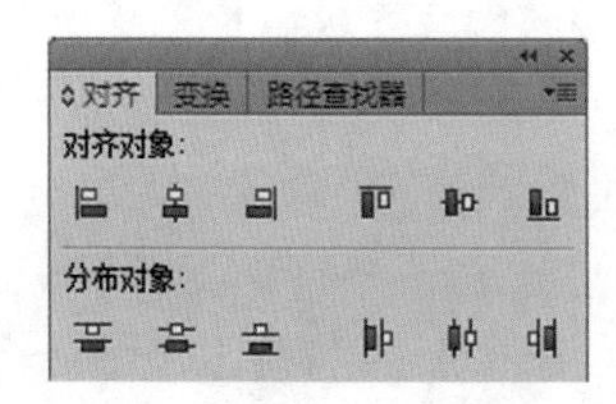

图 1-33　显示隐藏选项和关闭

图 1-34　选择对象

(5) 拖动鼠标将对象移动到如图 1-35 所示的位置上。

(6) 使用【选择工具】拖曳选择如图 1-36 所示的对象。

图 1-35　拖动对象至相应位置

图 1-36　选择对象

(7) 在【对齐】面板中单击【垂直底对齐】按钮，即所有选取对象都将向下对齐，如图 1-37 所示。

(8) 单击【对齐】面板中的【水平居中分布】按钮，即所有选取的对象都将水平居中分布，如图 1-38 所示。

(9) 使用【选择工具】拖曳选择图示中的对象，选择菜单栏中的【对象】|【编组】命令，将所选对象组合为一个整体，如图 1-39 所示。

图 1-37　垂直底对齐

图 1-38　水平居中分布

图 1-39　将所选对象组合为一个整体

案例精讲 006　对象的显示与隐藏

案例文件：无

视频文件：Cha01 \ Illustrator CC 对象的显示与隐藏 .avi

制作概述

本例将讲解 Illustrator CC 对象的显示与隐藏。

学习目标

■　学习 Illustrator CC 对象的显示与隐藏。

■　掌握 Illustrator CC 对象的显示与隐藏的方法。

操作步骤

(1) 在 Illustrator CC 中选择菜单栏中的【文件】|【打开】命令，选择随书配套光盘中的 CDROM\ 素材 \Cha01\ 绵羊 .ai 文件，如图 1-40 所示。

(2) 使用【选择工具】选择如图 1-41 所示的对象。

图 1-40　打开文件

图 1-41　选择对象

(3) 选择菜单栏中的【对象】|【隐藏】|【所选对象】命令，将所选对象暂时隐藏，如图 1-42 所示。

(4) 继续使用【选择工具】单击选择对象，如图 1-43 所示。

图 1-42　隐藏所选对象

图 1-43　选择对象

(5) 选择菜单栏中的【对象】|【隐藏】|【所选对象】命令，隐藏所选的对象，如图 1-44 所示。

(6) 选择菜单栏中的【对象】|【显示全部】命令，先前被隐藏的图形对象都将被显示出来，如图 1-45 所示。

图 1-44　将所选对象隐藏

图 1-45　显示被隐藏的对象

案例精讲 007 设置页面背景

案例文件：无

视频文件：视频教学 \ Cha01 \ Illustrator CC 设置页面背景 .avi

制作概述

本例将讲解在 Illustrator CC 中设置页面背景的方法。

学习目标

- 学习 Illustrator CC 设置页面背景的操作步骤。
- 掌握 Illustrator CC 设置页面背景的方法。

操作步骤

(1) 在 Illustrator CC 中选择菜单栏中的【文件】|【打开】命令，选择随书配套光盘中的 CDROM\ 素材 \Cha01\ 太阳 .ai 文件，如图 1-46 所示。

(2) 单击【选择工具】按钮，选择图像，在菜单栏中选择【效果】|【裁剪标记】命令，画板中将添加裁剪标记，如图 1-47 所示。

图 1-46 打开文件

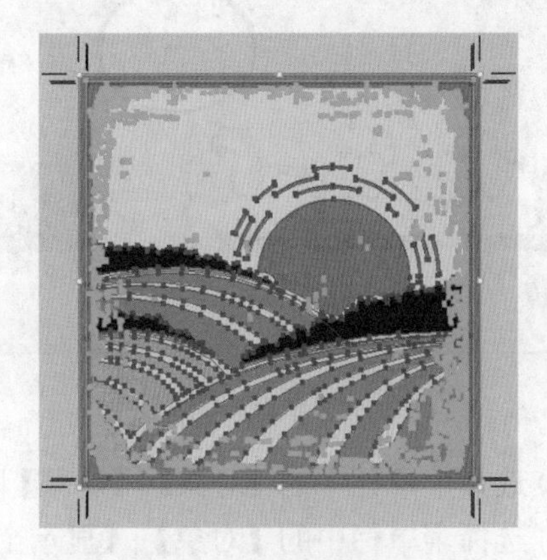

图 1-47 裁剪标记

(3) 选择菜单栏中的【编辑】|【首选项】|【常规】命令，在打开的【首选项】对话框中选中【使用日式裁剪标记】复选框，单击【确定】按钮，如图 1-48 所示。

(4) 使用【选择工具】，选择图形对象，选择菜单栏中的【效果】|【裁剪标记】命令。画板中将添加裁剪标记，如图 1-49 所示。

(5) 选择菜单栏中的【编辑】|【首选项】|【常规】命令，在打开的【首选项】对话框中选中【消除锯齿图稿】复选框，单击【确定】按钮，如图 1-50 所示。

(6) 此时图稿文件边缘将出现锯齿效果，如图 1-51 所示。也可以在【首选项】对话框中【常规】设置界面中设置光标移动图形对象的距离及圆角半径的大小、使用精确光标显示等。

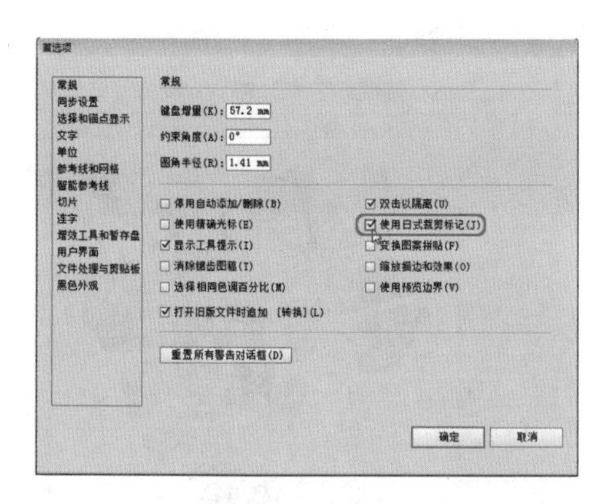

图 1-48　设置裁剪类型

图 1-49　裁剪标记

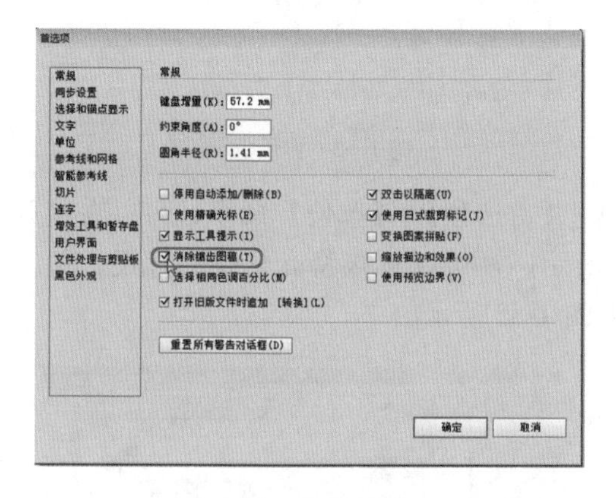

图 1-50　消除锯齿图稿

图 1-51　锯齿效果

案例精讲 008　辅助工具的使用

 案例文件：无

 视频文件：视频教学 \ Cha01 \ Illustrator CC 辅助工具的使用 .avi

制作概述

本例将讲解 Illustrator CC 辅助工具的使用。

学习目标

- 学习 Illustrator CC 辅助工具的种类。
- 掌握 Illustrator CC 辅助工具的使用方法。

操作步骤

(1) 在 Illustrator CC 中选择菜单栏中的【文件】|【打开】命令，选择随书配套光盘中的 CDROM\ 素材 \Cha01\ 足球 .ai 文件，如图 1-52 所示。

(2) 选择菜单栏中的【视图】|【显示标尺】命令，将显示标尺，如图 1-53 所示。

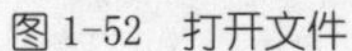

图 1-52　打开文件

图 1-53　显示标尺

(3) 设置标尺的单位，选择菜单栏中的【编辑】|【首选项】|【单位】命令，可以在打开的对话框的【常规】下拉列表框中进行，如图 1-54 所示。还可以直接将光标指向标尺，单击鼠标右键，在弹出的快捷菜单中选择具体的单位，如图 1-55 所示。

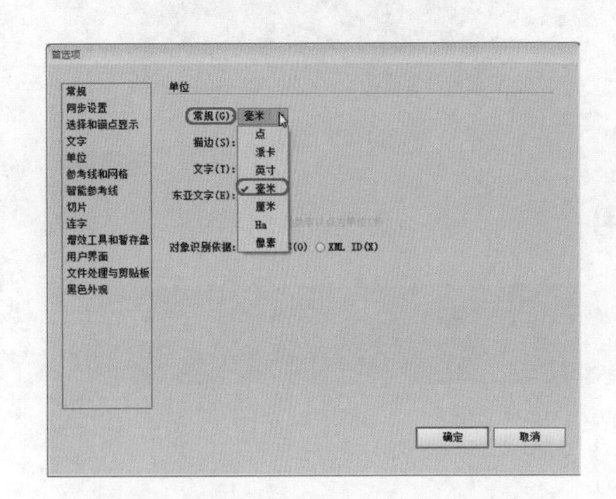

图 1-54　设置标尺单位

图 1-55　在快捷菜单中设置标尺单位

(4) 在默认状态下，标尺的坐标原点在工作页面的左上角，如果要更改坐标原点，则指向水平与垂直标尺的交界处单击鼠标并将其拖曳到任意位置上，释放鼠标后即可将坐标原点设置在此处。如果想恢复坐标原点的位置，双击水平与垂直标尺的交界处即可，如图 1-56 所示。

(5) 在绘制图形的过程中，参考线可以在页面的任意位置上，帮助对齐对象。参考线也是对象，能被选择、移动和删除。如果要增加参考线，可用鼠标在水平或垂直标尺上向页面中拖曳，即可拖出水平或垂直参考线，如图 1-57 所示。

图 1-56　更改坐标原点与恢复方法

图 1-57　拖出参考线

(6) 选择菜单栏中的【视图】|【参考线】|【锁定参考线】命令，将其锁定后则不能选择、移动。智能参考线用于辅助作图，选择菜单栏中的【视图】|【智能参考线】命令，当鼠标指向某一对象时，智能参考线会高亮显示，如图 1-58 所示。

(7) 选择菜单栏中的【视图】|【参考线】|【清除参考线】命令，可以清除参考线。如果要设置参考线的颜色和线型样式，选择菜单栏中的【编辑】|【首选项】|【参考线和网格】命令，在打开的对话框中的【颜色】和【样式】下拉列表框中设置具体参数，如图 1-59 所示。

图 1-58　高亮显示参考线

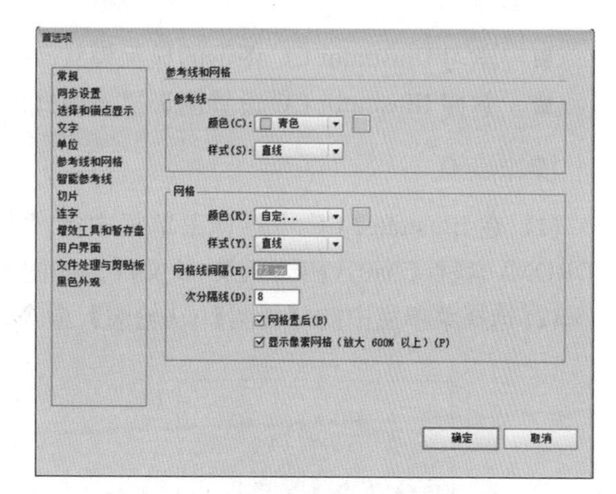

图 1-59　清除参考线的方法与设置其属性

(8) 网格用于对齐对象，选择菜单栏中的【视图】|【显示网格】命令，显示出网格，如图 1-60 所示。选择菜单栏中的【视图】|【隐藏网格】命令，可以隐藏网格。

(9) 选择菜单栏中的【编辑】|【首选项】|【参考线和网格】命令，在打开的对话框中可以设置【颜色】、【样式】、【网格线间隙】等选项，其中【次分隔线】用于设置分隔线的多少，【网格置后】用于设置网格线显示在图形的上方还是下方，如图 1-61 所示。

图 1-60　显示网格

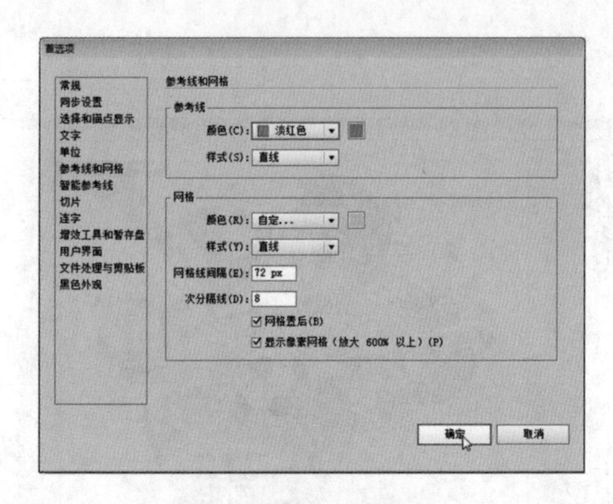

图 1-61　设置参考线和网格

案例精讲 009　图形的显示模式

案例文件：无

视频文件：视频教学 \ Cha01 \ Illustrator 图形的显示模式 .avi

制作概述

本例将讲解 Illustrator CC 图形的显示模式。

学习目标

- 学习 Illustrator CC 图形的显示模式。
- 掌握 Illustrator CC 设置图形显示模式的方法。

操作步骤

(1) 在 Illustrator CC 中选择菜单栏中的【文件】|【打开】命令，选择随书配套光盘中的 CDROM\ 素材 \Cha01\ 田园风景 .ai 文件，如图 1-62 所示。

(2) 选择菜单栏中的【视图】|【轮廓】命令，可将视图切换到轮廓模式，如图 1-63 所示。

图 1-62　打开文件

图 1-63　转换轮廓模式

(3) 选择菜单栏中的【视图】|【预览】命令，可将视图切换到预览模式。选择菜单栏中的【视图】|【叠印预览】命令，可将视图切换到叠印预览模式，如图 1-64 所示。

(4) 选择菜单栏中的【视图】|【像素预览】命令，可将视图切换到像素预览模式，如图 1-65 所示。

图 1-64　转换为叠印预览

图 1-65　转换为像素预览

案例精讲 010　窗口的排列

案例文件：无

视频文件：视频教学 \ Cha01 \ Illustrator 图形的显示模式 .avi

制作概述

本例将讲解 Illustrator CC 图形窗口的排列。

学习目标

- 学习 Illustrator CC 窗口的排列。
- 掌握 Illustrator CC 窗口的排列方法。

(1) 继续以上实例的操作。使用工具箱中的【更改屏幕模式】工具，可以在 3 种模式之间转换，如图 1-66 所示。

(2) 带有菜单栏的全屏模式包括菜单栏、工具箱、浮动面板等，如图 1-67 所示。

图 1-66　屏幕模式的转换

图 1-67　带有菜单栏的全屏模式

(3) 全屏模式只包括状态栏，工具箱、浮动面板、标题栏和菜单栏将被隐藏，如图 1-68 所示。

(4) 按 Tab 键可以关闭工具箱和浮动面板，再按一次又可以将其显示，如图 1-69 所示。

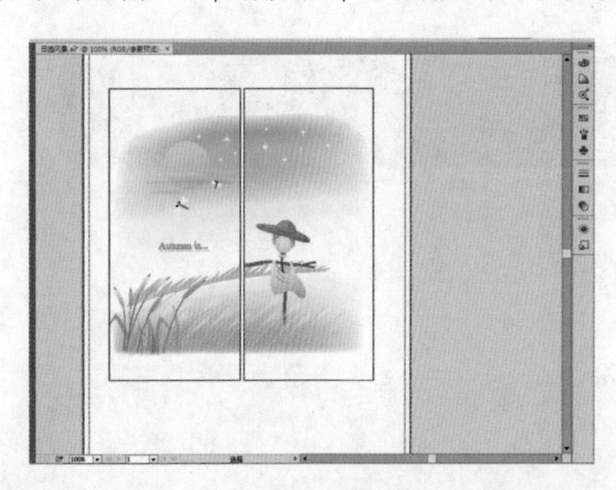

图 1-68　全屏模式

图 1-69　模式切换

(5) 按 Shift+Tab 组合键，可以关闭浮动面板，如图 1-70 所示，再按一次可以将其显示。

(6) 通过【打开】命令，选择随书配套光盘中的 CDROM\ 素材 \Cha01\ 绵羊 .ai，选择菜单栏中的【窗口】|【排列】|【平铺】命令，如图 1-71 所示。

图 1-70　模式切换

图 1-71　打开文件

(7) 选择菜单栏中的【窗口】|【排列】|【合并所有窗口】命令，如图 1-72 所示。

(8) 选择菜单栏中的【窗口】|【排列】|【全部在窗口中浮动】命令，如图 1-73 所示。

图 1-72　合并所有窗口

图 1-73　浮动窗口

第2章 常用文字特效的制作与表现

本章重点

- 金属质感文字
- 标签文字
- 发光文字
- 纹理文字
- 粉笔文字
- 凹凸文字

在日常生活中所看到海报、网页、宣传单中，随处可见一些文字特效，这些文字特效是如何出现的呢？本章节着重讲解常用文字特效的制作，其中包括金属质感文字、纹理文字、发光文字等。通过本章节的学习可以对文字特效的制作有一定的了解。

案例精讲 011　金属质感文字

案例文件：CDROM \ 场景 \ Cha02 \ 金属质感文字 .ai

视频文件：视频教学 \ Cha02 \ 金属质感文字 .avi

制作概述

本例将讲解如何制作金属质感文字，其中主要讲解了渐变色、扩展和蒙版的应用。操作完成后的效果如图 2-1 所示。

图 2-1　金属质感文字

学习目标

- 了解文字工具的使用。
- 掌握如何设置渐变色及文字倒影。

操作步骤

(1) 启动软件后，按 Ctrl+N 组合键，在弹出的【新建文档】对话框中输入【名称】为“金属质感文字”，将【单位】设为【毫米】，【宽度】设置为 300mm，【高度】设置为 200mm，【颜色模式】设为 CMYK，然后单击【确定】按钮，如图 2-2 所示。

(2) 按 M 键激活【矩形工具】，绘制和文档同样大小的矩形，并将其填充颜色设为【黑色】，【轮廓】设为【无】，如图 2-3 所示。

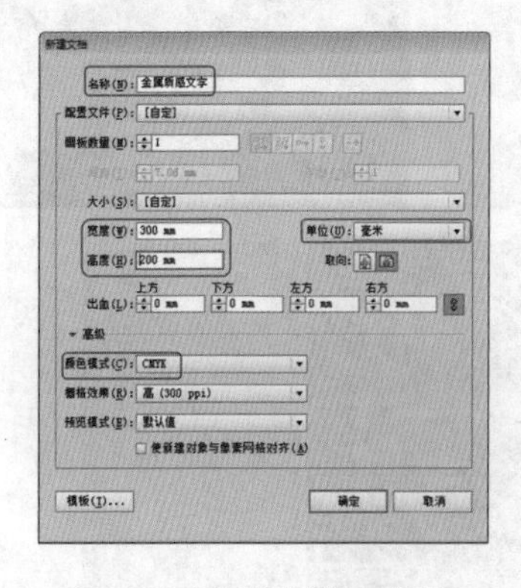

图 2-2　【新建文档】对话框

图 2-3　绘制矩形

知识链接

CMYK也称作印刷色彩模式，是一种依靠反光的色彩模式，和RGB类似，CMY是3种印刷油墨名称的首字母：青色Cyan、品红色Magenta、黄色Yellow。其中K是源自一种只使用黑墨的印刷版Key Plate。从理论上来说，只需要CMY三种油墨就足够了，它们三个加在一起就应该得到黑色，但是由于目前制造工艺还不能造出高纯度的油墨，CMY相加的结果实际是一种暗红色。

(3) 选择上一步创建的矩形，按Ctrl+2组合键将其锁定，按T键激活【文字工具】，输入"SPOTRS"，按图2-4所示的参数进行设置。

(4) 选择输入的文字，单击鼠标右键，在弹出的快捷菜单中选择【创建轮廓】命令，如图2-5所示。

图2-4　设置文字

图2-5　选择【创建轮廓】命令

(5) 选择输入的文字，将其【填充】设为渐变色，按Ctrl+F9组合键，弹出【渐变】面板，将【类型】设为【线性】，【角度】设为90°，0%位置的色标的CMYK值设为46、37、35、0，53%位置的色标的CMYK值设为8.2、5.4、5.8、0，100%位置色标的CMYK值设为67、58.6、56、6，如图2-6所示。

(6) 选择输入的文字，按Ctrl+C组合键对其进行复制，按Ctrl+V组合键进行粘贴，选择图层最下层的文字，在属性栏中对其添加描边，将【描边颜色】设为黑色，【描边粗细】设为5pt，完成后的效果如图2-7所示。

图2-6　设置渐变色

图2-7　添加描边

(7) 在菜单栏中选择【窗口】|【色板】命令，打开【色板】面板，选择上一步创建的文字，在工具箱中确认【填色】处于上侧，单击【色板】面板底部的【新建色板】按钮，弹出【新建色板】对话框，将【色板名称】设为“金属”，如图 2-8 所示。

(8) 选择添加描边的文字，在工具箱中将【描边】设为在上侧，在【色板】面板中单击上一步创建的【金属】色板，对描边添加渐变色，如图 2-9 所示。

图 2-8　新建色板

图 2-9　设置渐变色

(9) 继续上一步设置描边的文字，在菜单栏中选择【对象】|【扩展】命令，弹出【扩展】对话框，选中【填充】和【描边】复选框，将【渐变扩展为】设为【渐变网格】，单击【确定】按钮，如图 2-10 所示。

(10) 将创建的两行文字对齐放置到矩形内，如图 2-11 所示。

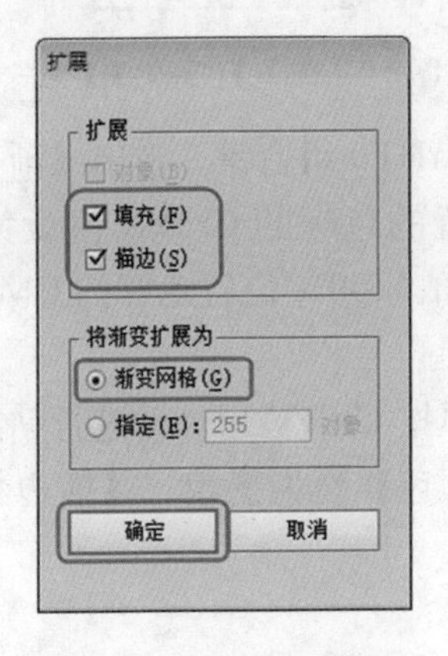

图 2-10　【扩展】对话框

图 2-11　调整文字位置

(11) 选择创建的两行文字，按 Ctrl+G 组合键将其进行编组，选择编组后的文字，单击鼠标右键，在弹出的快捷菜单中选择【变换】|【对称】命令，弹出【镜像】对话框，将【轴】设为【水平】，并单击【复制】按钮，如图 2-12 所示。

(12) 选择镜像后的对象，并调整位置，如图 2-13 所示。

(13) 按 M 键激活【矩形工具】，绘制矩形使其能覆盖镜像后的文字，如图 2-14 所示。

(14) 选择上一步创建的矩形，将其【填充】设为白色到黑色的渐变，【轮廓】设为无，如图 2-15 所示。

图 2-12　【镜像】对话框

图 2-13　调整文字的位置

图 2-14　绘制矩形

图 2-15　设置渐变色

(15) 选择创建的矩形和矩形下的文字，按 Shift+Ctrl+F10 组合键，弹出【透明度】面板，单击其右侧的【菜单】按钮，在弹出的下拉菜单中选择【建立不透明度蒙版】命令，如图 2-16 所示。

(16) 在【透明度】面板中选择【蒙版】，在场景中选择矩形，使用渐变工具调整渐变色，如图 2-17 所示。

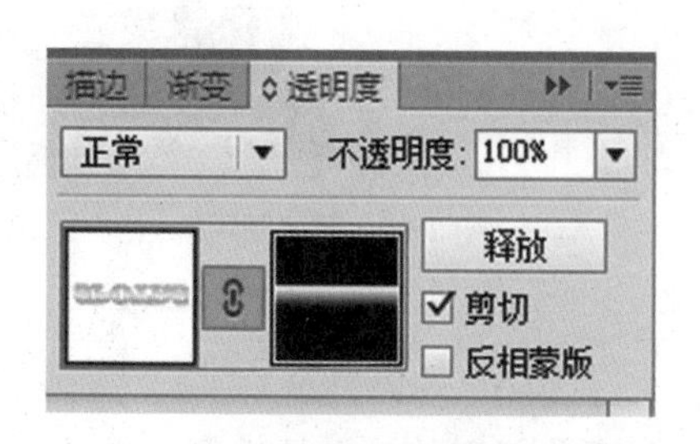

图 2-16　创建不透明度蒙版

图 2-17　设置渐变色

案例精讲 012　标签文字

案例文件：CDROM \ 场景 \ Cha02 \ 标签文字 .ai

视频文件：视频教学 \ Cha02 \ 标签文字 .avi

制作概述

本例将学习如何制作标签文字，其中制作重点是如何对文字进行变形，操作完成后的效果

如图 2-18 所示。

图 2-18 标签文字

学习目标

- 了解文字工具的使用。
- 掌握如何对文字进行变形。

操作步骤

(1) 启动软件后，新建一个【颜色模式】为 CMYK、任意大小的文档，在菜单栏中执行【文件】|【置入】命令，弹出【置入】对话框，选择随书附带光盘中的 CDROM\ 素材 \Cha02\ 标签文字背景 .jpg 文件，如图 2-19 所示。

(2) 单击【置入】按钮，返回到场景中，单击鼠标左键插入图片，如图 2-20 所示。

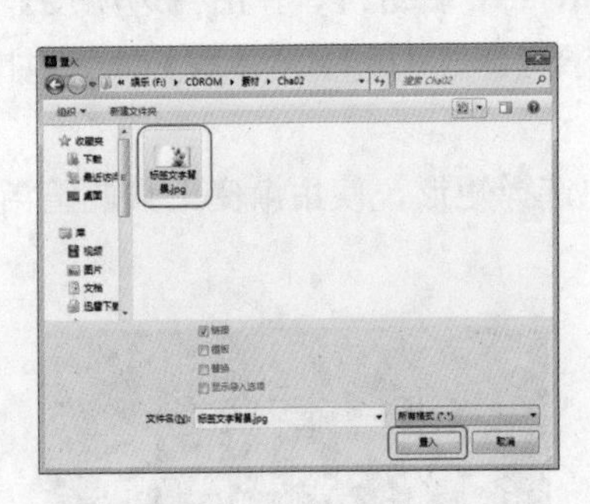

图 2-19 【置入】对话框

图 2-20 置入图片

知识链接

早在 1700 年，欧洲印制出了用在药品和布匹上作为商品识别的第一批标签。所以，现在的标签是用来标识您的产品目标和分类或内容，像是您给自己的目标确定的关键字词，便于您和他人查找和定位目标的工具。印刷业所称的标签，大部分是用来标识自己产品的相关说明的印刷品，并且大部分都是以背面自带胶的。但也有一些印刷时不带胶的，也可称为标签。

(3) 按 Shift+O 组合键激活面板工具，将面板设为和图像一样的大小，如图 2-21 所示。

(4) 单击【选择工具】完成面板的设置，在工具箱中选择【星形工具】绘制五角星，并将其【填充颜色】的 CMYK 值设为 14、29、87、0，【轮廓】设为无，如图 2-22 所示。

图 2-21 调整面板

图 2-22 绘制星形

(5) 按 V 键激活【选择工具】，对创建星形的高度适当压缩，效果如图 2-23 所示。

(6) 选择上一步创建的星形，按 Ctrl+C 组合键进行复制，按 Ctrl+V 组合键进行粘贴，并将其复制的星形颜色的 CMYK 值设为 37、100、64、0，并调整位置，如图 2-24 所示。

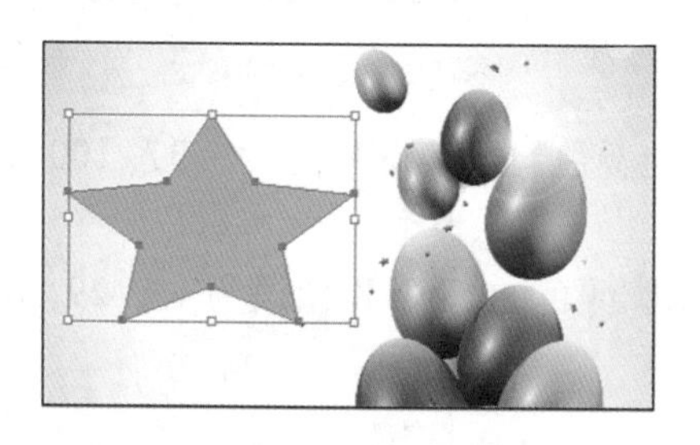

图 2-23 压缩星形高度

图 2-24 复制矩形

(7) 按 T 键激活【文本工具】，输入“狂降价”，在【字符】面板中将【字体】设为【蒙纳简超刚黑】，【字体大小】设为 140pt，效果如图 2-25 所示。

(8) 选择上一步输入的文字，单击鼠标右键，在弹出的快捷菜单中选择【创建轮廓】命令，将其转换为轮廓，在此单击鼠标右键，在弹出的快捷菜单中选择【取消编组】命令，将其分解，如图 2-26 所示。

图 2-25 输入文字

图 2-26 分解文字

(9) 利用【直接选择工具】对文字进行修改，完成后的效果如图 2-27 所示。

(10) 选择所有的文字，单击鼠标右键，在弹出的快捷菜单中选择【释放复合路径】命令，然后利用路径查找器，对“降”字进行修改，完成后的效果如图 2-28 所示。

图 2-27 修改文字

图 2-28 完成后的效果

在使用【路径查找器】面板时，首先选择需要修剪的对象和修剪的部分对象，然后单击【减去顶层】按钮，需要注意的是被修剪的对象必须是一个整体，修剪部分对象必须处于修剪对象的上方。

(11) 利用【直接选择工具】选择文字部分，分别对其填充白色和黄色，完成后的效果如图 2-29 所示。

(12) 利用钢笔工具绘制轮廓，如图 2-30 所示。

图 2-29　修改文字颜色

图 2-30　绘制轮廓

(13) 对上一步绘制的轮廓设置填充颜色，将其【填充颜色】的 CMYK 值设为 37、100、64、0，并将其置于文字图层的下方，如图 2-31 所示。

(14) 选择创建的轮廓，对其进行复制，并将复制轮廓颜色的 CMYK 值设为 14、29、87、0，再将其放置到上一步轮廓的下方，如图 2-32 所示。

图 2-31　设置轮廓颜色

图 2-32　复制轮廓

(15) 按 T 键激活【文本工具】，输入“INSANE”，在【字符】面板中将【字体】设为 Bleeding Cowboys，【字体大小】设为 18pt，如图 2-33 所示。

(16) 将上一步填充颜色的文字 CMYK 值设为 0、0、100、0，如图 2-34 所示。

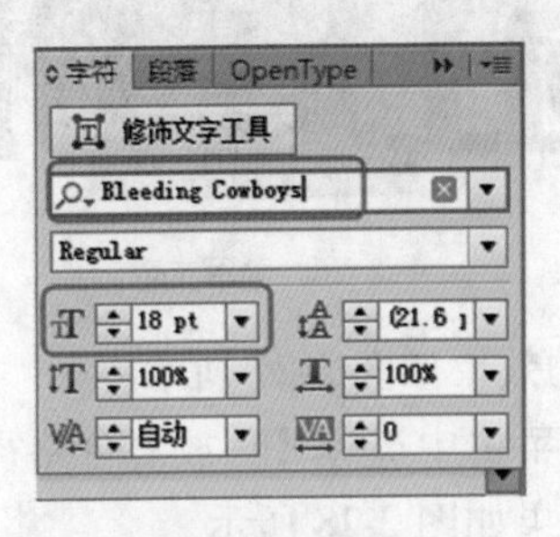

图 2-33　设置字体

图 2-34　输入文字

案例精讲 013　发光文字

 案例文件：CDROM \ 场景 \ Cha02 \ 发光文字 .ai

 视频文件：视频教学 \ Cha02 \ 发光文字 .avi

制作概述

本例将详细讲解如何制作发光文字，其中制作重点是【外发光】和【内发光】的应用。操作完成后的效果如图 2-35 所示。

图 2-35　发光文字

学习目标

- 了解文本工具的使用
- 掌握风格化效果的应用。

操作步骤

(1) 启动软件后，按 Ctrl+N 组合键，弹出【新建文档】对话框，将【名称】设为“发光文字”，将【单位】设为【像素】，【宽度】和【高度】分别设为 1024px 和 683px，【颜色模式】设为 RGB，单击【确定】按钮，如图 2-36 所示。

(2) 在菜单栏中选择【文件】|【置入】命令，选择随书附带光盘中的 CDROM\ 素材 \Cha02\ 发光文字背景 .jpg 文件，如图 2-37 所示。

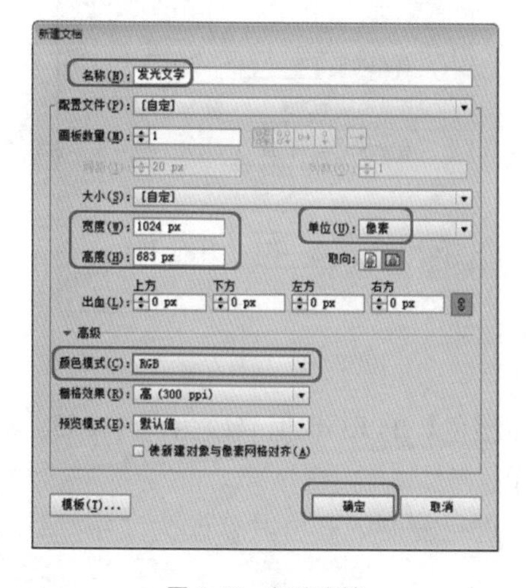

图 2-36　新建文档

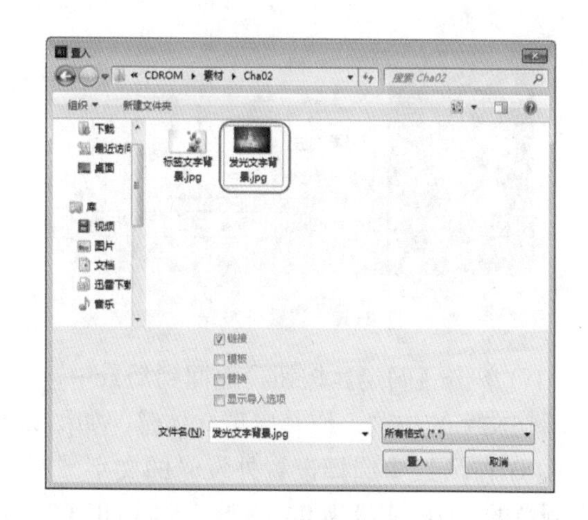

图 2-37　置入图片

(3) 单击【置入】按钮，返回到场景单击鼠标左键，调整位置，如图 2-38 所示。

(4) 选择置入的图片，按 Ctrl+2 组合键将其锁定，按 T 键激活【文本工具】，输入“2”，在【字符】面板中将【字体】设为【方正琥珀简体】，【字体大小】设为 280pt，【字体颜色】的 RGB 值设为 95、183、207，【描边】设为无，如图 2-39 所示。

图 2-38　置入素材

图 2-39　输入文字

提示　按 Ctrl+2 组合键可以将某一个选中的对象进行锁定，在【图层】面板中单击该对象前面的【切换锁定】按钮，将其解锁，也可以按 Ctrl+Alt+2 组合键将多个锁定的对象解锁。

(5) 选择上一步创建的文字，在菜单栏中选择【效果】|【风格化】|【外发光】命令，弹出【外发光】对话框，将【模式】设为【正常】，【发光颜色】的 RGB 值设为 108、188、204，【不透明度】设为 100%，【模糊】设为 28px，如图 2-40 所示。

(6) 选择上一步创建的文字，对其进行复制，选择复制的文字，按 Shift+F6 组合键，弹出【外观】面板，在该面板中将【外发光】效果删除，单击面板底部的【添加新效果】按钮，在弹出的下拉菜单中选择【Illustrator 效果】|【风格化】|【内发光】命令，弹出【内发光】对话框，将【模式】设为【正常】，【发光颜色】的 RGB 值设为 108、188、204，【不透明度】设为 75%，【模糊】设为 14px，并选中【边缘】单选按钮，如图 2-41 所示。

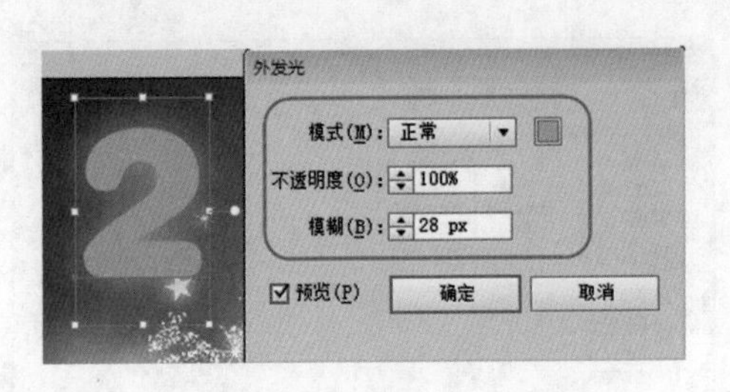

图 2-40　设置外发光

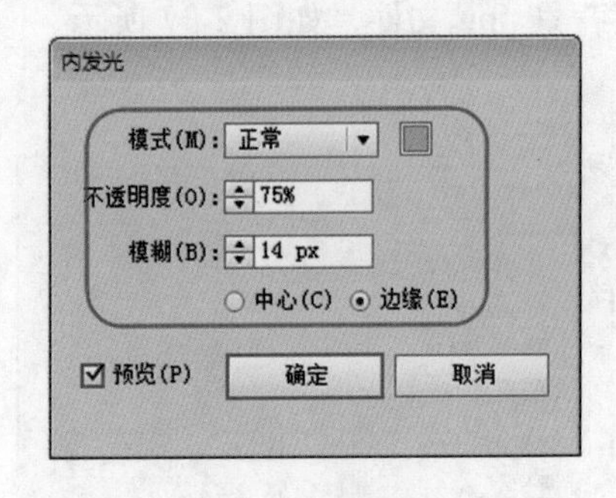

图 2-41　设置内发光

(7) 单击【确定】按钮，返回到场景中，将【字体颜色】的 RGB 值修改为 95、153、203，并调整文字的位置，使其出现立体感，如图 2-42 所示。

(8) 在场景中选择设置外发光的文字“2”，对其进行复制，并将其修改为文字“1”，填充颜色的 RGB 值设为 94、171、52，如图 2-43 所示。

(9) 选择上一步创建的文字“1”，按 Shift+F6 组合键打开【外观】面板，选择【外发光】效果，并双击弹出【外发光】对话框，将【发光颜色】的 RGB 值设为 110、176、67，其他保持默认值，如图 2-44 所示。

(10) 选择设置内发光的文字进行复制，并将复制的文字修改为“1”，填充颜色的 RGB 值设为 24、109、55，如图 2-45 所示。

图 2-42　调整文字的颜色和位置

图 2-43　修改文字属性

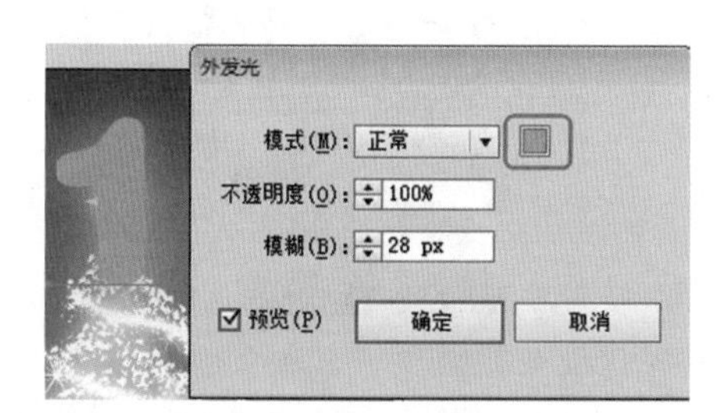

图 2-44　设置外发光

图 2-45　设置文字

(11) 选择上一步创建的文字，打开【外观】面板，并打开【内发光】对话框，将【发光颜色】的 RGB 值设为 105、173、49，如图 2-46 所示。

(12) 使用同样的方法输入其他文字，完成后的效果如图 2-47 所示。

图 2-46　输入文字

图 2-47　完成后的效果

(13) 按 T 键激活【文字工具】，输入“圣”，在【字符】面板中将【字体】设为【方正琥珀简体】，【字体大小】设为 245pt，如图 2-48 所示。

(14) 选择上一步创建的文字，将【字体颜色】的 RGB 值设为 97、15、20，完成后的效果如图 2-49 所示。

(15) 选择输入的文字，在菜单栏中选择【效果】|【Illustrator 效果】|【风格化】|【外发光】命令，弹出【外发光】对话框，将【模式】设为【正常】，【发光颜色】的 RGB 值设为 215、38、28，【不透明度】设为 90%，【模糊】设为 28px，如图 2-50 所示。

(16) 按 T 键激活【文字工具】，输入与上一步相同大小的“圣”字，将其颜色的 RGB 值设为 217、63、34，如图 2-51 所示。

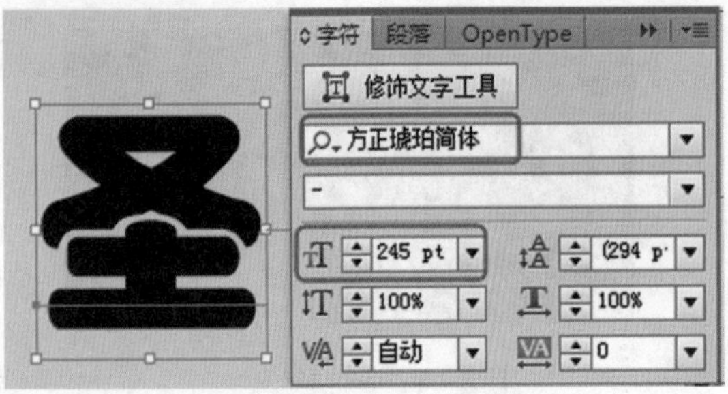

图 2-48　置入素材

图 2-49　输入文字

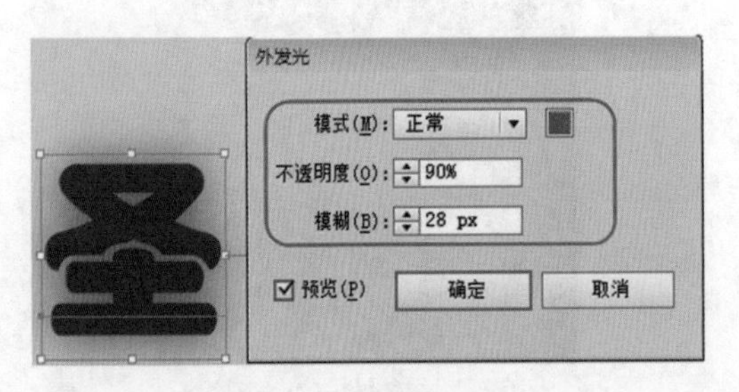

图 2-50　设置外发光

图 2-51　输入文字

(17) 选择上一步输入的文字，对其添加【内发光】效果，弹出【内发光】对话框，将【模式】设为【正常】，【发光颜色】的 RGB 值设为 227、124、32，【不透明度】设为 75%，【模糊】设为 14，如图 2-52 所示。

(18) 选择输入的文字，调整位置，效果如图 2-53 所示。

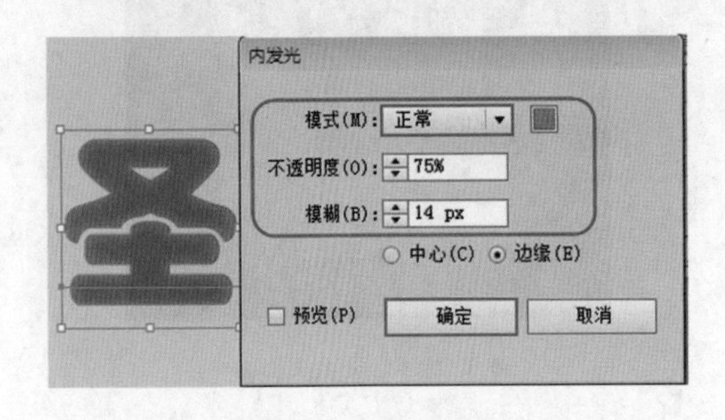

图 2-52　设置内发光

图 2-53　调整位置

(19) 使用同样的方法输入其他文字，完成后的效果如图 2-54 所示。

(20) 在工具箱中选择【光晕工具】在场景中拖曳出光晕效果，如图 2-55 所示。

(21) 选择添加的光晕，在菜单栏中选择【对象】|【扩展】命令，弹出【扩展】对话框，保持默认设置，单击【确定】按钮，如图 2-56 所示。

(22) 在此选择光源，单击鼠标右键，在弹出的快捷菜单中选择【取消编组】命令，效果如图 2-57 所示。

(23) 在场景中将多余的光晕删除，如图 2-58 所示。

(24) 在场景中对留下的光源进行多次复制，效果如图 2-59 所示。

图 2-54　完后的效果

图 2-55　添加光晕效果

图 2-56　【扩展】对话框

图 2-57　取消编组

图 2-58　删除多余的光晕

图 2-59　完成后的效果

案例精讲 014　纹理文字

案例文件：CDROM \ 场景 \ Cha02 \ 纹理文字 .ai

视频文件：视频教学 \ Cha02 \ 纹理文字 .avi

制作概述

本例将讲解如何制作纹理文字。首先导入背景图片，然后输入文字并设置文字变形、颜色和描边，设置文字的【龟裂缝】效果后，复制文字并设置文字背景，完成后的效果如图 2-60 所示。

图 2-60　纹理文字

学习目标

- 掌握调整文字变形的方法。
- 学习设置【龟裂缝】效果。

操作步骤

(1) 启动软件后按 Ctrl+N 组合键新建文档。在【新建文档】对话框中，将【宽度】设置为 160mm，【高度】设置为 100mm，【颜色模式】设置为 RGB，【栅格效果】设置为【高 (300ppi)】，然后单击【确定】按钮，如图 2-61 所示。

(2) 在菜单栏中选择【文件】|【置入】命令，在弹出的【置入】对话框中，选择随书附带光盘中的 CDROM\ 素材 \Cha02\ 登录背景 .jpg，然后单击【置入】按钮，如图 2-62 所示。

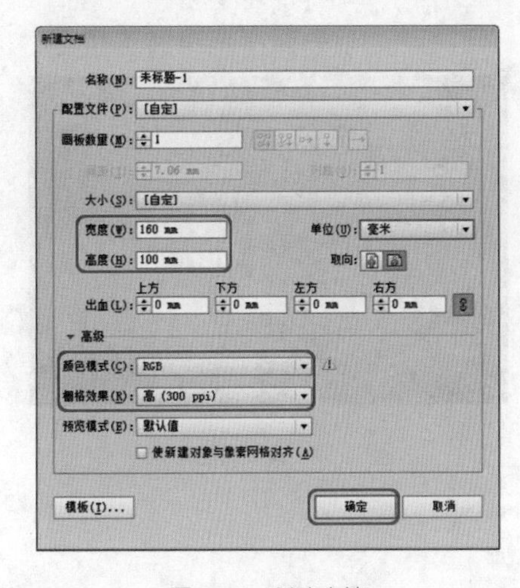

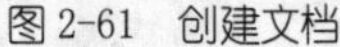

图 2-61　创建文档

图 2-62　【置入】对话框

(3) 在画板的左上角单击并向右下角拖动鼠标，将素材图片置入到画板中，如图 2-63 所示。

(4) 在菜单栏中选择【对象】|【画板】|【适合画稿边界】命令，调整画板大小，如图 2-64 所示。

(5) 在工具箱中选择【文字工具】T，在绘图页中输入文字“Forest”，然后在属性栏中单击【字符】，在弹出的面板中，将【字体】设置为 Gill Sans Ultra Bold，【字体大小】设置为 60pt，然后调整文字的位置，如图 2-65 所示。

(6) 选中文字，在菜单栏中选择【文字】|【创建轮廓】命令，将文字转换为轮廓路径，如图 2-66 所示。

图 2-63　置入素材图片

图 2-64　调整画板大小

图 2-65　输入文字

图 2-66　创建轮廓路径

(7) 使用【钢笔工具】，在字母“F”的轮廓处单击鼠标添加 3 个锚点，如图 2-67 所示。

(8) 使用【直接选择工具】，调整锚点的位置，如图 2-68 所示。

(9) 使用相同的方法，添加锚点并调整锚点，如图 2-69 所示。

图 2-67　添加锚点

图 2-68　调整锚点

图 2-69　添加并调整锚点

按 Shift+Ctrl+O 组合键可以快速地将文字转换为轮廓，按 Ctrl++ 组合键可以放大视图，方便对锚点进行调整。

(10) 选中所有文字，在工具箱中双击【填色】按钮，在弹出的【拾色器】对话框中，将 RGB 值设置为 153、204、51，然后单击【确定】按钮，如图 2-70 所示。

(11) 按住 Shift 键单击属性栏中的描边颜色色块，在弹出的面板中，将 RGB 的值设置为 255、255、255，然后将【描边】设置为 1pt，如图 2-71 所示。

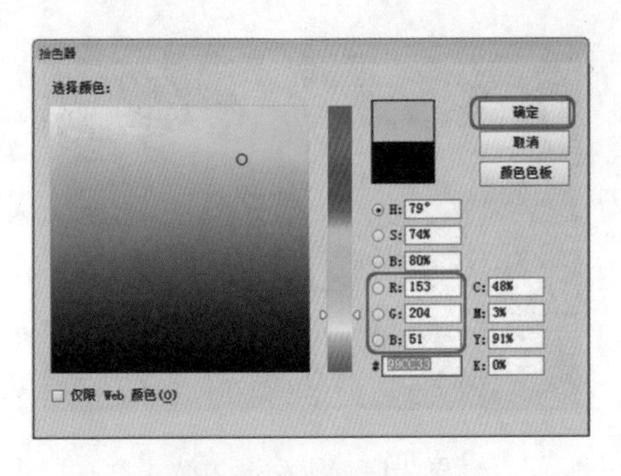

图 2-70 设置填充颜色

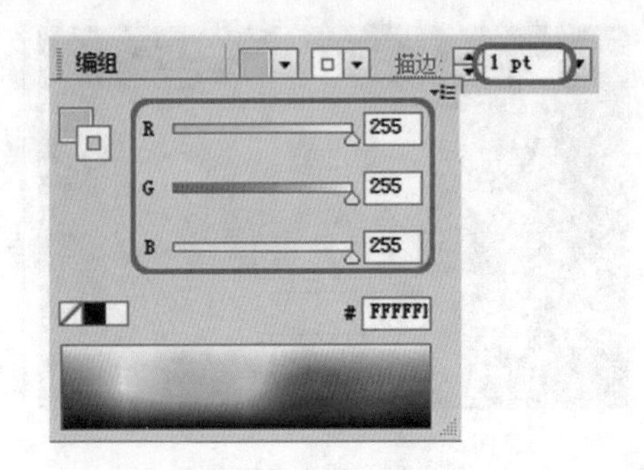

图 2-71 设置描边

(12) 选中文字，在菜单栏中选择【效果】|【纹理】|【龟裂缝】命令，在弹出的对话框中，将【裂缝间距】设置为 25，【裂缝深度】设置为 3，【裂缝亮度】设置为 3，然后单击【确定】按钮，如图 2-72 所示。

(13) 选中文字，按 Ctrl+C 组合键复制文字，然后按 Ctrl+F 组合键，在原位置粘贴文字，并将复制得到的文字描边颜色设置为黑色，如图 2-73 所示。

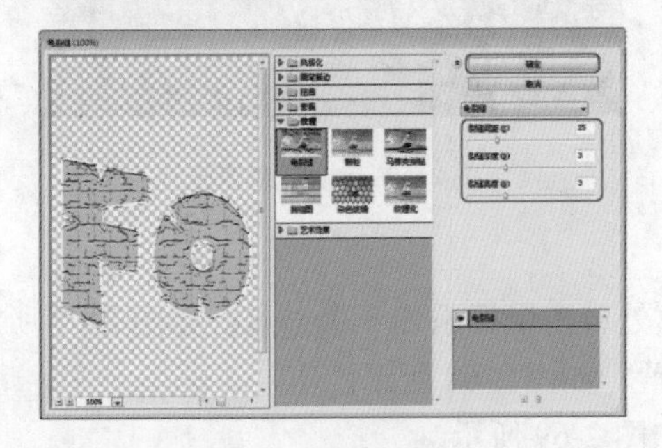

图 2-72 设置龟裂缝

图 2-73 复制文字并设置描边

(14) 选中文字，按 Ctrl+[组合键，将文字所在的图层向下层移动，如图 2-74 所示。

(15) 按 Ctrl+S 组合键，将场景文件进行保存，在弹出的【存储为】对话框中，设置文件保存的位置，将【文件名】设置为“纹理文字 .ai”，然后单击【保存】按钮，如图 2-75 所示。

(16) 在弹出的【Illustrator 选项】对话框中，使用默认选项，单击【确定】按钮，如图 2-76 所示。

图 2-74 移动图层位置

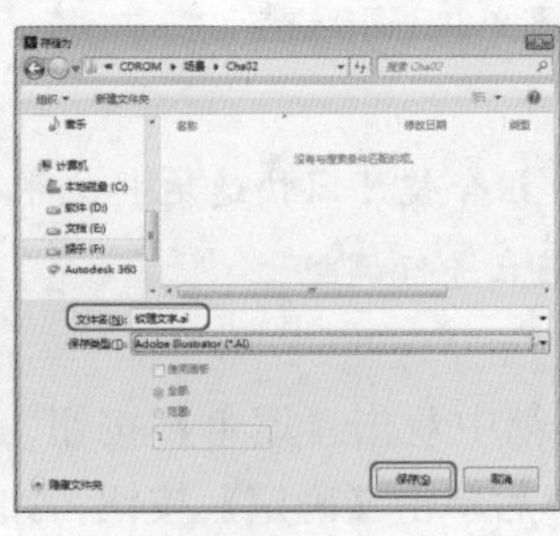

图 2-75 保存文件

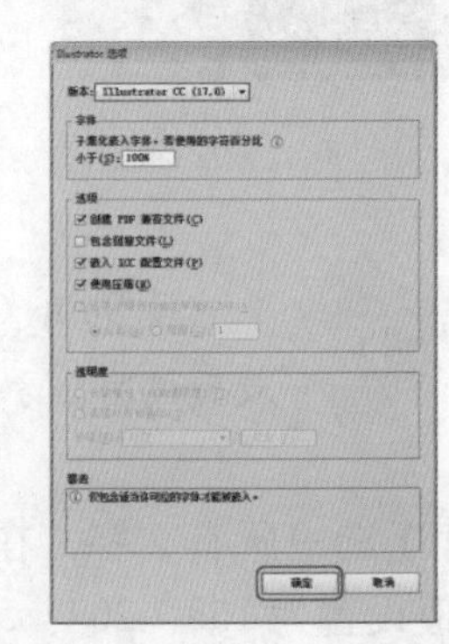

图 2-76 【Illustrator 选项】对话框

按Shift+Ctrl+] 组合键将对象置于底层，按Shift+Ctrl+[组合键将对象置于顶层，按 Ctrl+] 组合键将对象向上移动一层，按 Ctrl+[组合键将对象向下移动一层。

案例精讲 015　粉笔文字

案例文件：CDROM \ 场景 \ Cha02 \ 粉笔文字 .ai

视频文件：视频教学 \ Cha02 \ 粉笔文字 .avi

制作概述

本例将讲解如何制作粉笔文字。首先导入背景图片，然后输入文字并设置【涂抹】效果和【粗糙化】效果。操作完成后的效果如图 2-77 所示。

图 2-77　粉笔文字

学习目标

- 掌握【涂抹】效果的设置方法。
- 学习【粗糙化】效果的设置方法。

操作步骤

(1) 启动软件后按 Ctrl+N 组合键新建文档。在【新建文档】对话框中，将【宽度】设置为 290mm，【高度】设置为 250mm，【颜色模式】设置为 RGB，【栅格效果】设置为 300ppi，然后单击【确定】按钮，如图 2-78 所示。

(2) 在菜单栏中选择【文件】|【置入】命令，在弹出的【置入】对话框中，选择随书附带光盘中的 CDROM\ 素材 \Cha02\ 登录背景 .jpg，然后单击【置入】按钮，将素材图片置入到画板中，如图 2-79 所示。

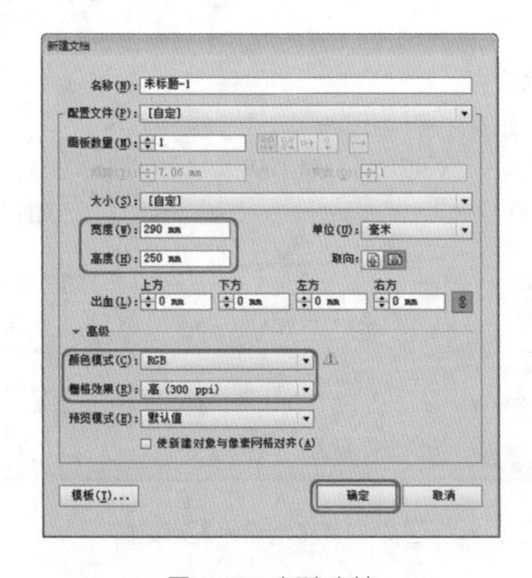

图 2-78　新建文档

图 2-79　置入素材图片

(3) 选择【文字工具】T，在绘图界面中输入文字，然后在属性栏中单击【字符】，在弹出的面板中，将【字体】设置为【长城新艺体】，【字体大小】设置为 48pt，然后调整文字的位置，如图 2-80 所示。

(4) 选中所有文字，在菜单栏中选择【效果】|【风格化】|【涂抹】命令，在弹出的【涂抹选项】对话框中设置涂抹参数，如图 2-81 所示。

图 2-80　输入文字

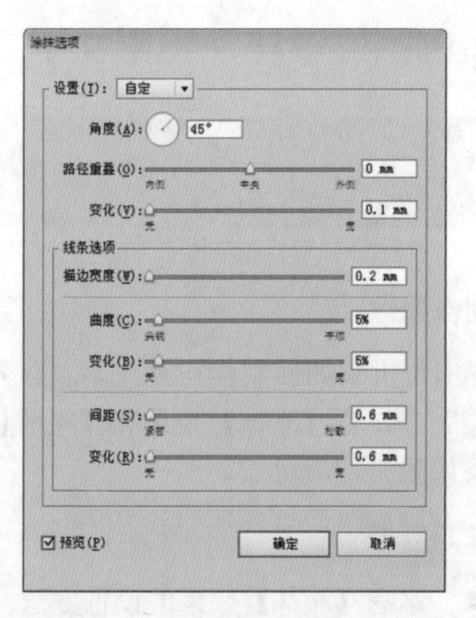

图 2-81　【涂抹选项】对话框

在【涂抹选项】对话框中，选中【预览】复选框，可以查看设置完参数后的【涂抹】效果。

(5) 将文字的字体颜色和描边的 RGB 值都设置为 255、255、255，如图 2-82 所示。

(6) 选中所有文字，在菜单栏中选择【效果】|【扭曲和变换】|【粗糙化】命令，在弹出的【粗糙化】对话框中设置参数，如图 2-83 所示。

图 2-82　设置字体颜色和描边

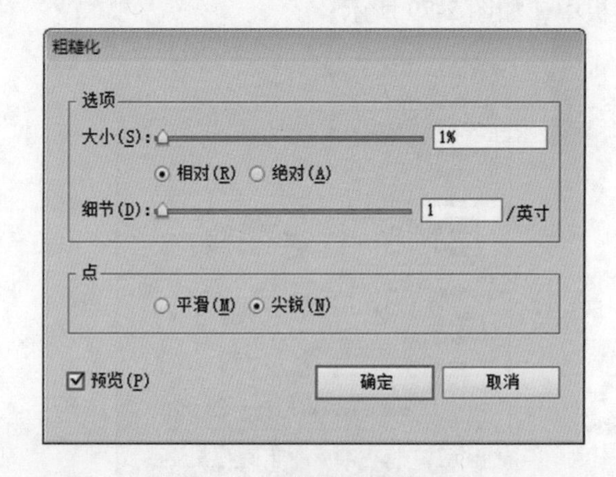

图 2-83　【粗糙化】对话框

(7) 单击【确定】按钮完成操作。最后将场景文件进行保存并导出效果图片。

案例精讲 016　凹凸文字

案例文件：CDROM \ 场景 \ Cha02 \ 凹凸文字 .ai

视频文件：视频教学 \ Cha02 \ 凹凸文字 .avi

制作概述

本例将讲解如何制作凹凸文字。首先打开，然后输入文字并设置文字新填充颜色的【内发光】效果，再继续添加新的填充并设置【变换】效果。完成后的效果如图 2-84 所示。

图 2-84　凹凸文字

学习目标

- 学习设置【内发光】效果。
- 学习设置【变换】效果。

操作步骤

(1) 启动软件后按 Ctrl+O 组合键，在弹出的【打开】对话框中，选择随书附带光盘中的 CDROM\ 素材 \Cha02\ 凹凸文字 .ai 文件，如图 2-85 所示。

(2) 单击【打开】按钮，将素材文件打开，如图 2-86 所示。

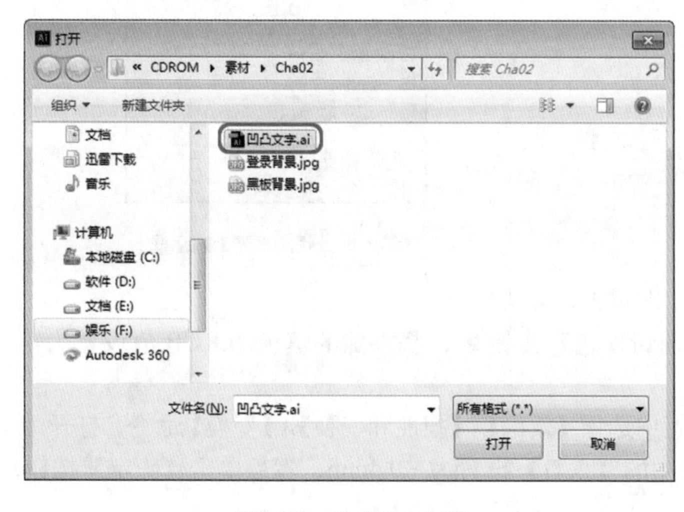

图 2-85　【打开】对话框

图 2-86　打开素材

(3) 选择【文字工具】T，在绘图页中输入文字，然后在属性栏中单击【字符】，在弹出的面板中，将【字体】设置为 Vani，【字体大小】设置为 72pt，然后调整文字的位置，如图 2-87 所示。

(4) 将文字的颜色设置为无色，如图 2-88 所示。

(5) 打开【外观】面板，单击【添加新填色】按钮▣，将添加的填色设置为青色，如图 2-89 所示。

图 2-87　输入文字

图 2-88　更改文字颜色

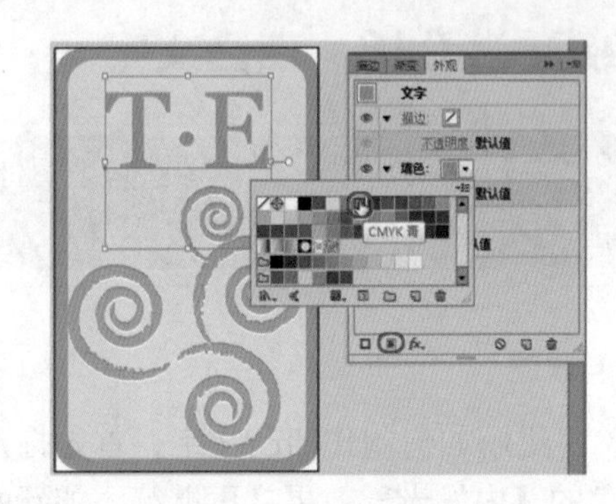

图 2-89　设置新填色

(6) 选中文字，在菜单栏中选择【效果】|【风格化】|【内发光】命令，如图 2-90 所示。

(7) 在弹出的【内发光】对话框中，将颜色设置为白色，【不透明度】设置为 30%，【模糊】设置为 1mm，然后选中【中心】单选按钮，如图 2-91 所示。

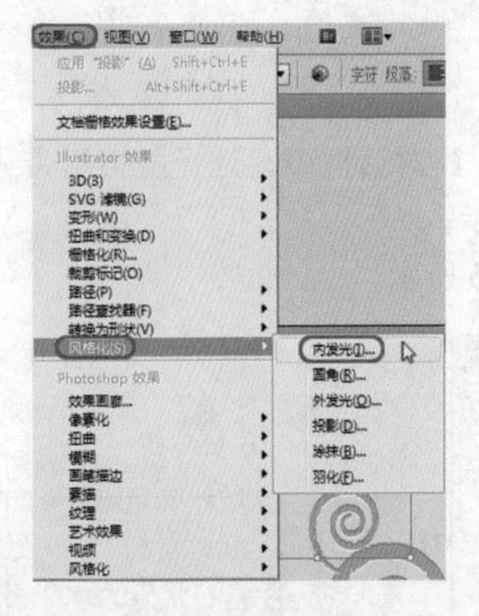

图 2-90　选择【内发光】命令

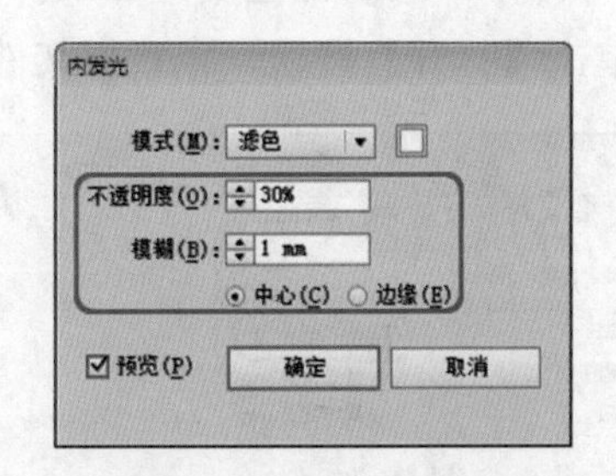

图 2-91　【内发光】对话框

(8) 单击【确定】按钮，内发光效果如图 2-92 所示。

(9) 在【外观】面板中单击【添加新填色】按钮■，将添加的填色的 RGB 值设置为 3、110、184，如图 2-93 所示。

(10) 选中新添加的填色，在菜单栏中选择【效果】|【扭曲和变换】|【变换】命令，打开【变换效果】对话框，将【移动】选项组中的【垂直】设置为 −0.4mm，然后单击【确定】按钮，如图 2-94 所示。

(11) 在【外观】面板中，将新添加的填色移动至最底层，然后查看其效果，如图 2-95 所示。

(12) 在【外观】面板中单击【添加新填色】按钮■，将添加的填色设置为白色，如图 2-96 所示。

(13) 选中新添加的填色，在菜单栏中选择【效果】|【扭曲和变换】|【变换】命令，打开【变换效果】对话框，将【移动】选项组中的【垂直】设置为 0.4mm，然后单击【确定】按钮，如图 2-97 所示。

(14) 在【外观】面板中，将新添加的填色移动至最底层，然后查看其效果，如图 2-98 所示。最后将场景文件进行保存并导出效果图片。

图 2-92　内发光效果

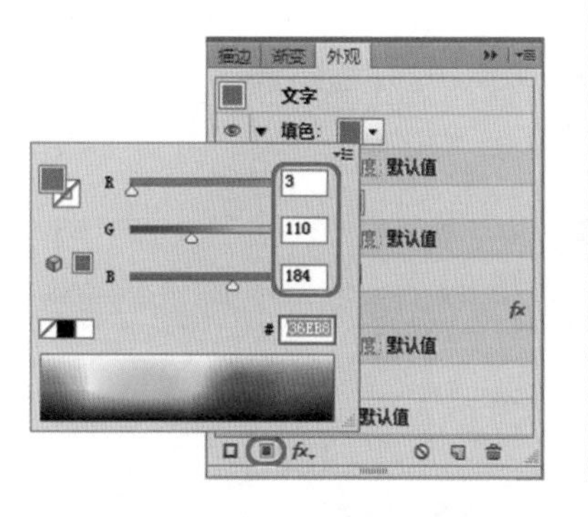

图 2-93　设置填色

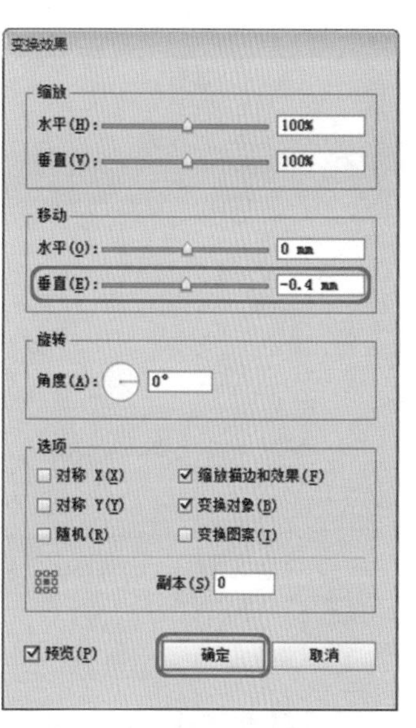

图 2-94　【变换效果】对话框

图 2-95　调整填色的顺序位置

图 2-96　添加新填色

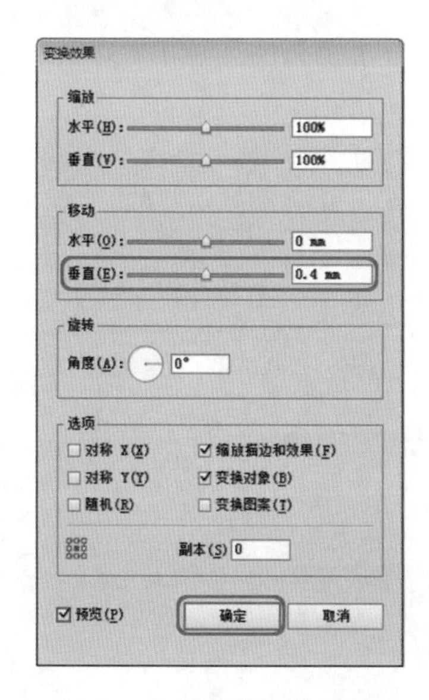

图 2-97　【变换效果】对话框

图 2-98　调整填色的顺序位置

第 3 章 按钮和图标设计

本章重点

- 播放按钮
- 咖啡标志按钮设计
- 日历图标
- 游戏图标
- 文字按钮
- 立体微信图标

我们在浏览网页时，会发现很多按钮和图标，本章将详细介绍一些按钮和图标的制作流程，其中包括播放器按钮、咖啡标志按钮、游戏图标等，通过本章的学习，可以对按钮和图标的制作有一定的了解。

案例精讲 017　播放按钮

案例文件：CDROM \ 场景 \ Cha03 \ 播放按钮 .ai

视频文件：视频教学 \ Cha03 \ 播放按钮 .avi

制作概述

本例将讲解如何制作透明的播放按钮，其重点是如何掌握渐变色和不透明度之间的应用。完成后的效果如图 3-1 所示。

图 3-1　播放按钮

学习目标

- 掌握基本图形的绘制。
- 掌握渐变色和不透明度工具的使用。

操作步骤

(1) 启动软件后，按 Ctrl+N 组合键，弹出【新建文档】对话框，在【名称】文本框中输入“播放按钮”，将【单位】设置为【毫米】，【宽度】设置为 250mm，【高度】设置为 250mm，【颜色模式】设置为 RGB，然后单击【确定】按钮，如图 3-2 所示。

(2) 选择【圆角矩形】，在场景中单击，弹出【圆角矩形】对话框，将【宽度】和【高度】都设置为 111mm，【圆角半径】设置为 10，单击【确定】按钮，如图 3-3 所示。

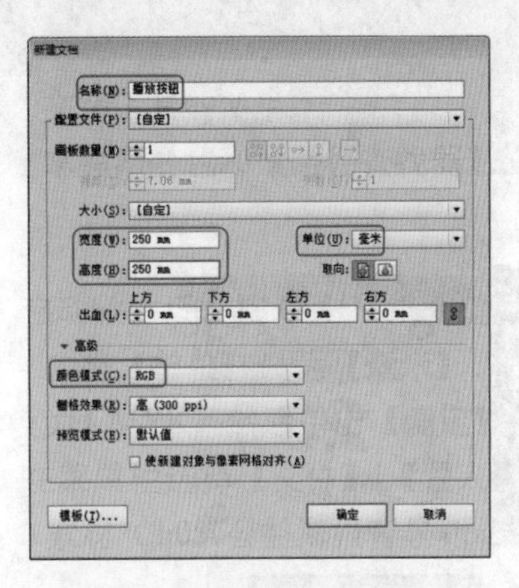

图 3-2　【新建文档】对话框

图 3-3　绘制圆角矩形

(3) 将上一步创建的矩形的【填充颜色】设为渐变，其中，将 0% 位置的 RGB 值设为 255、255、255，100% 位置的 RGB 值设为 77、77、77，【角度】设为 90，进行填充，如图 3-4 所示。

(4) 设置上一步矩形的【描边】与【填充颜色】相同的渐变，如图 3-5 所示。

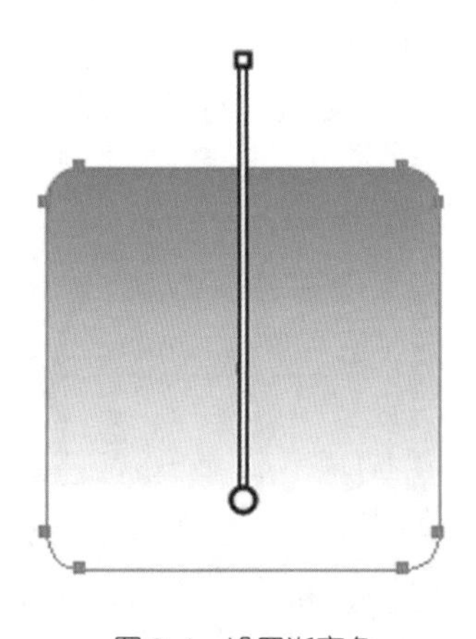

图 3-4 设置渐变色

图 3-5 设置描边

(5) 选择上一步绘制的矩形，将其进行复制，并将复制的矩形的【填充颜色】设为黑色，将【描边】设为无，并将其放置到渐变矩形的正上方，如图 3-6 所示。

(6) 选择上一步创建的矩形，在菜单栏中选择【效果】|【风格化】|【外发光】命令，弹出【外发光】对话框，将【模式】设为【正常】，【发光颜色】的 RGB 值设为 10、10、10，【不透明度】设为 100%，【模糊】设为 10mm，单击【确定】按钮，如图 3-7 所示。

图 3-6 复制矩形

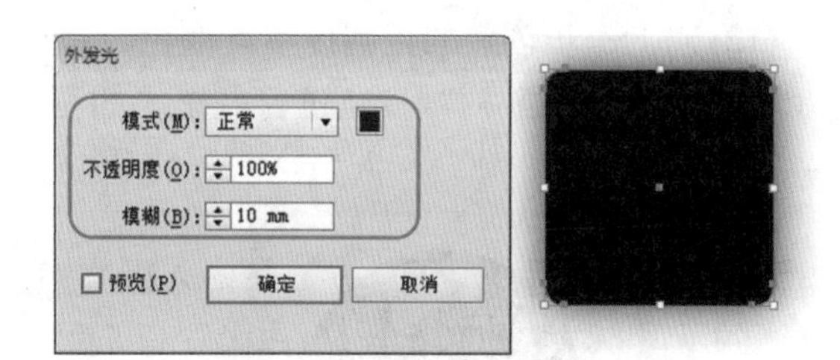

图 3-7 设置外发光参数

(7) 选择第一步创建的渐变矩形，对其进行复制，修改填充渐变色，将渐变色设为 0% 位置为白色，100% 位置的 RGB 值为 190、190、190，并对其进行调整，如图 3-8 所示。

(8) 利用【圆角矩形】绘制如图 3-9 所示的圆角矩形。

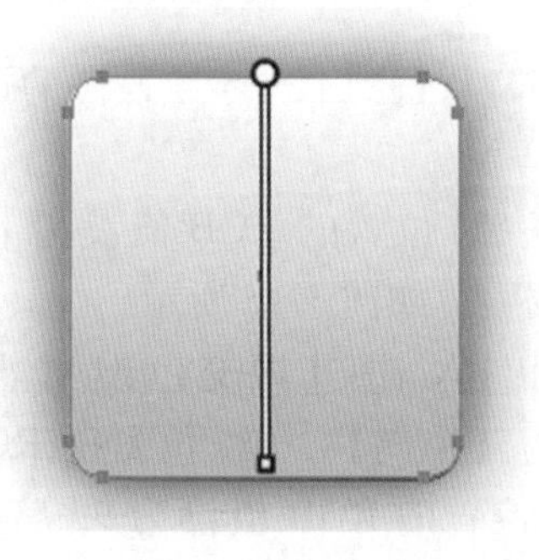

图 3-8 设置渐变色

图 3-9 绘制圆角矩形

(9) 对上一步创建的矩形填充白色到黑色的渐变，如图 3-10 所示。

(10) 选择上一步创建的矩形，在属性栏中单击【不透明度】按钮，将其【模式】设为【滤色】，将【不透明度】设为 15%，效果如图 3-11 所示。

图 3-10 填充渐变色

图 3-11 调整不透明度

知识链接

当一个图层使用了滤色模式时，图层中纯黑的部分变成完全透明，纯白部分完全不透明，其他的颜色根据颜色级别产生半透明的效果。

(11) 利用【椭圆工具】绘制【宽度】和【高度】分别为 91.5mm 的正圆，如图 3-12 所示。

(12) 对上一步创建的正圆设置渐变色，将渐变色设为白色到 RGB 值为 178、178、178 的渐变，并利用【渐变工具】对渐变色进行调整，如图 3-13 所示。

图 3-12 绘制正圆

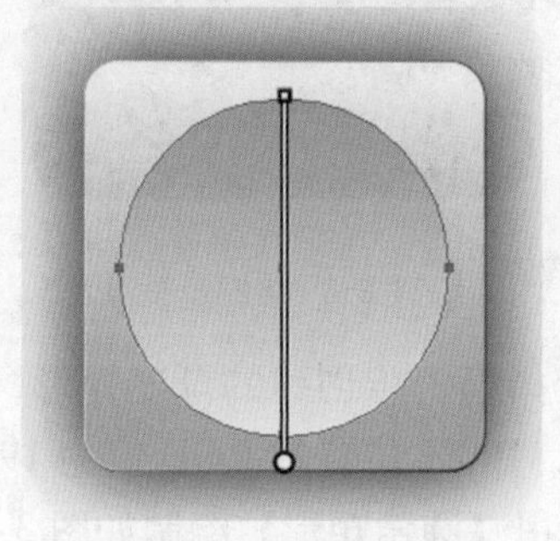

图 3-13 设置渐变色

(13) 继续绘制【宽度】和【高度】都为 87mm 的正圆，放置到上一步绘制圆的正上方，利用【对齐】面板将其对齐，如图 3-14 所示。

(14) 选择上一步创建的椭圆，对其设置渐变色，将 0% 位置的 RGB 值设为 163、163、163，100% 位置设为黑色，利用【渐变工具】对其进行调整，如图 3-15 所示。

(15) 继续绘制【宽度】和【高度】都为 83mm 的正圆，将其填充色设为渐变色，按 Shift+F9 组合键，打开【渐变】面板，将【类型】设为【径向】，0% 位置的 RGB 值设为 218、8、0，48% 位置的 RGB 值设为 208、0、0，100% 位置的 RGB 值设为 99、0、0，并对渐变滑块适当调整，如图 3-16 所示。

图 3-14　绘制正圆

图 3-15　绘制正圆

(16) 返回到场景中，利用【渐变工具】对其进行适当调整，如图 3-17 所示。

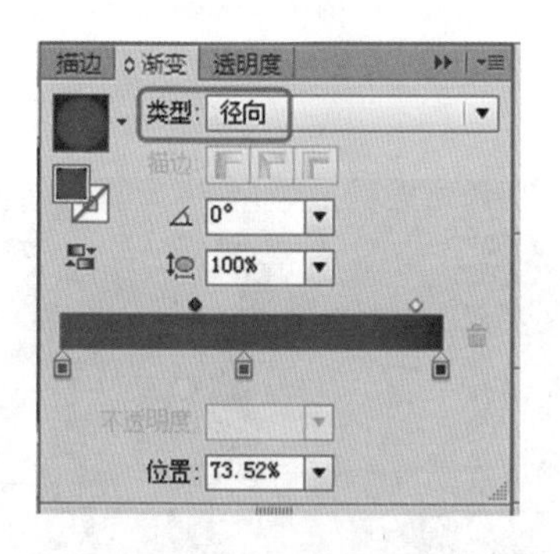

图 3-16　设置渐变色

图 3-17　调整渐变色

(17) 选择上一步创建的圆形，按 Ctrl+C 组合键进行复制，按 Ctrl+F 组合键粘贴到当前位置，修改复制后圆形的渐变色，打开【渐变】面板，设置渐变色为 86% 位置为黑色，100% 位置的 RGB 值为 172、128、122，将【渐变滑块】设为 66%，如图 3-18 所示。

(18) 选择上一步设置的正圆，在属性栏中单击【不透明度】按钮，将其【模式】设为【滤色】，如图 3-19 所示。

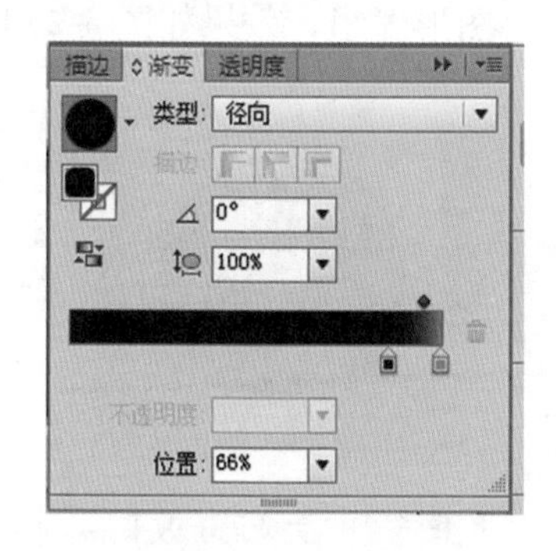

图 3-18　设置渐变色

图 3-19　设置不透明度

(19) 利用【钢笔工具】绘制如图 3-20 所示的形状，将其填充色的 RGB 值设为 21、234、203，【描边】设为无。

(20) 选择上一步创建的形状，将其【不透明度】设为 5%，效果如图 3-21 所示。

(21) 利用【钢笔工具】绘制如图 3-22 所示的形状。

(22) 对上一步创建的形状设置渐变色，将渐变色类型设为【线性】，渐变色设为 0% 位置

为黑色，100% 位置的 RGB 值设为 160、110、112，并使用【渐变工具】对渐变色进行调整，如图 3-23 所示。

图 3-20　绘制形状

图 3-21　完成后的效果

图 3-22　绘制形状

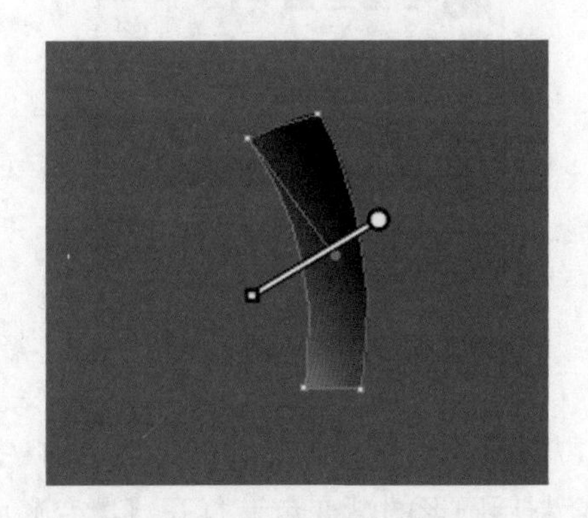

图 3-23　调整渐变色

(23) 选择上一步创建的形状，在属性栏中单击【不透明度】按钮，在弹出的面板中将【混合模式】设为【滤色】，如图 3-24 所示。

(24) 使用相同的方法绘制出其他高光区域，并对绘制的图形编组，效果如图 3-25 所示。

图 3-24　设置混合模式

图 3-25　完成后的效果

(25) 利用【钢笔工具】绘制形状，并对其填充白色到黑色的渐变，如图 3-26 所示。

(26) 选择上一步绘制的形状，在属性栏中将【不透明度】设为 50%，【混合模式】设为【滤色】，完成后的效果如图 3-27 所示。

图 3-26　设置渐变色

图 3-27　绘制正圆

(27) 利用【椭圆工具】绘制【宽度】和【高度】都为 72mm 的正圆，并对其填充渐变色。打开【渐变】面板，将【类型】设为【径向】，将 37% 位置设为白色，64% 位置的 RGB 值设为 183、147、152，100% 位置设为黑色，如图 3-28 所示。

(28) 利用【渐变工具】对渐变色进行调整，如图 3-29 所示。

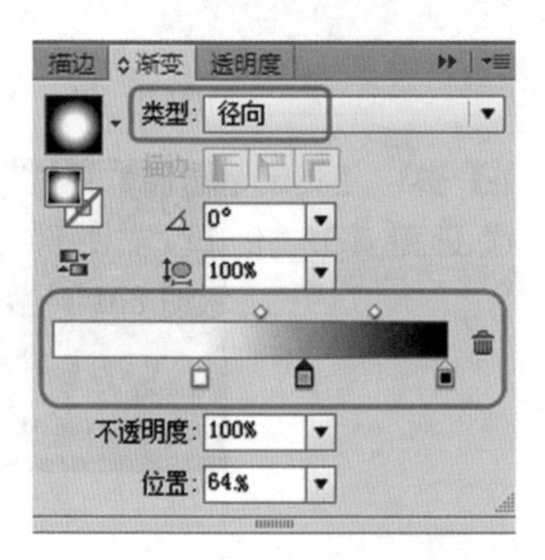

图 3-28　设置渐变色

图 3-29　调整渐变色

(29) 选择上一步创建的渐变圆形，在属性栏中将【不透明度】的【混合模式】设为【滤色】，完成后的效果如图 3-30 所示。

(30) 使用前面介绍的方法，再次制作按钮的反光部分，如图 3-31 所示。

图 3-30　设置不透明度

图 3-31　绘制反光区

(31) 在工具箱中选择【星形工具】，按住 Shift 键结合下方向键绘制正三角形，并使用【选择工具】调整其角度，如图 3-32 所示。

(32) 选择上一步创建的三角形，在属性栏中将其【不透明度】设为 40%，完成后的效果如图 3-33 所示。

图 3-32　绘制正三角形

图 3-33　调整透明度

案例精讲 018　咖啡标志按钮设计

案例文件：CDROM \ 场景 \ Cha03 \ 咖啡标志按钮设计 .ai

视频文件：视频教学 \ Cha03 \ 咖啡标志按钮设计 .avi

制作概述

本例讲解如何制作咖啡标志按钮，其中主要应用了渐变色的设置，完成后的效果如图 3-34 所示。

图 3-34　咖啡标志按钮

学习目标

- 掌握基本图形的绘制。
- 掌握渐变色的设置和调节。

操作步骤

(1) 启动软件后，按 Ctrl+N 组合键，在弹出的【新建文档】对话框中输入【名称】为“咖啡标志设计”，将【单位】设为【像素】，【宽度】设置为 1200px，【高度】设置为 900px，【颜色模式】设为 RGB，然后单击【确定】按钮，如图 3-35 所示。

(2) 选择【矩形工具】，绘制和文档同样大小的矩形，将其【填充色】的 RGB 值设为 53、4、6，【描边】设为无，如图 3-36 所示。

(3) 在工具箱中选择【椭圆工具】，在文档中单击鼠标左键，在弹出的对话框中，将【宽度】和【高度】都设为 751px，然后单击【确定】按钮，如图 3-37 所示。

(4) 选择上一步创建的正圆形，在工具箱中将【描边】设为无，【填充色】设为渐变色，打开【渐变】面板，将【类型】设为【径向】，0% 位置的 RGB 值设为 60、0、7，21% 位置的 RGB 值设为 99、16、21，35% 位置的 RGB 值设为 118、37、28，66% 位置的 RGB 值设为 188、57、32，100% 位置的 RGB 值设为 233、189、46，如图 3-38 所示。

(5) 返回到场景中，利用【渐变工具】对渐变色进行调整，完成后的效果如图 3-39 所示。

(6) 选择上一步创建的正圆形，按 Ctrl+C 组合键进行复制，按 Ctrl+F 组合键将其粘贴到当前位置，按 Shift+F8 组合键，弹出【变换】面板，将【宽】和【高】都设为 722px，如图 3-40 所示。

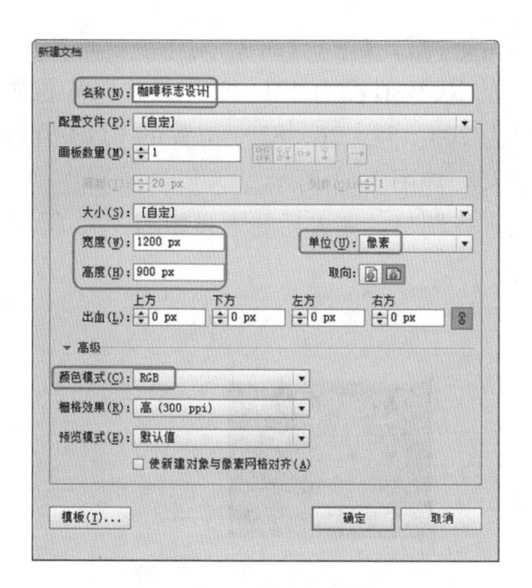

图 3-35 【新建文档】对话框

图 3-36 绘制矩形

图 3-37 绘制正圆形

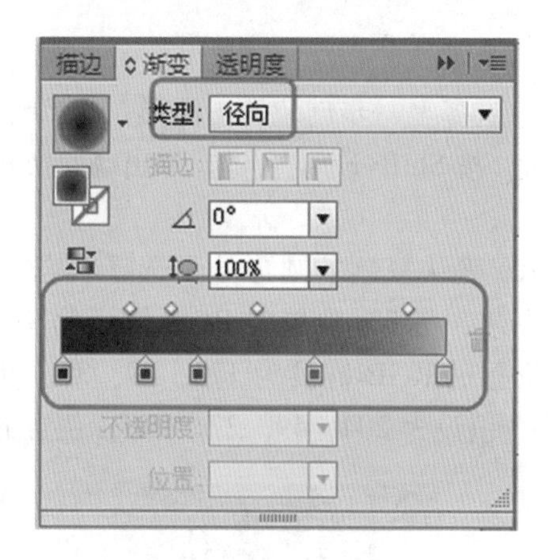

图 3-38 设置渐变色

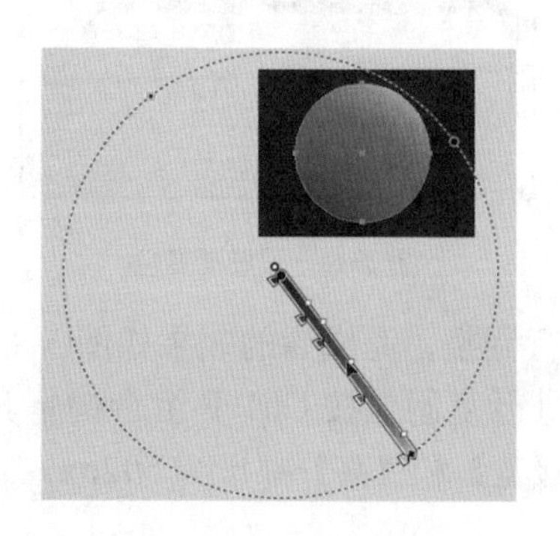

图 3-39 设置渐变色

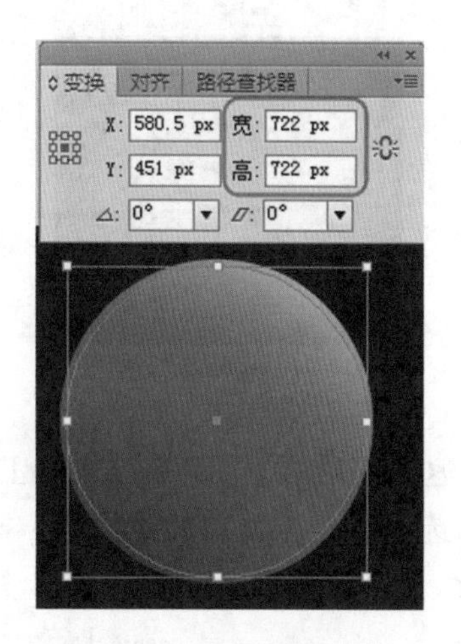

图 3-40 设置矩形的宽和高

(7) 确认复制的圆形处于选择状态，按Ctrl+F9组合键，打开【渐变】面板，对渐变色进行更改，将0%位置的RGB值设为169、33、36，47%位置的RGB值设为221、89、30，56%位置的RGB值设为209、94、22，67%位置的RGB值设为205、57、26，87%位置的RGB值设为100、48、24，100%位置的RGB值设为153、57、35，如图3-41所示。

(8) 返回到场景中，利用【渐变工具】对渐变色进行调整，完成后的效果如图3-42所示。

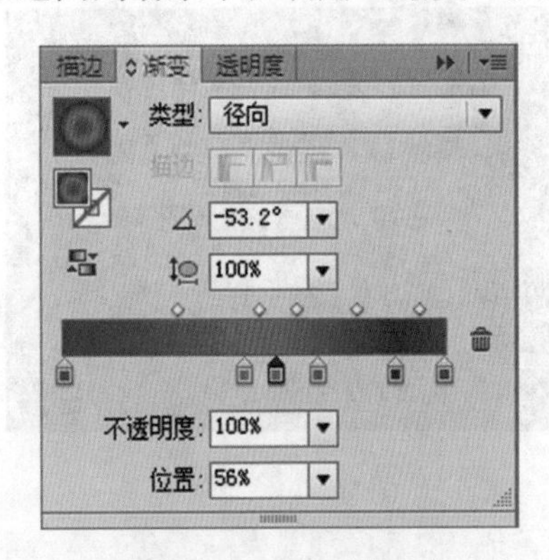

图3-41 设置渐变色

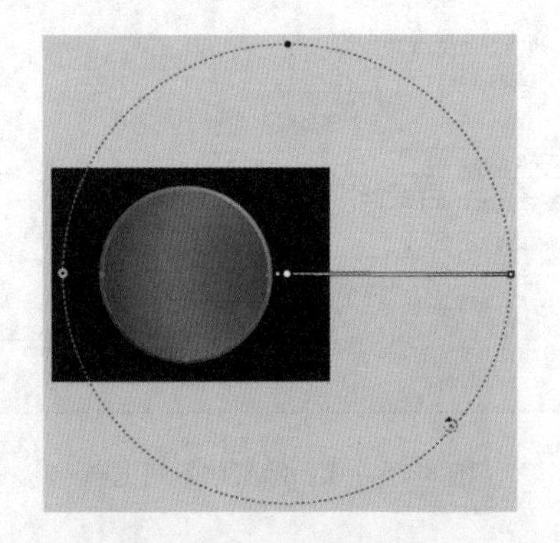

图3-42 调整渐变色

(9) 选择上一步创建的正圆形，按Ctrl+C组合键进行复制，按Ctrl+F组合键将其粘贴到当前位置，按Shift+F8组合键，弹出【变换】面板，将【宽】和【高】都设为624.5px，如图3-43所示。

(10) 确认复制的圆形处于选择状态，按Ctrl+F9组合键，打开【渐变】面板，对渐变色进行更改，将0%位置的RGB值设为99、16、21，50%位置的RGB值设为119、35、28，61%位置的RGB值设为170、49、36，70%位置的RGB值设为230、134、67，74.5%位置的RGB值设为204、49、27，100%位置的RGB值设为99、16、27，如图3-44所示。

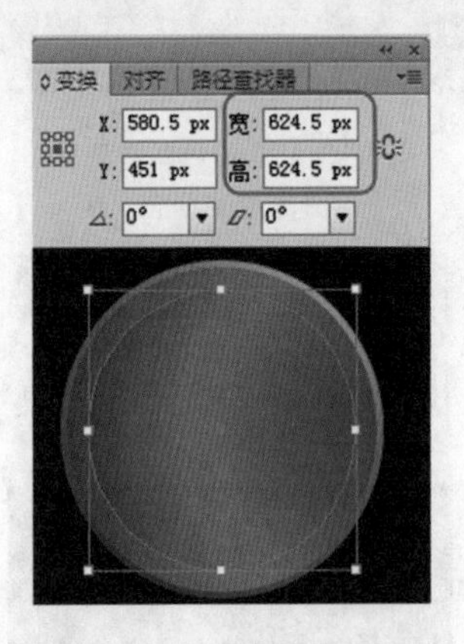

图3-43 复制并调整

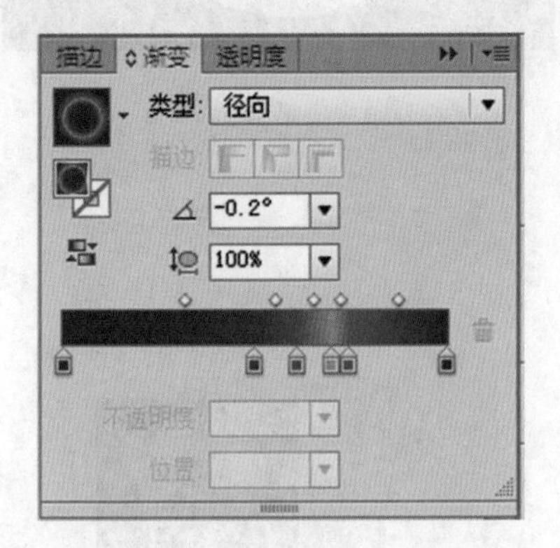

图3-44 设置渐变色

(11) 返回到场景中，利用【渐变工具】对渐变色进行调整，完成后的效果如图3-45所示。

(12) 选择上一步创建的正圆形，按Ctrl+C组合键进行复制，按Ctrl+F组合键将其粘贴到当前位置，按Shift+F8组合键，弹出【变换】面板，将【宽】和【高】都设为592px，如图3-46所示。

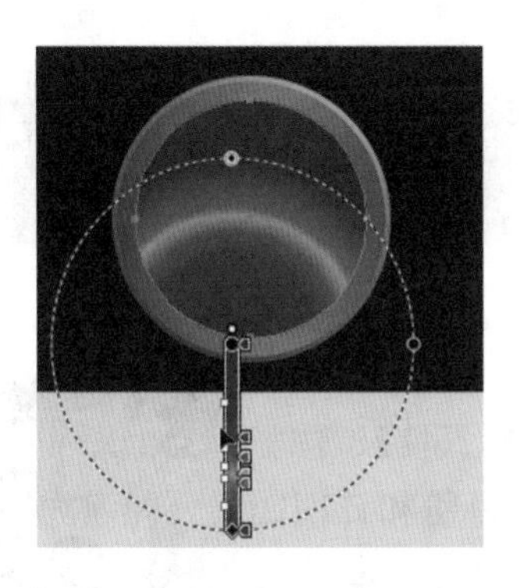

图 3-45 调整渐变色

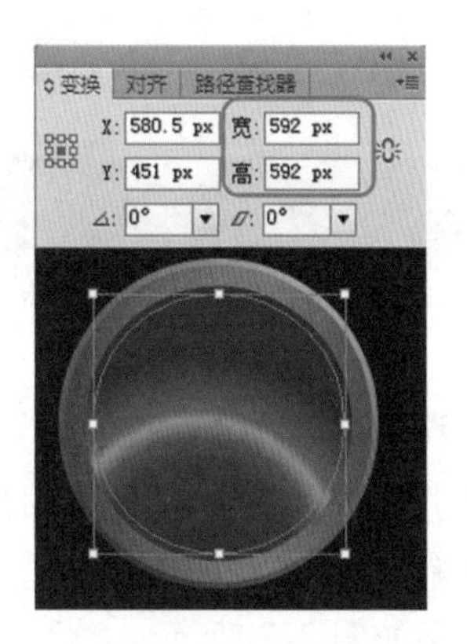

图 3-46 复制正圆

(13) 确认复制的圆形处于选择状态，按 Ctrl+F9 组合键，打开【渐变】面板，对渐变色进行更改，将 0% 位置的 RGB 值设为 176、103、33，70% 位置的 RGB 值设为 210、100、22，80% 位置的 RGB 值设为 225、119、40，91% 位置的 RGB 值设为 232、218、57，94% 位置的 RGB 值设为 177、118、31，100% 位置的 RGB 值设为 58、23、9，如图 3-47 所示。

(14) 返回到场景中，利用【渐变工具】对渐变色进行调整，完成后的效果如图 3-48 所示。

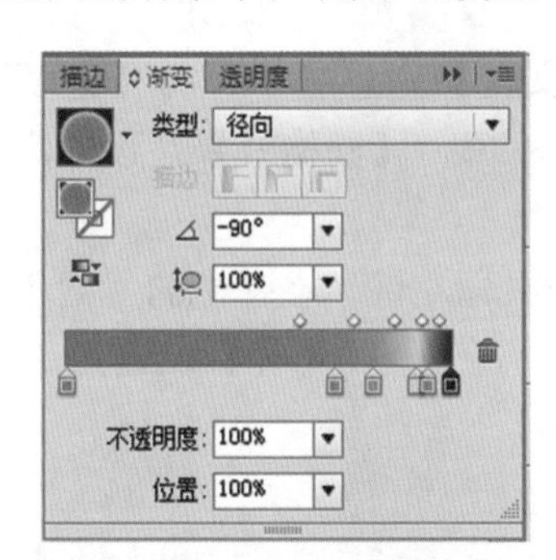

图 3-47 设置渐变色

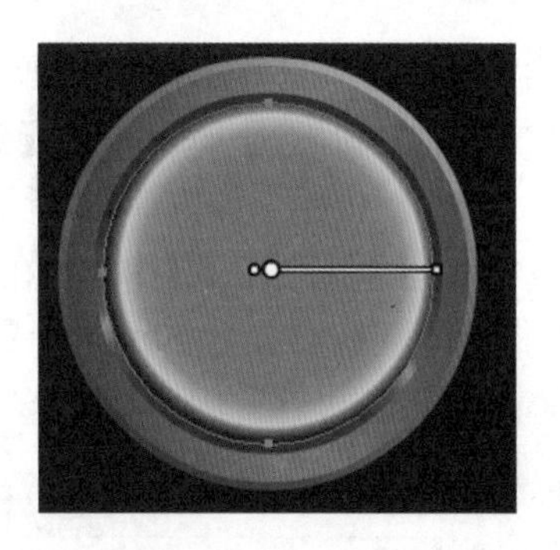

图 3-48 调整渐变色

(15) 在菜单栏中选择【文件】|【置入】命令，弹出【置入】对话框，选择附带光盘中的 CDROM \ 素材 \ Cha03 \ 咖啡标志 .ai 文件，如图 3-49 所示。

(16) 单击【置入】按钮，返回到场景中，单击鼠标右键，完成导入并调整位置，如图 3-50 所示。

图 3-49 选择导入的文件

图 3-50 查看导入的文件

案例精讲 019 日历图标

案例文件：CDROM \ 场景 \ Cha03 \ 日历图标 .ai

视频文件：视频教学 \ Cha03 \ 日历图标 .avi

制作概述

本例将讲解如何制作UI日历图标。首先使用【圆角矩形工具】、【钢笔工具】、【椭圆工具】制作图标的背景，然后绘制日历中的月份和日期。完成后的效果如图3-51所示。

图 3-51 日历图标

学习目标

- 掌握【圆角矩形工具】的使用方法。
- 学习【钢笔工具】的使用方法。
- 学习【投影】效果的设置。

操作步骤

(1) 启动软件后按Ctrl+N组合键，在弹出的【新建文档】对话框中，将【宽度】设置为150mm，【高度】设置为150mm，【颜色模式】设置为RGB，【栅格效果】设置为300ppi，然后单击【确定】按钮，如图3-52所示。

(2) 选择【圆角矩形工具】，在画板的空白处单击鼠标左键，在弹出的【圆角矩形】对话框中，将【宽度】设置为60mm，【高度】设置为57mm，【圆角半径】设置为3mm，然后单击【确定】按钮，如图3-53所示。

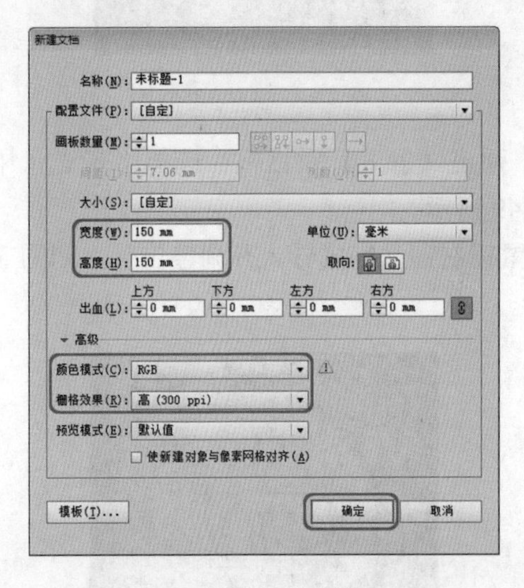

图 3-52 创建文档

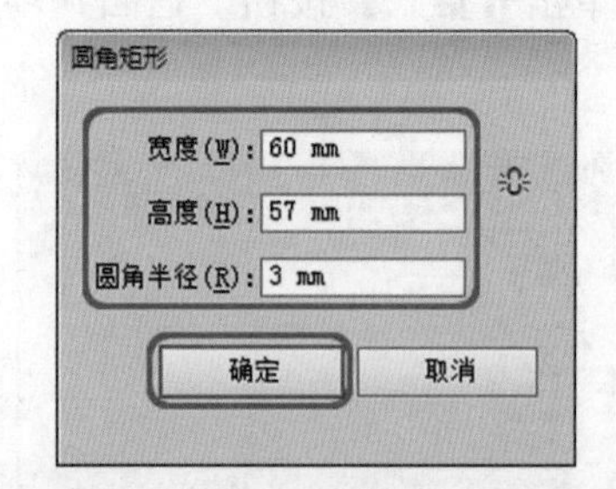

图 3-53 【圆角矩形】对话框

(3) 调整圆角矩形的位置，将其填充颜色的RGB值设置为255、227、156，【描边】设置为无色，如图3-54所示。

(4) 选中绘制的圆角矩形，按Ctrl+C组合键和Ctrl+F组合键，将其在原位置复制，选中复

制得到的圆角矩形，将其填充颜色的RGB值设置为190、150、80，然后向右调整其位置，如图3-55所示。

图3-54　设置圆角矩形的颜色

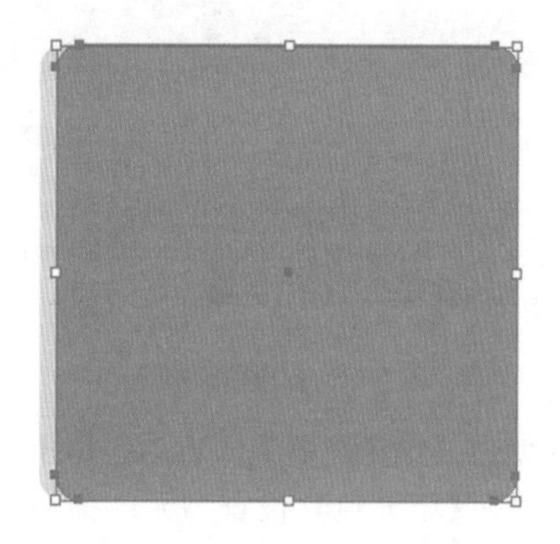
图3-55　更改圆角矩形的颜色

知识链接

UI：即User Interface（用户界面）的简称。UI设计则是指对软件的人机交互、操作逻辑、界面美观的整体设计。好的UI设计不仅是让软件变得有个性、有品位，还会让软件的操作变得舒适、简单、自由，充分体现软件的定位和特点。

(5) 使用相同的方法复制圆角矩形，然后将其填充颜色的RGB值设置为227、198、80，将复制得到的圆角矩形适当缩放，然后向左上方调整其位置，如图3-56所示。

(6) 选择【圆角矩形工具】，绘制圆角矩形，将其填充颜色的RGB值设置为51、51、51，【描边】设置为无色，如图3-57所示。

图3-56　更改圆角矩形的颜色

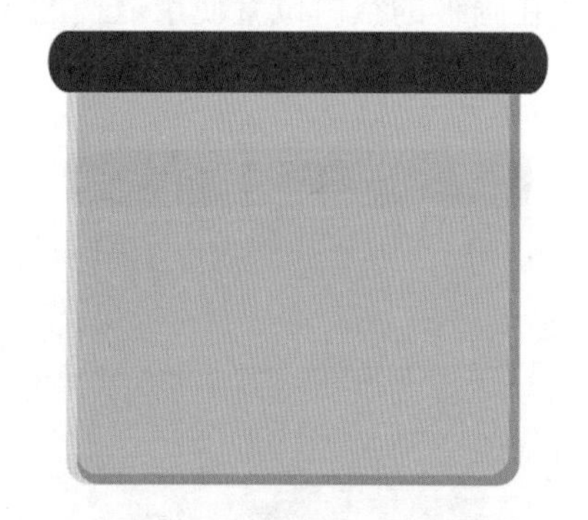
图3-57　绘制圆角矩形

(7) 原位置复制圆角矩形，适当缩放圆角矩形并调整其位置，然后单击【渐变】按钮，在弹出的【渐变】面板中，将【类型】设置为【径向】，然后将0%位置颜色的RGB值设置为255、255、255，100%位置颜色的RGB值设置为0、0、0，如图3-58所示。

(8) 原位置复制圆角矩形，适当缩放圆角矩形的高度并调整其位置，然后单击工具箱中的【颜色】按钮，将其颜色的RGB值设置为0、0、0，如图3-59所示。

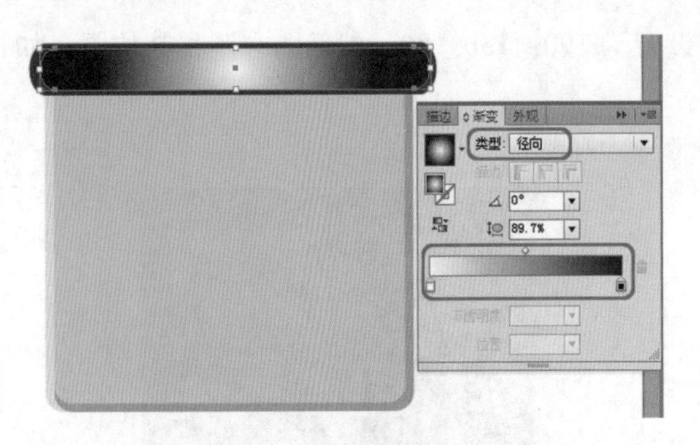

图 3-58　设置渐变颜色

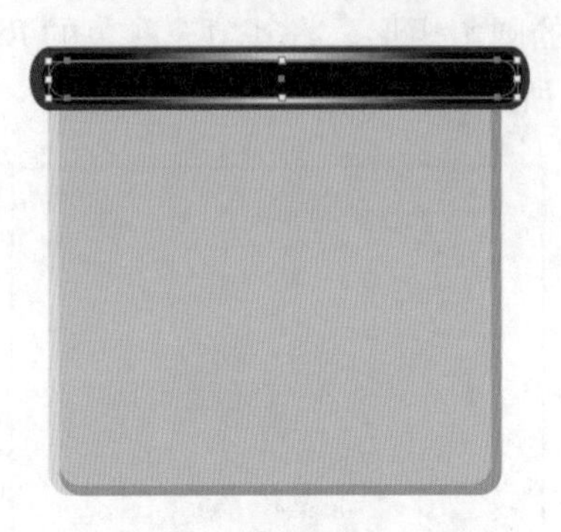

图 3-59　复制圆角矩形并设置颜色

(9) 使用【钢笔工具】，在如图 3-60 所示位置单击添加锚点。

(10) 将【填充色】设置为无，描边颜色的 RGB 值设置为 153、102、51，【描边】设置为 2pt，在另一点单击鼠标，绘制完成一条线段，如图 3-61 所示。

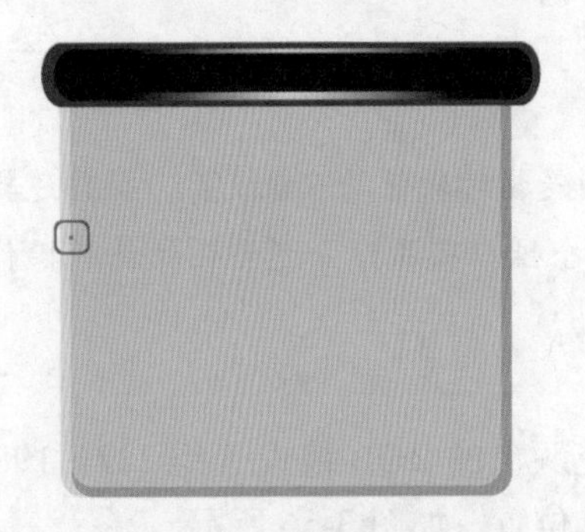

图 3-60　单击添加锚点

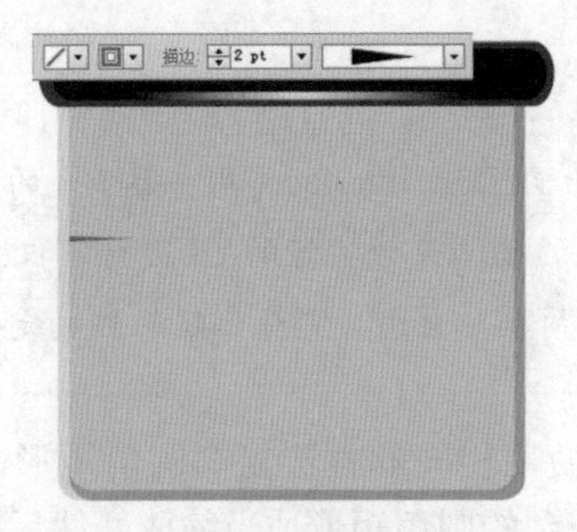

图 3-61　绘制线段

(11) 使用【钢笔工具】绘制其他线段，如图 3-62 所示。

(12) 在画板的空白位置使用【椭圆工具】绘制一个椭圆，将其颜色设置为黑色，描边设置为无，如图 3-63 所示。

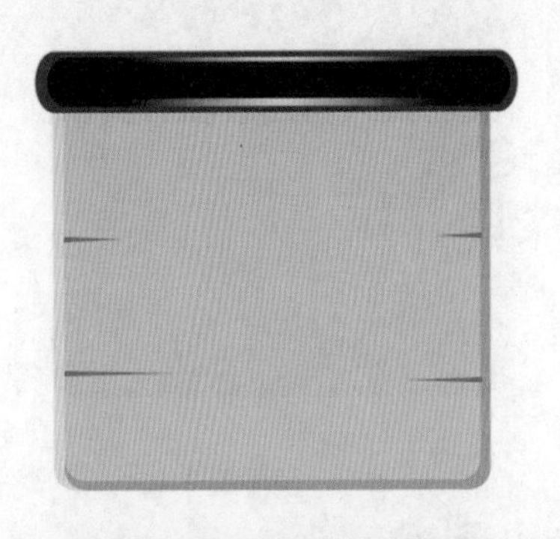

图 3-62　绘制其他线段

图 3-63　绘制椭圆

(13) 继续使用【椭圆工具】绘制一个椭圆，将其颜色的 RGB 值设置为 153、153、153，【描边】设置为无，如图 3-64 所示。

(14) 继续使用【椭圆工具】绘制一个椭圆，将其颜色的 RGB 值设置为 255、255、255，【描边】设置为无，如图 3-65 所示。

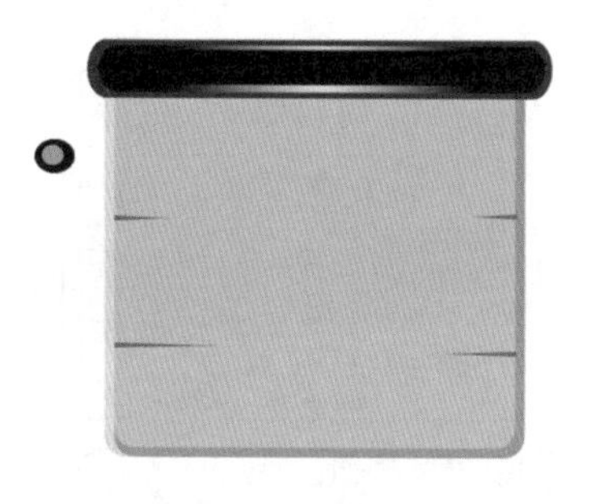

图 3-64　绘制椭圆

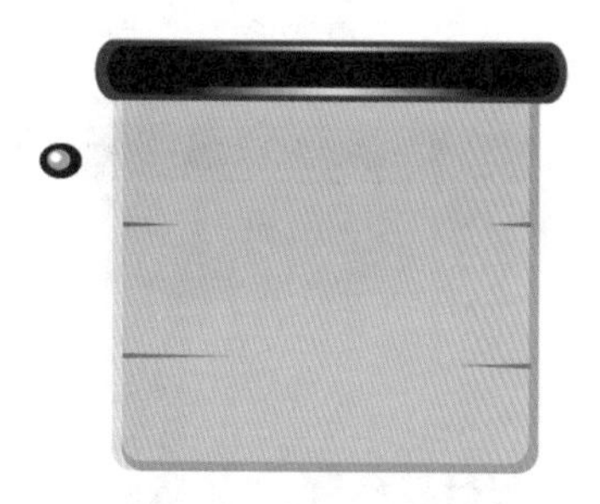

图 3-65　绘制椭圆

用户也可以将椭圆进行复制并对其进行缩放。

(15) 选中绘制的三个椭圆，按 Ctrl+G 组合键，将其成组，然后移动其位置，如图 3-66 所示。

(16) 选中椭圆组，按住 Alt 键，拖动椭圆组进行多次复制，然后调整其位置，如图 3-67 所示。

图 3-66　移动椭圆组的位置

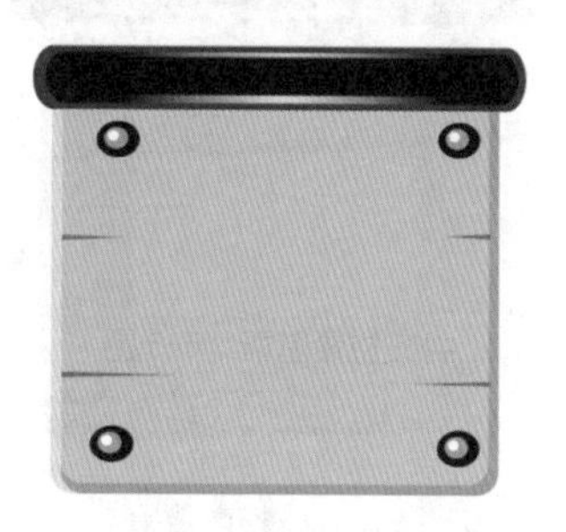

图 3-67　复制椭圆组

(17) 使用【矩形工具】▣，在绘制的图形中单击，在弹出的【矩形】对话框中，将【宽度】设置为 36mm，将【高度】设置为 20mm，然后单击【确定】按钮，如图 3-68 所示。

(18) 调整矩形的位置，将其颜色设置为白色，【描边】设置为无，如图 3-69 所示。

图 3-68　【矩形】对话框

图 3-69　调整矩形

(19) 选中绘制的矩形，按 Ctrl+C 组合键和 Ctrl+F 组合键，将其在原位置复制，然后向上移动复制得到的矩形，如图 3-70 所示。

(20) 选中复制的矩形，在菜单栏中选择【效果】|【风格化】|【投影】命令，在弹出的【投

影】对话框中，设置投影参数，如图 3-71 所示。

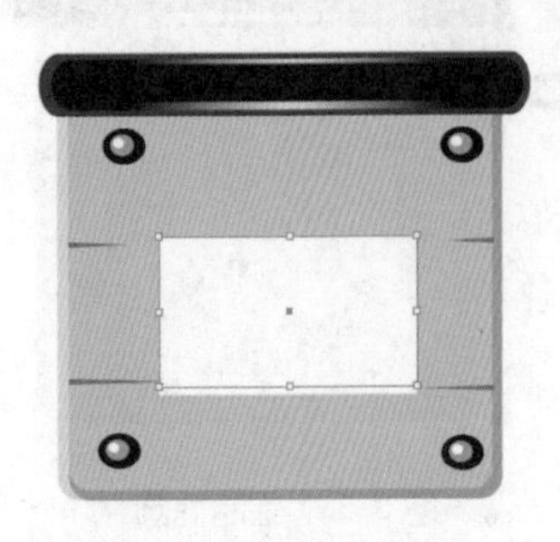

图 3-70　移动矩形

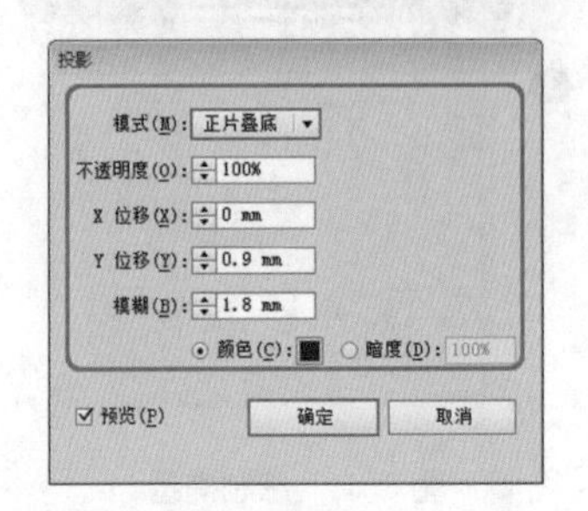

图 3-71　【投影】对话框

(21) 单击【确定】按钮，矩形投影效果如图 3-72 所示。

(22) 选择【文字工具】T，在绘图页中输入文字，然后在属性栏中单击【字符】，在弹出的面板中，将【字体】设置为 Swis721 Blk BT，将【字体大小】设置为 36pt，文字颜色的 RGB 值设置为 153、102、51，然后调整文字的位置，如图 3-73 所示。

图 3-72　投影效果

图 3-73　输入文字

(23) 选择【文字工具】T，在绘图页中输入数字，然后在属性栏中单击【字符】，在弹出的面板中，将【字体】设置为 Swis721 Blk BT，【字体大小】设置为 36pt，文字颜色设置为黑色，然后调整文字的位置，如图 3-74 所示。

(24) 选中数字，在菜单栏中选择【效果】|【风格化】|【涂抹】命令，在弹出的【涂抹选项】对话框中设置涂抹参数，如图 3-75 所示。

图 3-74　输入数字

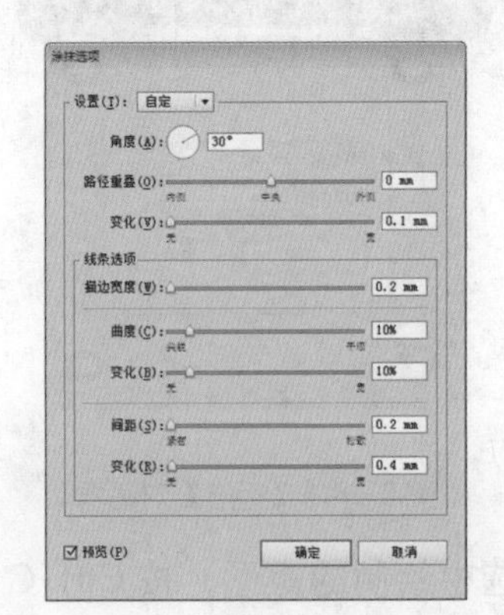

图 3-75　设置涂抹参数

(25) 单击【确定】按钮完成操作。最后将场景文件进行保存并导出效果图片。

案例精讲 020　游戏图标

案例文件：CDROM \ 场景 \ Cha03 \ 游戏图标 .ai

视频文件：视频教学 \ Cha03 \ 游戏图标 .avi

制作概述

本例将讲解如何制作游戏图标。首先使用【圆角矩形工具】制作图标的背景，然后添加【游戏】图标，并使用【混合工具】制作图标的阴影，最后复制图标和圆角矩形，将图标剪切完成后的效果如图 3-76 所示。

图 3-76　游戏图标

学习目标

- 掌握【圆角矩形工具】的使用方法。
- 学习使用【混合工具】制作阴影。

操作步骤

(1) 启动软件后按 Ctrl+N 组合键，新建一个 100mm × 100mm，颜色模式为 RGB 的文档。选择【圆角矩形工具】，绘制一个 50mm × 50mm，【圆角半径】设置为 3mm 的圆角矩形，如图 3-77 所示。

(2) 将圆角矩形的填充颜色的RGB值设置为51、204、255，描边颜色设置为无，如图3-78所示。

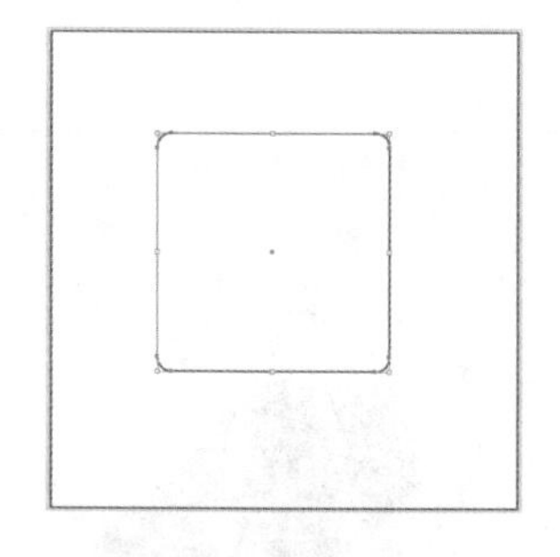

图 3-77　绘制圆角矩形

图 3-78　设置圆角矩形的颜色

(3) 在【符号】面板中，单击【符号库菜单】按钮，如图 3-79 所示。

(4) 在弹出的快捷菜单中选择【网页图标】命令，在弹出的【网页图标】面板中，单击【游戏】图标，将其添加到【符号】面板中，如图 3-80 所示。

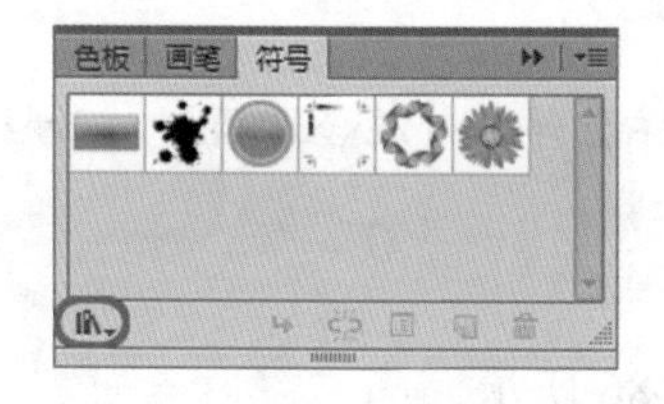

图 3-79　单击【符号库菜单】按钮

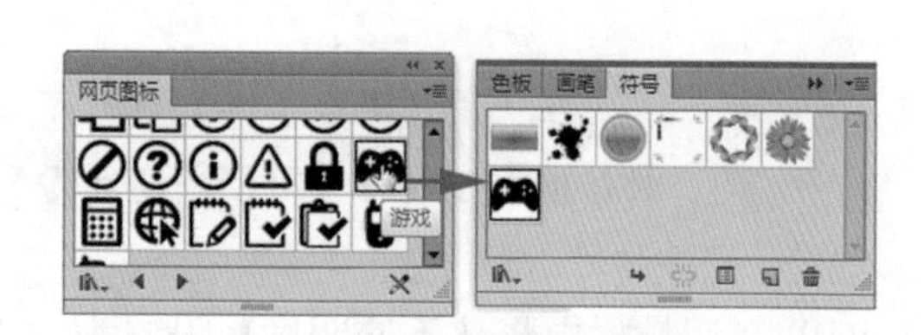

图 3-80　添加【游戏】图标

第 3 章　按钮和图标设计

(5) 关闭【网页图标】面板，将【符号】面板中的【游戏】图标拖动到圆角矩形中，如图 3-81 所示。

(6) 选中【游戏】图标，在属性栏中单击【断开链接】按钮。在工具箱中双击【比例缩放工具】按钮，在弹出的【比例缩放】对话框中，将【等比】设置为 130%，然后单击【确定】按钮，如图 3-82 所示。

(7) 将【游戏】图标移动至圆角矩形的中央，然后按住 Alt 键拖动图标，复制【游戏】图标到如图 3-83 所示的位置。

图 3-81　拖入【游戏】图标

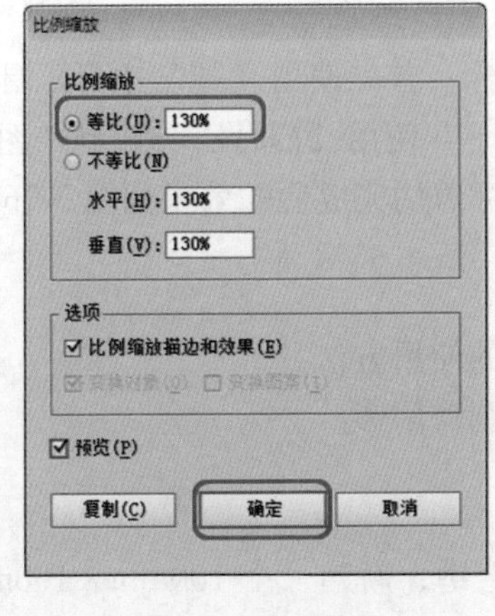

图 3-82　设置缩放

图 3-83　复制图标

(8) 选中复制得到的图标，将其颜色的 RGB 值设置为 102、102、102，如图 3-84 所示。

(9) 在工具箱中单击【混合工具】按钮，在两个图标上分别单击，得到如图 3-85 所示的混合图形。

图 3-84　更改图标颜色

图 3-85　混合图形

在使用【混合工具】时，可以双击，这样会弹出【混合选项】对话框，在该对话框中可以将【间距】设为【平滑颜色】。

(10) 在属性栏中将【不透明度】设置为 30%，如图 3-86 所示。

(11) 在【图层】面板中选中黑色图标，分别按 Ctrl+C 组合键和 Ctrl+F 组合键，对其进行

原位复制，如图 3-87 所示。

(12) 在【图层】面板中，将复制得到的图标移动到图层的顶层，如图 3-88 所示。

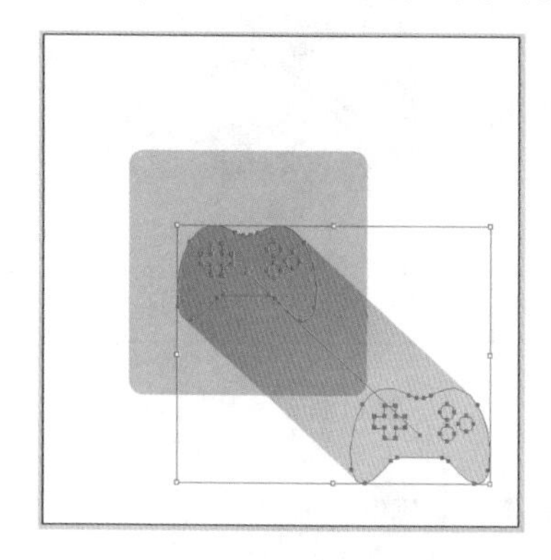

图 3-86　设置【不透明度】

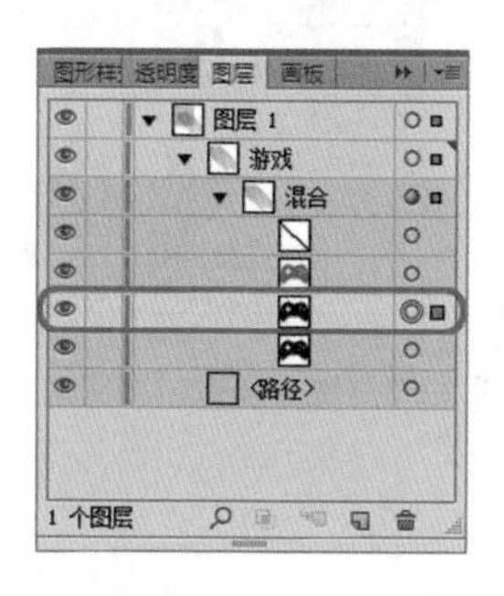

图 3-87　复制图标

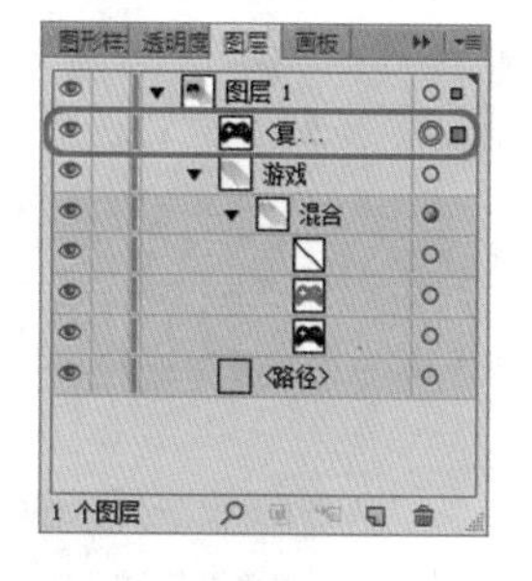

图 3-88　调整图标顺序位置

Ctrl+C 组合键为复制，Ctrl+X 组合键为剪切，Ctrl+V 组合键为粘贴，Ctrl+F 组合键为粘贴到前面，Ctrl+B 组合键为粘贴到后面。

(13) 将复制得到的图标颜色更改为白色，如图 3-89 所示。

(14) 在【图层】面板中，使用相同的方法原位置复制圆角矩形，并将其移动到所有图层的顶层，如图 3-90 所示。

(15) 在【图层】面板中将【混合】图层移动至【游戏】图层的上面，如图 3-91 所示。

图 3-89　更改图标颜色

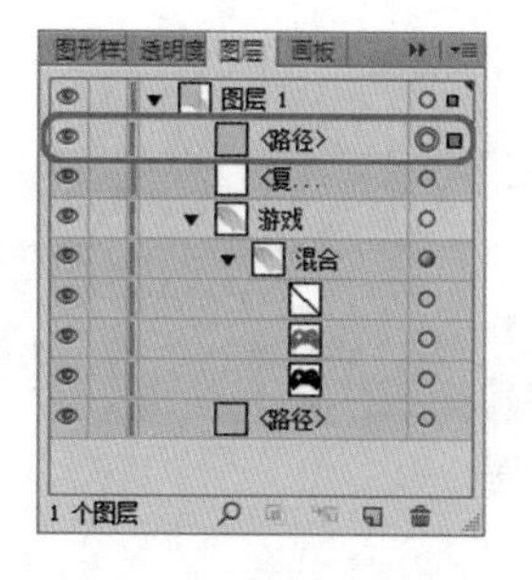

图 3-90　移动图层位置

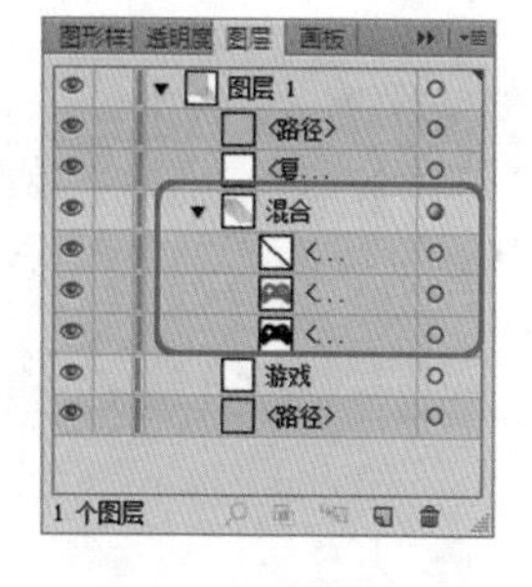

图 3-91　移动图层位置

(16) 选中【游戏】图层，单击【删除所选图层】按钮，将【游戏】图层删除，如图 3-92 所示。

(17) 按 Ctrl+A 组合键选择所有的图形对象，如图 3-93 所示。然后按 Ctrl+7 组合键设置剪切，如图 3-94 所示。

(18) 使用【画板工具】，对画板的边框进行调整，如图 3-95 所示。

(19) 按 Esc 键退出画板编辑模式，完成对画板的调整，如图 3-96 所示。最后将场景文件进行保存并导出效果图片。

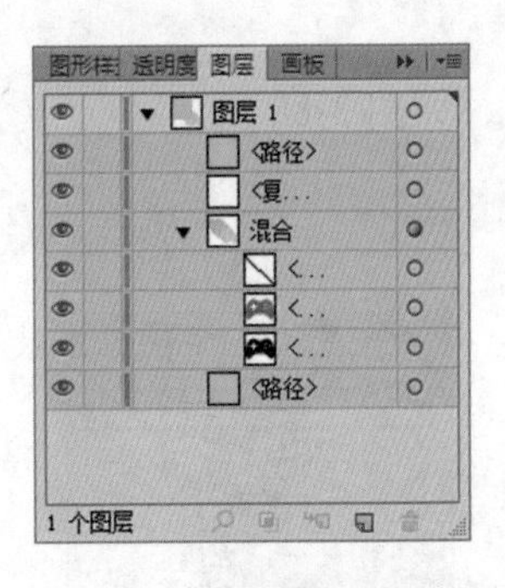
图 3-92　删除【游戏】图层

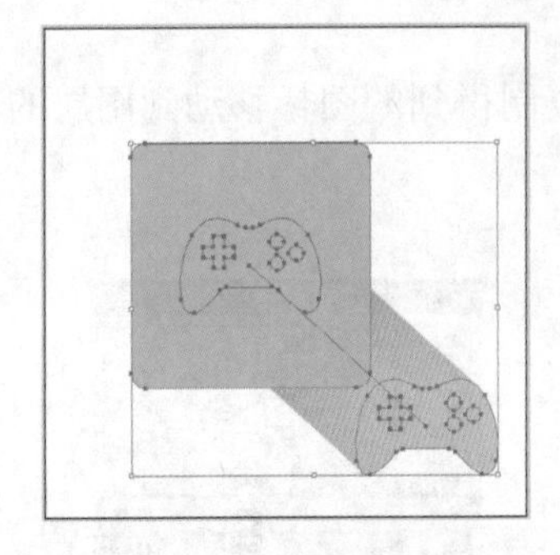
图 3-93　选择所有的图形对象

图 3-94　设置剪切

图 3-95　调整画板边框

图 3-96　完成对画板的调整

提示

按 Ctrl++ 组合键可以放大视图，方便对锚点进行调整。

案例精讲 021　文字按钮

案例文件：CDROM \ 素材 \ Cha03 \ 文字按钮 .ai
视频文件：视频教学 \ Cha03\ 文字按钮 .avi

制作概述

本案例将介绍如何制作按钮，该案例主要用到的工具有【钢笔工具】、【圆角矩形工具】、【椭圆形工具】和【文本工具】，然后为绘制的图形填充颜色，完成后的效果如图 3-97 所示。

图 3-97　文字按钮

学习目标

- 学习渐变工具的设置功能。
- 掌握文本属性的设置方法。

操作步骤

(1) 启动 Illustrator 软件后，在菜单栏中选择【文件】|【新建】命令，弹出【新建文档】对话框，

将【宽度】、【高度】设置为133mm、130mm，颜色模式设为RGB，如图3-98所示。

(2) 单击【确定】按钮，即可新建文档，在工具箱中选择【椭圆工具】，将【描边】设置为无，按住Shift键绘制正圆，绘制完成后的效果如图3-99所示。

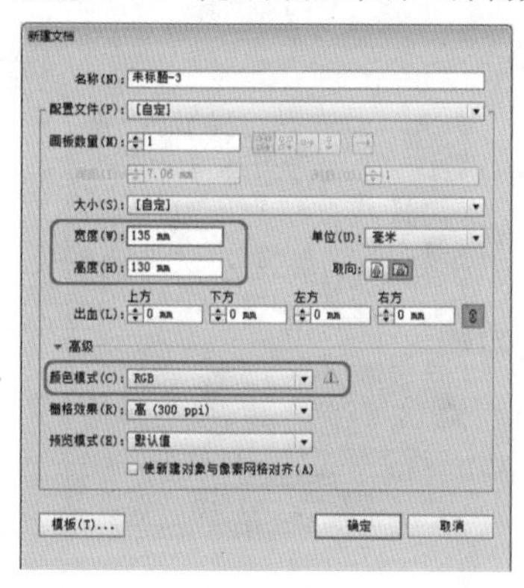

图3-98 【新建文档】对话框

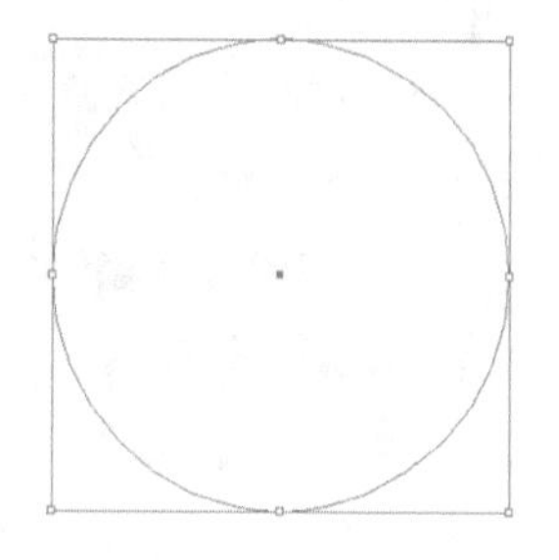

图3-99 绘制正圆

(3) 确定绘制的正圆处于选择状态，在菜单栏中选择【窗口】|【渐变】命令，弹出【渐变】面板，将【类型】设置为【径向】，双击左侧的色标，在弹出的面板中单击右上角的按钮，在弹出的下拉列表中选择RGB命令，如图3-100所示。

(4) 在该面板中将RGB值设置为241、147、23，返回到【渐变】面板中，然后双击右侧的色标，在弹出的面板中使用同样的方法将RGB值设置为248、199、151，返回到【渐变】面板中选择上侧的色标，然后在【位置】下拉列表框中输入70%，如图3-101所示。

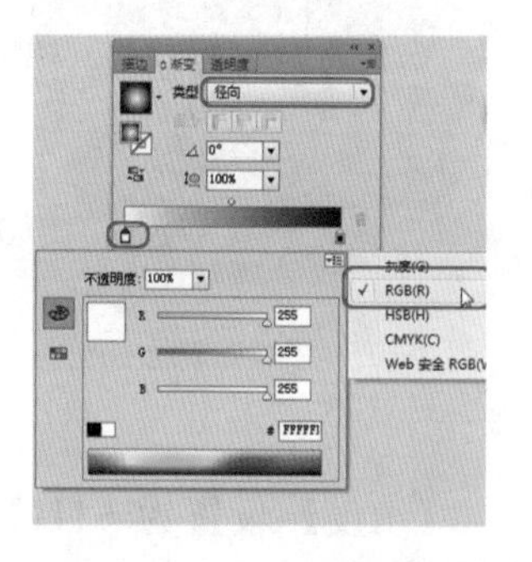

图3-100 选择RGB命令

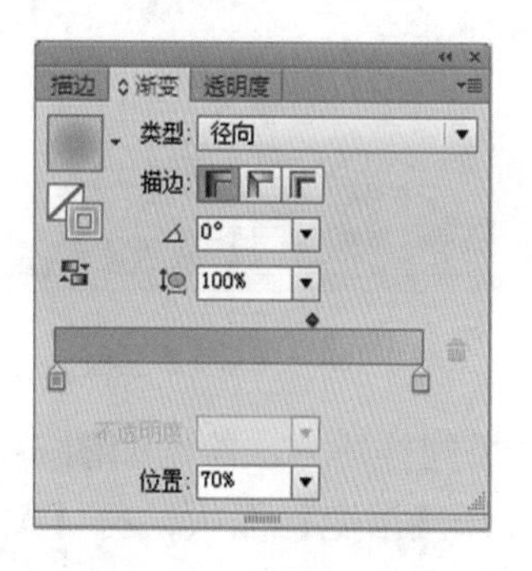

图3-101 【渐变】面板

(5) 这样即可为绘制的圆形填充径向渐变，填充完成后的效果如图3-102所示。

(6) 在工具箱中选择【钢笔工具】，在工具箱中将【填色】设置为白色，【描边】设置为无，然后在画板中绘制如图3-103所示的图形。

图3-102 填充渐变后的效果

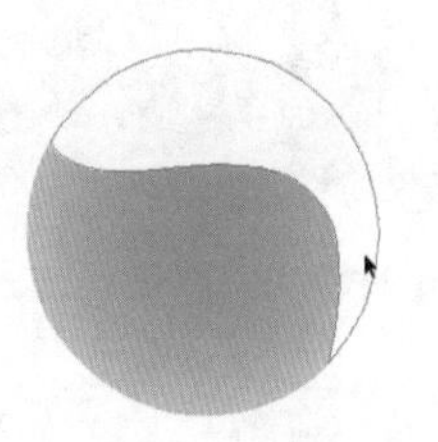

图3-103 绘制图形

(7) 确定绘制的图形处于选择状态，打开【渐变】面板将类型设置为【线性】，然后将【角度】设置为 57°，如图 3-104 所示。

(8) 双击左侧的色标，在弹出的面板中将RGB值设置为241、147、23，返回到【渐变】面板中，将【不透明度】设置为 5%，如图 3-105 所示。

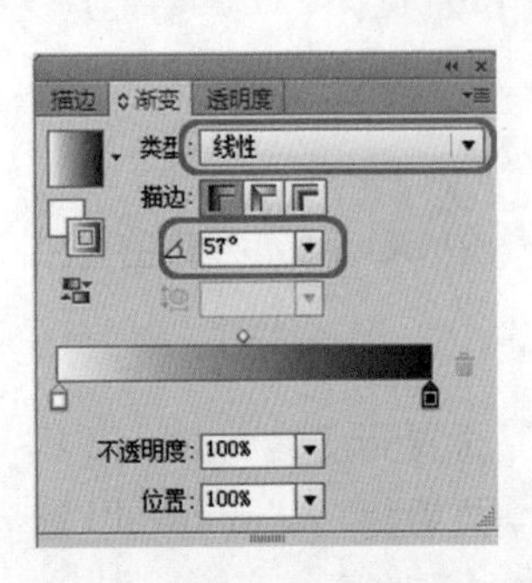

图 3-104　设置渐变类型及角度

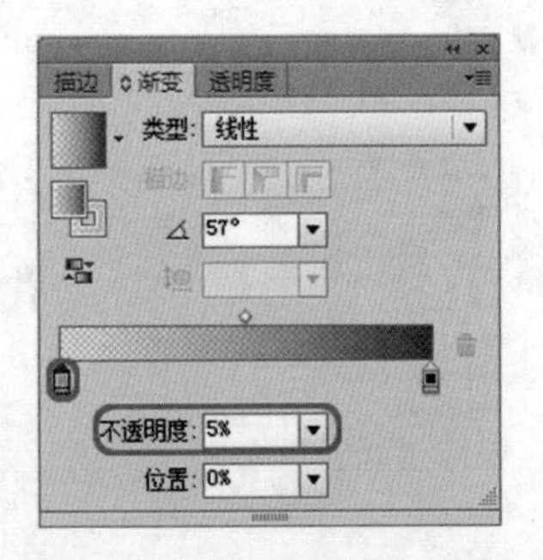

图 3-105　设置渐变颜色及不透明度

(9) 双击右侧的色标，在弹出的面板中将RGB值设置为248、199、151，返回到【渐变】面板中，将【不透明度】设置为 75%，如图 3-106 所示。

(10) 设置完渐变后图形的效果如图 3-107 所示。

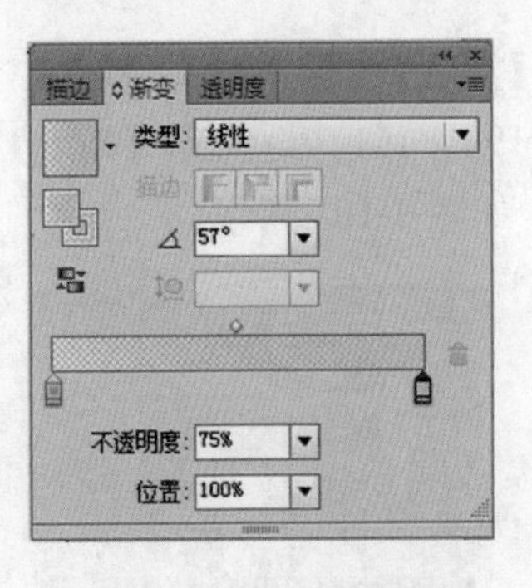

图 3-106　【渐变】面板

图 3-107　设置完成后的效果

(11) 使用同样的方法绘制如图 3-108 所示的路径。

(12) 打开【渐变】面板，将【类型】设置为【线性】，【角度】设置为 −111°，双击左侧的色标，在弹出的面板中将RGB值设置为241、147、23，【不透明度】设置为5%，如图3-109所示。

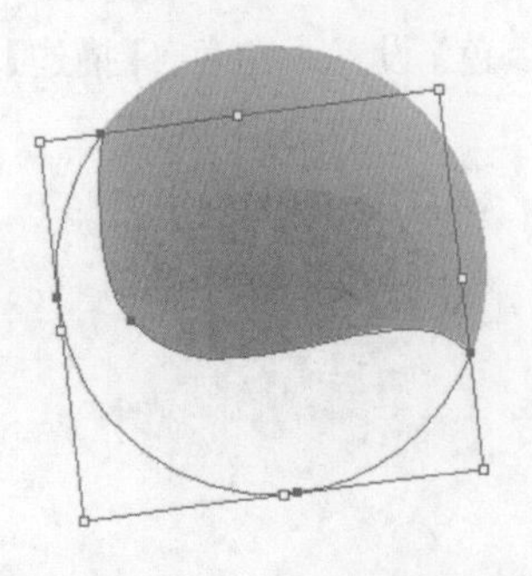

图 3-108　绘制的路径

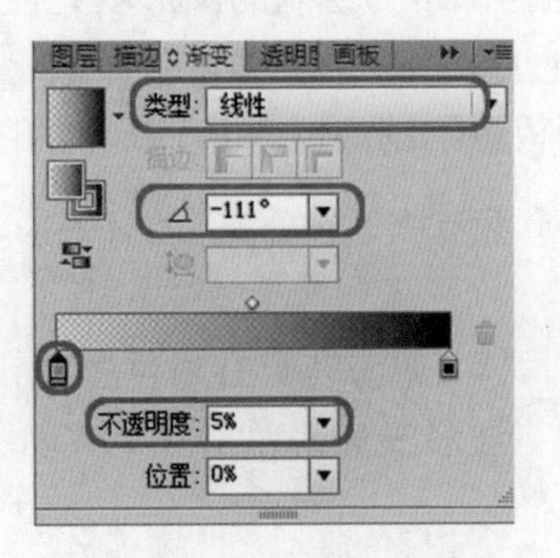

图 3-109　【渐变】面板

(13) 双击右侧的色标，在弹出的面板中将 RGB 值设置为 248、199、151，【不透明度】设置为 100%。选择上侧的色标，在【位置】下拉列表框中输入文本 45%，如图 3-110 所示。

(14) 填充完渐变后的效果如图 3-111 所示。

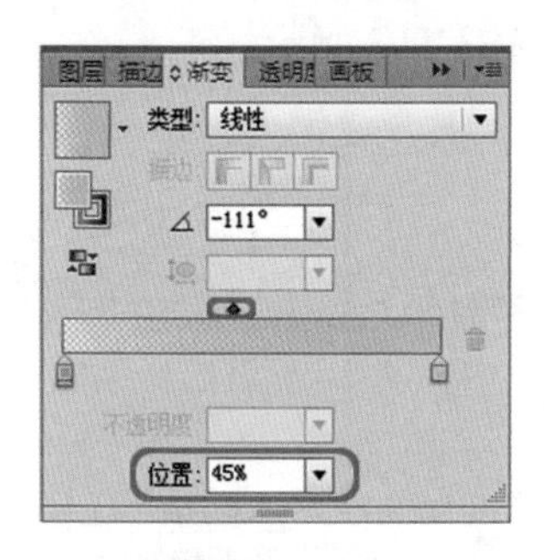

图 3-110　设置色标位置

图 3-111　设置完成后的效果

(15) 在工具箱中选择【椭圆工具】，将【填色】设置为白色，【描边】设置为白色，然后在画板中绘制椭圆，如图 3-112 所示。

(16) 在菜单栏中选择【窗口】|【透明度】命令，打开【透明度】面板，在该面板中将【不透明度】设置为 50%，如图 3-113 所示。

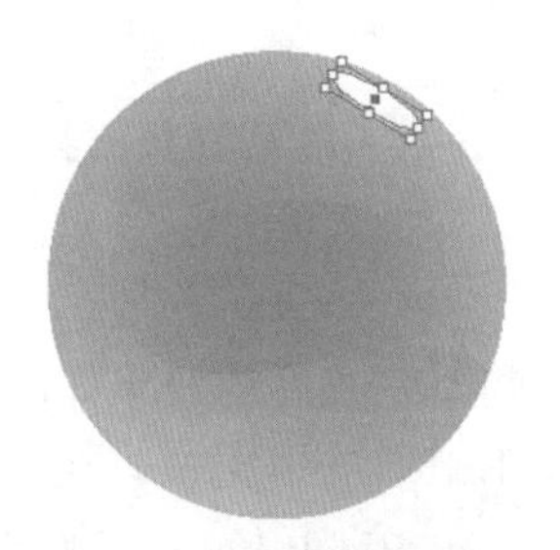
图 3-112　绘制椭圆

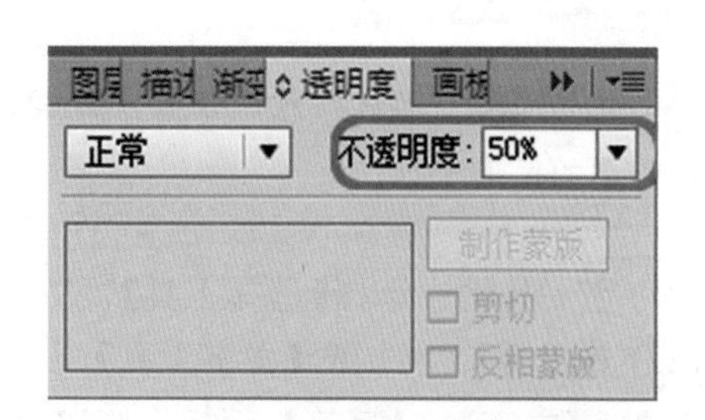

图 3-113　设置不透明度

(17) 在工具箱中选择【椭圆工具】，将【描边】设置为无，【填色】为任意颜色，在画板中绘制椭圆。确定绘制的椭圆处于选择状态，打开【渐变】面板，将【类型】设置为【径向】，双击左侧的色标，在弹出的面板中将 RGB 值设置为 241、147、23，如图 3-114 所示。

(18) 双击右侧的色标，在弹出的面板中将 RGB 值设置为 255、255、255，然后选择上侧的色标，将【位置】设置为 70%，如图 3-115 所示。

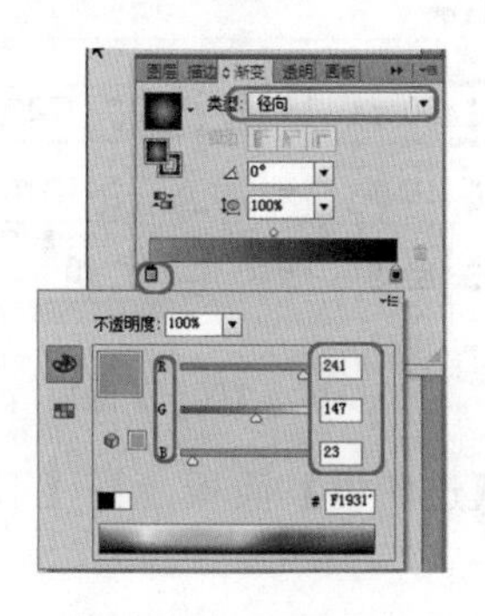

图 3-114　设置颜色

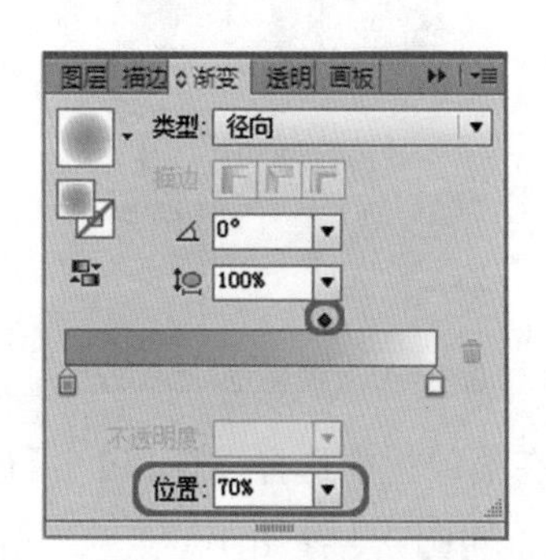

图 3-115　设置色标位置

(19) 确定绘制的椭圆处于选择状态，在菜单栏中选择【效果】|【风格化】|【羽化】命令，弹出【羽化】对话框，将【半径】设置为1.76mm，如图3-116所示。

(20) 单击【确定】按钮，即可为椭圆添加【羽化】特效，选择绘制的椭圆，单击鼠标右键，在弹出的快捷菜单中选择【排列】|【置于底层】命令，如图3-117所示。

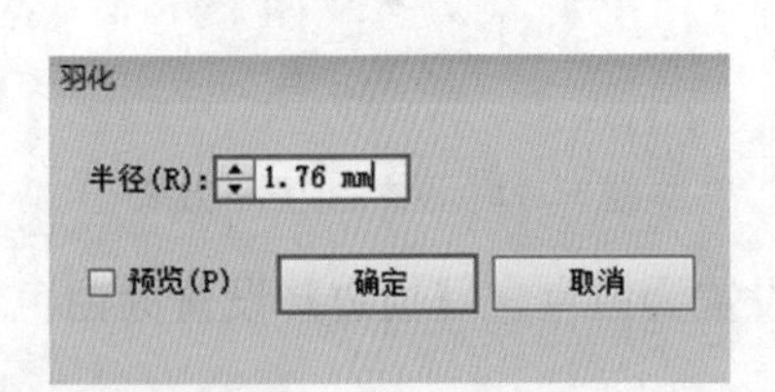

图3-116 【羽化】对话框

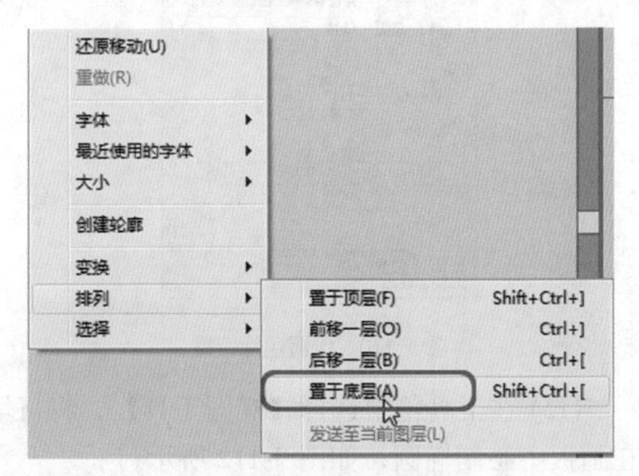

图3-117 选择【置于底层】命令

知识链接

羽化原理是令选区内外衔接的部分虚化，起到渐变的作用，从而达到自然衔接的效果。在设计作图的使用中很广泛。

(21) 在工具箱中选择【选择工具】，然后调整椭圆的位置，调整完成后的效果如图3-118所示。

(22) 在工具箱中选择【文字工具】，在画板中输入文本Text，选中文本，在菜单栏中选择【窗口】|【文字】|【字符】面板，将【字体系列】设置为Arial Black Italic，【字体大小】设置为60pt，字符【字距】设置为0，如图3-119所示。

图3-118 调整完成后的效果

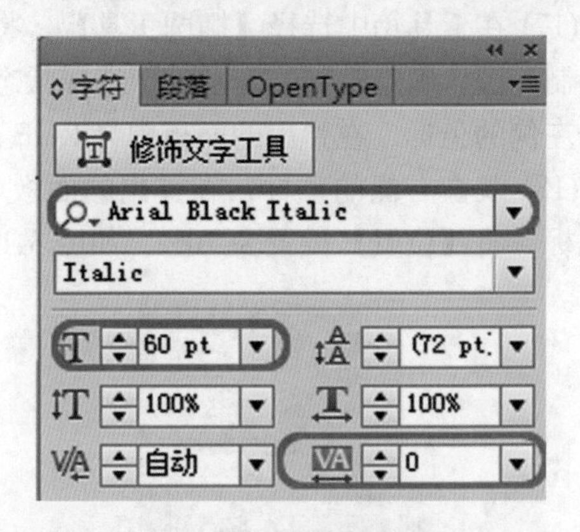

图3-119 【字符】面板

(23) 在菜单栏中选择【窗口】|【透明度】命令，打开【透明度】面板，将【不透明度】设置为65%，如图3-120所示。

(24) 在工具箱中选择【选择工具】，选择输入的文本，调整文本的位置，调整完成后的效果如图3-121所示。

图 3-120　设置不透明度

图 3-121　设置完成后的效果

(25) 使用【圆角矩形工具】绘制一个【高度】、【宽度】分别为 100mm、103mm 的图形，并打开【渐变】面板，将【类型】设置为【径向】，【角度】设置为 0°，双击左侧的色标，在弹出的面板中将 RGB 值设置为 241、147、23，【不透明度】设置为 5%，如图 3-122 所示。

(26) 双击右侧的色标，在弹出的面板中将RGB值设置为244、196、58，然后选择上侧的色标，将【位置】设置为 46%，如图 3-123 所示。

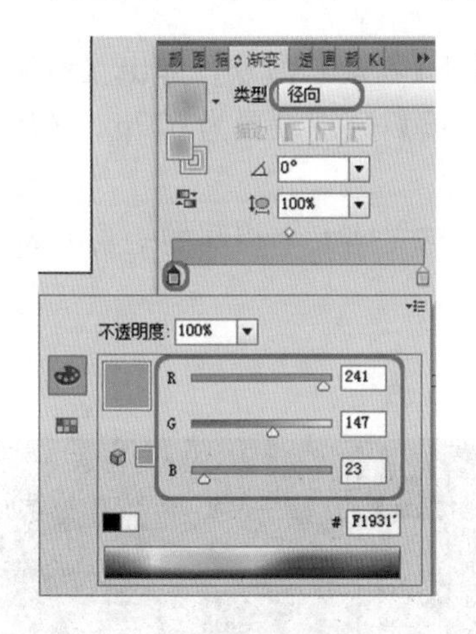

图 3-122　设置颜色

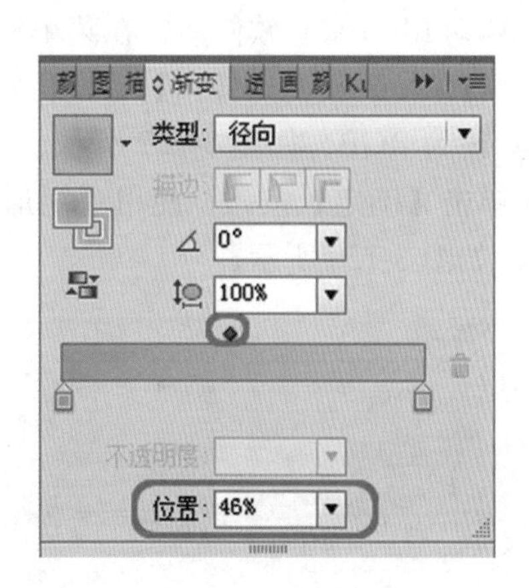

图 3-123　设置色标位置

(27) 在菜单栏中选择【窗口】|【透明度】命令，打开【透明度】面板，在该面板中将【不透明度】设置为 65%，然后选择所绘制的圆角矩形，如图 3-124 所示，最后使用相同的方法单击鼠标右键，在弹出的快捷菜单中选择【排列】|【置于底层】命令。

(28) 完成上述操作后，调整圆角矩形的位置，效果如图 3-125 所示。

图 3-124　设置透明度

图 3-125　最终效果

案例精讲 022　立体微信图标

案例文件：CDROM \ 素材 \ Cha03 \ 微信图标 .cdr
视频文件：视频教学 \ Cha03\ 微信图标 .avi

制作概述

本案例将介绍如何制作按钮，该案例主要用到的工具有【钢笔工具】、【圆角矩形工具】、【椭圆形工具】，完成后的效果如图 3-126 所示。

图 3-126　微信图标

学习目标

- 学习渐变工具的设置功能。
- 掌握图标制作流程。

操作步骤

(1) 启动 Illustrator 软件后，在菜单栏中选择【文件】|【新建】命令，弹出【新建文档】对话框，将【单位】设为【像素】后，再将【宽度】、【高度】分别设置为 677px、619px，【颜色模式】设为 RGB，如图 3-127 所示。

(2) 单击【确定】按钮，使用【矩形工具】绘制一个与文档大小相同的矩形并将其颜色设为黑色，如图 3-128 所示。

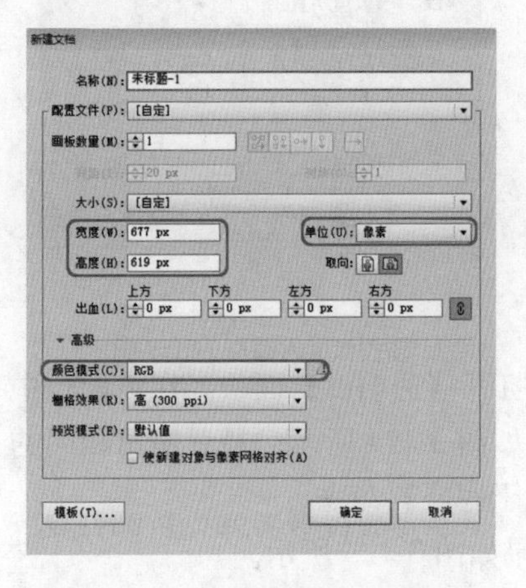

图 3-127　【新建文档】对话框

图 3-128　绘制矩形

知识链接

微信是腾讯公司于 2011 年 1 月 21 日推出的一个为智能终端提供即时通信服务的免费应用程序，微信支持跨通信运营商、跨操作系统平台，通过网络快速发送免费(需消耗少量网络流量)语音短信、视频、图片和文字，同时，也可以使用通过共享流媒体内容的资料和基于位置的社交插件“摇一摇”“漂流瓶”“朋友圈”“公众平台”“语音记事本”等服务插件。

(3) 使用【圆角矩形工具】单击页面，在弹出的对话框中，将【高度】、【宽度】分别设为255px、255px，【圆角半径】设为20px，【描边】设为无，单击【确定】按钮，单击选中所绘制的圆角矩形，按Alt键将其拖动复制出一份，如图3-129所示。

(4) 选中其中一个圆角矩形，在工具箱中双击【填色】图标，在弹出的【拾色器】对话框中，将其RGB值设置为15、139、97，如图3-130所示。

图3-129　绘制圆角矩形

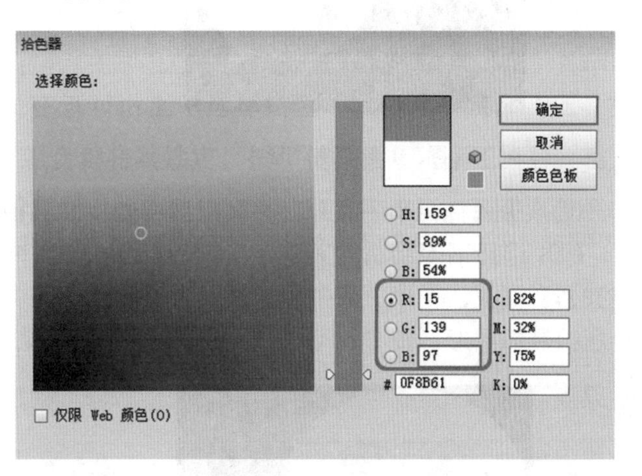

图3-130　填充颜色

(5) 单击【确定】按钮，使用相同的方法选中另外一个圆角矩形，将其【填充颜色】RGB值设置为61、171、74，如图3-131所示。

(6) 选择菜单栏中的【效果】|【风格化】|【内发光】命令，在弹出的对话框中将【模式】设为【正常】，【不透明度】设为75%，【模糊】设为20px，RGB值设为138、255、26，如图3-132所示。

图3-131　效果图

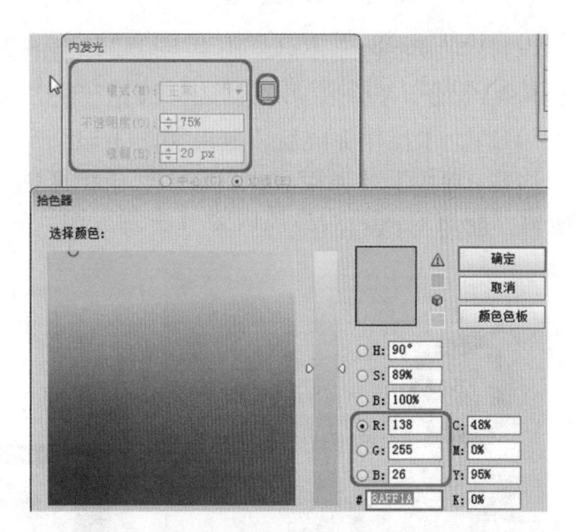

图3-132　填充颜色

(7) 一个圆角矩形也可以用相同的方法设置【内发光】数值，与上述相同，使用【钢笔工具】绘制如图3-133所示的图形。

(8) 完成上述操作后，调整钢笔绘制图形的位置，效果如图3-134所示。

图 3-133　绘制图形

图 3-134　调整位置

(9) 使用【椭圆形工具】，将【颜色】设为无，【描边】设为无，绘制如图 3-135 所示的图形。

(10) 选择钢笔绘制的其中一个图形，然后按 Shift 键选择其上方的两个椭圆，打开【路径查找器】面板，在该面板中单击【减去顶层】按钮。使用相同的方法设置剩余的图形，然后选择所绘制的图形，按 Ctrl+G 组合键进行编组，完成后的效果如图 3-136 所示。

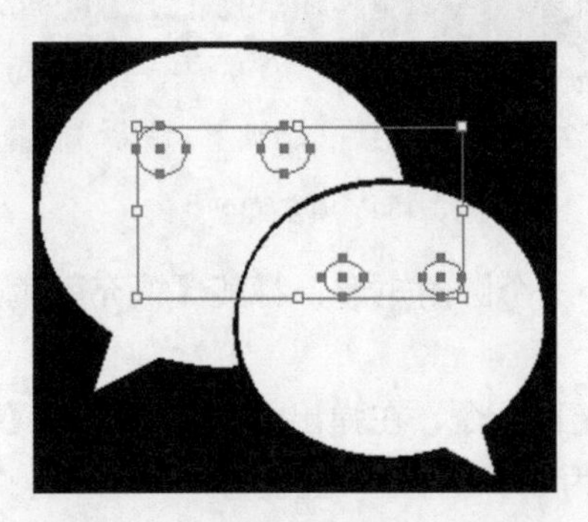

图 3-135　绘制图形

图 3-136　完成后的效果

(11) 完成上述操作后，选中完成操作后的微信图标，并选择菜单栏中的【效果】| 3D |【凸出斜角】命令，在弹出的对话框中将【指定绕 X 轴旋转】设为 5°，其他均设为 0，如图 3-137 所示。

(12) 上步操作完成后，效果如图 3-138 所示。

(13) 完成上述操作后，将两个圆角矩形进行排列，将微信图标放置在最上层，并调整图形位置，如图 3-139 所示。

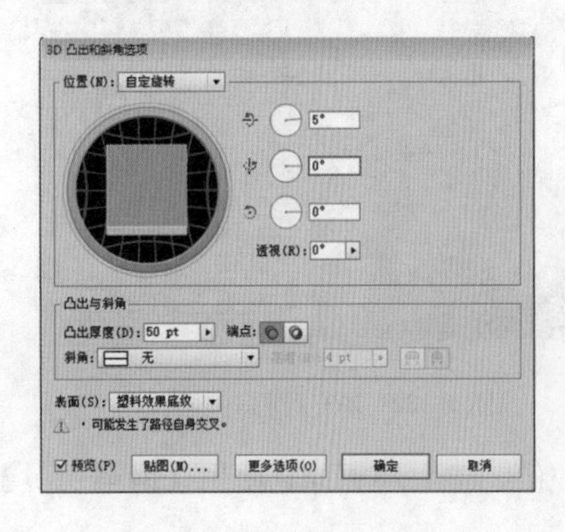

图 3-137　设置 3D 效果

图 3-138　查看效果

图 3-139　效果图

第4章 插画设计

本章重点

- 看报纸的小狗
- 万圣节插画
- 卡通世界
- 夕阳美景
- 美女插画
- 可爱雪人

插画又称插图，是一种艺术形式，作为现代设计的一种重要的视觉传达形式，以其直观的形象性，真实的生活感和美的感染力，在现代设计中占有特殊的地位，已广泛用于现代设计的多个领域，涉及文化活动、社会公共事业、商业活动、影视文化等方面。本章就来介绍一下插画的设计。

案例精讲 023　看报纸的小狗

案例文件：CDROM \ 场景 \ Cha04 \ 看报纸的小狗 .PSD

视频文件：视频教学 \ Cha04 \ 看报纸的小狗 .avi

制作概述

本例将介绍插画“看报纸的小狗”的绘制，首先使用【钢笔工具】和【椭圆工具】绘制宠物狗，然后绘制报纸和钟表，完成后的效果如图 4-1 所示。

图 4-1　看报纸的小狗

学习目标

- 学习为对象添加效果的方法。
- 掌握基本绘图工具的使用方法。

操作步骤

(1) 按 Ctrl+N 组合键，在弹出的【新建文档】对话框中输入【名称】为“看报纸的小狗”，将【宽度】和【高度】分别设置为 355mm，【颜色模式】设置为 CMYK，单击【确定】按钮，如图 4-2 所示。

(2) 在工具箱中选择【矩形工具】，然后将【描边】设置为无，并双击【填色】按钮，弹出【拾色器】对话框，将 CMYK 值设置为 57、0、18、0，单击【确定】按钮，如图 4-3 所示。

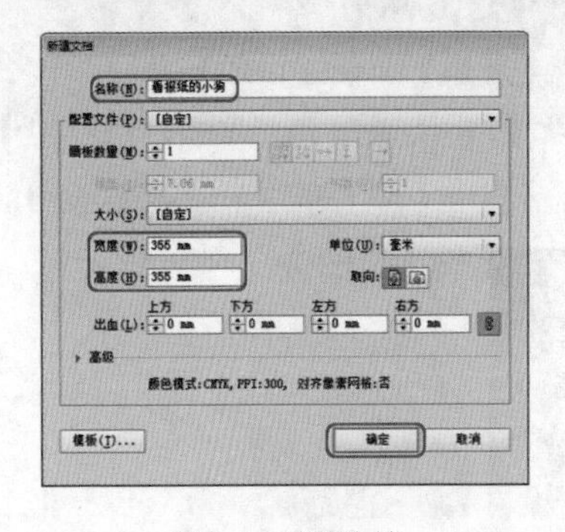

图 4-2　新建文档

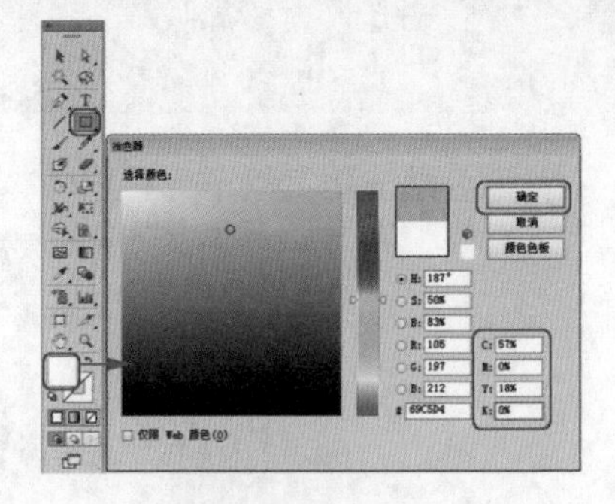

图 4-3　设置颜色

(3) 在画板中绘制一个宽和高分别为 355mm 的正方形，如图 4-4 所示。

(4) 在工具箱中选择【椭圆工具】，在按住 Shift 键的同时绘制正圆，然后选择绘制的正圆，在属性栏中将填充颜色的 CMYK 值设置为 30、44、60、0，描边颜色的 CMYK 值设置为 65、79、100、52，【描边粗细】设置为 4pt，效果如图 4-5 所示。

图 4-4　绘制正方形

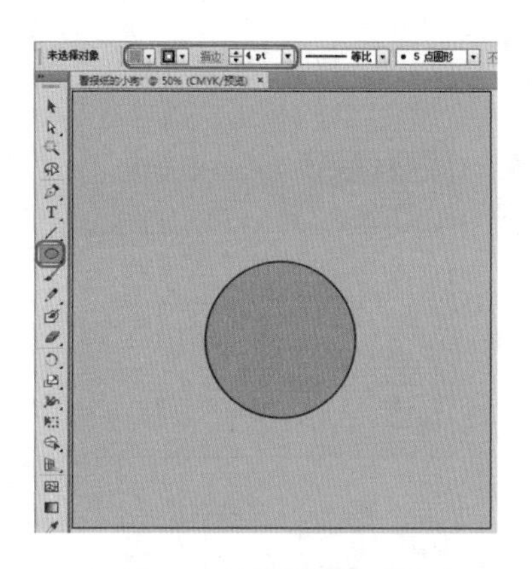

图 4-5　绘制并设置正圆

按住 Shift 键拖曳鼠标，可以绘制圆形；按住 Alt 键拖曳鼠标，可以绘制由鼠标落点为中心点向四周延伸的椭圆；同时按住 Shift 键和 Alt 键拖曳鼠标，可以绘制以鼠标落点为中心点向四周延伸的椭圆。同理，按住 Alt 键单击鼠标，以对话框方式制作的椭圆，鼠标的落点即为所绘制椭圆的中心点。

(5) 在工具箱中选择【钢笔工具】，在画板中绘制图形，如图 4-6 所示。

(6) 在绘制的图形上单击鼠标右键，在弹出的快捷菜单中选择【变换】|【对称】命令，如图 4-7 所示。

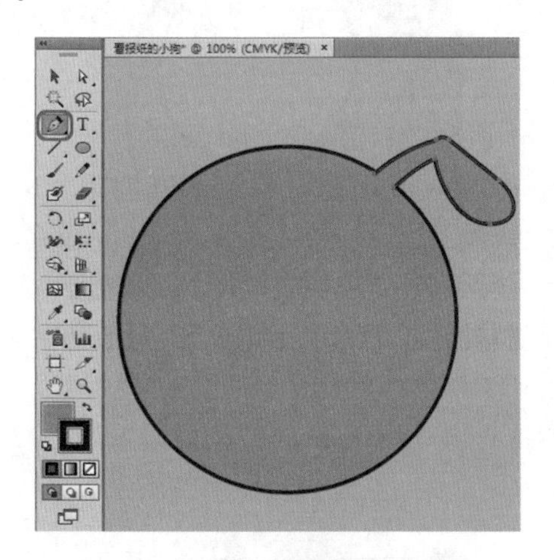

图 4-6　绘制图形

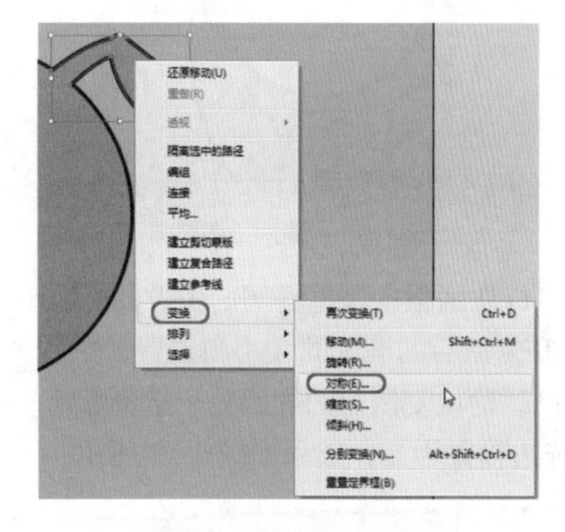

图 4-7　选择【对称】命令

(7) 弹出【镜像】对话框，在【轴】选项组中选中【垂直】单选按钮，然后单击【复制】按钮，如图 4-8 所示。

双击工具箱中的【镜像工具】，也可以弹出【镜像】对话框。

(8) 完成上述操作后，即可镜像复制图形，然后在画板中调整复制后的图形位置，效果如图 4-9 所示。

图 4-8　复制对象

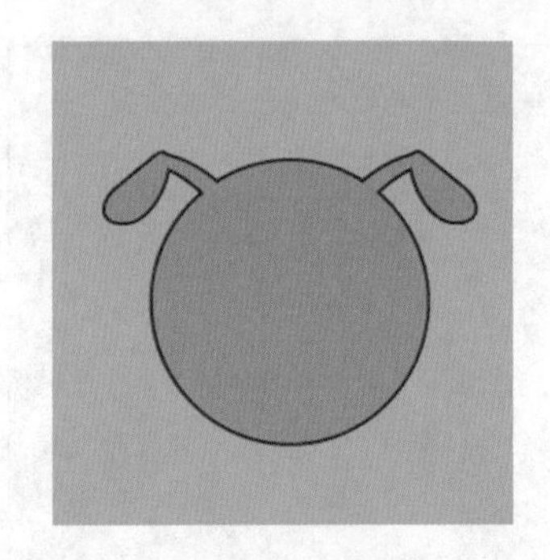

图 4-9　调整图形位置

(9) 在工具箱中选择【椭圆工具】，在画板中绘制椭圆，然后选择绘制的椭圆，在属性栏中将填充颜色的 CMYK 值设置为 11、4、4、0，描边颜色的 CMYK 值设置为 64、79、100、52，【描边粗细】设置为 4pt，效果如图 4-10 所示。

(10) 在属性栏中单击【变换】按钮，打开【变换】面板，将【旋转】设置为 −40°，效果如图 4-11 所示。

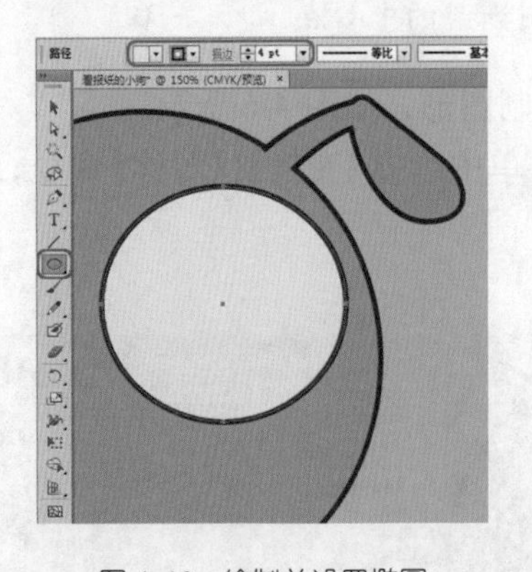

图 4-10　绘制并设置椭圆

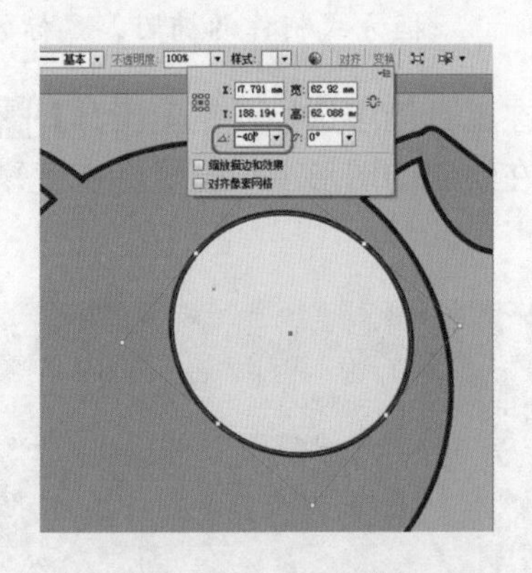

图 4-11　设置旋转

(11) 在画板中调整椭圆的位置，按 Ctrl+C 组合键复制椭圆，然后按 Ctrl+V 组合键粘贴椭圆，并调整复制后的椭圆的大小和位置，如图 4-12 所示。

(12) 确认复制后的椭圆处于选择状态，在属性栏中将填充颜色的 CMYK 值设置为 7、3、2、0，描边设置为无，效果如图 4-13 所示。

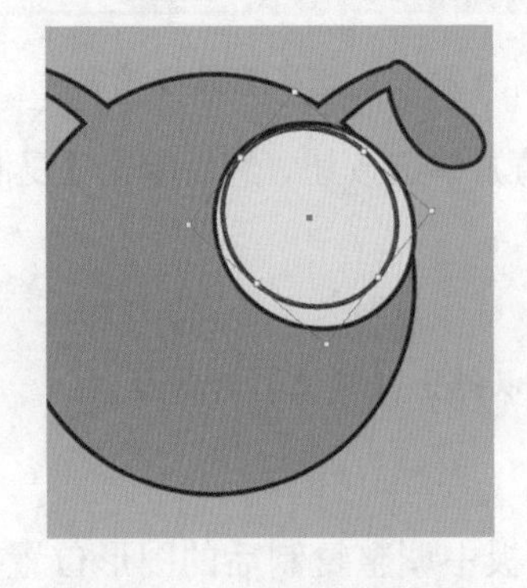

图 4-12　复制并调整椭圆

图 4-13　更改填充颜色

(13) 在工具箱中选择【钢笔工具】，在画板中绘制图形，并选择绘制的图形，在属性栏中将填充颜色的 CMYK 值设置为 64、79、100、52，效果如图 4-14 所示。

(14) 选择组成眼睛的所有对象，结合前面介绍的方法，垂直镜像复制选择的对象，并在画板中调整复制后的对象的位置，效果如图 4-15 所示。

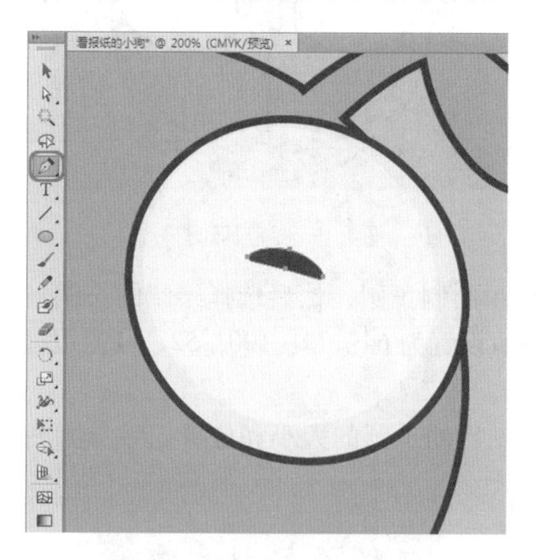

图 4-14　绘制图形并填充颜色

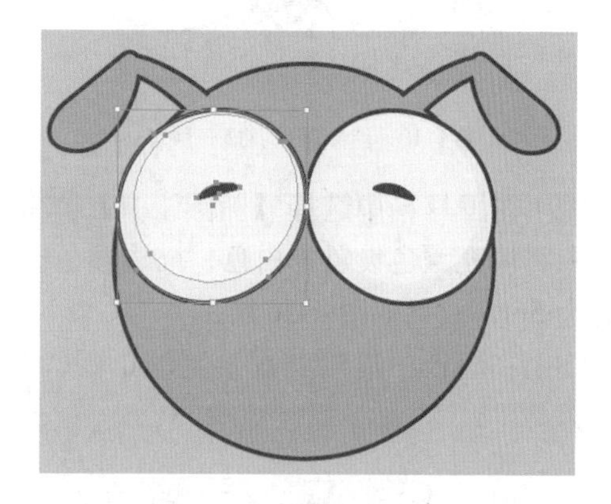

图 4-15　复制并调整对象

(15) 在工具箱中选择【钢笔工具】，在画板中绘制图形，并选择绘制的图形，在属性栏中将填充颜色的 CMYK 值设置为 41、100、87、6，描边的 CMYK 值设置为 64、79、100、52，【描边粗细】设置为 3pt，效果如图 4-16 所示。

(16) 继续使用【钢笔工具】绘制图形，并为绘制的图形填充颜色，效果如图 4-17 所示。

图 4-16　绘制并设置图形

图 4-17　绘制图形并填充颜色

(17) 使用【钢笔工具】绘制图形，并选择绘制的图形，在属性栏中将填充颜色的 CMYK 值设置为 23、36、47、0，描边设置为无，效果如图 4-18 所示。

(18) 使用同样的方法，绘制其他图形，效果如图 4-19 所示。

图 4-18　绘制图形并填充颜色

图 4-19　绘制其他图形

(19) 在工具箱中选择【椭圆工具】，在画板中绘制正圆，然后选择绘制的正圆，在属性栏中将填充颜色设置为白色，描边颜色的 CMYK 值设置为 64、79、100、52，【描边粗细】设置为 5pt，效果如图 4-20 所示。

(20) 在画板中复制两次绘制的正圆，并调整复制后的正圆的大小和位置，效果如图 4-21 所示。

图 4-20　绘制正圆并填充颜色

图 4-21　复制并调整正圆

(21) 使用【钢笔工具】绘制图形，并选择绘制的图形，在属性栏中将填充颜色的 CMYK 值设置为 8、91、23、0，描边设置为无，效果如图 4-22 所示。

(22) 结合前面介绍的方法，垂直镜像复制新绘制的图形，并在画板中调整复制后的图形的位置，效果如图 4-23 所示。

(23) 在工具箱中选择【钢笔工具】，在画板中绘制图形，并选择绘制的图形，在属性栏中将填充颜色的 CMYK 值设置为 28、26、27、0，描边设置为无，效果如图 4-24 所示。

(24) 垂直镜像复制新绘制的图形，并在画板中调整复制后的图形的位置，效果如图 4-25 所示。

(25) 确认复制后的图形处于选择状态，在属性栏中将填充颜色的 CMYK 值设置为 10、7、7、0，效果如图 4-26 所示。

(26) 在工具箱中选择【文字工具】，在画板中输入文字，并选择输入的文字，在属性栏中单击【字符】，打开【字符】面板，将字体设置为 Arial，字体大小设置为 60pt，效果如图 4-27 所示。

图 4-22　绘制图形并填充颜色

图 4-23　复制图形

图 4-24　绘制图形并填充颜色

图 4-25　复制图形

图 4-26　更改填充颜色

图 4-27　输入并设置文字

(27) 确认输入的文字处于选择状态，在菜单栏中选择【效果】|【扭曲和变换】|【自由扭曲】命令，弹出【自由扭曲】对话框，在该对话框中通过拖动控制点调整输入的文字，效果如图 4-28 所示。

(28) 调整完成后，单击【确定】按钮即可，然后在工具箱中选择【直线段工具】，在画板中绘制直线，并为绘制的直线填充描边颜色，将【描边粗细】设置为 5pt，效果如图 4-29

所示。

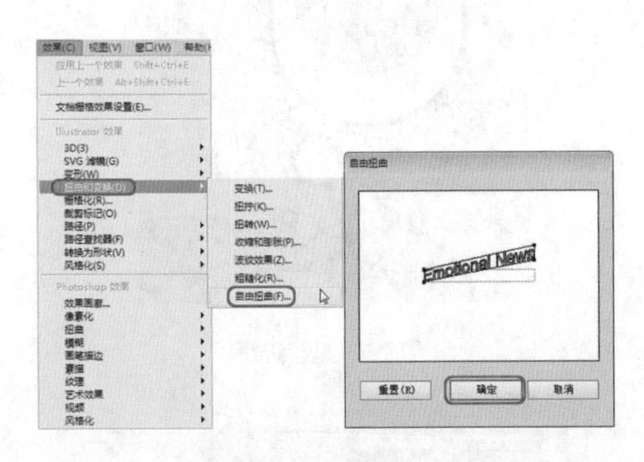

图 4-28 扭曲文字

图 4-29 绘制并调整直线

(29) 在工具箱中选择【椭圆工具】，在画板中绘制正圆，然后选择绘制的正圆，在属性栏中将填充颜色的CMYK值设置为7、67、63、0，描边颜色的CMYK值设置为58、88、100、49，【描边粗细】设置为3pt，效果如图4-30所示。

(30) 复制正圆，将复制后的正圆的填充颜色更改为白色，然后在画板中调整其大小和位置，效果如图4-31所示。

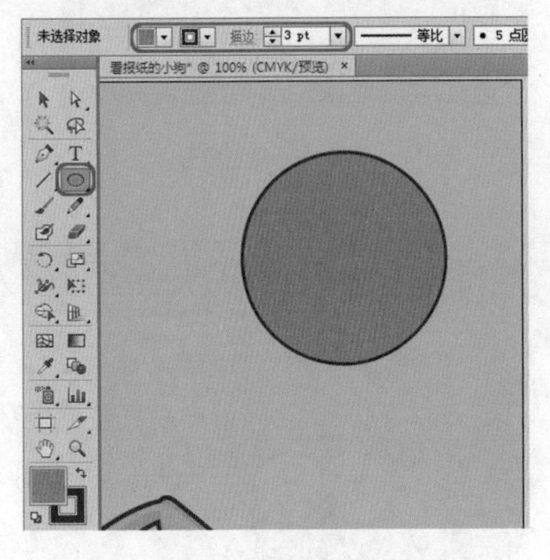

图 4-30 绘制正圆并填充颜色

图 4-31 复制并调整正圆

(31) 选择步骤29中绘制的正圆，在菜单栏中选择【效果】|【风格化】|【投影】命令，弹出【投影】对话框，在该对话框中设置投影参数，设置完成后单击【确定】按钮，如图4-32所示。

(32) 上述操作完成后，即可为选择的正圆添加投影。在工具箱中选择【钢笔工具】，在画板中绘制图形，并选择绘制的图形，在属性栏中将填充颜色的CMYK值设置为7、67、63、0，描边设置为无，效果如图4-33所示。

(33) 在工具箱中选择【椭圆工具】，在画板中绘制正圆，然后选择绘制的正圆，在属性栏中将填充颜色的CMYK值设置为28、26、27、0，描边设置为无，效果如图4-34所示。

(34) 复制绘制的正圆，并在画板中调整复制后的正圆的位置，效果如图4-35所示。

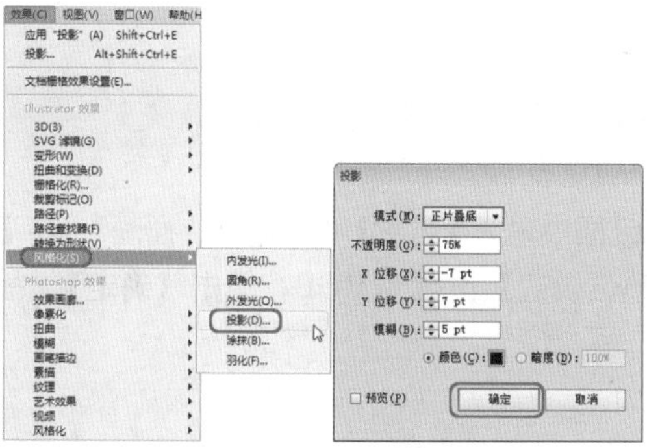

图 4-32　设置投影参数

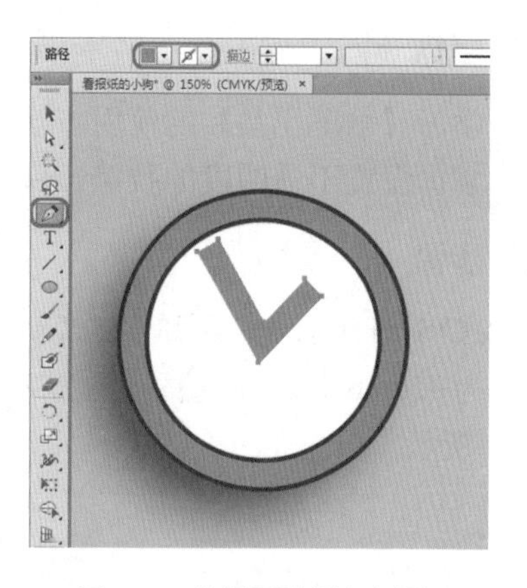

图 4-33　绘制图形并填充颜色

图 4-34　绘制正圆并填充颜色

图 4-35　复制正圆并调整位置

案例精讲 024　万圣节插画

案例文件：CDROM \ 场景 \ Cha04 \ 万圣节插画 .ai

视频文件：视频教学 \ Cha04 \ 万圣节插画 .avi

制作概述

本例将介绍万圣节插画的绘制，首先通过绘制矩形和设置渐变颜色来制作背景，然后使用【钢笔工具】和【椭圆工具】绘制树枝、月亮和建筑等对象，完成后的效果如图 4-36 所示。

图 4-36　万圣节插画

学习目标

- 学习【钢笔工具】的使用方法。
- 掌握设置不透明度的技法。

操作步骤

(1) 按Ctrl+N组合键，在弹出的【新建文档】对话框中输入【名称】为“万圣节插画”，将【宽度】设置为350mm，【高度】设置为263mm，【颜色模式】设置为RGB，单击【确定】按钮，如图4-37所示。

知识链接

颜色模式决定了用于显示和打印所处理的图稿的颜色方法。颜色模式基于颜色模型，因此，选择某种特定的颜色模式，就等于选用了某种特定的颜色模型。常用的颜色模式有RGB模式、CMYK模式和灰度模式等。

在RGB模式下，每种RGB成分都可以使用从0(黑色)到255(白色)的值。当三种成分值相等时，可以产生灰色；当所有成分值均为255时，可以得到纯白色；当所有成分值均为0时，可以得到纯黑色。在CMYK模式下，每种油墨可使用从0%～100%的值。低油墨百分比更接近白色，高油墨百分比更接近黑色。CMYK模式是一种印刷模式，如果文件要用于印刷，应使用此模式。

(2) 在工具箱中选择【矩形工具】，在画板中绘制一个宽为350mm、高为263mm的矩形，然后选择绘制的矩形，按Ctrl+F9组合键，打开【渐变】面板，将【类型】设置为【线性】，【角度】设置为90.9°，左侧渐变滑块的RGB值设置为178、124、231，右侧渐变滑块的RGB值设置为34、48、130，如图4-38所示。并将矩形的描边设置为无。

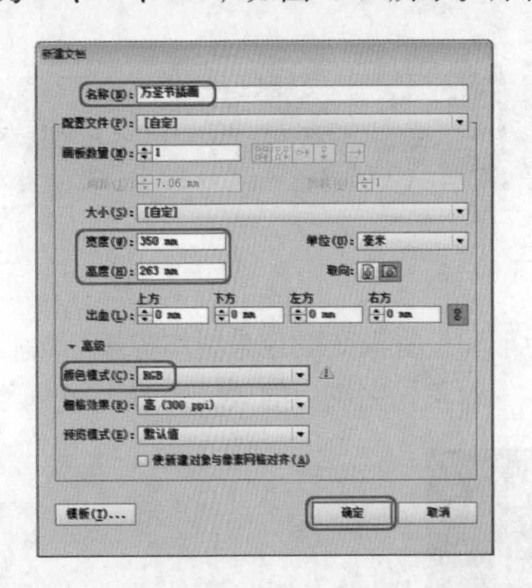

图4-37　新建文档

图4-38　设置渐变颜色

(3) 在工具箱中选择【钢笔工具】，在画板中绘制图形，在属性栏中将新绘制的图形的填充颜色设置为黑色，效果如图4-39所示。

(4) 继续使用【钢笔工具】绘制图形，并选择绘制的图形，在【渐变】面板中将【类型】

设置为【线性】，左侧渐变滑块的颜色设置为白色，右侧渐变滑块的 RGB 值设置为 0、0、0，效果如图 4-40 所示。

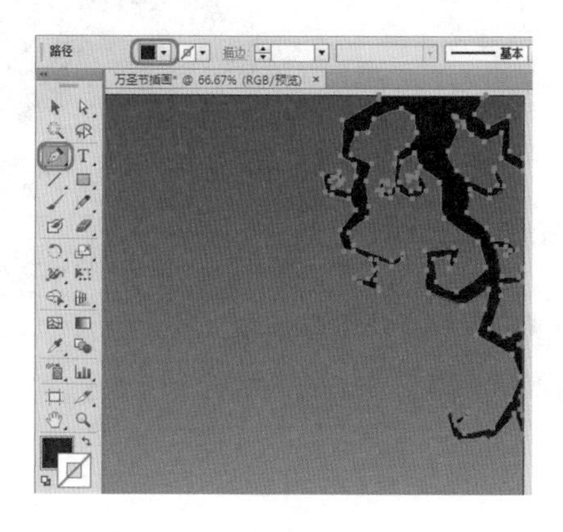

图 4-39　绘制图形并填充黑色

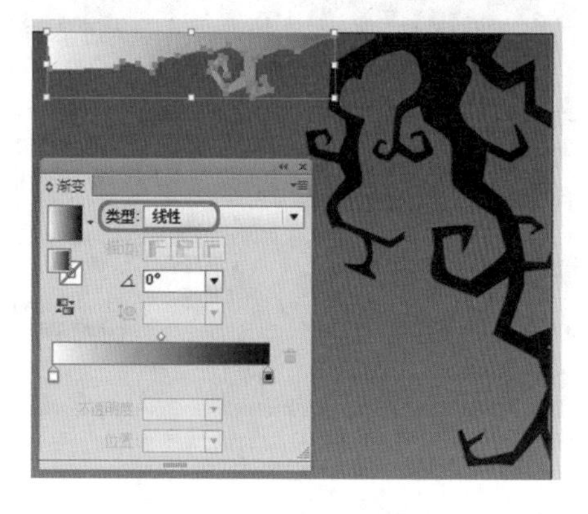

图 4-40　为绘制的图形设置渐变色

(5) 按 Ctrl+Shift+F10 组合键，打开【透明度】面板，将【混合模式】设置为【正片叠底】，效果如图 4-41 所示。

(6) 在工具箱中选择【椭圆工具】，在画板中绘制正圆，如图 4-42 所示。

图 4-41　设置透明度混合模式

图 4-42　绘制正圆

(7) 选择绘制的正圆，在【渐变】面板中将【类型】设置为【径向】，左侧渐变滑块的颜色设置为白色，在 65% 位置处添加渐变滑块，将 RGB 值设置为 0、0、0，在 77% 位置处添加渐变滑块，将 RGB 值设置为 244、158、0，右侧渐变滑块的 RGB 值设置为 0、0、0，然后将上方第一个节点的位置设置为 76%，第二个节点的位置设置为 76%，第三个节点的位置设置为 23%，效果如图 4-43 所示。

(8) 在【透明度】面板中将【混合模式】设置为【滤色】，【不透明度】设置为 71%，效果如图 4-44 所示。

(9) 继续使用【椭圆工具】绘制正圆，选择绘制的正圆，在【渐变】面板中将【类型】设置为【径向】，左侧渐变滑块的 RGB 值设置为 244、224、127，右侧渐变滑块的 RGB 值设置为 245、170、102，效果如图 4-45 所示。

(10) 使用【椭圆工具】绘制正圆，选择绘制的正圆，在【渐变】面板中将【类型】设置为【径向】，左侧渐变滑块的 RGB 值设置为 228、228、228，右侧渐变滑块的 RGB 值设置为 0、0、

0，上方节点的位置设置为 25%，效果如图 4-46 所示。

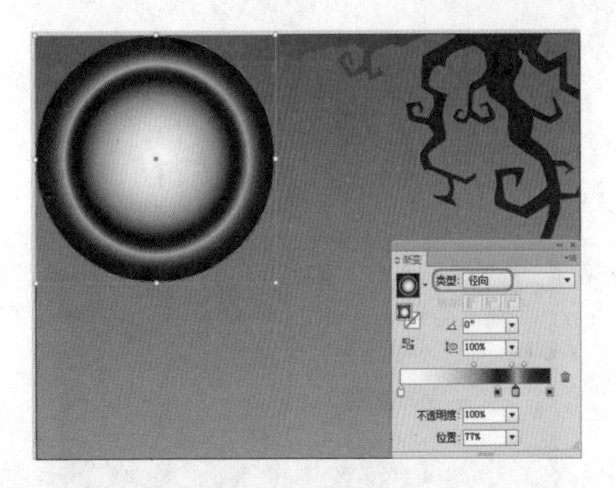

图 4-43　设置渐变颜色

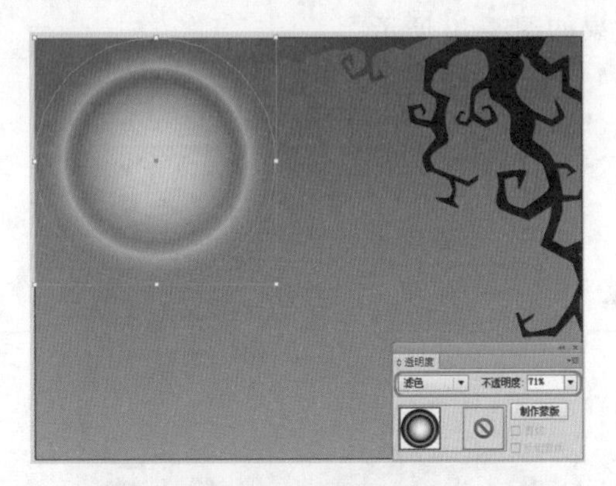

图 4-44　设置透明度

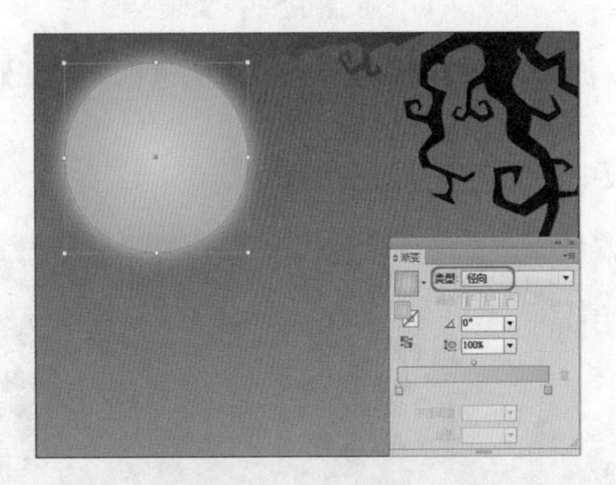

图 4-45　绘制正圆并填充颜色

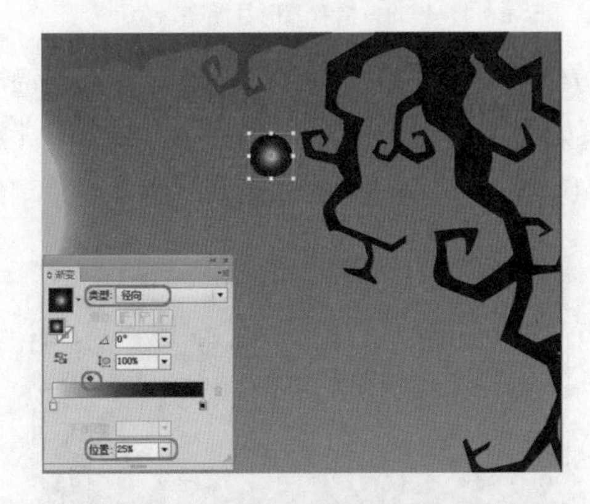

图 4-46　为绘制的正圆填充渐变颜色

(11) 在【透明度】面板中将【混合模式】设置为【颜色减淡】，效果如图 4-47 所示。

(12) 在画板中复制多个新绘制的正圆，然后调整正圆的大小和位置，效果如图 4-48 所示。

图 4-47　设置透明度

图 4-48　复制正圆

(13) 在工具箱中选择【钢笔工具】，在画板中绘制图形，并为绘制的图形填充黑色，效果如图 4-49 所示。

(14) 继续使用【钢笔工具】绘制图形，并选择绘制的图形，在【渐变】面板中将【类型】

设置为【线性】，【角度】设置为−83°，左侧渐变滑块的 RGB 值设置为 250、217、124，右侧渐变滑块的 RGB 值设置为 223、57、0，上方节点的位置设置为 61%，效果如图 4-50 所示。

图 4-49　绘制图形并填充黑色

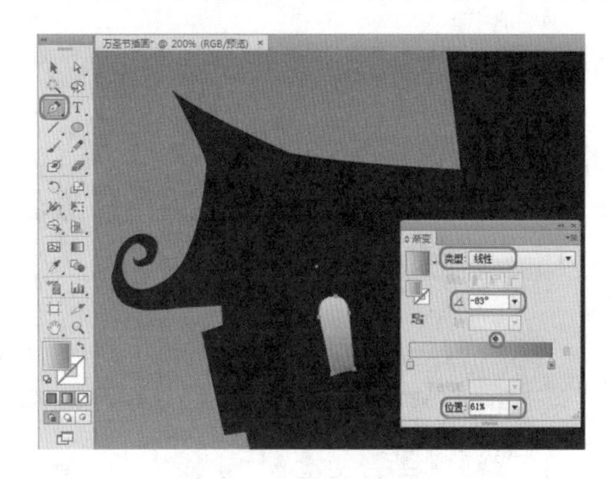

图 4-50　为图形填充渐变颜色

(15) 在工具箱中选择【直线段工具】，在画板中绘制两条直线，并选择绘制的直线，在属性栏中将描边颜色设置为黑色，【描边粗细】设置为 2pt，效果如图 4-51 所示。

(16) 在工具箱中选择【钢笔工具】，在画板中绘制图形，并选择绘制的图形，在属性栏中将填充颜色的 RGB 值设置为 255、238、198，描边颜色设置为无，效果如图 4-52 所示。

图 4-51　绘制并调整直线

图 4-52　绘制图形并填充颜色

在按住 Shift 键的同时单击属性栏中的填色色块或描边色块，可以在打开的面板中设置颜色参数。

(17) 使用同样的方法，绘制其他的门窗对象，效果如图 4-53 所示。

(18) 在工具箱中选择【钢笔工具】，在画板中绘制图形，并为绘制的图形填充黑色，效果如图 4-54 所示。

(19) 继续使用【钢笔工具】绘制其他图形对象，效果如图 4-55 所示。

(20) 使用【钢笔工具】绘制图形，并选择绘制的图形，在【渐变】面板中将【类型】设置为【线性】，【角度】设置为−86°，左侧渐变滑块的 RGB 值设置为 226、204、248，

右侧渐变滑块的 RGB 值设置为 143、123、224，上方节点的位置设置为 58%，效果如图 4-56 所示。

图 4-53　绘制其他对象

图 4-54　绘制图形

图 4-55　绘制其他图形对象

图 4-56　绘制图形并填充颜色

(21) 在【透明度】面板中将【不透明度】设置为 30%，效果如图 4-57 所示。
(22) 使用同样的方法，绘制其他图形对象并添加不透明度，效果如图 4-58 所示。

图 4-57　设置不透明度

图 4-58　绘制其他图形并添加透明度

案例精讲 025　卡通世界

案例文件：CDROM \ 场景 \ Cha04 \ 卡通世界 .ai

视频文件：视频教学 \ Cha04 \ 卡通世界 .avi

制作概述

本例将介绍插画卡通世界的绘制，首先绘制背景、卡通建筑和彩虹，然后绘制草坪并输入文字，完成后的效果如图 4-59 所示。

图 4-59　卡通世界

学习目标

- 学习【混合工具】的使用方法。
- 掌握设置渐变色的方法。

操作步骤

(1) 按 Ctrl+N 组合键，在弹出的【新建文档】对话框中输入【名称】为“卡通世界”，将【宽度】设置为 533mm，【高度】设置为 610mm，【颜色模式】设置为 RGB，单击【确定】按钮，如图 4-60 所示。

(2) 在工具箱中选择【矩形工具】，在画板中绘制一个宽为 533mm，高为 610mm 的矩形，然后选择绘制的矩形，按 Ctrl+F9 组合键，打开【渐变】面板，【类型】设置为【线性】，【角度】设置为 −90°，左侧渐变滑块的 RGB 值设置为 66、217、242，右侧渐变滑块的 RGB 值设置为 255、255、255，如图 4-61 所示。并将矩形的描边设置为无。

(3) 在工具箱中选择【钢笔工具】，在画板中绘制图形，并选择绘制的图形，在属性栏中将填充颜色的 RGB 值设置为 199、234、242，效果如图 4-62 所示。

(4) 在【透明度】面板中将【不透明度】设置为 60%，效果如图 4-63 所示。

(5) 使用同样的方法，继续绘制图形并调整透明度，效果如图 4-64 所示。

(6) 按 F7 键，打开【图层】面板，将【图层 1】重命名为“背景”，然后单击面板下方的【创建新图层】按钮，新建【图层 2】，并将【图层 2】重命名为“卡通建筑”，如图 4-65 所示。

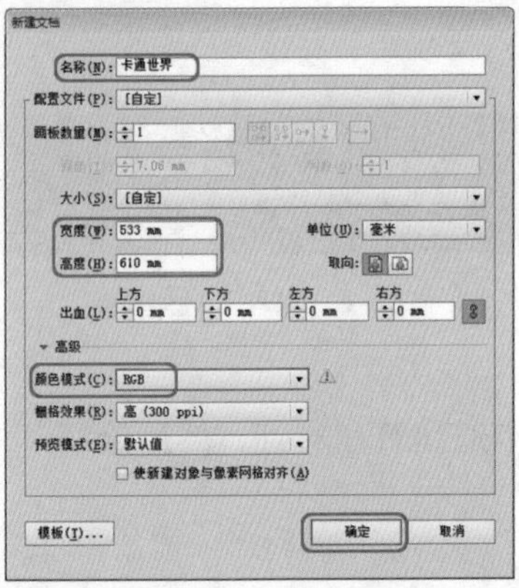

图 4-60　新建文档

图 4-61　设置渐变颜色

图 4-62　绘制图形并填充颜色

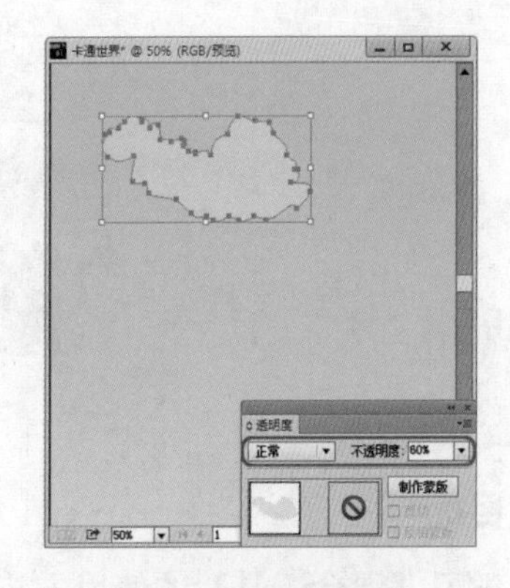

图 4-63　设置不透明度

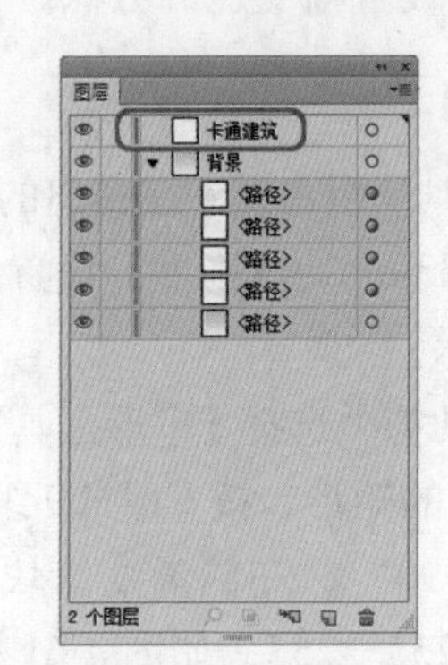

图 4-64　绘制图形并添加透明度

图 4-65　新建并重命名图层

(7) 确认【卡通建筑】图层处于选择状态，在工具箱中选择【钢笔工具】，在画板中绘制图形，并选择绘制的图形，在【渐变】面板中将【类型】设置为【线性】，【角度】设置为 90°，左侧渐变滑块的 RGB 值设置为 250、179、145，在 52% 位置处添加渐变滑块，将 RGB 值设置为 240、227、122，右侧渐变滑块的 RGB 值设置为 255、235、189，效果如图 4-66 所示。

(8) 在属性栏中将描边的 RGB 值设置为 108、89、53，【描边粗细】设置为 3pt，效果如图 4-67 所示。

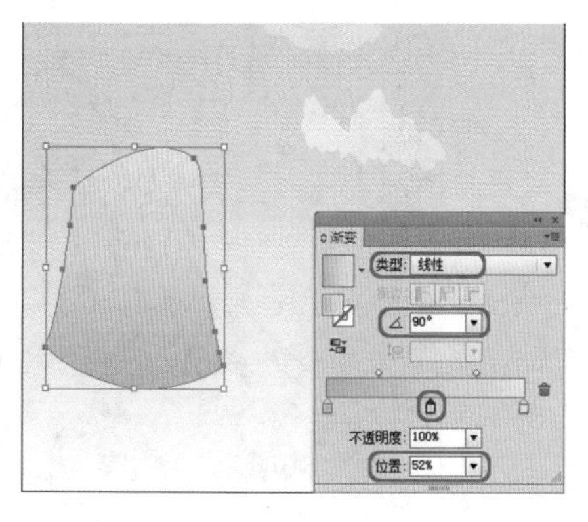

图 4-66　绘制图形并设置渐变颜色

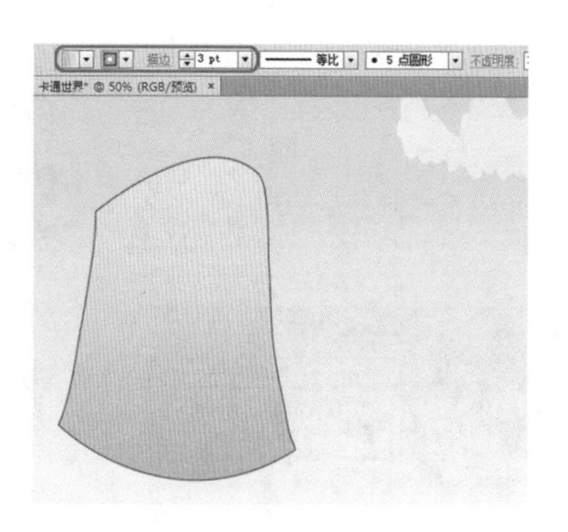

图 4-67　设置描边

(9) 使用【钢笔工具】在画板中绘制图形，并将图形填充颜色的 RGB 值设置为 204、140、51，效果如图 4-68 所示。

(10) 继续使用【钢笔工具】绘制其他图形，并为绘制的图形填充颜色，效果如图 4-69 所示。

(11) 使用【钢笔工具】绘制心形，并将心形填充颜色的 RGB 值设置为 253、134、157，描边设置为无，效果如图 4-70 所示。

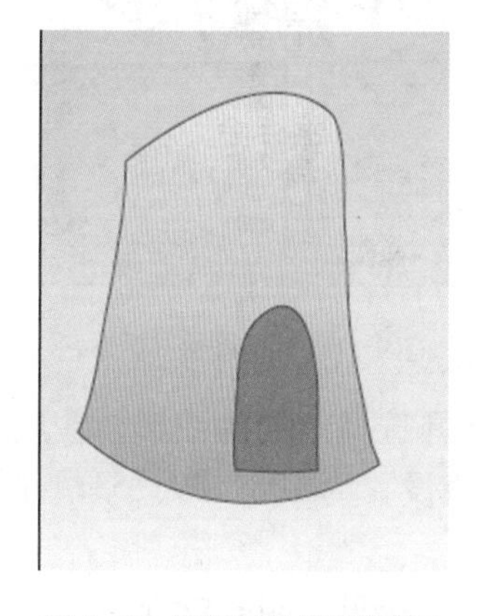

图 4-68　绘制图形并填充颜色

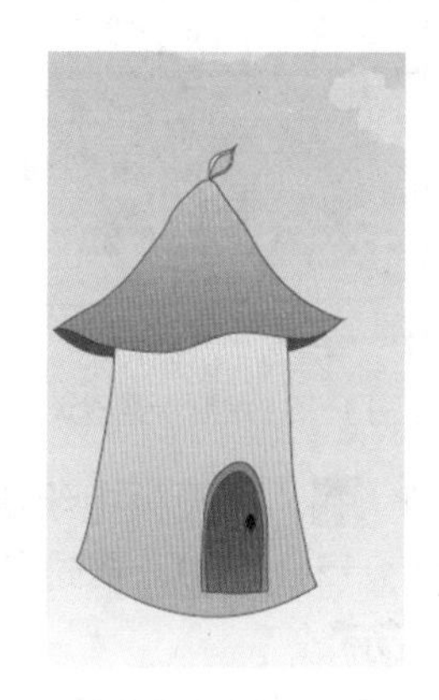

图 4-69　绘制其他图形

图 4-70　绘制心形

(12) 确认绘制的心形处于选择状态，在【透明度】面板中将【混合模式】设置为【正片叠底】，【不透明度】设置为 66%，效果如图 4-71 所示。

(13) 在画板中复制多个心形对象，并调整心形对象的大小、旋转角度和位置，效果如图 4-72 所示。

(14) 使用【钢笔工具】绘制曲线，并将曲线的填充颜色设置为无，描边的 RGB 值设置为 108、89、53，【描边粗细】设置为 3pt，效果如图 4-73 所示。

(15) 使用同样的方法，在画板中绘制其他曲线，效果如图 4-74 所示。

(16) 结合前面介绍的方法，绘制另外一个卡通建筑，效果如图 4-75 所示。

(17) 在【图层】面板中单击【创建新图层】按钮，新建【图层 3】，并将其重命名为“彩虹和热气球”，如图 4-76 所示。

图 4-71　设置不透明度

图 4-72　复制并调整心形

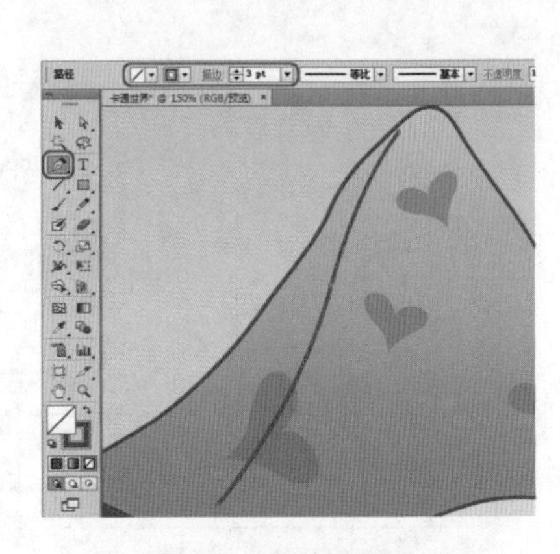

图 4-73　绘制并调整曲线

图 4-74　绘制其他曲线

图 4-75　绘制卡通建筑

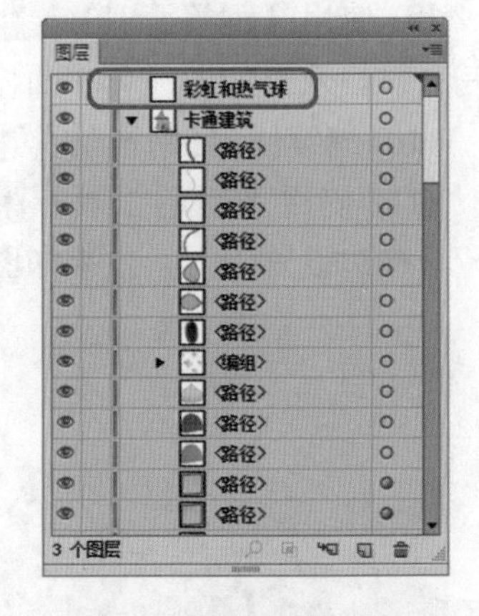

图 4-76　新建图层并重命名

(18) 在工具箱中选择【钢笔工具】，在画板中绘制图形，并选择绘制的图形，在属性栏中将填充颜色的 RGB 值设置为 255、151、150，描边的 RGB 值设置为 108、89、53，【描边粗细】设置为 1pt，效果如图 4-77 所示。

(19) 继续使用钢笔工具绘制图形，然后为图形填充不同的颜色，效果如图 4-78 所示。

图 4-77　绘制图形并填充颜色

图 4-78　绘制图形并填充颜色

(20) 结合前面绘制卡通建筑的方法，绘制热气球，效果如图 4-79 所示。

(21) 在【图层】面板中将【彩虹和热气球】图层移至【卡通建筑】图层的下方，然后新建图层，并将新建的图层重命名为“草坪”，效果如图 4-80 所示。

图 4-79　绘制热气球

图 4-80　移动图层位置并新建图层

(22) 在工具箱中选择【钢笔工具】，在画板中绘制图形，并选择绘制的图形，在属性栏中将描边的 RGB 值设置为 108、89、53，【描边粗细】设置为 1pt，如图 4-81 所示。

(23) 在【渐变】面板中将【类型】设置为【线性】，左侧渐变滑块的 RGB 值设置为 247、255、28，在 46% 位置处添加渐变滑块，将 RGB 值设置为 164、210、32，右侧渐变滑块的 RGB 值设置为 107、186、0，填充渐变颜色后的效果如图 4-82 所示。

图 4-81　绘制图形并设置描边

图 4-82　填充渐变颜色

(24) 继续使用【钢笔工具】绘制图形，并将图形的描边设置为无，效果如图 4-83 所示。

(25) 确认新绘制的图形处于选择状态，在【透明度】面板中将【混合模式】设置为【正片叠底】，【不透明度】设置为 26%，效果如图 4-84 所示。

图 4-83 绘制图形并设置描边

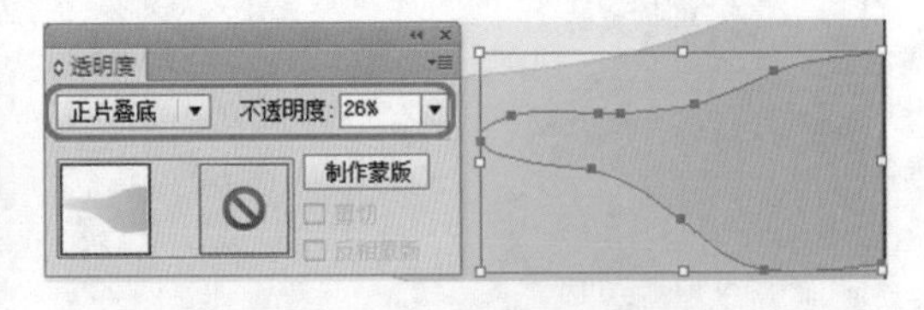

图 4-84 添加透明度

(26) 结合前面介绍的方法，绘制其他图形，效果如图 4-85 所示。

(27) 使用【钢笔工具】绘制图形，并将图形填充颜色的 RGB 值设置为 125、218、255，描边设置为无，效果如图 4-86 所示。

图 4-85 绘制其他图形

图 4-86 绘制图形并填充颜色

(28) 复制新绘制的图形，并调整复制后的图形的大小和位置，然后将填充颜色的 RGB 值更改为 202、238、252，效果如图 4-87 所示。

(29) 在工具箱中选择【混合工具】，在复制后的图形上单击鼠标左键，然后在大图形上单击鼠标左键，即可添加混合效果，如图 4-88 所示。

(30) 双击【混合工具】，弹出【混合选项】对话框，将【间距】设置为【指定的步数】，步数设置为 4，单击【确定】按钮，如图 4-89 所示。

(31) 指定步数后的效果如图 4-90 所示。

图 4-87　复制并调整图形

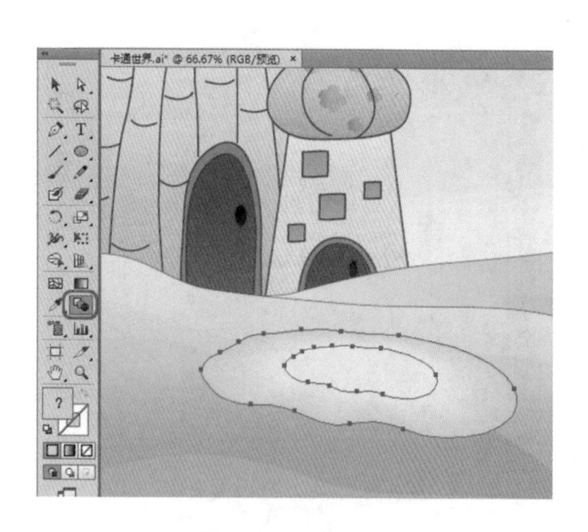

图 4-88　混合效果

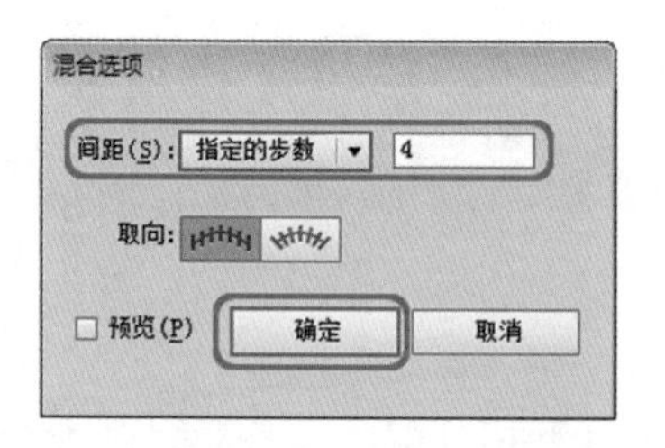

图 4-89　指定步数

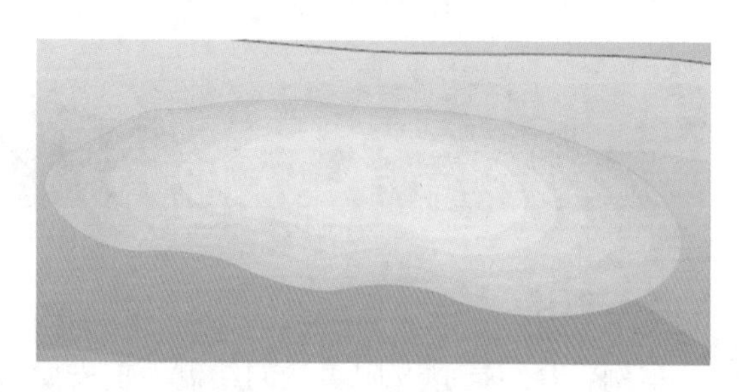

图 4-90　指定步数后的效果

(32) 结合前面介绍的方法，绘制卡通树，效果如图 4-91 所示。

(33) 在【图层】面板中新建图层，并将其重命名为“文字”，如图 4-92 所示。

图 4-91　绘制卡通树

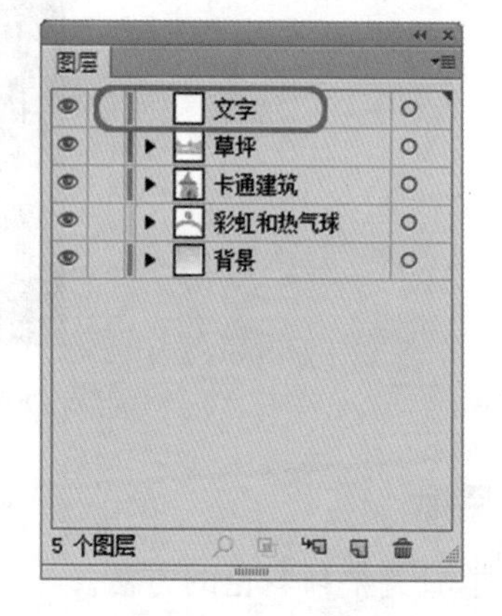

图 4-92　新建图层

(34) 在工具箱中选择【文字工具】T，在画板中输入文字，并选择输入的文字，在属性栏中将填充颜色的 RGB 值设置为 108、89、53，单击【字符】，打开【字符】面板，将字体设置为 Freehand521 BT，【字体大小】设置为 68pt，效果如图 4-93 所示。

(35) 使用同样的方法，输入其他文字，效果如图 4-94 所示。

图 4-93　输入并设置文字

图 4-94　输入其他文字

案例精讲 026　夕阳美景

案例文件：CDROM \ 场景 \ Cha04 \ 夕阳美景 .ai

视频文件：视频教学 \ Cha04 \ 夕阳美景 .avi

制作概述

本例将介绍插画夕阳美景的绘制，首先使用【矩形工具】和【钢笔工具】绘制天空和大海，然后使用【椭圆工具】绘制夕阳和倒影，最后倒入椰子树，完成后的效果如图 4-95 所示。

图 4-95　夕阳美景

学习目标

■　学习调整渐变色的方法。

■　掌握【椭圆工具】的使用方法。

操作步骤

(1) 按 Ctrl+N 组合键，在弹出的【新建文档】对话框中输入【名称】为“夕阳美景”，将【宽度】和【高度】分别设置为 210mm，【颜色模式】设置为 RGB，单击【确定】按钮，如图 4-96 所示。

(2) 在工具箱中选择【矩形工具】，在画板中绘制一个宽和高为 210mm 的矩形，然后

选择绘制的矩形，按 Ctrl+F9 组合键，打开【渐变】面板，将【类型】设置为【径向】，【长宽比】设置为 71%，左侧渐变滑块的 RGB 值设置为 255、255、62，在 31% 位置处添加一个渐变滑块，将 RGB 值设置为 255、26、0，右侧渐变滑块的 RGB 值设置为 93、14、18，如图 4-97 所示。

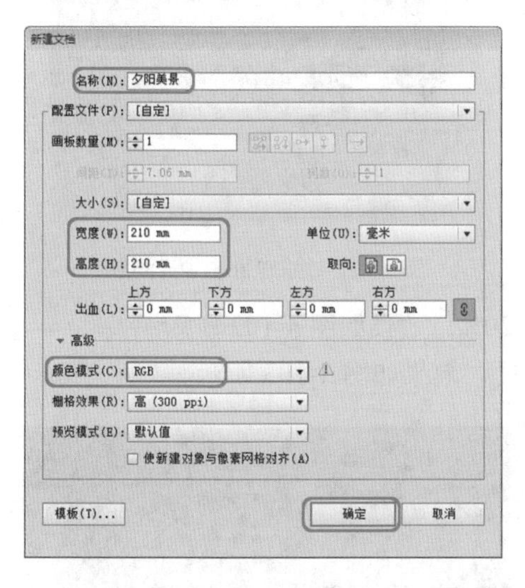

图 4-96　新建文档

图 4-97　设置渐变颜色

(3) 在工具箱中选择【渐变工具】，在画板中调整渐变，效果如图 4-98 所示。并将矩形的描边设置为无。

(4) 继续使用【矩形工具】在画板中绘制一个宽为 210mm，高为 45mm 的矩形，并选择绘制的矩形，在【渐变】面板中将【类型】设置为【径向】，【长宽比】设置为 24%，左侧渐变滑块的 RGB 值设置为 255、114、0，在 38% 位置处添加一个渐变滑块，将 RGB 值设置为 151、15、0，右侧渐变滑块的 RGB 值设置为 48、0、0，如图 4-99 所示。

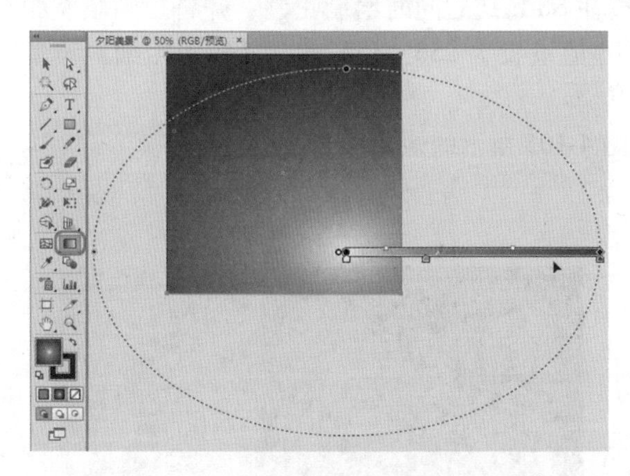

图 4-98　调整渐变

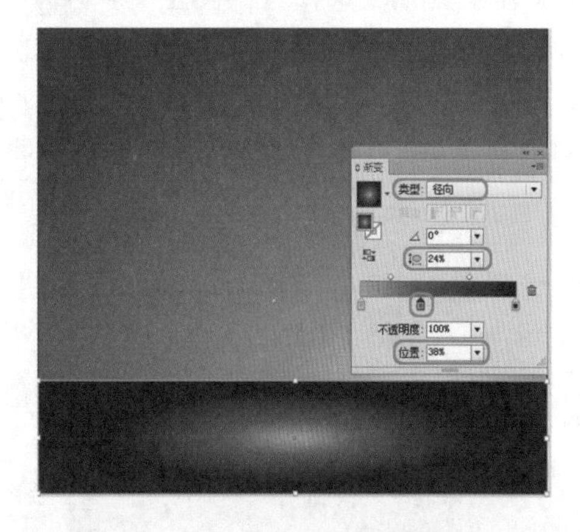

图 4-99　设置渐变颜色

(5) 在工具箱中选择【渐变工具】，在画板中调整渐变，效果如图 4-100 所示。

(6) 在工具箱中选择【钢笔工具】，在画板中绘制图形，并选择绘制的图形，在属性栏中将填充颜色的 RGB 值设置为 252、65、0，效果如图 4-101 所示。

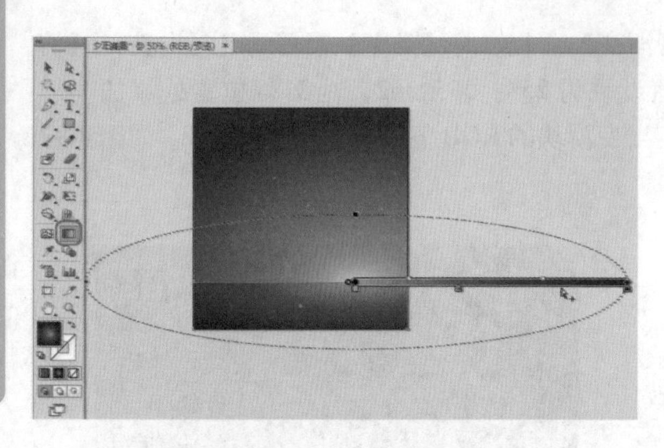

图 4-100 调整渐变

图 4-101 绘制图形并填充颜色

(7) 在【透明度】面板中将【不透明度】设置为 20%，效果如图 4-102 所示。

(8) 使用同样的方法，绘制其他图形并设置透明度，效果如图 4-103 所示。

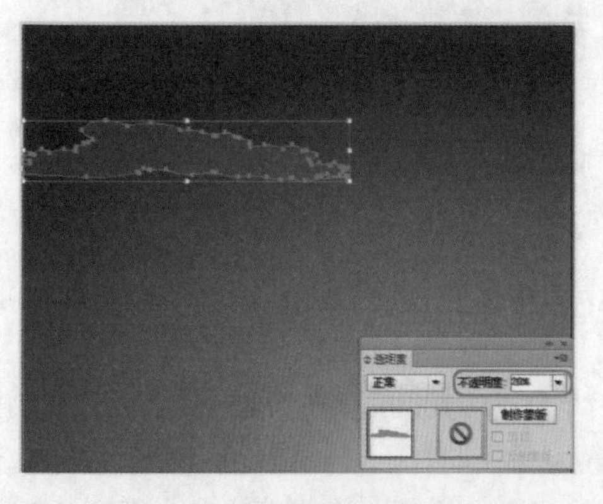

图 4-102 设置不透明度

图 4-103 绘制其他图形并添加透明度

(9) 在工具箱中选择【椭圆工具】，在按住 Shift 键的同时绘制正圆，并将正圆填充颜色的 RGB 值设置为 254、212、88，描边的 RGB 值设置为 255、153、0，【描边粗细】设置为 4pt，效果如图 4-104 所示。

(10) 按 F7 键打开【图层】面板，然后将如图 4-105 所示的矩形移至顶层。

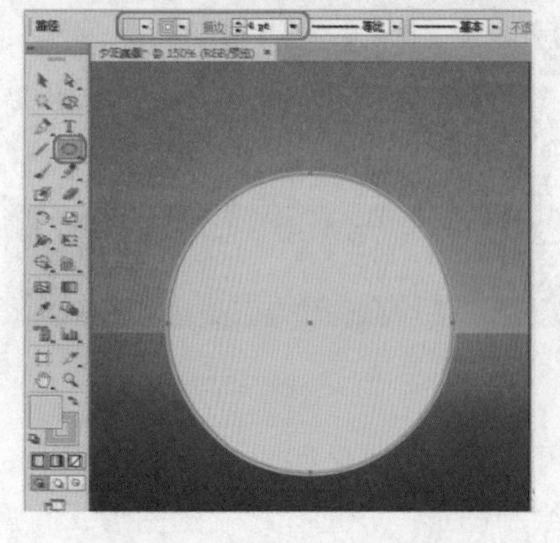

图 4-104 绘制正圆并填充颜色

图 4-105 调整排列顺序

(11) 在工具箱中选择【椭圆工具】，在画板中绘制椭圆，并将椭圆填充颜色的 RGB 值设置为 254、192、88，描边设置为无，效果如图 4-106 所示。

(12) 使用同样的方法，绘制其他椭圆并填充颜色，效果如图 4-107 所示。

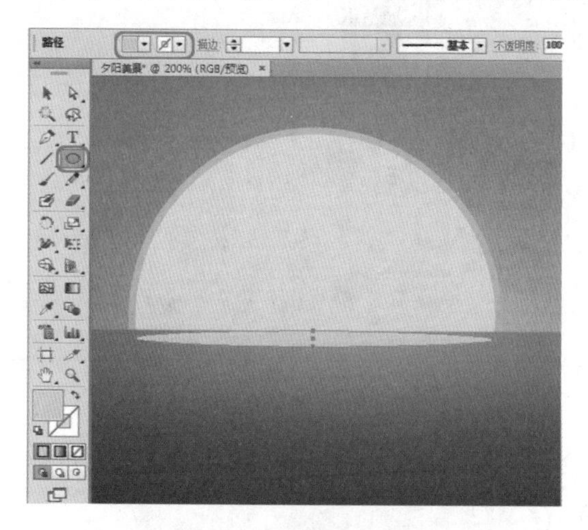

图 4-106　绘制椭圆并填充颜色

图 4-107　绘制其他椭圆

(13) 在工具箱中选择【矩形工具】，在画板中绘制矩形，效果如图 4-108 所示。

(14) 选择新绘制的矩形和下面的椭圆，并单击鼠标右键，在弹出的快捷菜单中选择【建立剪切蒙版】命令，如图 4-109 所示。

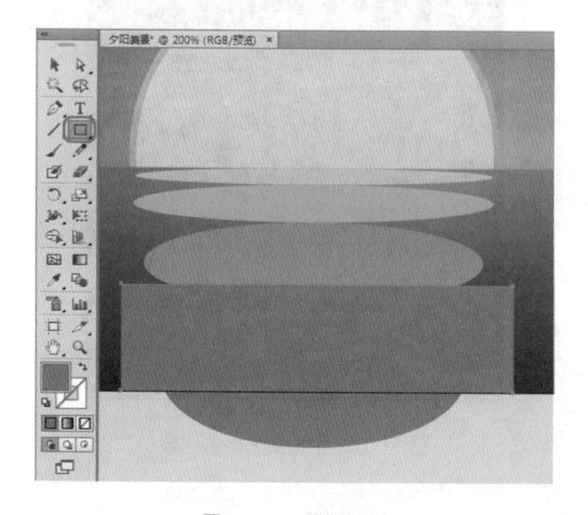

图 4-108　绘制矩形

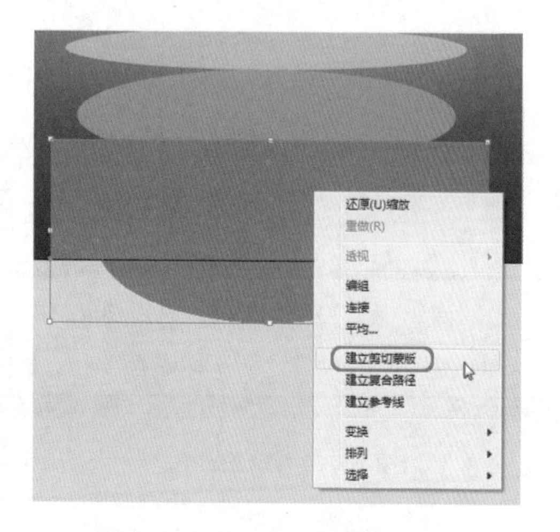

图 4-109　选择【建立剪切蒙版】命令

(15) 建立剪切蒙版后的效果如图 4-110 所示。

(16) 按 Ctrl+O 组合键，弹出【打开】对话框，在该对话框中选择随书附带光盘中的素材文件“椰子树 .ai”，然后单击【打开】按钮，如图 4-111 所示。

在菜单栏中选择【文件】|【打开】命令也可以打开【打开】对话框。在【文件】|【最近打开的文档】下拉菜单中包含了用户最近在 Illustrator CC 中打开的 10 个文件，单击其中一个文件的名称，即可快速打开该文件。

图 4-110　创建剪切蒙版后的效果

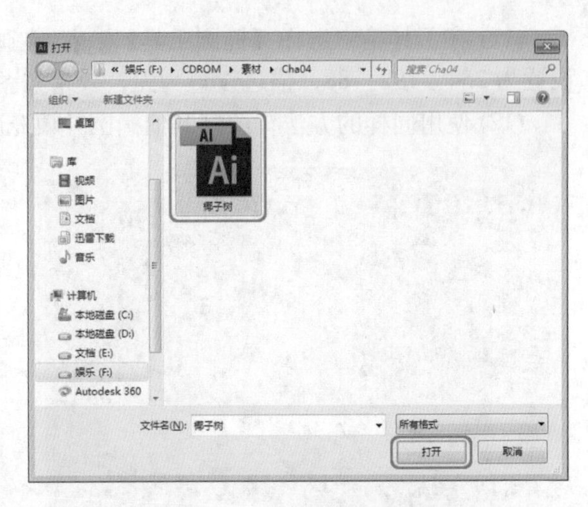

图 4-111　选择素材文件

(17) 上述操作完成后，即可打开选择的素材文件，然后按 Ctrl+A 组合键选择所有的对象，按 Ctrl+C 组合键复制选择的对象，如图 4-112 所示。

(18) 返回到当前制作的场景中，按 Ctrl+V 组合键粘贴选择的对象，并调整复制后的对象的位置，效果如图 4-113 所示。

图 4-112　复制选择对象

图 4-113　调整复制后的对象

案例精讲 027　美女插画

案例文件：CDROM \ 场景 \ Cha04 \ 美女插画 .ai

视频文件：视频教学 \ Cha04 \ 美女插画 .avi

制作概述

本例将介绍美女插画的绘制，首先使用【钢笔工具】绘制人物，然后再绘制头发和花朵，

完成后的效果如图 4-114 所示。

图 4-114　美女插画

学习目标

- 学习【钢笔工具】的使用方法。
- 掌握人物五官的表现技法。

操作步骤

(1) 按 Ctrl+N 组合键，在弹出的【新建文档】对话框中输入【名称】为“美女插画”，将【宽度】设置为 350mm，【高度】设置为 390mm，【颜色模式】设置为 RGB，单击【确定】按钮，如图 4-115 所示。

(2) 在工具箱中选择【矩形工具】，在画板中绘制一个宽为 350mm、高为 390mm 的矩形，并将矩形填充颜色的 RGB 值设置为 34、89、86，描边设置为无，效果如图 4-116 所示。

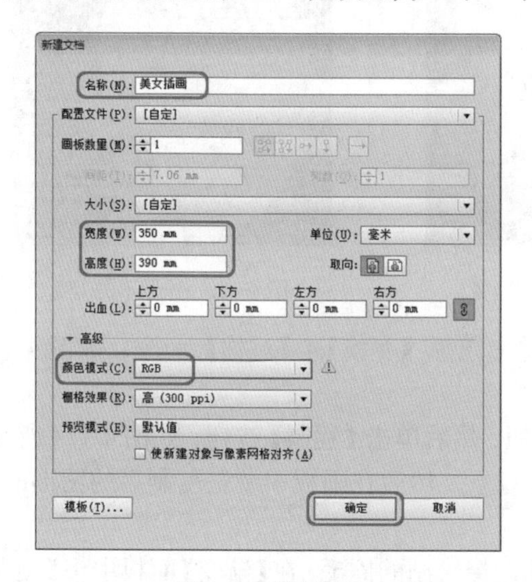

图 4-115 新建文档

图 4-116　绘制矩形并填充颜色

(3) 按 F7 键打开【图层】面板，将【图层 1】重命名为“背景”，然后单击【创建新图层】按钮，新建【图层 2】，并将【图层 2】重命名为“头部”，如图 4-117 所示。

(4) 在工具箱中选择【钢笔工具】，在画板中绘制图形，并将图形填充颜色的 RGB 值设置为 255、210、177，描边设置为无，效果如图 4-118 所示。

(5) 继续使用【钢笔工具】在画板中绘制耳朵，效果如图 4-119 所示。

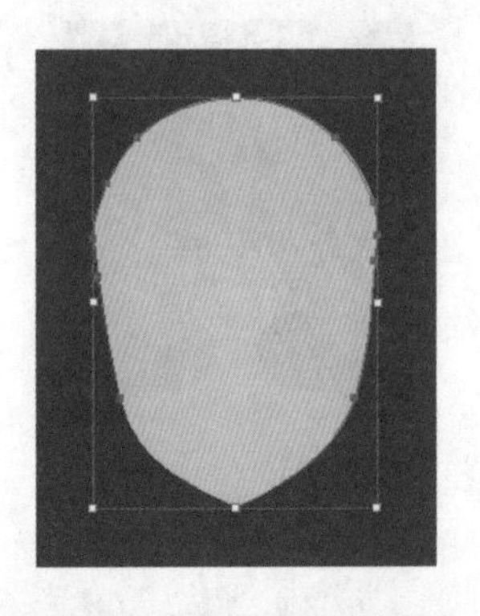

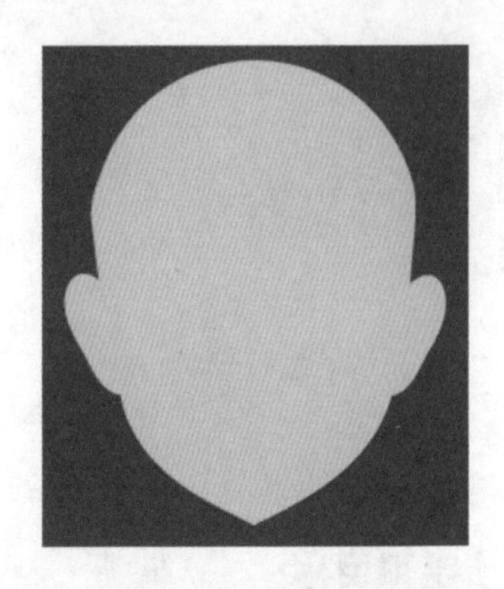

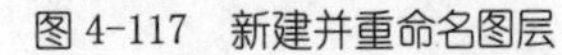

图 4-117　新建并重命名图层　　图 4-118　绘制图形并填充颜色　　图 4-119　绘制耳朵

(6) 使用【钢笔工具】在画板中绘制图形，并选择绘制的图形，在【渐变】面板中将【类型】设置为【径向】，左侧渐变滑块的 RGB 值设置为 255、179、177，右侧渐变滑块的 RGB 值设置为 255、255、255，上方节点的位置设置为 35%，效果如图 4-120 所示。

(7) 在工具箱中选择【渐变工具】，在画板中调整渐变，效果如图 4-121 所示。

(8) 在【透明度】面板中将【混合模式】设置为【正片叠底】，【不透明度】设置为 73%，效果如图 4-122 所示。

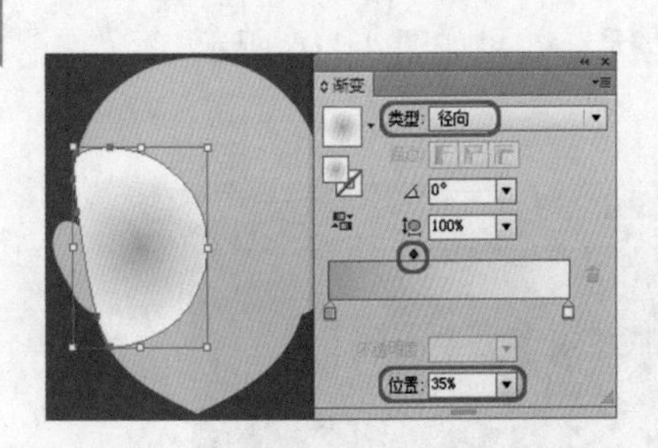

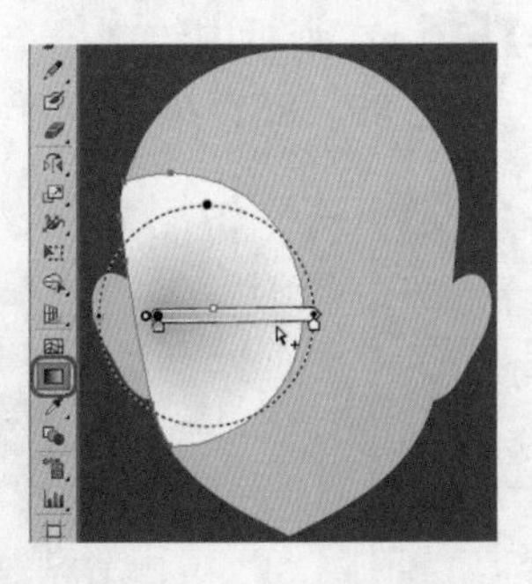

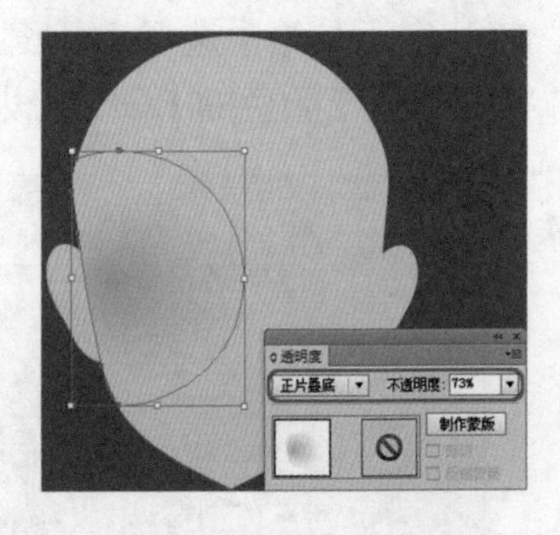

图 4-120　绘制图形并填充渐变　　图 4-121　调整渐变　　图 4-122　设置不透明度

(9) 在图形上单击鼠标右键，在弹出的快捷菜单中选择【变换】|【对称】命令，如图 4-123 所示。

(10) 弹出【镜像】对话框，选中【垂直】单选按钮，然后单击【复制】按钮，如图 4-124 所示。

(11) 上述操作完成后，即可垂直镜像复制图形对象，然后在画板中调整复制后的图形的位置，效果如图 4-125 所示。

(12) 使用【钢笔工具】在画板中绘制眉毛，并选择绘制的眉毛，在【渐变】面板中将【类型】设置为【线性】，【角度】设置为 155°，左侧渐变滑块的 RGB 值设置为 194、149、126，右侧渐变滑块的 RGB 值设置为 159、114、98，上方节点的位置设置为 35%，效果如图 4-126 所示。

(13) 在工具箱中选择【钢笔工具】，在画板中绘制图形，并将图形填充颜色的 RGB 值设置为 119、71、48，效果如图 4-127 所示。

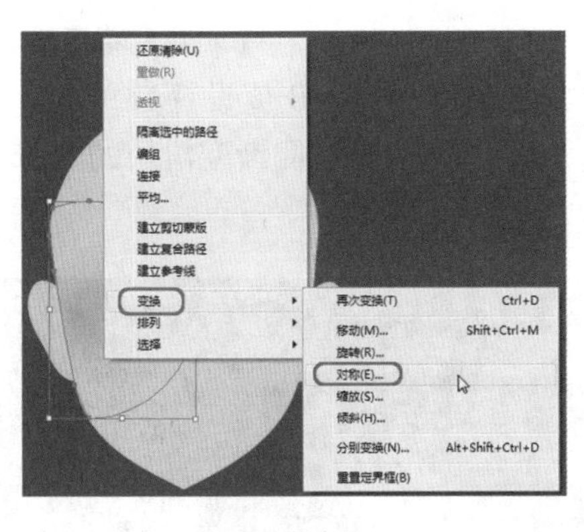

图 4-123　选择【对称】命令

图 4-124　【镜像】对话框

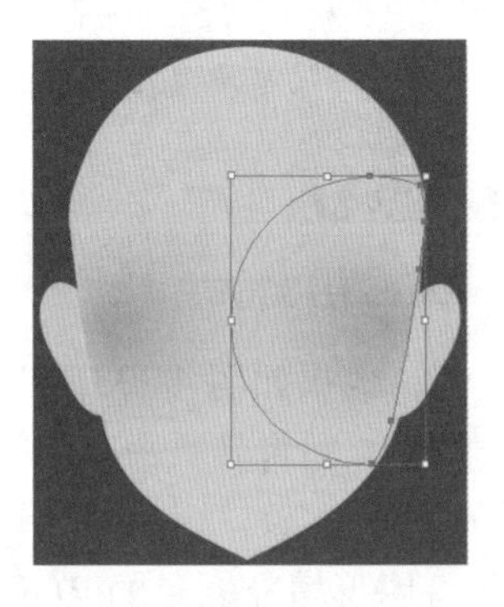

图 4-125　调整复制后的图形

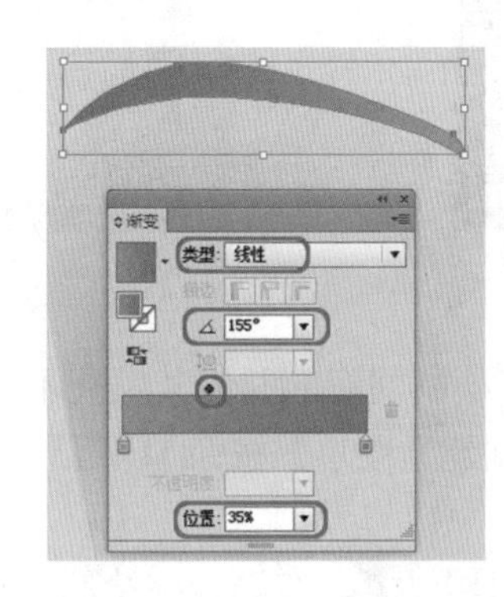

图 4-126　绘制眉毛并填充颜色

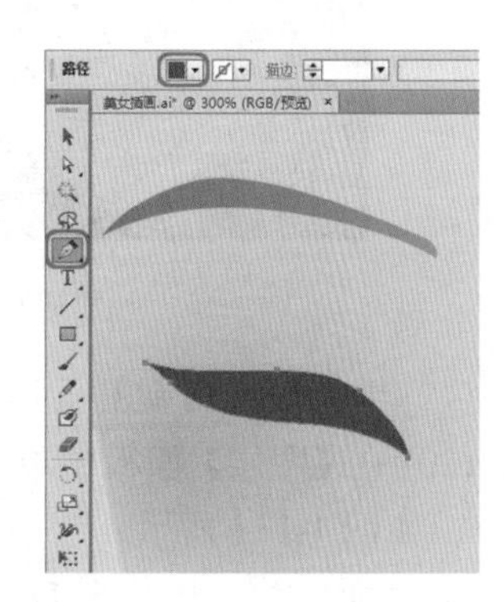

图 4-127　绘制图形并填充颜色

(14) 在【透明度】面板中将【混合模式】设置为【正片叠底】，【不透明度】设置为 29%，效果如图 4-128 所示。

(15) 结合前面介绍的方法，绘制其他图形，并设置图形的填充颜色和透明度，效果如图 4-129 所示。

(16) 在画板中选择组成眉毛和眼睛的所有对象，并结合前面介绍的方法，垂直镜像复制选择的对象，然后调整复制后的对象的位置，效果如图 4-130 所示。

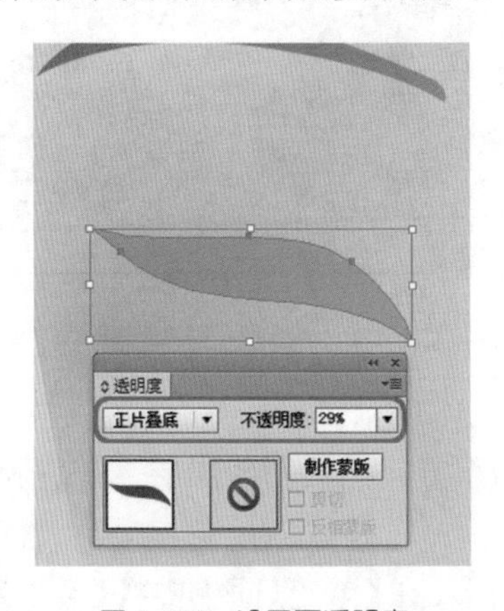

图 4-128　设置不透明度

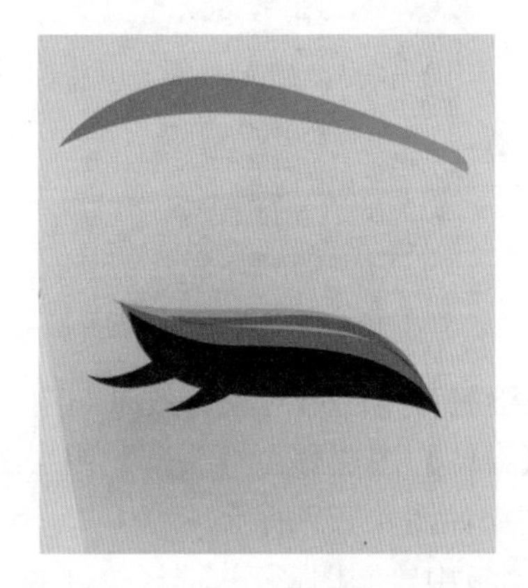

图 4-129　绘制并设置其他图形

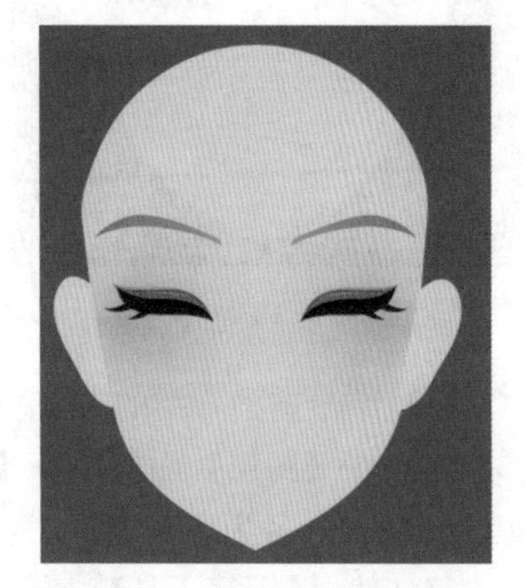

图 4-130　复制并调整对象

(17) 结合前面介绍的方法，使用【钢笔工具】绘制鼻子和嘴，效果如图 4-131 所示。

(18) 使用【钢笔工具】在画板中绘制刘海，并选择绘制的刘海，在【渐变】面板中将【类型】设置为【线性】，【角度】设置为 -125°，左侧渐变滑块的 RGB 值设置为 97、15、0，在 48% 位置处添加一个渐变滑块，将 RGB 值设置为 196、48、0，右侧渐变滑块的 RGB 值设置为 219、92、0，效果如图 4-132 所示。

图 4-131　绘制鼻子和嘴

图 4-132　绘制刘海并填充渐变

(19) 继续使用【钢笔工具】绘制刘海，并为其填充不同的颜色，效果如图 4-133 所示。

(20) 在【图层】面板中单击【创建新图层】按钮，新建【图层 3】，并将其重命名为“身体”，如图 4-134 所示。

(21) 在工具箱中选择【钢笔工具】，在画板中绘制图形，并将图形填充颜色的 RGB 值设置为 255、210、177，效果如图 4-135 所示。

图 4-133　绘制其他刘海对象

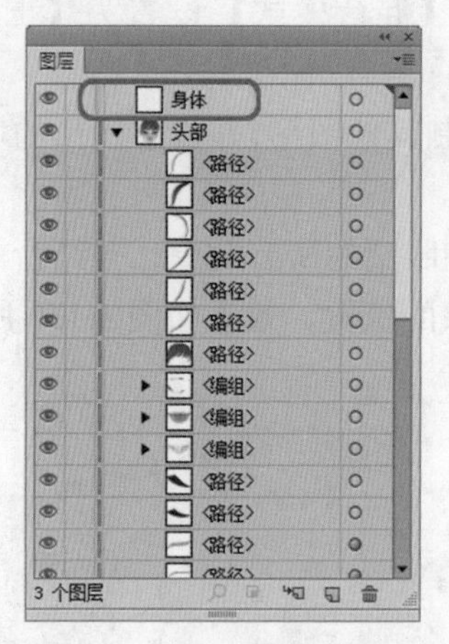

图 4-134　新建并重命名图层

图 4-135　绘制图形并填充颜色

(22) 结合前面介绍的方法，绘制其他图形对象，效果如图 4-136 所示。

(23) 在【图层】面板中将【身体】图层移至【头部】图层的下方，然后新建图层，并将新建的图层重命名为“头发”，效果如图 4-137 所示。

(24) 使用【钢笔工具】在画板中绘制图形，并选择绘制的图形，在【渐变】面板中将【类型】设置为【线性】，左侧渐变滑块的 RGB 值设置为 97、15、0，在 48% 位置处添加一个渐变滑块，将 RGB 值设置为 196、48、0，右侧渐变滑块的 RGB 值设置为 219、92、0，效果如图 4-138 所示。

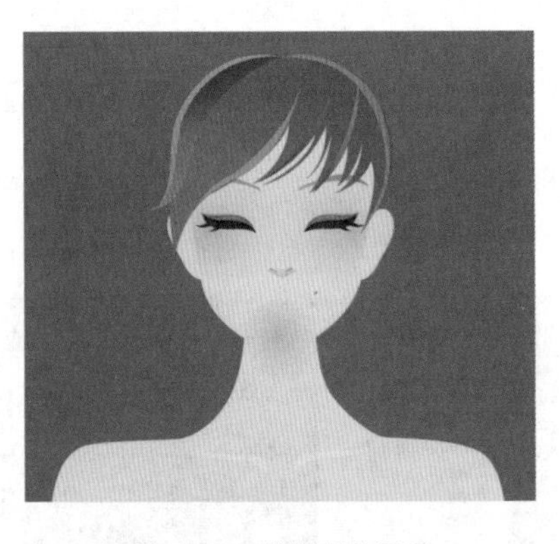

图 4-136　绘制其他图形

图 4-137　调整排列顺序并新建图层

(25) 继续使用【钢笔工具】绘制其他图形，并为绘制的图形填充不同的渐变颜色，效果如图 4-139 所示。

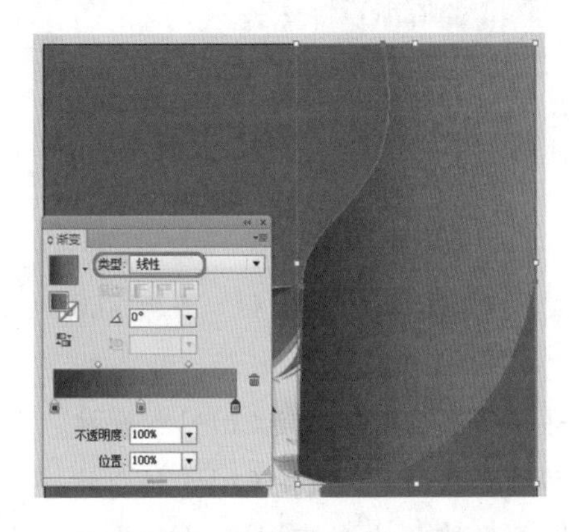

图 4-138　绘制图形并填充颜色

图 4-139　绘制其他图形

(26) 选择【头发】图层中的所有对象，然后结合前面介绍的方法，垂直镜像复制选择的对象，然后在画板中调整复制后的对象的位置，效果如图 4-140 所示。

(27) 删除复制后的对象中的图形对象，删除后的效果如图 4-141 所示。

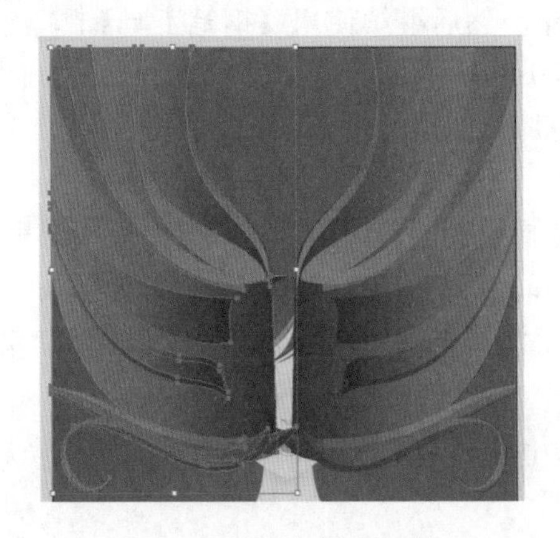

图 4-140　调整复制后的对象

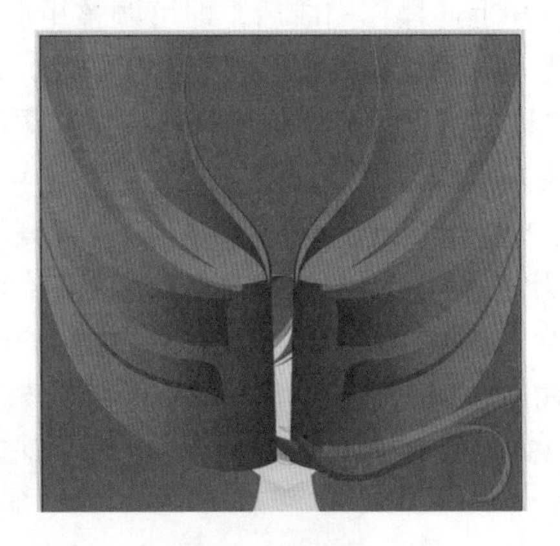

图 4-141　删除图形对象

(28) 在工具箱中选择【矩形工具】，在画板中绘制矩形，并为绘制的矩形填充渐变颜色，

效果如图 4-142 所示。

(29) 在绘制的矩形上单击鼠标右键，在弹出的快捷菜单中选择【排列】|【置于底层】命令，如图 4-143 所示。

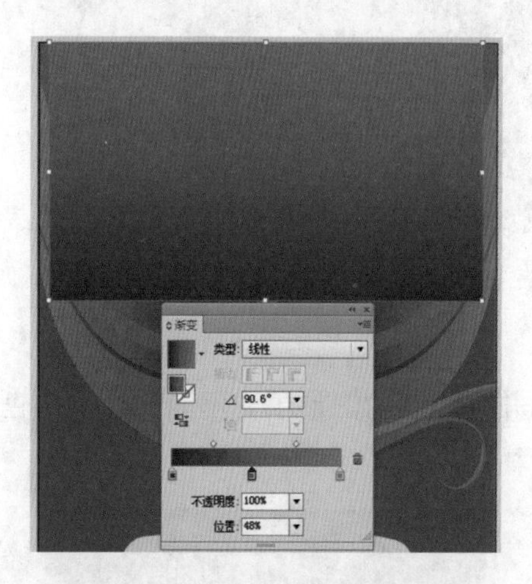

图 4-142　绘制矩形并填充颜色

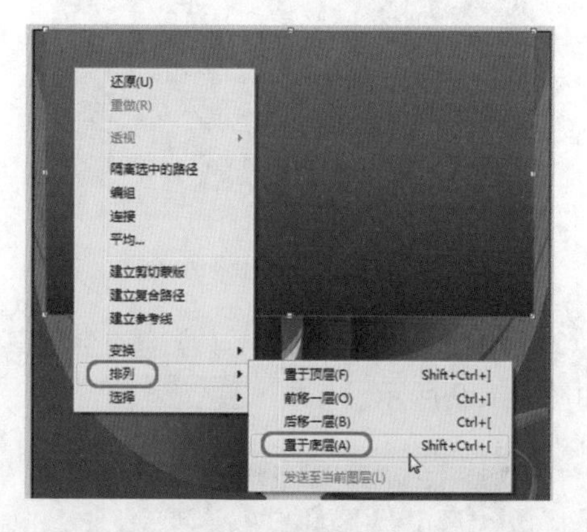

图 4-143　选择【置于底层】命令

知识链接

【置于顶层】：将该对象移至当前图层或当前组中所有对象的最顶层，或按 Shift+Ctrl+] 组合键。

【前移一层】：将当前选中对象的堆叠顺序向前移动一个位置，或按 Ctrl+] 组合键。

【后移一层】：将当前选中对象的堆叠顺序向后移动一个位置，或按 Ctrl+[组合键。

【置于底层】：将当前选中对象移至当前图层或当前组中所有对象的最底层，或按 Shift+Ctrl+[组合键。

【发送至当前图层】：将当前选中对象移动到指定的图层中。

(30) 上述操作完成后，即可调整矩形的排列顺序，然后继续使用【钢笔工具】绘制其他图形，并为绘制的图形填充渐变颜色，效果如图 4-144 所示。

(31) 在【图层】面板中将【头发】图层移至【身体】图层的下方，然后新建图层，并将新建的图层重命名为“花朵”，效果如图 4-145 所示。

(32) 使用【钢笔工具】在画板中绘制花朵，并选择绘制的花朵，在【渐变】面板中将【类型】设置为【径向】，左侧渐变滑块的 RGB 值设置为 255、122、163，在 61% 位置处添加一个渐变滑块，将 RGB 值设置为 255、232、69，右侧渐变滑块的 RGB 值设置为 255、255、222，效果如图 4-146 所示。

(33) 复制多个花朵对象，并在画板中调整其旋转角度、大小和位置，效果如图 4-147 所示。

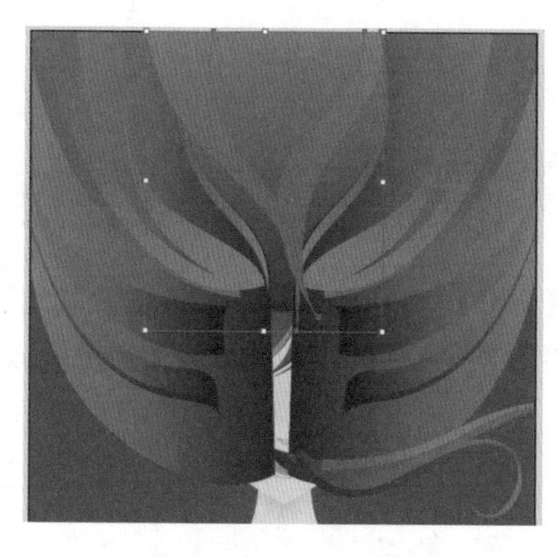

图 4-144　绘制其他图形

图 4-145　调整排列顺序并新建图层

图 4-146　绘制花朵并填充渐变

图 4-147　复制并调整花朵

案例精讲 028　可爱雪人

 案例文件：CDROM \ 场景 \ Cha04 \ 可爱雪人 .ai

 视频文件：视频教学 \ Cha04 \ 可爱雪人 .avi

制作概述

本例来介绍一下可爱雪人插画的绘制方法，该例的制作比较简单，主要使用【钢笔工具】和【椭圆工具】绘制出雪人的形状，然后填充颜色，完成后的效果如图 4-148 所示。

图 4-148　可爱雪人

学习目标

- 学习【钢笔工具】的使用方法。
- 掌握绘制雪花的方法。

操作步骤

(1) 启动 Illustrator CC 软件后，在菜单栏中选择【文件】|【新建】命令，弹出【新建文档】对话框，将【单位】设为【毫米】，【宽度】、【高度】分别设为 100mm，【颜色模式】设为 RGB，如图 4-149 所示。

(2) 单击【确认】按钮，在工具箱中选择【矩形工具】，将【描边】设为无，绘制一个与文档大小相同的矩形，如图 4-150 所示。

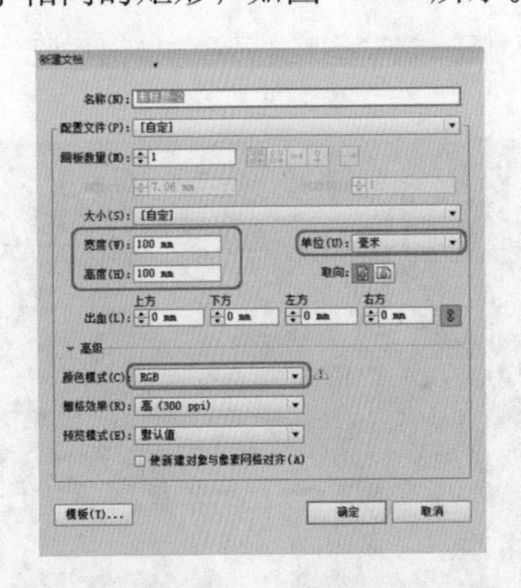

图 4-149　新建文档

图 4-150　绘制矩形

(3) 选中绘制的矩形，选择菜单栏中的【窗口】|【渐变】命令，打开【渐变】面板，将【类型】设为【径向】，双击选中左侧的按钮，在弹出的对话框中，将模式设为 RGB，RGB 的值设为 228、243、253，如图 4-151 所示。

(4) 使用相同的方法，将右侧按钮的 RGB 值设为 0、146、200，渐变滑块的位置设为 50%，效果如图 4-152 所示。

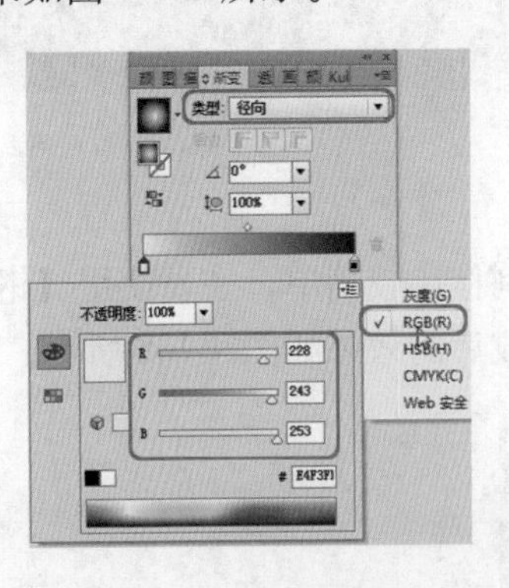

图 4-151　填充渐变色

图 4-152　效果图

(5) 使用【钢笔工具】，将填充颜色设置为白色，【描边】设为无，绘制如图 4-153 所示的图形。

(6) 选中处于最上层的钢笔绘制图形，双击工具箱中的【填色】图标，在弹出的对话框中将 RGB 值设为 208、235、250，如图 4-154 所示。

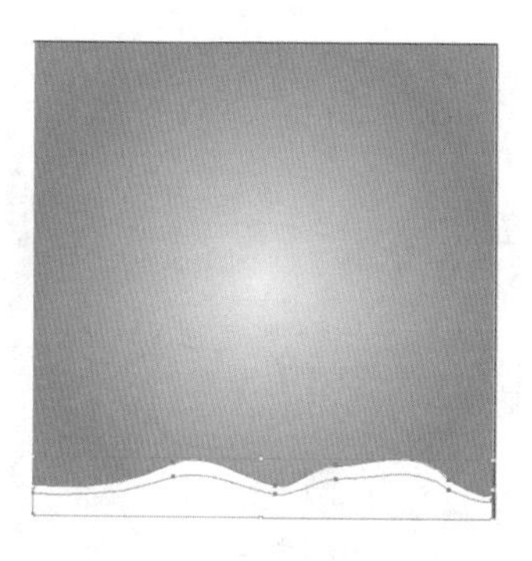

图 4-153　绘制图形

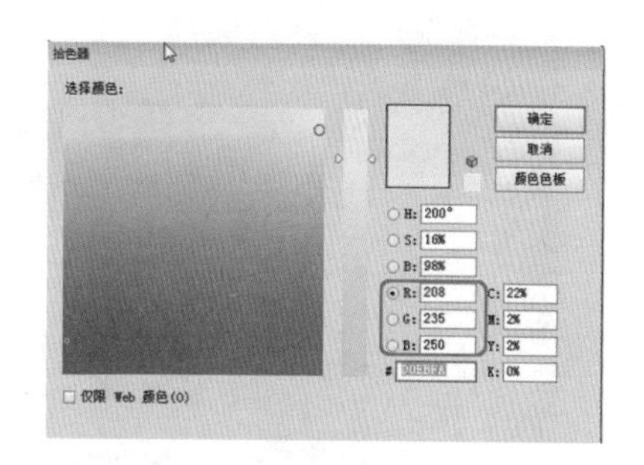

图 4-154　填充颜色

(7) 完成上述操作后，效果如图 4-155 所示。

(8) 继续使用【钢笔工具】绘制如图 4-156 所示的图形。绘制完成后将【描边】设为无。

图 4-155　效果图

图 4-156　绘制图形

(9) 选中上一步绘制的图形进行复制粘贴操作，然后调整适当大小，并调整两个图形的位置，如图 4-157 所示。

(10) 选中较小的树并右键单击，在弹出的快捷菜单中选择【排列】|【后移一层】命令后再重复一次，如图 4-158 所示。

图 4-157　效果图

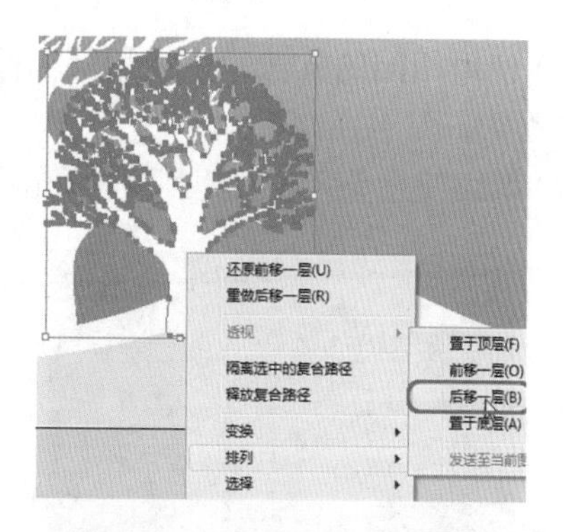

图 4-158　选择【后移一层】命令

(11) 完成上述操作后，效果如图 4-159 所示。

(12) 使用【钢笔工具】和【椭圆形工具】绘制如图 4-160 所示的图形，将描边的颜色设置为黑色，钢笔的【描边粗细】设为 1pt，椭圆形的【描边粗细】设为 0.3pt。

图 4-159 效果图

图 4-160 绘制图形

(13) 将钢笔绘制图形的【描边】RGB 值设为 200、206、232，【椭圆形工具】绘制的图形的【描边】RGB 值设为 127、25、30，完成后的效果如图 4-161 所示。

(14) 选择钢笔绘制图形，双击工具箱中的【填色】图标，将钢笔绘制图形的 RGB 值设为 240、240、248，如图 4-162 所示。

图 4-161 填充颜色

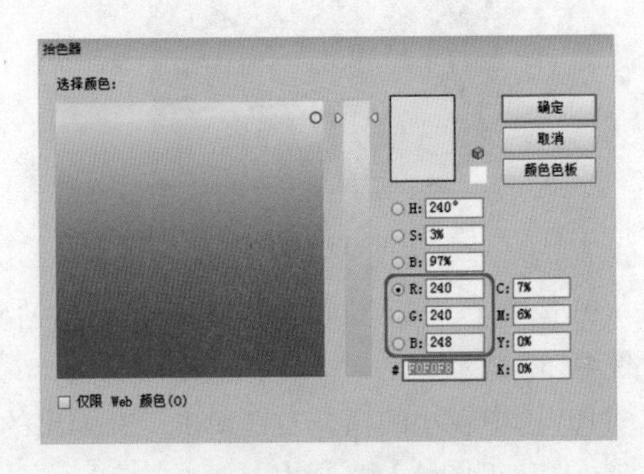

图 4-162 编辑填充

(15) 使用相同的方法，将使用【椭圆形工具】绘制的图形的 RGB 值设为 224、3、20，完成后的效果如图 4-163 所示。

(16) 继续使用【钢笔工具】，将填充颜色和描边都设置为白色，绘制如图 4-164 所示的图形。

图 4-163 效果图

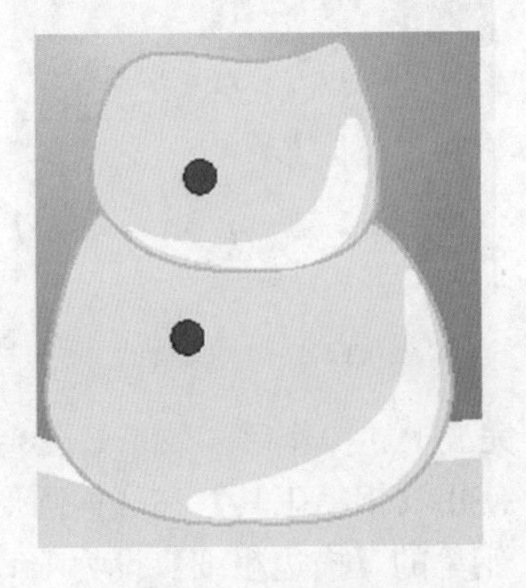

图 4-164 绘制图形

(17) 选中上一步绘制图形中位于上方的图形，选择【窗口】|【透明度】命令，在打开的面板中将【不透明度】设为 11%，如图 4-165 所示。

(18) 使用同样的方法选择另外一个图形，将其【不透明度】设为 32%，【填色】的 RGB 值设为 221、226、241，完成后的效果如图 4-166 所示。

图 4-165　设置透明度

图 4-166　效果图

(19) 使用【椭圆形工具】，将【描边粗细】设为 1pt，绘制如图 4-167 所示的图形。

(20) 将【描边】的 RGB 值设为 200、206、232，【填色】的 RGB 值设为 240、240、248，如图 4-168 所示。

图 4-167　绘制图形

图 4-168　填充颜色

(21) 使用【钢笔工具】绘制如图 4-169 所示的图形。

(22) 绘制完成后，使用相同的方法将其【不透明度】设为 11%，【填色】RGB 值设为 198、221、243，如图 4-170 所示。

(23) 使用【椭圆形工具】和【钢笔工具】绘制图形，然后为绘制的图形填充颜色，效果如图 4-171 所示。

(24) 使用【钢笔工具】，将【描边】的 RGB 值设为 200、206、232，绘制图形完成后将【填色】的 RGB 值设为 240、240、248，如图 4-172 所示。

(25) 继续使用【钢笔工具】绘制图形，然后用相同的方法将其【不透明度】设为 11%，【填色】的 RGB 值设为 198、221、243，【描边】设为无，如图 4-173 所示。

图 4-169　绘制图形

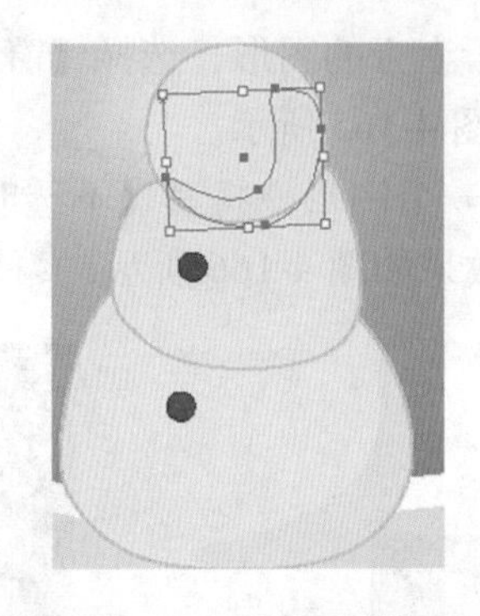

图 4-170　设置透明度

图 4-171　效果图

(26) 使用【钢笔工具】绘制如图 4-174 所示的图形，将标记部位的【描边】设为无，剩余部位的【描边粗细】均设为 0.3pt，【描边】的 RGB 值设为 127、25、30。

图 4-172　绘制图形

图 4-173　绘制图形

图 4-174　绘制图形

(27) 绘制完成后，将上步中所标记图形的【不透明度】设为 45%，【填色】的 RGB 值设为 134、6、14，剩余部分【填色】的 RGB 值设为 224、3、20，完成后的效果如图 4-175 所示。

(28) 按 Shift 键选中上步完成的图像，复制粘贴后并选中按鼠标右键，在弹出的快捷菜单中选择【变换】|【对称】命令，在弹出的对话框中选中【垂直】单选按钮，然后单击【确定】按钮，完成操作后调整位置，如图 4-176 所示。

(29) 使用【钢笔工具】绘制如图 4-177 所示的图像，将选中部分的【描边粗细】设为 1pt，【描边】的 RGB 值设为 127、25、30，未被选中部分的【描边粗细】设为 0.3pt，【描边】的 RGB 值设为 180、202、219。

图 4-175　设置不透明度

图 4-176　效果图

图 4-177　绘制图形

(30) 在“帽檐”和“帽坠”处选择【窗口】|【渐变】命令，在打开的面板中将【类型】设

置为【径向】，用鼠标双击左侧按钮，将填色类型设为RGB模式，RGB值设为247、251、253，如图4-178所示。

(31) 完成上述操作后，使用相同的方法用鼠标双击右侧按钮，将其RGB值设为222、229、243，【渐变滑块】的位置设为50%，【角度】设为149.6°，完成后的效果如图4-179所示。

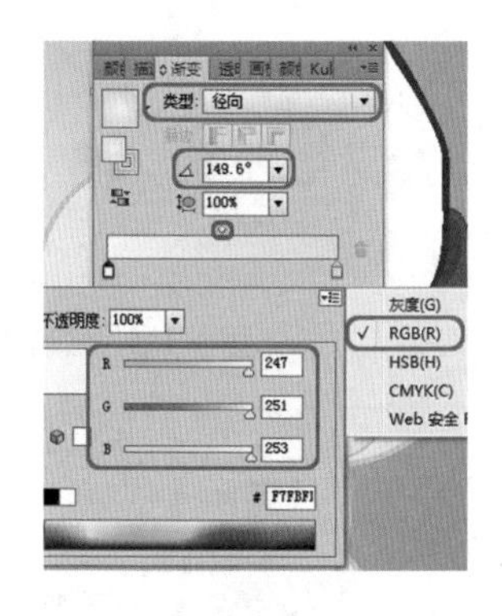

图4-178　填充渐变色

图4-179　效果图

(32) 选择剩余的部分，将其【填色】的RGB值设为224、3、20，完成后的效果如图4-180所示。

(33) 使用【钢笔工具】，将【描边】设为无，绘制如图4-181所示的图形。

图4-180　效果图

图4-181　绘制图形

(34) 使用同样的方法将其【不透明度】设为45%，将其【填色】的RGB值设为134、6、14，完成后的效果如图4-182所示。

(35) 使用【钢笔工具】，将【描边】设为无，较大图形的【填色】RGB值设为229、113、0，较小图形的RGB值设为232、143、54，设置完成后进行排列，效果如图4-183所示。

(36) 继续使用【钢笔工具】，将【描边】设为无，【填色】的RGB值设为204、35、24，绘制如图4-184所示的图形。

(37) 将【不透明度】从左到右依次设为27%、27%、17%、10%，如图4-185所示。

(38) 调整上步绘制图形的位置，完成后的效果如图4-186所示。

(39) 按Shift键将图形全选，单击鼠标右键，在弹出的快捷菜单中选择【编辑】命令，将其合为一个整体，如图4-187所示。

图 4-182　效果图

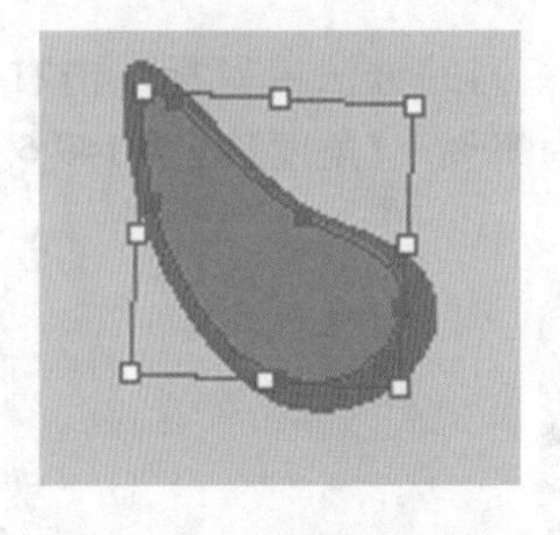

图 4-183　绘制图形并填色

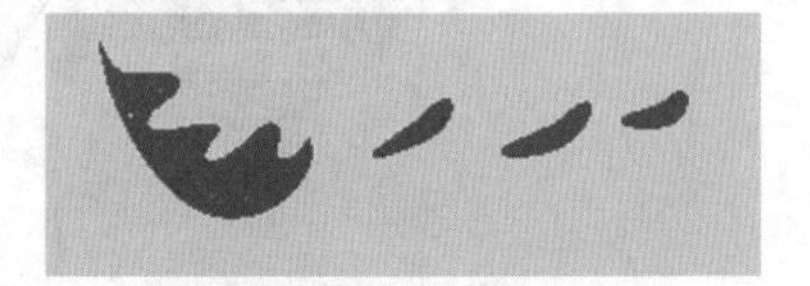

图 4-184　绘制图形

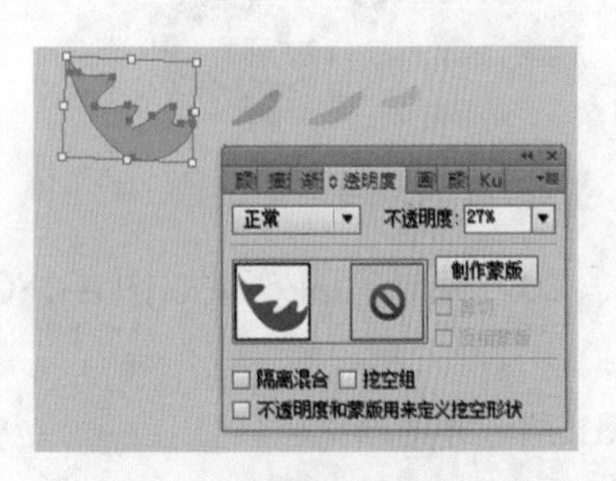

图 4-185　设置不透明度

图 4-186　效果图

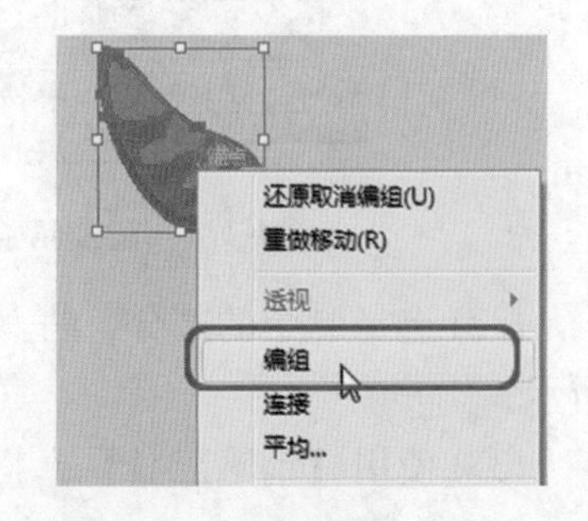

图 4-187　选择【编组】命令

(40) 将完成的图形拖入雪人中，放置在正确的位置，如图 4-188 所示。

(41) 使用【椭圆形工具】绘制两个圆，将【描边】设为无，【填色】的 RGB 值设为 226、101、129，绘制如图 4-189 所示的图形。

图 4-188　效果图

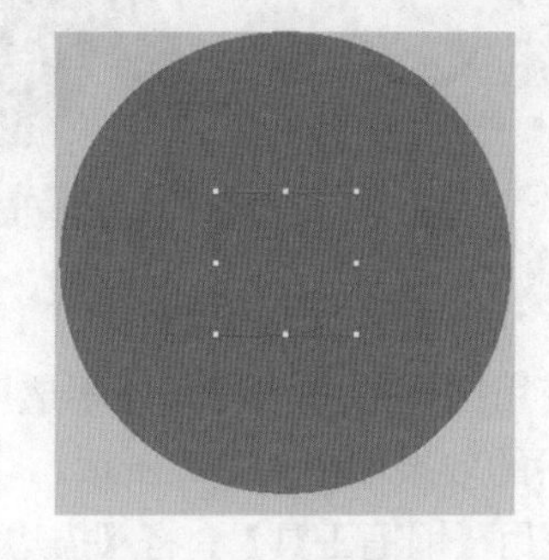

图 4-189　绘制图形

(42) 完成上述操作后，将上层圆形的【不透明度】设置为 20%、下层圆形的【不透明度】设置为 4% 后，在工具箱中选择【混合工具】，分别单击两个圆，双击【混合工具】按钮，在弹出的对话框中，将【指定的步数】设为 5，如图 4-190 所示。

(43) 使用【钢笔工具】继续绘制图形，使用相同的方法，将绘制完成后图形的【不透明度】从上到下分别设置为 20%、4%，在工具箱中选择【混合工具】，分别单击两个图形，双击【混合工具】按钮，在弹出的对话框中，将【指定的步数】设为 5，效果如图 4-191 所示。

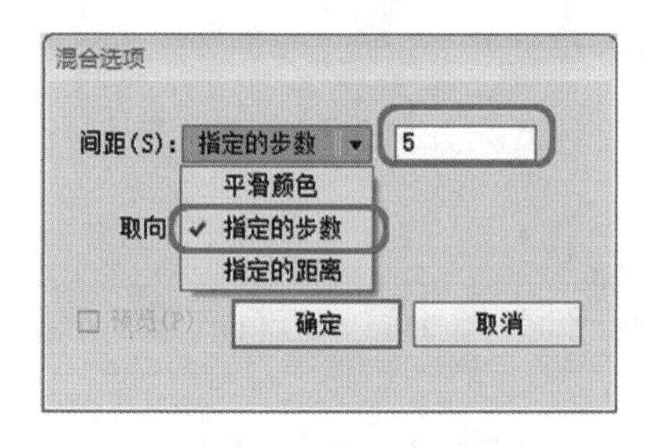

图 4-190 设置步数

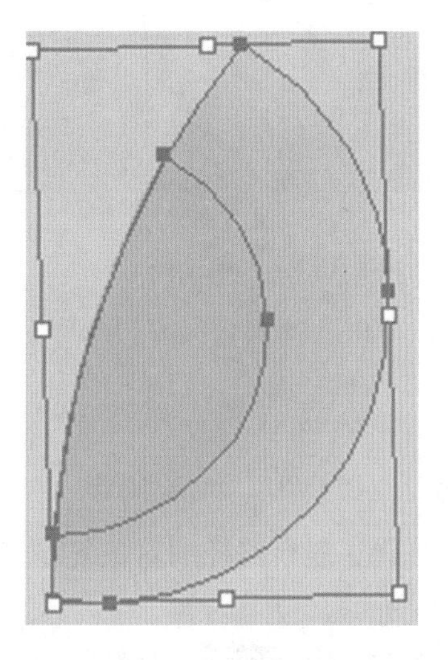

图 4-191 效果图

知识链接

【混合选项】对话框中各选项功能介绍如下。

【间距】：在该选项的右侧列表中有三个选项：【平滑颜色】、【指定的步数】、【指定的距离】。【平滑颜色】将自动计算混合的步骤数。【指定的步数】可以进一步设置控制混合开始与混合结束之间的步骤数。【指定的距离】可以进一步设置控制混合步骤之间的距离。

【取向】：若选中【对齐页面】按钮，将混合对齐于页面，即混合垂直于页面的水平轴；若选中【对齐路径】按钮，将混合对齐于路径，即混合垂直于路径。

(44) 完成上述操作后，将完成的两个图形放置在雪人中的正确位置，效果如图 4-192 所示。

(45) 使用【钢笔工具】，将描边设为无，将【填色】设置为白色，绘制如图 4-193 所示的图形。

图 4-192 效果图

图 4-193 绘制图形

(46) 继续使用【钢笔工具】在画板中绘制图形，并为新绘制的图形填充一种颜色，效果如图 4-194 所示。

(47) 选择新绘制的所有图形，并单击鼠标右键，在弹出的快捷菜单中选择【建立复合路径】命令，建立复合路径后的效果如图 4-195 所示。

图 4-194　绘制其他图形

图 4-195　建立复合路径后的效果

(48) 将建立复合路径的对象复制若干份，并将其中一部分缩小后，进行放置，放置的位置如图 4-196 所示。

(49) 继续使用【椭圆工具】和【钢笔工具】，将【描边】设置为无，【填色】设为白色，绘制如图 4-197 所示的图形。

图 4-196　效果图

图 4-197　绘制图形

(50) 将上步绘制的图形进行拼接后，拖曳鼠标全选后，单击鼠标右键，在弹出的快捷菜单中选择【编组】命令，将其组合为一个整体，如图 4-198 所示。

(51) 复制若干份绘制好的图形，并调整其中一部分的大小，然后进行放置，放置的位置如图 4-199 所示。

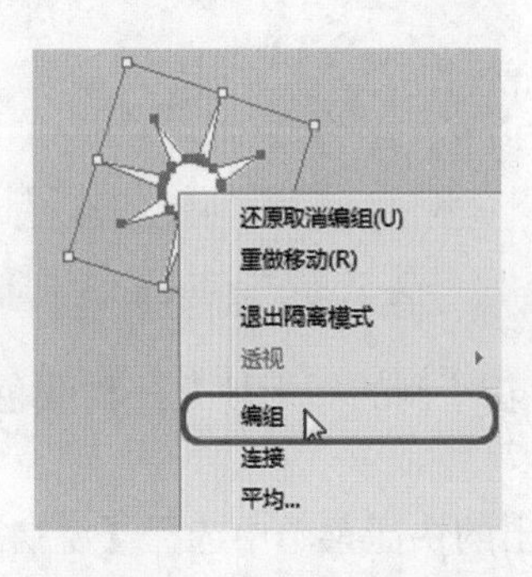

图 4-198　选择【编组】命令

图 4-199　效果图

第5章 海报设计

本章重点

- 公益海报
- 电影海报
- 篮球海报
- 演唱会海报
- 影楼活动海报
- 旅游海报

在日常生活中海报随处可见，不同的海报类型其突出的海报主题也不同，本章节将详细讲解不同海报的制作过程，其中包括公益海报、电影海报、篮球赛事等，通过本章节的学习可以对海报的设计有一定的了解。

案例精讲 029　公益海报

案例文件：CDROM \ 场景 \ Cha05 \ 公益海报 .ai

视频文件：视频教学 \ Cha05\ 公益海报 .avi

制作概述

本例将讲解如何制作公益海报即低碳环保海报，本例制作重点是素材的选区和文字特效的制作，具体操作方法如下，完成后的效果如图 5-1 所示。

图 5-1　公益海报

学习目标

- 文字工具的使用。
- 掌握渐变色和【路径查找器】工具的使用。

操作步骤

(1) 启动软件后，按 Ctrl+N 组合键，在弹出的【新建文档】对话框中输入【名称】为“公益海报”，将【单位】设为【毫米】，【宽度】设为 370mm，【高度】设为 260mm，【颜色模式】设为 CMYK，然后单击【确定】按钮，如图 5-2 所示。

(2) 在菜单栏选择【文件】|【置入】命令，弹出【置入】对话框，选择随书附带光盘中的 CDROM\ 素材 \Ch05\ 公益海报背景 .jpg 文件，单击【置入】按钮，弹出【置入】对话框，如图 5-3 所示。

(3) 返回到场景中进行拖动，使其布满整个画布，效果如图 5-4 所示。

(4) 打开随书附带光盘中的 CDROM\ 素材 \Ch05\ 公益海报素材 .ai 文件，选择相应的素材文件拖至场景文件中，并适当调整素材文件的位置，如图 5-5 所示。

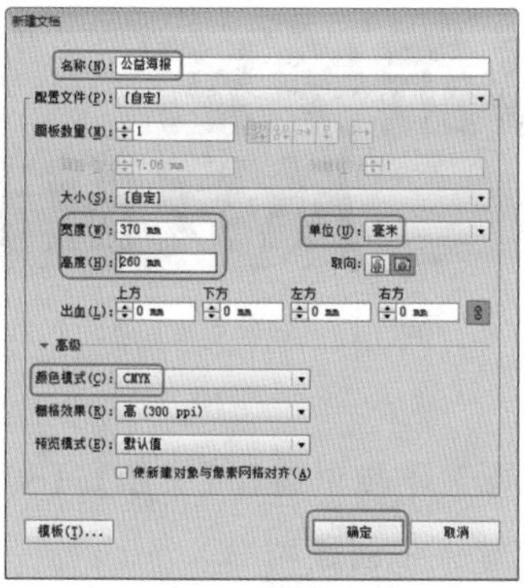

图 5-2　新建文档

图 5-3　【置入】对话框

图 5-4　调整大小

图 5-5　添加素材文件

知识链接

海报：海报设计是视觉传达的表现形式之一，通过版面的构成在第一时间内将人们的目光吸引，并获得瞬间的刺激，这要求设计者要将图片、文字、色彩、空间等要素进行完美的结合，以恰当的形式向人们展示出宣传信息。

海报这一名称，最早起源于上海。海报一词演变到 2013 年，范围已不仅仅是职业性戏剧演出的专用张贴物了，同广告一样，它具有向群众介绍某一物体、事件的特性，所以又是一种广告。海报是极为常见的一种招贴形式，其语言要求简明扼要，形式要做到新颖美观。

打开素材文件后，可以选择相应的素材文件按着鼠标左键将其拖至场景文档中，也可以按 Ctrl+C 组合键进行复制，返回到场景文件中，按 Ctrl+V 组合键进行粘贴。

(5) 按 T 键激活文本工具，输入“低碳生活”和“从我做起”，将【字体】设为【蒙纳简超刚黑】，【字体大小】设为 127pt，如图 5-6 所示。

(6) 选择输入的文字，单击鼠标右键，在弹出的快捷菜单中选择【创建轮廓】命令，对其创建轮廓，效果如图 5-7 所示。

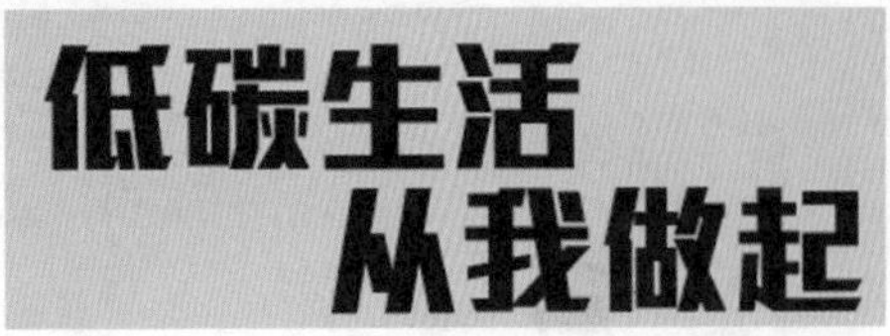

图 5-6　输入文字

图 5-7　创建文字轮廓

除了上述方法对文字创建轮廓外，还可以在菜单栏中选择【文字】|【创建轮廓】命令，也可以使用快捷键 Shift+Ctrl+O 组合键对文字创建轮廓。

(7) 选择文字“从我做起”，单击鼠标右键，在弹出的快捷菜单中选择【取消编组】命令，然后再次选择“我”文字，再次单击鼠标右键，在弹出的快捷菜单中选择【释放复合路径】命令，效果如图 5-8 所示。

(8) 继续选择文字“我”，利用【路径查找器】将文字多余的部分删除，利用【选择工具】将文字“我”右上侧的点删除，完成后的效果如图 5-9 所示。

图 5-8　复合路径后的效果

图 5-9　完成后的效果

(9) 选择文字【低碳生活】将其【填充】设为渐变，打开【渐变】面板，将【类型】设为【线性】，【角度】设为 90°，0% 位置的 CMYK 值设为 50、0、100、0，100% 位置的 CMYK 值设为 90、30、65、30，如图 5-10 所示。

(10) 选择文字“从我做起”，利用【吸管工具】吸取上一步“低碳生活”文字的渐变色，在【渐变】面板中将【角度】设为 90°，完成后的效果如图 5-11 所示。

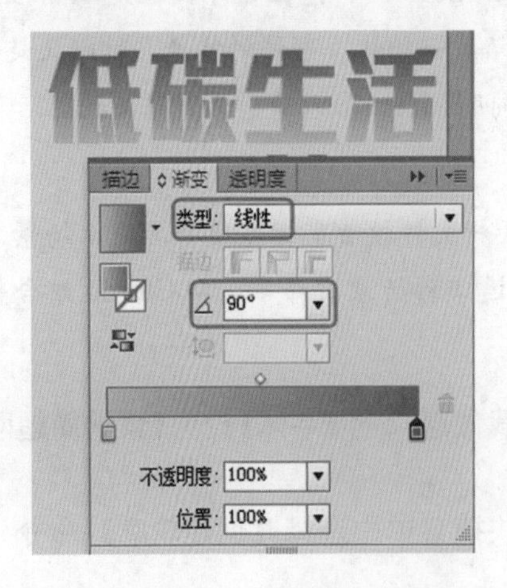

图 5-10　设置渐变色

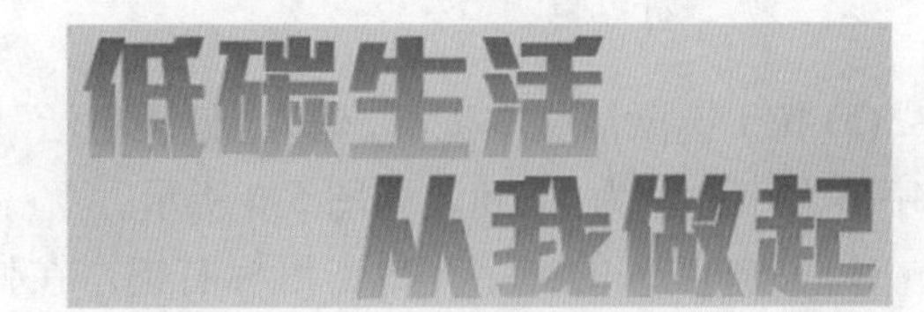

图 5-11　设置文字渐变色

(11) 打开“公益海报 .ai”文件，将树叶拖至文档中，对其进行多次复制和变换，调整到文字上，如图 5-12 所示。

(12) 继续对其添加素材文件，如图 5-13 所示。

图 5-12　添加素材文件

图 5-13 添加素材文件

(13) 选择上一步创建的文字和素材文件，按 Ctrl+G 组合键，将其进行编组，对编组后的对象进行复制，按 Shift+Ctrl+F9 组合键，打开【路径查找器】，单击【联集】按钮，将其组合，并对其填充白色，如图 5-14 所示。

(14) 选择上一步创建的对象，在属性栏中对其添加白色描边，并将【描边粗细】设为 16pt，完成后的效果如图 5-15 所示。

图 5-14　联集并调整颜色

图 5-15　设置描边

(15) 选择上一步添加【描边】的对象，对其进行复制，并将复制对象的【填充颜色】和【描边颜色】的 CMYK 值分别设为 0、0、0、70，效果如图 5-16 所示。

(16) 选择两个复制的对象，调整前后顺序和位置，使其出现立体感觉，按 Ctrl+G 组合键将其编组，完成后的效果如图 5-17 所示。

图 5-16　复制对象并进行调整

图 5-17 进行组合

(17) 选择渐变文字，将其调整到上一步创建对象的上方，按 Ctrl+G 组合键将其进行编组，完成后的效果如图 5-18 所示。

(18) 选择上一步组合的对象，对其调整位置，如图 5-19 所示。

图 5-18　进行组合

图 5-19　调整位置

(19) 打开素材文件对其进行添加，完成后的效果如图 5-20 所示。

(20) 激活【直排文本工具】输入“低碳”，在【字符】面板将【字体】设为【长城新艺体】，【字体大小】设为 48pt，【字体颜色】的 CMYK 值设为 90、30、95、30，并对其调整位置和角度，如图 5-21 所示。

图 5-20　添加素材

图 5-21　输入文字

(21) 继续输入文字“节电”，打开【字符】面板，将【字体】设为【长城新艺体】，【字体大小】设为 36pt，【字体颜色】的 CMYK 值设为 90、30、95、30，并对其调整位置和角度，如图 5-22 所示。

(22) 使用同样的方法输入其他文字，完成后的效果如图 5-23 所示。

图 5-22　输入文字

图 5-23　输入其他文字

案例精讲 030 电影海报

案例文件：CDROM \ 场景 \ Cha05 \ 电影海报 .ai

视频文件：视频教学 \ Cha05\ 电影海报 .avi

制作概述

本例将讲解如何制作电影海报，其中制作重点是文字工具和文字变形的应用，具体操作方法如下，完成后的效果如图 5-24 所示。

图 5-24 电影海报

学习目标

- 文字工具的使用。
- 掌握文字的变形的使用。

操作步骤

(1) 启动软件后，按 Ctrl+N 组合键，在弹出的【新建文档】对话框中输入【名称】为“电影海报”，将【单位】设为【像素】，【宽度】设为 800px，【高度】设为 1116px，【颜色模式】设为 CMYK，【栅格效果】设为【高 (300ppi)】，然后单击【确定】按钮，如图 5-25 所示。

(2) 在菜单栏选择【文件】|【置入】命令，弹出【置入】对话框，选择随书附带光盘中的 CDROM\ 素材 \Ch05\ 电影海报背景 .jpg 文件，单击【置入】按钮，如图 5-26 所示。

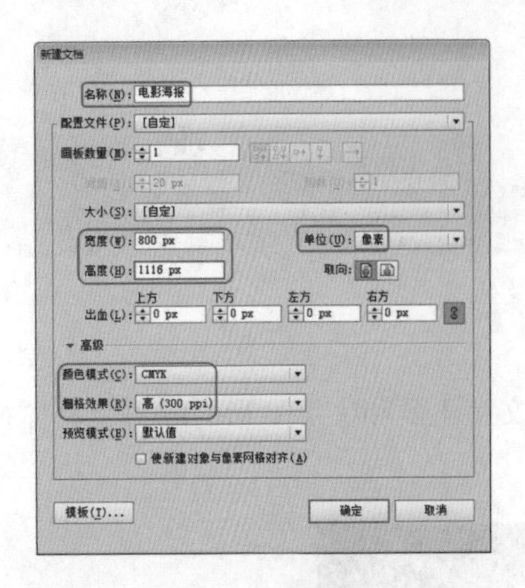

图 5-25　新建文档

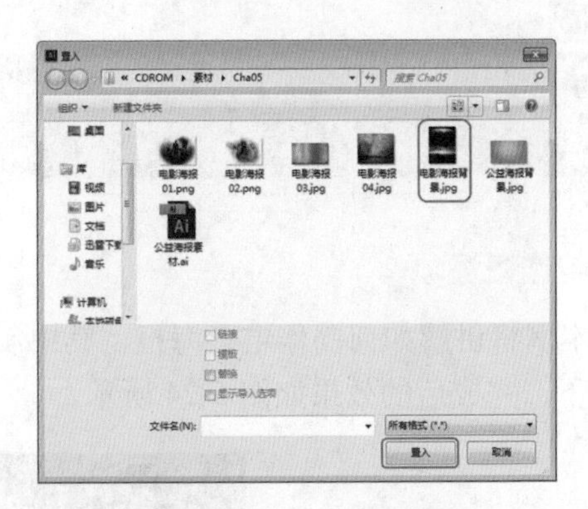

图 5-26　【置入】对话框

知识链接

电影海报：电影海报及其他电影衍生产品，从功能上可分为两类：第一类是供广告促销用的，其产品上常标有“For Promotion”（促销用）的字样，主要用做电影公司的广告，影院招贴，观众的赠品。第一类产品是不能用于销售的。第二类是可供销售的。大家在上海看到的电影海报、明信片、钥匙圈、纪念卡、马克杯、T恤等都属于电影的衍生产品。电影和电影的衍生产品早已成为一种文化，影响了一代又一代人，走进千千万万人的生活。

(3) 返回场景中，进行拖动，使其复合面板大小调整后的效果如图 5-27 所示。

(4) 继续置入“电影海报 02.jpg”文件，如图 5-28 所示。

图 5-27　查看导入的素材

图 5-28　导入素材文件

(5) 继续置入“电影海报 01.jpg”文件，适当调整素材文件的大小，完成后的效果如图 5-29 所示。

(6) 选择上一步导入的素材，在属性栏中单击【不透明度】按钮，在弹出的对话框中将【混合模式】设为【强光】，如图 5-30 所示。

图 5-29　置入素材文件

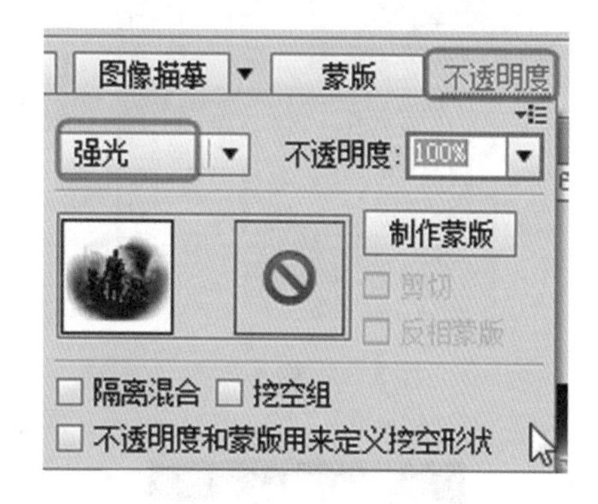

图 5-30　设置【不透明度】混合模式

(7) 设置【不透明度】混合模式后的效果如图 5-31 所示。

(8) 选择所有的对象，按 Ctrl+2 组合键将所有对象进行锁定，在工具箱中选择【文字工具】，输入“我们渴望和平，但从不畏惧战争！”，将【字体】设为【长城新艺体】，【字体大小】设为 24pt，【字体颜色】的 CMYK 值设为 0、100、100、0，并对其调整位置，完成后的效果如图 5-32 所示。

图 5-31　查看效果

图 5-32　输入文字

(9) 继续输入文字“任大为”，在【字符】面板中将【字体】设为宋体，【字体大小】设为 48pt，如图 5-33 所示。

(10) 选择上一步创建的文字，单击鼠标右键，在弹出的快捷菜单中选择【创建轮廓】命令，将字体【填充色】设为渐变，在【渐变】面板中设置渐变色，将【类型】设为【线性】，0% 位置的 CMYK 值设为 46、37、35、0，53% 位置的 CMYK 值设为 8.2、5.4、5.8、0，100% 位置的 CMYK 值设为 67、58.6、56、6，完成后的效果如图 5-34 所示。

(11) 选择上一步输入的文字调整其位置，完成后的效果如图 5-35 所示。

(12) 继续输入文字“指导”，将【字体】设为【微软雅黑】，【字体大小】设为 40pt，【字体颜色】设为白色，调整位置，完成后的效果如图 5-36 所示。

图 5-33　输入文字

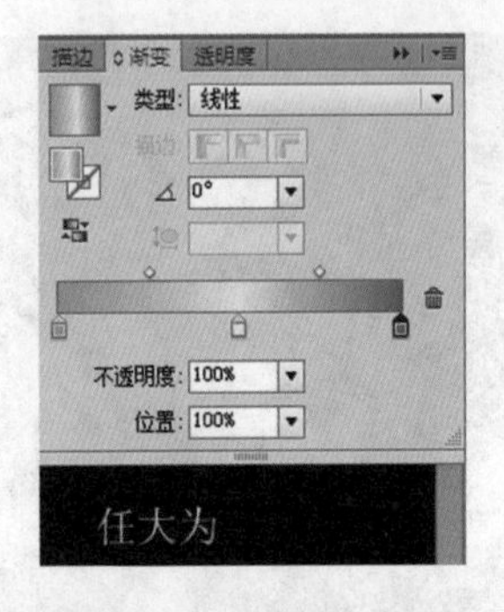

图 5-34　设置文字渐变色

图 5-35　调整文字位置

图 5-36　输入文字

(13) 使用同样的方法制作出文字“白文才”和“监制”，完成后的效果如图 5-37 所示。

(14) 继续输入文字“战争前线”，在【字符】面板中将【字体】设为【长城新艺体】，【字体大小】设为 135pt，【字符字距】设为 200，完成后的效果如图 5-38 所示。

图 5-37　新建文档

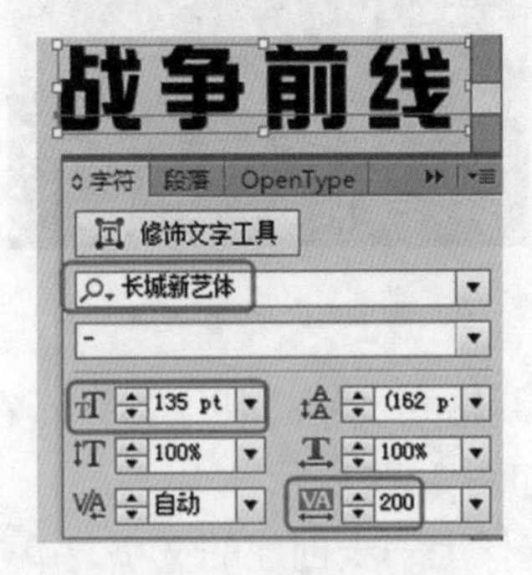

图 5-38　设置文字属性

(15) 选择上一步创建的文字，单击鼠标右键，在弹出的快捷菜单中选择【创建轮廓】命令对其创建轮廓，然后按 Ctrl+8 组合键，建立复合路径，为了便于观察，对其填充红色，完成后的效果如图 5-39 所示，为了便于下面操作，对创建的复合路径文字复制出一个。

(16) 在菜单栏选择【文件】|【置入】命令，选择素材文件“电影海报 03.jpg”文件，将其置入到文档中，适当调整大小和排列顺序，如图 5-40 所示。

图 5-39　建立复合路径

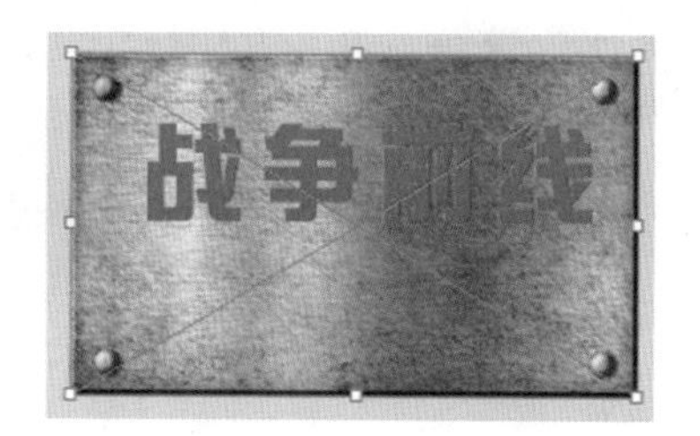

图 5-40　置入文件

提示

在置入图片文件后，在属性栏中单击【嵌入】按钮，可以将图片嵌入，防止场景文件在移动过程中而丢失图片文件。

(17) 选择置入的素材文件和文字，单击鼠标右键，在弹出的快捷菜单中选择【建立剪切蒙版】命令，完成后的效果如图 5-41 所示。

(18) 继续置入文件“电影海报 04.jpg”文件，并对其建立【剪切蒙版】，完成后的效果如图 5-42 所示。

图 5-41　创建剪贴蒙版

图 5-42　完成后的效果

知识链接

剪切蒙版原理：剪切蒙版是一个可以用其形状遮盖其他图稿的对象，因此使用剪切蒙版，您只能看到蒙版形状内的区域，从效果上来说，就是将图稿裁剪为蒙版的形状。

(19) 选择创建好的两个文字，调整位置，使其呈现出立体感，按 Ctrl+G 组合键将其进行组合，完成后的效果如图 5-43 所示。

(20) 选择上一步创建好的对象，对其调整位置，完成后的效果如图 5-44 所示。

图 5-43　调整文字的位置

图 5-44　调整文字的位置

(21) 利用【矩形工具】绘制出两个【长度】和【宽度】分别为 683px 和 12px 的矩形，置入“电

影海报 03.jpg”文件，并与其中一个矩形建立剪切蒙版，效果如图 5-45 所示。

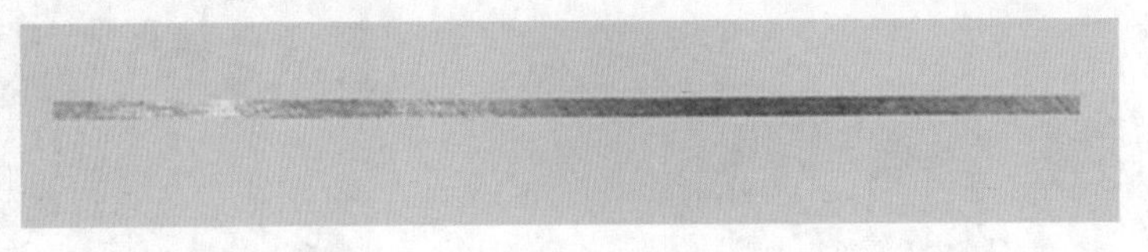

图 5-45　建立剪切蒙版

(22) 置入“电影海报 04.jpg”文件，并与另外一个矩形建立剪切蒙版，效果如图 5-46 所示。

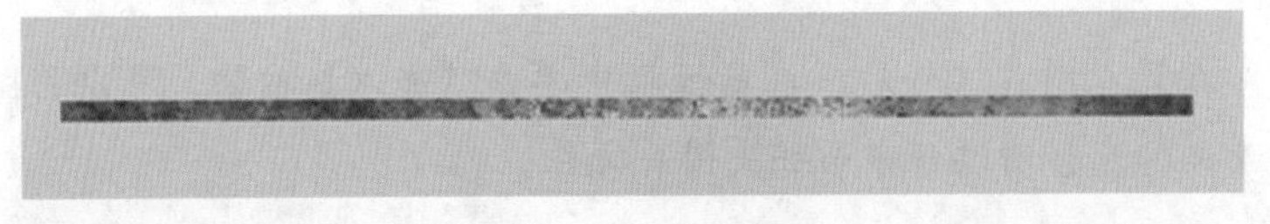

图 5-46　建立剪切蒙版

(23) 选择上一步创建的两个剪切蒙版，进行调整，如图 5-47 所示。

(24) 按 T 键激活【文本工具】，输入“8 月 1 日火爆开战”，打开【字符】面板，将【字体】设为【长城新艺体】，【字体大小】设为 30pt，【字符字距】设为 600，【字体颜色】的 CMYK 值设为 0、100、100、0，并调整位置，如图 5-48 所示。

图 5-47　调整位置

图 5-48　输入文字

(25) 继续输入其他文字，打开【字符】面板，将【字体】设为【长城新艺体】，【字体大小】设为 20pt，【字符字距】设为 600，【字体颜色】设为白色并调整位置，如图 5-49 所示。

(26) 在工具箱选择【光晕工具】，在场景中进行拖动，拖动到如图 5-50 所示的大小。

图 5-49　输入其他文字

图 5-50　绘制光晕

(27) 选择上一步创建的光晕，为了便于观察将其拖至场景的空白处，在菜单栏中执行【对

象】|【扩展】命令，弹出【扩展】对话框，选中【对象】、【填充】、【描边】复选框和【渐变网格】单选按钮，如图 5-51 所示。

(28) 利用【选择工具】选择光晕对象，单击鼠标右键，在弹出的快捷菜单中选择【取消编组】命令，并将多余的部分删除，完成后的效果如图 5-52 所示。

图 5-51 【扩展】对话框

图 5-52 删除多余的部分

(29) 选择上一步创建的光晕对象，按着 Alt 键对其进行复制，并调整位置和大小，如图 5-53 所示。

(30) 对光晕对象进行多次复制，并调整大小和位置，完成后的效果如图 5-54 所示。

图 5-53 调整光晕

图 5-54 最终效果

案例精讲 031 篮球海报

 案例文件：CDROM \ 场景 \ Cha05\ 篮球海报 .ai

 视频文件：视频教学 \ Cha05\ 篮球海报 .avi

制作概述

本例将讲解如何制作篮球海报，其中制作重点是文字和符号工具的应用，具体操作方法如下，完成后的效果如图 5-55 所示。

图 5-55　篮球海报

学习目标

- 文字工具的使用。
- 掌握符号工具的使用。

操作步骤

(1) 启动软件后，按 Ctrl+N 组合键，在弹出的【新建文档】对话框中输入【名称】为“篮球海报”，将【单位】设为【毫米】，【宽度】设置为 390mm，【高度】设置为 540mm，【颜色模式】设为 CMYK，【栅格效果】设为【高 (300ppi)】，然后单击【确定】按钮，如图 5-56 所示。

(2) 利用【矩形工具】绘制和文档相同大小的矩形，将其【填充颜色】设为渐变色，打开【渐变】面板，设置渐变色，将【类型】设为【线性】，0% 位置的 CMYK 值设为 76、100、100、6.6，48% 位置的 CMYK 值设为 16、100、100、6.7，100% 位置的 CMYK 值设为 81、96、100、0，如图 5-57 所示。

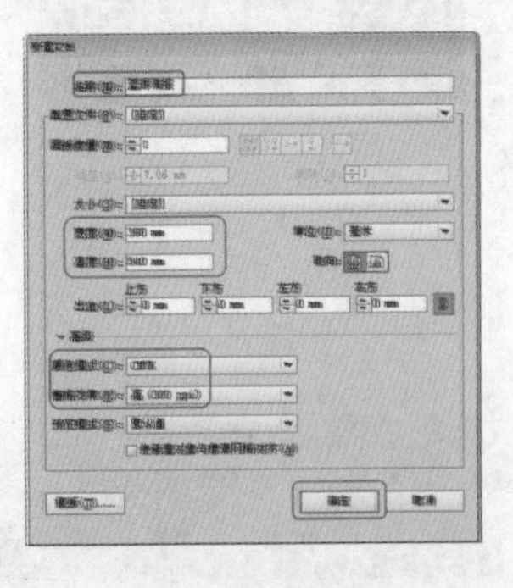
图 5-56　新建文档

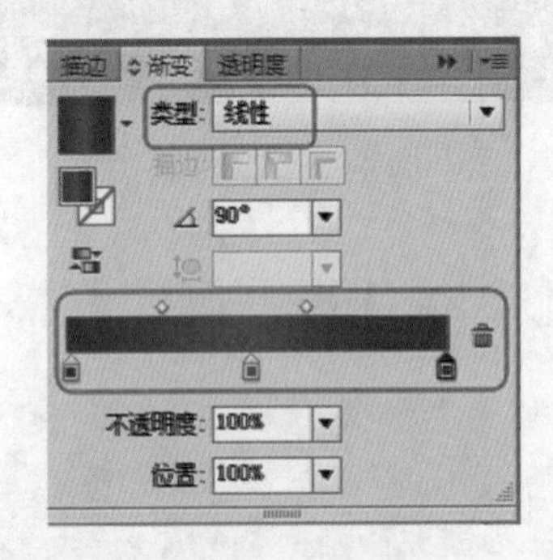

图 5-57　设置渐变色

(3) 返回到场景中，使用【渐变工具】对填充颜色进行调整，完成后的效果如图 5-58 所示。

(4) 打开随书附带光盘中的 CDROM\ 素材 \Ch05\ 篮球海报背景 .ai 文件，将线条素材文件拖至场景文件中，调整位置，如图 5-59 所示。

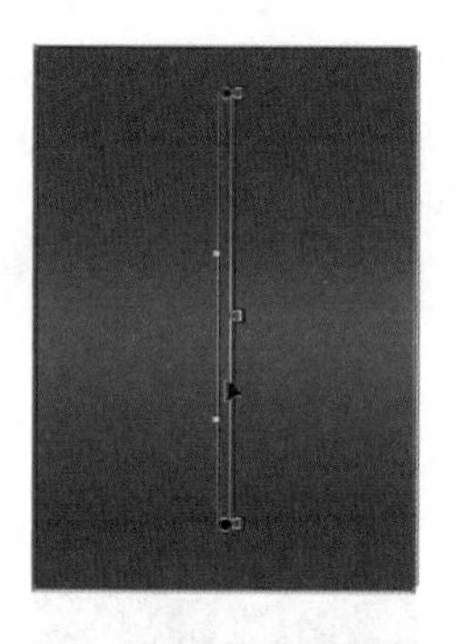

图 5-58 调整渐变色

图 5-59 添加素材文件

(5) 选择上一步添加的素材文件，单击鼠标右键，在弹出的快捷菜单中选择【变换】|【对称】命令，弹出【镜像】对话框，选中【垂直】单选按钮，然后单击【复制】按钮，如图 5-60 所示。

(6) 设置【镜像】后的效果，如图 5-61 所示。

图 5-60 【镜像】对话框

图 5-61 镜像后的效果

(7) 继续添加其他素材文件，完成后的效果如图 5-62 所示。

(8) 利用【矩形工具】绘制【宽度】和【高度】分别设为 390mm 和 112mm 的矩形，并对其填充和大矩形相同的渐变色，并利用【渐变工具】对渐变色进行调整，如图 5-63 所示。

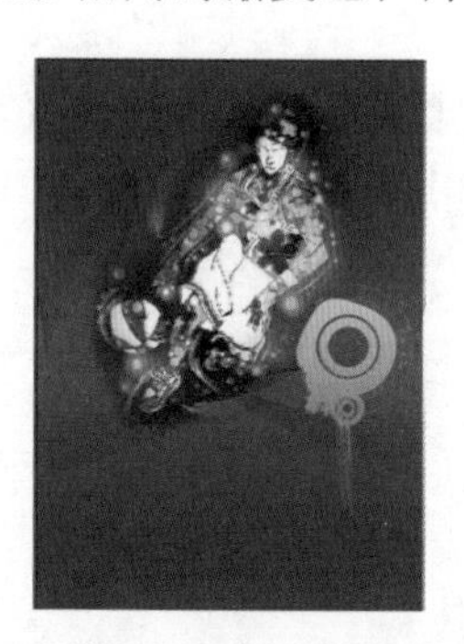

图 5-62 添加素材文件

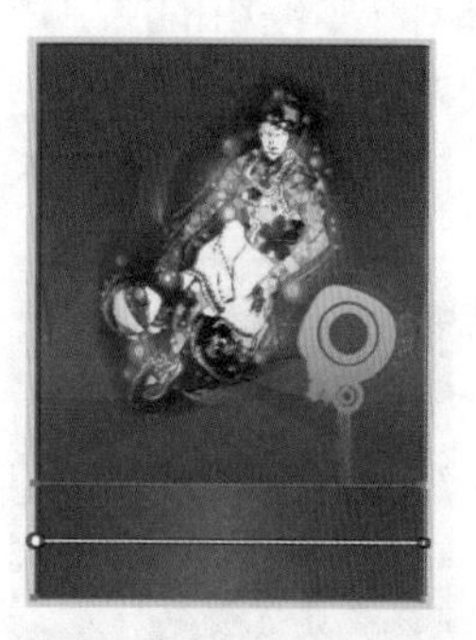

图 5-63 绘制矩形

在填充相同属性时，可以利用【吸管工具】进行吸取。双击【吸管工具】弹出【吸管选项】对话框，可以设置吸管吸取的属性。

(9) 选择上一步创建的矩形，在属性栏中将【描边颜色】设为红色，单击【描边】按钮，在弹出的面板中将【粗细】设为20pt，【对齐描边】设为【使描边内侧对齐】，如图5-64所示。

(10) 设置描边完成后的效果如图5-65所示。

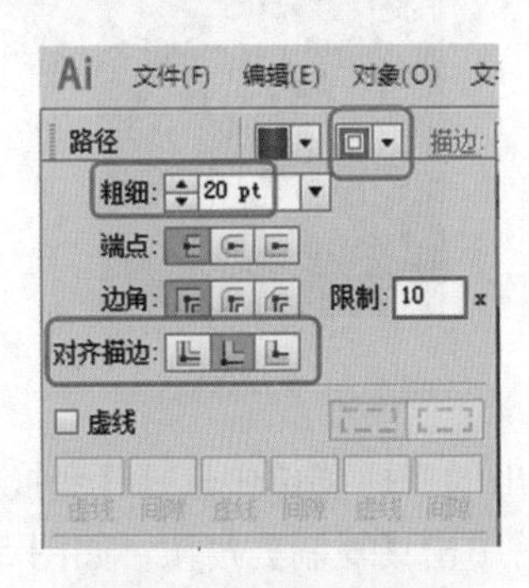

图5-64　设置对象描边

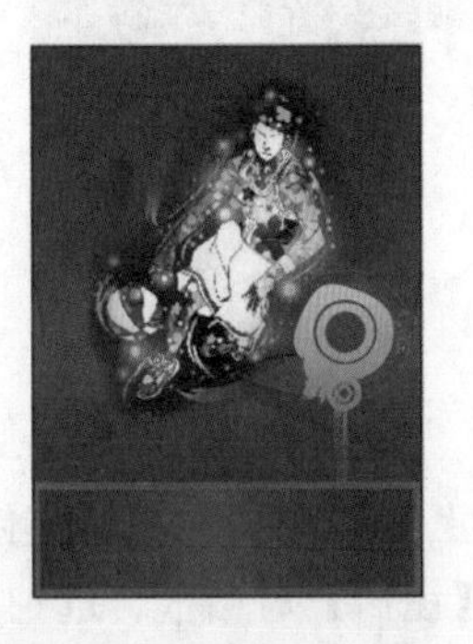

图5-65　设置描边后的效果

(11) 按T键激活【文字工具】，输入“北京巴赫公司篮球赛”，将其【字体】设为【长城新艺体】，【字体大小】设为110pt，【字体颜色】的CMYK值设为100、69、63、21，如图5-66所示。

(12) 选择上一步输入的文字，对其进行复制，并将其复制文字的颜色修改为白色，调整文字的位置使其呈现立体感，选择两个文字按Ctrl+G组合键将其编组，如图5-67所示。

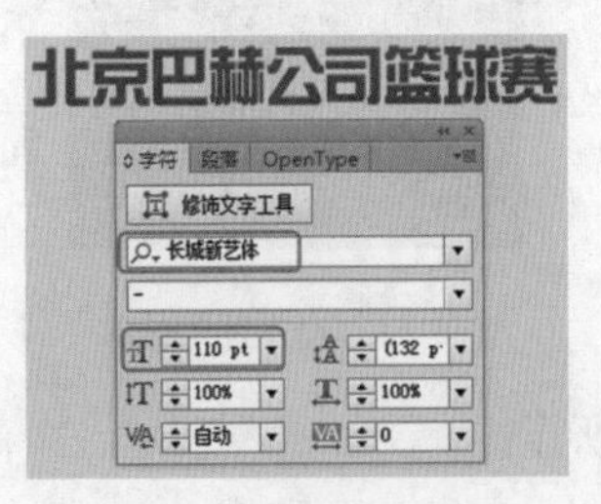

图5-66　输入文字

图5-67　调整位置

(13) 选择上一步编组的文字调整位置，如图5-68所示。

(14) 继续输入文字“即将拉开帷幕”，将【字体】设为【长城新艺体】，【字体大小】设为150pt，【字体颜色】的CMYK值设为0、90、95、0，如图5-69所示。

图5-68　调整文字的位置

图5-69　输入文字

(15) 选择上一步创建的文字，对其进行复制，选择复制的文字，单击鼠标右键，在弹出的快捷菜单中选择【创建轮廓】命令，将其字体颜色设为渐变填充，打开【渐变】面板，单击渐变色右侧的下三角按钮，在弹出的下拉列表中选择【橙色，黄色】，将【角度】设为 −90°，如图 5-70 所示。

(16) 选择创建的两组文字，调整位置，使其呈现立体感，按 Ctrl+G 组合键将其编组，并调整位置，如图 5-71 所示。

图 5-70　设置文字的渐变色

图 5-71　调整文字的位置

(17) 激活【文字工具】输入文字“路霸 VS 老鹰”，将【字体】设为【长城新艺体】，【字体大小】设为 150pt，【字体颜色】设为黑色，对创建的文字进行复制，修改复制文字颜色的 CMYK 值为 0、100、100、0，调整位置进行编组，完成后的效果如图 5-72 所示。

(18) 在工具箱中选择【钢笔工具】围绕文字的轮廓绘制图形，并将其【填充颜色】的 CMYK 值设为 81、100、62、47，如图 5-73 所示。

图 5-72　调整文字的位置

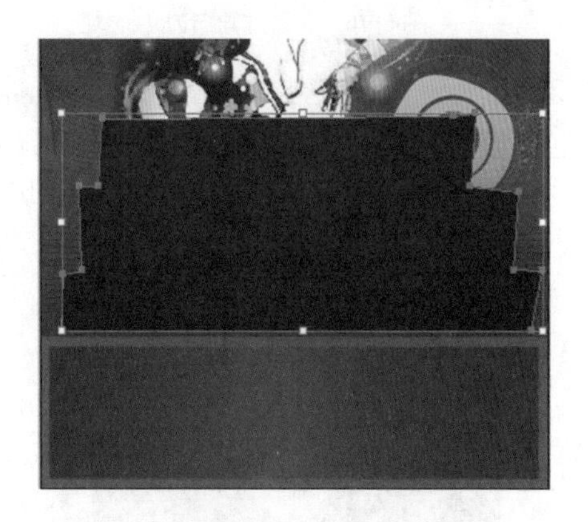
图 5-73　绘制图形

(19) 选择上一步创建的图形，将其移动到文字的下方，在菜单栏中选择【效果】|【Illustrator 效果】|【风格化】|【羽化】命令，弹出【羽化】对话框，将【半径】设为 10mm，单击【确定】按钮，查看效果如图 5-74 所示。

(20) 利用【钢笔工具】绘制图形，将其【填充颜色】设为与大矩形相同的渐变色，并利用【渐变工具】对其进行调整，完成后的效果如图 5-75 所示。

图 5-74　羽化后的效果

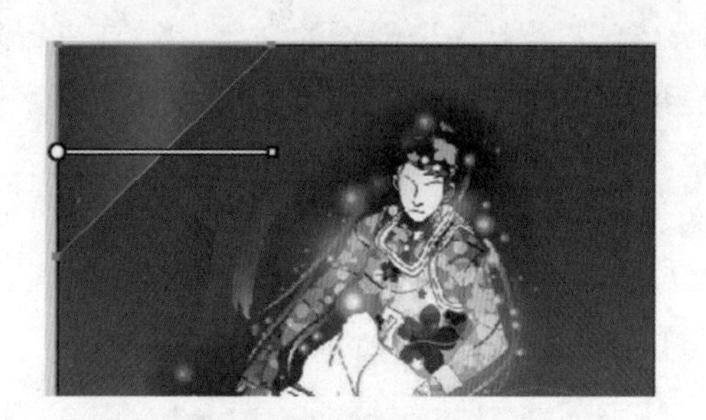

图 5-75　绘制图像

(21) 继续选择上一步创建的对象，在属性栏中将【描边颜色】设为红色，单击【描边】按钮在弹出的面板中将【粗细】设为 7pt，【对齐描边】设为【使描边内侧对齐】，完成后的效果如图 5-76 所示。

(22) 激活【文本工具】输入“7 月 15 日”，将【字体】设为【长城新艺体】，【字体大小】设为 60pt，【字体颜色】设为白色，按着 Shift 键对其旋转 45°，调整位置，如图 5-77 所示。

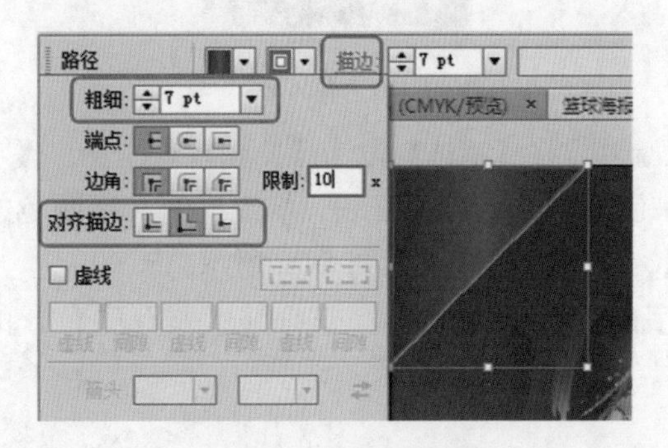

图 5-76　设置对象描边

图 5-77　输入文字

(23) 选择上一步创建的文字进行复制，将文字修改为“开赛”，将【字体大小】设为 72pt，【字体颜色】设为黄色，完成后的效果如图 5-78 所示。

(24) 在素材文件中选择篮球将其拖至场景中，调整位置，完成后的效果如图 5-79 所示。

图 5-78　编辑文字属性

图 5-79　添加素材文件

(25) 打开【符号】面板，并载入【污点矢量包】，选择【符号喷枪】工具，选择【污点矢量包 08】，对其进行添加，如图 5-80 所示。

(26) 选择上一步添加的符号，在菜单栏选择【对象】|【扩展】命令，弹出【扩展】对话框，保持默认值，单击【确定】按钮，对该对象选择两次【扩展】命令，并修改【填充颜色】的 CMYK 值设为 70、7、11、0，完成后的效果如图 5-81 所示。

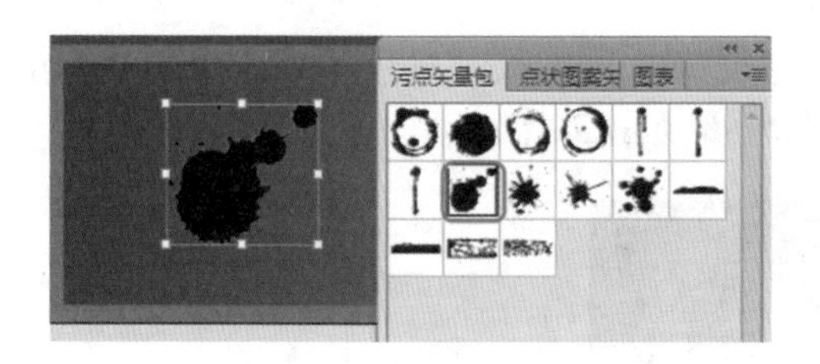

图 5-80 添加符号

图 5-81 调整颜色

除了上述方法可以更改符号的颜色外，还可以在【符号】面板中单击【断开符号链接】按钮，也可以对符号的颜色进行修改。

(27) 使用同样的方法添加其他符号，如图 5-82 所示。

(28) 激活【文本工具】输入“联赛安排”，将【字体】设为【长城新艺体】，【字体大小】设为 60pt，【字体颜色】设为黄色，完成后的效果如图 5-83 所示。

图 5-82 完成后的效果

图 5-83 输入文字

(29) 继续输入文字，将【字体】设为【微软雅黑】，【字体大小】设为 36pt，【字体颜色】设为黄色，效果如图 5-84 所示。

(30) 继续输入文字，将【字体】设为【微软雅黑】，【字体大小】设为 48pt，【字体颜色】设为黄色，效果如图 5-85 所示。

图 5-84 输入文字

图 5-85 输入文字

案例精讲 032 演唱会海报

案例文件：CDROM \ 场景 \ Cha05 \ 演唱会海报 .ai

视频文件：视频教学 \ Cha05\ 演唱会海报 .avi

制作概述

本例将讲解如何制作演唱会海报，制作重点是文字变形的使用，其中主要应用了【光晕工具】、【渐变工具】和【矩形工具】的使用，如图 5-86 所示。

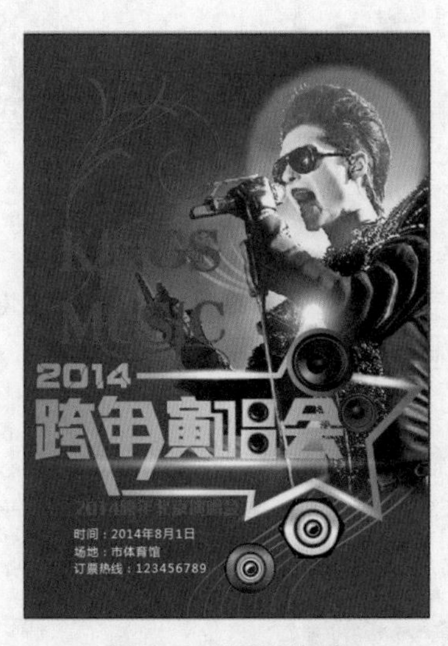

图 5-86 演唱会海报

学习目标

- 文字工具的使用。
- 掌握渐变色和【路径查找器】工具的使用。

操作步骤

(1) 启动软件后，按 Ctrl+N 组合键，在弹出的【新建文档】对话框中输入【名称】为“演唱会海报”，将【单位】设为【厘米】，【宽度】设置为 60cm，【高度】设置为 84cm，【颜色模式】设为 CMYK，【栅格效果】设为【高 (300ppi)】，然后单击【确定】按钮，如图 5-87 所示。

(2) 利用矩形工具绘制和文档同样大小的矩形，将其【填充颜色】设为渐变色，打开【渐变】面板，将【类型】设为【径向】，0% 位置的 CMYK 值设为 81、48、0、0，44% 位置的 CMYK 值设为 85、60、0、49，100% 位置的 CMYK 值设为 88、95、60、0，如图 5-88 所示。

(3) 打开随书附带光盘中的 CDROM\ 素材 \Ch05\ 演唱会海报 .ai 文件，选择相应的素材文件拖至文档中，并调整位置，效果如图 5-89 所示。

(4) 按 T 键激活【文本工具】输入“KINGS”，将【字体】设为 Bleeding Cowboys，【字体大小】设为 240pt，【字体颜色】的 CMYK 值设为 5、100、100、5，调整位置，如图 5-90 所示。

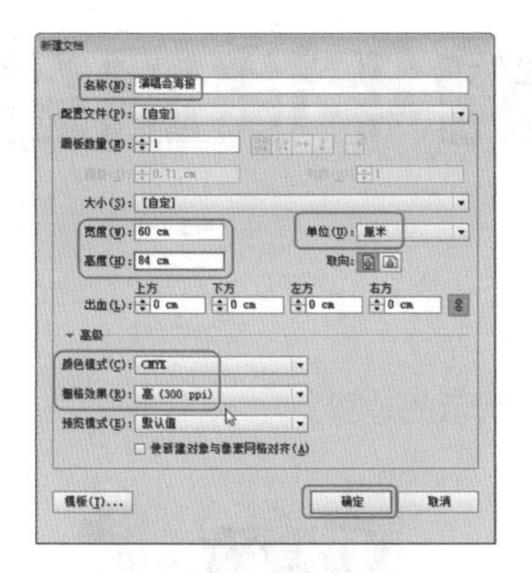

图 5-87　新建文档

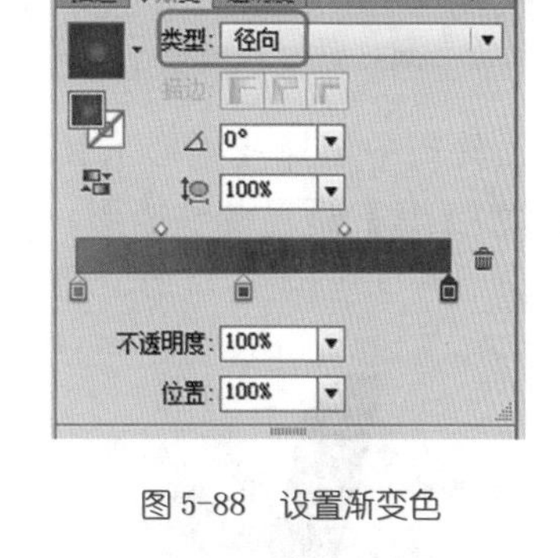

图 5-88　设置渐变色

图 5-89　添加素材文件

图 5-90　输入文字

(5) 使用同样的方法输入“MUSIC”，并添加素材文件到文字上，最终效果如图 5-91 所示。

(6) 继续输入文字“跨年演唱会”，将【字体】设为【蒙纳简超刚黑】，【字体大小】设为 280pt，如图 5-92 所示。

图 5-91　查看效果

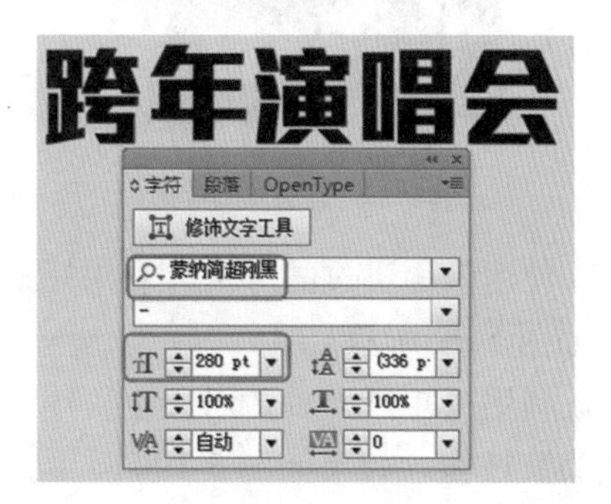

图 5-92　输入文字

(7) 选择输入的文字，单击鼠标右键，在弹出的快捷菜单中选择【创建轮廓】命令，然后再次单击鼠标右键，在弹出的快捷菜单中选择【取消编组】命令，再次选择所有的文字，单击鼠标右键，在弹出的快捷菜单中选择【释放复合路径】命令，此时文字呈现效果如图 5-93 所示。

(8) 利用【路径查找器】面板中的【减去顶层】按钮，对文字进行修改，最终效果如图 5-94 所示。

图 5-93 调整文字 　　　　图 5-94 调整好后的效果

(9) 在工具箱中选择【矩形工具】绘制【宽度】和【高度】分别为 1cm 和 11cm 的矩形，并利用【倾斜工具】适当调整矩形，效果如图 5-95 所示。

(10) 选择上一步创建的矩形，将其调整到如图 5-96 所示的位置。

图 5-95 调整矩形

图 5-96 调整矩形的位置

(11) 利用【路径查找器】对文字“跨”进行修剪，完成后的效果如图 5-97 所示。

(12) 利用直接选择工具选择【锚点】对文字进行修改，完成后的效果如图 5-98 所示。

图 5-97 修剪后的效果

图 5-98 对文字进行变形

(13) 使用前面讲过的方法，利用矩形对文字“年”进行修剪，并适当调整其位置，完成后的效果如图 5-99 所示。

(14) 利用【矩形工具】对文字“年”的右侧部分进行修改，并在【路径查找器】面板中单击【联集】按钮，效果如图 5-100 所示。

(15) 选择文字“演”，将其左侧部分删除，并调整位置，完成后的效果如图 5-101 所示。

(16) 继续利用矩形，对文字“演”的右半部分进行修改，完成后的效果如图 5-102 所示。

(17) 选择文字“唱”将右侧的部分删除，并调整位置，完成后的效果如图 5-103 所示。

(18) 对文字“会”的位置进行调整，完成后的效果如图 5-104 所示。

图 5-99　查看效果

图 5-100　修改后的效果

图 5-101　删除多余的部分

图 5-102　文字修改后的效果

图 5-103　调整文字

图 5-104　完成后的效果

(19) 利用【星形工具】绘制两个五角星，为了便于观察，填充任意颜色，效果如图 5-105 所示。

在绘制星形时可以按着 Shift 键绘制等边星形，通过小键盘上的上下键可以调整星形边的数量。

(20) 选择两个五角星，利用【路径查找器】对五角星进行修剪，完成后的效果如图 5-106 所示。

(21) 选择上一步创建的星形，并调整其位置，利用上面讲过的方法对其进行修剪，完成后的效果如图 5-107 所示。

(22) 在工具箱中选择【矩形工具】进行绘制和调整，效果如图 5-108 所示。

图 5-105　绘制五角星

图 5-106　修剪后的效果

图 5-107　完成后的效果

图 5-108　绘制矩形

(23) 按 T 键激活【文字工具】，输入“2014”，将【字体】设为【文鼎霹雳体】，【字体大小】设为 125，选择输入的文字并单击鼠标右键，在弹出的快捷菜单中选择【创建轮廓】命令，完成后的效果如图 5-109 所示。

(24) 在场景中选择所有变形文字对象，按 Ctrl+8 组合键，建立复合路径，完成后的效果如图 5-110 所示。

图 5-109　输入文字

图 5-110　建立复合路径

(25) 选择上一步创建的对象，对其设置渐变色，打开【渐变】面板，将【类型】设为【线性】，0% 位置的 CMYK 值设为 46、37、35、0，53% 位置的 CMYK 值设为 8、5.5、6、0，100% 位置的 CMYK 值设为 67、59、56、6，并调整文字的位置，完成后的效果如图 5-111 所示。

(26) 继续选择上一步创建的文字对象，在菜单栏中选择【效果】|【风格化】|【外发光】命令，弹出【外发光】对话框，将【模式】设为【正常】，【发光颜色】的 CMYK 值设为 0、100、100、0，【不透明度】设为 100%，【模糊】设为 5cm，单击【确定】按钮，完成后的效果如图 5-112 所示。

图 5-111　设置文字的渐变色

图 5-112　设置外发光

(27) 在工具箱中选择【光晕工具】，绘制单个光晕，选择创建的光晕对象，在菜单栏中选择【对象】|【扩展】命令，弹出【扩展】对话框，进行如图 5-113 所示的设置。

(28) 选择扩展后的光晕对象，并取消其编组，将多余的光晕效果删除，完成后的效果如图 5-114 所示。

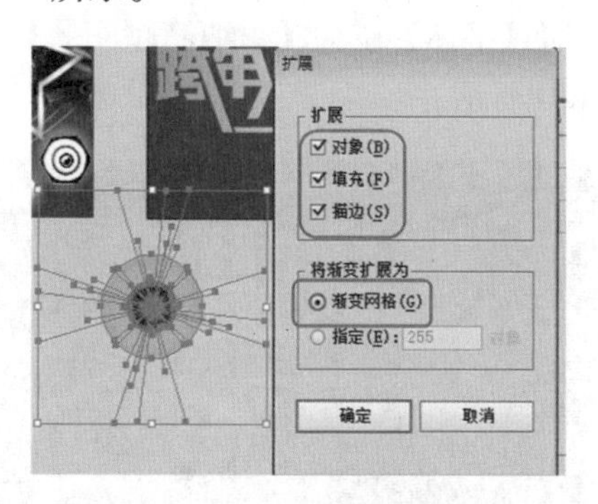

图 5-113　对光晕进行扩展

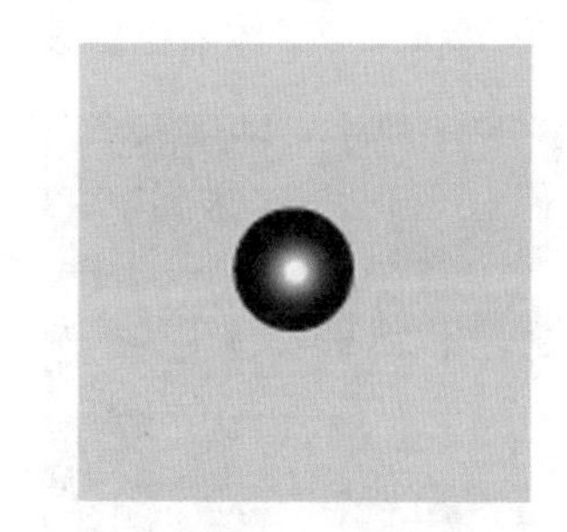

图 5-114　分解光晕

(29) 选择上一步创建的光晕对象，进行多次复制和变形对文字添加光效，完成后的效果如图 5-115 所示。

(30) 在工具箱中选择【钢笔工具】绘制如图 5-116 所示的形状，并将其【填充颜色】的 CMYK 值设为 0、100、100、0，【描边】设为无，如图 5-116 所示。

图 5-115　复制光晕对象

图 5-116　【置入】对话框

(31) 选择上一步创建的对象，按 Ctrl+C 进行复制，按 Ctrl+F 组合键粘贴到当前位置，按着 Shift+Alt 键进行缩放，并将缩放的颜色设为黄色，如图 5-117 所示。

(32) 在工具箱中双击【混合工具】，在弹出的【混合选项】对话框中，将【间距】设为【指

定步数】，步数设为 30，单击【确定】按钮，分别在红色和黄色形状上单击，完成后的效果如图 5-118 所示。

图 5-117　查看效果

图 5-118　进行混合

(33) 选择上一步创建的对象，将其移动到文字对象的下面，在属性栏中单击【不透明度】按钮，在弹出面板中将【混合模式】设为【柔光】，完成后的效果如图 5-119 所示。

(34) 按 T 键激活，输入“2014 跨年北京演唱会”，将【字体】设为【蒙纳简超刚黑】，【字体大小】设为 72pt，【字体颜色】设为红色，如图 5-120 所示。

图 5-119　完成后的效果

图 5-120　输入文字

(35) 继续输入文字，将【字体】设为【微软雅黑】，【字体大小】设为 48pt，【字体颜色】设为白色，并适当调整文字的位置，如图 5-121 所示。

(36) 打开素材文件，选择相应的素材文件进行添加，完成后的效果如图 5-122 所示。

图 5-121　输入文字

图 5-122　添加素材文件

(37) 在工具箱选择【椭圆工具】绘制和素材人物头像大小的椭圆，并将其【填充色】设为【渐

变填充】，打开【渐变】面板，将【类型】设为【径向】，0% 位置的 CMYK 值设为 58、0、14.5、0，100% 位置的颜色设为白色，完成后的效果如图 5-123 所示。

(38) 选择上一步创建的椭圆对象，在菜单栏中选择【效果】|【模糊】|【高斯模糊】命令，弹出【高斯模糊】对话框，将【半径】设为 62.5 像素，如图 5-124 所示。

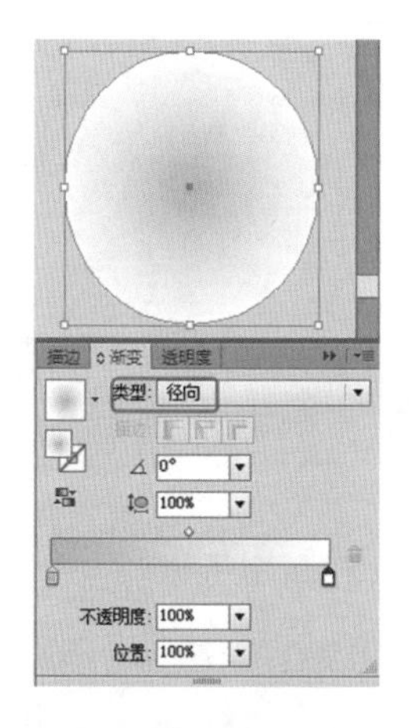

图 5-123　设置渐变色

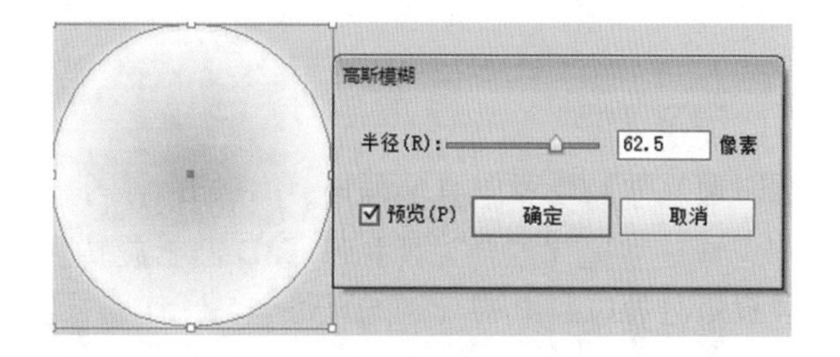

图 5-124　设置高斯模糊

(39) 选择上一步创建的对象，移动到人物的头部，在属性栏中将【不透明度】的【混合模式】设为【叠加】，效果如图 5-125 所示。

(40) 最后对整体布局再次进行调整，完成后的效果如图 5-126 所示。

图 5-125　查看效果

图 5-126　完成后的效果

案例精讲 033　影楼活动海报

 案例文件：CDROM \ 场景 \ Cha05 \ 影楼活动海报 .ai

 视频文件：视频教学 \ Cha05\ 影楼活动海报 .avi

制作概述

本例将讲解如何制作影楼海报，本例主要使用了【文字工具】、【混合工具】和一些效果的应用，具体操作方法如下，完成后的效果如图 5-127 所示。

图 5-127　影楼活动海报

学习目标

- 了解文字工具的使用。
- 掌握【混合工具】和【3D 凸出旋转】效果的应用。

操作步骤

(1) 启动软件后，按 Ctrl+N 组合键，在弹出的【新建文档】对话框中输入【名称】为“影楼活动海报”，将【单位】设为【毫米】，【宽度】设为 818mm，【高度】设为 1200mm，【颜色模式】设为 CMYK，【栅格效果】设为【高 (300ppi)】，然后单击【确定】按钮，如图 5-128 所示。

(2) 利用矩形工具绘制和文档同样大小的矩形，将其【填充颜色】的 CMYK 值设为 15、5、0、0，如图 5-129 所示。

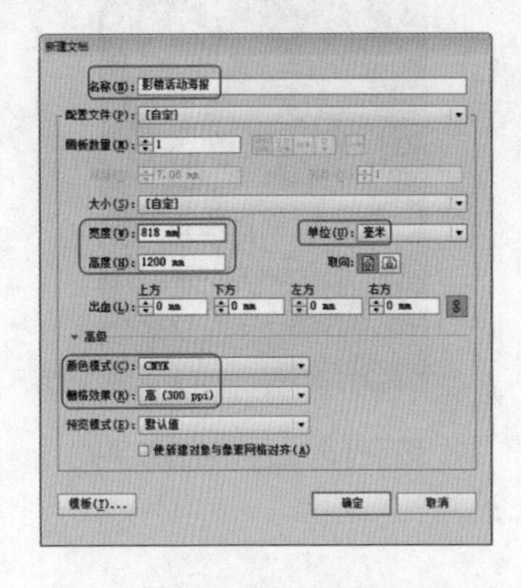

图 5-128　新建文档

图 5-129　绘制矩形

(3) 利用【文字工具】输入“I LOVE YOU”，将【字体】设为【Adobe 宋体 Std L】，【字体大小】设为 210pt，【字体颜色】的 CMYK 值设为 62、0、5、0，调整文字位置，如图 5-130 所示。

(4) 选择上一步创建的文字，对其进行复制，适当缩放其大小，调整位置，如图 5-131 所示。

(5) 双击【混合工具】，在弹出的【混合选项】对话框中，将【间距】设为【指定步数】，【步数】设为 20，单击【确定】按钮，返回到场景中分别单击创建的两个文字，效果如图 5-132 所示。

图 5-130　输入文字

图 5-131　复制文字

图 5-132　调和对象

(6) 使用同样的方法制作其他文字，效果如图 15-133 所示。

(7) 选择上一步创建的所有文字对象，按 Ctrl+G 组合键将其编组，利用矩形工具绘制一个和文档同样大小的矩形，如图 5-134 所示。

(8) 选择上一步创建的矩形和文字单击鼠标右键，在弹出的快捷菜单中选择【建立剪切蒙版】命令，完成后的效果如图 5-135 所示。

图 5-133　调和后的效果

图 5-134　绘制矩形

图 5-135　建立剪切蒙版

(9) 按 T 键激活【文字工具】，输入文字“七”，在【字符】面板中，将【字体】设为【方正兰亭粗黑简体】，【字体大小】设为 700pt，【字体颜色】的 CMYK 值设为 92、75、0、0，如图 5-136 所示。

(10) 选择上一步创建的文字，在菜单栏选择【效果】| 3D |【凸出和斜角】命令，弹出【3D 凸出和斜角选项】对话框，分别将【X 轴旋转】、【Y 轴旋转】和【Z 轴旋转】设为 0°、10° 和 0°，【凸出厚度】设为 450pt，设置完成后单击【确定】按钮，如图 5-137 所示。

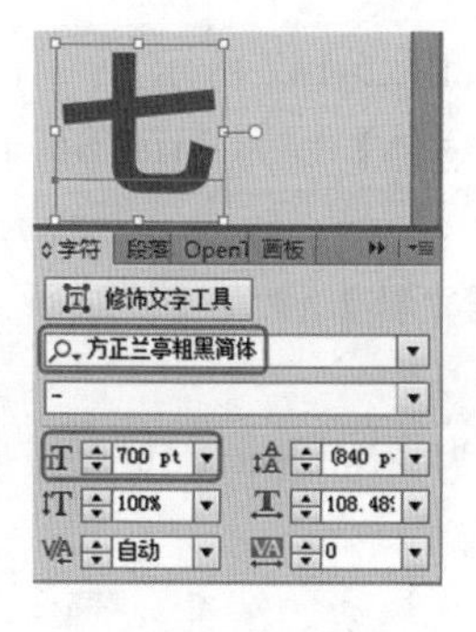

图 5-136　创建文字

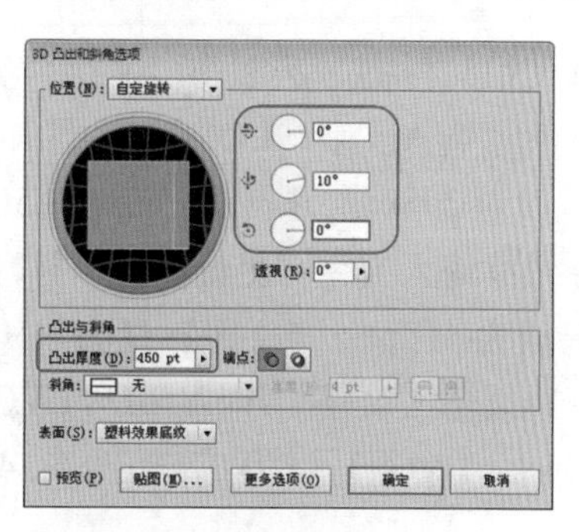

图 5-137　设置 3D 旋转

(11) 再次输入文字“七”设置与上一步创建文字相同的字体属性，对其进行复制，分别设置【字体颜色】的 CMYK 值为 65、0、4、0，并调整文字的位置，如图 5-138 所示。

(12) 在工具箱中双击【混合工具】按钮，在弹出的【混合选项】对话框中，将【间距】设为【指定步数】，【步数】设为 20，单击【确定】按钮，在场景中分别单击两个文字，完成后的效果如图 5-139 所示。

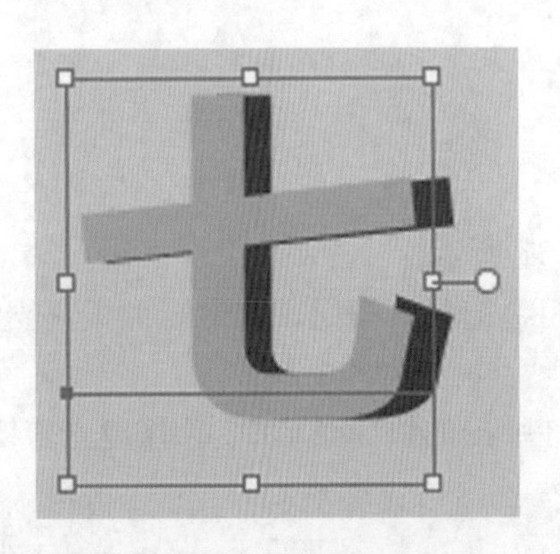

图 5-138　创建文字

图 5-139　混合后的效果

(13) 使用前面的方法再次创建两个文字“七”，将第一个“七”文字的CMYK值设为65、0、4、0，第二个文字颜色设为白色，利用【混合工具】对其进行混合，完成后的效果如图 5-140 所示。

(14) 选择创建的两组文字，将其叠加在一起，然后按 Ctrl+G 组合键，对其进行编组，效果如图 5-141 所示。

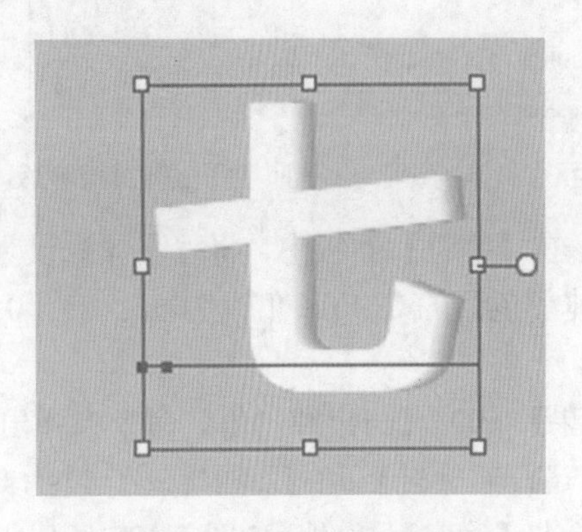

图 5-140　混合后的效果

图 5-141　进行编组

(15) 使用同样的方法制作出文字“夕”，完成后的效果如图 5-142 所示。

(16) 继续输入文字“LOVE”，打开【字符】面板，将【字体】设为 Arial Black Italic，【字体大小】设为 298pt，【字距】设为 −50，如图 5-143 所示。

(17) 继续输入文字“见证爱”，打开【字符】面板，将【字体】设为【长城新艺体】，【字体大小】设为 417pt，【字距】设为 −50，如图 5-144 所示。

(18) 继续输入文字“JULYILOVEYOU”，将【字体】设为 Arial Black Italic，【字体大小】设为 220pt，【字距】设为 0，如图 5-145 所示。

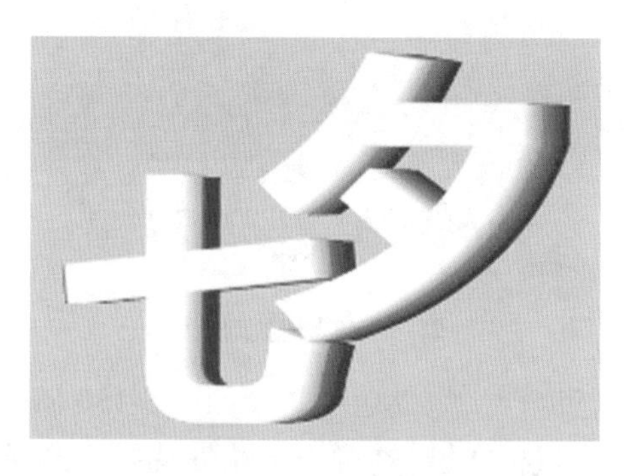

图 5-142 完成后的效果

图 5-143 设置文字属性

图 5-144 输入文字

图 5-145 输入文字

(19) 选择上一步创建的文字，调整其位置，并对其复制出另一组，方便后面的操作，如图 5-146 所示。

(20) 选择其中一组文字，单击鼠标右键，在弹出的快捷菜单中选择【创建轮廓】命令，对文字创建轮廓，继续选择所有文字，打开【路径查找器】面板，单击【联集】按钮，修改文字颜色的 CMYK 值为 92、75、0、0，效果如图 5-147 所示。

图 5-146 组合文字

图 5-147 完成后的效果

(21) 选择上一步创建的对象，对其添加描边，将描边颜色设为和填充相同的颜色，将【描边粗细】设为 80pt，效果如图 5-148 所示。

(22) 选择上一步创建的对象，对其进行复制，修改复制对象颜色的 CMYK 值为 65、0、4、0，并调整其位置，效果如图 5-149 所示。

图 5-148　查看效果

图 5-149　修改颜色

(23) 使用前面讲过的方法，对创建的两个对象进行混合，完成后的效果如图 5-150 所示。

(24) 选择复制备用的文字，选择文字“LOVE”，单击鼠标右键，在弹出的快捷菜单中选择【创建轮廓】命令，并对创建轮廓的文字，复制一个，并将复制后对象的填充色的 CMYK 值设为 10、0、83、0，调整黑色文字的大小和位置，如图 5-151 所示。

图 5-150　查看效果

图 5-151　调整文字

(25) 在工具箱中双击【混合工具】，在弹出的【混合选项】对话框中，将【间距】设为【指定步数】，【步数】设为 40，单击【确定】按钮，返回到场景中分别单击两个文字，混合后的效果如图 5-152 所示。

(26) 选择上一步创建的混合对象，在菜单栏中选择【对象】|【扩展】命令，弹出【扩展】对话框，保持默认值，单击【确定】按钮，确认对象处于选择状态，单击鼠标右键，在弹出的快捷菜单中选择【取消编组】命令，取消其编组，如图 5-153 所示。

图 5-152　混合后的效果

图 5-153　分解对象

(27) 选择最上侧的文字，将其【填充色】设为渐变，打开【渐变】面板，单击【渐变】缩略图后面的下三角按钮，在弹出的列表中选择【橙色，黄色】，将【类型】设为【线性】，【角度】设为 −90°，最后对所有对象按 Ctrl+G 组合键再次进行编组，效果如图 5-154 所示。

(28) 选择上一步创建的文字，调整其位置，效果如图 5-155 所示。

(29) 使用同样的方法对其他文字进行设置，完成后的效果如图 5-156 所示。

(30) 选择制作所有的变形文字，调整位置和顺序，并对其进行编组，完成后的效果如图 5-157 所示。

图 5-154　完成后的效果

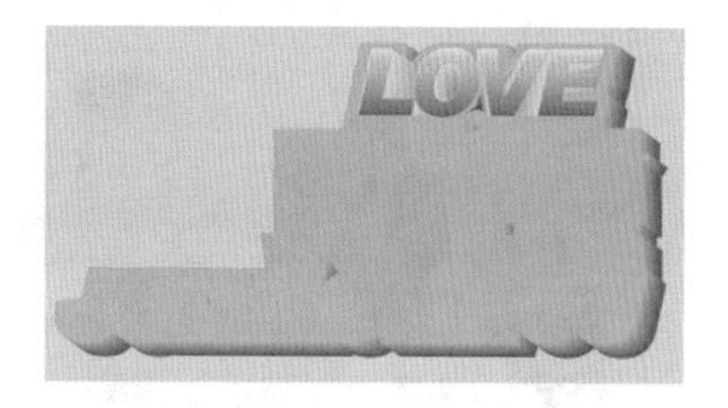

图 5-155　调整位置

图 5-156　完成后的效果

图 5-157　组合后的效果

(31) 在菜单栏中选择【文件】|【置入】命令，弹出【置入】对话框，选择随书附带光盘中的 CDROM \ 素材 \ Cha05 \ a.png 文件，单击【置入】按钮，适当调整大小和位置，完成后的效果如图 5-158 所示。

(32) 使用同样的方法加入其他素材，并调整变形文字的位置，完成后的效果如图 5-159 所示。

图 5-158　置入素材文件

图 5-159　添加素材文件

为了便于场景文件的移动，在置入图片文件后，在属性栏中单击【嵌入】按钮，这样就可以不用链接源图片了。

(33) 在工具箱中选择【椭圆工具】，绘制【宽度】和【高度】分别为 130mm 和 62mm 的椭圆，并将其【填充颜色】的 CMYK 值设为 59、100、28、0，如图 5-160 所示。

(34) 激活【文字工具】，输入“爱”，将【字体】设为【汉仪秀英体简】，【字体大小】设为 130pt，【字体颜色】设为白色，完成后的效果如图 5-161 所示。

图 5-160　绘制椭圆

图 5-161　输入文字

(35) 继续输入文字“薇婷”，将【字体】设为【汉仪秀英体简】，【字体大小】设为65pt，【字符间距】设为 600，【字体颜色】设为白色，完成后的效果如图 5-162 所示。

(36) 继续输入文字“AI WEITING”，将【字体】设为【汉仪秀英体简】，【字体大小】设为 27pt，【字符间距】设为 0，【字体颜色】设为白色，并将其高度适当拉伸，完成后的效果如图 5-163 所示。

图 5-162　输入文字

图 5-163　输入文字

(37) 在工具箱中选择【椭圆工具】，绘制【宽度】和【高度】分别为 740mm 和 385mm 的椭圆，将其填充色设为白色，并将其放置在变形文字的下方，如图 5-164 所示。

(38) 选择上一步绘制的椭圆，在菜单栏中选择【效果】|【风格化】|【羽化】命令，在弹出的【羽化】对话框中将【半径】设为 80mm，单击【确定】按钮，并在属性栏中将其【不透明度】设为 40%，完成后的效果如图 5-165 所示。

图 5-164　绘制椭圆

图 5-165　完成后的效果

在绘制椭圆时，可以在工具箱中选择【椭圆工具】，在场景中单击鼠标左键，这样会弹出【椭圆】对话框，在该对话框中可以设置椭圆的宽度和高度。

(39) 使用【文字工具】输入“情定七夕 相约爱·薇婷婚纱摄影”，在【字符】面板中将【字体】设为【迷你简中倩】，【字体大小】设为 97.5pt，【字体颜色】的 CMYK 值设为 0、97、77、0，效果如图 5-166 所示。

(40) 继续输入文字“今年七夕·我们结婚吧”，将【字体】设为【方正粗倩简体】，【字体大小】设为 170pt，如图 5-167 所示。

图 5-166　输入文字

图 5-167　输入文字

(41) 选择上一步创建的文字，单击鼠标右键，在弹出的快捷菜单中选择【创建轮廓】命令，将其填充设为渐变，打开【渐变】面板设置渐变色，将【类型】设为【线性】，【角度】设为−90°，0%位置的 CMYK 值设为 100、96.5、34.5、0，100% 位置的 CMYK 值设为 74、34、0、0，设置完成后的效果如图 5-168 所示。

(42) 继续输入文字将【字体】设为【方正粗倩简体】，【字体大小】设为 72pt，【字体颜色】设为黑色，CMYK 值设为 0、86、96、0，如图 5-169 所示。

图 5-168　设置渐变色

图 5-169　输入文字

(43) 在工具箱中选择【圆角矩形】绘制【宽度】和【高度】分别为 100mm 和 35mm，半径为 5mm 的矩形，并对其填充与上一步文字相同的渐变色，对其复制三个调整位置，如图 5-170 所示。

(44) 使用前面介绍的方法输入文字，在这里不再赘述，效果如图 5-171 所示。

图 5-170　绘制圆角矩形

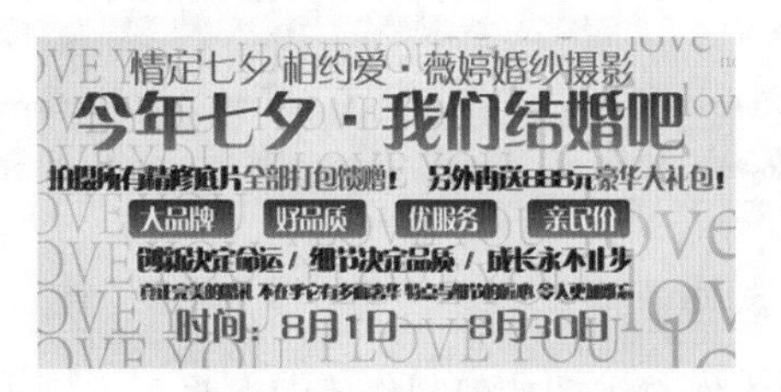

图 5-171　输入文字

(45) 利用【钢笔工具】绘制形状，并对其填充与上一步圆角矩形相同的渐变色，效果如图 5-172 所示。

(46) 使用前面讲过的方法输入文字并添加素材，完成后的效果如图 5-173 所示。

图 5-172　绘制形状

图 5-173　完成后的效果

(47) 利用【矩形工具】绘制和文档同样大小的矩形，对其填充渐变色，在【渐变】面板中将【类型】设为【径向】，0% 位置的 CMYK 值设为 30、0、0、0，100% 位置的 CMYK 值设为 78、0、0、0，并利用【渐变工具】对其进行调整，效果如图 5-174 所示。

(48) 选择上一步创建的对象，将其【不透明度】设为 50%，将【混合模式】设为【强光】，将其放置到混合文字的上方，效果如图 5-175 所示。

图 5-174　查看效果

图 5-175　完成后的效果

案例精讲 034　旅游海报

 案例文件：CDROM \ 场景 \ Cha05 \ 旅游海报 .ai

 视频文件：视频教学 \ Cha05\ 旅游海报 .avi

制作概述

本例将讲解如何制作旅游海报，本例主要使用了【文字工具】、【混合工具】和一些效果的应用，具体操作方法如下，完成后的效果如图 5-176 所示。

图 5-176　旅游海报

学习目标

- 了解文字工具的使用。
- 掌握【混合工具】和【3D 凸出旋转】效果的应用。

操作步骤

(1) 启动软件后，按 Ctrl+N 组合键，在弹出的【新建文档】对话框中输入【名称】为“旅游海报”，将【单位】设为【毫米】，【宽度】设为 838mm，【高度】设为 1168mm，【颜色模式】设为 CMYK，【栅格效果】设为【高 (300ppi)】，然后单击【确定】按钮，如图 5-177 所示。

(2) 利用【矩形工具】绘制和文档同样大小的矩形，将其【填充】设为【渐变色】，打开【渐变】面板设置渐变色，将【类型】设为【径向】，0% 位置的 CMYK 值设为 51、0、74.5、0，100% 位置的 CMYK 值设为 100、26、100、0，如图 5-178 所示。

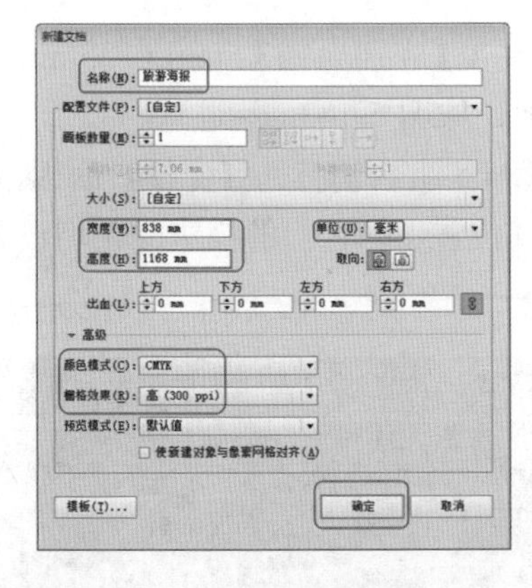

图 5-177　新建文档

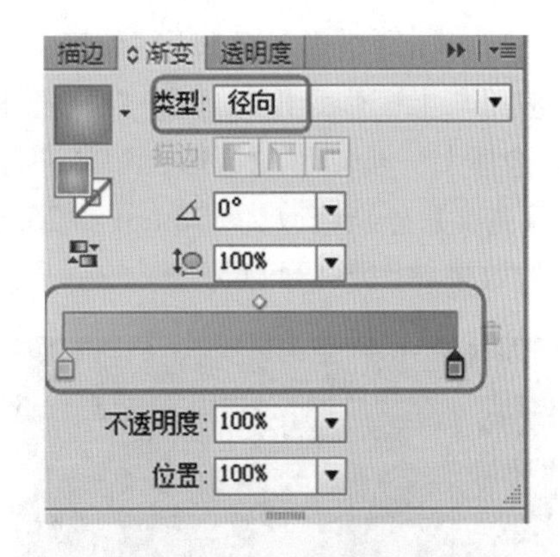

图 5-178　设置渐变色

(3) 设置完成后，使用【渐变工具】对渐变色进行调整，完成后的效果如图 5-179 所示。

(4) 在工具箱中选择【矩形工具】，绘制【宽度】和【高度】分别为 30.5mm 和 423.5mm，并将其【填充色】的 CMYK 值设为 0、94、62、0，如图 5-180 所示。

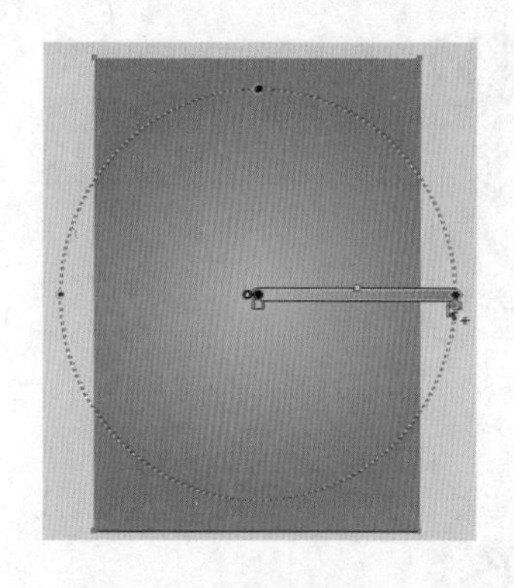

图 5-179　调整渐变色

图 5-180　绘制矩形

(5) 选择上一步创建的矩形，在菜单栏中选择【效果】| 3D |【凸出和斜角】命令，在弹出的对话框中将【X 轴旋转】、【Y 轴旋转】和【装修轴旋转】分别设为 20、0、0，【凸出厚度】设为 50pt，单击【确定】按钮，效果如图 5-181 所示。

(6) 对创建的矩形进行复制，并调整位置，如图 5-182 所示。

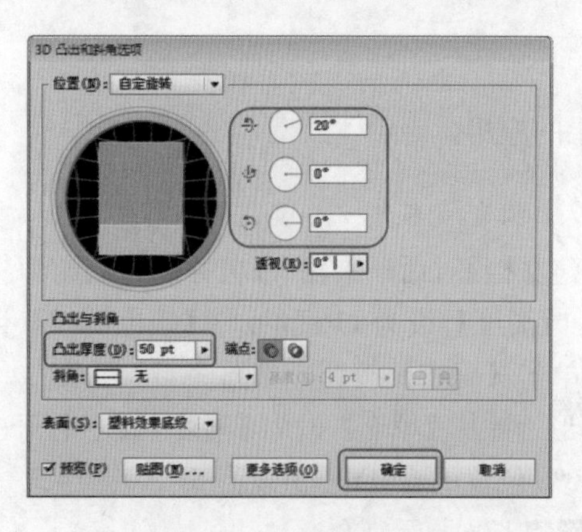

图 5-181　设置 3D 旋转

图 5-182　复制对象

(7) 继续利用【矩形工具】绘制矩形，绘制【宽度】和【高度】分别为 733.5mm 和 25mm 的矩形，并对其应用与上一步矩形相同的【3D 凸出和旋转】效果，如图 5-183 所示。

(8) 选择上一步创建的矩形，对其进行复制，按 Shift+F8 组合键打开【变换】面板，将【宽度】和【高度】分别修改为 678mm 和 25.5mm，并调整其位置，将它们的描边颜色均设置为无，完成后的效果如图 5-184 所示。

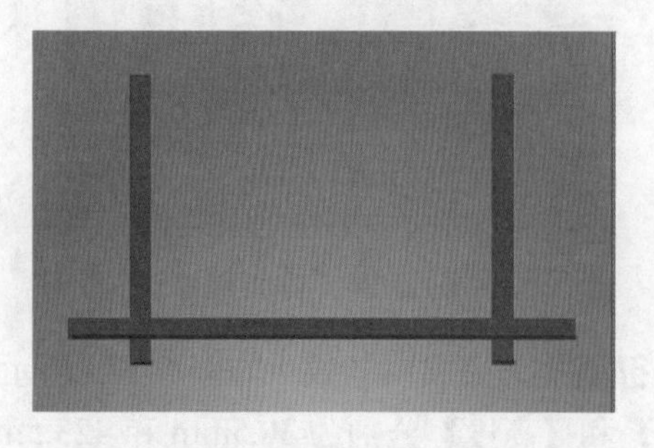

图 5-183　绘制矩形

图 5-184　复制矩形

(9) 在工具箱中双击【混合工具】，弹出【混合选项】对话框，将【间距】设为【指定步数】，【步数】设为 8，单击【确定】按钮，返回到场景中分别单击创建的两个矩形，混合后的效果如图 5-185 所示。

(10) 激活【文字工具】，输入“游”，将【字体】设为【长城新艺体】，【字体大小】设为 593pt，选择创建的文字对其进行复制，将其复制后的文字颜色的 CMYK 值设为 68、0、100、0，并调整黑色文字的大小和位置，如图 5-186 所示。

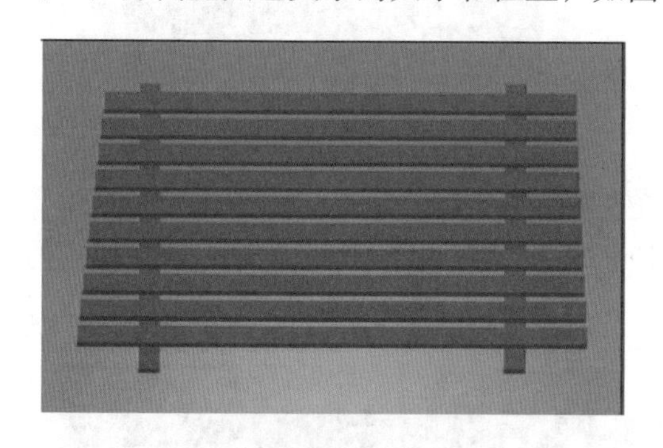

图 5-185　混合后的效果

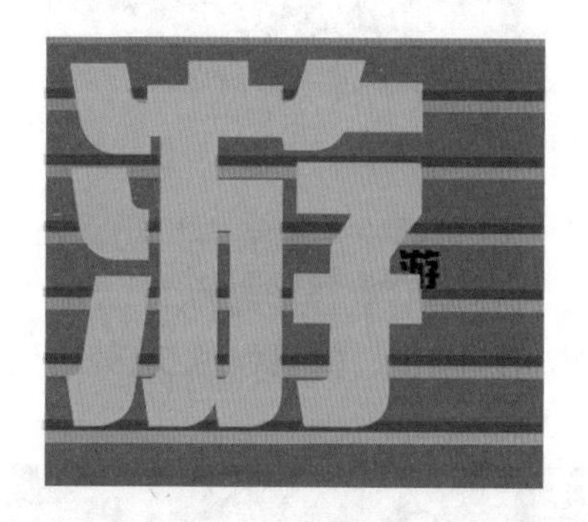

图 5-186　创建文字

(11) 选择上一步创建的两组文字，单击鼠标右键，在弹出的快捷菜单中选择【创建轮廓】命令，选择【混合工具】，将【混合步数】设为 40，对两个文字进行混合，完成后的效果如图 5-187 所示。

(12) 选择上一步创建的混合对象，在菜单栏选择【对象】|【扩展】命令，在弹出的对话框中保持默认值，确认混合对象处于选择状态，单击鼠标右键，在弹出的快捷菜单中选择【取消编组】命令，如图 5-188 所示。

图 5-187　混合后的效果

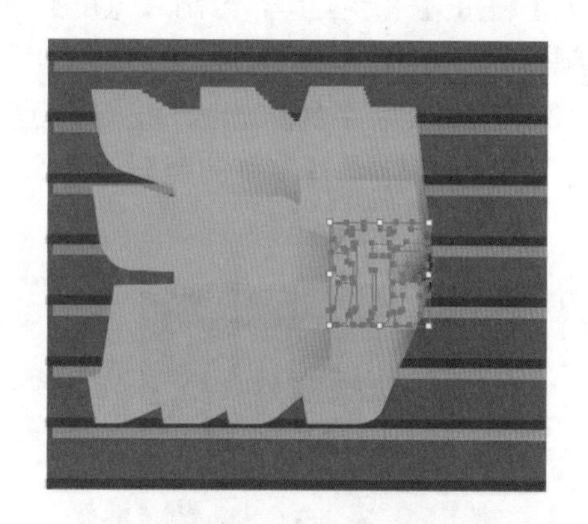

图 5-188　分离混合对象

(13) 选择最上面的“有”字，将其【填充颜色】设为【渐变色】，打开【渐变】面板，将 0% 位置的 CMYK 值设为 0、94.5、86、0，100% 位置的 CMYK 值设为 100、10.5、85.5、0，效果如图 5-189 所示。

(14) 继续选择上一步编辑的文字，对其添加【描边】，将【描边颜色】设为黄色，【描边粗细】设为 7pt，完成后的效果如图 5-190 所示。

图 5-189　设置渐变色

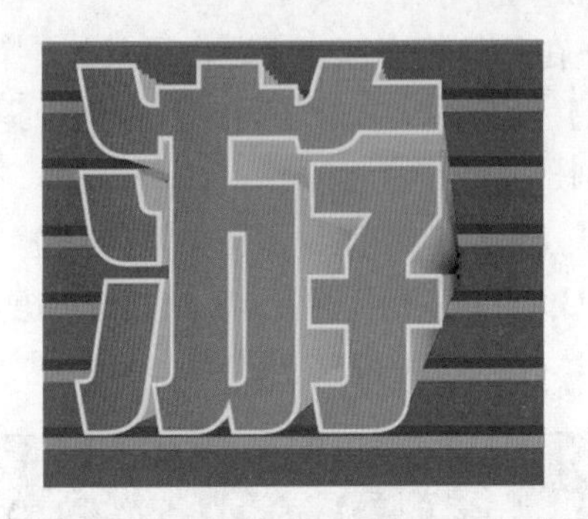

图 5-190　添加描边

(15) 使用同样的方法制作其他文字，完成后的效果如图 5-191 所示。

(16) 打开随书附带光盘中的 CDROM\ 素材 \Cha05\ 旅游海报素材 .ai 文件，选择相应的素材文件拖至场景中，效果如图 5-192 所示。

图 5-191　完成后的效果

图 5-192　添加素材文件

(17) 利用【矩形工具】绘制【宽度】和【高度】分别为 838mm 和 315mm 的矩形，并将其填充颜色的 CMYK 值设为 54、0、16、0，如图 5-193 所示。

(18) 激活【文字工具】，输入“我们一起去旅游”，在【字符】面板中将【字体】设为【隶书】，【字体大小】设为 130pt，【字符间距】设为 600，【字体颜色】设为黄色，完成后的效果如图 5-194 所示。

图 5-193　创建矩形

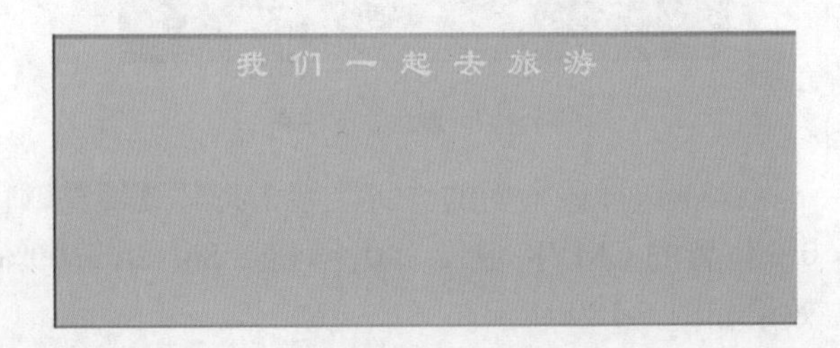

图 5-194　输入文字

(19) 使用同样的方法输入其他文字，适当对【字符间距】进行调整，完成后的效果如图 5-195 所示。

(20) 在菜单栏中选择【文件】|【置入】命令，选择素材文件夹中的“旅游 01.jpg”文件，置入文件后，在属性栏中单击【嵌入】按钮，并利用【矩形工具】绘制【宽度】和【高度】分别为 81mm 和 51mm 的矩形，如图 5-196 所示。

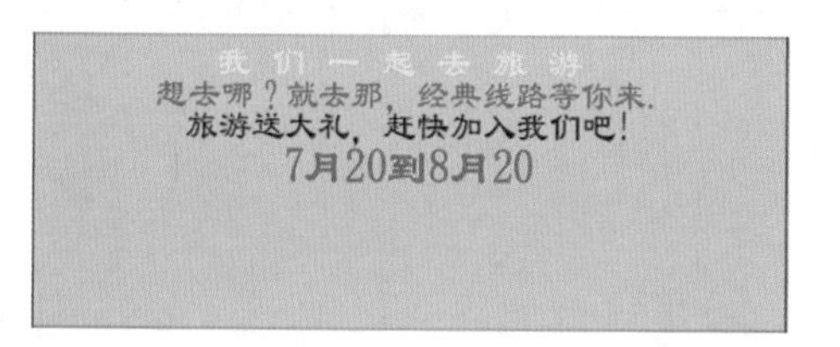

图 5-195 输入文字

图 5-196 置入文件

(21) 将上一步创建的矩形放置到置入素材图像的上方，选择两个文件，单击鼠标右键，在弹出的快捷菜单中选择【建立剪切蒙版】命令，完成后的效果如图 5-197 所示。

(22) 使用同样的方法，制作出其他剪切蒙版，完成后的效果如图 5-198 所示。

图 5-197 建立剪切蒙版

图 5-198 置入图片

(23) 对上一步创建的图像进行编组，并对其复制出两组，调整位置，效果如图 5-199 所示。

(24) 打开素材文件选择相应的素材文件添加到场景中，完成后的效果如图 5-200 所示。

图 5-199 复制

图 5-200 设置渐变色

第6章 报纸广告设计

本章重点

- 服装报纸广告
- 公益报纸广告
- 汽车报纸广告
- 手机报纸广告
- 首饰报纸广告
- 御贵苑房地产广告

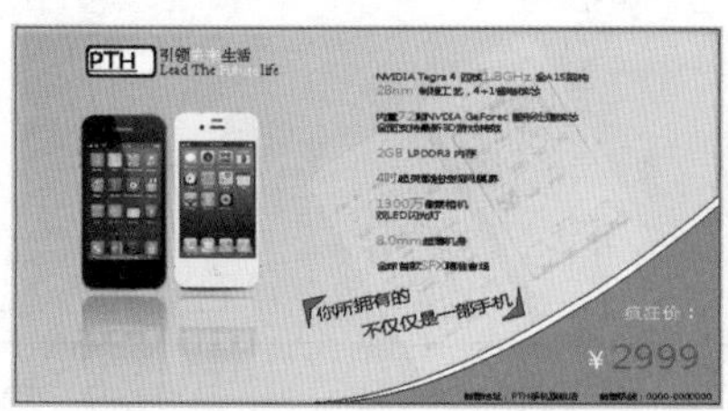

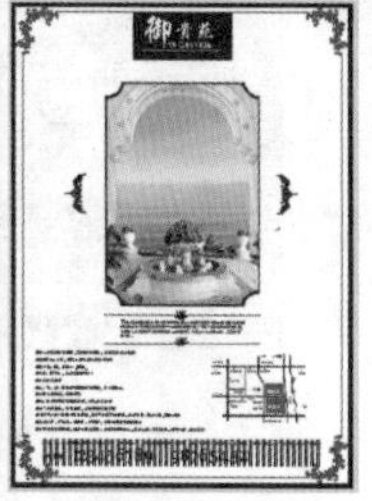

报纸广告是刊登在报纸上的广告，报纸是一种印刷媒介。它的特点是发行频率高、发行量大、信息传递快，因此报纸广告可及时广泛发布。本章将以 6 个案例来介绍如何制作报纸广告。

案例精讲 035　服装报纸广告

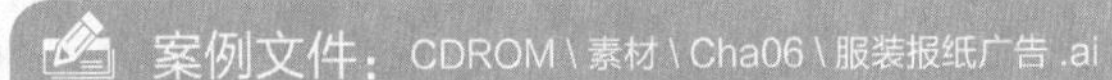

案例文件：CDROM \ 素材 \ Cha06 \ 服装报纸广告 .ai

视频文件：视频教学 \ Cha06\ 服装报纸广告 .avi

制作概述

本案例将介绍如何制作服装报纸广告，首先使用【钢笔工具】和【渐变矩形】工具为绘制的图像填充渐变，然后使用【文字工具】输入文字，最后使用【置入】命令将素材置入，完成后的效果如图 6-1 所示。

图 6-1　服装广告

学习目标

- 学习制作服装报纸广告。
- 掌握【钢笔工具】、【文字工具】、【渐变工具】的使用。

操作步骤

(1) 启动 Illustrator 软件后，在菜单栏中选择【文件】|【新建】命令，弹出【新建文档】对话框，把页面【单位】设为【毫米】后，将【宽度】、【高度】分别设置为 390mm、200mm，颜色模式设为 CMYK，如图 6-2 所示。

(2) 使用【钢笔工具】将【描边】CMYK 的值设置为 0、50、100、0，【填色】保持默认设置，绘制如图 6-3 所示图形。

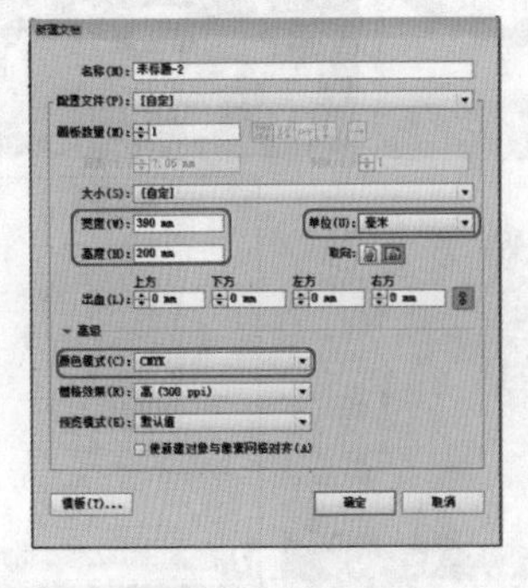

图 6-2　创建文档

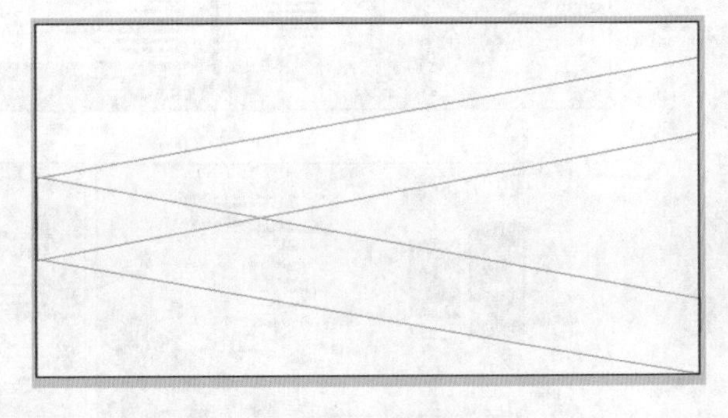

图 6-3　绘制图形

(3) 选中其中一个绘制的图形，选择【窗口】|【渐变】命令，在弹出的对话框中，将【类型】设置为【线性】，【角度】设置为 9.8°，并在位置为 28、67、89 处建立 3 个新的渐变滑块，如图 6-4 所示。

(4) 鼠标双击左侧色块，在弹出的菜单栏中将其 CMYK 值设置为 0、0、86、0，如图 6-5 所示。

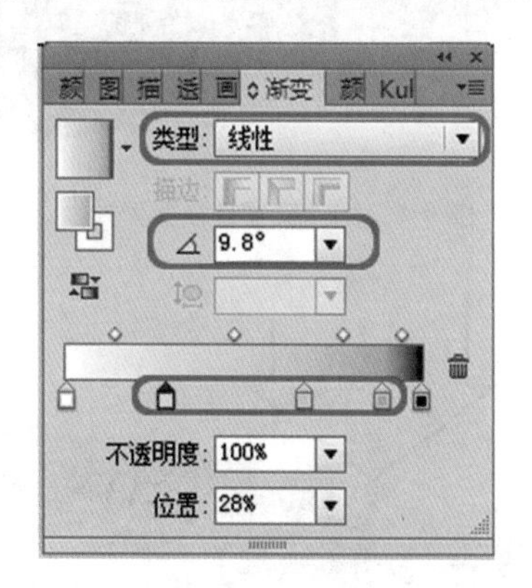

图 6-4　填充渐变色

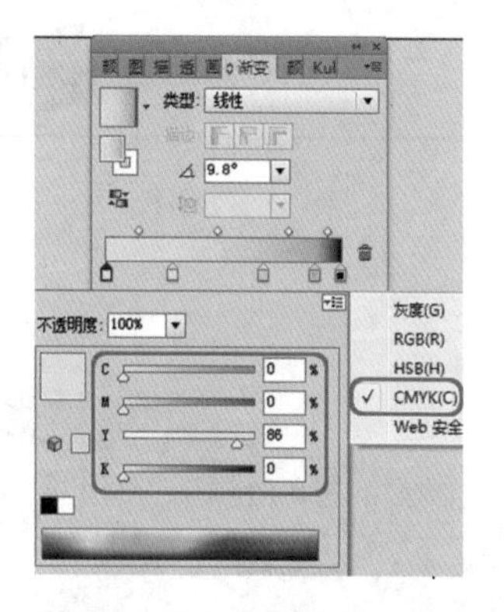

图 6-5　填充渐变色

(5) 使用相同的方法，将位置为 28%、67%、89%、100% 色块的 CMYK 值设置为 1、22、100、0；1、52、84、0；2、73、84、0；2、91、83、0，然后选择【效果】|【像素化】|【晶格化】命令，在弹出的对话框中将【单元格大小】的数值设置为 10，如图 6-6 所示。

(6) 完成上述操作后，效果如图 6-7 所示。

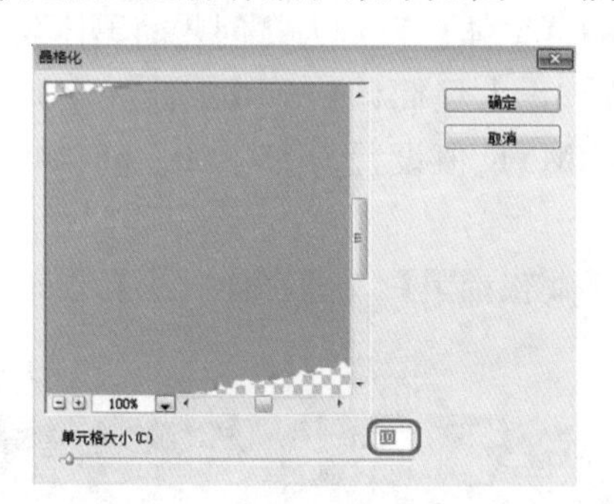

图 6-6　晶格化效果

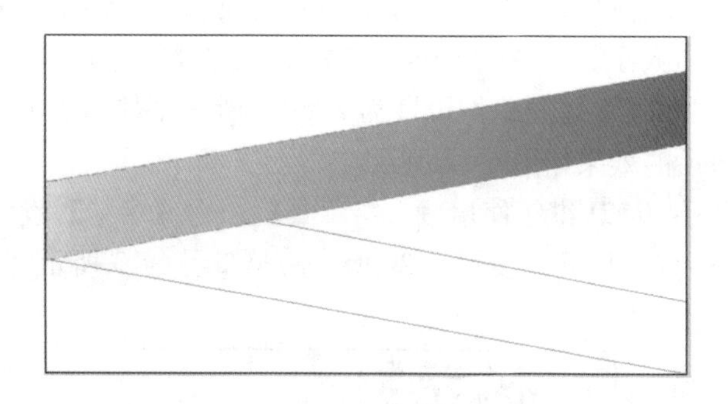

图 6-7　效果图

(7) 使用相同的方法和数值，为另外一个绘制的图形填充渐变色和晶格化效果，效果如图 6-8 所示。

(8) 使用【文字工具】输入文字，将“男士、牛仔和元”的字体大小设置为 42pt，【间距】设置为 24pt，“时尚修身和￥88”的字体大小设置为 72pt，“地址：大市区商业步行街 102 号”的字体大小设置为 18pt，所有文字的【字体】均为【方正综艺简体】，完成后的效果如图 6-9 所示。

(9) 完成上述操作后，将“时尚修身和￥88”字体【填色】的 CMYK 值设置为 10、100、50、0，效果如图 6-10 所示。

(10) 使用【钢笔工具】将填充颜色设置为无，【描边】的 CMYK 值设置为 55、60、65、40，【描边粗细】设置为 5pt，【填色】为无，绘制如图 6-11 所示图形。

图 6-8　效果图

图 6-9　输入文字并设置其大小

图 6-10　效果图

图 6-11　绘制图形

(11) 使用相同的方法，用【文字工具】输入文字，并将“热卖”的【字体】设置为【方正宋黑简】，【字体大小】设置为 90pt，“促销 ING”的【字体】设置为【创艺简黑体】，【字体大小】设置为 48pt，“爆款”的【字体】设置为【方正大黑简体】，【字体大小】设置为 48pt (字体间距均设置为 24pt)，所有字体【填色】的 CMYK 值设置为 55、60、65、40，完成后的效果如图 6-12 所示。

(12) 继续使用【文字工具】，将【字体】设置为【微软雅黑】，【字体大小】设置为 10pt 后 (字体间距设置为 24pt)，输入如图 6-13 所示文字。

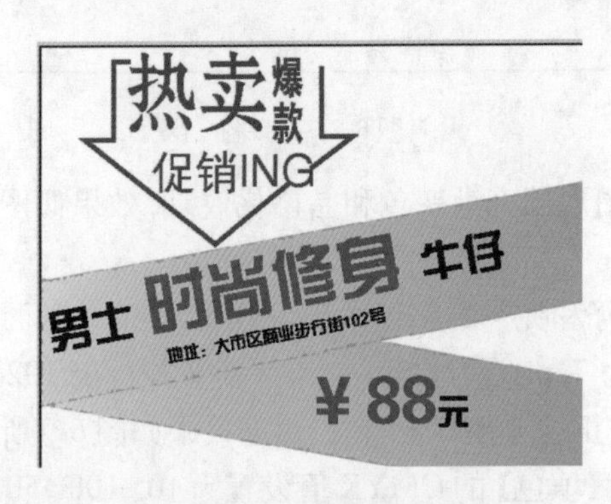

图 6-12　效果图

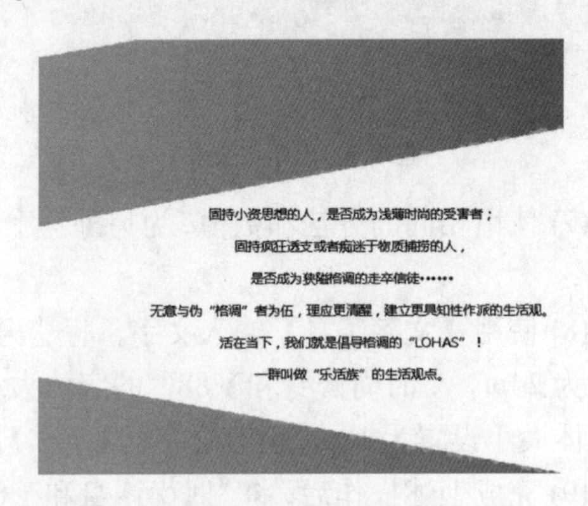

图 6-13　输入文字

(13) 上述操作完成后，效果如图 6-14 所示。

(14) 在菜单栏中选择【文件】|【置入】命令，将 CDROM\ 素材 \Cha06\ 服装广告素材 .ai 和服装 01.png 置入当前文档，并调整其位置，效果如图 6-15 所示。

图 6-14 效果图

图 6-15 效果图

案例精讲 036 公益报纸广告

案例文件：CDROM \ 素材 \ Cha06 \ 公益报纸广告 .ai

视频文件：视频教学 \ Cha06\ 公益报纸广告 .avi

制作概述

本案例将介绍如何制作公益广告，首先为绘制的矩形填充颜色，确定广告的背景颜色，然后使用【矩形工具】、【文字工具】等工具来制作公益广告的内容，完成后的效果如图 6-16 所示。

图 6-16 公益广告

学习目标

- 学习制作公益广告。
- 掌握【文字工具】、【矩形工具】、【钢笔工具】以及【置入】命令的使用。

操作步骤

(1) 启动 Illustrator CC 软件后，在菜单栏中选择【文件】|【新建】命令，弹出【新建文档】对话框，把页面【单位】设为【毫米】后，将【宽度】、【高度】分别设置为 390mm、200mm，如图 6-17 所示。

(2) 使用【矩形工具】，创建一个与文档大小相同的矩形，并将其【描边】为无，将【填色】的 CMYK 值设置为 75、0、100、0，如图 6-18 所示。

(3) 继续使用【矩形工具】，将【描边】设为无，【填色】设置为白色，绘制一个【宽度】为 377mm，【高度】为 190mm 的矩形，如图 6-19 所示。

(4) 完成上述操作后，使用与第二步相同的方法和数值，绘制一个【宽度】为 390mm，【高度】为 42mm 的矩形，如图 6-20 所示。

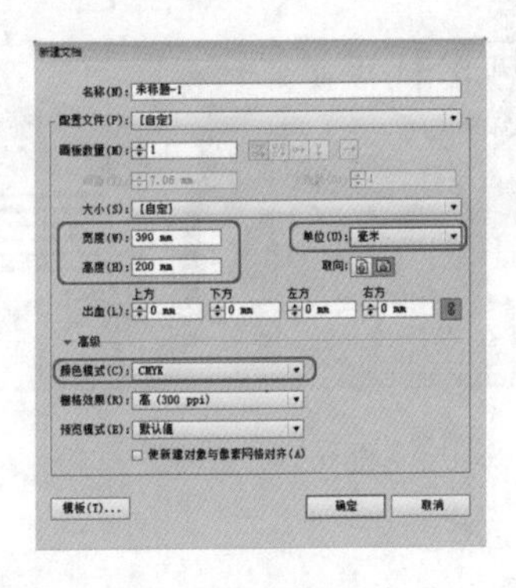

图 6-17　创建文档

图 6-18　创建矩形

图 6-19　绘制矩形

图 6-20　绘制矩形

(5) 选择菜单栏中的【文件】|【置入】命令，将 CDROM\ 素材 \ 手形 .png 置入当前文档里，并调整其位置，如图 6-21 所示。

(6) 使用相同的方法，将 CDROM\ 素材 \ 树 01.png、二维码 .png 和公益 LOGO.ai 置入当前文档，并调整位置，如图 6-22 所示。

图 6-21　置入素材

图 6-22　效果图

(7) 选择菜单栏中的【窗口】|【符号】命令，在弹出的对话框中，鼠标选中“草地 7”后，将其拖入文档中的合适位置并调整其大小，完成后的效果如图 6-23 所示。

(8) 使用【文字工具】，将【字体大小】设置为 72pt，输入“守护森林，种植童话”后，使用【文本工具】选定“森林”和“童话”，将其【字体大小】设置为 60pt，【字体】都设置为【隶书】，如图 6-24 所示。

(9) 使用【文本工具】选定“守护”和“种植”，将其字体【填色】的 CMYK 值设置为 75、0、100、0，如图 6-25 所示。

(10) 选中输入的文字，选择【效果】|【扭曲和变形】|【收缩和膨胀】命令，在弹出的对

话框中将【收缩和膨胀】的值设置为10%，如图6-26所示。

图6-23 效果图

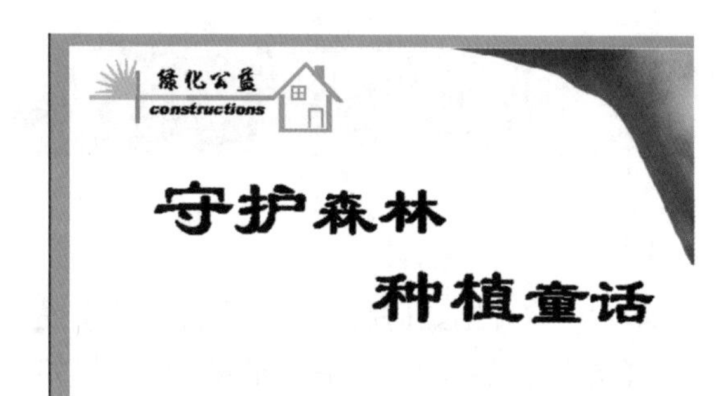

图6-24 输入文字

图6-25 置入素材

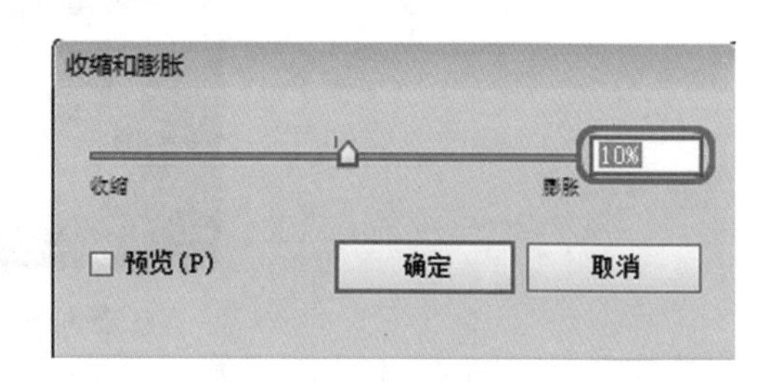

图6-26 设置收缩和膨胀

(11) 单击【确定】按钮，完成上步操作后，效果如图6-27所示。

(12) 继续使用【文本工具】，将【字体】设置为【微软雅黑】，【字体大小】设置为14pt，输入如图6-28所示文字。

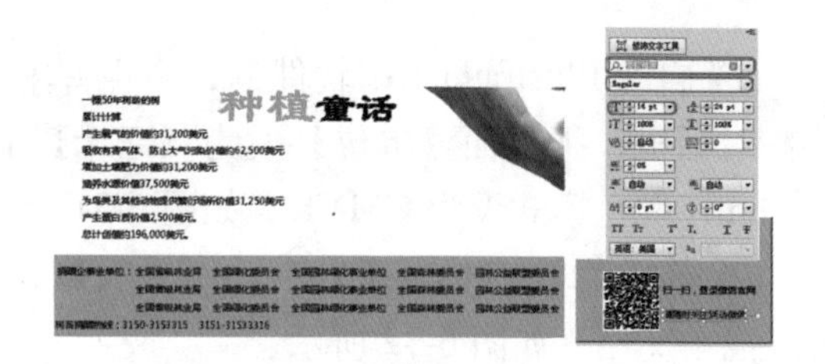

图6-27 输入文字并设置其属性

图6-28 输入图示文字

(13) 完成上述操作后，选择部分文字并将其字体【填色】设置为白色，完成后的效果如图6-29所示。

图6-29 效果图

案例精讲 037　汽车报纸广告

案例文件：CDROM \ 素材 \ Cha06 \ 汽车报纸广告 .ai
视频文件：视频教学 \ Cha06\ 汽车报纸广告 .avi

制作概述

本案例将介绍如何制作汽车广告，首先置入图片，然后使用【椭圆工具】绘制展台，最后使用【文字工具】输入文字，完成后的效果如图 6-30 所示。

图 6-30　汽车广告

学习目标

- 学习制作汽车报纸广告。
- 掌握【椭圆工具】、【文字工具】等工具的使用。

操作步骤

(1) 启动 Illustrator CC 软件后，在菜单栏中选择【文件】|【新建】命令，弹出【新建文档】对话框，把页面【单位】设为【毫米】后，将【宽度】、【高度】分别设置为 390mm、273mm，颜色模式设为 CMYK，如图 6-31 所示。

(2) 选择菜单栏中的【文件】|【置入】命令，将 CDROM\ 素材 \Cha06\ 汽车报纸广告 .jpg 置入当前文档，如图 6-32 所示。

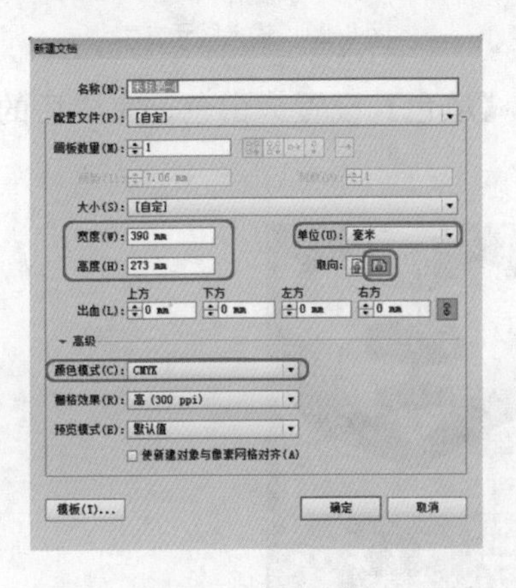

图 6-31　新建文档

图 6-32　置入素材

(3) 使用【椭圆工具】将【填色】设置为白色，【描边】设置为无，在文档空白处绘制椭圆，如图 6-33 所示。

(4) 对椭圆进行复制，并调整其大小，如图 6-34 所示。

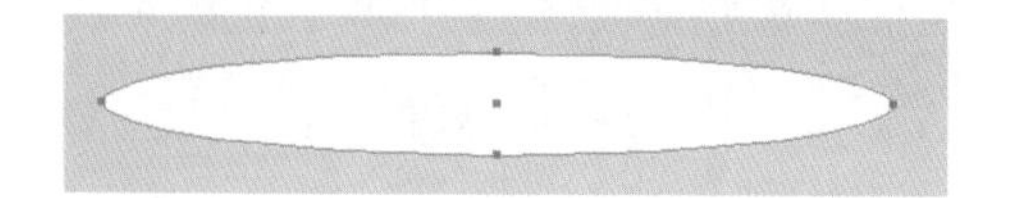

图 6-33　绘制椭圆

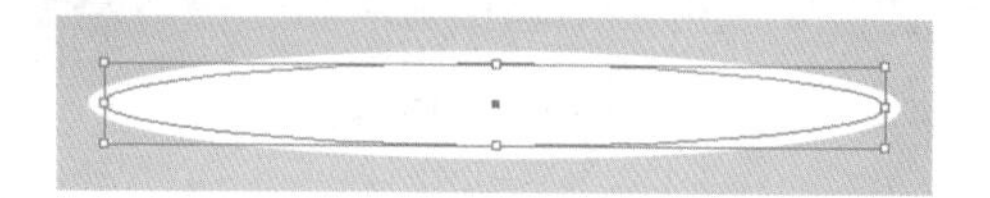

图 6-34　复制椭圆

(5) 将其中较小椭圆形的【填色】CMYK 值设置为 0、0、0、20，如图 6-35 所示。

(6) 使用相同的方法将较大椭圆形的【填色】CMYK 值设置为 0、0、0、10，效果如图 6-36 所示。

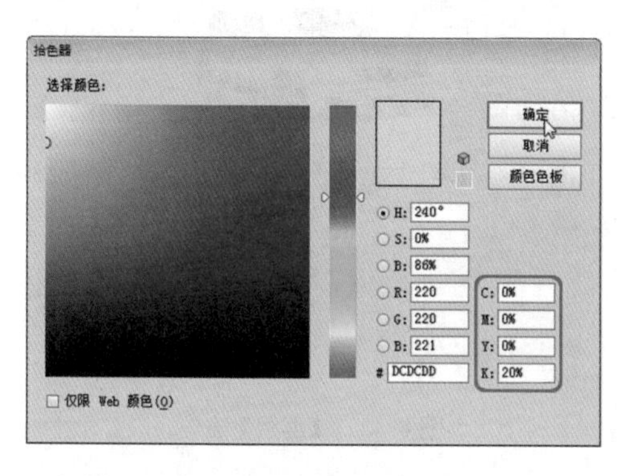

图 6-35　填充颜色

图 6-36　效果图

(7) 使用【钢笔工具】将【描边】设为无，【填色】保持默认设置，绘制如图 6-37 所示图形。

(8) 选择绘制图形后，选择菜单栏中的【窗口】|【渐变】命令，将【角度】设置为 −90°，【类型】设置为【线性】，上方渐变滑块的位置设置为 32%，鼠标双击右侧色块，将填色类型设置为【灰度】，图示位置改为 50%，如图 6-38 所示。

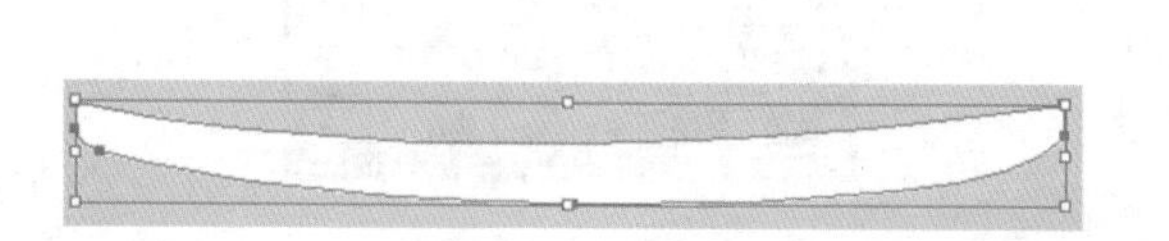

图 6-37　绘制图形

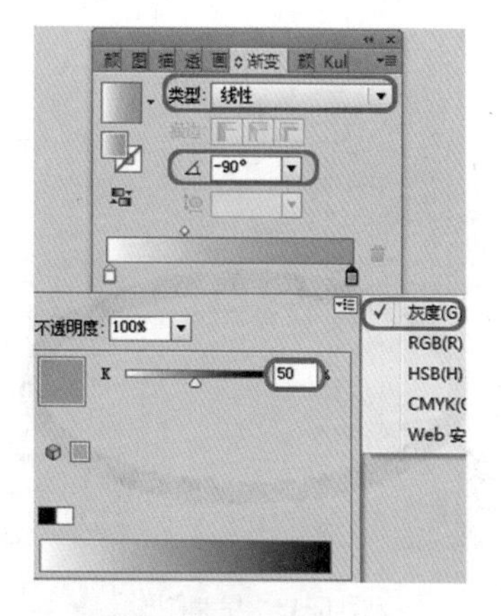

图 6-38　设置渐变填充类型

(9) 完成上述操作后，调整图形的图层位置，效果如图 6-39 所示。

(10) 鼠标拖曳全选后进行复制粘贴命令后调整大小和位置，如图 6-40 所示。

图 6-39　调整位置

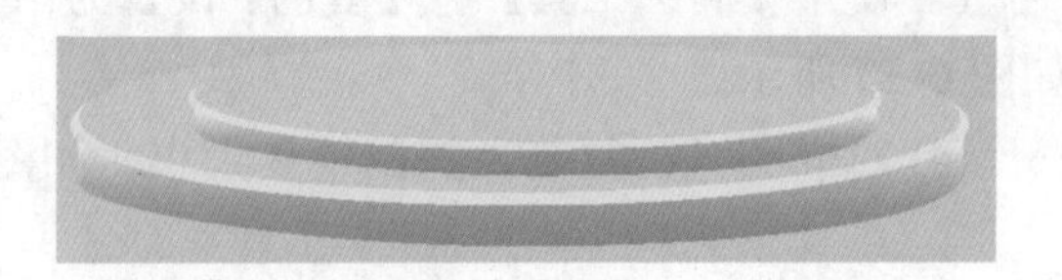

图 6-40　效果图

(11) 选择菜单栏中的【文件】|【置入】命令，将 CDROM\Cha06\ 素材 \ 汽车素材 .png 置入当前文档，并调整位置，如图 6-41 所示。

(12) 鼠标拖曳全选后，单击鼠标右键，在弹出的菜单栏中选择【编组】命令，使其合为一个整体，如图 6-42 所示。

图 6-41　效果图

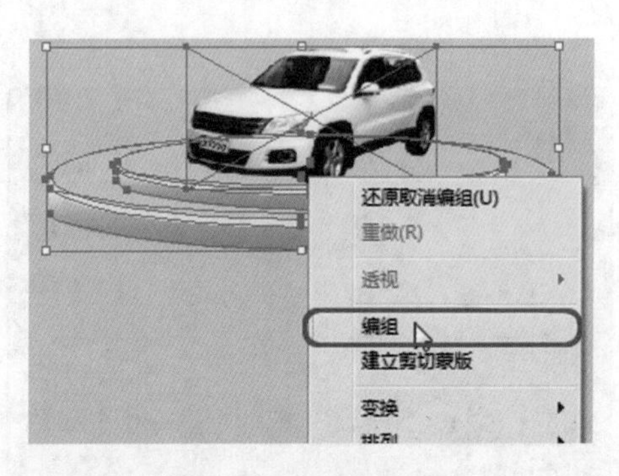

图 6-42　【编组】命令

(13) 使用【椭圆工具】将【描边】设置为黑色，【描边粗细】设置为 5pt，【填色】设置为白色，效果如图 6-43 所示。

(14) 使用【文字工具】输入“Z”字，将【字体】设置为 Vineta BT，【字体大小】设置为 37pt，剩余的属性设置如图 6-44 所示。

图 6-43　绘制图形

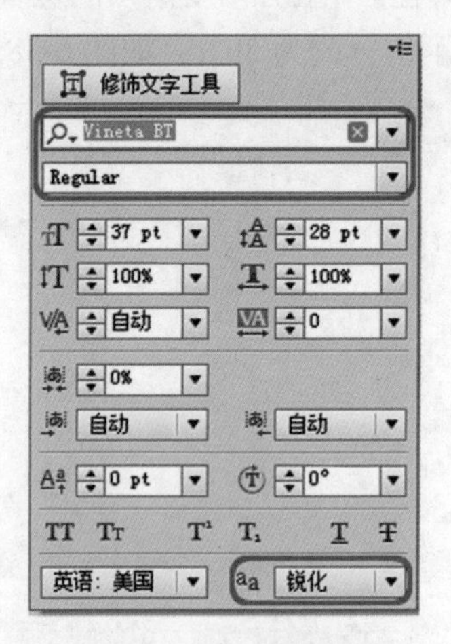

图 6-44　设置字体属性

(15) 设置完成后调整其位置，如图 6-45 所示。

(16) 继续使用【文字工具】将【字体】设置为【微软雅黑】，颜色设置为白色，输入如图 6-46 所示字体。

图 6-45　效果图

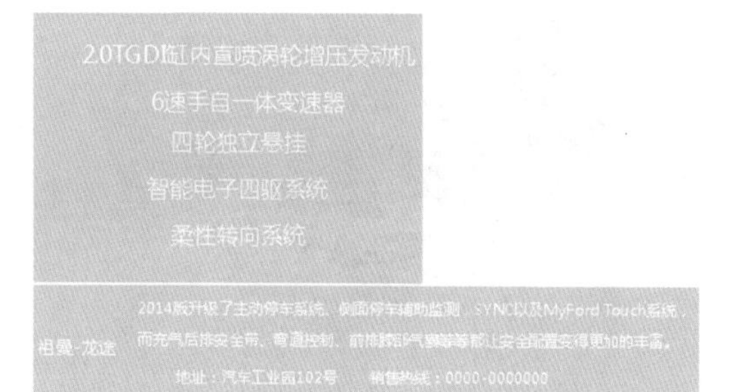

图 6-46　输入文字

(17) 输入字体的位置，如图 6-47 所示。

(18) 将第 15 步所制作的 LOGO 放入合适的位置，整体效果如图 6-48 所示。

图 6-47　文字位置图示

图 6-48　效果图

(19) 使用【矩形工具】将【填色】的 CMYK 值设置为 45、60、76、3，【描边】设置为黑色，【描边粗细】设置为 5pt，如图 6-49 所示。

(20) 使用【文字工具】在上步绘制的矩形中输入“2014 版”后，按照如图 6-50 所示设置字体属性。

图 6-49　绘制矩形

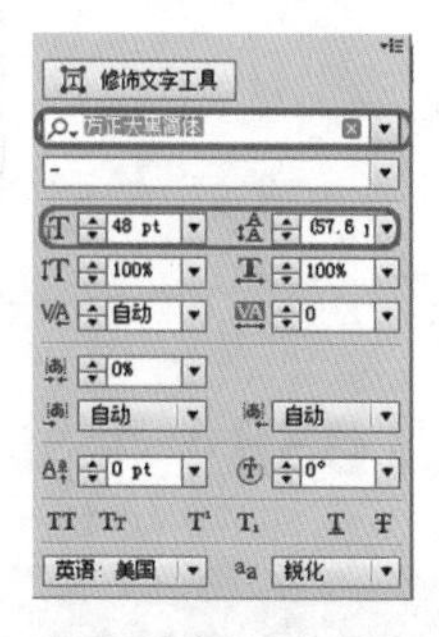

图 6-50　输入文字并设置其属性

(21) 完成上述操作后，创建一个与画板大小一样的矩形，将填充颜色和描边都设置为无，然后调整各个图形对象的位置关系，如图 6-51 所示。

(22) 选中部分文字，选择菜单栏中的【效果】|【风格化】|【投影】命令，在弹出的对话框中设置如图 6-52 所示参数。

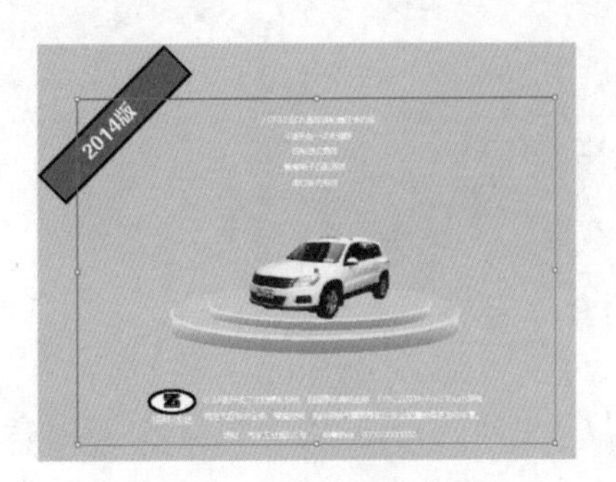

图 6-51　位置图示

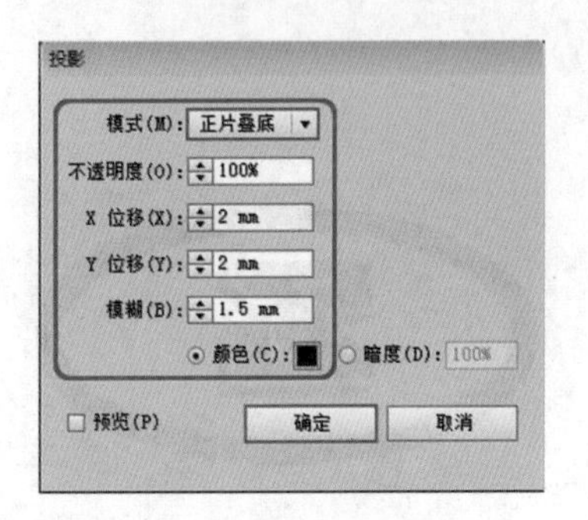

图 6-52　设置投影

(23) 完成上述操作后，效果如图 6-53 所示。

(24) 将制作好的图形拖入画板中，效果如图 6-54 所示。

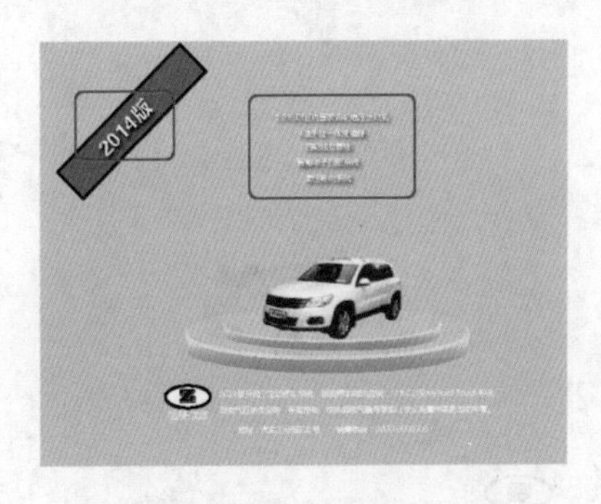

图 6-53　效果图

图 6-54　效果图

(25) 将开始绘制的矩形置于最顶层后，按 Ctrl+7 组合键执行【剪切蒙版】命令，效果如图 6-55 所示。

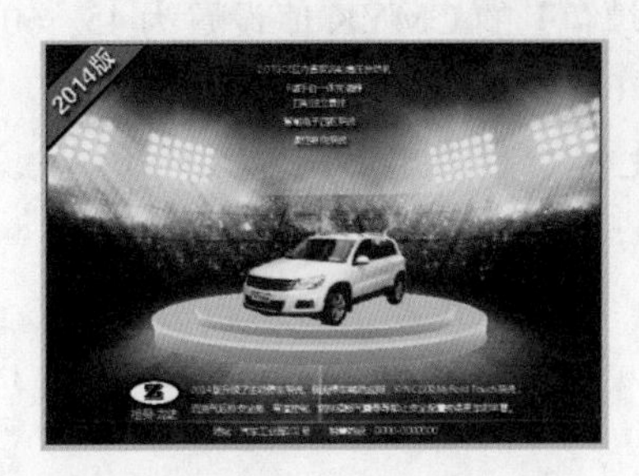

图 6-55　效果图

案例精讲 038　手机报纸广告

案例文件：CDROM \ 素材 \ Cha06 \ 手机报纸广告 .ai

视频文件：视频教学 \ Cha06\ 手机报纸广告 .avi

制作概述

本案例将介绍如何制作手机报纸广告。该案例主要用到的工具有【钢笔工具】、【圆角矩

形工具】、【椭圆工具】和【文本工具】，然后为绘制的图形填充颜色，完成后的效果如图 6-56 所示。

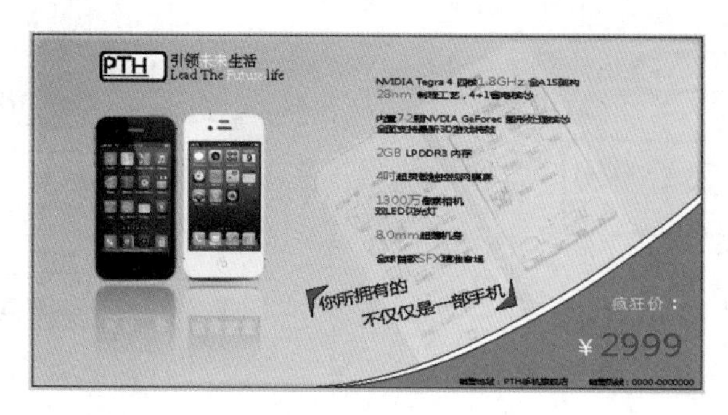

图 6-56　手机广告

学习目标

- 学习不透明度效果的设置方法。
- 掌握文本属性的设置方法。

操作步骤

(1) 启动 Illustrator 软件后，在菜单栏中选择【文件】|【新建】命令，弹出【新建文档】对话框，把页面【单位】设为【毫米】后，将【宽度】、【高度】分别设置为 390mm、200mm，颜色模式设为 CMYK，如图 6-57 所示。

(2) 使用【矩形工具】将【描边】设为无，【填色】设为默认，绘制如图 6-58 所示图形。

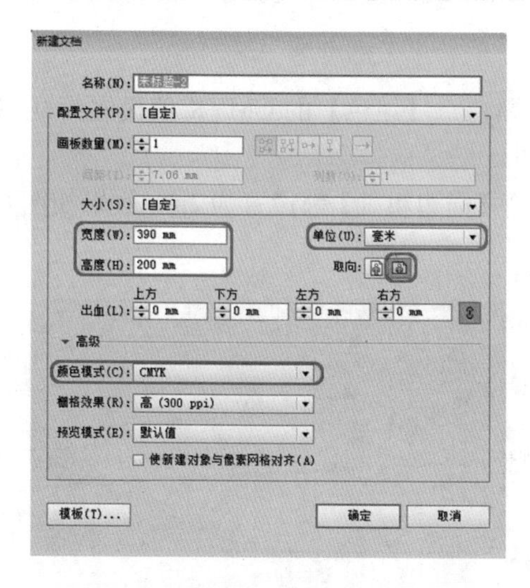

图 6-57　新建文档

图 6-58　绘制矩形

(3) 选中矩形，选择菜单栏中的【窗口】|【渐变】命令，在弹出的对话框中，将【类型】设置为【线性】，【角度】设置为 135°，上方渐变滑块的位置设置为 73%，如图 6-59 所示。

(4) 鼠标双击左侧色块，在弹出的对话框中将类型设置为 CMYK，并将 CMYK 的值设置为 12、8、7、0，如图 6-60 所示图形。

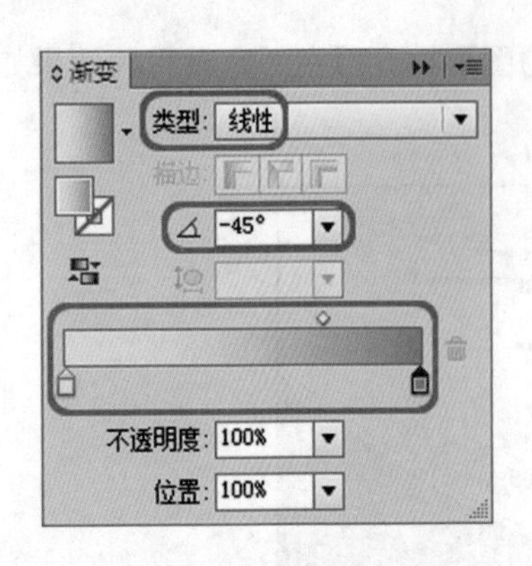

图 6-59　设置渐变色

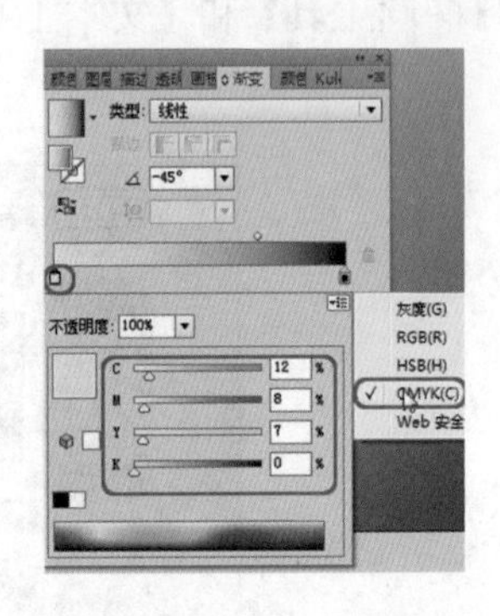

图 6-60　渐变色类型

(5) 使用相同的方法，将右侧色块的 CMYK 值设置为 56、44、43、9，完成后效果如图 6-61 所示。

(6) 使用【钢笔工具】将【描边】设置为黑色，【填色】设置为白色后绘制图形，如图 6-62 所示。

图 6-61　效果图

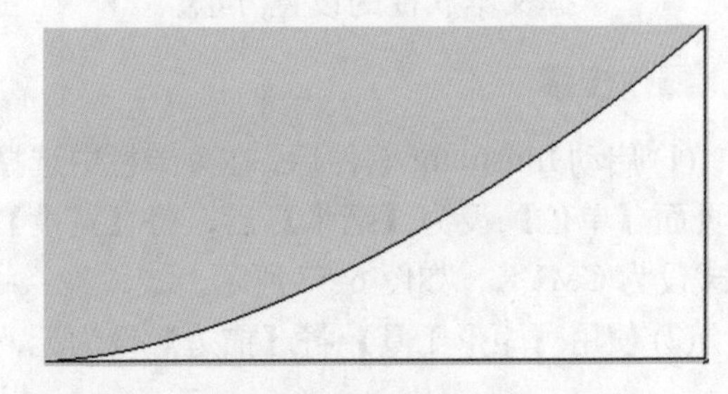

图 6-62　绘制图形

(7) 继续使用【钢笔工具】，将【描边】设置为黑色，【填色】的 CMYK 值设置为 0、0、0、60，如图 6-63 所示。

(8) 将上述绘制的两个图形放入矩形进行排列，将【描边粗细】都设置为 2pt，效果如图 6-64 所示。

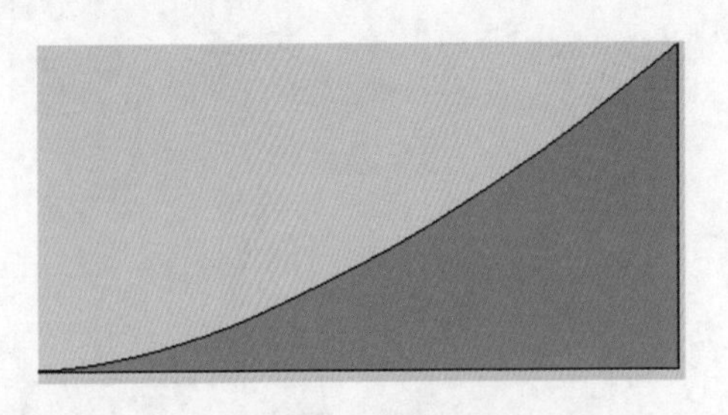

图 6-63　绘制图形

图 6-64　效果图

(9) 选择矩形，选择菜单栏中的【效果】|【风格化】|【羽化】命令，将【羽化】的半径设置为 4mm，如图 6-65 所示。

(10) 选择菜单栏中的【文件】|【置入】命令，将 CDROM\ 素材 \Cha06\ 手机素材 .png 置入当前文档，并调整其大小和位置，效果如图 6-66 所示。

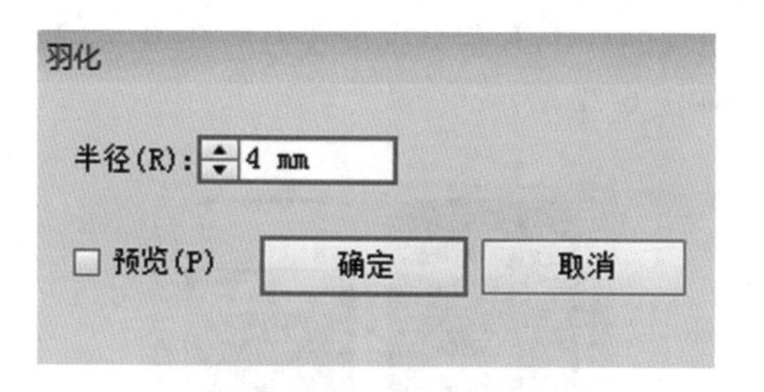

图 6-65　羽化命令

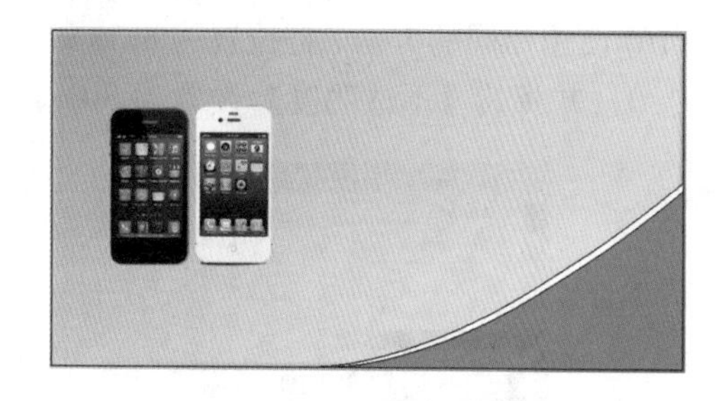

图 6-66　效果图

(11) 选中置入的素材，鼠标单击右键，在弹出的菜单栏中选择【变换】|【对称】命令，然后在弹出的对话框中选中【水平】单选按钮，将角度设置为 0°，单击【复制】按钮，如图 6-67 所示。

(12) 完成上述操作后，将素材放置在适当位置，效果如图 6-68 所示。

图 6-67　镜像水平转换

图 6-68　效果图

(13) 使用【矩形工具】将【描边】设置为无，【填色】随意，绘制一个与素材大小相差无几的矩形，如图 6-69 所示。

(14) 选中矩形，选择【窗口】|【渐变】命令，在弹出的对话框中，将【类型】设置为【线性】，【角度】设置为 90°，在位置为 87% 处建立一个新的渐变滑块，如图 6-70 所示。

图 6-69　效果图

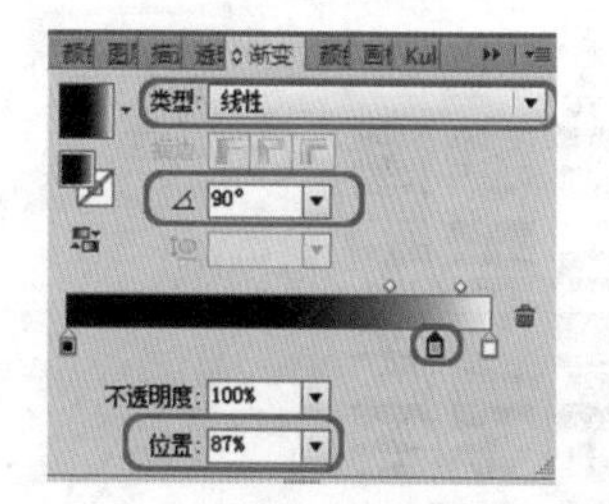

图 6-70　设置渐变色

(15) 鼠标双击左侧色块，将类型设置为 CMYK，并将其 CMTK 值设置为 0、0、0、100，如图 6-71 所示。

(16) 使用相同的方法，将位置为87%和100%色块的CMYK值分别设置为0、0、0、43和0、0、0、0，并将其【不透明度】设置为30%，效果如图6-72所示。

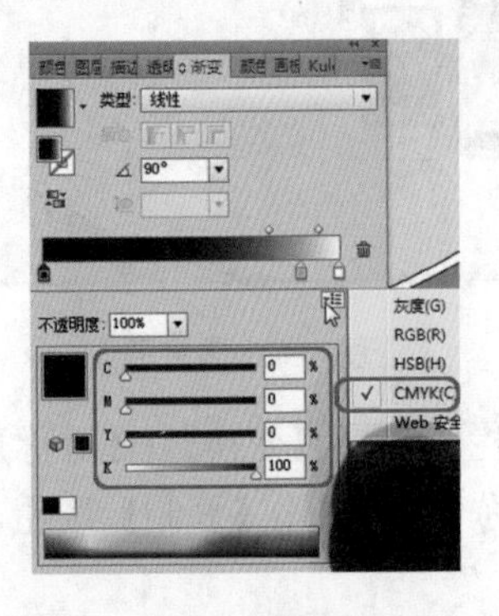

图6-71 渐变类型

图6-72 效果图

(17) 将矩形和素材全选后，打开【透明度】面板，点击对话框右上角的 按钮，选择【建立不透明蒙版】，效果如图6-73所示。

(18) 完成上述操作后，对素材进行复制粘贴命令，调整其角度和位置，并将其透明度设置为20%，如图6-74所示。

图6-73 效果图

图6-74 设置透明度

(19) 继续上步操作，选择旋转后的素材，选择菜单栏中的【效果】|【素描】|【炭笔】命令，在弹出的对话框中将数值设置为1、5、50，如图6-75所示。

(20) 完成上述操作后，效果如图6-76所示。

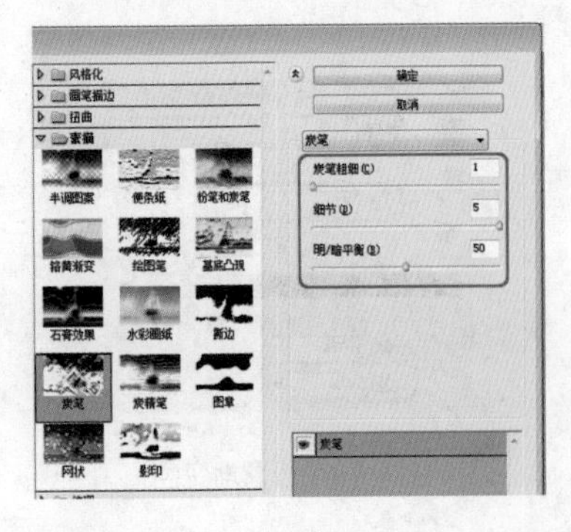

图6-75 设置炭笔

图6-76 效果图

(21) 使用【圆角矩形工具】将【描边】设置为【黑色】，【描边粗细】设置为4pt，【填色】设置为白色，绘制如图6-77所示图形。

(22) 使用【文字工具】输入如图6-78所示文字。

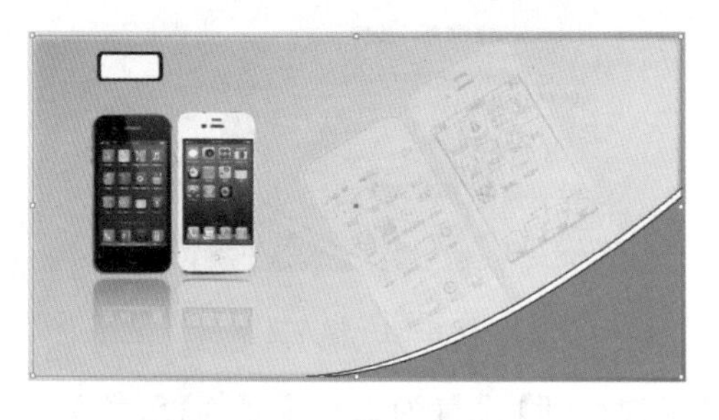

图6-77　绘制圆角矩形

图6-78　输入文字

(23) 继上所述，其中“PTH”的设置字体系列为Castellar，剩余文字的字体系列为【Adobe宋体Std L】，如图6-79所示。

(24) 将“未来”和“Future”的【填色】设置为白色，选中“PTH”，单击菜单栏中的【字符】，在弹出的对话框中选择【下划线】选项T，并将其【字体大小】设置为36pt，剩余字体的【字体大小】均设置为24pt，完成后的效果如图6-80所示。

图6-79　设置字体系列

图6-80　效果图

(25) 继续使用【文字工具】将【描边】设置为黑色，【字体大小】为12pt，输入如图6-81所示文字。

(26) 将“疯狂价：”的【字体大小】设置为24pt，“￥2999”的【字体大小】设置为48pt，如图6-82所示。

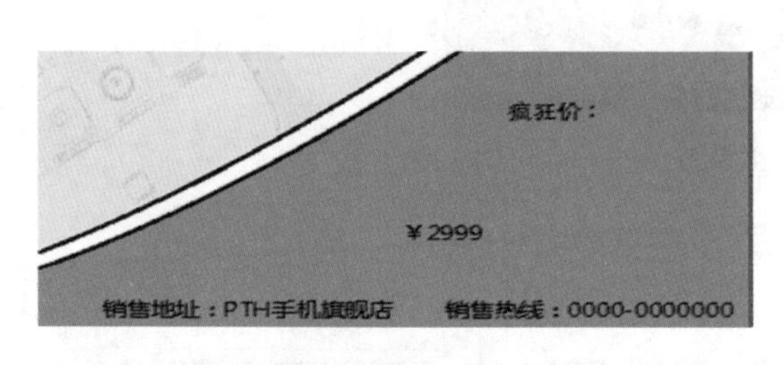

图6-81　输入文字

图6-82　设置字体大小

(27) 将“疯狂价：”和“￥”的字体【填色】设置为白色，“2999”的字体【填色】设置为红色，然后将“疯狂价：”的字体系列设置为PiliEG Ultra-GB*，剩余文字的字体系列均设置为【微软雅黑】，如图6-83所示。

(28) 使用【文字工具】输入如图所示文字，并将图示部分文字的【填色】设置为红色，所有文字的字体系列设置为【微软雅黑】，【文字大小】设置为18pt，效果如图6-84所示。

图 6-83 设置字体系列

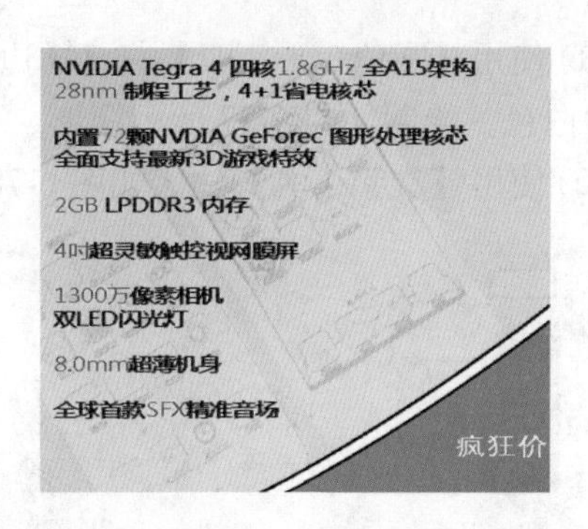

图 6-84 输入文字

(29) 使用【钢笔工具】将【描边】设置为黑色，【描边粗细】设置为 2pt，【填色】设置为红色，绘制如图 6-85 所示的图形。

(30) 使用【文字工具】，将字体系列设置为【微软雅黑】，【字体大小】设置为 24pt，输入如图 6-86 所示文字。

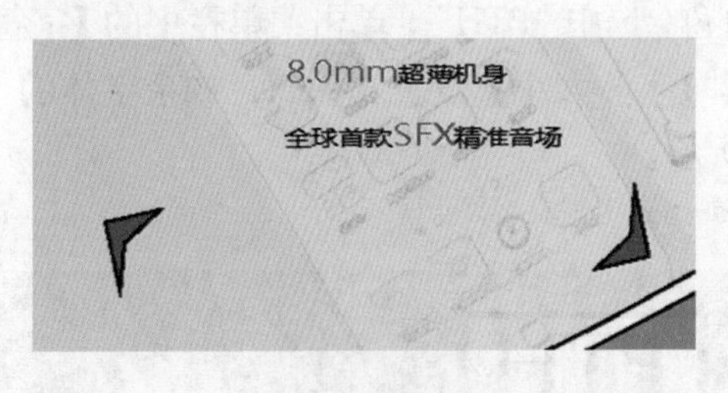

图 6-85 绘制图形

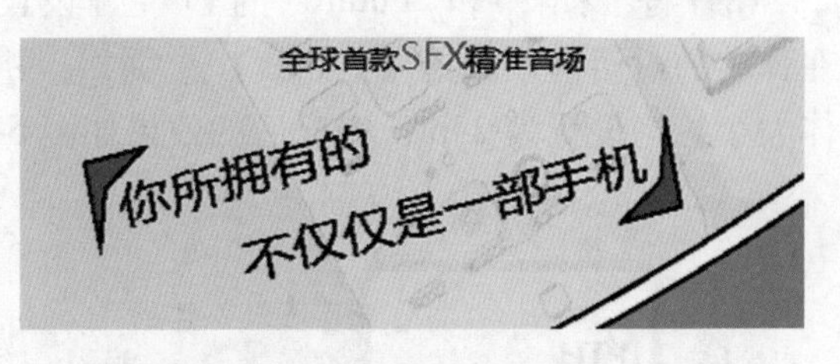

图 6-86 输入文字并设置其字体系列和大小

(31) 完成上述操作后，效果如图 6-87 所示。

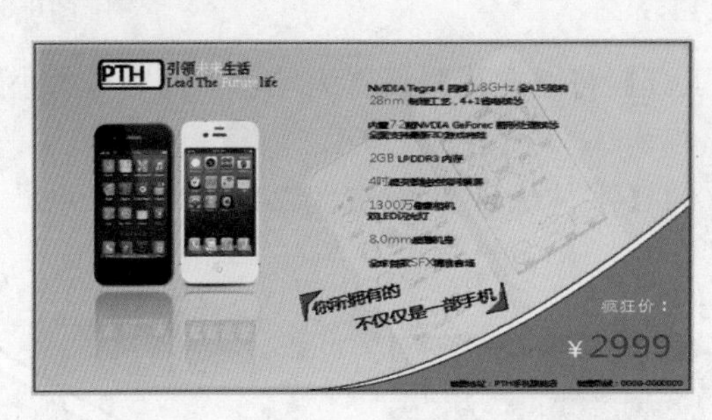

图 6-87 效果图

案例精讲 039 首饰报纸广告

案例文件：CDROM \ 素材 \ Cha06 \ 首饰报纸广告 .ai

视频文件：视频教学 \ Cha06\ 首饰报纸广告 .avi

制作概述

本案例将介绍如何制作首饰报纸广告，首先将素材图片导入，然后使用【光晕工具】绘制光晕，使用【文字工具】输入文字，完成后的效果如图 6-88 所示。

图 6-88　首饰广告

学习目标

- ■ 学习【光晕工具】的使用方法。
- ■ 掌握文本属性的设置方法。

操作步骤

(1) 启动 Illustrator 软件后，在菜单栏中选择【文件】|【新建】命令，弹出【新建文档】对话框，把页面【单位】设为【毫米】，将【宽度】、【高度】分别设置为 300mm、190mm，【颜色模式】设为 RGB，如图 6-89 所示。

(2) 选择菜单栏中的【文件】|【置入】命令，将 CDROM\ 素材 \Ch06\ 首饰背景 .jpg 文件置入当前文档，如图 6-90 所示。

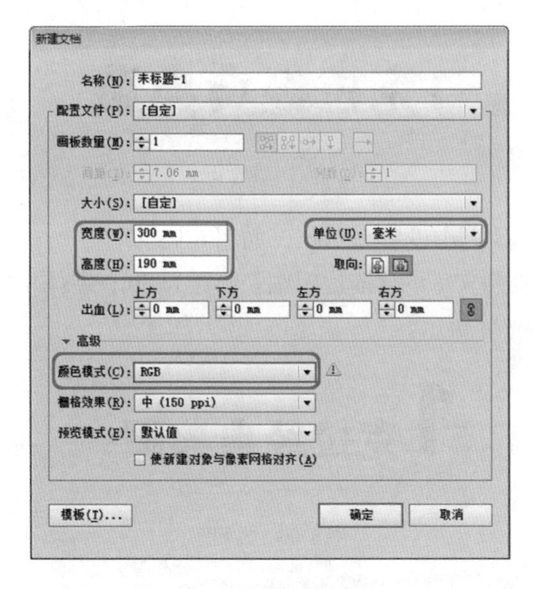

图 6-89　新建文档

图 6-90　绘制矩形

(3) 选择菜单栏中的【文件】|【置入】命令，将 CDROM\ 素材 \Ch06\ 钻戒 01.png、钻戒 02.png 和钻戒 03.png 置入当前文档，调整其大小和位置，效果如图 6-91 所示。

(4) 使用鼠标长按【矩形工具】可弹出选项框，在选项框中可以选择使用【光晕工具】，使用【光晕工具】绘制出一个大小合适的球体，再用光晕工具选中拖曳，如图 6-92 所示。

图6-91 效果图

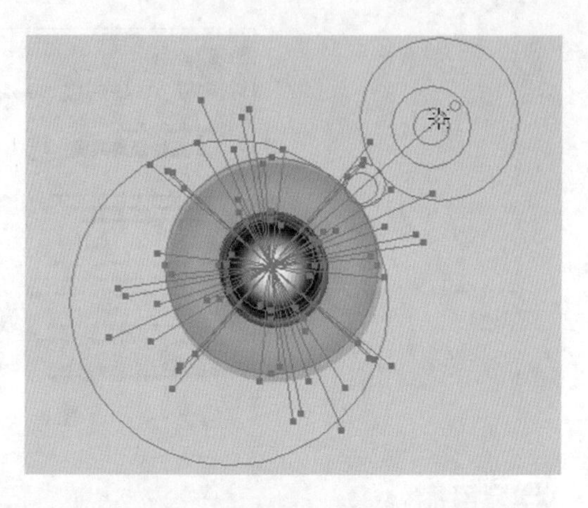

图6-92 光晕

(5) 将制作的光晕放置图中适当的位置，效果如图 6-93 所示。

(6) 使用【文字工具】，将字体系列设置为【方正大黑简体】，【字体大小】设置为 32pt，输入如图 6-94 所示文字。

图6-93 效果图

1克拉经典典藏

图6-94 输入文字

(7) 完成上述操作后，将输入文字中的“1”字的大小设置为 70pt，如图 6-95 所示。

(8) 选择输入文字，进行复制粘贴命令后，将复制文字的【描边粗细】设置为 8pt，字体【描边填色】设置为白色，调整其图层的顺序，如图 6-96 所示。

1克拉经典典藏

图6-95 调整大小

1克拉经典典藏

图6-96 效果图

(9) 将文字放置到图中适当位置，如图 6-97 所示。

(10) 继续使用【文字工具】将【字体大小】设置为 8pt，字体系列设置为【微软雅黑】，输入如图 6-98 所示文字后，将图示部分文字的【字体大小】设置为 12pt，将英文部分的【字体大小】设置为 14pt。

图 6-97　效果图

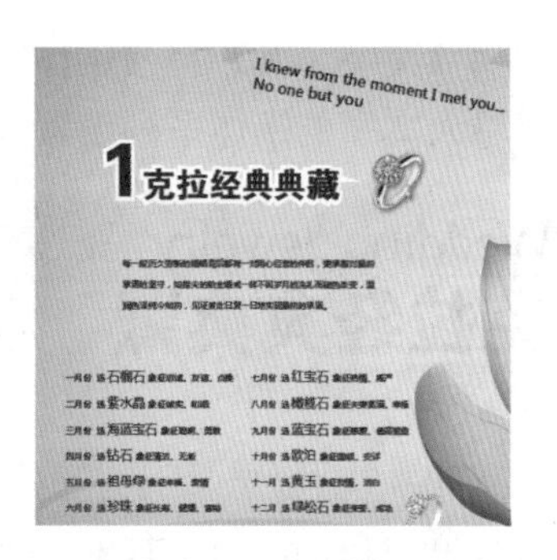

图 6-98　输入文字并设定属性

(11) 完成上述操作后，将“石榴石”的【填色】的 RGB 值设置为 195、13、14，“紫水晶”的【填色】的 RGB 值设置为 126、48、141，“海蓝宝石”的【填色】的 RGB 值设置为 23、41、125，“钻石”的【填色】的 RGB 值设置为白色，“祖母绿”的【填色】的 RGB 值设置为 0、104、52，“珍珠”的【填色】的 RGB 设置为 248、182、44，如图 6-99 所示。

(12) 继续上步操作，将“红宝石”的【填色】的 RGB 值设置为 215、0、80，“橄榄石”的【填色】的 RGB 值设置为 33、171、56，“蓝宝石”的【填色】的 RGB 值设置为 3、110、184，“欧泊”的【填色】的 RGB 值设置为 146、6、131，“黄玉”的【填色】的 RGB 值设置为 243、151、0，“绿松石”的【填色】的 RGB 值设置为 0、162、154，如图 6-100 所示。

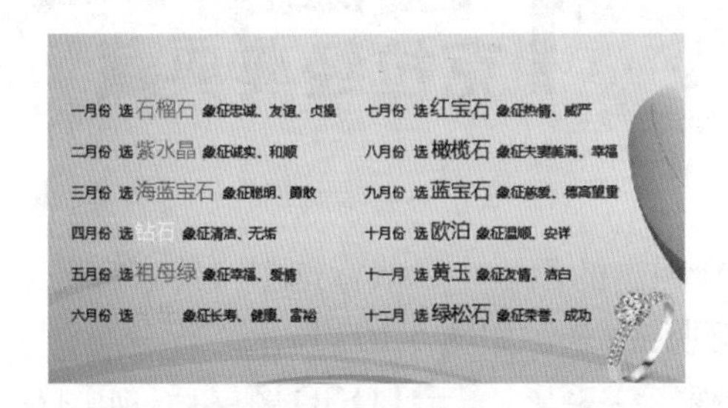

图 6-99　设置字体填色

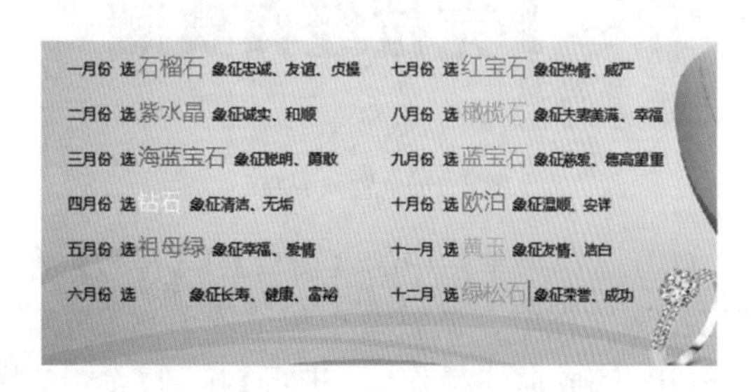

图 6-100　设置字体填色

(13) 完成上述操作后，效果如图 6-101 所示。

(14) 使用【钢笔工具】，将【描边】设置为黑色，【描边粗细】设置为 1pt，绘制如图 6-102 所示图形。

图 6-101　效果图

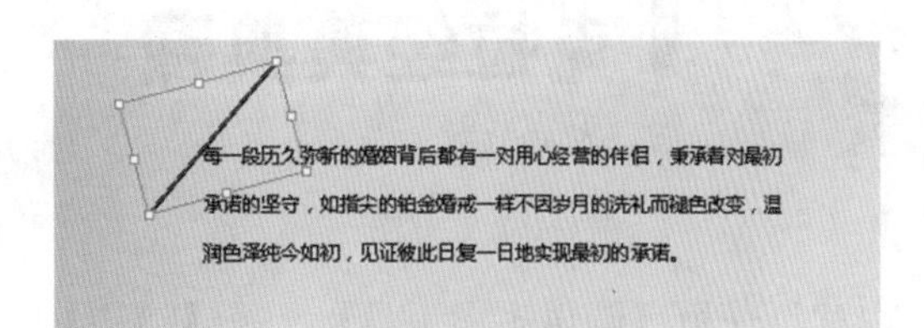

图 6-102　绘制线条

(15) 使用【文字工具】将【字体大小】设置为 21pt，输入如图 6-103 所示文字。

(16) 将输入文字的字体系列设置为 Embassy BT，如图 6-104 所示。

图 6-103　输入字体

图 6-104　设置字体系列

(17) 选择菜单栏中的【文件】|【置入】命令，将 CDROM\ 素材 \Ch06\ 首饰 LOGO.ai 置入当前文档，并调整其位置和大小，如图 6-105 所示。

(18) 将 LOGO【填色】的 RGB 值设置为 3、110、184，如图 6-106 所示。

图 6-105　置入 LOGO

图 6-106　更改填色

(19) 选择菜单栏中的【窗口】|【符号】命令，在弹出的面板中，鼠标选中“传家宝 - 矩形”将其拖入文档中，调整大小和位置，然后选择【排列】命令，如图 6-107 所示。

(20) 完成上述操作后，进行【排列】命令，将“传家宝 - 矩形”置于 LOGO 图层后，如图 6-108 所示。

图 6-107　制作符号

图 6-108　进行排序命令

(21) 使用【圆角矩形工具】，将【描边】、【填色】均设为无，绘制如图 6-109 所示图形。

(22) 选择所有对象，按 Ctrl+7 组合键进行【剪切蒙版】命令，如图 6-110 所示。

图 6-109　绘制圆角矩形

图 6-110　执行命令后效果

案例精讲 040　御贵苑房地产广告

 案例文件：CDROM \ 素材 \ Cha06 \ 御贵苑房地产广告 .ai

 视频文件：视频教学 \ Cha06\ 御贵苑房地产广告 .avi

制作概述

本案例将介绍如何制作房地产报纸广告，首先使用【矩形工具】绘制矩形，然后使用【置入】命令置入图片，最后使用【钢笔工具】绘制直线段，使用【文字工具】输入文本，完成后的效果如图 6-111 所示。

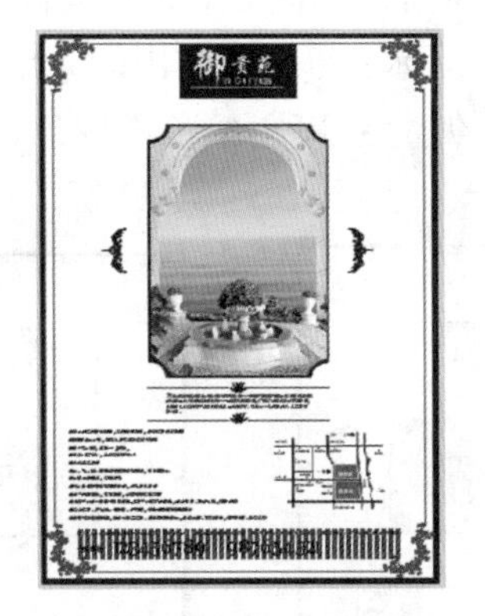

图 6-111　御贵苑房地产广告

学习目标

- 学习房地产报纸广告的制作。
- 掌握【文本工具】、【钢笔工具】、【矩形工具】等工具的使用以及【置入】命令的使用。

操作步骤

(1) 启动 Illustrator 软件后，在菜单栏中选择【文件】|【新建】命令，弹出【新建文档】对话框，将页面【单位】设为【像素】，【宽度】、【高度】分别设为 1024px、1404px，【颜色模式】设为 RGB，如图 6-112 所示。

(2) 使用【钢笔工具】，将【描边】RGB 的值设置为 64、33、15，【描边粗细】设置为 10pt，【填色】设置为白色，绘制一个与文档大小相同的矩形，如图 6-113 所示。

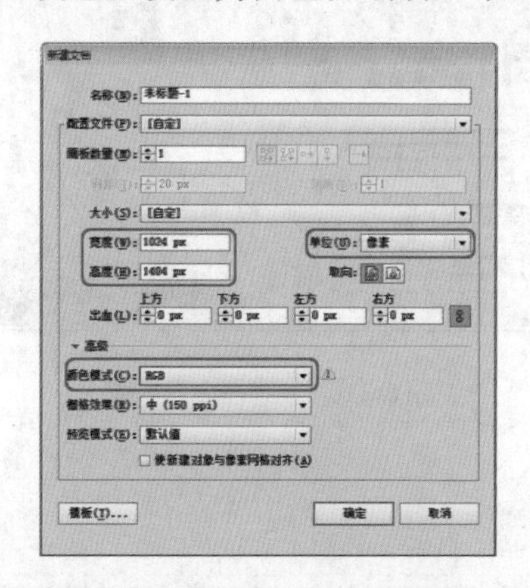

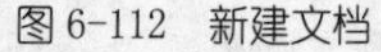

图 6-112　新建文档

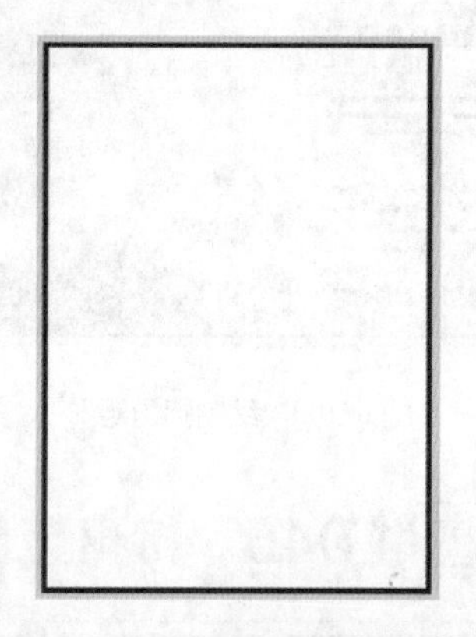

图 6-113　绘制矩形

(3) 选择菜单栏中的【文件】|【置入】命令，将随书附带光盘中的 CDROM\ 素材 \Cha06\ 地图 .png、御贵苑 .png 素材置入当前文档中，调整位置和大小，如图 6-114 所示。

(4) 使用【钢笔工具】，将【填充颜色】设置为无，【描边】RGB 的值设置为 103、84、23，将【描边粗细】设置为 2pt，如图 6-115 所示。

(5) 选择【窗口】|【符号】命令，单击对话框左下角的【符号库菜单】按钮选择其中的“绚丽矢量包”，然后选择其中的“绚丽矢量包 01”“绚丽矢量包 11”和“绚丽矢量包 05”，将其拖入后复制若干份，调整大小和位置，如图 6-116 所示。

(6) 选中放置好的符号后，单击鼠标右键，在弹出的菜单栏中选择【断开符号链接】选项，然后鼠标左键单击选择。除“绚丽矢量包 05”填色不变外，其余符号【填色】RGB 的值均设置为 103、84、23，如图 6-117 所示。

图 6-114　效果图

图 6-115　绘制线条

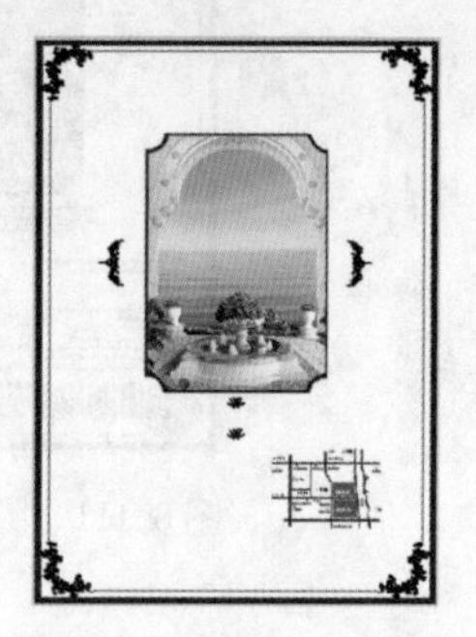

图 6-116　加入符号

图 6-117　填充颜色后效果

(7) 使用【钢笔工具】，将【描边】的 RGB 值设置为 103、84、23，【描边粗细】设置为 2pt，绘制如图 6-118 所示直线。

(8) 使用【矩形工具】，将【填色】的 RGB 值设置为 59、33、9，【描边】设置为无，绘制如图 6-119 所示图形后，右击矩形，在弹出的快捷菜单中执行【排列】命令，将矩形位于绘制直线的图层下。

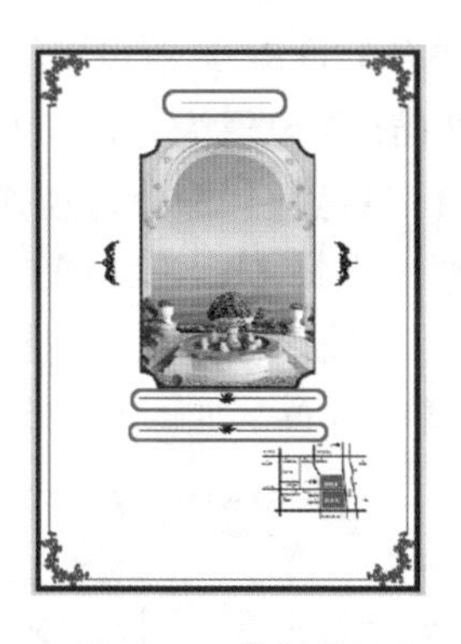

图 6-118　绘制线条

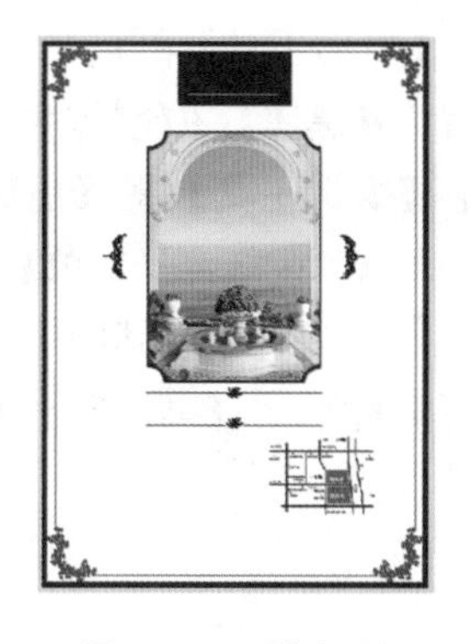

图 6-119　绘制矩形

(9) 使用【文字工具】输入如图 6-120 所示文字，将“御”的【字体大小】设置为 110pt，字体系列设置为【方正行楷简体】，“贵苑”的【字体大小】设置为 60pt，字体系列设置为【方正行楷简体】，拼音的【字体大小】设置为 24pt，字体系列设置为 Arial(字体【填色】的 RGB 值均设置为 255、249、176) 。

(10) 继续使用【文字工具】将【填色】的 RGB 值设置为 105、57、5，输入如图 6-121 所示文字，然后将“力”的【字体大小】设置为 18pt，其余文字的【字体大小】设置为 11pt。

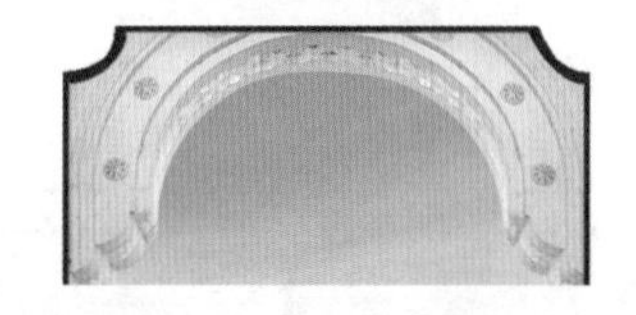

图 6-120　输入字体并设置其属性

力邀全球知名的房地产总体设计规划公司——美国MY国际设计顾问公司及全球知名的综合性地产资咨询服务公司——世邦魏理仕公司，广东棕榈园林股份有限公司，共同联手打造的我市城区内规模最大的集住宅、商业为一体的超大型、高品质宜居社区。

图 6-121　输入字体并设置其属性

(11) 完成上述操作后，使用【文字工具】和【椭圆工具】的综合运用，设置【填色】的 RGB 值均为 59、33、9，文字的【字体大小】为 12pt，字体系列为【黑体】，制作如图 6-122 所示的效果。

(12) 使用相同的方法，输入如图 6-123 所示的文字后，将输入数字的字体系列设为 Nyala，【字体大小】设为 60pt，【填色】的 RGB 值设为 58、33、12，“贵宾热线”的字体系列设为【黑体】，【字体大小】设为 18pt，填色与数字填色相同。

●强大的品牌设计团队，品牌建筑团队，保证品质纯正基因
●380亩地标大盘，超凡工法精湛打造百年建筑
●断桥铝门窗，双层中空玻璃
●可视门禁对讲，入户高级防盗门
●外墙保温系统
●水、气、暖、电分户全部智能化管理，全天候热水
●上海三菱电梯，豪华装修
●24小时全程智能化安防系统，燃气报警系统
●地下两层车库，足量车位，提前规划停车需求
●10万平米地中海风情商业配套，3万平米写字楼配套，快捷商务、便捷生活，随时切换
●高档会所、游泳池、健身房、棋牌室，娱乐休闲健身随时随地
●自组物业公司管理，延承社区高品质。进金牌物管模式，星级标准、定制服务，细节到位、尊崇享受

图 6-122　参照图 (1)

●地下两层车库，足量车位，提前规划停车需求
●10万平米地中海风情商业配套，3万平米写字楼配套，快捷商务、便捷生活，随时切换
●高档会所、游泳池、健身房、棋牌室，娱乐休闲健身随时随地
●自组物业公司管理，延承社区高品质，进金牌物管模式，星级标准、定制服务，细节到位、尊崇享受

御贵苑

贵宾热线 123456789　987654321

图 6-123　参照图 (2)

(13) 使用【矩形工具】和【文字工具】的综合运用，将【填色】的RGB值设置为105、57、5，字体系列设置为【黑体】，【字体大小】设置为12pt，矩形的【描边】设置为无，如图6-124所示。

(14) 使用【矩形工具】将【描边】设为无，选择【窗口】|【色板】命令，在弹出的对话框中选择左下角的【“色板库”菜单】按钮，在弹出的菜单栏中选择【图案】|【基本图形】|【基本图形 - 线条】，然后选取其中的【格线标尺1】，单击文档页面，在弹出的对话框中将所要绘制矩形的【宽度】、【高度】分别设置为833px、77px，调整位置，如图6-125所示。

图6-124 参照图(3)

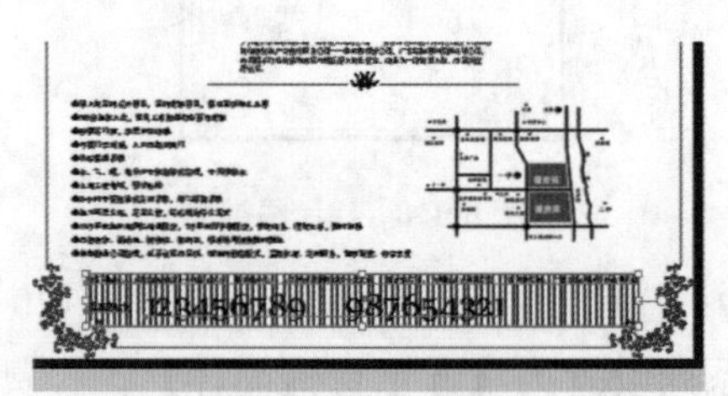

图6-125 效果图

(15) 完成上述所有操作后，进行保存即可。

第7章 户外广告设计

本章重点

- 关爱心脏公益广告
- 商铺户外广告
- 相机广告
- 汽车户外广告
- 创意设计大赛活动广告
- 活动广告

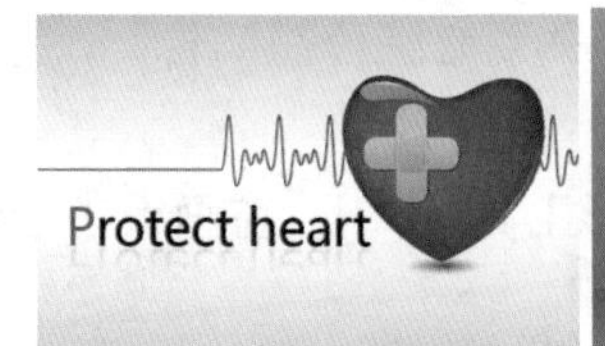

户外广告制作是在20世纪90年代末期产生，近两年发展起来的。如今，众多的广告公司越来越关注户外广告的创意、设计效果的实现。各行各业热切希望迅速提升企业形象，传播商业信息，各级政府也希望通过户外广告树立城市形象，美化城市。这些都给户外广告制作提供了巨大的市场机会，也因此提出了更高的要求，本章将介绍如何制作户外广告。

案例精讲 041　关爱心脏公益广告

 案例文件：CDROM \ 场景 \ Cha07 \ 关爱心脏公益广告 .ai

 视频文件：视频教学 \ Cha07 \ 关爱心脏公益广告 .avi

制作概述

本案例将介绍如何制作关爱心脏公益广告，主要通过制作背景、绘制心脏以及输入文字等来完成制作的，效果如图7-1所示。

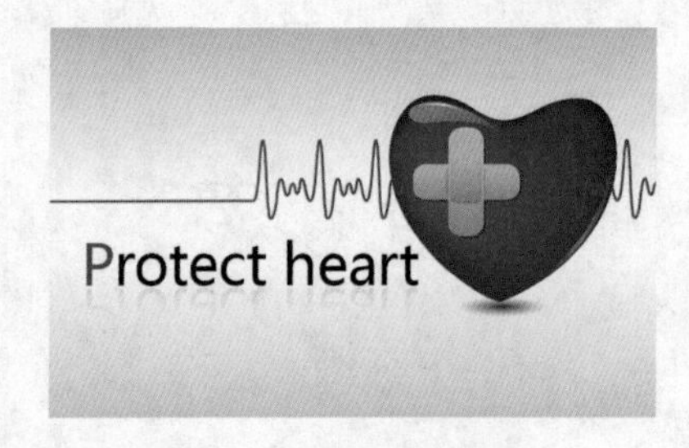

图7-1　关爱心脏公益广告

学习目标

- 学习背景的绘制及填充。
- 掌握心脏的绘制方法。
- 了解文字的输入。

操作步骤

(1) 按Ctrl+N组合键，在弹出的对话框中将【名称】设置为“关爱心脏公益广告”，将【宽度】、【高度】分别设置为150、94mm，如图7-2所示。

(2) 设置完成后，单击【确定】按钮，在工具箱中单击【矩形工具】，在画板中绘制一个与画板大小相同的矩形，如图7-3所示。

(3) 选中绘制的矩形，按Ctrl+F9组合键，在弹出的面板中将【填充类型】设置为【线性】，【角度】设置为-90°，左侧渐变滑块的CMYK值设置为21、16、15、8，在位置50处添加一个渐变滑块，将CMYK值设置为0、0、0、0，右侧渐变滑块的CMYK值设置为21、16、15、8，上方第一个节点的位置设置为30，第二个节点的位置设置为70，如图7-4所示。

(4) 设置完成后，在属性栏中将描边设置为无，在工具箱中单击【钢笔工具】，在画板中绘制一个如图7-5所示的图形。

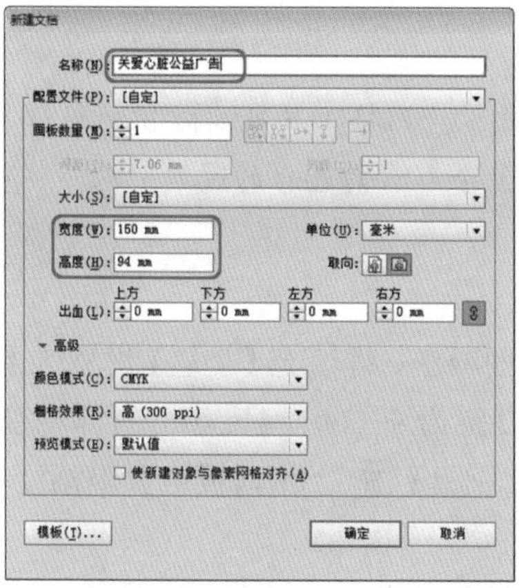

图 7-2　新建文档

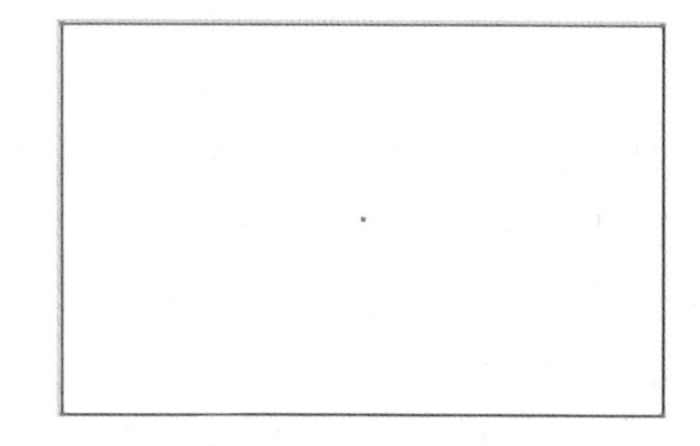

图 7-3　绘制矩形

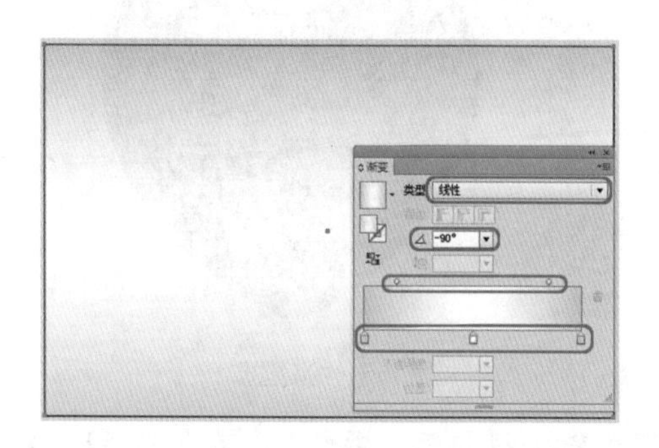

图 7-4　设置渐变

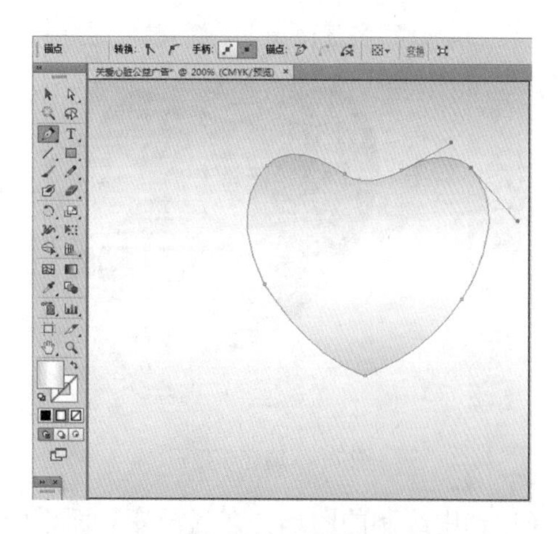

图 7-5　绘制图形

(5) 选择绘制的图形，在工具箱中单击【网格工具】，在选中的图形上添加锚点，并设置锚点的颜色，效果如图 7-6 所示。

(6) 在工具箱中单击【钢笔工具】，在绘图页中绘制一个如图 7-7 所示的图形。

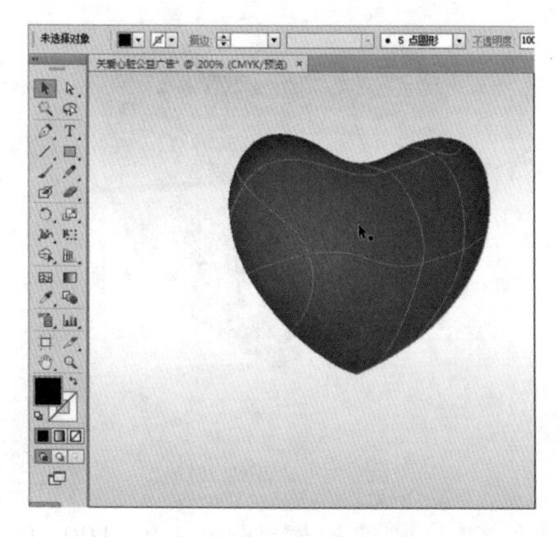

图 7-6　添加网格填充效果

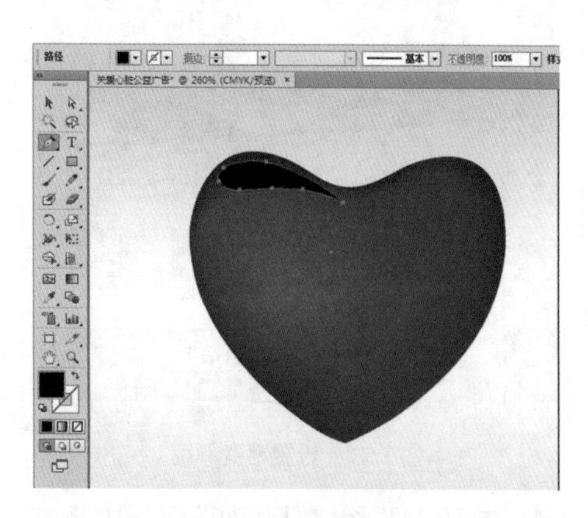

图 7-7　绘制图形

知识链接

使用【网格工具】，可以产生对象的网格填充效果。网格工具可以方便地处理复杂形状图形中的细微颜色变化，适于控制水果、花瓣、叶等复杂形状的色彩的过渡，从而制作出逼真的效果。

(7) 选中绘制的图形，按Ctrl+F9组合键，在【渐变】面板中，将填充【类型】设置为【线性】，【角度】设置为 −64.5°，左侧渐变滑块的CMYK值设置为4、66、41、0，右侧渐变滑块的CMYK值设置为3、97、100、0，在工具箱中单击【渐变工具】，在画板中调整渐变的位置，效果如图7-8所示。

(8) 在工具箱中单击【钢笔工具】，在画板中绘制一个如图7-9所示的图形。

图7-8　填充渐变

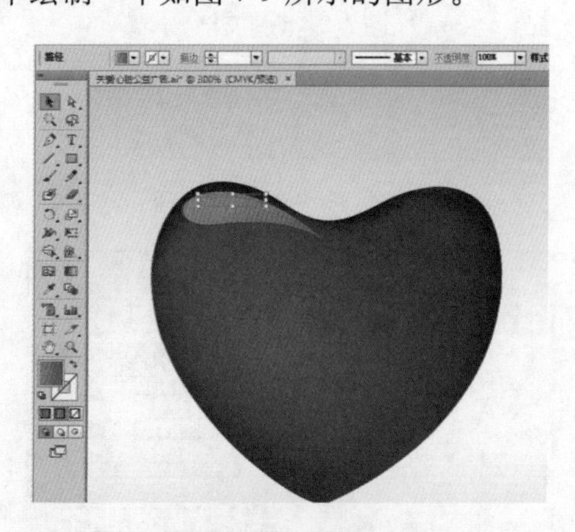

图7-9　绘制图形

(9) 选中绘制的图形，在【渐变】面板中将渐变设置为【白色，黑色】，在位置52处添加一个渐变滑块，将其CMYK值设置为0、0、0、0，左侧和右侧渐变滑块的CMYK值设置为0、0、0、0，【不透明度】设置为20，效果如图7-10所示。

(10) 在工具箱中单击【钢笔工具】，在画板中绘制一个如图7-11所示的图形。

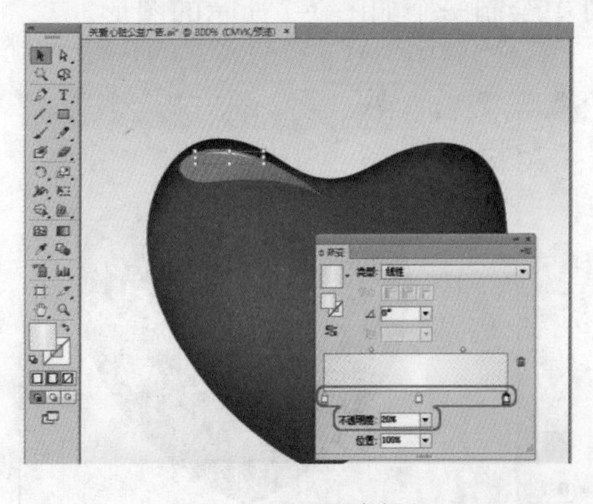

图7-10　设置渐变颜色

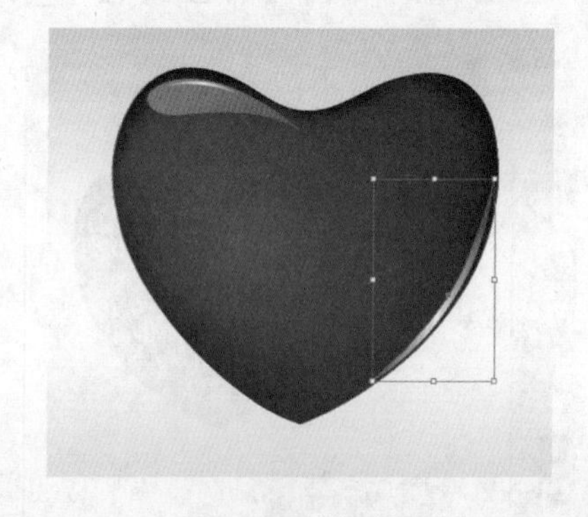

图7-11　绘制图形

(11) 选中该图形，在【渐变】面板中将左侧渐变滑块的CMYK值设置为44、100、100、14，【不透明度】设置为100，位置52处渐变滑块的CMYK值设置为5、71、49、0，左侧渐变滑块的

CMYK 值设置为 44、100、100、14，【不透明度】设置为 100，如图 7-12 所示。

(12) 在工具箱中单击【钢笔工具】，在画板中绘制一个如图 7-13 所示的图形。

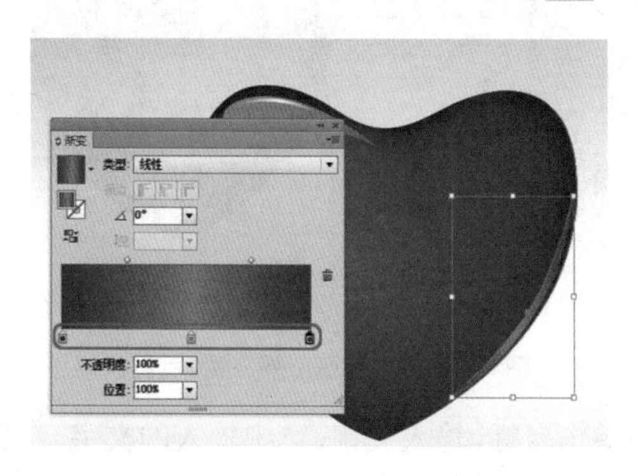

图 7-12 设置渐变颜色

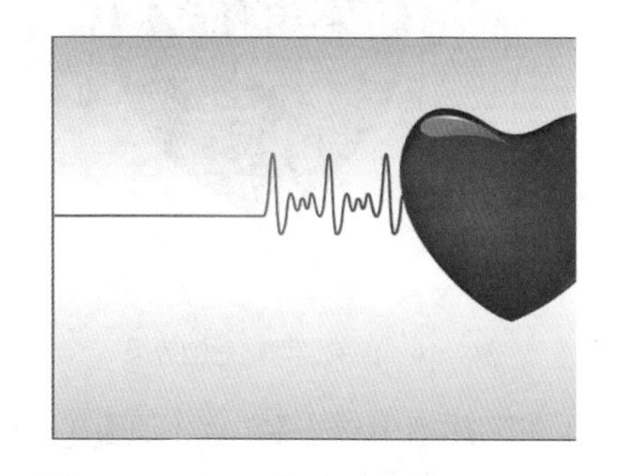

图 7-13 绘制图形

(13) 选中该图形，在【渐变】面板中将填充【类型】设置为【径向】，位置 52 处的渐变滑块删除，左侧渐变滑块的 CMYK 值设置为 0、96、94、0，右侧渐变滑块的 CMYK 值设置为 36、100、100、2，上方节点的位置设置为 37，效果如图 7-14 所示。

(14) 使用同样的方法绘制其他图形，并调整其位置，效果如图 7-15 所示。

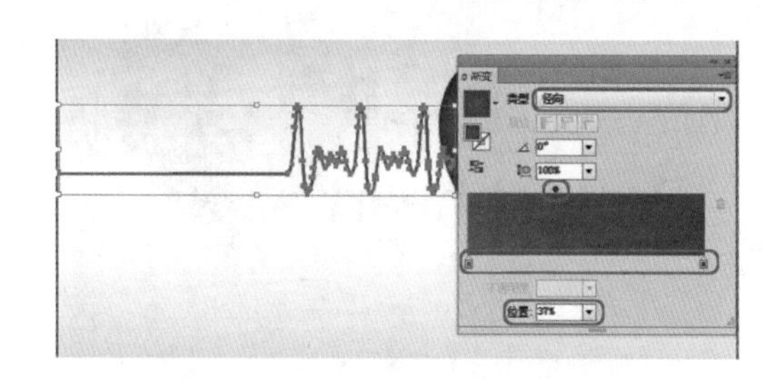

图 7-14 设置渐变颜色

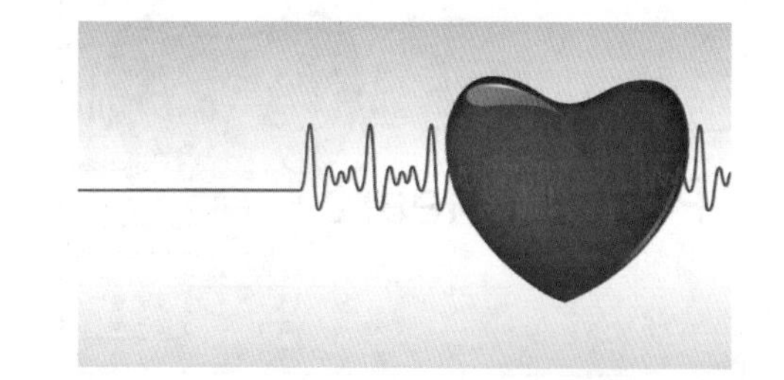

图 7-15 绘制其他图形后的效果

(15) 根据前面所介绍的方法绘制创可贴，并对其进行调整，效果如图 7-16 所示。

(16) 在工具箱中单击【椭圆形工具】，在画板中绘制一个椭圆形，在【渐变】面板中将填充【类型】设置为【径向】，【长宽比】设置为 22，左侧渐变滑块的 CMYK 值设置为 78、81、83、66，其【不透明度】设置为 80，右侧渐变滑块的 CMYK 值设置为 78、81、83、66，其【不透明度】设置为 0，【位置】设置为 90，上方节点的位置设置为 37，如图 7-17 所示。

知识链接

心脏，是人和脊椎动物器官之一。是循环系统中的动力。人的心脏如本人的拳头，外形像桃子，位于横膈之上，两肺间而偏左。主要由心肌构成，有左心房、左心室、右心房、右心室四个腔。左右心房之间和左右心室之间均由间隔隔开，故互不相通，心房与心室之间有瓣膜，这些瓣膜使血液只能由心房流入心室，而不能倒流。心脏的作用是推动血液流动，向器官、组织提供充足的血流量，以供应氧和各种营养物质，并带走代谢的终产物（如二氧化碳、尿素和尿酸等）。

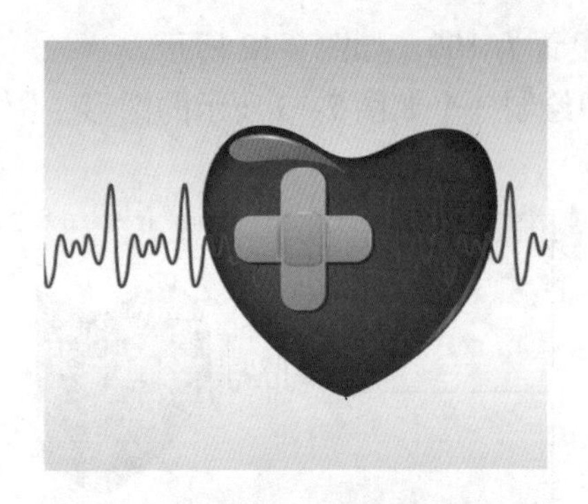

图 7-16　绘制创可贴后的效果

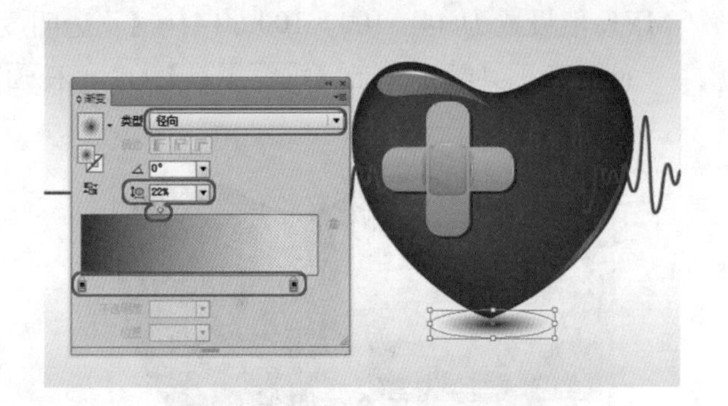

图 7-17　绘制椭圆形并设置渐变颜色

(17) 在工具箱中单击【文字工具】T，在画板中单击鼠标，输入文字，选中输入的文字，在【字符】面板中将字体设置为【微软雅黑】，字体大小设置为 39，字符间距设置为 −10，效果如图 7-18 所示。

(18) 使用【文字工具】T，选中字母“P”，将其填充颜色的 CMYK 值设置为 20、100、100、0，效果如图 7-19 所示。

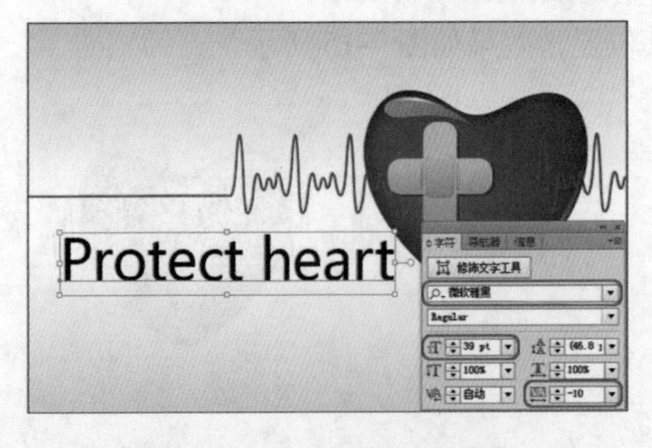

图 7-18　输入文字并进行设置

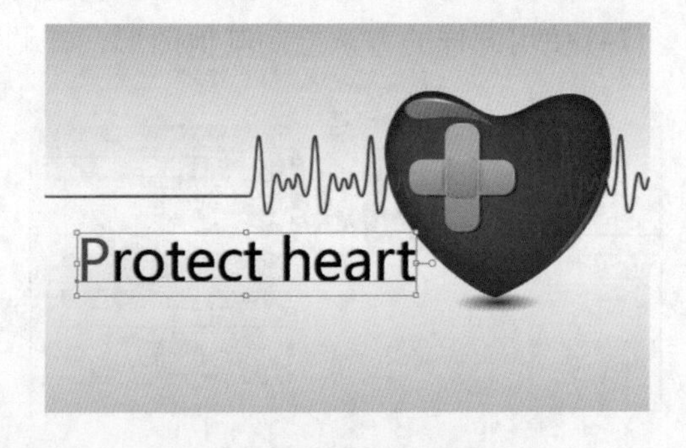

图 7-19　更改文字颜色

(19) 继续选中该文字，右击鼠标，在弹出的快捷菜单中选择【变换】|【对称】命令，如图 7-20 所示。

(20) 在弹出的对话框中选中【水平】单选按钮，如图 7-21 所示。

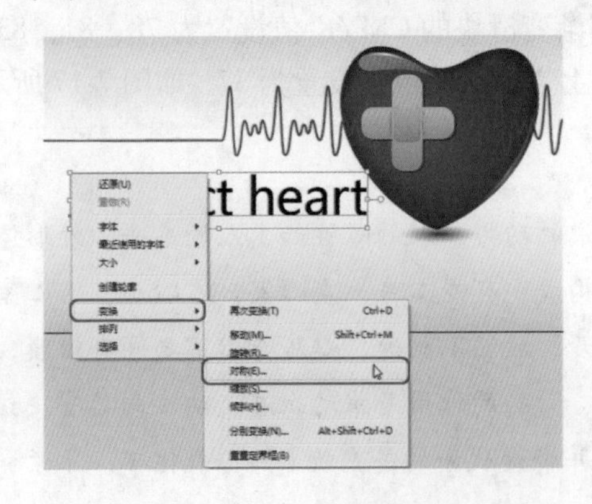

图 7-20　选择【对称】命令

图 7-21　选中【水平】单选按钮

(21) 单击【复制】按钮，镜像后在画板中向下调整文字的位置，效果如图 7-22 所示。

(22) 在工具箱中选择【矩形工具】▣，在画板中绘制一个矩形，将填充【类型】设置为【线性】，【角度】设置为 -90°，左侧渐变滑块的 CMYK 值设置为 21、16、15、0，右侧渐变滑块的 CMYK 值设置为 0、0、0、0，【不透明度】设置为 50，上方节点的位置设置为 80，如图 7-23 所示。

图 7-22　镜像后的效果

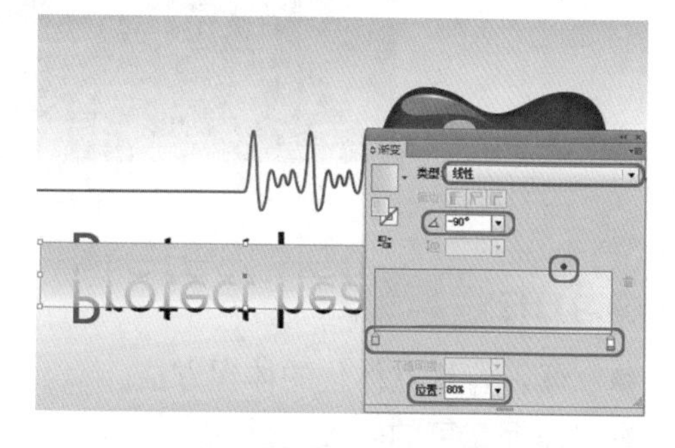

图 7-23　绘制矩形并设置渐变颜色

(23) 按住 Shift 键选择矩形和镜像后的文字，在【透明度】面板中单击【制作蒙版】按钮，选中【反相蒙版】复选框，如图 7-24 所示。

(24) 至此，公益广告就制作完成了，效果如图 7-25 所示，对完成后的场景进行保存即可。

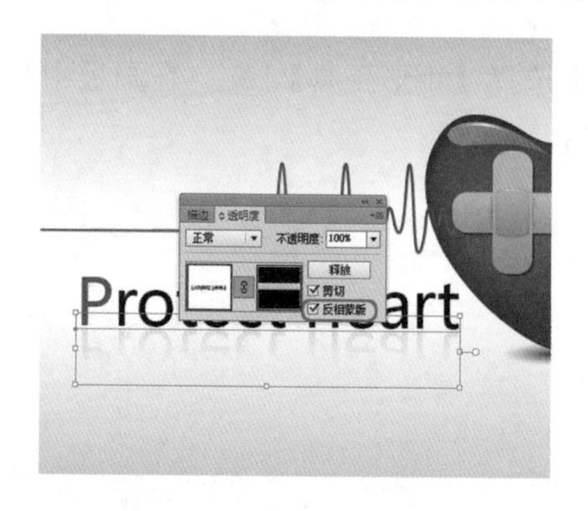

图 7-24　制作蒙版后的效果

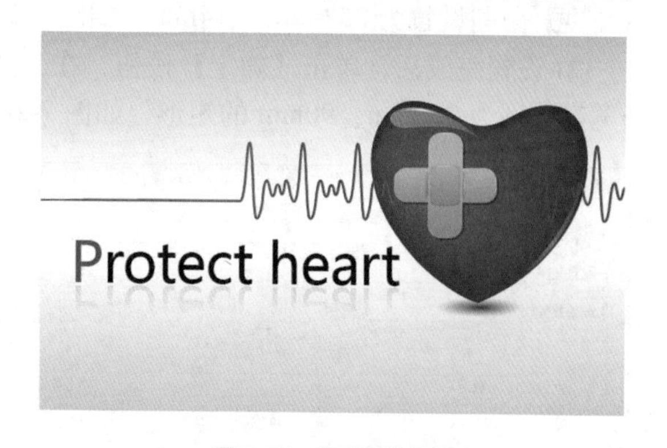

图 7-25　完成后的效果

案例精讲 042　商铺户外广告

案例文件：CDROM \ 场景 \ Cha07 \ 商铺户外广告 .ai

视频文件：视频教学 \ Cha07 \ 商铺户外广告 .avi

制作概述

本例将介绍如何制作商铺户外广告，该案例主要利用【矩形工具】绘制背景并为其填充渐变，然后再绘制其他图形、输入文字，最后导入素材并为其添加效果，即可完成最终效果，效果如图 7-26 所示。

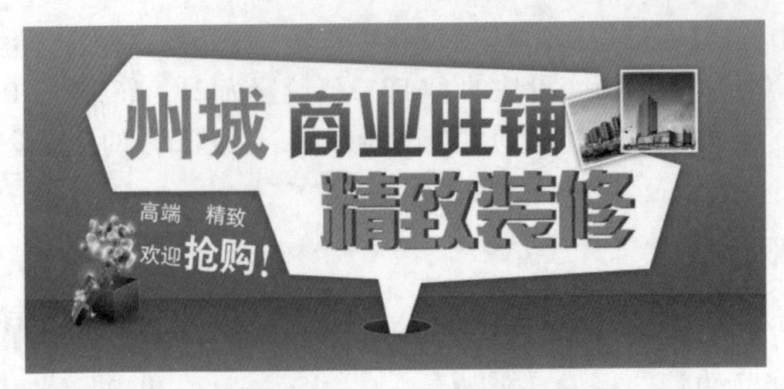

图 7-26 商铺户外广告

学习目标

- 学习背景立体化的体现方法。
- 掌握文字的输入及设置。
- 掌握素材的导入及效果的添加。

操作步骤

(1) 按 Ctrl+N 组合键，在弹出的对话框中将【名称】设置为“商铺户外广告”，将【宽度】、【高度】分别设置为 252mm、114mm，如图 7-27 所示。

(2) 设置完成后，单击【确定】按钮，在工具箱中选择【矩形工具】，在画板中绘制一个宽高分别为 252mm、90mm 的矩形，如图 7-28 所示。

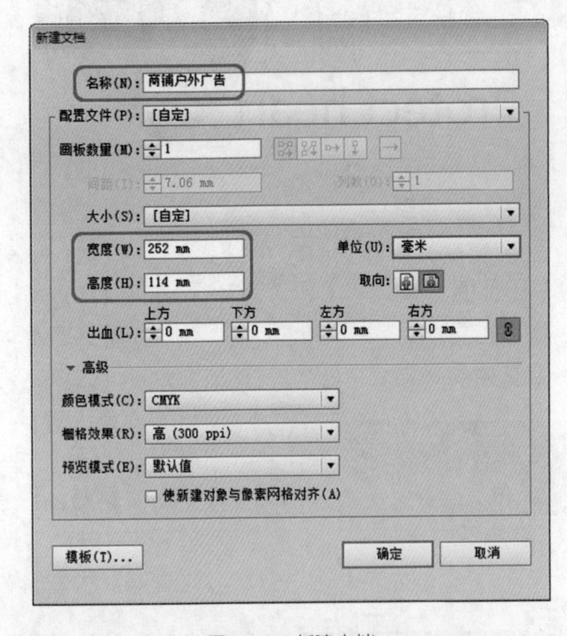

图 7-27 新建文档

图 7-28 绘制矩形

(3) 继续选中该图形，在【渐变】面板中将填充类型设置为【线性】，【角度】设置为 −90°，左侧渐变滑块的 CMYK 值设置为 73、18、8、0，右侧渐变滑块的 CMYK 值设置为 89、59、8、0，如图 7-29 所示。

(4) 将其描边设置为无，再次使用【矩形工具】，在画板中绘制一个【宽】、【高】分别为252mm、24mm的矩形，如图7-30所示。

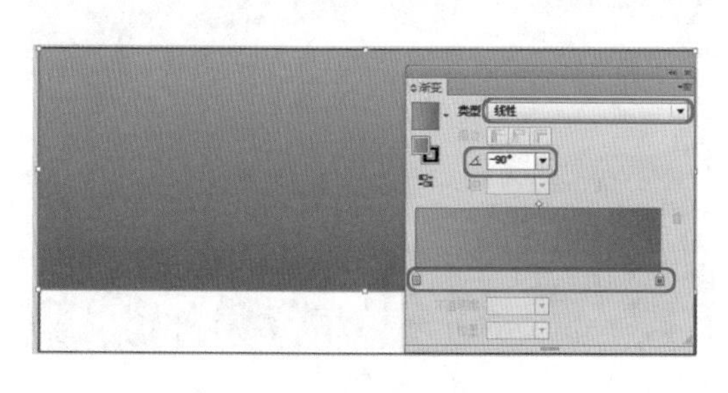

图7-29 设置渐变颜色

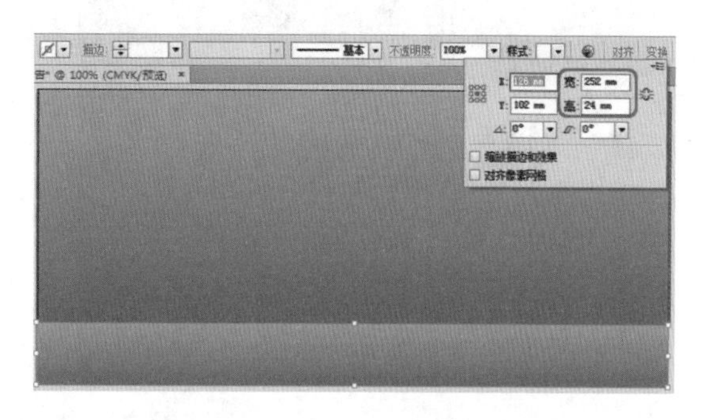

图7-30 绘制矩形

(5) 选中该矩形，在【渐变】面板中将【角度】设置为90，左侧渐变滑块的CMYK值设置为80、39、8、0，右侧渐变滑块的CMYK值设置为94、74、25、0，如图7-31所示。

(6) 在工具箱中单击【椭圆工具】，在画板中绘制一个椭圆形，在【渐变】面板中将【角度】设置为−90°，左侧渐变滑块的CMYK值设置为77、27、12、0，右侧渐变滑块的CMYK值设置为84、47、20、0，如图7-32所示。

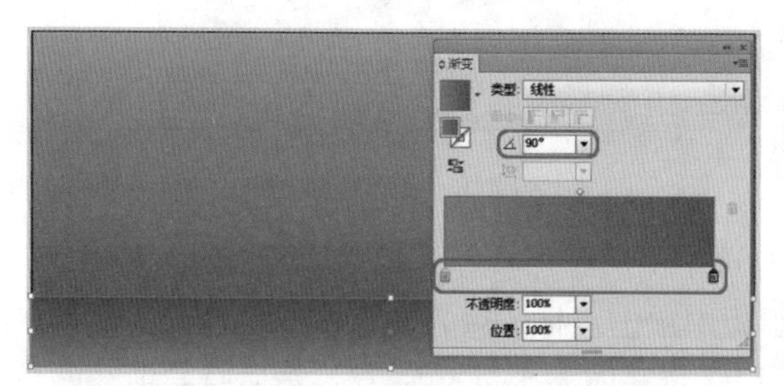

图7-31 填充渐变颜色

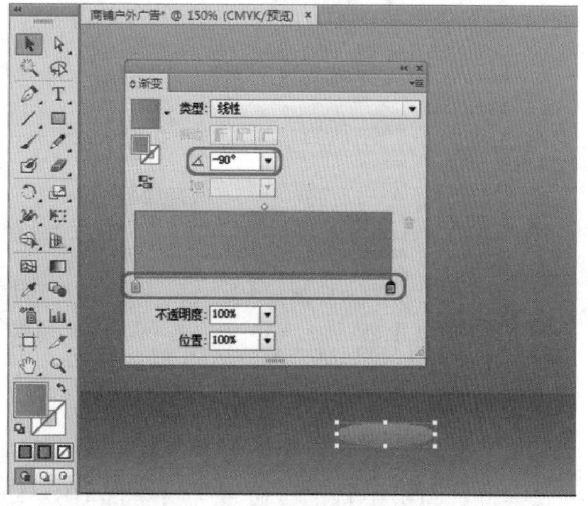

图7-32 绘制椭圆形并填充渐变

知识链接

常见的户外广告有：路边广告牌、高立柱广告牌(俗称高炮)、灯箱、霓虹灯广告牌、LED看板等，现在甚至有升空气球、飞艇等先进的户外广告形式。

(7) 使用【椭圆工具】在画板中绘制一个椭圆形，将左侧渐变滑块的CMYK值设置为99、84、39、0，右侧渐变滑块的CMYK值设置为99、85、53、22，如图7-33所示。

(8) 在工具箱中选择【钢笔工具】，在绘图页中绘制一个如图7-34所示的图形，并为其填充白色。

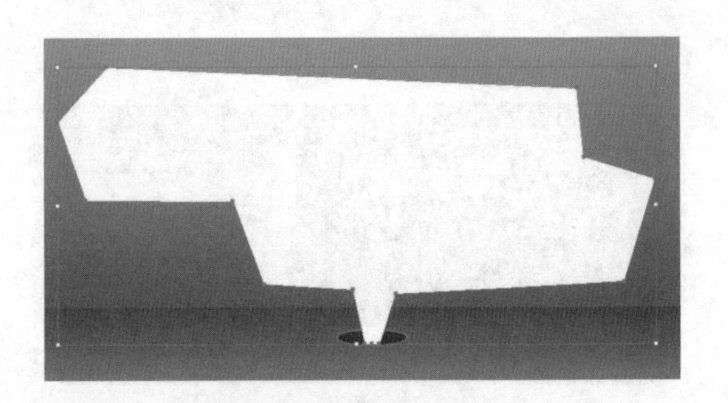

图 7-33　绘制椭圆形并设置渐变颜色　　图 7-34　绘制图形并填充白色

(9) 选中该图形，在【外观】面板中单击【添加新效果】按钮fx.，在弹出的下拉菜单中选择【风格化】|【投影】命令，如图 7-35 所示。

(10) 在弹出的【投影】对话框中将【X 位移】、【Y 位移】、【模糊】分别设置为 0mm、0mm、2mm，如图 7-36 所示。

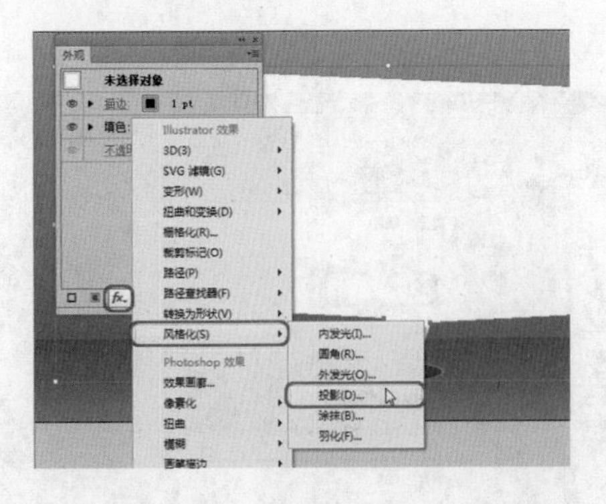

图 7-35　选择【投影】命令

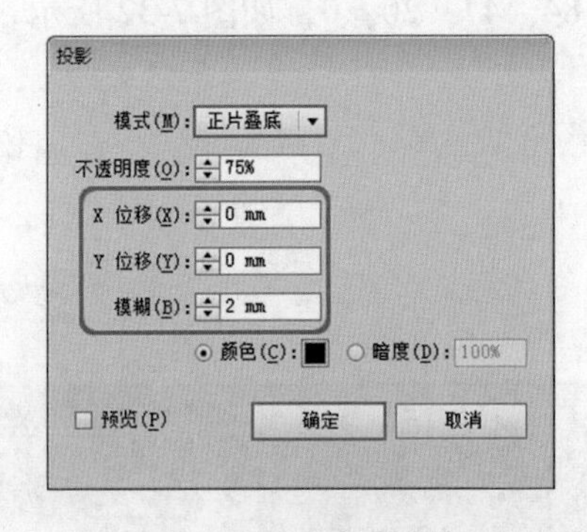

图 7-36　设置投影参数

(11) 设置完成后，单击【确定】按钮，即可为选中图形添加投影效果，效果如图 7-37 所示。

(12) 在工具箱中单击【文字工具】T，在画板中单击鼠标，输入文字，选中输入的文字，在【字符】面板中将字体设置为【文鼎 CS 大黑】，将字体大小设置为 72，然后将其填充颜色的 CMYK 值设置为 0、64、91、0，效果如图 7-38 所示。

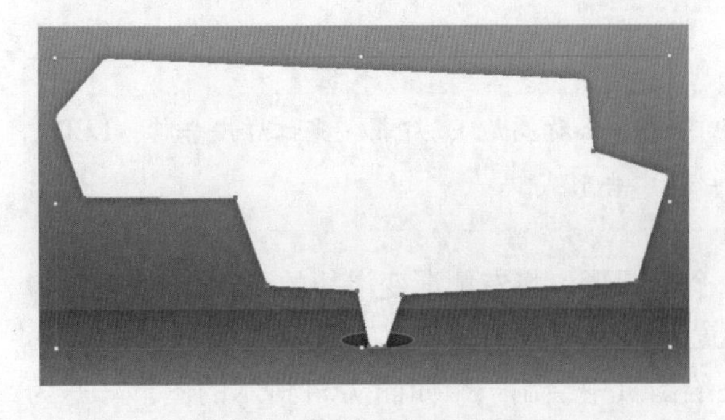

图 7-37　添加投影后的效果

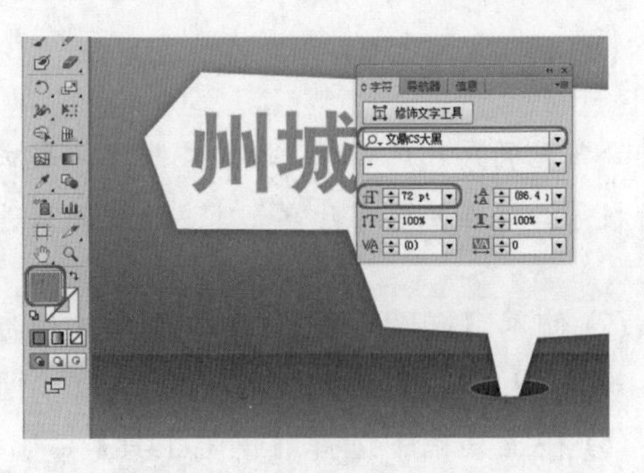

图 7-38　输入文字并进行设置

(13) 再次使用【文字工具】[T]在画板中单击鼠标，输入文字，选中输入的文字，在【字符】面板中将字体设置为【汉仪菱心体简】，将字体大小设置为68，并调整其位置，效果如图7-39所示。

(14) 继续选中该文字，右击鼠标，在弹出的快捷菜单中选择【创建轮廓】命令，如图7-40所示。

图7-39 输入文字并进行设置

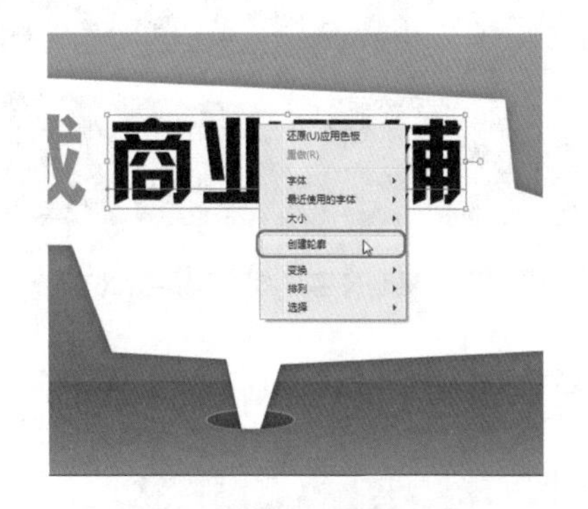

图7-40 选择【创建轮廓】命令

(15) 按Ctrl+8组合键建立复合路径，在【渐变】面板中将填充【类型】设置为【线性】，【角度】设置为−90°，左侧渐变滑块的CMYK值设置为78、29、25、0，右侧渐变滑块的CMYK值设置为96、75、30、0，如图7-41所示。

(16) 再次使用【文字工具】[T]在画板中输入文字，选中输入的文字，将字体设置为【长城新艺体】，字体大小设置为75，其填充颜色的CMYK值设置为53、74、100、24，效果如图7-42所示。

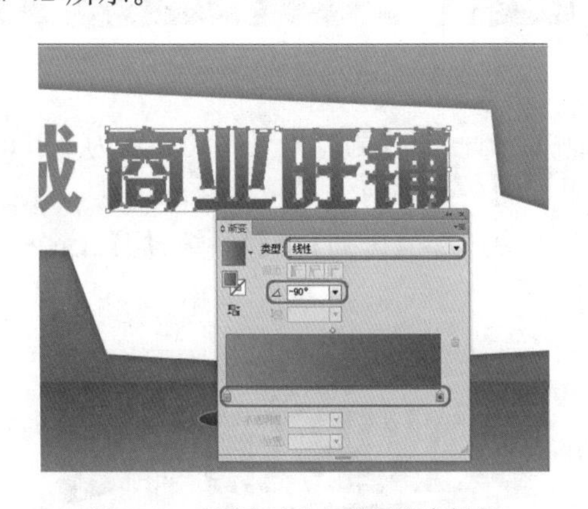

图7-41 创建复合路径设置渐变颜色

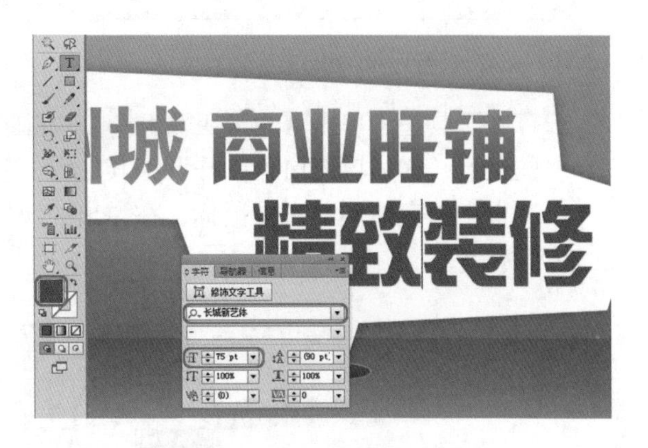

图7-42 输入文字并进行设置

(17) 继续选中该文字，按住Alt键拖动该文字，对其进行复制，将其填充颜色的CMYK值设置为0、62、91、0，并调整其位置，效果如图7-43所示。

(18) 使用同样的方法输入其他文字，并对输入的文字进行设置，效果如图7-44所示。

(19) 在菜单栏中选择【文件】|【置入】命令，在弹出的对话框中选择“效果01.jpg”素材文件，如图7-45所示。

(20) 单击【置入】按钮，在画板中指定该素材文件的位置，在属性栏中单击【嵌入】按钮，在【变换】面板中将【宽】、【高】分别设置为32、22，效果如图7-46所示。

图 7-43　复制文字并调整其颜色和位置

图 7-44　输入其他文字后的效果

图 7-45　选择素材文件

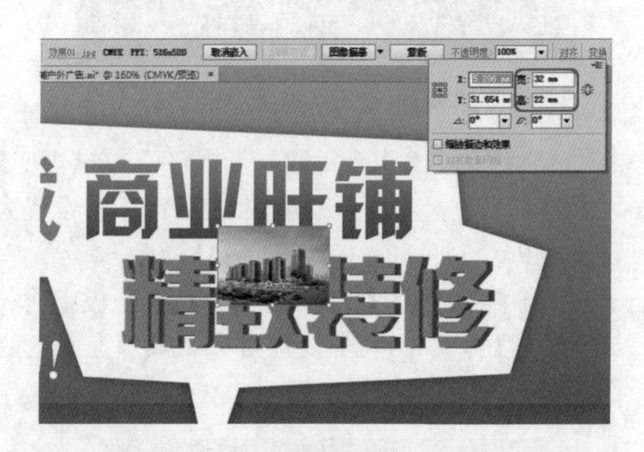

图 7-46　置入素材并调整其大小

(21) 在工具箱中单击【矩形工具】，在画板中绘制一个【宽】、【高】分别为 33mm、23mm 的矩形，为其填充白色，并调整其位置，效果如图 7-47 所示。

(22) 选中白色矩形，右击鼠标，在弹出的快捷菜单中选择【排列】|【后移一层】命令，如图 7-48 所示。

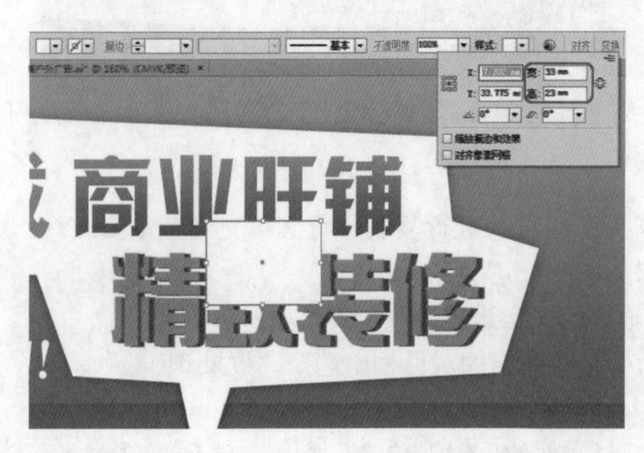

图 7-47　绘制矩形并为其填充白色

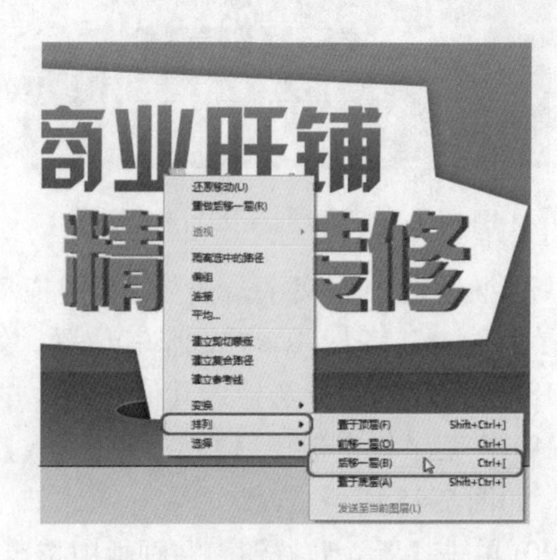

图 7-48　选择【后移一层】命令

除了上述方法之外，还可以通过在【图层】面板中调整对象的排放顺序。

(23) 选中矩形上方的图像文件，在【外观】面板中单击【添加新效果】按钮，在弹出的下拉列表中选择【风格化】|【羽化】命令，如图 7-49 所示。

(24) 在弹出的对话框中将【半径】设置为 1mm，如图 7-50 所示。

图 7-49　选择【羽化】命令

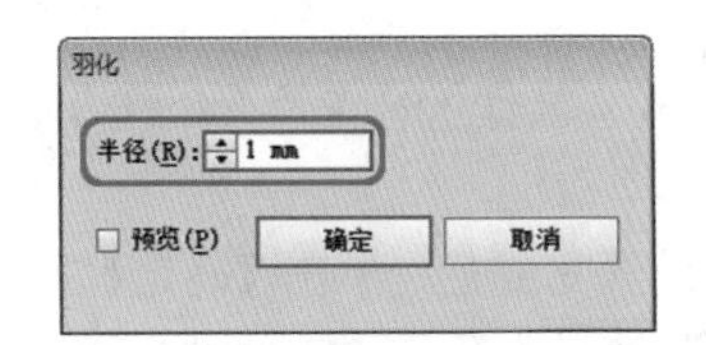

图 7-50　设置羽化参数

(25) 设置完成后，单击【确定】按钮，选中白色矩形和图像文件，按 Ctrl+G 组合键对其进行成组，在【外观】面板中单击【添加新效果】按钮，在弹出的下拉菜单中选择【风格化】|【投影】命令，如图 7-51 所示。

知识链接

使用【羽化】效果可以柔化对象的边缘，使其产生从内部到边缘逐渐透明的效果。

(26) 执行该命令后，在弹出的【投影】对话框中将【X 位移】、【Y 位移】、【模糊】分别设置为 0mm、0mm、1mm，如图 7-52 所示。

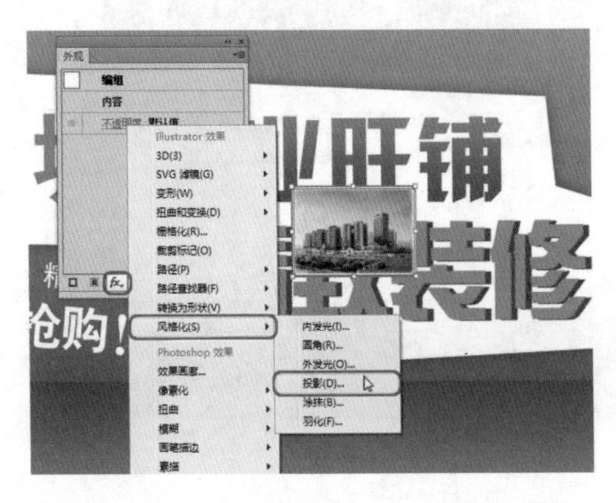

图 7-51　选择【投影】命令

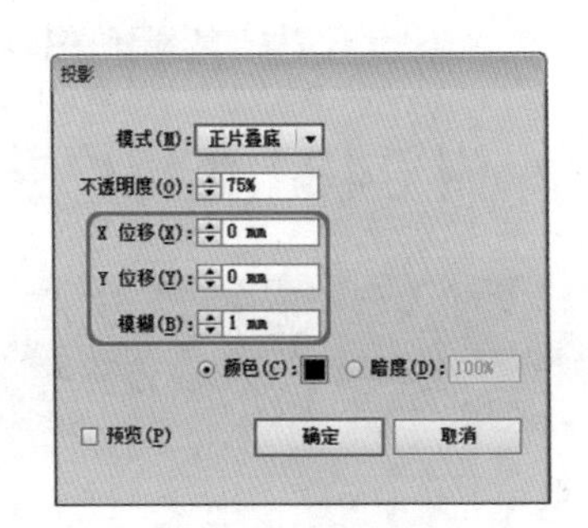

图 7-52　设置投影参数

(27) 设置完成后，单击【确定】按钮，再在该对象上右击鼠标，在弹出的快捷菜单中选择【变换】|【旋转】命令，如图 7-53 所示。

(28) 在弹出的【旋转】对话框中将【角度】设置为 15°，如图 7-54 所示。

图 7-53　选择【旋转】命令

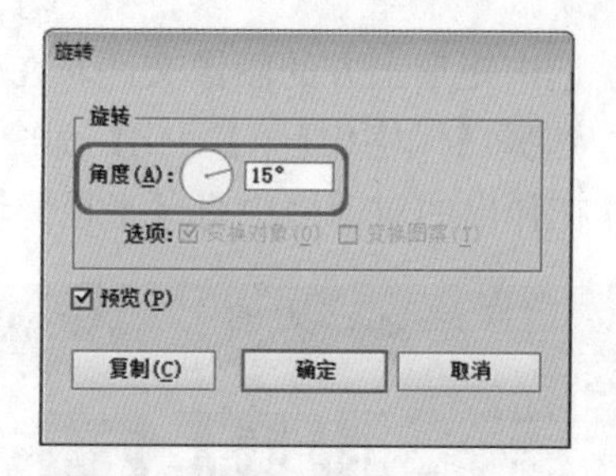

图 7-54　设置旋转角度

提示

在【旋转】对话框中单击【复制】按钮后，将会以旋转的新角度进行复制，执行该操作将不会影响原有对象的角度。

(29) 设置完成后，单击【确定】按钮，在画板中调整该对象的位置，使用同样的方法将“效果 02.jpg”素材文件置入画板中，并对其进行相应的设置，效果如图 7-55 所示。

(30) 在菜单栏中选择【文件】|【置入】命令，在弹出的对话框中选择“礼盒 .ai”素材文件，单击【置入】按钮，将其置入画板中，在属性栏中单击【嵌入】按钮，在画板中调整其大小和位置，效果如图 7-56 所示，对完成后的场景进行保存即可。

图 7-55　调整对象的位置并置入其他素材文件

图 7-56　置入“礼盒 .ai”素材文件

案例精讲 043　相机广告

案例文件：CDROM \ 场景 \ Cha07 \ 相机广告 .ai

视频文件：视频教学 \ Cha07 \ 相机广告 .avi

制作概述

本案例将介绍如何制作相机广告，该案例主要通过导入素材、输入文字以及绘制图形并为

其添加描边来达到最终效果，其效果如图 7-57 所示。

图 7-57　相机广告

学习目标

- ■　了解背景的绘制。
- ■　掌握图形的绘制及描边效果的添加。
- ■　掌握涂抹文字的制作方法。

操作步骤

(1) 按 Ctrl+N 组合键，在弹出的对话框中将【名称】设置为“相机广告”，将【宽度】、【高度】分别设置为 264mm、142mm，如图 7-58 所示。

(2) 设置完成后，单击【确定】按钮，在工具箱中单击【矩形工具】，在画板中绘制一个与画板大小相同的矩形，如图 7-59 所示。

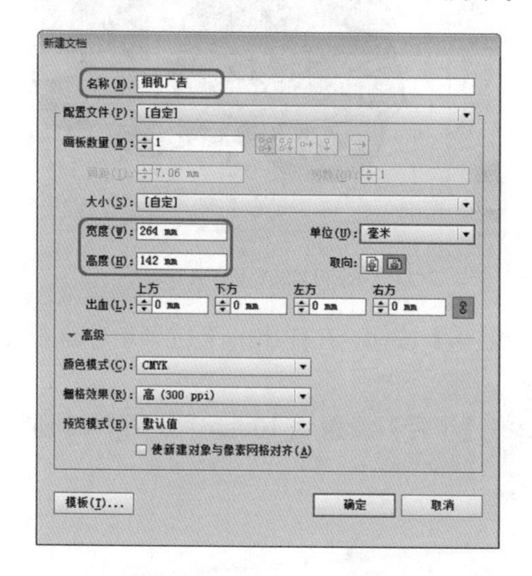

图 7-58　设置新建文档参数

图 7-59　绘制矩形

(3) 选中绘制的矩形，在【渐变】面板中将填充类型设置为【径向】，左侧渐变滑块的 CMYK 值设置为 0、0、0、0，右侧渐变滑块的 CMYK 值设置为 31、24、23、0，并取消描边，如图 7-60 所示。

(4) 在菜单栏中选择【文件】|【置入】命令，在弹出的对话框中选择“相机 .psd”素材文件，如图 7-61 所示。

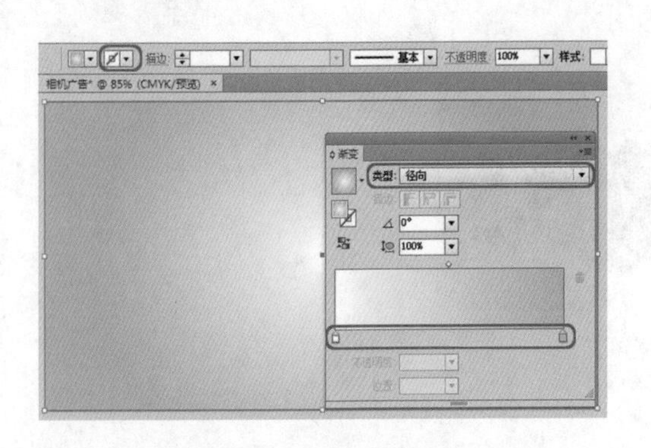

图 7-60　设置填充颜色

图 7-61　选择素材文件

(5) 单击【置入】按钮，在画板中为其指定位置，在属性栏中单击【嵌入】按钮，在弹出的对话框中使用其默认设置即可，如图 7-62 所示。

(6) 单击【确定】按钮，在工具箱中选择【钢笔工具】，在画板中绘制一个图形，为其填充黑色，如图 7-63 所示。

图 7-62　Photoshop 导入选项

图 7-63　绘制图形并填充黑色

(7) 选中该图形，在【外观】面板中打击【添加新效果】按钮，在弹出的下拉菜单中选择【风格化】|【羽化】命令，如图 7-64 所示。

(8) 执行该操作后，在弹出的【羽化】对话框中将【半径】设置为 10mm，如图 7-65 所示。

图 7-64　选择【羽化】命令

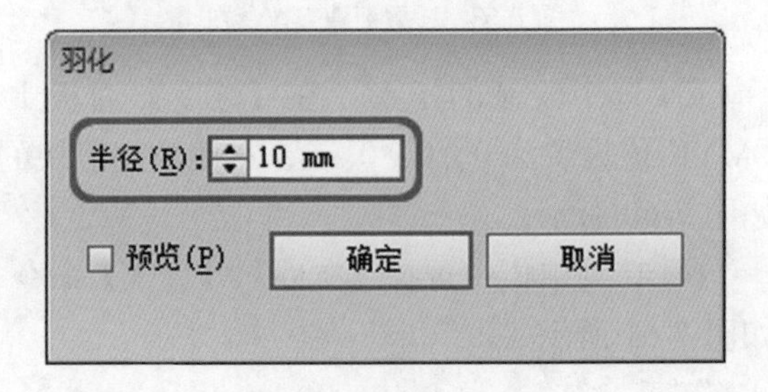

图 7-65　设置羽化半径

(9) 设置完成后，单击【确定】按钮，在画板中选择【相机】素材文件，右击鼠标，在弹出的快捷菜单中选择【排列】|【置于顶层】命令，如图 7-66 所示。

(10) 在工具箱中单击【矩形工具】，在画板中绘制一个矩形，将填充颜色和描边的 CMYK 值设置为 63、0、100、0，将描边粗细设置为 2pt，将画笔定义为【铅笔 - 粗】，将【不透明度】设置为 72，将矩形的【宽】、【高】分别设置为 99、23，将【旋转】设置为 10，如图 7-67 所示。

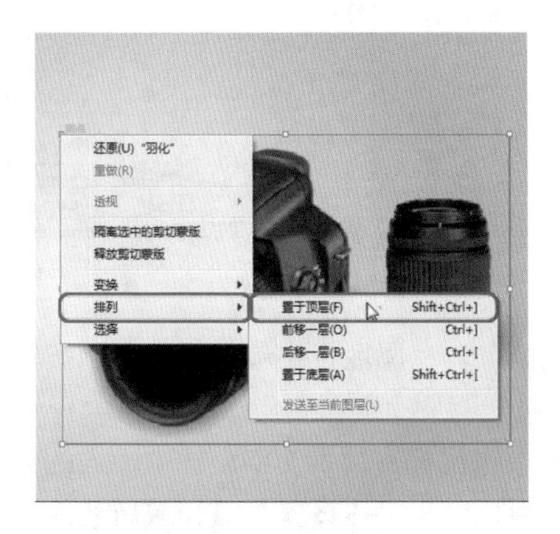

图 7-66　选择【置于顶层】命令

图 7-67　绘制矩形并进行设置

(11) 对该矩形进行复制，并调整其颜色和位置，效果如图 7-68 所示。

(12) 在工具箱中单击【直线段工具】，在画板中绘制一个直线段，将其描边颜色的 CMYK 值设置为 63、0、100、0，描边粗细设置为 2pt，画笔定义为【粉笔】，【不透明度】设置为 72，效果如图 7-69 所示。

图 7-68　对矩形进行复制并修改后的效果

图 7-69　绘制线段并进行设置

(13) 对该线段进行复制，并在画板中对其进行调整，然后更改其颜色即可，效果如图 7-70 所示。

(14) 在菜单栏中选择【文件】|【置入】命令，在弹出的对话框中选择"001.ai"素材文件，如图 7-71 所示。

图 7-70　复制线段并调整后的效果

图 7-71　选择素材文件

(15) 单击【置入】按钮，在画板中指定该对象的位置，在属性栏中单击【嵌入】按钮，效果如图 7-72 所示。

(16) 在工具箱中单击【文字工具】T，在画板中单击鼠标，输入文字，选中输入的文字，在属性栏中将填色和描边都设置为白色，在【字符】面板中将字体设置为【长城新艺体】，字体大小设置为 65，如图 7-73 所示。

图 7-72　置入素材文件

图 7-73　输入文字并进行设置

(17) 选中该文字，在【外观】面板中单击【添加新效果】按钮，在弹出的下拉菜单中选择【风格化】|【涂抹】命令，如图 7-74 所示。

(18) 在弹出的对话框中将【角度】设置为 45°，【路径重叠】、【变化】、【描边宽度】、【曲度】、【变化】、【间距】、【变化】分别设置为 0mm、0.1mm、0.2mm、5mm、5mm、0.6mm、0.6mm，如图 7-75 所示。

(19) 设置完成后，单击【确定】按钮，添加涂抹后的效果如图 7-76 所示。

(20) 继续选中该文字，在【外观】面板中单击【添加新效果】按钮，在弹出的下拉菜单中选择【扭曲和变换】|【粗糙化】命令，如图 7-77 所示。

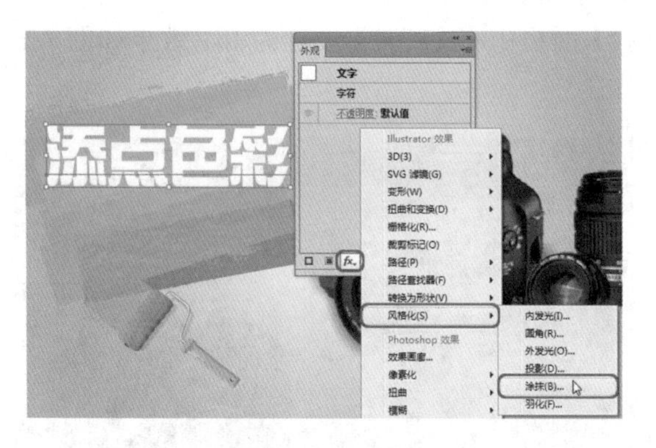

图 7-74　选择【涂抹】命令

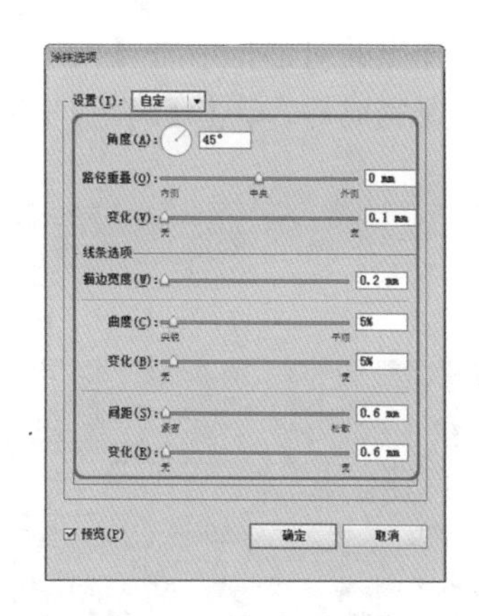

图 7-75　设置涂抹参数

图 7-76　添加涂抹后的效果

图 7-77　选择【粗糙化】命令

知识链接

【涂抹选项】对话框中的各个选项的功能如下：

【设置】：在该下拉列表框中可以选择 Illustrator 中预设的涂抹效果，也可以根据需要自定义设置。

【角度】；该选项用来控制涂抹线条的方向。

【路径重叠】：用来控制涂抹线条在路径边界内距路径边界的量，或在路径边界外距路径边界的量。

【描边宽度】：用来控制涂抹线条的宽度。

【曲度】：用来控制涂抹曲线在改变方向之前的曲度。

【间距】：用来控制涂抹线条之间的折叠间距量。

在该对话框中的多个【变化】选项控制了相应选项的变化，所以在此处不进行详细的讲解。

【粗糙化】滤镜可以将矢量对象的路径变为各种大小的尖峰和凹谷的锯齿数组。使用绝对大小或者相对大小可以设置路径段的最大长度。

(21) 在弹出的对话框中将【大小】和【细节】都设置为 1，如图 7-78 所示。

(22) 设置完成后，单击【确定】按钮，在【变换】面板中将【旋转】设置为 13，效果如图 7-79 所示。

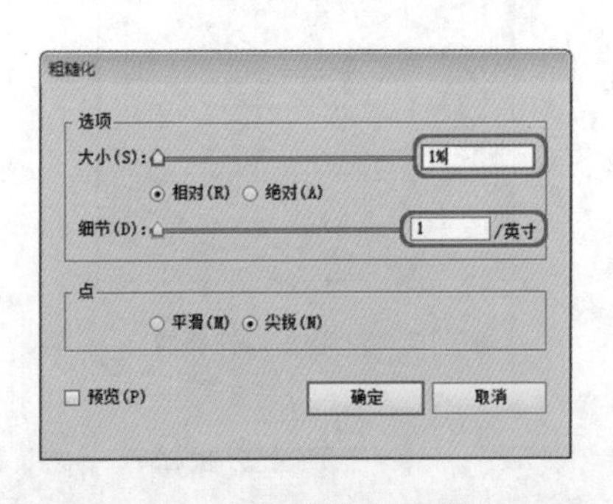

图 7-78　设置粗糙化参数

图 7-79　设置旋转后的效果

(23) 在工具箱中选择【文字工具】T，在画板中单击鼠标，输入文字，将其填充颜色设置为白色，在【字符】面板中将字体设置为【微软雅黑】，字体大小设置为 24，其旋转角度设置为 15°，效果如图 7-80 所示。

(24) 使用同样的方法输入其他文字，并对其进行相应的设置，效果如图 7-81 所示。

图 7-80　输入文字并进行设置

图 7-81　输入其他文字后的效果

案例精讲 044　汽车户外广告

案例文件：CDROM \ 场景 \ Cha07 \ 汽车户外广告 .ai

视频文件：视频教学 \ Cha07 \ 汽车户外广告 .avi

制作概述

本案例将介绍汽车户外广告的制作，该案例主要通过导入素材，并为素材添加剪切蒙版来制作背景，然后输入文字并绘制图形，并对其进行相应的设置，从而完成最终效果，效果如

图 7-82 所示。

图 7-82　汽车户外广告

学习目标

- ■ 学习为导入的素材添加剪切蒙版。
- ■ 掌握图形的创建及设置。
- ■ 掌握文字的创建及效果的添加。

操作步骤

(1) 按 Ctrl+N 组合键，在弹出的对话框中将【名称】设置为“汽车户外广告”，将【宽度】、【高度】分别设置为 299mm、213mm，如图 7-83 所示。

(2) 设置完成后，单击【确定】按钮，在菜单栏中选择【文件】|【置入】命令，在弹出的对话框中选择“汽车 .jpg”素材文件，如图 7-84 所示。

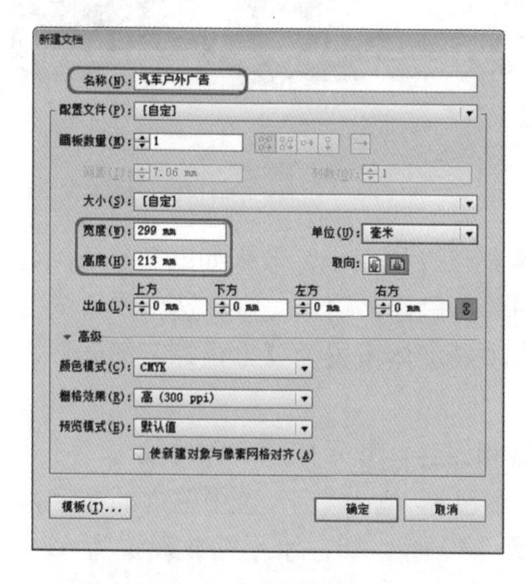

图 7-83　设置新建文档参数

图 7-84　选择素材文件

(3) 单击【置入】按钮，在画板中指定该素材文件的位置，并调整其大小，在属性栏中单击【嵌入】按钮，效果如图 7-85 所示。

(4) 在工具箱中选择【矩形工具】▭，在画板中绘制一个与画板大小相同的矩形，如图 7-86 所示。

图 7-85　指定素材文件的位置并调整其大小

图 7-86　绘制矩形

(5) 选中绘制的矩形和导入的素材文件，右击鼠标，在弹出的快捷菜单中选择【建立剪切蒙版】命令，如图 7-87 所示。

(6) 在工具箱中选择【钢笔工具】，在画板中绘制一个矩形，在属性栏中将其填色和描边都设置为黑色，画笔定义为【粉笔 - 涂抹】，在【变换】面板中将【宽度】、【高度】分别设置为 93mm、10mm，如图 7-88 所示。

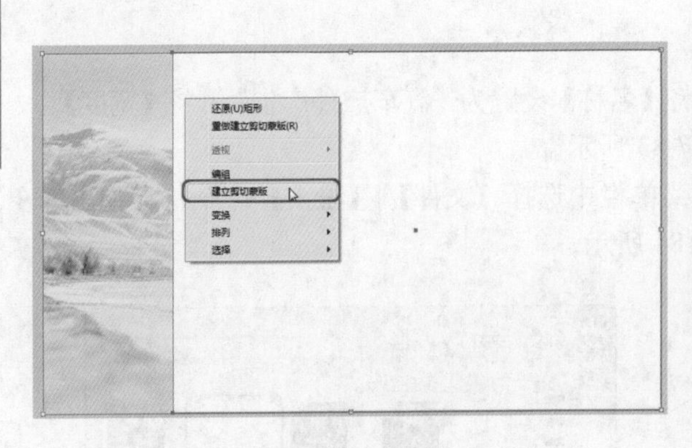

图 7-87　选择【建立剪切蒙版】命令

图 7-88　绘制矩形并进行设置

(7) 按住 Alt 键对新绘制的矩形进行复制，并调整其位置和大小，效果如图 7-89 所示。

(8) 在工具箱中选择【文字工具】T，在画板中单击鼠标，输入文字，选中输入的文字，在属性栏中将填充颜色设置为白色，在【字符】面板中将字体设置为【方正综艺简体】，字体大小设置为 33，如图 7-90 所示。

(9) 按住 Alt 键对该文字进行复制，并调整其位置和内容，效果如图 7-91 所示。

(10) 在工具箱中选择【文字工具】T，在画板中单击鼠标，输入文字，选中输入的文字，在【字符】面板中将字体设置为【方正综艺简体】，字体大小设置为 78，水平缩放设置为 65，字符间距设置为 −10，如图 7-92 所示。

(11) 在该文字上右击鼠标，在弹出的快捷菜单中选择【创建轮廓】命令，如图 7-93 所示。

(12) 创建轮廓后，将其填充颜色的 CMYK 值设置为 36、100、100、3，调整其位置，使用【直接选择工具】调整该文字的形状，效果如图 7-94 所示。

图 7-89　复制矩形并进行调整

图 7-90　输入文字并进行设置

图 7-91　复制文字并进行调整

图 7-92　输入文字并进行设置

图 7-93　选择【创建轮廓】命令

图 7-94　调整文字形状后的效果

(13) 在【外观】面板中单击【添加新效果】按钮，在弹出的下拉菜单中选择【风格化】|【外发光】命令，如图 7-95 所示。

(14) 在弹出的【外发光】对话框中将外发光的 CMYK 值设置为 0、85、94、0，【模糊】设置为 0.2mm，如图 7-96 所示。

图 7-95　选择【外发光】命令

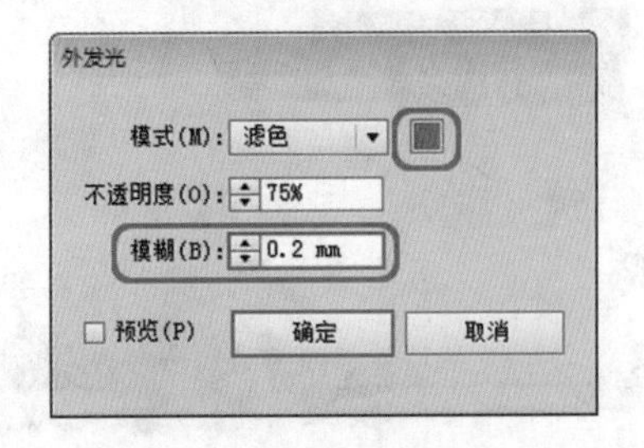

图 7-96　设置外发光参数

(15) 再在【外观】面板中单击【添加新效果】按钮，在弹出的下拉菜单中选择【风格化】|【投影】命令，如图 7-97 所示。

(16) 在弹出的对话框中将【模式】设置为【正常】，【不透明度】、【X 位移】、【Y 位移】、【模糊】分别设置为 100%、0.2mm、0.2mm、0.6mm，颜色设置为白色，如图 7-98 所示。

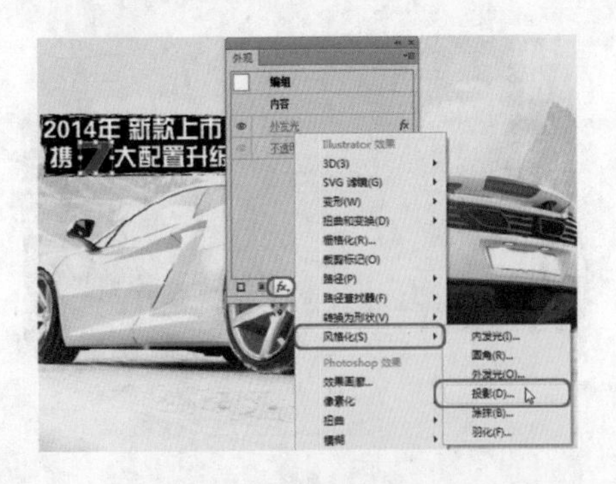

图 7-97　选择【投影】命令

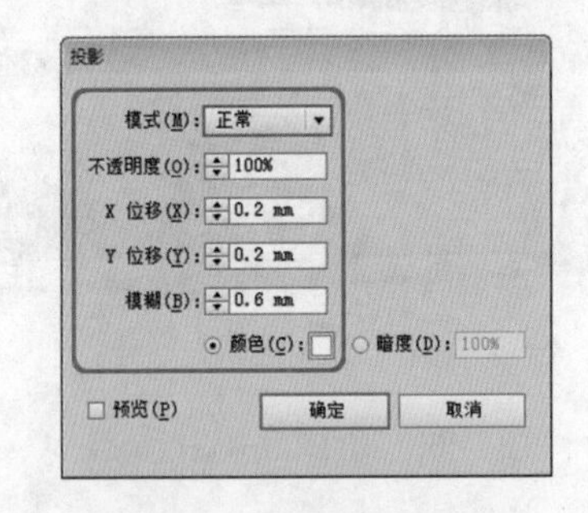

图 7-98　设置投影参数

(17) 设置完成后，单击【确定】按钮，在工具箱中选择【文字工具】[T]，在画板中单击鼠标，输入文字，选中输入的文字，在【字符】面板中将字体设置为【长城新艺体】，字体大小设置为 28.5，水平缩放设置为 64，字符间距设置为 200，如图 7-99 所示。

(18) 将【全新】和【升级】填充颜色的 CMYK 值设置为 20、100、100、15，然后继续选中该文字，右击鼠标，在弹出的快捷菜单中选择【变换】|【倾斜】命令，如图 7-100 所示。

(19) 在弹出的【倾斜】对话框中将【倾斜角度】设置为 5°，如图 7-101 所示。

(20) 设置完成后，单击【确定】按钮，在【外观】面板中单击【添加新效果】按钮，在弹出的下拉菜单中选择【风格化】|【投影】命令，在弹出的对话框中将【模式】设置为【正常】，【不透明度】、【X 位移】、【Y 位移】、【模糊】分别设置为 100%、0.2mm、0.2mm、1.5mm，颜色设置为白色，如图 7-102 所示。

(21) 设置完成后，单击【确定】按钮，在工具箱中单击【直线段工具】[/]，在画板中绘制一条直线段，在属性栏中将描边颜色设置为黑色，描边粗细设置为 0.3pt，画笔定义为【粉笔 - 涂抹】，如图 7-103 所示。

(22) 在工具箱中单击【矩形工具】[□]，在画板中绘制一个宽高分别为 299mm、47mm 的矩形，如图 7-104 所示。

图 7-99　输入文字并进行设置

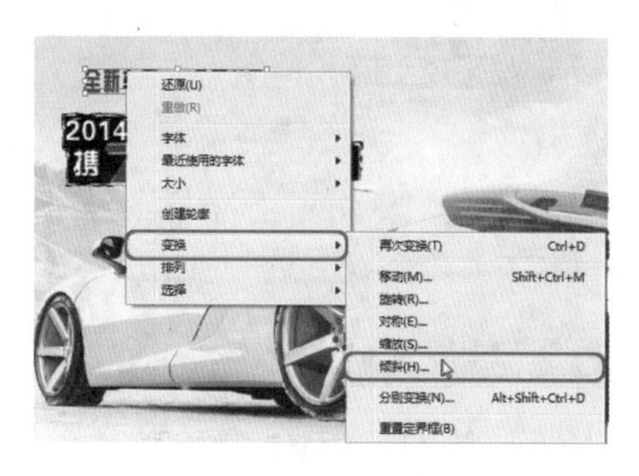

图 7-100　选择【倾斜】命令

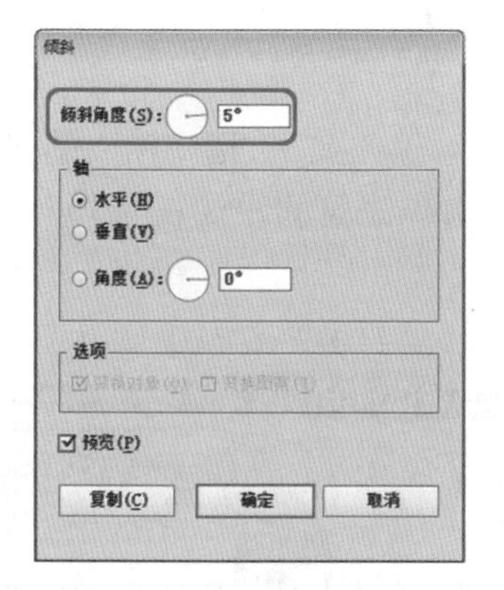

图 7-101　设置倾斜角度

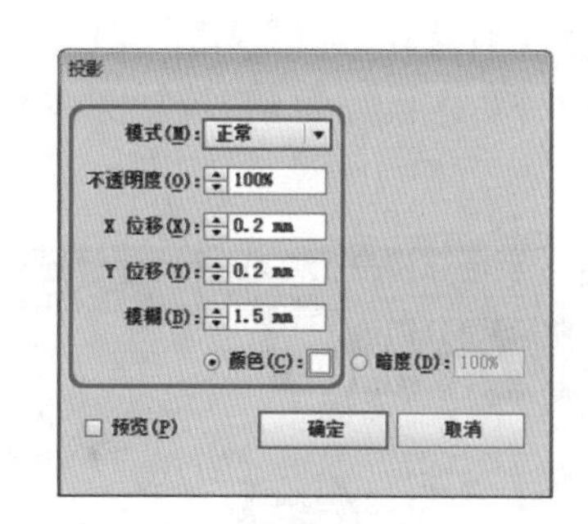

图 7-102　设置投影参数

图 7-103　绘制线段并进行设置

图 7-104　绘制矩形

(23) 选中绘制的矩形，在【渐变】面板中将填色类型设置为【线性】，【角度】设置为90°，左侧渐变滑块的 CMYK 值设置为 0、0、0、100，右侧渐变滑块的 CMYK 值设置为 0、0、0、100，其不透明度设置为 0，上方节点的位置设置为 25，描边设置为无，如图 7-105 所示。

(24) 设置完成后，在【外观】面板中将【混合样式】设置为【正片叠底】，【不透明度】设置为 42，如图 7-106 所示。

图 7-105 设置渐变颜色

图 7-106 设置混合模式和不透明度

(25) 在工具箱中选择【直线段工具】，在画板中绘制一条直线段，在属性栏中将描边颜色设置为白色，描边粗细设置为 1.2pt，画笔定义为【粉笔 - 圆头】，【不透明度】设置为 73，如图 7-107 所示。

(26) 在工具箱中选择【文字工具】，在画板中单击鼠标，输入文字，选中输入的文字，在【字符】面板中将字体设置为【长城特圆体】，字体大小设置为 13pt，字符间距设置为 150，如图 7-108 所示。

图 7-107 绘制直线段并进行设置后的效果

图 7-108 输入文字并进行设置

(27) 根据前面所介绍的方法绘制线段，并对其进行相应的设置，效果如图 7-109 所示。

(28) 使用前面所介绍的方法输入其他文字，并对输入的文字进行相应的设置和调整，效果如图 7-110 所示。

图 7-109 绘制其他线段后的效果

图 7-110 输入其他文字后的效果

案例精讲 045　创意设计大赛活动广告

案例文件：CDROM \ 场景 \ Cha07 \ 创意设计大赛活动广告 .ai

视频文件：视频教学 \ Cha07 \ 创意设计大赛活动广告 .avi

制作概述

该案例主要介绍了如何制作设计大赛活动广告的制作方法，其中包括如何创建背景、利用【铅笔工具】绘制图形、混合工具的运用以及卷页的体现等，效果如图 7-111 所示。

图 7-111　创意设计大赛活动广告

学习目标

- 学习使用【钢笔工具】绘制图形。
- 掌握【混合工具】的运用。
- 掌握卷页效果的体现。

操作步骤

(1) 按 Ctrl+N 组合键，在弹出的对话框中将【名称】设置为“创意设计大赛活动广告”，【宽度】、【高度】分别设置为 32cm，如图 7-112 所示。

(2) 设置完成后，单击【确定】按钮，在工具箱中选择【矩形工具】，在画板中绘制一个与画板大小相同的矩形，为其填充黑色，并将描边设置为无，如图 7-113 所示。

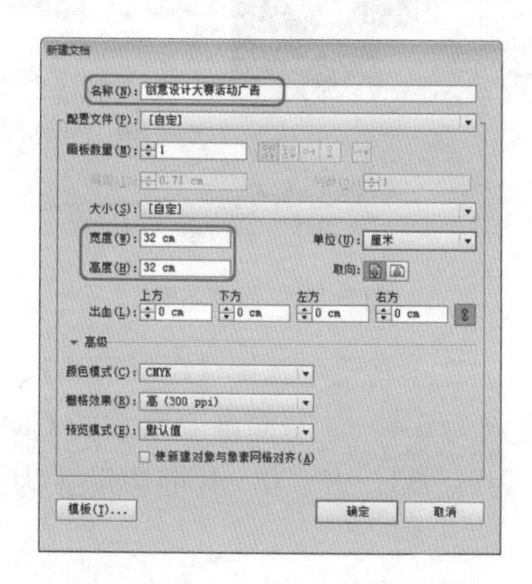

图 7-112　设置新建文件参数

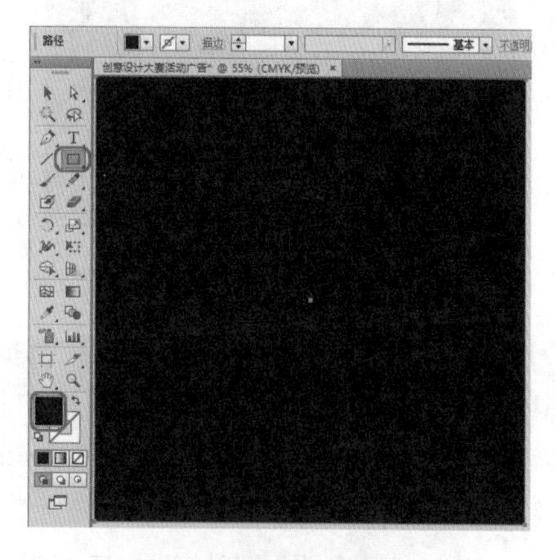

图 7-113　绘制矩形并进行设置

(3) 绘制完成后，再在画板中绘制一个与画板大小相同的矩形，在【渐变】面板中将填充类型设置为【线性】，【角度】设置为 25.4°，左侧渐变滑块的 CMYK 值设置为 98、81、11、0，右侧渐变滑块的 CMYK 值设置为 76、28、7、0，如图 7-114 所示。

(4) 选中填充渐变后的矩形，在工具箱中选择【渐变工具】，在画板中调整渐变的位置，效果如图 7-115 所示。

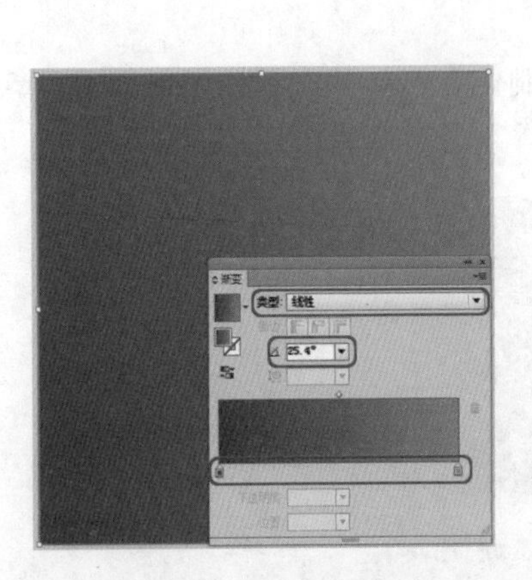

图 7-114　设置渐变颜色

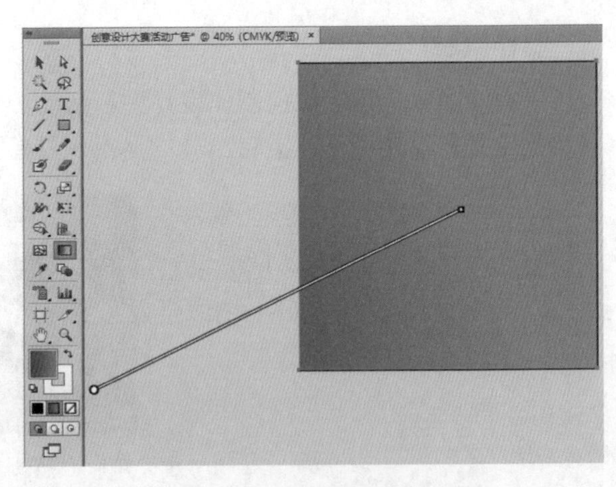

图 7-115　调整渐变的位置

(5) 在工具箱中选择【钢笔工具】，在画板中绘制一个如图 7-116 所示的图形。

(6) 在画板中按住 Shift 键选择新绘制的图形和渐变矩形，在【路径查找器】面板中单击【减去顶层】按钮，效果如图 7-117 所示。

图 7-116　绘制图形

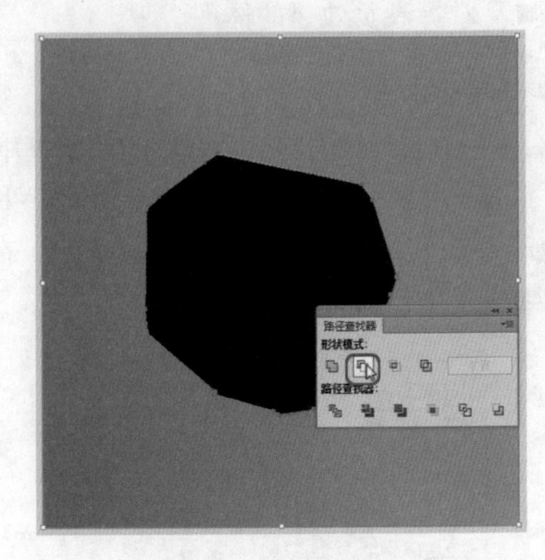

图 7-117　修剪图形

(7) 选中修剪后的矩形，在属性栏中将描边设置为白色，在工具箱中选择【矩形工具】，在画板中绘制一个矩形，在【渐变】面板中将【角度】设置为 0.4°，左侧渐变滑块的 CMYK 值设置为 0、68、91、0，右侧渐变滑块的 CMYK 值设置为 2、33、90、0，其描边设置为无，效果如图 7-118 所示。

(8) 在工具箱中选择【直接选择工具】，在画板中调整矩形的形状，效果如图 7-119 所示。

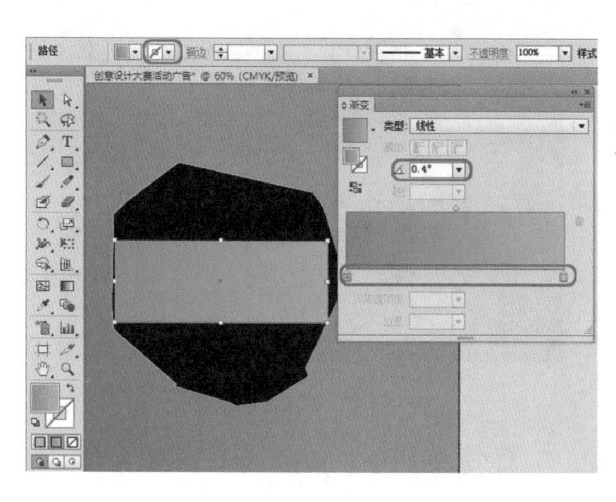

图 7-118　绘制矩形并设置渐变颜色

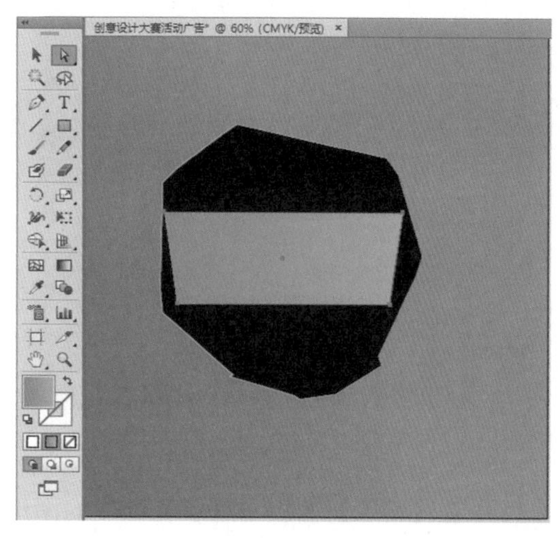

图 7-119　调整矩形的形状

(9) 在工具箱中选择【直线段工具】，在画板中绘制一条直线段，将其描边颜色设置为白色，描边粗细设置为 2pt，如图 7-120 所示。

(10) 按住 Alt 键对其进行复制，并调整其位置，复制后的效果如图 7-121 所示。

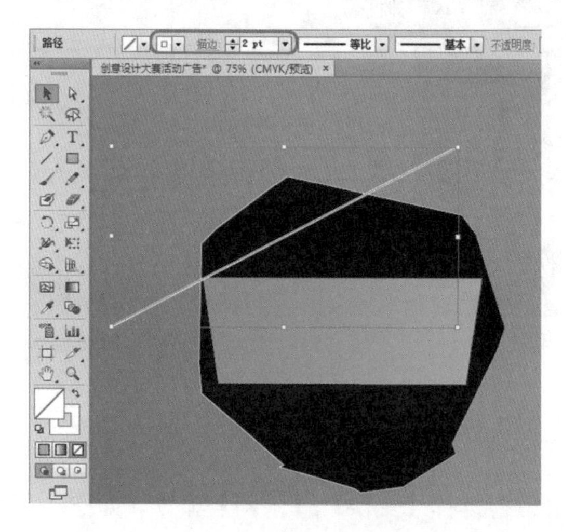

图 7-120　绘制直线线段

图 7-121　复制线段后的效果

(11) 在工具箱中选择【混合工具】，在画板中单击两条直线线段，然后双击【混合工具】，在弹出的对话框中将【间距】设置为【指定的步数】，步数设置为 45，如图 7-122 所示。

(12) 设置完成后，单击【确定】按钮，选中混合后的对象，在【外观】面板中将【不透明度】设置为 20，如图 7-123 所示。

在添加混合效果后，如果需要进行修改或释放，通过可以在【对象】|【混合】子菜单中选择相应的选项进行操作。

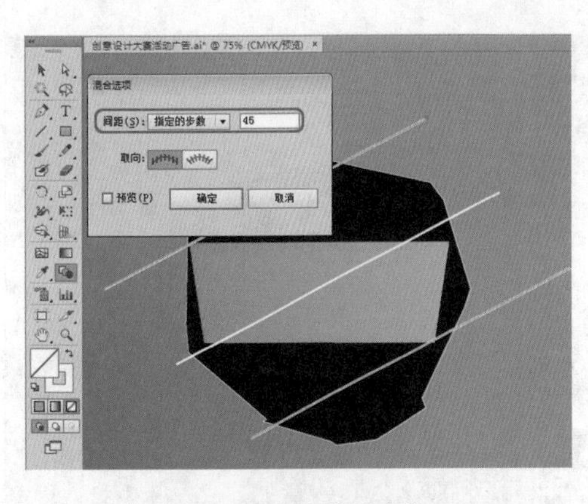
图 7-122　设置混合参数

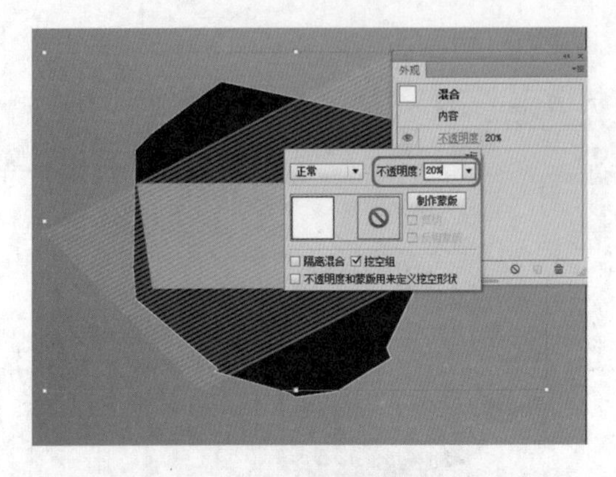
图 7-123　设置不透明度

(13) 在【图层】面板中将填充渐变的图形拖曳至【创建新图层】按钮，对其进行复制，并将其调整至最顶层，效果如图 7-124 所示。

(14) 选中两个渐变图形和直线线段，右击鼠标，在弹出的快捷菜单中选择【建立剪切蒙版】命令，如图 7-125 所示。

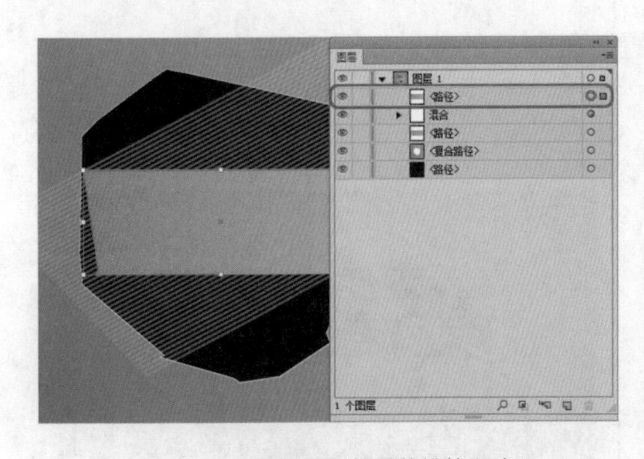
图 7-124　复制图层并调整排放顺序

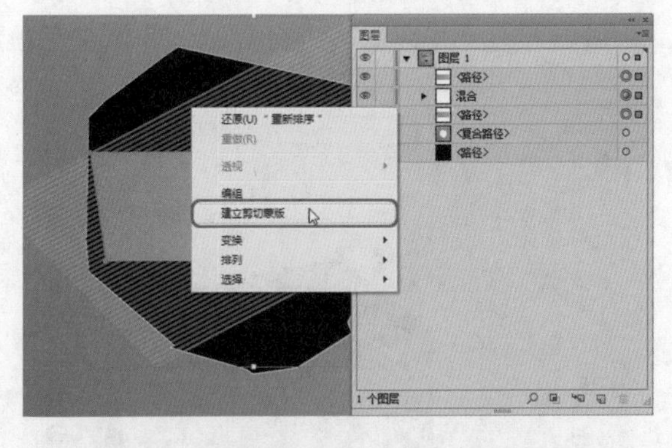
图 7-125　选择【建立剪切蒙版】命令

(15) 在工具箱中选择【矩形工具】，在画板中绘制一个矩形，在属性栏中将填充颜色设置为白色，描边设置为无，如图 7-126 所示。

(16) 选中该矩形，右击鼠标，在弹出的快捷菜单中选择【变换】|【倾斜】命令，如图 7-127 所示。

(17) 在弹出的【倾斜】对话框中将【倾斜角度】设置为 −12°，如图 7-128 所示。

除了上述方法之外，还可以在属性栏中的【变换】面板中设置倾斜参数。

(18) 设置完成后，单击【确定】按钮，继续选中该矩形，在【渐变】面板中将填充【类型】设置为【线性】，【角度】设置为 0.3°，左侧渐变滑块的 CMYK 值设置为 2、33、90、0，右侧渐变滑块的 CMYK 值设置为 25、91、100、0，如图 7-129 所示。

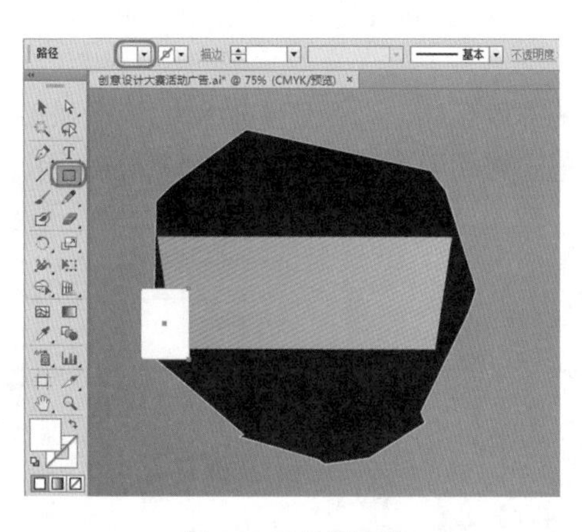

图 7-126　绘制矩形

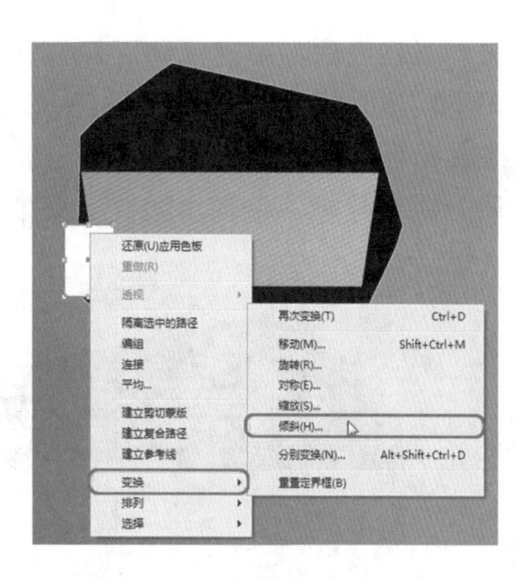

图 7-127　选择【倾斜】命令

图 7-128　设置倾斜角度

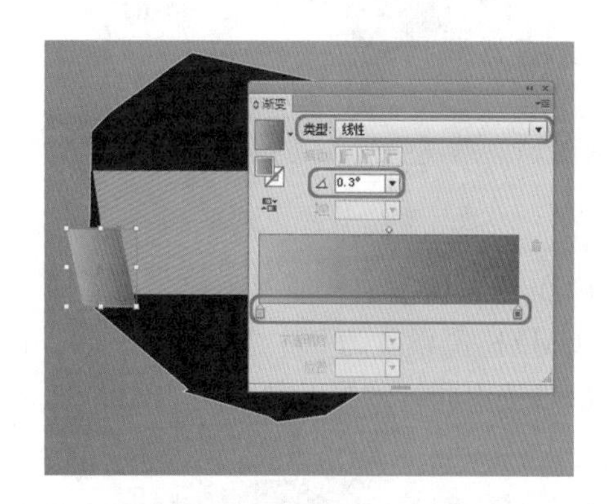

图 7-129　设置渐变填充

(19) 在工具箱中选择【直线段工具】，在画板中绘制一条直线，在属性栏中将填充颜色设置为白色，描边粗细设置为 2pt，如图 7-130 所示。

(20) 按住 Alt 键对该直线线段进行复制，并调整其位置，在工具箱中选择【混合工具】，在画板中单击两条直线线段，然后双击【混合工具】，在弹出的对话框中将步数设置为 16，如图 7-131 所示。

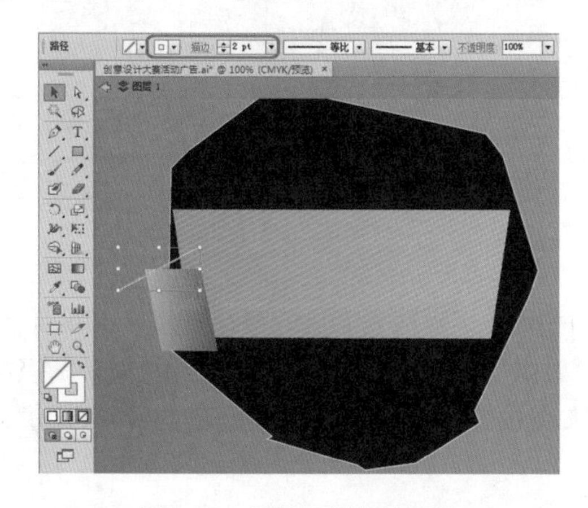

图 7-130　绘制直线并进行设置

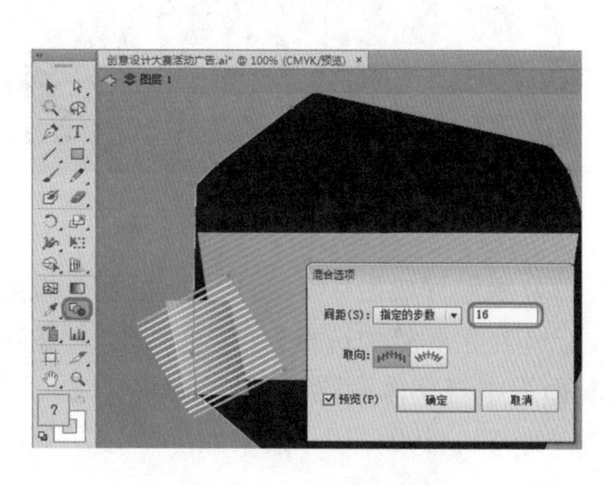

图 7-131　设置混合步数

(21) 设置完成后，单击【确定】按钮，使用选择工具选中混合后的对象，在【外观】面板中将【不透明度】设置为 20，如图 7-132 所示。

(22) 在画板中对倾斜的矩形进行复制，并调整其排放顺序，选中所有倾斜的矩形和混合的直线线段，右击鼠标，在弹出的快捷菜单中选择【建立剪切蒙版】命令，如图 7-133 所示。

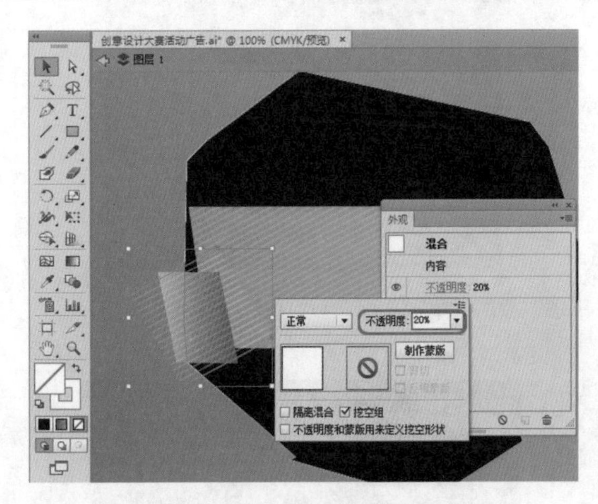

图 7-132　设置不透明度参数

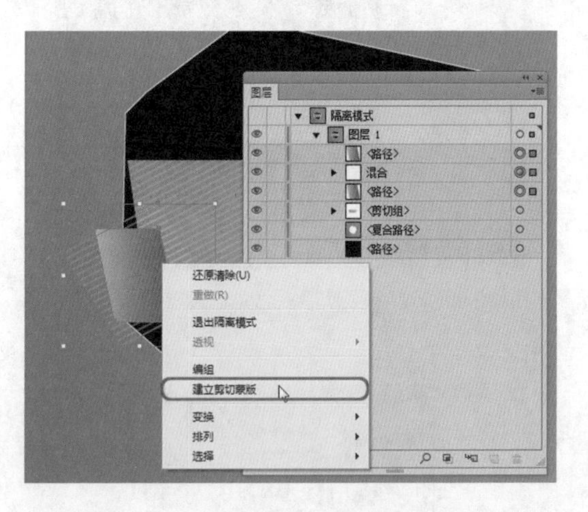

图 7-133　选择【建立剪切蒙版】命令

(23) 在工具箱中选择【钢笔工具】，在画板中绘制一个三角形，在工具箱中将填充颜色的 CMYK 值设置为 39、100、100、4，描边设置为无，如图 7-134 所示。

(24) 使用同样的方法绘制另一侧的图形，绘制后的效果如图 7-135 所示。

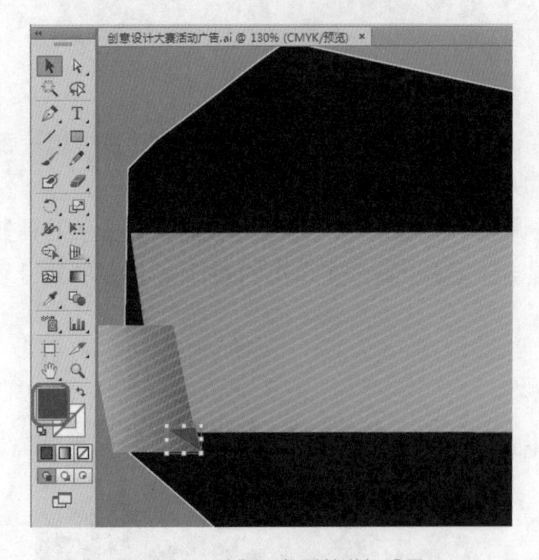

图 7-134　绘制三角形并进行设置

图 7-135　绘制图形

(25) 绘制完成后，在【图层】面板中调整图层的顺序，调整完成后的效果如图 7-136 所示。

(26) 在工具箱中选择【文字工具】T，在画板中单击鼠标，输入文字，选中输入的文字，在【字符】面板中将字体设置为【长城新艺体】，字体大小设置为 63pt，其填充颜色的 CMYK 值设置为 44、81、100、10，效果如图 7-137 所示。

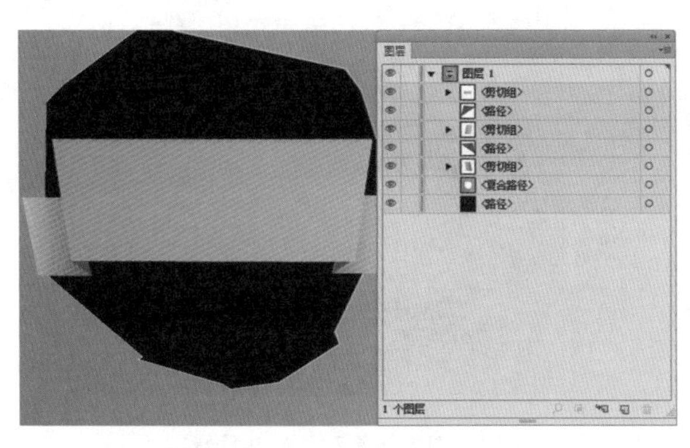

图 7-136 调整图层的排放顺序

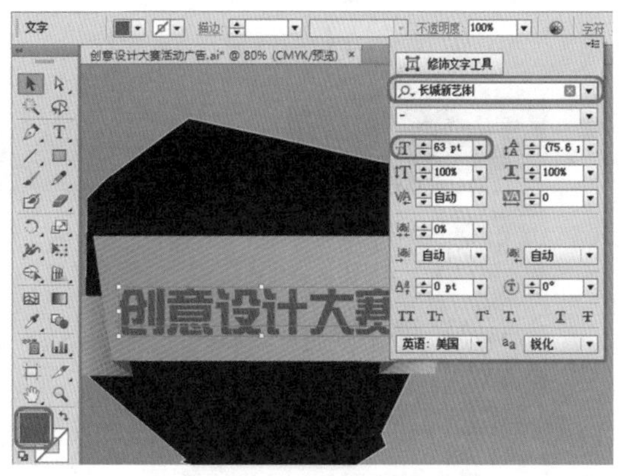

图 7-137 输入文字并进行设置

(27) 设置完成后，选中该文字，对其进行复制，并调整其位置，将其填充颜色设置为白色，效果如图 7-138 所示。

(28) 在菜单栏中选择【文件】|【置入】命令，在弹出的对话框中选择“灯泡.ai”素材文件，如图 7-139 所示。

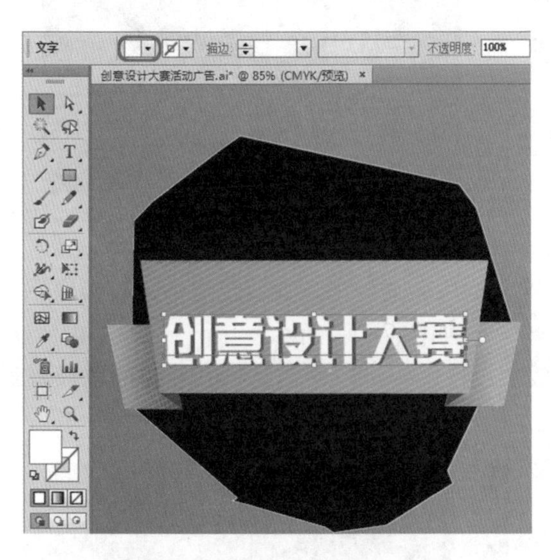

图 7-138 复制文字并进行修改

图 7-139 选择素材

(29) 单击【置入】按钮，在画板中为该素材文件指定位置，选中导入的素材文件，在属性栏中单击【嵌入】按钮，在【变换】面板中将【旋转】设置为 −18，如图 7-140 所示。

(30) 在工具箱中选择【文字工具】T，在画板中单击鼠标，输入文字，选中输入的文字，在属性栏中将填充颜色设置为白色，在【字符】面板中将字体设置为 Rage Italic，字体大小设置为 53，如图 7-141 所示。

(31) 设置完成后，在图层面板中按住 Shift 键选择如图 7-142 所示的图层。

(32) 按 Ctrl+G 组合键，将选中的对象进行成组，在【变换】面板中将【旋转】设置为 18，如图 7-143 所示。

图 7-140　置入素材并进行旋转

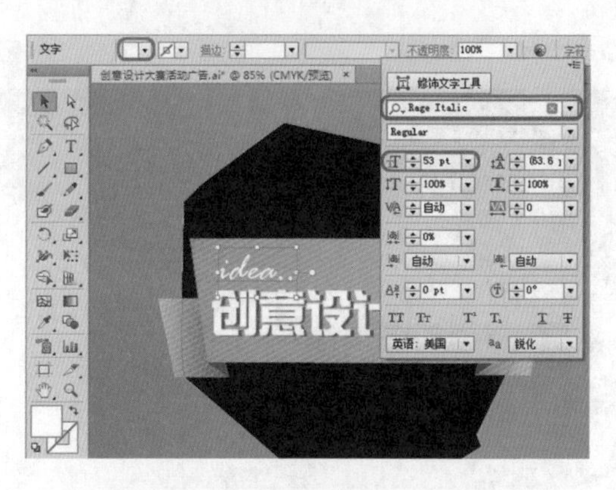

图 7-141　输入文字并进行设置

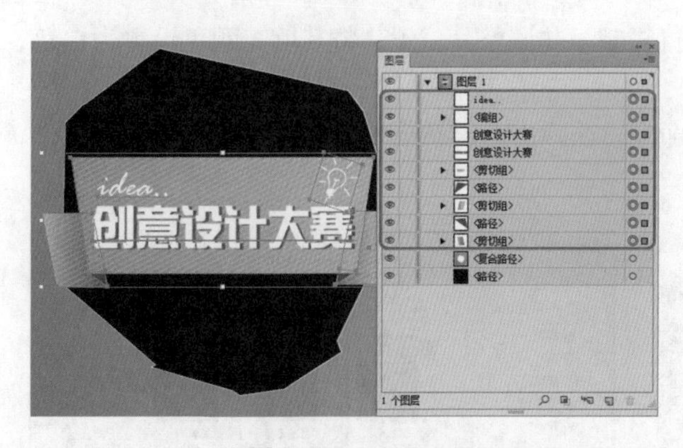

图 7-142　选择图层

图 7-143　旋转对象

(33) 旋转完成后，在画板中调整该对象的位置，然后在画板中选择蓝色矩形，右击鼠标，在弹出的快捷菜单中选择【排列】|【置于顶层】命令，如图 7-144 所示。

(34) 在画板中选择【铅笔工具】，在画板中按住鼠标进行绘制，将其描边颜色设置为 78、72、70、41，如图 7-145 所示。

图 7-144　选择【置于顶层】命令

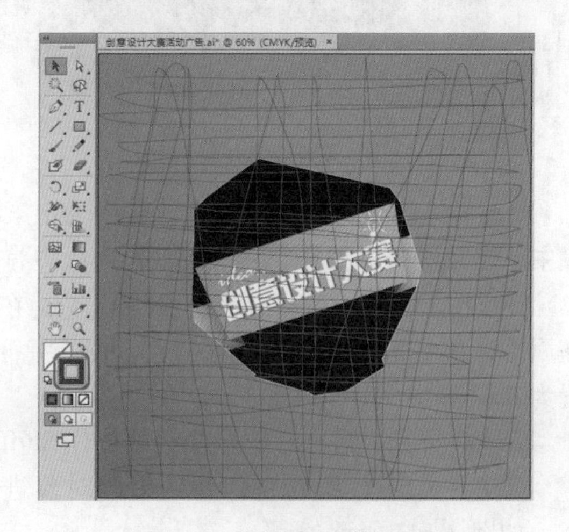

图 7-145　绘制图形并进行设置

(35) 在画板中选中该图形，在【外观】面板中将该图形的【混合模式】设置为【滤色】，如图 7-146 所示。

为了更加美观地体现效果，在此将使用【铅笔工具】绘制的图形进行了复制，并调整其位置和大小，读者可以根据需要进行操作，在此将不进行赘述。

(36) 在工具箱中选择【钢笔工具】，在画板中绘制一个图形，在【渐变】面板中将填充【类型】设置为【线性】，【角度】设置为 −107.5°，左侧渐变滑块的 CMYK 值设置为 0、0、0、0，右侧渐变滑块的 CMYK 值设置为 0、0、0、50，上方节点的位置调整为 65，如图 7-147 所示。

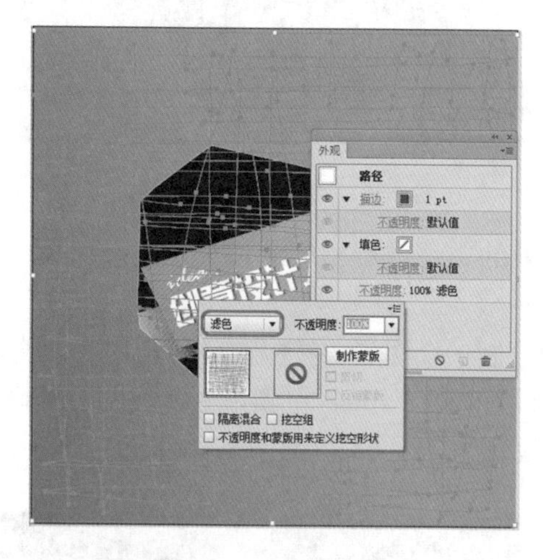

图 7-146 设置混合模式

图 7-147 设置渐变颜色

(37) 设置完成后，对该图形进行复制，并调整其位置，在【渐变】面板中将【角度】设置为 72°，在工具箱中选择【渐变工具】，在画板中调整渐变的位置，效果如图 7-148 所示。

(38) 选中该对象，在【外观】面板中将【混合模式】设置为【正片叠底】，如图 7-149 所示。

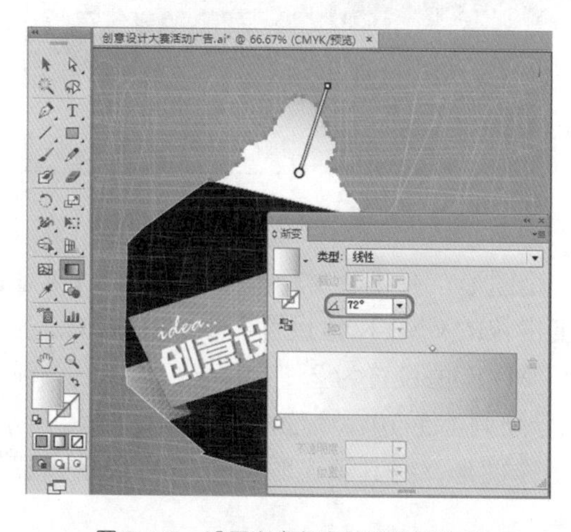

图 7-148 设置渐变角度并调整其位置

图 7-149 设置混合模式

(39) 使用相同的方法绘制其他图形，并对绘制的图形进行设置，并选中前面的两个图形，将其进行成组，效果如图 7-150 所示。

(40) 在工具箱中单击【钢笔工具】，在画板中绘制三个如图 7-151 所示的图形，选中绘制的图形，将其填充颜色的 CMYK 值设置为 4、26、82、0。

图 7-150　绘制其他图形并进行设置后的效果

图 7-151　绘制图形并填充颜色

(41) 使用前面所介绍的方法输入文字，并对输入的文字进行相应的设置，效果如图 7-152 所示。

(42) 在工具箱中选择【钢笔工具】，在画板中绘制一个图形，在【渐变】面板中将填充【类型】设置为【径向】，【角度】、【长宽比】分别设置为 0、100，左侧渐变滑块的 CMYK 值设置为 27、21、20、0，右侧渐变滑块的 CMYK 值设置为 71、64、61、15，如图 7-153 所示。

图 7-152　输入文字并进行设置

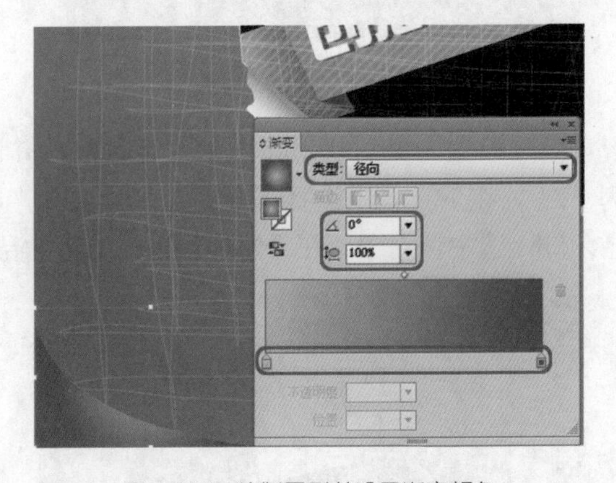

图 7-153　绘制图形并设置渐变颜色

(43) 再次使用【钢笔工具】在画板中绘制一个图形，在【渐变】面板中将填充【类型】设置为【线性】，【角度】设置为 51°，左侧渐变滑块的 CMYK 值设置为 0、0、0、0，其位置设置为 11，在位置 62 处添加一个渐变滑块，其 CMYK 值设置为 23、20、23、0，右侧渐变滑块的 CMYK 值设置为 0、0、0、0，上方两个节点分别调整至 70、68 位置处，如图 7-154 所示。

(44) 使用【钢笔工具】，再在画板中绘制一个图形，将其填充颜色的 CMYK 值设置为 52、46、49、0，如图 7-155 所示。

(45) 选中该图形，在【外观】面板中将【混合模式】设置为【正片叠底】，如图 7-156 所示。

(46) 在该图形上右击鼠标，在弹出的快捷菜单中选择【排列】|【后移一层】命令，将该图形向后移动一层，效果如图 7-157 所示。

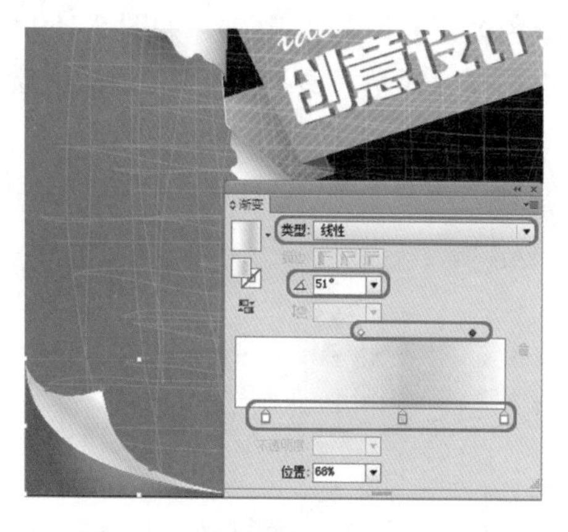

图 7-154　绘制图形并填充渐变颜色

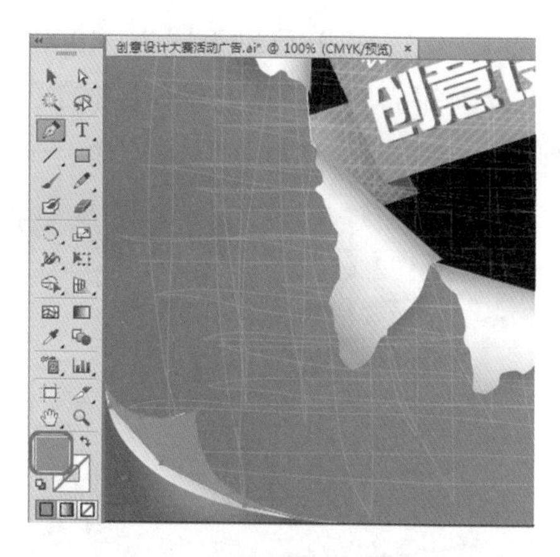

图 7-155　绘制图形并填充颜色

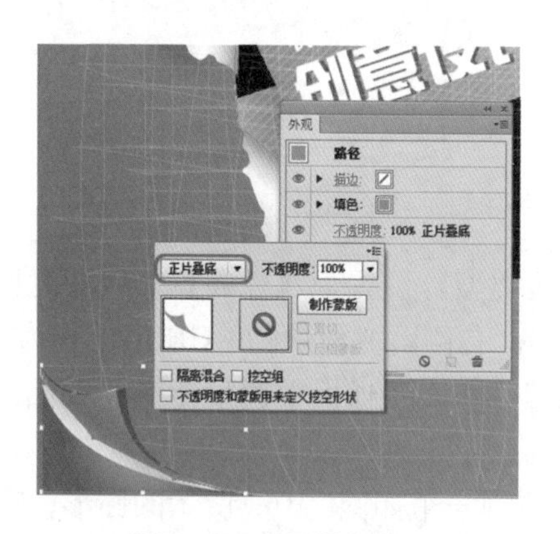

图 7-156　设置混合模式

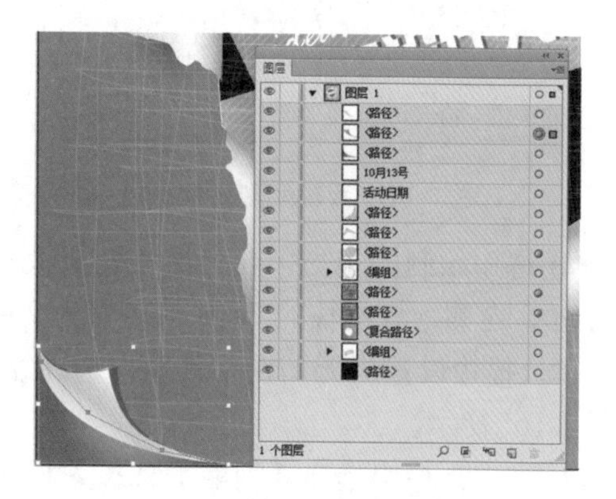

图 7-157　调整图形的排放顺序

案例精讲 046　活动广告

案例文件：CDROM \ 场景 \ Cha07 \ 活动广告 .ai

视频文件：视频教学 \ Cha07 \ 活动广告 .avi

制作概述

本案例将主要介绍活动广告的制作方法，其中包括背景的绘制、艺术文字的体现以及礼品袋的绘制等，效果如图 7-158 所示。

学习目标

- 掌握背景的绘制方法。
- 掌握艺术文字的体现。
- 了解如何绘制礼品袋。

图 7-158　活动广告

操作步骤

(1) 按 Ctrl+N 组合键，在弹出的对话框中将【名称】设置为“活动广告”，

将【宽度】、【高度】分别设置为340pt、397pt，【颜色模式】设置为RGB，如图7-159所示。

(2) 设置完成后，单击【确定】按钮，在工具箱中选择【矩形工具】，在画板中绘制一个与画板大小相同的矩形，如图7-160所示。

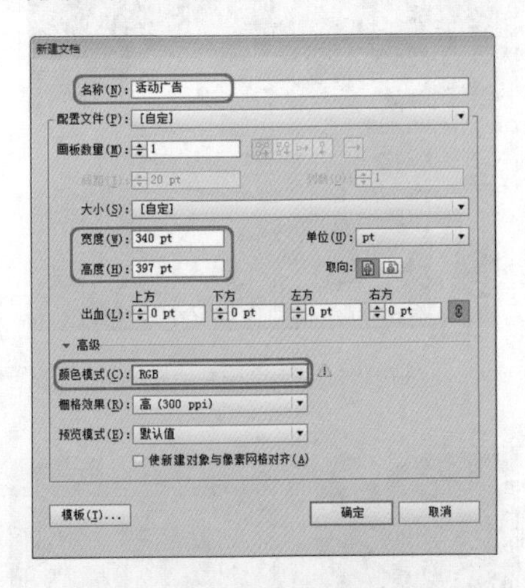

图7-159 设置新建文档参数

图7-160 绘制矩形

(3) 选中绘制的矩形，在【渐变】面板中将填充【类型】设置为【径向】，【长宽比】设置为96，左侧渐变滑块的RGB值设置为254、222、0，右侧渐变滑块的RGB值设置为241、108、0，描边设置为无，在工具箱中选择【渐变工具】，在画板中调整渐变的大小，效果如图7-161所示。

(4) 在工具箱中选择【钢笔工具】，在画板中绘制一个如图7-162所示的图形，在工具箱中选择【渐变工具】，在画板中对图形的渐变进行调整。

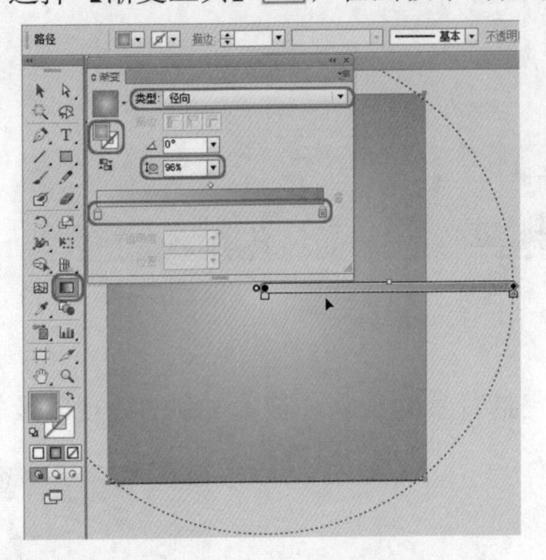

图7-161 设置渐变颜色并进行调整

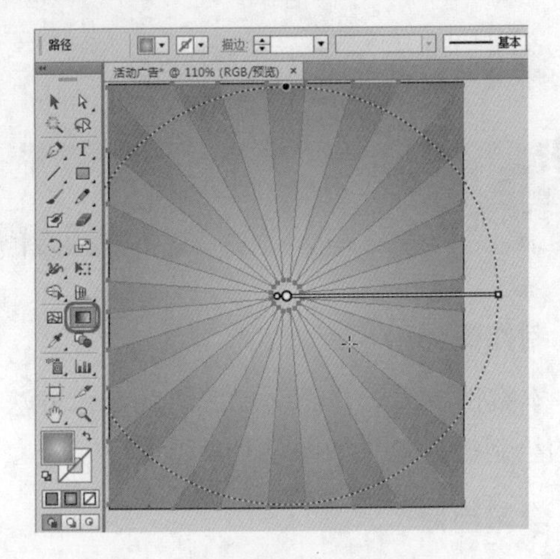

图7-162 绘制图形并调整渐变颜色

在新绘制图形时，新绘制的图形会以前面所设置的颜色为基准进行绘制，所以在此处不用设置渐变颜色。

(5) 在工具箱中选择【文字工具】T，在画板中单击鼠标，输入文字，选中输入的文字，在【字符】面板中将字体设置为【汉仪菱心体简】，字体大小设置为 72，字体颜色设置为白色，如图 7-163 所示。

(6) 选中该文字，右击鼠标，在弹出的快捷菜单中选择【创建轮廓】命令，如图 7-164 所示。

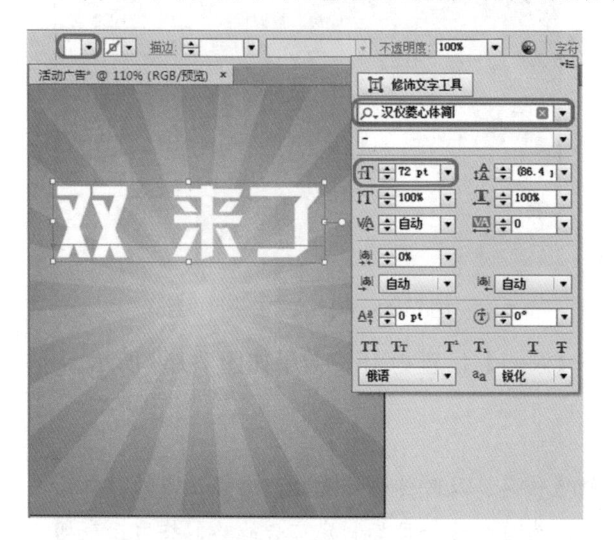

图 7-163　输入文字并进行设置

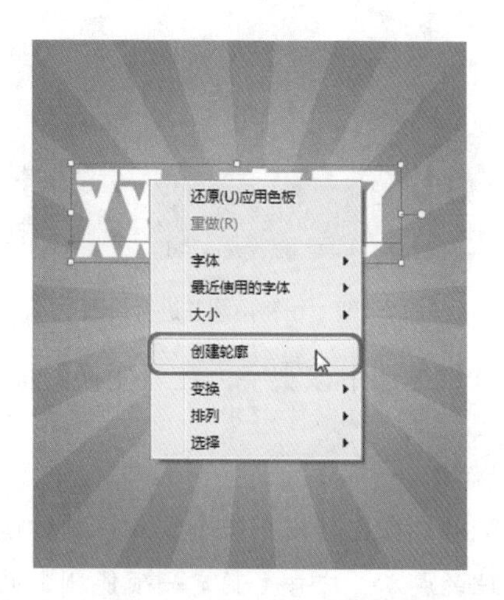

图 7-164　选择【创建轮廓】命令

(7) 再在该对象上右击鼠标，在弹出的快捷菜单中选择【取消群组】命令，如图 7-165 所示。

(8) 在工具箱中选择【直接选择工具】，在画板中对文字进行调整，效果如图 7-166 所示。

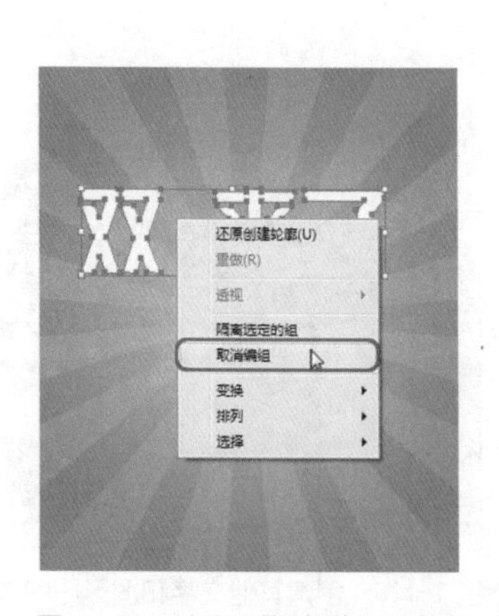

图 7-165　选择【取消群组】命令

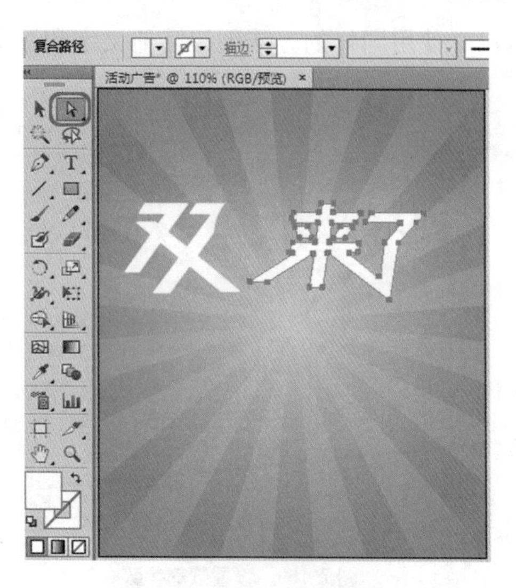

图 7-166　调整文字的形状

(9) 在工具箱中选择【椭圆工具】，在画板中按住 Shift 键绘制一个正圆，将其填充颜色设置为无，描边设置为白色，描边粗细设置为 4，效果如图 7-167 所示。

(10) 在工具箱中选择【文字工具】T，在画板中单击鼠标，输入文字，选中输入的文字，在【字符】面板中将字体设置为【方正大标宋简体】，字体大小设置为 52，字符间距设置为 −100，填充颜色设置为白色，效果如图 7-168 所示。

图 7-167　绘制正圆并进行设置

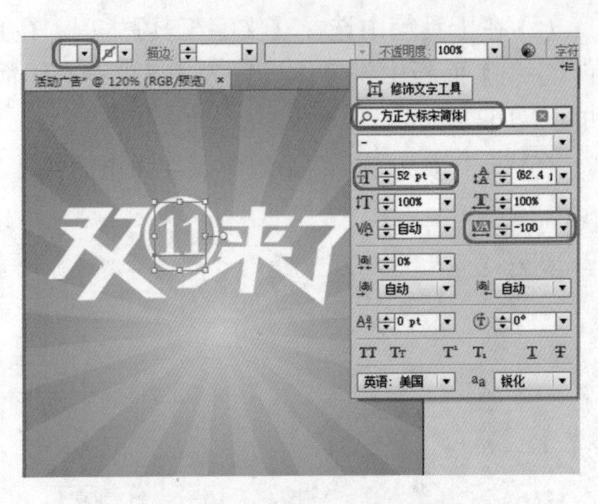

图 7-168　输入文字并进行设置

(11) 继续选中该文字，在【变换】面板中将【倾斜】设置为 15，效果如图 7-169 所示。

知识链接

活动广告包括以下四个重点：制作适当的销售信息、及时传达给受众、选择适当的时机，用合理的成本。广告主制定一项能测定的目标后，为达到这一目标制定广告战略，然后在市场上执行，包括：广告计划、广告制作、销售及营销等。其实，只要是有一定商业系的经营活动，都可以认为是活动广告。

(12) 使用同样的方法创建其他文字和图形，并对其进行调整，效果如图 7-170 所示。

图 7-169　设置倾斜参数

图 7-170　创建其他文字和图形后的效果

(13) 选中所有白色对象，按 Ctrl+G 组合键，在【变换】面板中将【旋转】设置为 19°，效果如图 7-171 所示。

(14) 在工具箱中选择【钢笔工具】，在画板中绘制一个如图 7-172 所示的图形，将其填充颜色的 RGB 值设置为 230、0、0，描边设置为无。

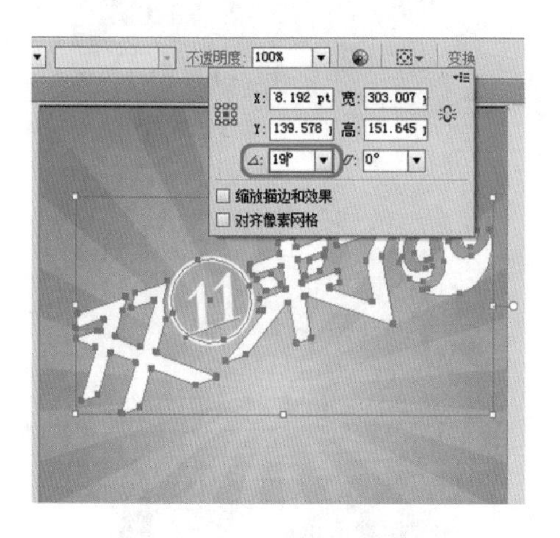

图 7-171　设置旋转度数

图 7-172　绘制图形并填充颜色

(15) 在工具箱中选择【椭圆工具】，在画板中绘制两个正圆，将其填充颜色设置为白色，并调整其位置，效果如图 7-173 所示。

(16) 按住 Shift 键选中绘制的圆形和红色图形，右击鼠标，在弹出的快捷菜单中选择【建立复合路径】命令，如图 7-174 所示。

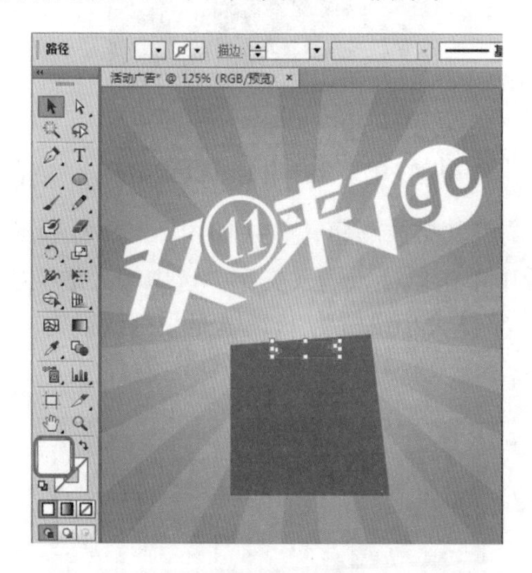

图 7-173　绘制圆形并设置填充颜色

图 7-174　选择【建立复合路径】命令

(17) 在工具箱中选择【钢笔工具】，在画板中绘制两个如图 7-175 所示的图形，将填充设置为无，描边颜色的 RGB 值设置为 230、0、0，描边粗细设置为 1.5，效果如图 7-175 所示。

(18) 使用【钢笔工具】再在画板中绘制一个如图 7-176 所示的图形，将其填充颜色的 RGB 值设置为 110、0、0，描边设置为无，效果如图 7-176 所示。

(19) 使用【钢笔工具】在画板中绘制三个如图 7-177 所示的图形，并为其填充白色。

(20) 使用同样的方法绘制其他图形，并对其进行相应的设置，效果如图 7-178 所示。

图 7-175　绘制图形并设置描边

图 7-176　绘制图形并填充颜色

图 7-177　绘制图形并填充白色

图 7-178　绘制其他图形后的效果

(21) 根据前面所介绍的方法绘制其他图形，并调整其排放顺序，效果如图 7-179 所示。

(22) 在工具箱中单击【文字工具】T，在画板中单击鼠标，输入文字，选中输入的文字，在【字符】面板中将字体设置为【汉仪菱心体简】，字体大小设置为 17，填充颜色设置为白色，效果如图 7-180 所示。

图 7-179　绘制其他图形并调整排放顺序后的效果

图 7-180　输入文字并进行设置

第 8 章 杂志广告设计

本章重点

- 汽车杂志广告
- 服装杂志广告
- 美体杂志广告
- 家电杂志广告
- 化妆品杂志广告
- 相机杂志广告

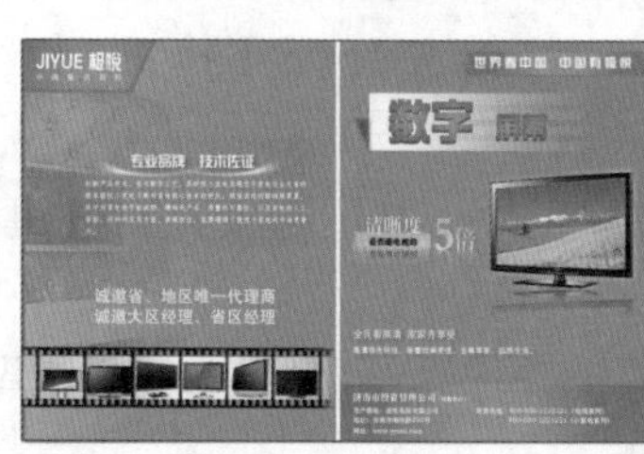

杂志可分为专业性杂志、行业性杂志、消费者杂志等。由于各类杂志读者比较明确，是各类专业商品广告的良好媒介。刊登在封二、封三、封四和中间双面的杂志广告一般用彩色印刷，纸质也较好，因此表现力较强，是报纸广告难以比拟的。本章将介绍如何制作杂志广告，学习制作杂志广告的一些技巧和思路。

案例精讲 047 汽车杂志广告

案例文件：CDROM \ 场景 \ Cha08 \ 汽车杂志广告 .ai
视频文件：视频教学 \Cha08 \ 汽车杂志广告 .avi

制作概述

本例将讲解如何设计制作汽车杂志，主要使用矩形工具和文字工具，以及使用路径查找器制作效果，具体操作方法如下，完成后的效果如图 8-1 所示。

图 8-1 制作汽车杂志

学习目标

- 学习汽车杂志的设计及制作过程。
- 掌握汽车杂志的制作方式及设计思路。

操作步骤

(1) 启动软件后，按 Ctrl+N 组合键，打开【新建文档】对话框，将【宽度】设置为 400 mm，【高度】设置为 250 mm，然后单击【确定】按钮，如图 8-2 所示。

(2) 在工具箱中选择【矩形工具】，在画板中单击鼠标左键，即可打开【矩形】对话框，在该对话框中将【宽度】设置为 400 mm，【高度】设置为 250 mm，单击【确定】按钮，如图 8-3 所示。

(3) 确认矩形的颜色为白色，然后在工具箱中单击【描边】色块，并单击【无】按钮，将绘制的矩形描边颜色设置为无，如图 8-4 所示。

(4) 继续使用【矩形工具】，在画板的顶端单击鼠标左键并拖动绘制矩形，填充黑色，绘制矩形后的效果如图 8-5 所示。

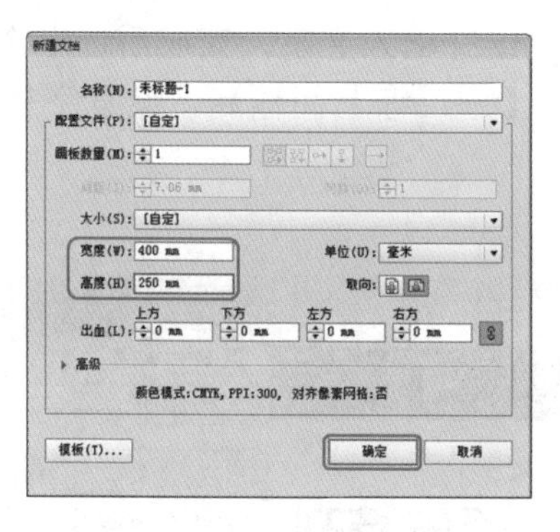

图 8-2　新建文档

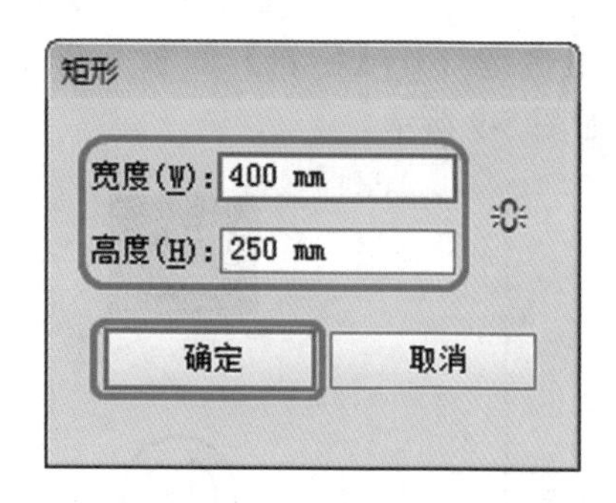

图 8-3　设置矩形大小

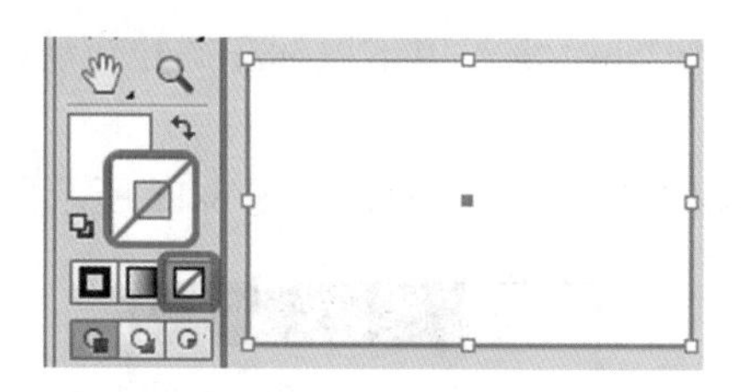

图 8-4　绘制矩形

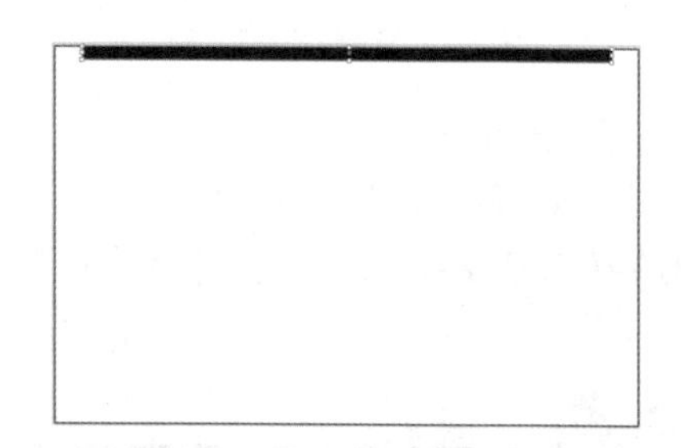

图 8-5　绘制矩形并填充黑色

系统默认的填色和描边分别为白色和黑色。

(5) 在工具箱中选择【椭圆形工具】，按住 Shift 键并在画板的左上角部分单击并拖动，绘制正圆，如图 8-6 所示。

(6) 确认选中圆形，在工具箱中单击【填充】，然后单击【无】按钮，将填充颜色设置为无，双击【描边】打开【拾色器】对话框，将 CMYK 设置为 100%、100%、100%、100%，单击【确定】按钮，如图 8-7 所示。

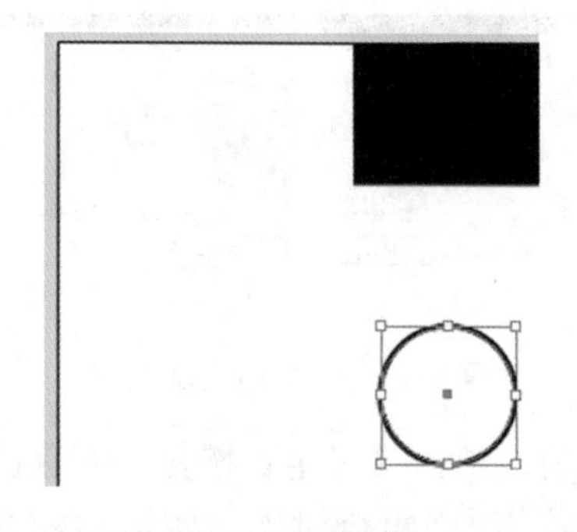

图 8-6　绘制椭圆

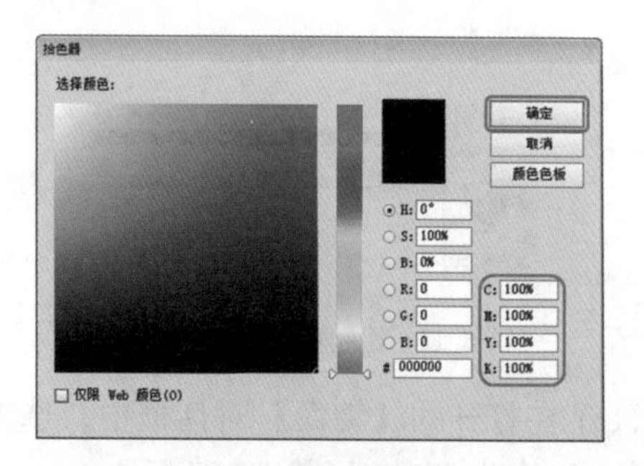

图 8-7　设置颜色

(7) 确认选中圆形，按 Ctrl+C 组合键复制，按 Ctrl+Shift+V 组合键，就地粘贴，按住 Shift+Alt 组合键，并使用鼠标左键缩放对象，调整后的效果如图 8-8 所示。

(8) 在工具箱中选择【文字工具】T，在画板中单击并输入文字，完成后选中文字，按 Ctrl+T 组合键打开【字符】面板，将【字体】设置为【方正综艺简体】，设置字体大小为 20pt，如图 8-9 所示。

图 8-8　复制并调整图形　　　图 8-9　输入并设置文字

(9) 在工具箱中选择【直线段工具】，在画板中按住 Shift 键，单击鼠标左键并拖动，绘制水平直线，效果如图 8-10 所示。

(10) 按 Ctrl+F10 组合键打开【描边】面板，将【粗细】设置为 2pt，如图 8-11 所示。

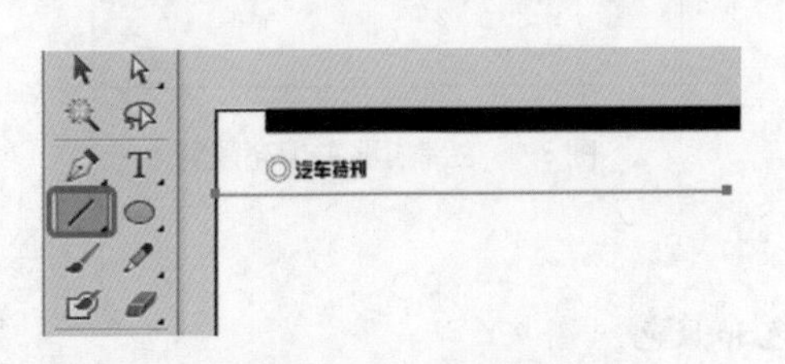

图 8-10　绘制直线

图 8-11　设置直线粗细

(11) 选择【矩形工具】绘制矩形，并将其填色的 CMYK 设置为 100%、100%、0%、0%，描边颜色设置为无，效果如图 8-12 所示。

(12) 按住 Shift 键选中圆形、文字和下面的直线、矩形，按 Ctrl+G 组合键，组合对象，按 Ctrl+C 键进行复制，按 Ctrl+Shift+V 键，就地粘贴，并右键单击并选择【变换】|【对称】命令，如图 8-13 所示。

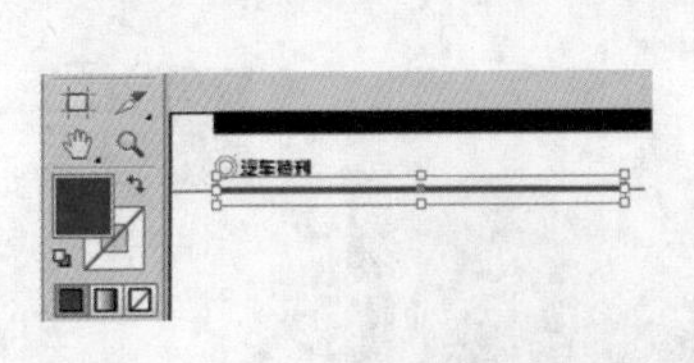

图 8-12　绘制矩形并填充颜色

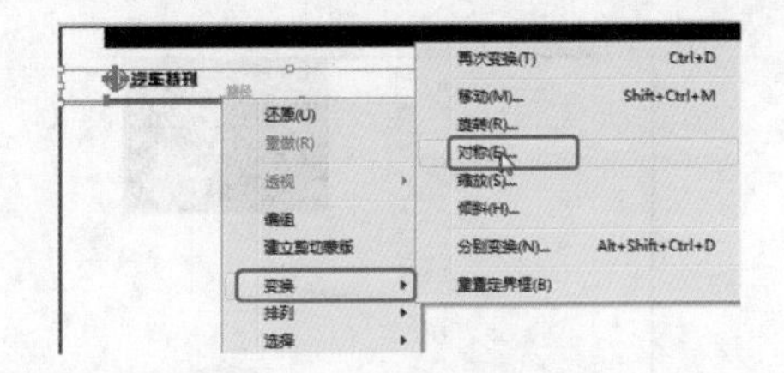

图 8-13　选择【对称】命令

(13) 在打开的【镜像】对话框中，选择【垂直】选项，单击【确定】按钮，并在画板中按住 Shift 键向右调整对象的位置，按 Ctrl+Shift+G 组合键，取消组合对象，使用同样方法将其正确镜像，效果如图 8-14 所示。

(14) 在菜单栏中选择【文件】|【置入】命令，在打开的对话框中，选择素材文件“背景车.jpg”，在画板中单击，完成置入，效果如图 8-15 所示。

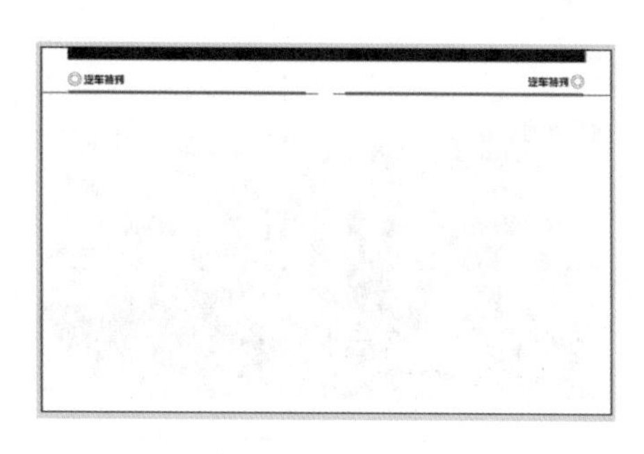

图 8-14　镜像复制对象并调整

图 8-15　导入素材效果

(15) 使用【选择工具】，按住 Shift 键调整置入的素材大小，调整完成后，在属性栏中单击【嵌入】按钮，如图 8-16 所示。

(16) 使用【矩形工具】，在画板中绘制矩形，并填充白色，按 Shift+F6 组合键打开【外观】面板，单击【不透明度】，在打开的面板中，将【不透明度】设置为 70%，如图 8-17 所示。

图 8-16　调整素材并置入

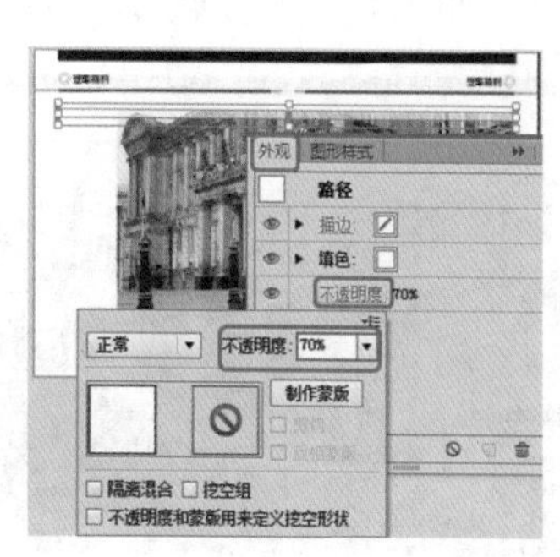

图 8-17　绘制并设置矩形不透明度

(17) 继续使用【矩形工具】绘制矩形，填充黑色并设置不透明度为 40%，调整好矩形的位置，效果如图 8-18 所示。

(18) 在工具箱中选择【文字工具】，在画板中输入文字，并选中部分文字，按 Ctrl+T 组合键，打开【字符】面板，设置字体系列为【方正综艺简体】，字体大小为 15pt，如图 8-19 所示。

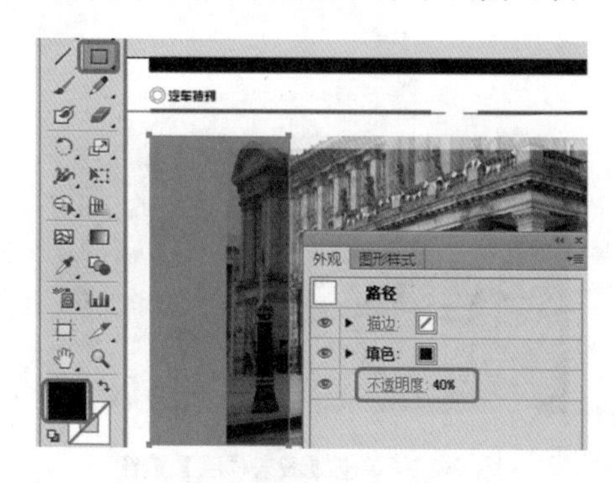

图 8-18　设置矩形

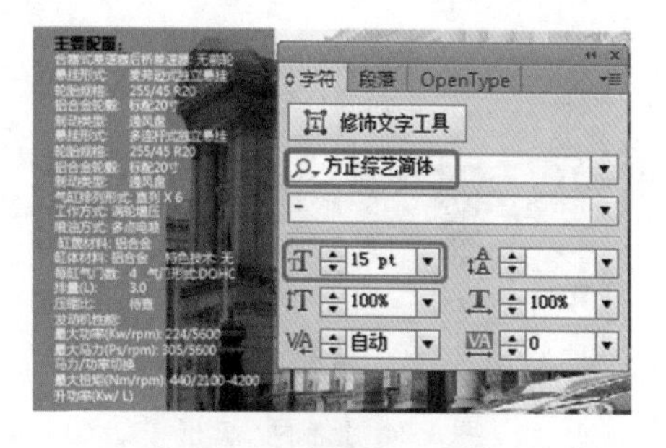

图 8-19　设置选中的文字

(19) 选中其他文字，设置字体系列为【微软雅黑】，字体大小为 12pt，如图 8-20 所示。

(20) 使用同样的方法置入素材，置入后调整素材的大小和位置，最后嵌入素材，效果如图 8-21 所示。

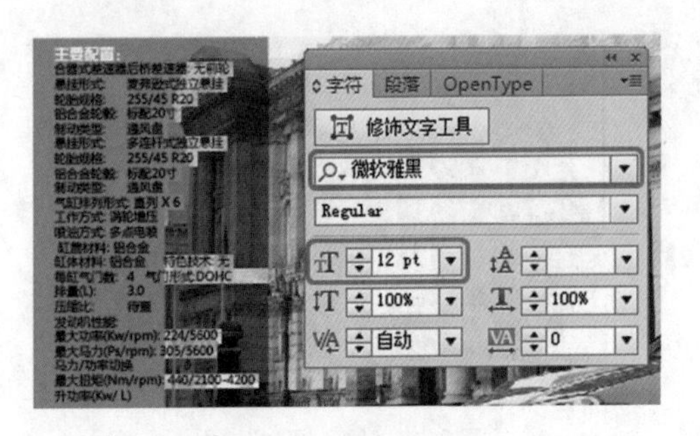

图 8-20　设置其他文字

图 8-21　带入并调整素材

(21) 使用【矩形工具】绘制矩形，并将填充颜色的 CMYK 值设置为 76%、33%、4%、0%，效果如图 8-22 所示。

(22) 使用文字工具输入文字，将文字的填充颜色设置为白色，选中文字，按 Ctrl+T 组合键，打开【字符】面板，设置字体系列为【方正综艺简体】，字体大小为 48pt，如图 8-23 所示。

图 8-22　绘制并设置矩形

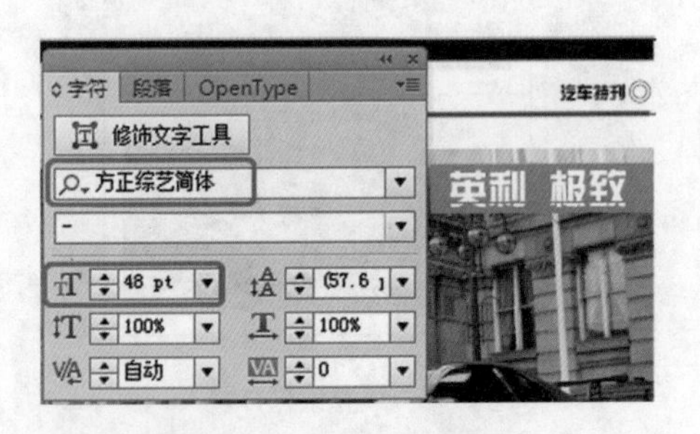

图 8-23　输入并设置文字

(23) 再次使用【矩形工具】绘制一大一小两个矩形，分别填充不同的颜色，使用【选择工具】旋转小矩形，效果如图 8-24 所示。

(24) 选中这两个新绘制的矩形，按 Ctrl+Shift+F9 组合键打开【路径查找器】对话框，单击【减去顶层】按钮，如图 8-25 所示。

图 8-24　绘制两个矩形

图 8-25　单击【减去顶层】按钮

(25) 然后调整矩形的位置，使用同样的方法输入文字，设置文字的颜色、字体和大小，效果如图 8-26 所示。

(26) 根据前面介绍的方法制作其他的效果，如图 8-27 所示。

图 8-26 输入并设置文字

图 8-27 制作其他效果

案例精讲 048 服装杂志广告

 案例文件：CDROM \ 场景 \ Cha08 \ 服装 .ai

 视频文件：视频教学 \Cha08 \ 服装杂志 .avi

制作概述

本例将讲解如何制作服装杂志，主要使用外部素材和文字工具，以及渐变面板，进行制作，具体操作方法如下，完成后的效果如图 8-28 所示。

图 8-28 制作服装杂志

学习目标

- 学习服装杂志的设计及制作方式。
- 掌握服装杂志的制作流程及布局和颜色的使用。

操作步骤

(1) 启动软件后，按 Ctrl+N 组合键，打开【新建文档】对话框，将【宽度】设置为 400 mm，【高度】设置为 250 mm，然后单击【确定】按钮，如图 8-29 所示。

(2) 在工具箱中选择【矩形工具】，在画板中单击鼠标左键，即可打开【矩形】对话框，在该对话框中将【宽度】设置为 400 mm，【高度】设置为 206 mm，单击【确定】按钮，如图 8-30 所示。

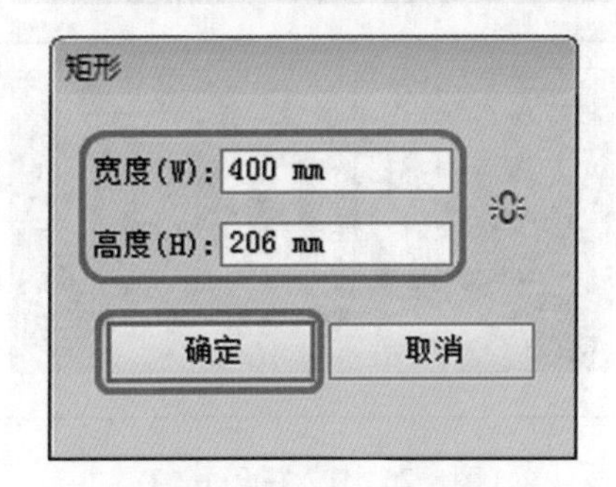

图 8-29　新建文档

图 8-30　设置矩形大小

(3) 然后选择【渐变工具】，在绘制的矩形上单击，显示出渐变，如图 8-31 所示。

(4) 按 Ctrl+F9 组合键打开【渐变】面板，将【类型】设置为【线性】，【角度】设置为 90°，选中【填充】按钮，将左侧的滑块移动至 27% 的位置，双击该滑块，在打开的面板中将其颜色设置为白色，双击右侧的滑块，在打开的面板中使用 CMYK 模式，将右侧滑块 CMYK 设置为 18%、11%、11%、0%，调整上方滑块的位置如图 8-32 所示。

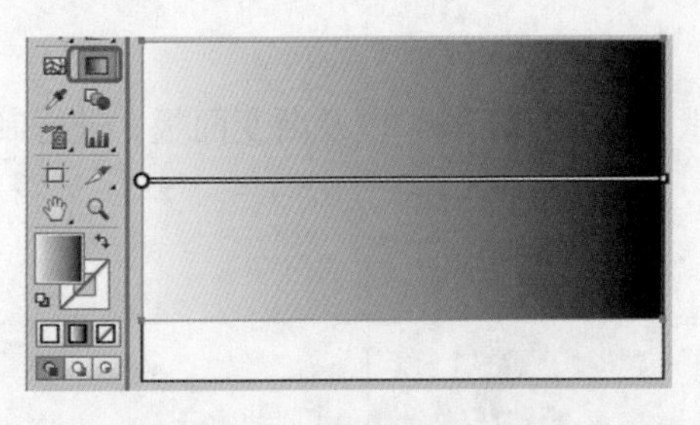

图 8-31　绘制矩形并使用渐变

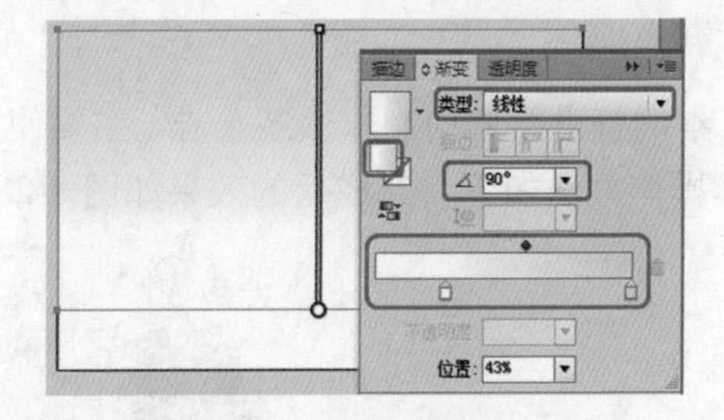

图 8-32　设置渐变色

(5) 继续使用矩形工具绘制矩形，再次绘制一个矩形，按 Ctrl+F9 组合键打开【渐变】面板，将【类型】设置为【线性】，【角度】设置为 −90°，选中【填充】按钮，将左侧的滑块移动至 0% 的位置，双击该滑块，在打开的面板中将其 CMYK 设置为 15%、10%、9%、0%，在 28% 的位置添加滑块，将其 CMYK 设置为 21%、13%、14%、0%，右侧滑块 CMYK 设置为 42%、32%、26%、0%，调整上方滑块的位置如图 8-33 所示。

(6) 在菜单栏中选择【文件】|【置入】命令，在打开的【置入】对话框中选择“模特 1.png”和“模特 2.png”素材文件，单击【置入】按钮，置入后的效果如图 8-34 所示。

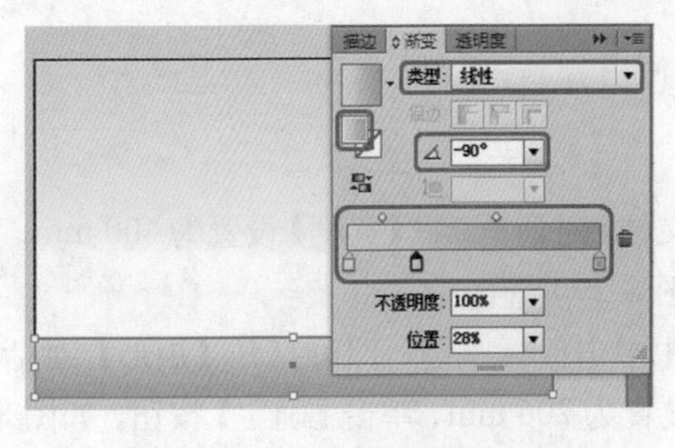

图 8-33　调整渐变

图 8-34　绘制并填充对象

(7) 使用【选择工具】并按住Shift键，调整置入素材的大小和位置，调整后选中这两个素材，单击【属性】栏中的【嵌入】按钮，如图8-35所示。

(8) 确认选中素材按Ctrl+G组合键组合对象，按Ctrl+C组合键复制，按Ctrl+Shift+V组合键就地粘贴对象，然后在右键菜单中选择【变换】|【对称】命令，如图8-36所示。

图8-35　复制并调整对象

图8-36　编辑对象的渐变

(9) 在打开的【镜像】对话框中，选中【水平】单选按钮和【预览】复选框，单击【确定】按钮，如图8-37所示。

(10) 确认选中复制的对象，按Ctrl+Shift+G组合键，取消编组，然后分别调整这两个复制对象的位置，选中这两个复制的对象，再次将它们组合起来，按Ctrl+[组合键调整图层顺序，效果如图8-38所示。

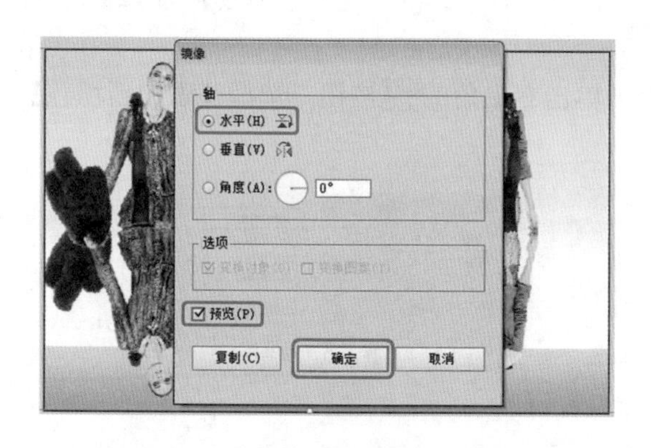

图8-37　设置镜像

图8-38　调整复制的对象

(11) 继续使用【矩形工具】绘制矩形，打开【渐变】面板，将【类型】设置为【线性】，角度设置为−90°，左侧的滑块设置为白色，右侧的滑块设置为黑色，【不透明度】设置为0%，如图8-39所示。

(12) 然后使用【选择工具】，按住Shift键选中复制的对象和新绘制的矩形，按Ctrl+Shift+F10组合键，打开【透明度】面板，单击【制作蒙版】按钮，效果如图8-40所示。

图 8-39　设置矩形的渐变

图 8-40　制作蒙版

(13) 在工具箱中选择【文字工具】，在画板中单击输入文字，按 Ctrl+T 组合键打开【字符】面板，设置字体系列为【Adobe 宋体 Std L】，字体大小为 200pt，【水平缩放】为 123%，颜色为白色，如图 8-41 所示。

(14) 按 Shift+F6 组合键打开【外观】面板，单击【不透明度】，在打开的面板中将【混合模式】设置为【柔光】，如图 8-42 所示。

图 8-41　输入并设置文字

图 8-42　设置混合模式

(15) 继续选择【文字工具】，输入文字并选中输入的文字，按 Ctrl+T 组合键，在打开的【字符】面板中，设置字体系列为【Adobe 宋体 Std L】，字体大小为 50pt，【水平缩放】为 123%，如图 8-43 所示。

(16) 按 Shift+F6 组合键，打开【外观】面板，单击右上角的按钮，选择【添加新填色】命令，如图 8-44 所示。

图 8-43　调整素材

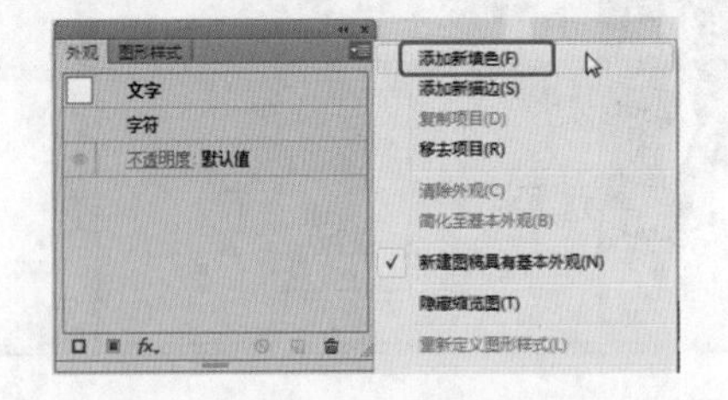

图 8-44　输入并设置文字

(17) 按 Ctrl+F9 组合键打开【渐变】面板，将【类型】设置为【线性】，单击【填色】，将【角度】设置为 −90°，左侧滑块的 CMYK 设置为 49%、100%、100%、25%，右侧滑块的 CMYK 设置为 18%、100%、100%、0%，设置完成后单击该面板中的【描边】，设置其渐变与填色渐变相同，如图 8-45 所示，然后，通过【外观】面板将其【描边粗细】设置为 5pt。

(18) 继续使用【文字工具】输入文字，设置其字体、填色、描边参数与上一步相同，在【字符】面板中将字体大小设置为 100pt，如图 8-46 所示。

(19) 使用前面介绍的方法制作出其他文字的效果，如图 8-28 所示。

图 8-45　设置渐变

图 8-46　输入并设置其他文字

案例精讲 049　美体杂志广告

 案例文件：CDROM \ 场景 \ Cha08 \ 美体 .ai

 视频文件：视频教学 \Cha08 \ 美体杂志 .avi

制作概述

本例将讲解如何设计制作美体，利用文字工具输入文字，使用【矩形工具】和【钢笔工具】绘制其他图形，具体操作方法如下，完成后的效果如图 8-47 所示。

图 8-47　制作美体杂志

学习目标

■　学习美体杂志的设计及制作过程。

■　掌握美体杂志的制作方法及杂志的整体布局。

操作步骤

(1) 启动软件后，按 Ctrl+N 组合键，打开【新建文档】对话框，将【宽度】设置为 200 mm，【高度】设置为 250 mm，然后单击【确定】按钮，如图 8-48 所示。

(2) 在菜单栏中选择【文件】|【置入】命令，在打开的【置入】对话框中选择素材“美体背景 .jpg”，单击【置入】按钮，然后在画板中单击鼠标，即可将素材置入，效果如图 8-49 所示。

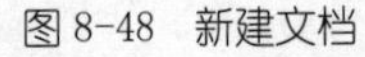

图 8-48 新建文档

图 8-49 置入素材

(3) 使用【选择工具】按住 Shift 键，等比例调整素材的大小和位置，并在属性栏中单击【嵌入】按钮，调整后的效果如图 8-50 所示。

(4) 在工具箱中选择【矩形工具】，在画板中单击鼠标在打开的【矩形】对话框中将【宽度】设置为 200mm，【高度】设置为 250mm，单击【确定】按钮，如图 8-51 所示。

(5) 使用【选择工具】选中所有对象，右键单击，在弹出的快捷菜单中选择【建立剪切蒙版】命令，如图 8-52 所示。

图 8-50 设置填充颜色

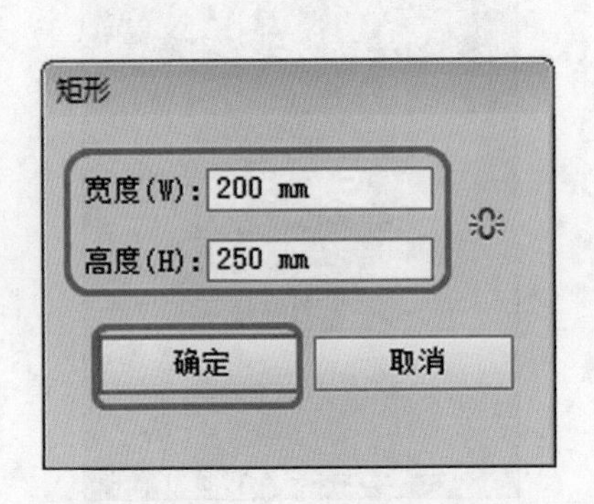

图 8-51 设置矩形

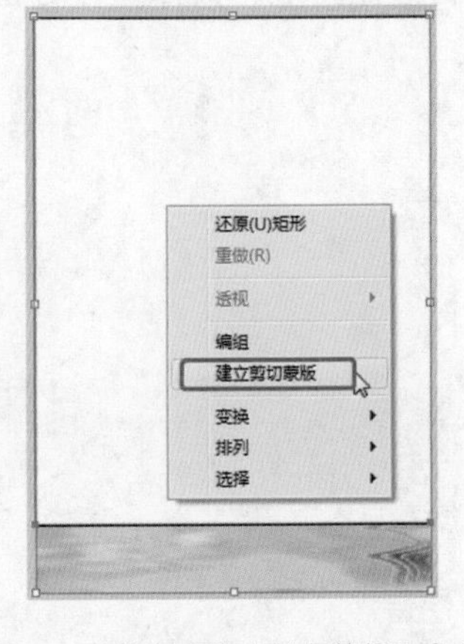

图 8-52 选择【建立剪切蒙版】命令

(6) 继续选中【建立剪切蒙版】后的对象，右键单击选择【变换】|【对称】命令，如图 8-53 所示。

(7) 在打开的【镜像】对话框中，选中【垂直】单选按钮和【预览】复选框，然后单击【确定】按钮，如图 8-54 所示。

(8) 使用相同的方法将“模特 3.png”素材置入到文档中，并调整位置和大小，并嵌入素材，调整后的效果如图 8-55 所示。

(9) 在工具箱中选择【钢笔工具】，在画板中绘制图形，绘制图形后打开【渐变】面板，将【类型】设置为【线性】，单击【填色】，将左侧的滑块 CMYK 设置为 37%、82%、0%、36%，在 50% 的位置添加滑块，将其 CMYK 设置为 16%、75%、0%、27%，右侧滑块的 CMYK 设置为 37%、82%、0%、36%，如图 8-56 所示。

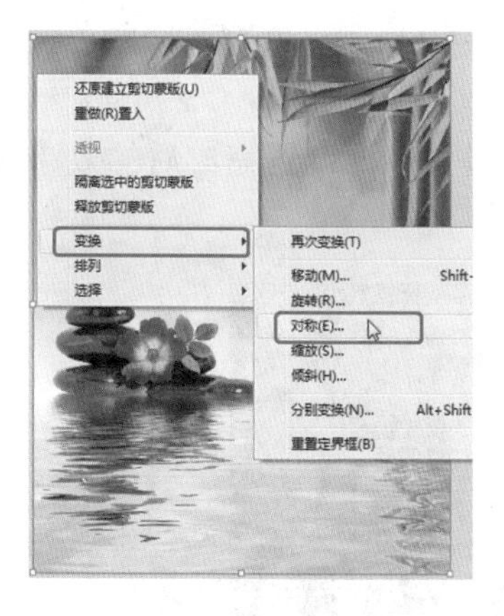

图 8-53　选择【对称】命令

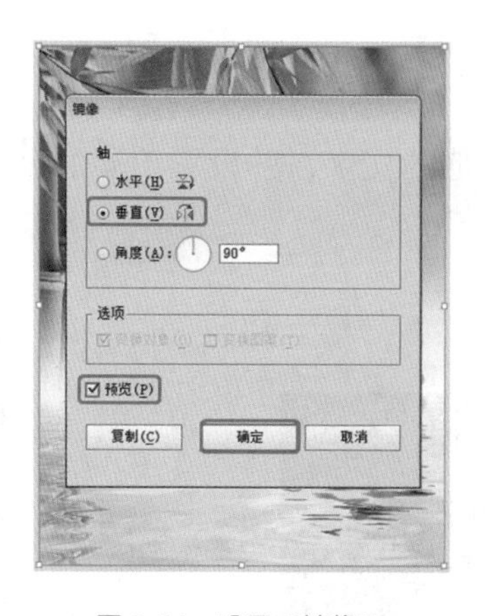

图 8-54　设置【镜像】

图 8-55　置入素材

(10) 继续使用【钢笔工具】绘制图形，绘制完成后在【渐变】面板中将【类型】设置为【线性】，单击【填色】，将【角度】设置为 90°，左侧滑块的 CMYK 设置为 34%、61%、0%、0%，在 50% 的位置添加滑块，将其 CMYK 设置为 0%、0%、0%、0%，右侧滑块的 CMYK 设置为 49%、78%、0%、0%，如图 8-57 所示。

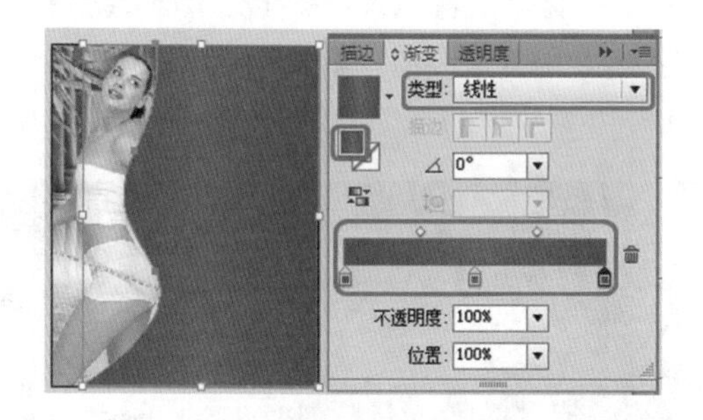

图 8-56　绘制图形并设置渐变

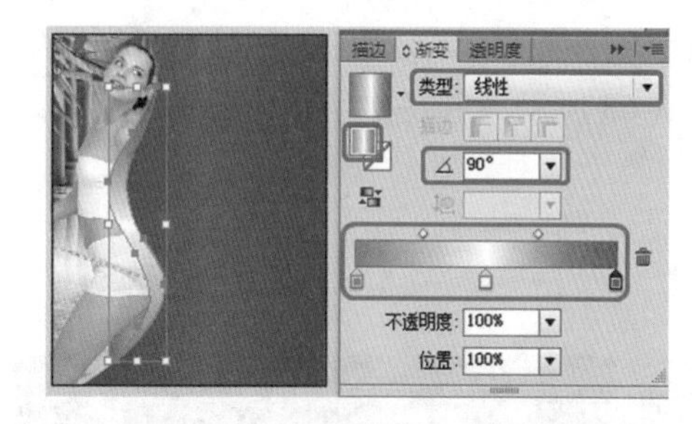

图 8-57　设置新绘制图形的渐变色

(11) 在工具箱中选择【文本工具】，在画板中单击输入文字，按 Ctrl+T 组合键打开【字符】面板，设置字体系列为【华文仿宋】，字体大小为 15pt，如图 8-58 所示，并将文字颜色设置为白色。

(12) 使用相同的方法将 logo.ai 素材置入文档中，并调整位置和大小，嵌入素材，调整后的效果如图 8-59 所示。

图 8-58　输入并设置文字

图 8-59　置入并调整素材

(13) 继续使用【文字工具】，在画板中单击输入文字，按 Ctrl+T 组合键打开【字符】面板，

设置字体系列为【Adobe 黑体 Std R】，字体大小为 22 pt，如图 8-60 所示，并将文字颜色设置为黄色。

(14) 使用同样的方法输入其他的文字，并设置不同的字体和大小，设置完成后的效果如图 8-61 所示。

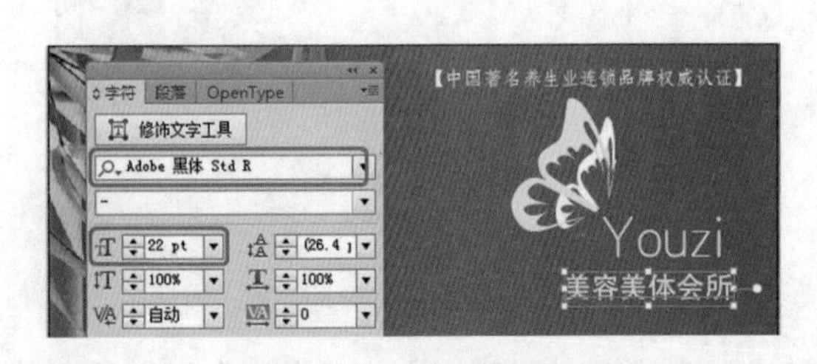

图 8-60　输入并设置文字

图 8-61　输入其他文字

(15) 在工具箱中选择【钢笔工具】，在画板中绘制路径，并在工具箱中将【填色】和【描边】均设置为无，效果如图 8-62 所示。

(16) 在工具箱中选择【文字工具】，在绘制的路径左端单击输入文字，按 Ctrl+T 组合键打开【字符】面板，设置字体系列为【华文仿宋】，字体大小为 21 pt，【水平缩放】为 121%，如图 8-63 所示，并将文字颜色设置为黄色。

图 8-62　绘制路径

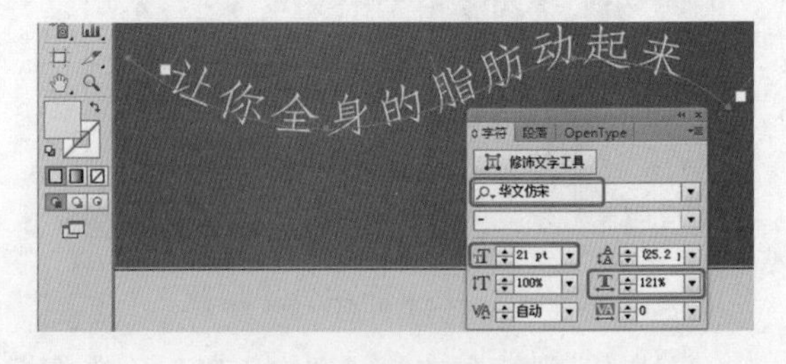

图 8-63　输入并设置文字

提示

在路径上输入文字后，可以通过使用【直接选择工具】调整文字在路径上的位置。

(17) 继续使用【钢笔工具】，在画板中绘制多条路径，并在工具箱中将【填色】设置为无，【描边】颜色设置为白色，效果如图 8-64 所示。

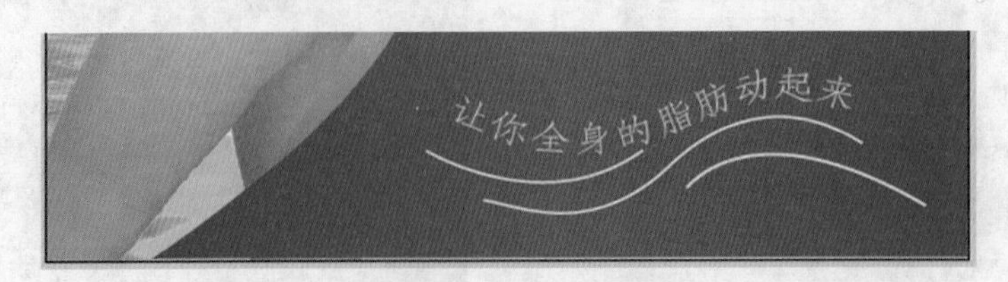

图 8-64　绘制其他路径

(18) 至此美体杂志广告制作完成，将其进行保存即可。

案例精讲 050　家电杂志广告

案例文件：CDROM \ 场景 \ Cha08 \ 家电 .ai

视频文件：视频教学 \Cha08 \ 家电杂志 .avi

制作概述

本例将讲解如何设计制作档案袋，首先利用矩形工具绘制主体大小，通过文字工具输入文字，使用矩形工具和钢笔工具绘制其他图形，具体操作方法如下，完成后的效果如图 8-65 所示。

图 8-65　制作家电杂志

学习目标

- 学习工作证的设计及制作过程。
- 掌握工作证的制作方法及颜色的过渡运用。

操作步骤

(1) 启动软件后，按 Ctrl+N 组合键，打开【新建文档】对话框，将【宽度】设置为 400 mm，【高度】设置为 250 mm，然后单击【确定】按钮，如图 8-66 所示。

(2) 在工具箱中选择【矩形工具】，在画板中单击左键打开【矩形】对话框，将【宽度】设置为 400 mm，【高度】设置为 250 mm，然后单击【确定】按钮，如图 8-67 所示。

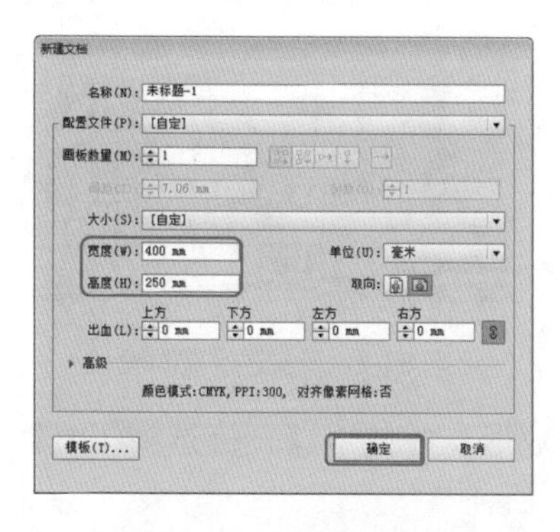

图 8-66 新建文档

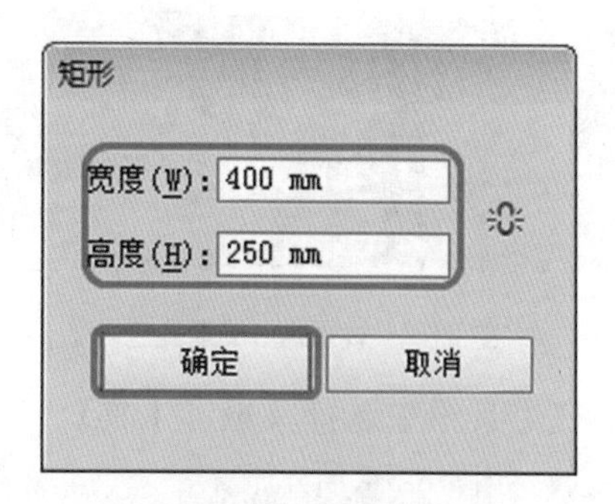

图 8-67　设置矩形大小

(3) 打开【渐变】面板，将【类型】设置为【径向】，单击【填色】，将【角度】设置为 −12°，【长宽比】设置为 64%，左侧滑块的 CMYK 设置为 90%、0%、0%、28%，在 83% 的位置添加滑块，将其 CMYK 设置为 74%、0%、0%、40%，右侧滑块的 CMYK 设置为 82%、0%、0%、

41%，如图 8-68 所示。

(4) 然后在工具箱中选择【渐变工具】，在画板中调整矩形的渐变，调整后的效果，如图 8-69 所示。

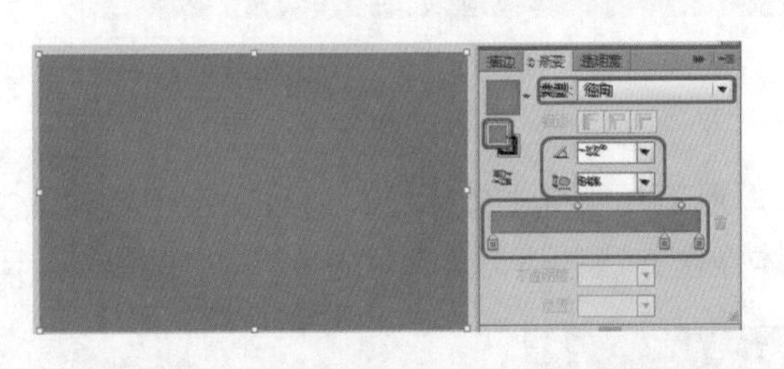

图 8-68　设置渐变

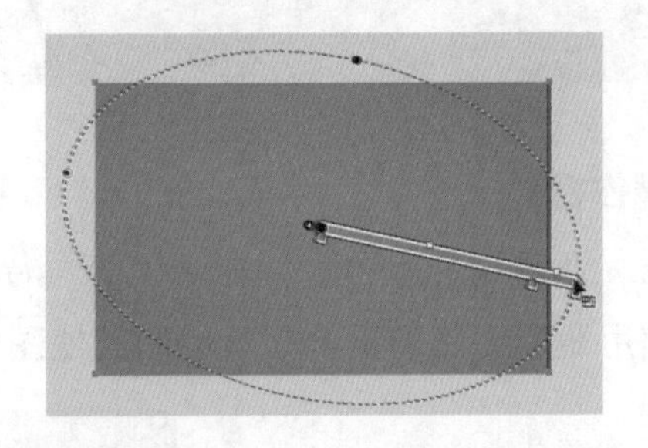

图 8-69　绘制矩形

(5) 在菜单栏中选择【文件】|【置入】命令，在打开的【置入】对话框中将“电视背景 .jpg”素材置入文档中，效果如图 8-70 所示。

(6) 使用【选择工具】，按住 Shift 键等比例调整素材的大小，并调整素材的位置，效果如图 8-71 所示。

图 8-70　置入素材

图 8-71　调整素材的大小和位置

(7) 选择【矩形工具】在画板中绘制矩形，按 Ctrl+F9 组合键打开【渐变】面板，将【类型】设置为【线性】，单击【填色】确认渐变色为从白到黑，如图 8-72 所示。

(8) 按住 Shift 键选中素材和新绘制的矩形，按 Ctrl+Shift+F10 组合键打开【透明度】面板，将【混合模式】设置为叠加，单击【制作蒙版】按钮，如图 8-73 所示。

图 8-72　设置矩形的渐变色

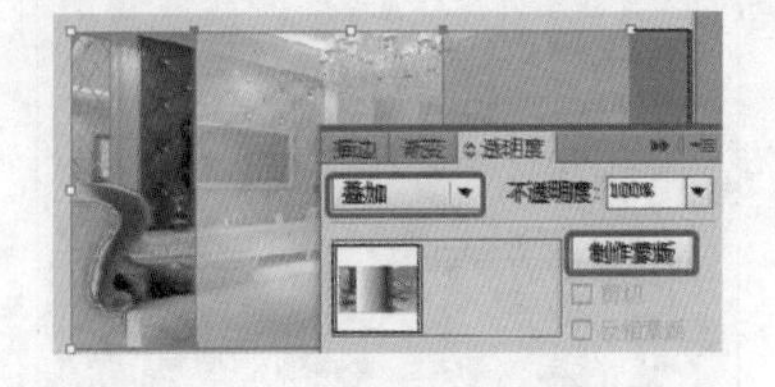

图 8-73　设置透明度面板

(9) 在工具箱中选择【矩形工具】，在画板中绘制矩形，并使用【直接选择工具】调整矩形的锚点，如图 8-74 所示。

(10) 选中调整后的矩形，双击工具箱中的【填色】，在打开的【拾色器】对话框中将 CMYK 设置为 85%、50%、0%、0%，然后单击【确定】按钮，如图 8-75 所示，并将描边颜色设置为无。

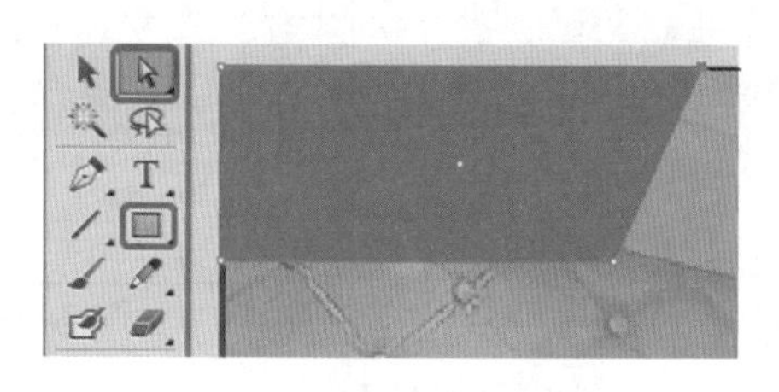

图 8-74　绘制矩形并调整

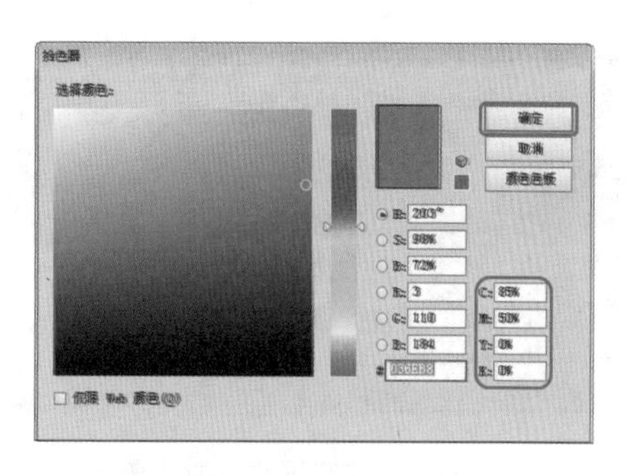

图 8-75　设置填色

(11) 按 Ctrl+C 组合键对调整后的矩形进行复制，按 Ctrl+Shift+V 组合键，就地粘贴，使用【选择工具】对其进行缩放，效果如图 8-76 所示。

(12) 打开【渐变】面板，将【类型】设置为【径向】，单击【填色】，将左侧的滑块调整至 31% 的位置，CMYK 设置为 93%、6%、0%、15%，右侧滑块的 CMYK 设置为 86%、59%、0%、0%，并使用【渐变工具】，在画板中调整矩形的渐变，如图 8-77 所示。

图 8-76　复制并调整对象

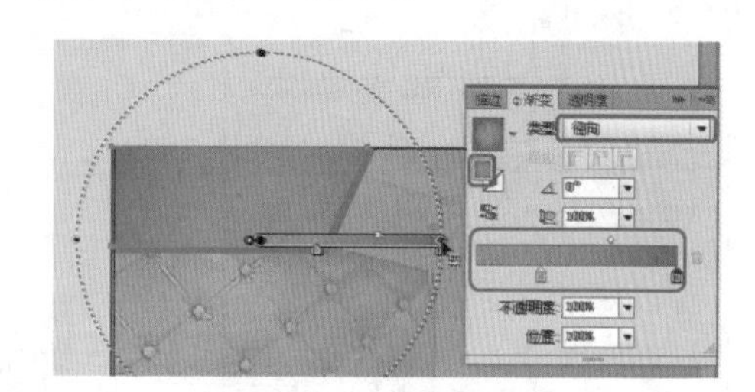

图 8-77　调整渐变色

(13) 在工具箱中选择【文字工具】在画板中输入文字，按 Ctrl+T 组合键打开【字符】面板，设置字体系列为【方正综艺简体】，字体大小为 36 pt，【水平缩放】为 83%，如图 8-78 所示，并将文字颜色设置为白色。

(14) 使用同样方法输入文字，并设置字体系列为【方正书宋简体】，字体大小为 13.6 pt，如图 8-79 所示，并将文字颜色设置为白色。

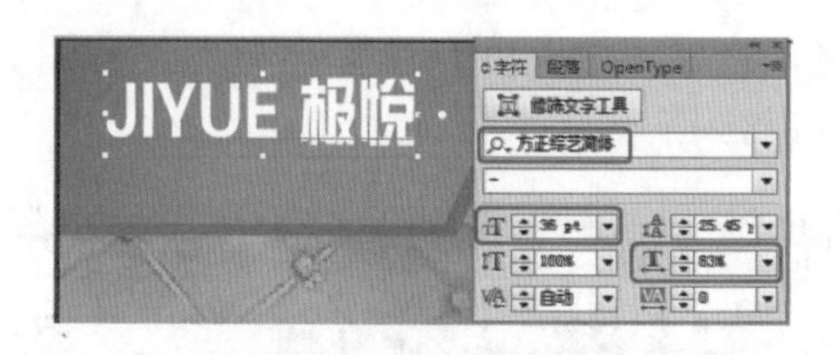

图 8-78　输入并设置文字

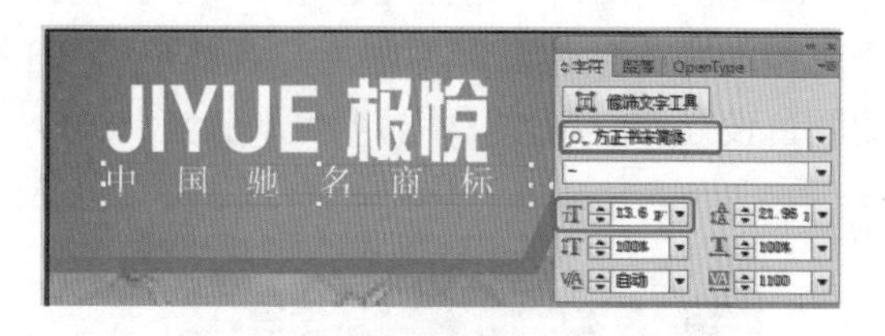

图 8-79　再次输入并设置文字

(15) 使用【矩形工具】绘制矩形，打开【渐变】面板，将【类型】设置为【线性】，单击【填色】，将左、右侧滑块的 CMYK 均设置为 80%、40%、0%、0%，左侧的【不透明度】设置为 0%，如图 8-80 所示。

(16) 使用前面介绍的方法输入文字，设置字体系列为【长城新艺体】，字体大小为 25 pt，按 Shift+F6 组合键打开【外观】面板，单击【添加新效果】按钮 fx，在下拉菜单中选择【风格化】|【投影】命令，如图 8-81 所示。

图 8-80　绘制矩形并设置填充

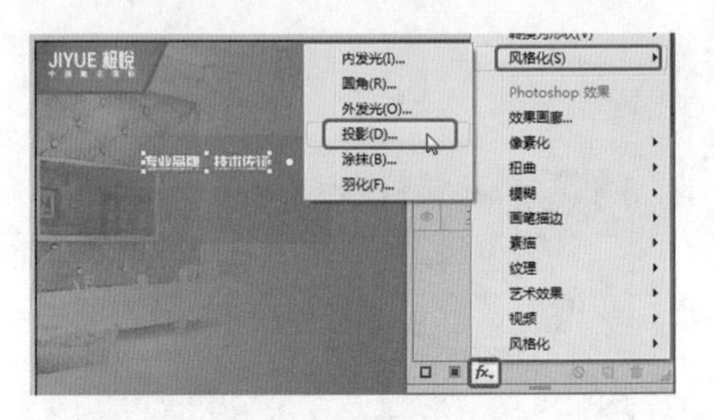

图 8-81　选择【投影】命令

(17) 添加投影后，在【外观】面板单击【投影】在打开的【投影】对话框中，将【模式】设置为【正片叠底】，【不透明度】设置为 75%，【X 位移】设置为 1.5 mm，【Y 位移】设置为 1.5mm，【模糊】设置为 1.76mm，选择【颜色】并将颜色设置为黑色，单击【确定】按钮，如图 8-82 所示。

(18) 使用同样的方法输入文字，并设置字体系列为【方正仿宋简体】，字体大小为 13 pt，如图 8-83 所示。

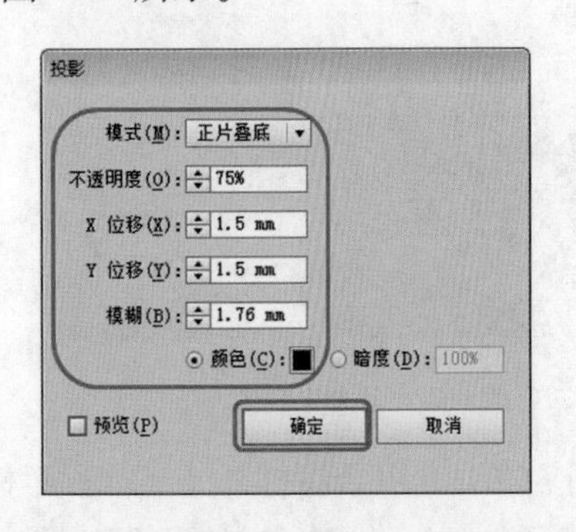

图 8-82　设置投影

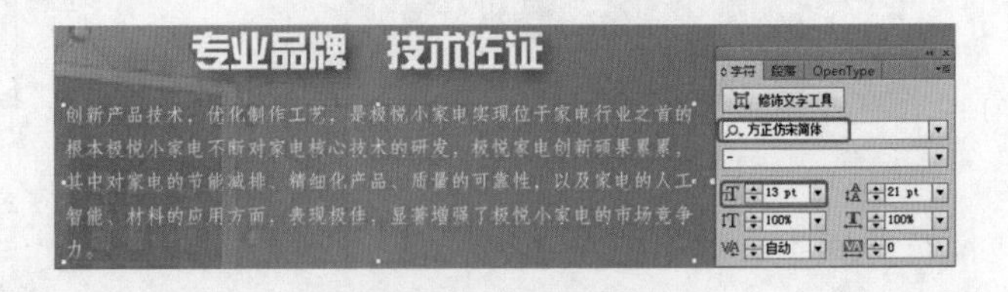

图 8-83　输入并设置文字

(19) 使用同样的方法输入文字，并设置字体系列为【方正大黑简体】，字体大小为 30 pt，颜色为黄色，如图 8-84 所示。

(20) 在工具箱中选择【钢笔工具】，在画板中绘制图形，绘制完成后打开【渐变】面板，将左侧滑块的颜色设置为白色，调整至 72% 的位置，将【不透明度】设置为 90%，右侧滑块的颜色设置为白色，【不透明度】设置为 0%，如图 8-85 所示。

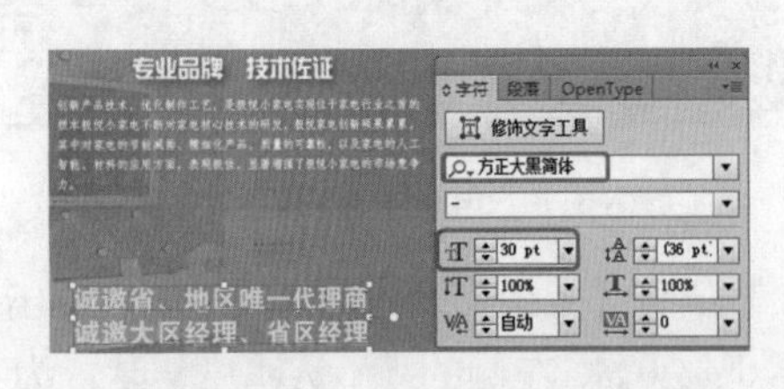

图 8-84　输入并设置文字

图 8-85　绘制图形并设置渐变

(21) 在菜单栏中选择【效果】|【模糊】|【高斯模糊】命令，即可打开【高斯模糊】对话框，选中【预览】复选框，将【半径】设置为 7.9 像素，单击【确定】按钮，如图 8-86 所示。

(22) 然后对绘制的图形进行复制粘贴，并调整位置，效果如图 8-87 所示。

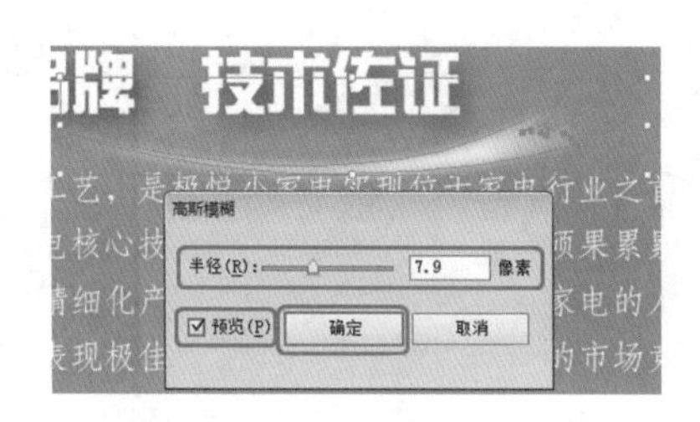

图 8-86　设置高斯模糊

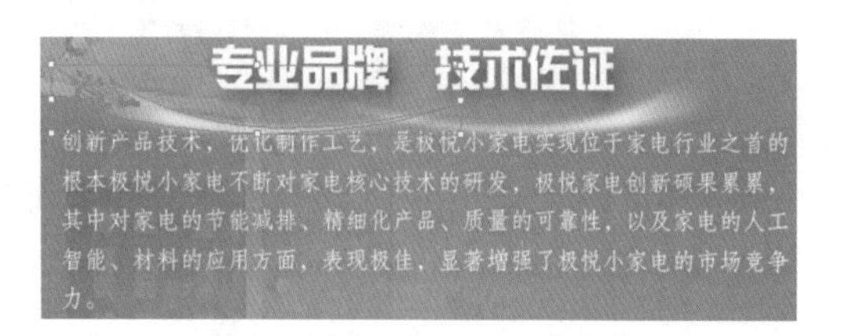

图 8-87　复制对象并调整

(23) 在菜单栏中选择【文件】|【置入】命令，在打开的对话框中，将“胶片电视 .png”素材文件置入文档中，效果如图 8-88 所示。

(24) 调整置入的素材大小和位置，调整完成后在【属性】栏中单击【嵌入】按钮，调整后的效果如图 8-89 所示。

图 8-88　置入的素材

图 8-89　调整并嵌入素材

(25) 使用前面介绍的方法输入文字，并绘制图形，并设置填充颜色，完成后的效果如图 8-90 所示。

(26) 使用【文字工具】输入文字，并将字体设置为【长城新艺体】，选中“数字”文字，将字体大小设置为 80 pt，选中“屏幕”文字，将字体大小设置为 50 pt，效果如图 8-91 所示。

图 8-90　制作其他的效果

图 8-91　输入并设置文字

(27) 选中文字按 Ctrl+Shift+O 组合键，将文字转换为轮廓，双击工具箱中的【填色】，在打开的对话框中将 CMYK 设置为 100%、96%、11%、0%，效果如图 8-92 所示。

(28) 按 Ctrl+C 组合键复制对象，按 Ctrl+Shift+V 组合键就地粘贴，然后调整其位置，打开【渐变】面板，将【类型】设置为【径向】，选中【填色】，将左侧滑块移动至 31% 的位置，其 CMYK 值设置为 93%、6%、0%、15%，右侧滑块的 CMYK 设置为 86%、59%、0%、0%，如图 8-93 所示。

图 8-92　为轮廓文字设置颜色

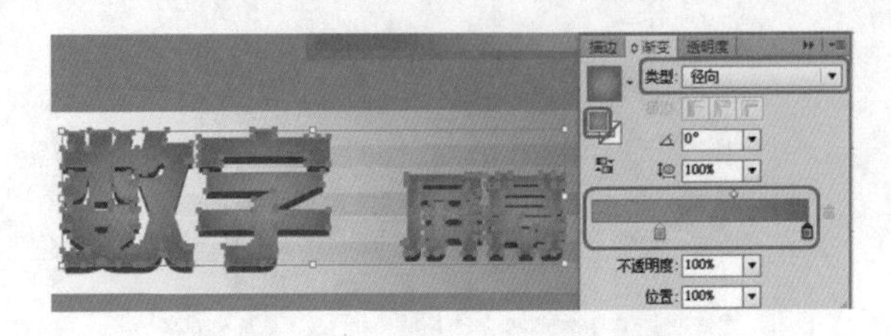
图 8-93　复制文字并设置渐变

(29) 在工具箱中选择【矩形工具】，在画板中绘制矩形，打开【渐变】面板，将【类型】设置为【径向】，选中【填色】，将左侧滑块的 CMYK 值设置为 0%、0%、0%、20%，右侧滑块的 CMYK 值设置为 0%、0%、0%、39%，如图 8-94 所示。

(30) 在工具箱中选择【渐变工具】调整矩形的渐变，调整后的效果如图 8-95 所示。

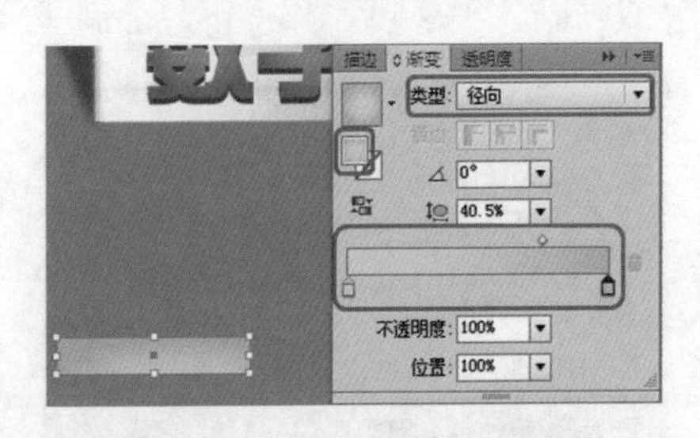
图 8-94　绘制矩形并设置渐变

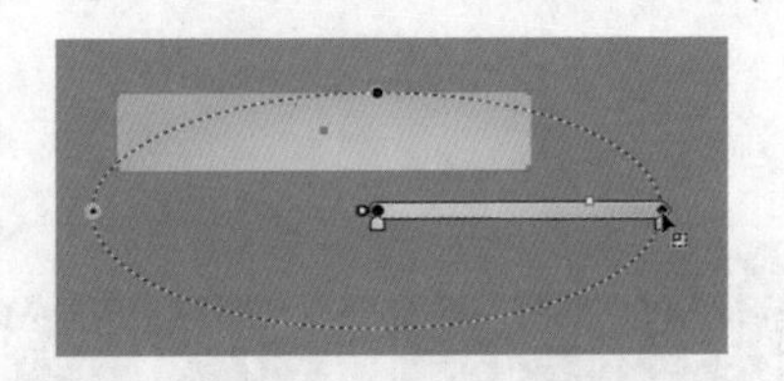
图 8-95　调整渐变

(31) 选中矩形，在菜单栏中选择【效果】| 3D |【凸出和斜角】命令，打开【3D　凸出和斜角选项】对话框，在该对话框中将【指定绕 X 轴旋转】设置为 −4°，【指定绕 Y 轴旋转】设置为 −6°，【指定绕 Z 轴旋转】设置为 0°，然后单击【确定】按钮，如图 8-96 所示。

(32) 使用同样的方法输入并设置文字，选中数字“5”，如图 8-97 所示。

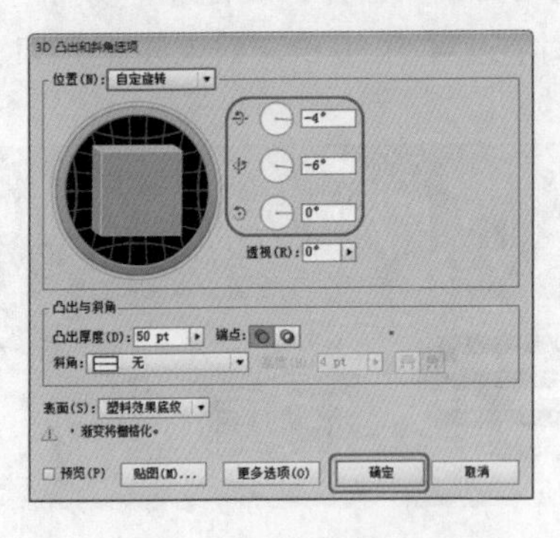
图 8-96　设置 3D 参数

图 8-97　输入其他文字

(33) 使用同样的方法打开【3D 凸出和斜角选项】对话框，将【指定绕 X 轴旋转】设置为 −2°，【指定绕 Y 轴旋转】设置为 −5°，【指定绕 Z 轴旋转】设置为 0°，单击【更多选项】按钮，将【环境光】设置为 0%，【底纹色】设置为自定，单击右侧的色块，打开【拾色器】对话框，将 CMYK 值设置为 0%、73%、92%、0%，单击【确定】按钮，返回【3D 凸出和斜角选项】对话框，然后单击【确定】按钮，如图 8-98 所示。

(34) 使用前面介绍的方法置入素材“电视 .ai”，并调整素材，效果如图 8-99 所示。

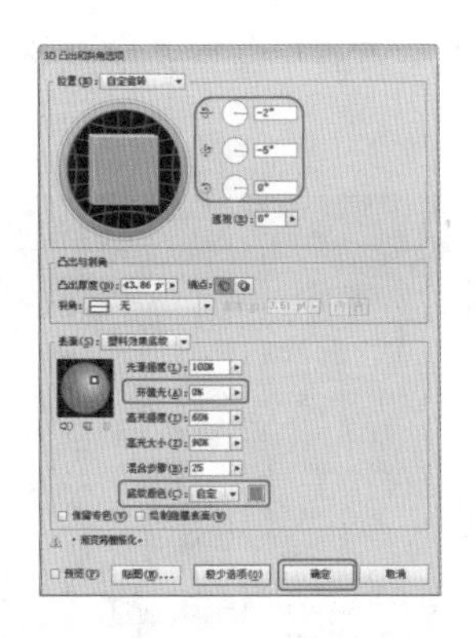

图 8-98　再次设置 3D 效果

图 8-99　置入素材

(35) 使用前面介绍的方法置入素材“电视屏幕 .jpg”，并调整素材，效果如图 8-100 所示。

(36) 然后在工具箱中选择【自由变换工具】，选中素材图片并调整，调整后的效果如图 8-101 所示。

图 8-100　置入并调整素材

图 8-101　变换素材

(37) 确认选中素材，在菜单栏中选择【对象】|【封套扭曲】|【用网格建立】命令，在打开的【封套网格】对话框中，将【行数】设置为 2，【列数】设置为 2，然后单击【确定】按钮，如图 8-102 所示。

(38) 然后在工具箱中选择【直接选择工具】和【转换锚点工具】，调整封套网格的锚点，调整后的效果如图 8-103 所示。

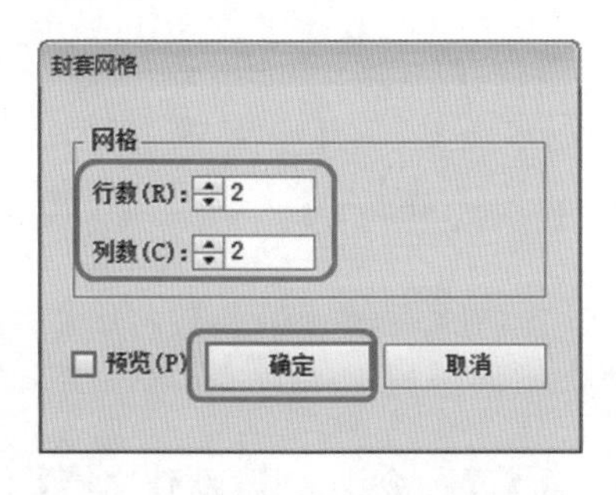

图 8-102　【封套网格】对话框

图 8-103　调整封套网格

(39) 使用前面介绍的方法，制作出文字、矩形、电视对象的倒影效果，如图 8-104 所示。

(40) 使用前面介绍的方法，绘制矩形并填充渐变色，输入文字并设置文字及投影效果，如图 8-105 所示。

图 8-104　制作倒影

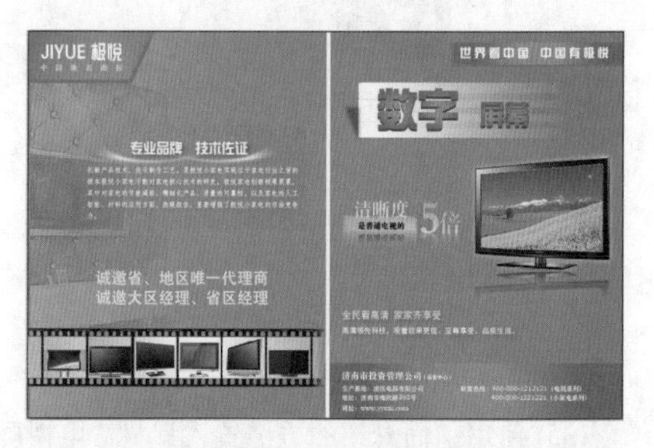

图 8-105　制作其他效果

案例精讲 051　化妆品杂志广告

案例文件：CDROM \ 素材 \ Cha08 \ 化妆品杂志广告 .ai

视频文件：视频教学 \ Cha08 \ 化妆品广告 .avi

制作概述

本案例将介绍如何制作化妆品杂志广告，该案例主要用到的工具有【钢笔工具】、【圆角矩形工具】、【椭圆形工具】和【文本工具】，然后为绘制的图形填充颜色，完成后的效果如图 8-106 所示。

图 8-106　化妆品广告

学习目标

- 学习渐变工具的设置功能。
- 掌握文本属性的设置方法。

操作步骤

(1) 启动 Illustrator 软件后，在菜单栏中选择【文件】|【新建】命令，弹出【新建文档】对话框，把页面【单位】设为【像素】后，将【宽度】、【高度】分别设置为 400mm、250mm，【颜色模式】设置为 CMYK，如图 8-108 所示。

(2) 使用【钢笔工具】将【描边】设置为无，【描边】粗细为 10pt，【填色】RGB 值为 6、21、35，绘制一个与文档大小相同的矩形，如图 8-108 所示。

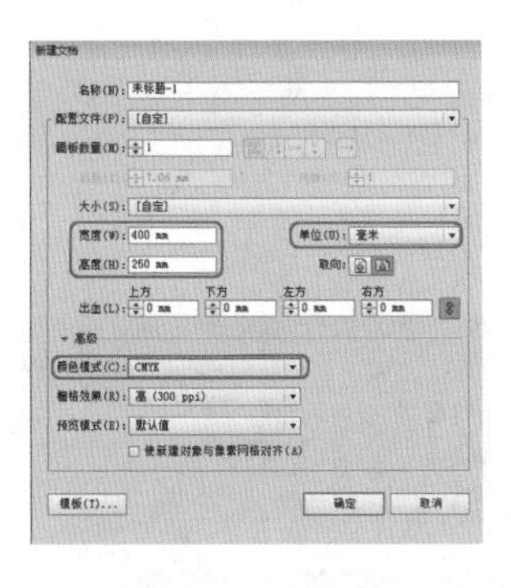

图 8-107　新建文档

图 8-108　绘制矩形

(3) 使用【钢笔工具】将【描边】设置为无，绘制如图 8-109 所示图形。

(4) 选中绘制的图形，选择菜单栏中的【窗口】|【渐变】命令，在弹出的对话框中将【类型】设置为【径向】，【长宽比】设置为 108%，如图 8-110 所示。

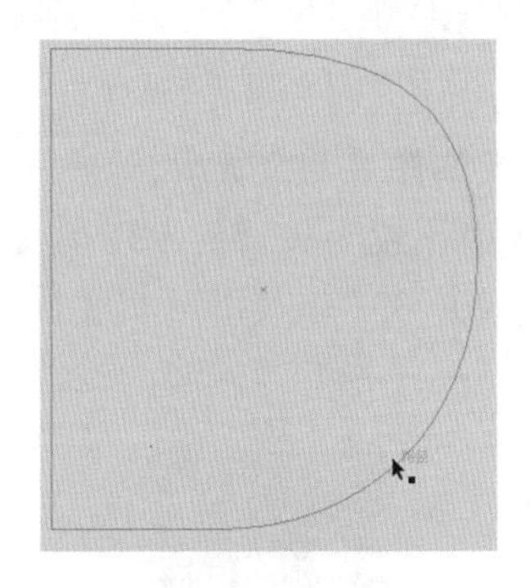

图 8-109　绘制图形

图 8-110　设置渐变色

(5) 鼠标双击左侧色块，将其填色类型设置为 RGB，并将 RGB 的值设置为 53、144、191，如图 8-111 所示。

(6) 使用相同的方法，将右侧色块 RGB 的值设置为 2、70、125，并将此色块的【不透明度】设置为 0%，效果如图 8-112 所示。

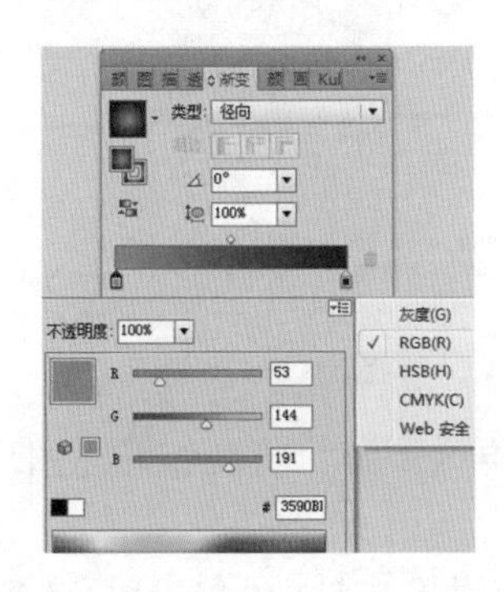

图 8-111　设置渐变填色类型

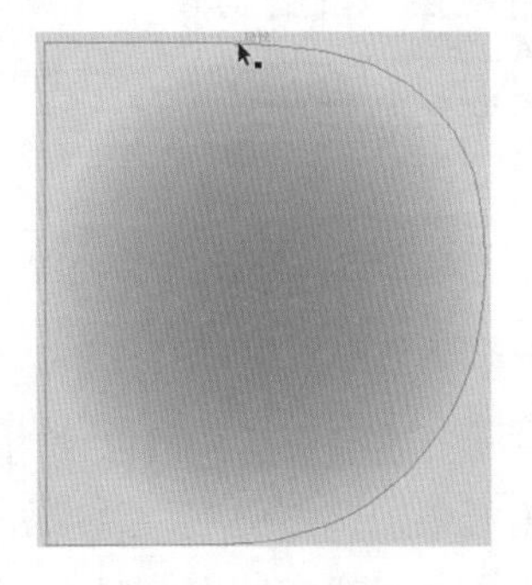

图 8-112　效果图

(7) 使用【椭圆形工具】将【描边】设置为无，绘制如图 8-113 所示图形。

(8) 选中绘制的图形选择【窗口】|【渐变】命令，在弹出的对话框中将【类型】设置为【径向】，在位置为 58% 处建立一个新的渐变滑块，将【长宽比】设置为 360%，如图 8-114 所示。

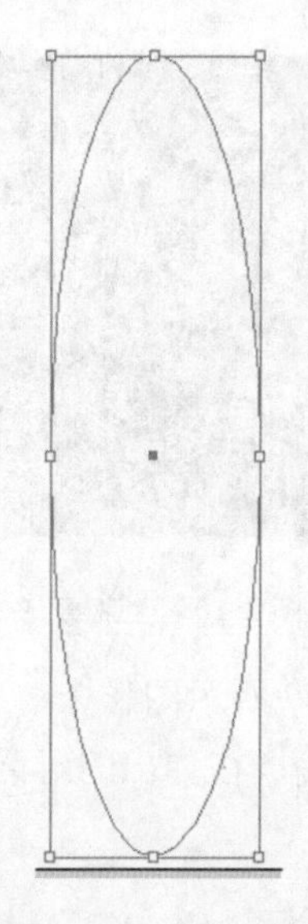

图 8-113　绘制图形

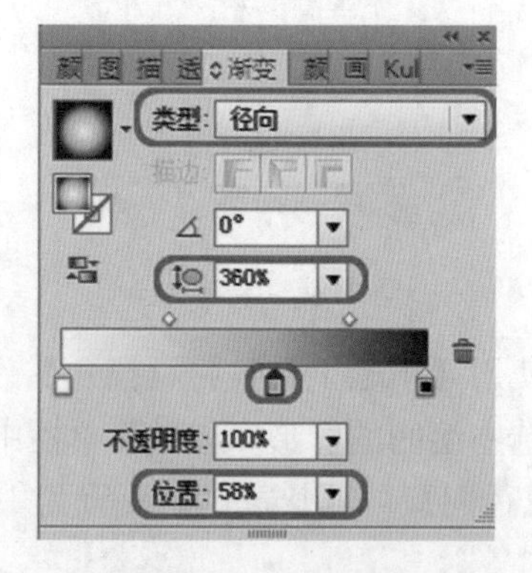

图 8-114　设置渐变色

(9) 鼠标双击左侧色块，将其 RGB 值设为 0、93、156，如图 8-115 所示。

(10) 使用相同的方法将位置为 58% 的渐变滑块的 RGB 值设置为 3、55、92，其【不透明度】设置为 48%，位置为 100% 的渐变滑块的 RGB 值设置为 5、20、33，其【不透明度】设置为 0%，效果如图 8-116 所示。

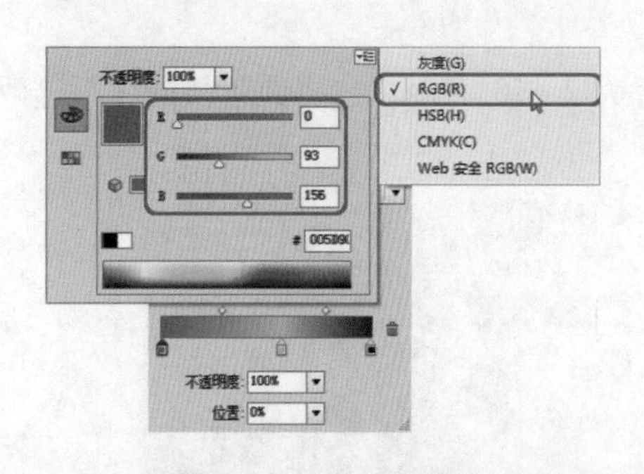

图 8-115　设置渐变填色类型

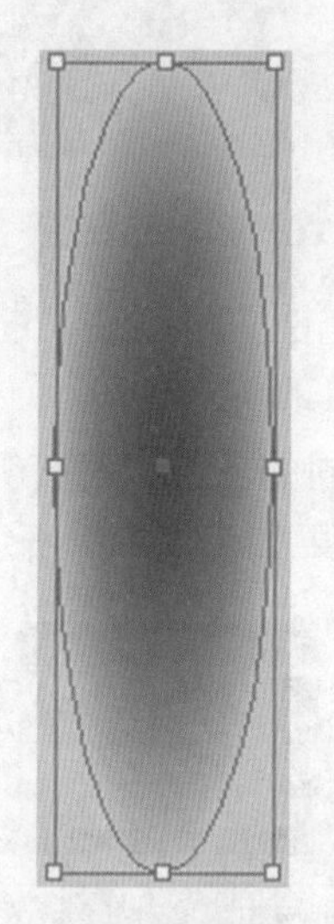

图 8-116　效果图

(11) 完成上述操作后，可以使用【渐变工具】对渐变再做调整，将制作好的图形放入开始所绘制的矩形中，调整位置，效果如图 8-117 所示。

(12) 选择菜单栏中的【文件】|【置入】命令，将随书附带光盘中的 CDROM\Cha06\ 素材置入当前文档，并调整大小和位置，效果如图 8-118 所示。

图 8-117 效果图

图 8-118 置入素材

(13) 使用【文字工具】输入如图 8-119 所示文字。并将英文部分的字体系列设置为【创艺简老宋】，将“L”的大小设置为 77pt，其他字母的大小均为 64pt，然后再将汉字部分的字体系列设置为【Adobe 宋体 Std L】，字体大小为 33pt。

(14) 继续上步操作，将所有文字的【填色】RGB 值设置为 95、14、18，如图 8-120 所示。

图 8-119 输入文字并设置其属性

图 8-120 效果图

(15) 继续使用【文字工具】输入如图 8-121 所示文字，并将所有文字的字体系列设置为【Adobe 宋体 Std L】，字体大小设置为 10pt，“清 新 色 彩 诱 人 肌 肤”文字的大小设置为 25pt，所有文字的【填色】设置为白色。

(16) 使用【文字工具】输入如图 8-122 所示文字，将字体系列设置为【创艺简老宋】，大小设置为 88pt，其中“L”的大小设置为 106pt，所有文字的【填色】设置为白色。

清 新 色 彩 诱 人 肌 肤

深入滋润、抚平细纹、提拉紧致，令双眸看上去年轻有神采。使用后感觉细致滋润。持续使用，能有效减淡脸部细纹、淡化细痕、消除暗斑，防止脸部肌肤老化。解决肌肤问题干燥缺水、脸部干纹、等脸部肌肤问题。萃取来自澳洲的天然牛油果营养精华，迅速打开肌肤补水通道，深层滋养脸部幼嫩的肌肤。同时在肌肤表层形成一道保护膜，锁住肌肤水分不流失。牛油果中蕴含的丰富维生素和矿物质，可以加速脸部肌肤新陈代谢，抚平脸部细纹，缔造出紧致水嫩的脸部肌肤。

图 8-121 输入文字并设置其属性

图 8-122 效果图

案例精讲 052　相机杂志广告

案例文件：CDROM \ 场景 \Cha08\ 相机杂志广告 .ai

视频文件：视频教学 \ Cha08 \ 相机杂志广告 .avi

制作概述

本例将介绍如何制作相机杂志广告，首选使用【矩形工具】绘制矩形，并为矩形填充颜色，确定杂志的背景颜色，然后利用【不透明蒙版】等命令来制作相机倒影等效果；最后使用【文字工具】输入文字，完成后的效果如图 8-123 所示。

图 8-123　相机杂志广告

学习目标

- 学习制作相机杂志广告。
- 掌握【矩形工具】、【圆角矩形工具】、【文字工具】的使用，以及【羽化】、【剪贴蒙版】等命令的使用。

操作步骤

(1) 启动软件后，按 Ctrl+N 组合键，在弹出的对话框中将【名称】设置为“相机杂志广告”，【宽】、【高】分别设置为 420mm、285mm，【单位】设置为【毫米】，【颜色模式】设置为 CMYK，如图 8-124 所示。

(2) 单击【确定】按钮，即可新建空白文档，在工具箱中选择【矩形工具】，在画板中绘制矩形，在【属性栏】中单击【变换】按钮，在弹出的下拉列表中将【宽】、【高】分别设置为 420mm、285mm，填充颜色 CMYK 值设置为 93、88、89、80，描边颜色设置为无，如图 8-125 所示。

(3) 选择绘制的对象，按 Ctrl+2 组合键锁定对象。选择【文件】|【置入】对话框，在该对话框中选择随书附带光盘中的 CDROM\ 素材 \Cha08\HX300.png 素材文件，如图 8-126 所示。

(4) 在画板上单击鼠标置入图片，调整图片的位置和大小。按 M 键激活【矩形工具】，在画板上绘制矩形，使绘制的矩形覆盖图片。选择绘制的矩形和图片，按 Ctrl+Shift+F10 组合键，打开【透明度】面板，在该面板中单击按钮，在弹出的菜单中选择【建立不透明蒙版】命令，如图 8-127 所示。

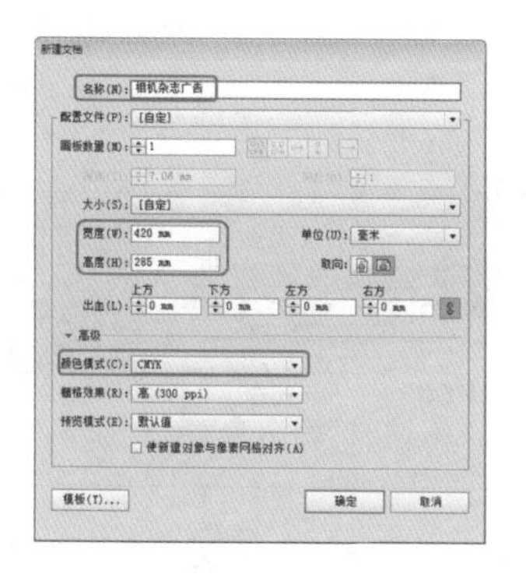

图 8-124　【新建文档】对话框

图 8-125　绘制矩形并进行调整

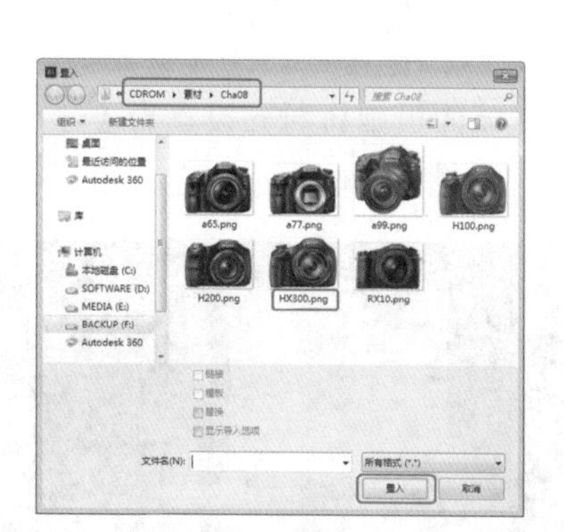

图 8-126　【置入】对话框

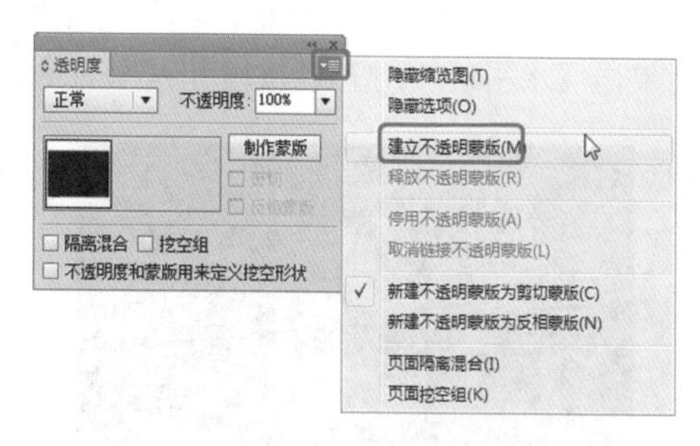

图 8-127　选择【建立不透明蒙版】命令

(5) 进入编辑不透明蒙版状态，按 Ctrl+F9 组合键，打开【渐变】面板，将【类型】设置为【线性】，【角度】设置为 −90°，左侧渐变滑块的 CMYK 值设置为 0、0、0、0，右侧渐变滑块的 CMYK 值设置为 100、100、100、100，完成后的效果如图 8-128 所示。

(6) 退出编辑不透明蒙版，完成后的效果如图 8-129 所示。

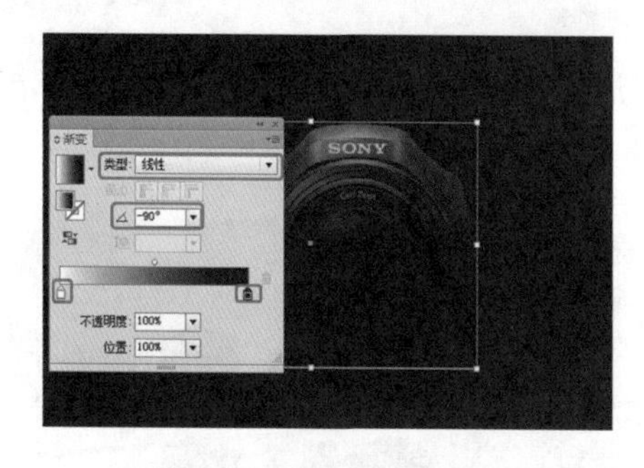

图 8-128　调整不透明蒙版

图 8-129　设置不透明蒙版后的效果

(7) 在工具箱中选择【椭圆形工具】，在画板中绘制椭圆，按 Ctrl+F9 组合键打开【渐变】面板，在该面板中将【类型】设置为【径向】，左侧渐变滑块的 CMYK 值设置为 90、83、0、0，右侧渐变滑块的 CMYK 值设置为 96、100、60、36，效果如图 8-130 所示。

(8) 按 Shift+F6 组合键打开【外观】面板，在该面板中单击【添加新效果】按钮，在弹出的对话框中选择【风格化】|【羽化】命令，弹出【羽化】对话框，在该对话框中将【半径】设置为 50，单击【确定】按钮，如图 8-131 所示。

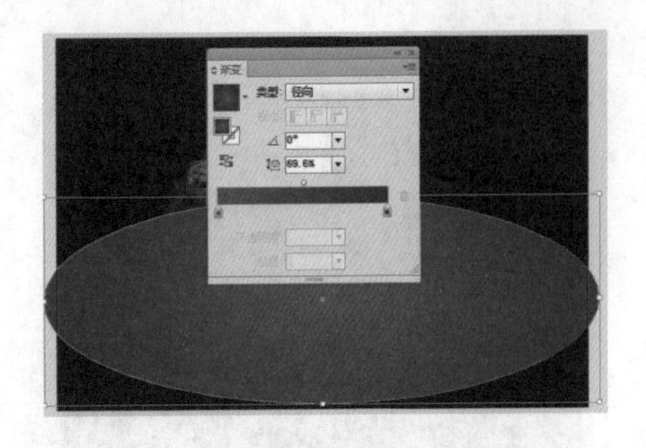

图 8-130　设置渐变

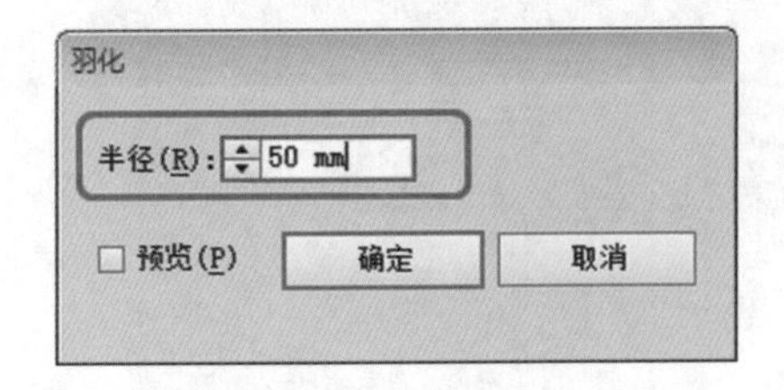

图 8-131　设置羽化

(9) 单击【确定】按钮即可为绘制的椭圆添加羽化，完成后的效果如图 8-132 所示。

(10) 按 M 键激活【矩形工具】，在画板上绘制矩形，将【宽】、【高】分别设置为 420mm、60mm，按 Shift+F7 组合键打开【对齐】面板，在该面板中将对齐设置为【对齐面板】，然后单击【水平居中对齐】按钮和【垂直底对齐】按钮，如图 8-133 所示。

图 8-132　羽化后的效果

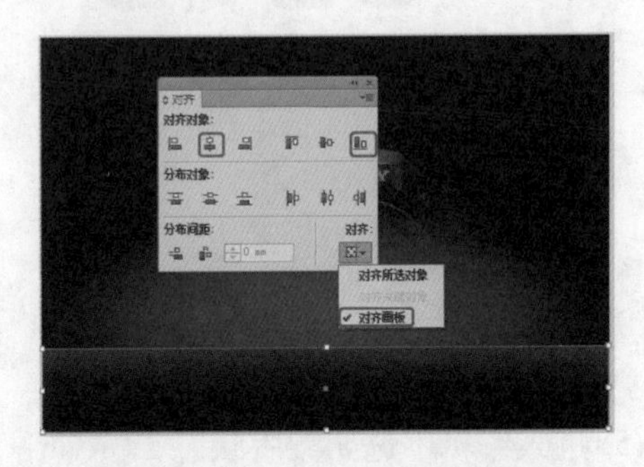

图 8-133　绘制矩形并调整

(11) 按 Ctrl+F9 组合键打开【渐变】面板，在面板中将【类型】设置为【线性】，【角度】设置为 90°，左侧渐变滑块的 CMYK 值设置为 100、100、100、100，右侧渐变滑块的 CMYK 值设置为 82、77、61、32，如图 8-134 所示。

(12) 选择【文件】|【置入】命令，弹出【置入】对话框，选择随书附带光盘中的 CDROM\素材 \Cha08\H100.png 素材图片，如图 8-135 所示。

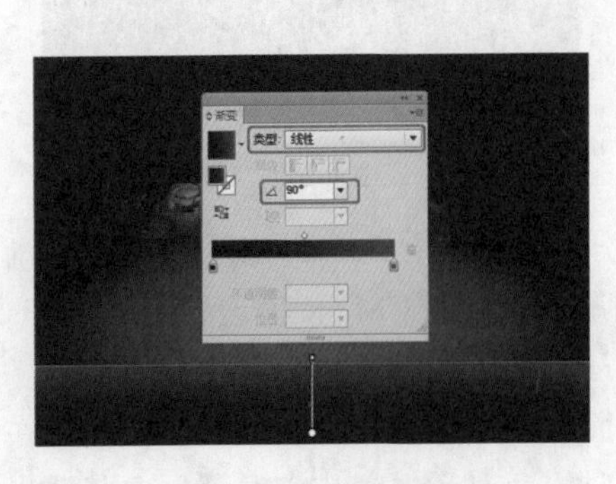

图 8-134　设置渐变

图 8-135　置入图片

(13) 在画板上单击鼠标，置入图片，调整图片的位置和大小。继续选择【置入】命令，在弹出的对话框中选择 a77.png，单击【置入】按钮，置入图片后调整图片的位置和大小，效果如图 8-136 所示。

(14) 使用同样的方法置入图片并进行调整，完成后的效果如图 8-137 所示。

图 8-136　置入图片

图 8-137　置入图片

(15) 选择刚刚置入的五张图片，单击鼠标右键，在弹出的快捷菜单中选择【变换】|【对称】命令，弹出【镜像】对话框，在该对话框中选中【水平】单选按钮，然后单击【复制】按钮，如图 8-138 所示。

(16) 按 Shift+Ctrl+[组合键将其调整至最低层，然后按 4 次 Ctrl+] 组合键，调整镜像后对象的顺序，然后再调整镜像后对象的位置，完成后的效果如图 8-139 所示。

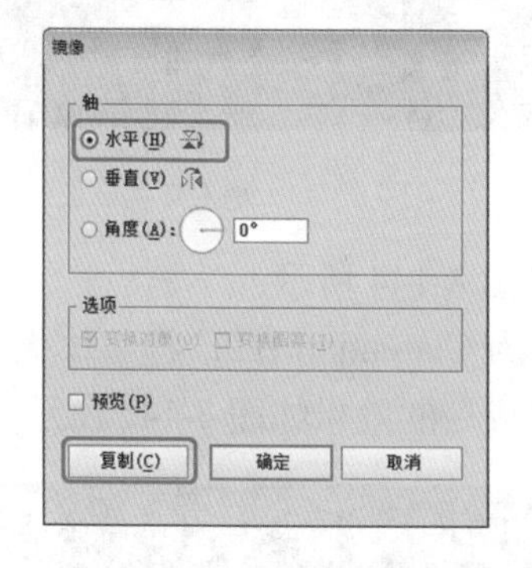

图 8-138　【镜像】对话框

图 8-139　调整完成后的效果

(17) 选择一张镜像后的图片，按 M 键绘制矩形，使绘制的矩形覆盖选中的图片，然后选择图片和绘制的矩形，按 Shift+Ctrl+F10 组合键打开【透明度】面板，在该面板中单击 按钮，在弹出的快捷菜单中选择【建立不透明蒙版】命令，如图 8-140 所示。

(18) 进入编辑不透明蒙版状态，按 Ctrl+F9 组合键打开【渐变】面板，在该面板中将【类型】设置为【线性】，【角度】设置为 90°，左侧渐变滑块的 CMYK 值设置为 100、100、100、100，右侧渐变滑块的 CMYK 值设置为 0、0、0、0，完成后的效果如图 8-141 所示。

(19) 退出编辑不透明蒙版状态，使用同样的方法设置其他图片的倒影，完成后的效果如图 8-142 所示。

(20) 在工具箱中选择【文字工具】，在画板上单击输入文字，将字体颜色设置为白色，字体设置为 Clarendon BT，字体大小设置为 16，字符间距设置为 50，完成后的效果如图 8-143 所示。

图 8-140　选择【建立不透明蒙版】命令

图 8-141　设置不透明蒙版

图 8-142　设置完成后的效果

图 8-143　输入文字

(21) 使用同样的设置输入其他文字，完成后的效果如图 8-144 所示。

(22) 继续使用【文字工具】输入文字，将字体设置为 Clarendon BT，将字体大小设置为 75，将字符间距设置为 120，将字体颜色设置为白色，完成后的效果如图 8-145 所示。

图 8-144　输入文字

图 8-145　输入文字

(23) 继续输入文字，将字体设置为 Century751 BT，字体大小设置为 23，字体颜色设置为白色，字符间距设置为 120，完成后的效果如图 8-146 所示。

(24) 继续使用【文字工具】，在画板上输入文字，将字体设置为【微软雅黑】，字体大小

设置为 35，字体颜色设置为白色，字符间距设置为 0，选择数字“20”，将字体大小设置为 50，完成后的效果如图 8-147 所示。

图 8-146　输入文字

图 8-147　输入汉字

第 9 章 DM 单设计

本章重点

- 东方秀之都婚纱摄影
- 江都世纪大酒店
- 欣泰益生菌酸奶
- 卡伊能环保材料
- 景深空间装修
- 朗特咖啡

DM形式有广义和狭义之分，广义上包括广告单页，如大家熟悉的街头巷尾、商场超市散布的传单，优惠券亦能包括其中；狭义的仅指装订成册的集纳型广告宣传画册，页数在20多页至200多页。本章将通过6个案例制作DM单，学习制作DM单的设计技巧和设计思路。

案例精讲053　东方秀之都婚纱摄影

案例文件：CDROM \ 场景 \Cha09\ 东方秀之都婚纱摄影 .ai
视频文件：视频教学 \ Cha09 \ 东方秀之都婚纱摄影 .avi

制作概述

本例将介绍如何制作婚纱摄影DM单，利用【矩形工具】、【置入】命令和【剪切蒙版】命令将置入的图片嵌入场景中，然后利用【文字工具】在画板中输入文字，完成后的效果如图9-1所示。

图9-1　东方秀之都婚纱摄影

学习目标

- 学习制作婚纱摄影DM单。
- 掌握【矩形工具】、【文字工具】、【直线段工具】的使用，以及【剪切蒙版】命令的应用。

操作步骤

(1) 启动软件后，按Ctrl+N组合键，在弹出的【新建文档】对话框中将【名称】设置为“东方秀之都婚纱摄影”，将【宽】、【高】分别设置为430mm、285mm，【单位】设置为【毫米】，【颜色模式】设置为CMYK，如图9-2所示。

(2) 单击【确定】按钮，新建一个空白的场景文件，在工具箱中选择【矩形工具】，然后在画板上绘制矩形。在属性栏中单击【变换】按钮，在弹出的面板中将【宽】、【高】分别设置为210mm、285mmm，如图9-3所示。

(3) 选择【文件】|【置入】命令，弹出【置入】对话框，在该对话框中选择随书附带光盘中的CDROM\ 素材 \Cha09\H1.jpg素材文件，如图9-4所示。

(4) 单击【置入】按钮，然后在画板上单击鼠标即可置入图片。在属性栏中单击【嵌入】按钮，

将图片嵌入场景。调整图片的大小和位置，使图片覆盖矩形。选择图片，按 Ctrl+[组合键将图片后移一层。选择绘制的矩形和置入的图片，按 Ctrl+7 组合键建立剪切蒙版，完成后的效果如图 9-5 所示。

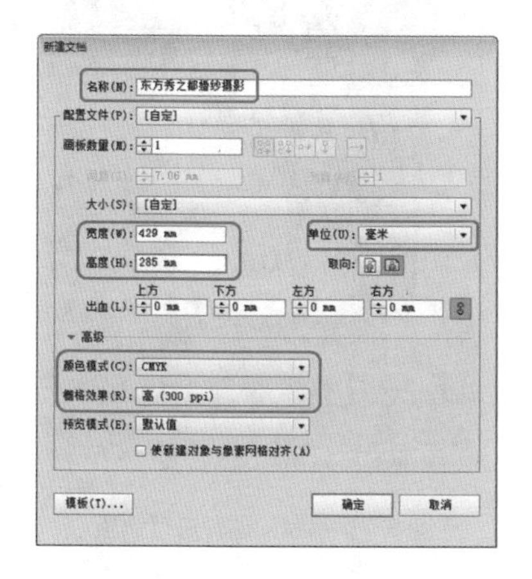

图 9-2 【新建文档】对话框

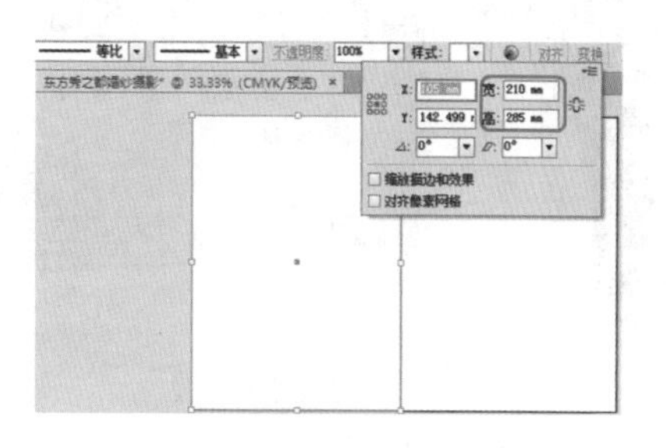

图 9-3 绘制矩形并进行设置

图 9-4 【置入】对话框

图 9-5 建立剪切蒙版后的效果

知识链接

创建剪切蒙版应遵从下列规则。

蒙版对象将被移动到【图层】面板中的剪切蒙版组内。只有矢量对象可以作为剪切蒙版，但任何图稿都可以被蒙版遮盖。

若使用图层或组来创建剪切蒙版，则图层或组中的第一个对象将会遮盖图层或组的子集的所有内容。

(5) 按 Shift+F7 组合键，弹出【对齐】对话框，在该对话框中将【对齐】设置为【对齐画板】。选择剪切蒙版对象，然后单击【水平左对齐】按钮和【垂直居中对齐】按钮，如图 9-6 所示。

(6) 选择对象，按 Ctrl+C 组合键进行复制，然后按 Ctrl+F 组合键粘贴在前面，再选择【矩形工具】，在画板上绘制矩形，将【宽】、【高】分别设置为 210mm、80mm。在【对齐】面板中单击【水平左对齐】按钮和【垂直底对齐】按钮，完成后的效果如图 9-7 所示。

图 9-6 【对齐】面板

图 9-7 绘制矩形并进行调整

(7) 选择刚刚复制的对象和绘制的矩形，按 Ctrl+7 组合键，建立剪切蒙版。确定刚刚创建的剪切蒙版处于选择状态，然后按 Shift+F6 组合键，打开【外观】面板，在该面板中单击【添加新效果】按钮，在弹出的下拉菜单中选择【风格化】|【羽化】命令，弹出【羽化】对话框，在该对话框中将【半径】设置为 8mm，如图 9-8 所示。

(8) 再次单击【添加新效果】按钮，在弹出的下拉菜单中选择【模糊】|【高斯模糊】命令，弹出【高斯模糊】对话框，在该对话框中将【半径】设置为 5，如图 9-9 所示。

(9) 选择创建的所有对象，按 Ctrl+2 组合键将对象进行锁定。选择【矩形工具】绘制矩形，将【宽】、【高】分别设置为 210mm、285mm，然后在【对齐】面板中单击【水平右对齐】按钮和【垂直居中对齐】按钮，如图 9-10 所示。

图 9-8 【羽化】对话框

图 9-9 【高斯模糊】对话框

图 9-10 绘制矩形

(10) 选择刚刚绘制的矩形，将填充颜色设置为无，将描边颜色设置为黑色，在工具箱中选择【文字工具】，然后在画板上单击鼠标，输入文字“东方秀之都婚纱摄影携幸福基金大礼，来祝福最幸福的你”，选择输入的文字，按 Ctrl+T 组合键，打开【字符】面板，在该面板中将字体设置为【微软雅黑】，字体大小设置为 14，字符间距设置为 0，字体颜色的 CMYK 值设置为 10、94、26、0，并调整其位置，效果如图 9-11 所示。

(11) 继续使用【文字工具】在画板上输入文字，然后选择输入的文字，将字体设置为【汉

仪琥珀体简】，字体大小设置为 40，字体颜色的 CMYK 值设置为 10、94、26、0，完成后的效果如图 9-12 所示。

图 9-11　输入文字并进行设置

图 9-12　输入文字并进行设置

(12) 在工具箱中选择【直线段工具】，在画板上绘制直线。在属性栏中将【描边粗细】设置为 3pt，描边颜色的 CMYK 值设置为 10、94、26、0，完成后的效果如图 9-13 所示。

(13) 对刚刚绘制的直线段进行复制，然后调整其位置。在两条直线段之间使用【文字工具】输入文字，将字体设置为【华文中宋】，最顶部文字的字体大小设置为 15pt，文本框内文字的大小设置为 10pt，【行距】设置为 15pt，输入文字字体颜色的 CMYK 值设置为 10、94、26、0，完成后的效果如图 9-14 所示。

图 9-13　绘制直线段

图 9-14　输入文字

(14) 使用【文字工具】输入文字，将字体设置为【微软雅黑】，字体大小设置为 13，字符间距设置为 100，字体颜色的 CMYK 值设置为 10、94、26、0，如图 9-15 所示。

(15) 继续使用【文字工具】输入文字，将字体设置为【汉仪魏碑简】，字体大小设置为 45，字体颜色的 CMYK 值设置为 100、100、100、100，效果如图 9-16 所示。

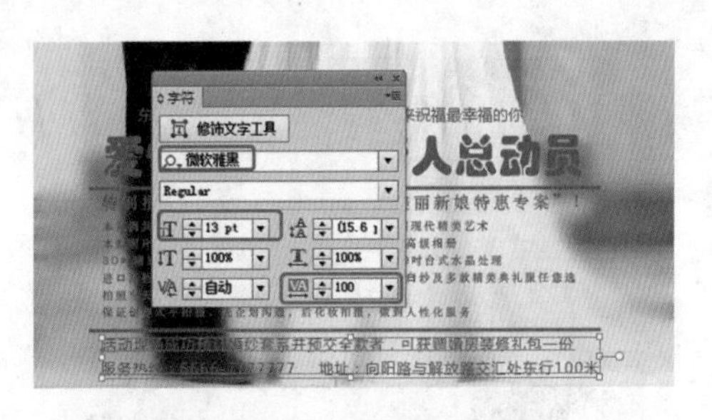

图 9-15　输入文字并进行设置

图 9-16　输入文字

(16) 使用同样的方法输入剩余的文字并进行相应的设置，完成后的效果如图 9-17 所示。

(17) 在工具箱中选择【矩形工具】，在画板上绘制矩形，将【宽】、【高】分别设置为 181mm、21mm，将填充颜色的 CMYK 值设置为 40、93、100、5，描边颜色设置为无，完成后的效果如图 9-18 所示。

图 9-17　输入剩余的文字

图 9-18　绘制矩形并进行设置

(18) 选择刚刚绘制的矩形，按 Shift+F6 组合键，打开【外观】对话框，在该对话框中单击【添加新效果】按钮，在弹出的下拉菜单中选择【风格化】|【羽化】命令，弹出【羽化】对话框，在该对话框中将【半径】设置为 5mm，如图 9-19 所示。

(19) 单击【确定】按钮即可为绘制的矩形添加羽化。选择添加羽化的矩形，按 Ctrl+C 组合进行复制，按 Ctrl+F 组合键将其粘贴在前面。选择复制的矩形，在【外观】面板中选择【羽化】效果，然后单击【删除所选】按钮，再将复制的矩形向上进行移动，完成后的效果如图 9-20 所示。

(20) 使用【文字工具】，在画板上输入文字，将字体颜色设置为白色，完成后的效果如图 9-21 所示。

(21) 在工具箱中选择【椭圆形工具】，在绘图区中绘制椭圆。然后使用【钢笔工具】在绘图区中绘制图形，选择刚刚绘制的椭圆和图形，按 Shift+Ctrl+F9 组合键打开【路径查找器】面板，在该面板中单击【联集】按钮。将联集后对象的填充颜色设置为白色，描边颜色设置为无，完成后的效果如图 9-22 所示。

图 9-19　对绘制的矩形设置羽化

图 9-20　复制矩形并进行调整

图 9-21　输入文本

图 9-22　绘制图形并进行联集

(22) 使用【文字工具】在刚刚绘制的图形上输入文字“NEW”，将字体设置为【华文中宋】，字体大小设置为 14，字体颜色的 CMYK 值设置为 10、94、26、0，完成后的效果如图 9-23 所示。

(23) 在工具箱中选择【矩形工具】，绘制矩形，将【宽】、【高】分别设置为 57mm、37mm。选择【文件】|【置入】命令，弹出【置入】对话框，在该对话框中选择随书附带光盘中的 CDROM\ 素材 \Cha09\H2.jpg，如图 9-24 所示。

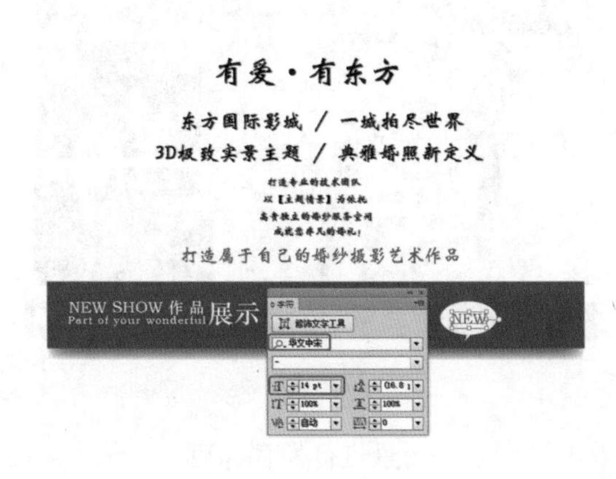

图 9-23　输入文字

图 9-24　【置入】对话框

(24) 单击【置入】按钮，在画板上单击鼠标将图片置入。调整图片的位置和大小，在属性栏中单击【嵌入】按钮，将图片嵌入场景中。按 Ctrl+[组合键将图片后移一层，选择刚刚绘制的矩形和图片，按 Ctrl+7 组合键建立剪切蒙版，完成后的效果如图 9-25 所示。

(25) 使用同样的方法绘制矩形和置入图片，并建立剪切蒙版，完成后的效果如图 9-26 所示。

图 9-25 建立剪切蒙版

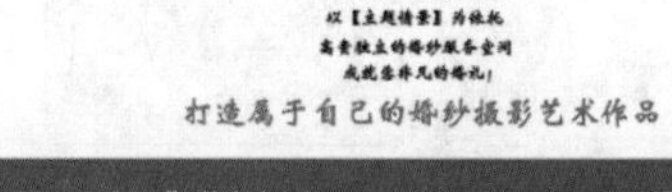

图 9-26 完成后的效果

(26) 在工具箱中选择【矩形工具】，绘制矩形，在属性栏中单击【变换】按钮，在弹出的面板中将【宽】、【高】分别设置为 181mm、12mm，填充颜色的 CMYK 值设置为 40、93、100、5，描边颜色的 CMYK 值设置为无，完成后的效果如图 9-27 所示。

(27) 在工具箱中选择【文字工具】，输入文字，将字体设置为【微软雅黑】，字体大小设置为 17，字符间距设置为 250，字体颜色设置为白色，完成后的效果如图 9-28 所示。

图 9-27 绘制矩形

图 9-28 输入文字

(28) 至此，婚纱摄影 DM 单就制作完成了，效果导出后将场景进行保存即可。

案例精讲 054　江都世纪大酒店

 案例文件：CDROM \ 场景 \Cha09\ 江都世纪大酒店 . ai

 视频文件：视频教学 \ Cha09 \ 江都世纪大酒店 .avi

制作概述

本例将介绍如何制作酒店 DM 单，利用【椭圆形工具】、【矩形工具】、【文本工具】等来制作 DM 单的内容，同时利用【创建复合路径】、【置入】、【剪切蒙版】等命令对内容进行调整，完成后的效果如图 9-29 所示。

图 9-29　江都世纪大酒店

学习目标

- 学习制作江都世纪大酒店 DM 单。
- 掌握【椭圆形工具】、【矩形工具】、【直线段工具】等的使用，以及【剪切蒙版】、【创建复合路径】命令的应用。

操作步骤

(1) 启动软件后，按 Ctrl+N 组合键，在弹出的【新建文档】对话框中将【名称】设置为“江都世纪大酒店”，将【宽】、【高】分别设置为 210mm、285mm，【单位】设置为【毫米】，【颜色模式】设置为 CMYK。按 M 键激活【矩形工具】，在画板上单击，弹出【矩形】对话框，在该对话框中将【宽度】、【高度】分别设置为 210mm、285mm，如图 9-30 所示。

(2) 单击【确定】按钮，即可创建矩形。选择刚刚创建的矩形，按 Shift+F7 组合键打开【对齐】面板，在该面板中将【对齐】设置为【对齐画板】，然后单击【水平居中对齐】按钮和【垂直居中对齐】按钮，将矩形填充颜色的 CMYK 值设置为 7、8、30、0，完成后的效果如图 9-31 所示。

图 9-30 【矩形】对话框

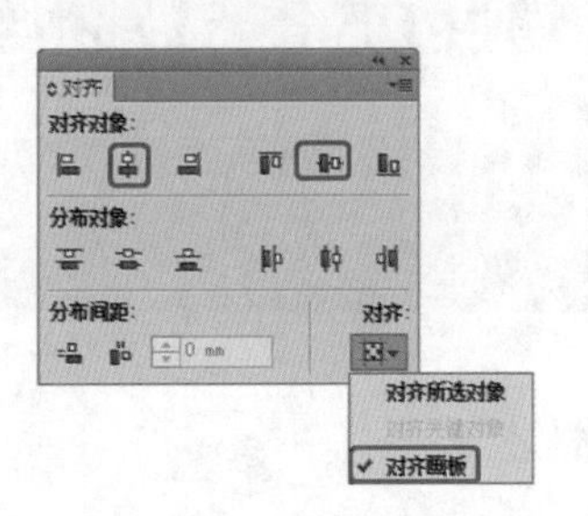

图 9-31 【对齐】面板

(3) 选择刚刚绘制的矩形，按 Ctrl+2 组合键将对象进行锁定。在工具箱中选择【椭圆形工具】，按住 Shift 键绘制正圆。选择绘制的正圆，将填充颜色的 CMYK 值设置为无，描边颜色的 CMYK 值设置为 16、14、45、0，【描边粗细】设置为 10，完成后的效果如图 9-32 所示。

(4) 选择绘制的正圆，按 Shift+Ctrl+F10 组合键，打开【透明度】面板，在该面板中将【不透明度】设置为 30%，完成后的效果如图 9-33 所示。

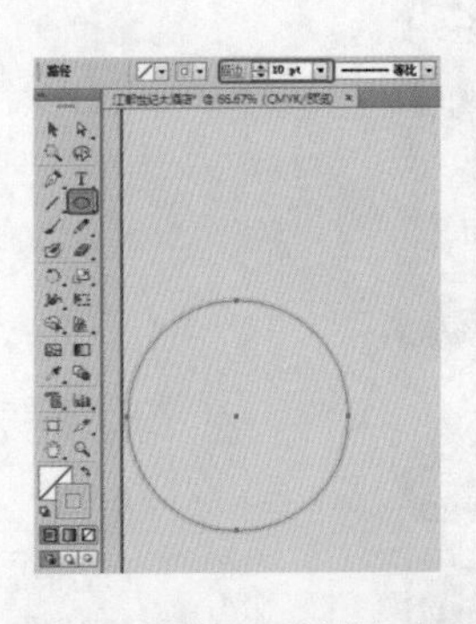

图 9-32 绘制正圆并进行设置

图 9-33 设置不透明度

(5) 使用同样的方法绘制其他圆形并进行设置，完成后的效果如图 9-34 所示。

(6) 按 M 键激活【矩形工具】，在画板上绘制【宽度】、【高度】分别为 210、30 和 80、10 的矩形，将绘制的矩形填充颜色的 CMYK 值设置为 62、73、96、38，完成后的效果如图 9-35 所示。

图 9-34 绘制圆形

图 9-35 绘制矩形

(7) 按 L 键打开【椭圆形工具】，在场景中按 Shift 键绘制正圆，将【宽】、【高】分别设置为 19mm、19mm，然后调整正圆的位置，完成后的效果如图 9-36 所示。

(8) 选择绘制的矩形和正圆，按 Ctrl+Shift+F9 组合键，打开【路径查找器】面板，在该面板中单击【联集】按钮，如图 9-37 所示。

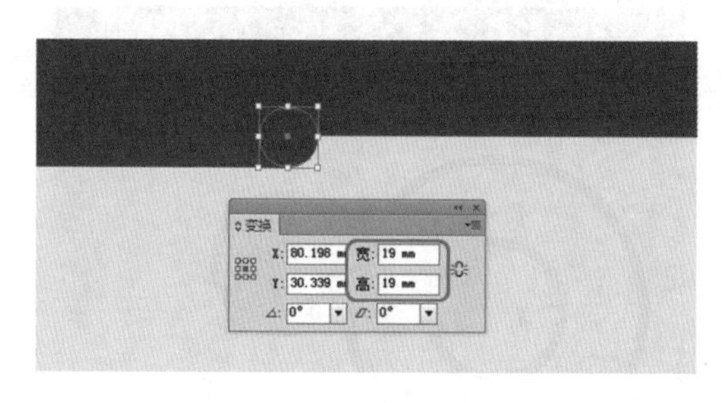

图 9-36　绘制正圆

图 9-37　单击【联集】按钮

知识链接

【形状模式】选项组中包括联集、减去顶层、交集、差集 4 种产生复合形状的方法。

【联集】：跟踪所有对象的轮廓以创建复合形状，即将两个对象复合成为一个对象。

【减去顶层】：前面的对象在背景对象上打孔，产生带孔的复合形状。

【交集】：以对象重叠区域创建复合形状。

【差集】：从对象不重叠的区域创建复合形状。

(9) 在工具箱中选择【椭圆形工具】，使用前面介绍的方法绘制正圆，并选择绘制的正圆，单击鼠标右键，在弹出的快捷菜单中选择【建立复合路径】命令，完成后的效果如图 9-38 所示。

(10) 选择进行联集的对象，按 Ctrl+C 组合键进行复制，然后按 Ctrl+F 组合键进行粘贴，将粘贴的对象调整至建立复合路径的上方。选择复制的对象和建立复合路径的圆形，按 Ctrl+7 组合键建立剪切蒙版，完成后的效果如图 9-39 所示。

图 9-38　绘制图形

图 9-39　建立剪切蒙版

(11) 选择【文件】|【置入】命令，弹出【置入】对话框，在该对话框中选择“J1.png”素材文件，单击【置入】按钮，如图 9-40 所示。

(12) 在画板上单击鼠标置入图片，并调整图片的大小和位置，然后在属性栏中单击【嵌入】按钮，如图 9-41 所示。

图 9-40 【置入】对话框

图 9-41 置入图片并进行调整

(13) 按 T 键激活【文字工具】，在画板上单击鼠标输入文字“江都世纪大酒店”，按 Ctrl+T 组合键，打开【字符】面板，将字体设置为【汉仪综艺体简】，字体大小设置为 23pt，字符间距设置为 −15，字体颜色的 CMYK 值设置为 12、20、89、0，完成后的效果如图 9-42 所示。

(14) 继续使用【文字工具】输入英文，将字体设置为 Century751 No2 BT，字体大小设置为 12pt，字符间距设置为 150，字体颜色的 CMYK 值设置为 12、20、89、0，完成后的效果如图 9-43 所示。

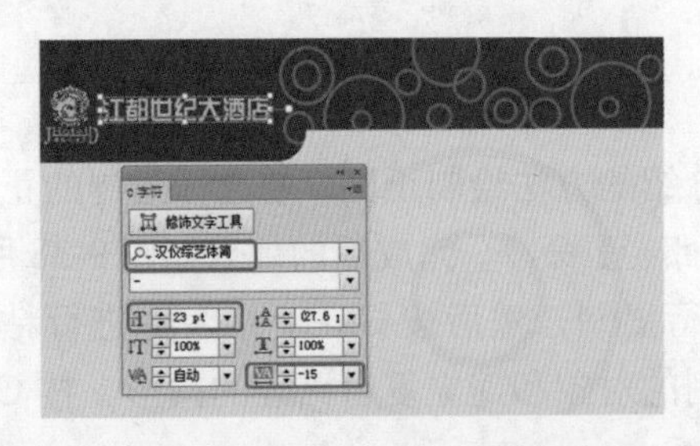

图 9-42 输入汉字并进行设置

图 9-43 输入英文并进行设置

(15) 按 M 键激活【矩形工具】，在画板上绘制矩形，按 Shift+F8 组合键打开【变换】面板，在该面板中将【宽】、【高】分别设置为 108mm、80mm，如图 9-44 所示。

(16) 选择【文件】|【置入】对话框，在该对话框中选择随书附带光盘中的 CDROM\素材\Cha09\J2.jpg 素材文件，单击【置入】按钮，然后调整图片的位置和大小，并在属性栏中单击【嵌入】按钮，按 Ctrl+[组合键调整图片的顺序，再选择图片和绘制的矩形，按 Ctrl+7 组合键建立剪切蒙版，完成后的效果如图 9-45 所示。

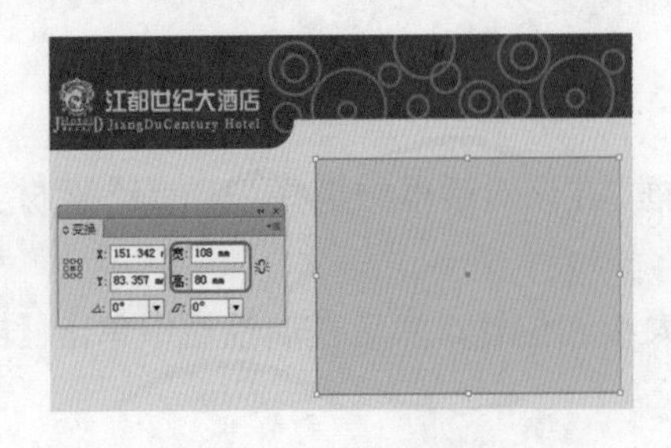

图 9-44 绘制矩形

图 9-45 置入图片并建立剪切蒙版

(17) 按 T 键激活【文字工具】，在画板上单击输入文字“多功能餐厅”，将字体设置为【黑体】，字体大小设置为 18pt，字体颜色设置为黑色，完成后的效果如图 9-46 所示。

(18) 继续使用【文字工具】，在画板上绘制文本框，在文本框内输入文字，将字体设置为【华文细黑】，字体大小设置为 12pt，【行间距】设置为 21，完成后的效果如图 9-47 所示。

图 9-46　输入文字

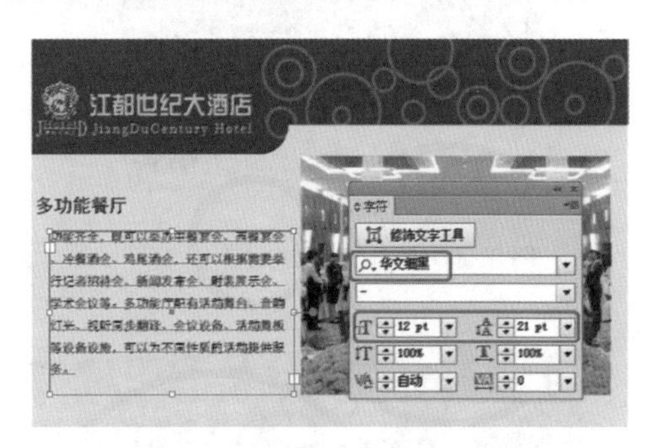

图 9-47　绘制文本框并输入文字

(19) 按 M 键激活【矩形工具】，在画板上绘制矩形，将【宽】、【高】分别设置为 48mm、48mm。选择【文件】|【置入】命令，弹出【置入】对话框，在该对话框中选择 J3.jpg 素材文件，单击【置入】按钮，并调整图片的位置和大小，然后按 Ctrl+[组合键将图片调整至矩形的下面。调整完成后按 Ctrl+7 组合键建立剪切蒙版，效果如图 9-48 所示。

(20) 按 T 键激活【文字工具】，输入文字“避风塘炒蟹”，将字体设置为【微软雅黑】，字体大小设置为 10pt，字符间距设置为 180，字体颜色设置为黑色，完成后的效果如图 9-49 所示。

图 9-48　置入图片并建立剪切蒙版

图 9-49　输入文字并进行设置

(21) 使用同样的方法绘制矩形、置入图片并建立剪切蒙版，完成后的效果如图 9-50 所示。

(22) 按 T 键激活【文字工具】，在画板上单击输入文字，将标题文字字体设置为【黑体】，字体大小设置为 18pt，将文本框内的文字字体设置为【华文细黑】，字体大小设置为 12pt，行间距设置为 21pt，完成后的效果如图 9-51 所示。

(23) 使用同样的方法置入剩余的图片，将图片的宽度和高度约束，将图片的高度设置为 35mm，并调整图片的位置，完成后的效果如图 9-52 所示。

(24) 使用同样的方法绘制剩余的图形并输入文字，完成后的效果如图 9-53 所示。至此酒店 DM 单就制作完成了，效果导出后将场景进行保存即可。

图 9-50　建立剪切蒙版并输入文字

图 9-51　输入文字

图 9-52　置入图片

图 9-53　设置剩余的对象

案例精讲 055　欣泰益生菌酸奶

案例文件：CDROM \ 场景 \Cha09\ 欣泰益生菌酸奶 . ai

视频文件：视频教学 \ Cha09 \ 欣泰益生菌酸奶 .avi

制作概述

本例将介绍如何制作欣泰益生菌酸奶DM单，使用【矩形工具】和【渐变工具】制作DM单背景颜色。然后使用【钢笔工具】绘制不规则图形，使用【渐变工具】为图形填充渐变。最后使用【文字工具】、【路径文字工具】输入文本，完成后的效果如图 9-54 所示。

图 9-54　欣泰益生菌酸奶

学习目标

- 学习制作欣泰益生菌酸奶 DM 单。
- 掌握【矩形工具】、【渐变工具】、【路径文字工具】等的使用，以及不透明蒙版的应用。

操作步骤

(1) 按 Ctrl+N 组合键，在弹出的【新建文档】对话框中将【名称】设置为“欣泰益生菌酸奶”，将【宽度】、【高度】、【单位】、【颜色模式】分别设置为 210mm、285mm、【毫米】、CMYK，单击【确定】按钮即可新建一个场景文档。在工具箱中选择【矩形工具】，在画板上

绘制矩形，然后单击属性栏中的【变换】按钮，在弹出的面板中将【宽】、【高】分别设置为210mm、285mm，如图9-55所示。

(2) 按Shift+F6组合键打开【对齐】面板，在该面板中将【对齐】设置为【对齐画板】，然后单击【水平居中对齐】按钮和【垂直居中对齐】按钮，如图9-56所示。

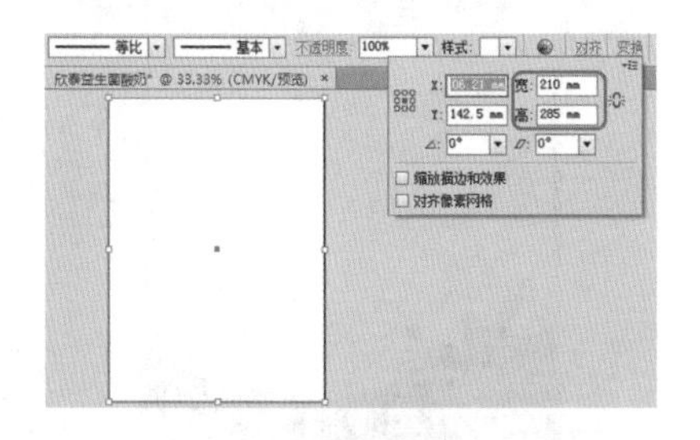

图9-55　绘制矩形并进行设置

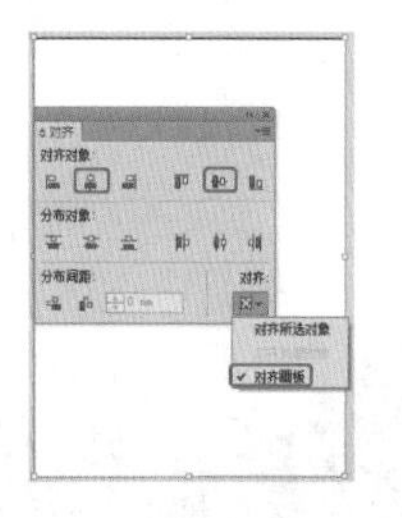

图9-56　设置对齐方式

(3) 选择绘制的矩形，按Ctrl+F9组合键打开【渐变】面板，在该面板中将【类型】设置为【径向】，左侧渐变滑块的CMYK值设置为0、0、0、0，右侧渐变滑块的CMYK值设置为28、2、6、0，【位置】设置为79%，如图9-57所示。

(4) 使用【渐变工具】调整渐变条，完成后的效果如图9-58所示。

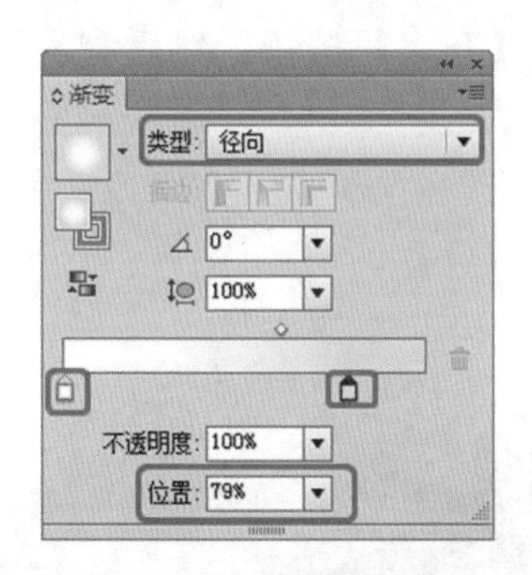

图9-57　【渐变】面板

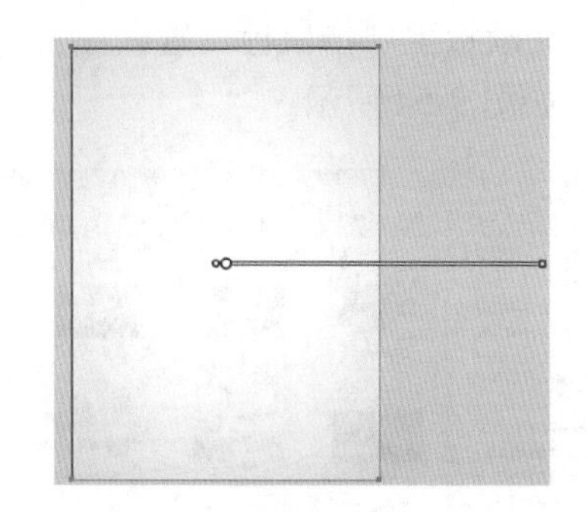

图9-58　调整渐变后的效果

(5) 选择填充渐变后的矩形，按Ctrl+2组合键进行锁定。在工具箱中选择【钢笔工具】，在滑板上绘制图形，效果如图9-59所示。

(6) 选择绘制的图形，按Ctrl+F9组合键，弹出【渐变】面板，在该面板中将【类型】设置为【线性】，【角度】设置为−15°，左侧渐变滑块的CMYK值设置为100、93、18、0，右侧渐变滑块的CMYK值设置为77、24、20、0，如图9-60所示。

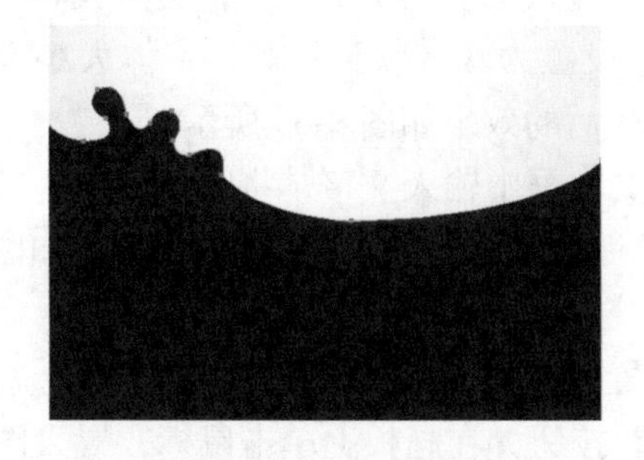

图9-59　绘制图形

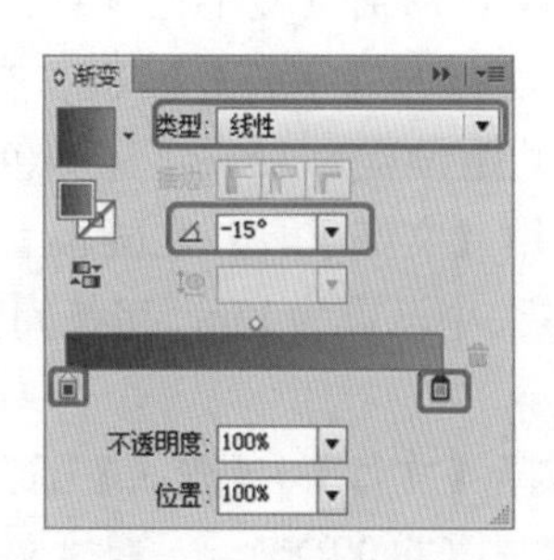

图9-60　设置渐变

(7) 使用【渐变工具】在画板上调整渐变，完成后的效果如图 9-61 所示。

(8) 选择【椭圆形工具】，在画板上绘制椭圆，为其填充刚刚为绘制图形填充的渐变颜色，效果如图 9-62 所示。

图 9-61　填充渐变后的效果

图 9-62　绘制椭圆并填充渐变

(9) 选择【文件】|【置入】命令，弹出【置入】对话框，在该对话框中选择随书附带光盘中的 CDROM\ 素材 \Cha09\X1.jpg 素材文件，然后单击【置入】按钮，如图 9-63 所示。

(10) 在画板上单击鼠标，置入图片，在属性栏中单击【嵌入】按钮，然后调整图片的位置和大小，如图 9-64 所示。

图 9-63　【置入】对话框

图 9-64　置入图片并调整图片

(11) 按 T 键激活【文字工具】，在画板上单击鼠标输入文字“更多营养，更多吸收”，按 Ctrl+T 组合键打开【字符】面板，在该面板中将字体设置为【微软雅黑】，字体大小设置为 21pt，字符间距设置为 15，字体颜色设置为白色，完成后的效果如图 9-65 所示。

(12) 使用【文字工具】在画板上绘制文本框，在文本框中输入文字，将字体设置为【华文楷体】，字体大小设置为 15pt，字符间距设置为 15，字体颜色设置为白色，完成后的效果如图 9-66 所示。

(13) 选择【文件】|【置入】命令，在弹出的【置入】对话框中选择随书附带光盘中的 CDROM\ 素材 \Cha09\X2.png 素材文件，单击【置入】按钮，在画板上单击鼠标，置入图片，并调整其位置。效果如图 9-67 所示。

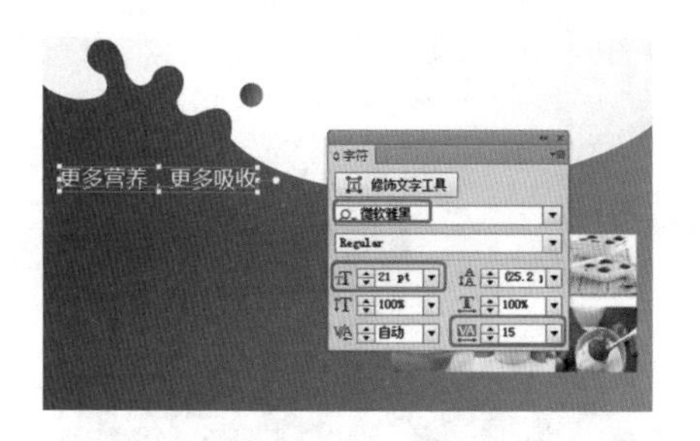

图 9-65 输入文字

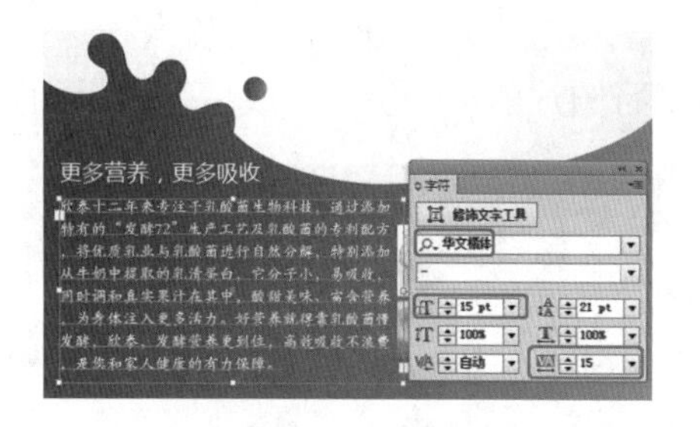

图 9-66 输入段落文字

(14) 使用【文字工具】输入文字“欣泰乳业”，将字体设置为【华文新魏】，字体大小设置为 18pt，字符间距设置为 100，字体颜色的 CMYK 值设置为 91、70、0、0，完成后的效果如图 9-68 所示。

图 9-67 置入图片

图 9-68 输入文字并进行调整

(15) 继续使用【文字工具】输入文字“XINTAIDAIRY”，将字体设置为【华文新魏】，字体大小设置为 11pt，字符间距设置为 75，字体颜色 CMYK 值设置为 91、70、0、0，完成后的效果如图 9-69 所示。

(16) 继续使用【文字工具】输入文字“新鲜我的世界”，将字体设置为【华文楷体】，字体大小设置为 14，字符间距设置为 300，字体颜色的 CMYK 值设置为 71、21、0、0，完成后的效果如图 9-70 所示。

图 9-69 输入文字

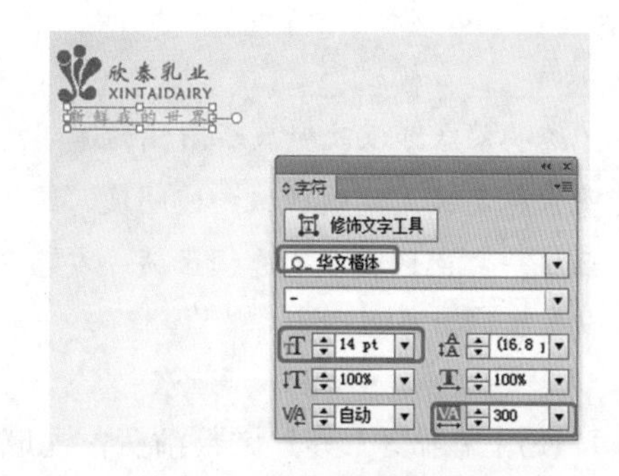

图 9-70 输入文字并进行设置

(17) 选择【文件】|【置入】命令，在弹出的【置入】对话框中选择随书附带光盘中的 CDROM\ 素材 \Cha09\X3.jpg 素材文件，如图 9-71 所示。

(18) 单击【置入】按钮，在画板上单击鼠标置入图片，并调整图片的位置和大小。在属性

栏中单击【嵌入】按钮，将图片嵌入，按 Shift+Ctrl+[组合键将图片置于底层，然后按 Ctrl+] 组合键将图片前移一层，完成后的效果如图 9-72 所示。

图 9-71　【置入】对话框

图 9-72　置入图片并进行调整

(19) 按 M 键激活【矩形工具】，在画板上绘制一个与置入图片相同大小的矩形。选择绘制的矩形和图片，按 Shift+Ctrl+F10 组合键打开【透明度】面板，在该面板中单击按钮，在弹出的下拉菜单中选择【建立不透明蒙版】命令，如图 9-73 所示。

(20) 在该面板中选择建立的蒙版，按 Ctrl+F9 组合键打开【渐变】面板，在该面板中将【类型】设置为【径向】，左侧渐变滑块颜色的 CMYK 值设置为 0、0、0、0，右侧渐变滑块颜色的 CMYK 值设置为 100、100、100、100，节点的位置设置为 87%，如图 9-74 所示。

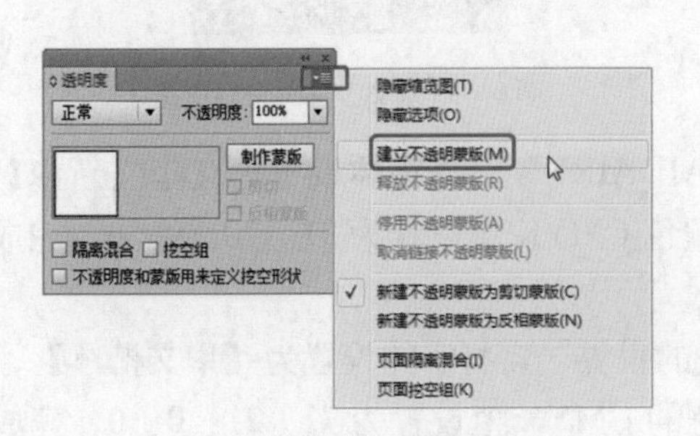

图 9-73　选择【建立不透明蒙版】命令

图 9-74　【渐变】面板

知识链接

不透明蒙版可以改变底层图稿的透明度，可以透过不透明蒙版提供的形状来显示其他对象。不透明蒙版定义了透明区域和透明度，透过蒙版图形的灰度值可以产生遮盖效果，黑色区域为透明区域、白色区域为不透明区域、灰色区域为半透明区域，可以将任何着色对象或栅格图像作为被蒙版的对象。

(21) 使用【渐变工具】调整渐变，完成后的效果如图 9-75 所示。

(22) 停止编辑不透明蒙版，按 T 键激活【文字工具】，在画板上单击鼠标，输入文字，将字体设置为【黑体】，字体大小设置为 40pt，字符间距设置为 0，字体颜色的 CMYK 值设置为 77、26、17、0，效果如图 9-76 所示。

图 9-75　编辑不透明蒙版

图 9-76　输入文字并进行设置

(23) 继续使用【文字工具】输入文字，将字体设置为【汉仪魏碑简】，字体大小设置为 18pt，字符间距设置为 0，字体颜色的 CMYK 值设置为 19、11、1、0，完成后的效果如图 9-77 所示。

(24) 在工具箱中选择【钢笔工具】，在绘图区中绘制圆弧，然后使用【路径文字工具】，在刚刚绘制的路径上单击，输入文字，将字体设置为【汉仪魏碑简】，字体大小设置为 20pt，字符间距设置为 0，字体颜色的 CMYK 值设置为 19、11、1、0，完成后的效果如图 9-78 所示。

图 9-77　输入文字

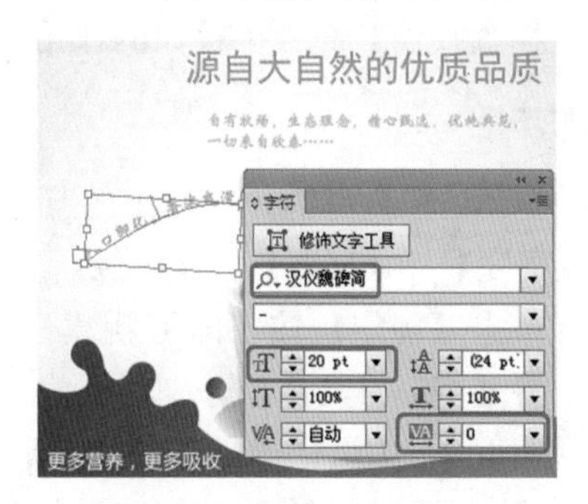

图 9-78　输入路径文字

(25) 至此，DM 单就制作完成了，效果导出后将场景进行保存即可。

案例精讲 056　卡伊能环保材料

案例文件：CDROM \ 场景 \Cha09\ 卡伊能环保材料 . ai

视频文件：视频教学 \ Cha09 \ 卡伊能环保材料 .avi

制作概述

本例将介绍如何制作卡伊能环保材料 DM 单，首先使用【矩形工具】绘制矩形并填充颜色，设置 DM 单的背景颜色；然后利用【矩形工具】、【椭圆形工具】、【路径查找器】面板来合并图形；最后利用【文字工具】、【圆角矩形工具】、【矩形工具】以及【剪切蒙版】命令来填充内容，完成后的效果如图 9-79 所示。

图 9-79　卡伊能环保材料

学习目标

- 学习制作卡伊能环保材料。
- 掌握【矩形工具】、【椭圆形工具】等的使用，以及【剪切蒙版】命令的使用，并了解【路径查找器】面板中按钮的作用。

操作步骤

(1) 按 Ctrl+N 组合键，在弹出的【新建文档】对话框中将【名称】设置为“卡伊能环保材料”，【宽度】、【高度】、【单位】、【颜色模式】分别设置为 210mm、285mm、【毫米】、CMYK，单击【确定】按钮即可新建一个场景文档。按 M 键激活【矩形工具】，在画板上绘制矩形，将【宽】、【高】分别设置为 210mm、285mm，填充颜色的 CMYK 值设置为 24、0、60、0，按 Shift+F7 组合键打开【对齐】面板，在该面板中将【对齐】设置为【对齐画板】，然后单击【水平居中对齐】按钮和【垂直居中对齐】按钮，完成后的效果如图 9-80 所示。

(2) 选择绘制的矩形，按 Ctrl+2 组合键将矩形进行锁定。继续使用【矩形工具】，在画板上单击鼠标绘制矩形，单击【变换】按钮，在弹出的【变换】面板中将【宽】、【高】分别设置为 200mm、115mm，完成后的效果如图 9-81 所示。

图 9-80　设置对齐方式

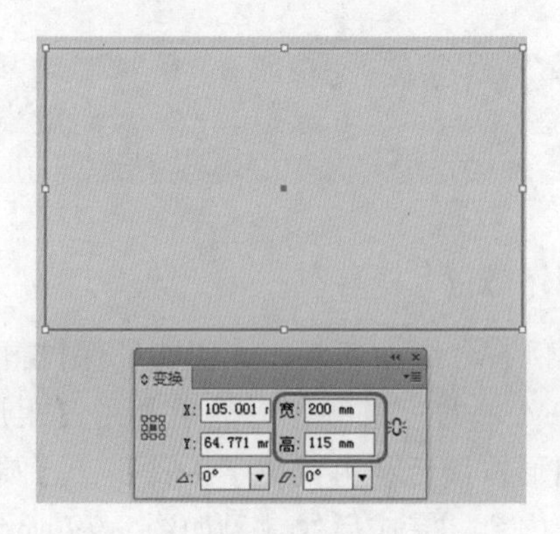

图 9-81　绘制矩形

(3) 在工具箱中选择【椭圆形工具】，按住 Shift 键绘制正圆，选择绘制的正圆和矩形，打开【路径查找器】面板，在该面板中单击【合并】按钮，使用【直接选择工具】选择多余的线段，按 Delete 键删除。选择【文件】|【置入】命令，弹出【置入】对话框，在该对话框中选择随书附带光盘中的 CDROM\ 素材 \Cha09\HB1.jpg 素材文件，如图 9-82 所示。

(4) 单击【置入】按钮，在画板上单击鼠标，调整图片的大小和位置。按 Ctrl+[组合键将其后移一层，选择刚刚合并的对象，再次单击【联集】按钮。然后选择合并的对象和图片，按 Ctrl+7 组合键建立剪切蒙版，完成后的效果如图 9-83 所示。

图 9-82 【置入】对话框

图 9-83 建立剪切蒙版后的效果

(5) 使用同样的方法绘制矩形和正圆并对其进行相应的调整，将其填充颜色的 CMYK 值设置为 65、8、100、0，完成后的效果如图 9-84 所示。

(6) 在工具箱中选择【文字工具】，在画板上输入文字，将字体设置为【汉仪综艺体简】，字体大小设置为 20pt，字符间距设置为 50，字体颜色设置为白色，完成后的效果如图 9-85 所示。

图 9-84 绘制图形

图 9-85 输入文字

(7) 使用同样的方法输入文字“卡伊能环保材料”，将字体设置为【汉仪综艺体简】，字体大小设置为 14pt，字符间距设置为 200，将字体颜色设置为白色，完成后的效果如图 9-86 所示。

(8) 选择【圆角矩形工具】，在画板上单击，弹出【圆角矩形】对话框，在该对话框中将【宽度】、【高度】、【圆角半径】分别设置为 130mm、13mm、3mm，然后单击【确定】按钮，如图 9-87 所示。

图 9-86　输入文字

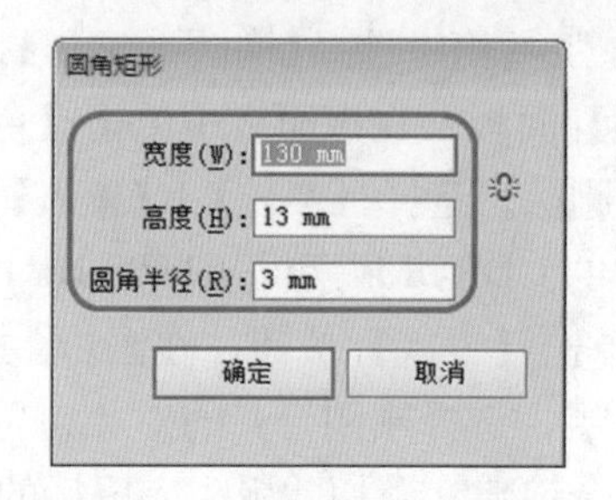

图 9-87　【圆角矩形】对话框

(9) 单击【确定】按钮即可创建圆角矩形，将其填充颜色的 CMYK 值设置为 52、10、100、0，并调整圆角矩形的位置，完成后的效果如图 9-88 所示。

(10) 按 T 键激活【文字工具】，在画板上单击输入文字，将字体设置为【汉仪楷体简】，字体大小设置为 26pt，字符间距设置为 0，字体颜色的 CMYK 值设置为 100、100、100、100，如图 9-89 所示。

图 9-88　绘制圆角矩形

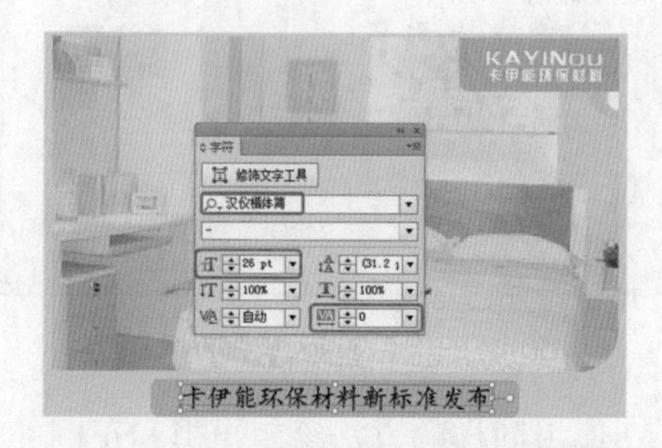

图 9-89　输入文字

(11) 使用【圆角矩形工具】，在画板上单击鼠标，在弹出的对话框中将【宽度】、【高度】、【圆角半径】分别设置为 60mm、70mm、3mm，然后单击【确定】按钮。将圆角矩形填充颜色的 CMYK 值设置为 21、0、47、0，描边颜色的 CMYK 值设置为 36、0、91、0。在属性栏中将【描边粗细】设置为 2pt，完成后的效果如图 9-90 所示。

(12) 按住 Alt 键单击鼠标拖动刚刚绘制的圆角矩形进行复制，并调整复制圆角矩形的位置，完成后的效果如图 9-91 所示。

图 9-90　绘制圆角矩形

图 9-91　复制圆角矩形

(13) 在工具箱中选择【直线段工具】，在画板上绘制直线段，在属性栏中将【描边粗细】

设置为1pt，描边颜色的CMYK值设置为52、0、95、0，对其进行复制并调整位置，完成后的效果如图9-92所示。

(14) 在工具箱中选择【文字工具】，在画板上单击输入文字“板材”，将字体设置为【汉仪楷体简】，字体大小设置为16pt，字符间距设置为0，字体颜色的CMYK值设置为64、31、100、0，完成后的效果如图9-93所示。

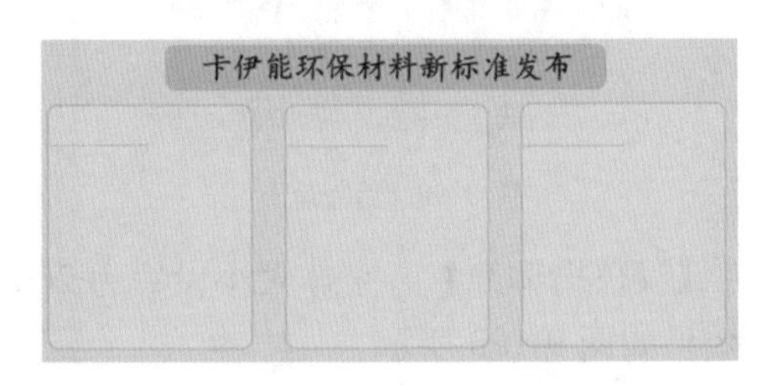

图9-92　绘制直线段

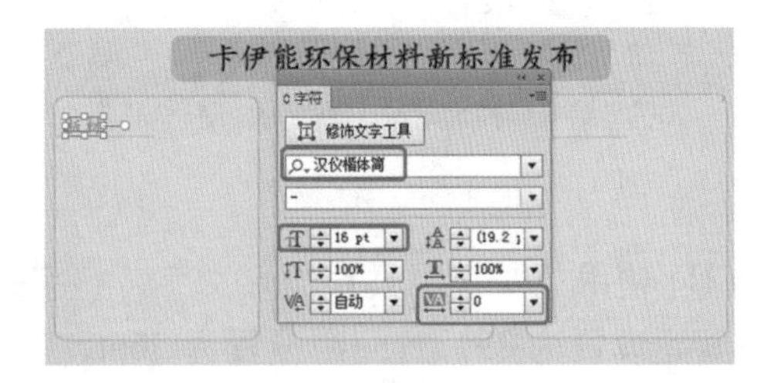

图9-93　输入文字

(15) 继续使用【文字工具】，在画板上单击鼠标，输入文字，将字体设置为【汉仪楷体简】，字体大小设置为10pt，字符间距设置为0，字体颜色的CMYK值设置为0、0、0、100，完成后的效果如图9-94所示。

(16) 使用【文字工具】绘制文本框，在文本框内输入文字，将字体设置为【汉仪中楷简】，字体大小设置为12pt，字符间距设置为0，字体颜色的CMYK值设置为69、0、100、0，完成后的效果如图9-95所示。

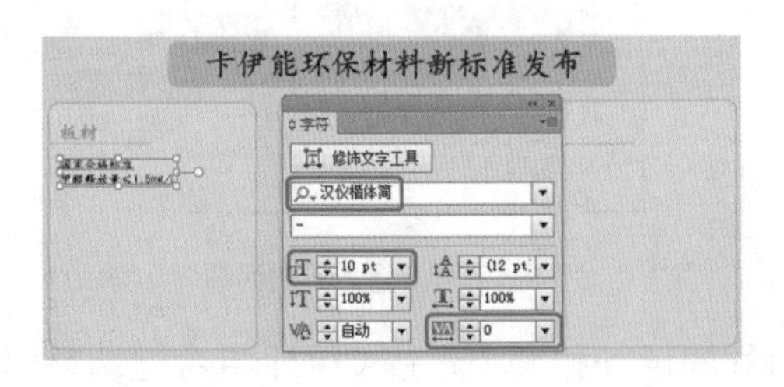

图9-94　设置文字

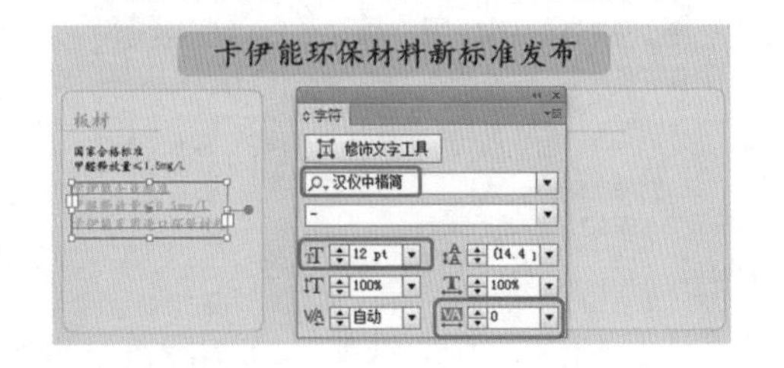

图9-95　输入文字并进行设置

(17) 使用同样的方法输入其他文字，完成后的效果如图9-96所示。

(18) 在工具箱中选择【矩形工具】，在画板上绘制矩形，将【宽度】、【高度】分别设置为200mm、10mm，填充颜色的CMYK值设置为52、10、100、0，调整完成后的效果如图9-97所示。

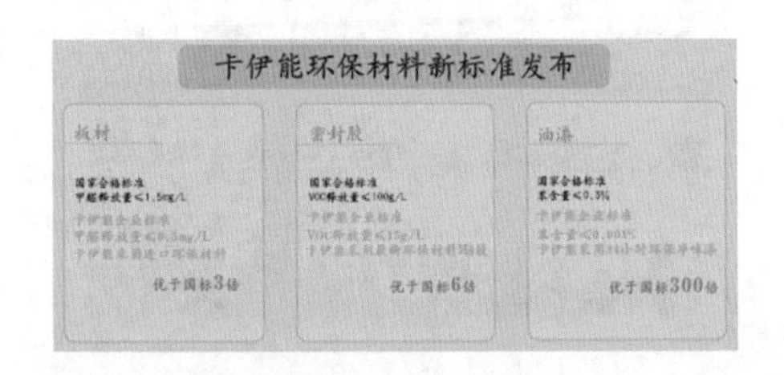

图9-96　输入文字

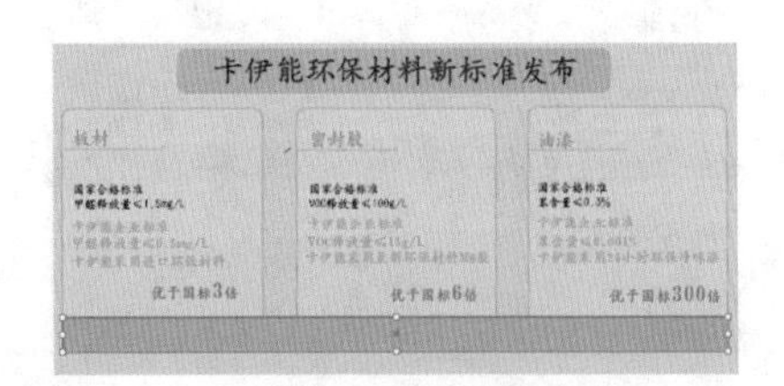

图9-97　绘制矩形

(19) 使用【文字工具】输入文字，将字体设置为【汉仪楷体简】，字体大小设置为14pt，字符间距设置为100，效果如图9-98所示。

(20) 使用【矩形工具】绘制矩形，将填充颜色的 CMYK 值设置为 52、10、100、0，描边颜色设置为无，【宽】、【高】分别设置为 25mm、32mm，效果如图 9-99 所示。

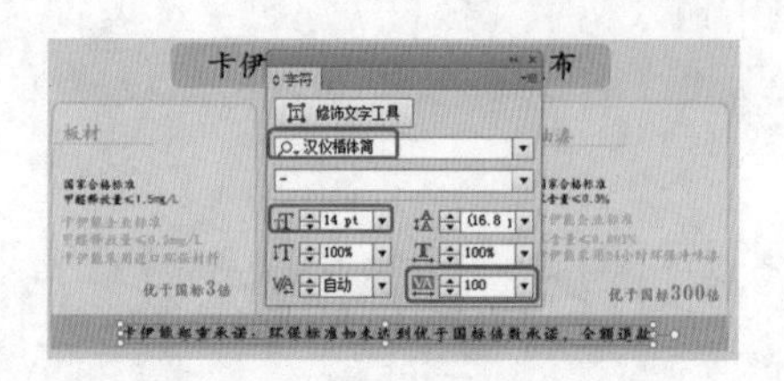

图 9-98　输入文字

图 9-99　绘制矩形

(21) 使用【文字工具】输入文字，将字体设置为【汉仪楷体简】，字体大小设置为 26pt，字符间距设置为 29，行间距设置为 36pt，完成后的效果如图 9-100 所示。

(22) 继续使用【矩形工具】，绘制宽、高分别为 28mm、32mm 的矩形，选择【文件】|【置入】命令，弹出【置入】对话框，在该对话框中选择 HB2.jpg 素材文件，然后单击【置入】按钮，如图 9-101 所示。

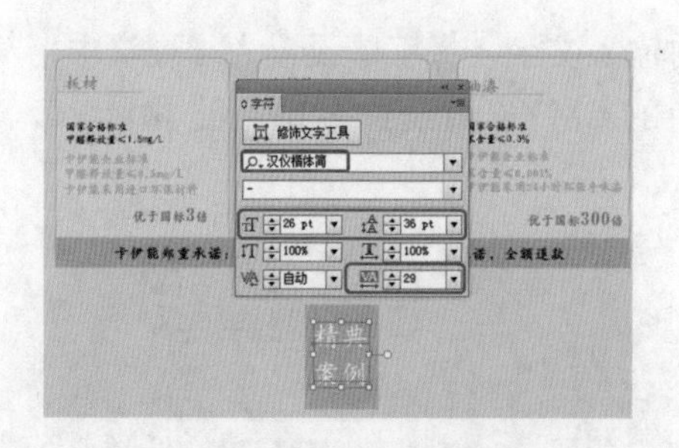

图 9-100　输入文字

图 9-101　【置入】对话框

(23) 在画板上单击鼠标，置入图片，并调整图片的位置和大小，按 Ctrl+[组合键调整图片的顺序。选择绘制的矩形和置入的图片，按 Ctrl+7 组合键建立剪切蒙版，完成后的效果如图 9-102 所示。

(24) 使用同样的方法置入其他图片并建立剪切蒙版，完成后的效果如图 9-103 所示。

图 9-102　建立剪切蒙版

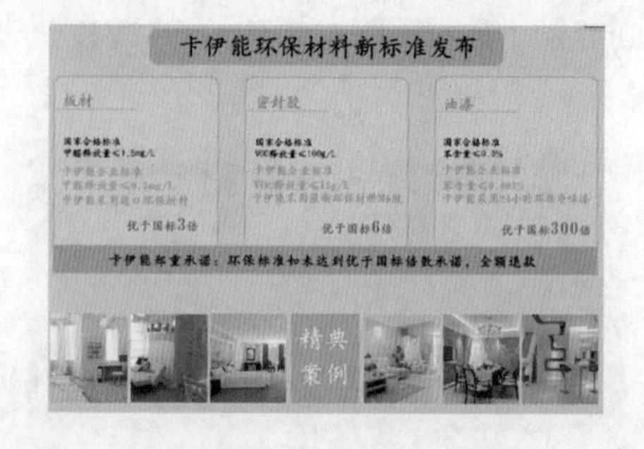

图 9-103　完成后的效果

(25) 继续使用【矩形工具】绘制矩形，将【宽】、【高】分别设置为 210mm、15mm，填充颜色的 CMYK 值设置为 52、10、100、0，并调整其位置，完成后的效果如图 9-104 所示。

(26) 使用【文字工具】输入文字，将字体设置为【微软雅黑】，字体大小设置为 13pt，字符间距设置为 100，字体颜色设置为白色，完成后的效果如图 9-105 所示。

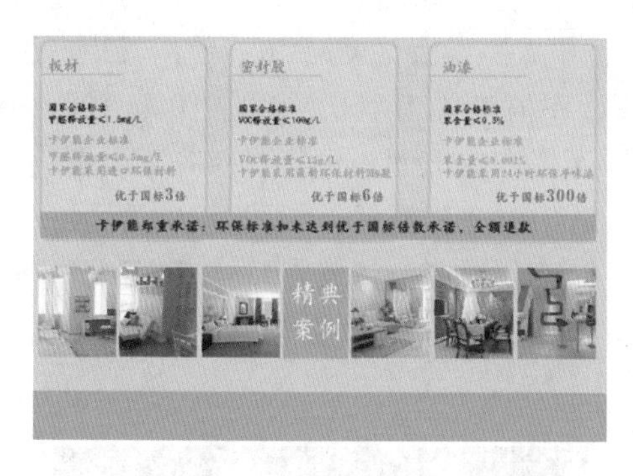

图 9-104　绘制矩形

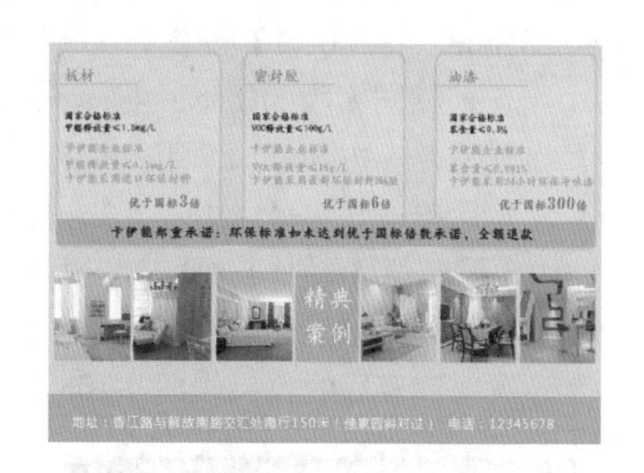

图 9-105　输入文字

(27) 至此 DM 单就制作完成了，效果导出后将场景进行保存即可。

案例精讲 057　景深空间装修

案例文件：CDROM \ 场景 \Cha09\ 景深空间装修 . ai

视频文件：视频教学 \ Cha09 \ 景深空间装修 .avi

制作概述

本例将介绍如何制作景深空间装修 DM 单，首先使用【矩形工具】绘制矩形，确定 DM 单的基本版块，然后使用【文字工具】、【矩形工具】、【直线段工具】来填充内容，完成后的效果如图 9-106 所示。

图 9-106　景深空间装修

学习目标

- 学习制作景深空间装修 DM 单。
- 掌握【矩形工具】、【直线段工具】、【文字工具】等的使用，以及【剪切蒙版】命令的使用，了解【路径查找器】面板中按钮的作用。

操作步骤

(1) 新建一个【名称】为“景深空间装修”的文档，【宽度】、【高度】分别设置为420mm、285mm，将【单位】设置为【毫米】，【颜色模式】设置为CMYK。使用【矩形工具】绘制一个与文档相同大小的矩形，将填充颜色的CMYK值设置为100、100、100、100，【描边颜色】设置为无。按Shift+F7组合键打开【对齐】面板，在该面板中将【对齐】设置为【对齐画板】，然后单击【水平居中对齐】按钮和【垂直居中对齐】按钮，如图9-107所示。

(2) 按M键激活【矩形工具】，在画板上单击鼠标绘制矩形，将【宽】、【高】分别设置为210mm、111mm，填充颜色的CMYK值设置为71、65、61、15，【描边颜色】设置为无，并调整其位置，完成后的效果如图9-108所示。

图9-107　设置对齐方式

图9-108　绘制矩形

(3) 对绘制的矩形进行复制，然后调整其位置，完成后的效果如图9-109所示。

(4) 使用【直线段工具】绘制直线段，在属性栏中将【描边粗细】设置为3pt，描边颜色的CMYK值设置为71、65、61、15。使用同样的方法绘制直线段，将描边颜色CMYK设置为白色，完成后的效果如图9-110所示。

图9-109　复制矩形

图9-110　绘制线段

(5) 选择绘制的所有对象，按Ctrl+2组合键进行锁定。在工具箱中选择【文字工具】，在画板上输入文字，将字体设置为【汉仪综艺体简】，字体大小设置为53pt，字符间距设置为20，字体颜色的CMYK值设置为33、26、25、0，效果如图9-111所示，单击【变换】按钮，在弹出的面板中将旋转设置为−90，并对文字进行调整。

(6) 继续使用【文字工具】输入文字，将字体颜色的CMYK值设置为0、0、0、0，字体设置为【方正大黑简体】，字体大小设置为30pt，字符间距设置为300，字体颜色设置为白色，完成后的效果如图9-112所示。

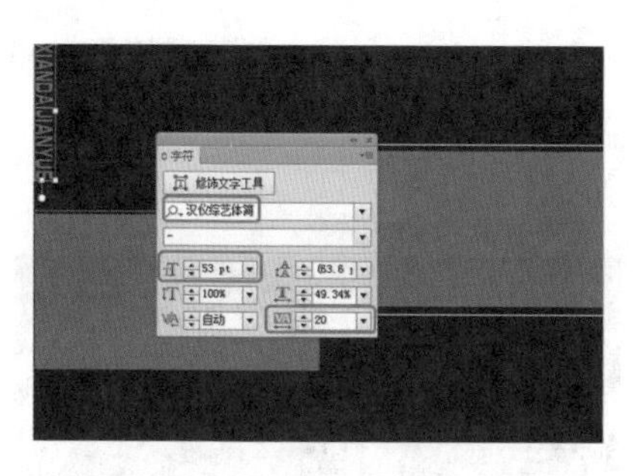

图 9-111　输入文字

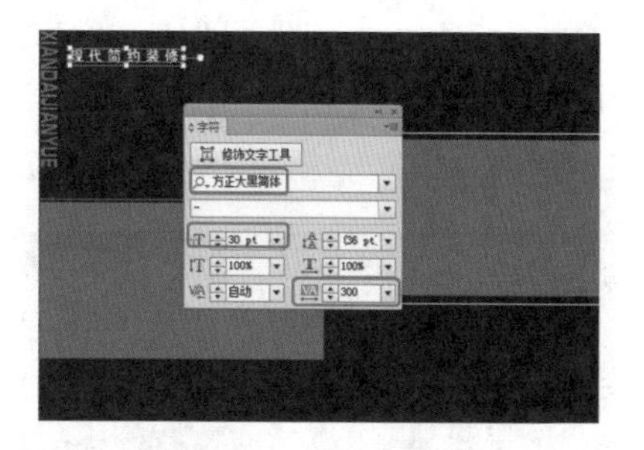

图 9-112　输入文字

(7) 按 M 键激活【矩形工具】，在画板上绘制两个矩形，将【宽】、【高】分别设置为 31、28 和 8、13，选择绘制的两个矩形，将填充颜色的 CMYK 值设置为无，描边颜色的 CMYK 值设置为 6、61、95、0，描边粗细设置为 6pt，按 Ctrl+Shift+F9 组合键打开【路径查找器】面板，在该面板中单击【分割】按钮，如图 9-113 所示。

(8) 使用【直接选择工具】，选择多余的边，按 Delete 键将其删除，完成后的效果如图 9-114 所示。

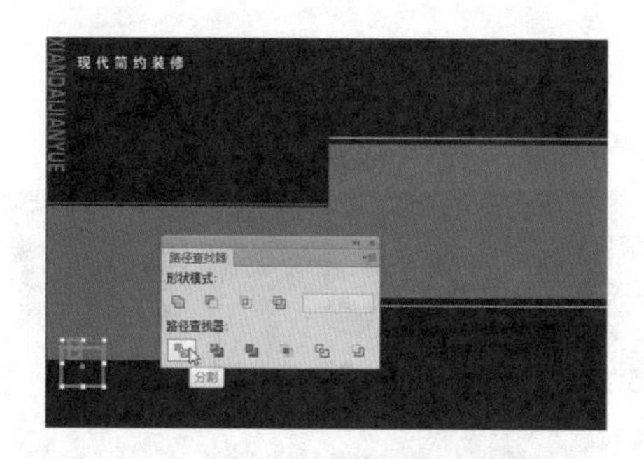

图 9-113　【路径查找器】面板

图 9-114　调整完成后的效果

(9) 对刚刚调整的图形进行复制、旋转并更改颜色，完成后的效果如图 9-115 所示。

(10) 按 M 键激活【矩形工具】，绘制矩形，将【宽】、【高】分别设置为 51mm、66mm。选择【文件】|【置入】命令，弹出【置入】对话框，在该对话框中选择随书附带光盘中的 CDROM\ 素材 \Cha09\JS1.jpg 素材文件，然后单击【置入】按钮，如图 9-116 所示。

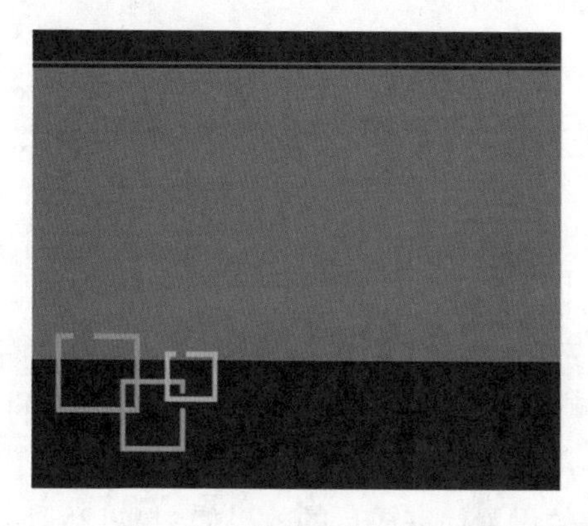

图 9-115　调整完成后的效果

图 9-116　【置入】对话框

(11) 在画板上单击，置入图片，并调整图片的位置和大小，按Ctrl+[组合键调整图片的顺序。选择图片和矩形，按 Ctrl+7 组合键建立剪切蒙版，完成后的效果如图 9-117 所示。

(12) 使用同样的方法建立剩余的剪切蒙版，完成后的效果如图 9-118 所示。

图 9-117 建立剪切蒙版后的效果

图 9-118 设置完成后的效果

(13) 按 M 键激活【矩形工具】，在画板上绘制矩形，将【宽】、【高】分别设置为 4mm、4mm，填充颜色设置为白色，对绘制的矩形进行复制并调整位置，完成后的效果如图 9-119 所示。

(14) 选择【直线段工具】，在画板上将绘制的正方形连接，将【描边粗细】设置为 1pt，描边颜色设置为白色，完成后的效果如图 9-120 所示。

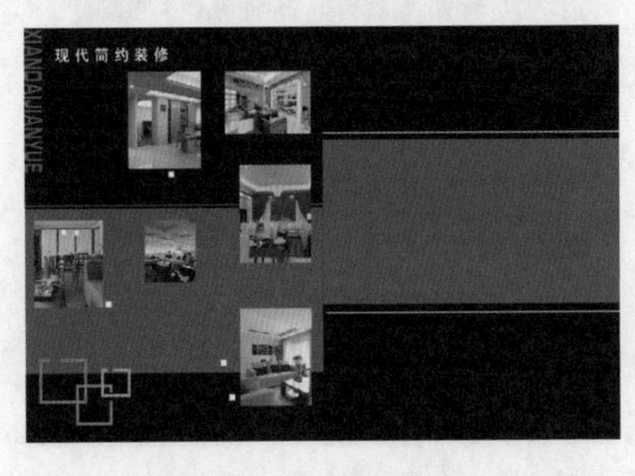

图 9-119 绘制白色小矩形

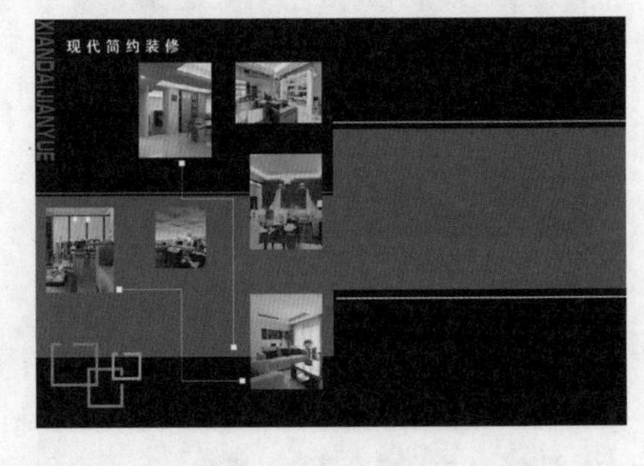

图 9-120 绘制直线段

(15) 使用相同的方法绘制矩形，并使用【直线段工具】绘制直线段，完成后的效果如图 9-121 所示。

(16) 按 T 键激活【文字工具】，在画板上输入文字"JIANYUE"，将字体设置为【汉仪综艺体简】，字体大小设置为 30pt，字符间距设置为 0，字体颜色的 CMYK 值设置为 49、40、38、0，效果如图 9-122 所示。

(17) 使用相同的方法输入文字，并对输入的文字进行相应的设置，完成后的效果如图 9-123 所示。

(18) 按 M 键激活【矩形工具】，在画板上绘制【宽】、【高】分别为 36mm、14mm 的矩形，将填充颜色的 CMYK 值设置为 0、0、0、0，描边颜色的 CMYK 值设置为无，完成后的效果如图 9-124 所示。

(19) 继续使用【文字工具】输入文字并进行相应的设置，完成后的效果如图 9-125 所示。

(20) 使用相同的方法绘制矩形、置入图片并建立剪切蒙版，完成后的效果如图 9-126 所示。

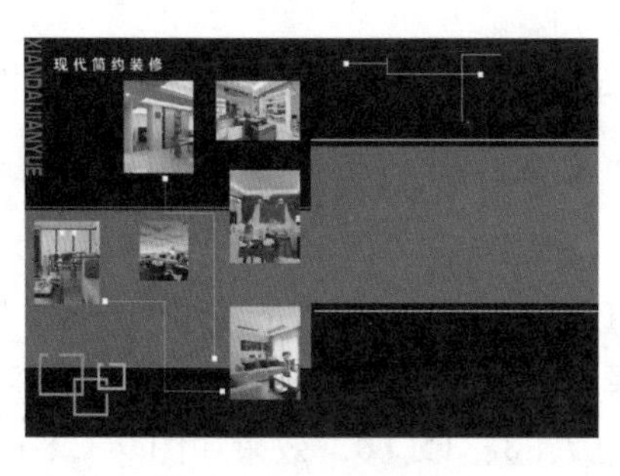

图 9-121　绘制图形

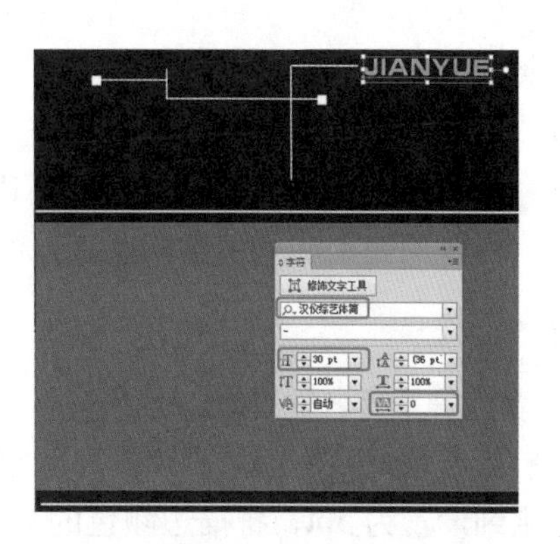

图 9-122　输入文字

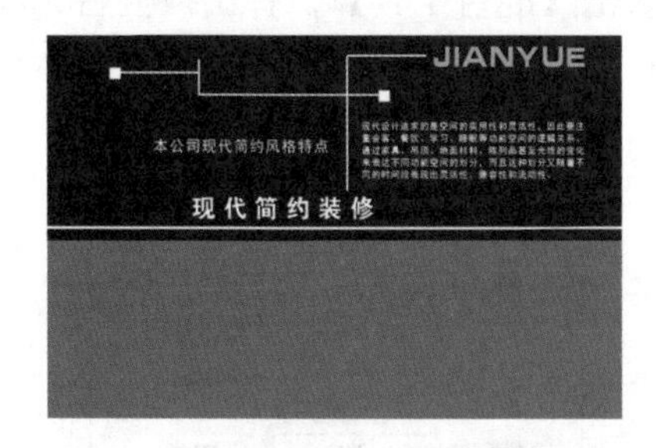

图 9-123　输入文字

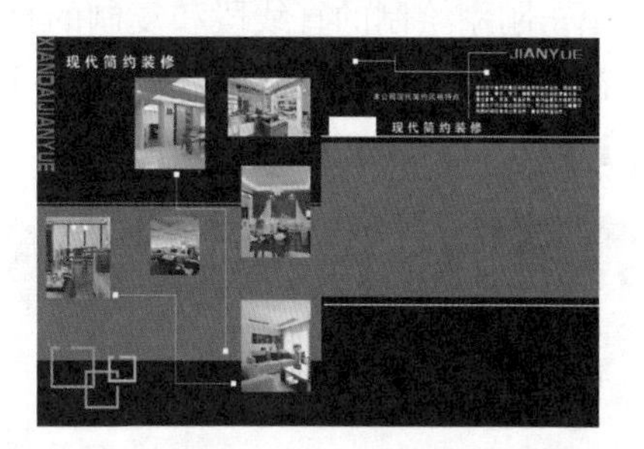

图 9-124　绘制矩形

图 9-125　输入文字

图 9-126　建立剪切蒙版

案例精讲 058　朗特咖啡

 案例文件：CDROM \ 场景 \Cha09\ 朗特咖啡 . ai

 视频文件：视频教学 \ Cha09 \ 朗特咖啡 .avi

制作概述

本例将介绍如何制作咖啡 DM 单，首先使用【直线段工具】、【混合工具】和【矩形工具】制作底纹，然后使用【文字工具】、【矩形工具】和【剪切蒙版】命令来丰富 DM 单的内容，完成后的效果如图 9-127 所示。

图 9-127　朗特咖啡

学习目标

- 学习制作咖啡 DM 单。
- 掌握【矩形工具】、【混合工具】、【文字工具】等工具的使用，以及【剪切蒙版】命令的使用和【不透明蒙版】的应用。

操作步骤

(1) 新建一个【名称】为“朗特咖啡”，【宽度】、【高度】分别为450mm、197mm，【单位】为【毫米】，【颜色模式】为 CMYK 的空白文档。选择【直线段工具】，在画板上绘制直线段。将描边粗细设置为 5pt，将描边颜色的 CMYK 值设置为 7、8、15、0，效果如图 9-128 所示。

(2) 对刚刚绘制的直线段进行复制，调整其位置，然后在工具箱中选择【混合工具】，在画板上单击刚刚绘制的直线段和复制的直线段，然后双击【混合工具】，弹出【混合选项】对话框，在该对话框中将【间距】设置为【指定的步数】，并在文本框内输入“35”，然后单击【确定】按钮，如图 9-129 所示。

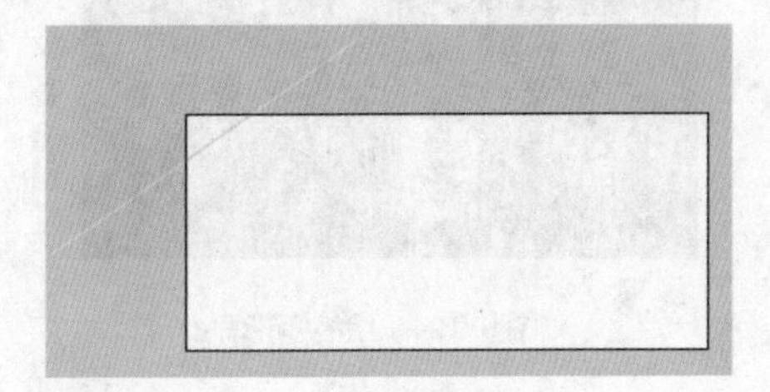

图 9-128　绘制直线段

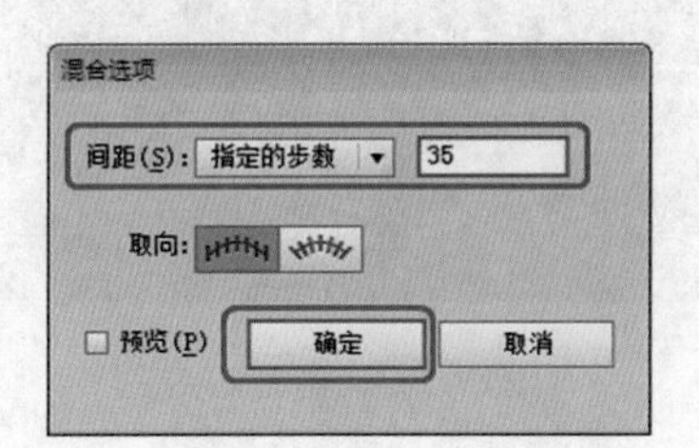

图 9-129　【混合选项】对话框

知识链接

【间距】下拉列表框中有 3 个选项，分别是【平滑颜色】、【指定的步数】、【指定的距离】。

【平滑颜色】：将自动计算混合的步骤数。

【指定的步数】：可以进一步设置控制混合开始与混合结束之间的步骤数。

【指定的距离】：可以进一步设置控制混合步数之间的距离。

【取向】：若单击【对齐页面】按钮，将混合对齐于页面，即混合垂直于页面的水平轴；若单击【对齐路径】按钮，将混合对齐于路径，即混合垂直于路径。

(3) 选择【矩形工具】，在画板上单击，弹出【矩形】对话框，在该对话框中将【宽度】、【高度】分别设置为 200mm、138mm，然后单击【确定】按钮，如图 9-130 所示。

(4) 选择绘制的矩形和混合的对象，按 Ctrl+7 组合键建立剪切蒙版，继续使用【矩形工具】，在画板上单击，弹出【矩形】对话框，在该对话框中将【宽度】、【高度】分别设置为 200mm、138mm，然后单击【确定】按钮。将填充颜色设置为无，描边颜色的 CMYK 值设置为 0、0、0、100，描边粗细设置为 5pt，然后调整其位置，完成后的效果如图 9-131 所示。

(5) 按 M 键激活【矩形工具】，在画板上绘制矩形，将【宽】、【高】分别设置为 198mm、17mm，填充颜色的 CMYK 值设置为 33、34、45、0，描边颜色设置为无，并调整其位置，完成后的效果如图 9-132 所示。

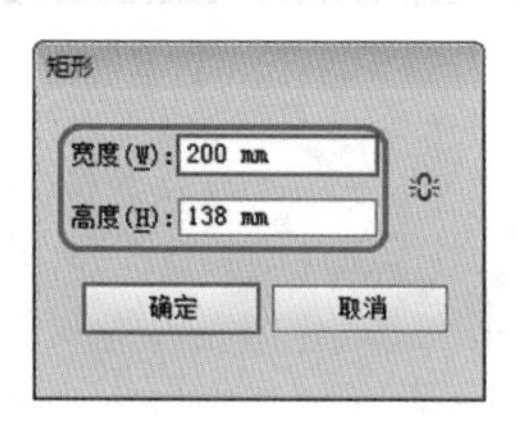

图 9-130 【矩形】对话框

图 9-131 调整完成后的效果

(6) 选择【直线段工具】，在画板上绘制直线段，将【宽】设置为 198，描边粗细设置为 3pt，描边颜色的 CMYK 值设置为 33、34、45、0，并调整其位置，完成后的效果如图 9-133 所示。

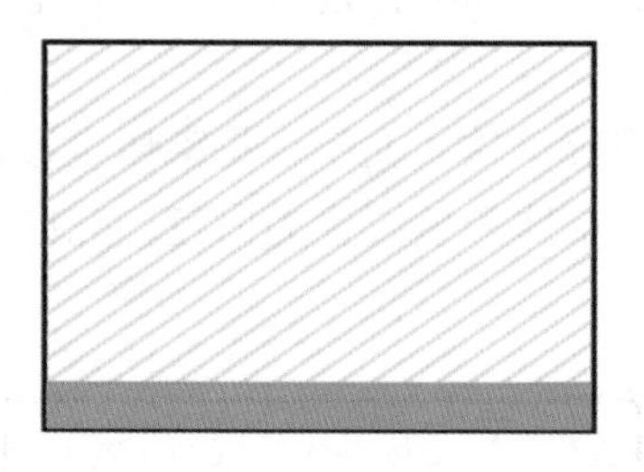

图 9-132 绘制矩形

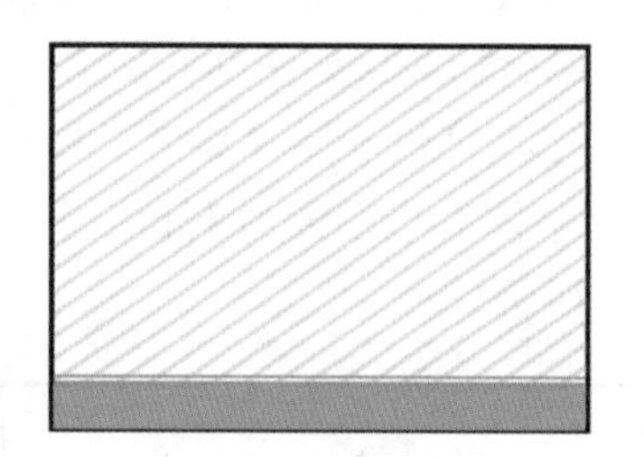

图 9-133 绘制直线段

(7) 选择刚刚创建的矩形和绘制的直线段，单击鼠标右键，在弹出的快捷菜单中选择【排列】|【后移一层】命令，如图 9-134 所示。

(8) 选择【文件】|【置入】命令，弹出【置入】对话框，在该对话框中选择随书附带光盘中的 CDROM\ 素材 \Cha09\K1.png 素材文件，然后单击【置入】按钮，如图 9-135 所示。

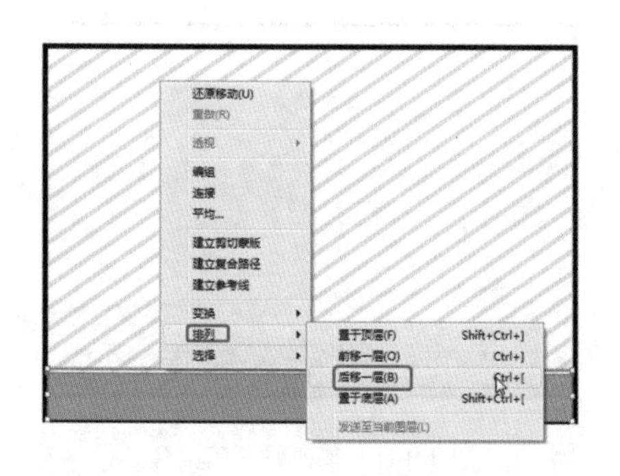

图 9-134 选择【后移一层】命令

图 9-135 【置入】对话框

(9) 在画板上单击鼠标置入图片，在属性栏中单击【嵌入】按钮，然后单击鼠标右键，在弹出的快捷菜单中选择【变换】|【对称】命令，弹出【镜像】对话框，在该对话框中选中【垂直】单选按钮，如图 9-136 所示。

(10) 单击【确定】按钮，然后调整图片的大小和位置，完成后的效果如图 9-137 所示。

图 9-136 【镜像】对话框

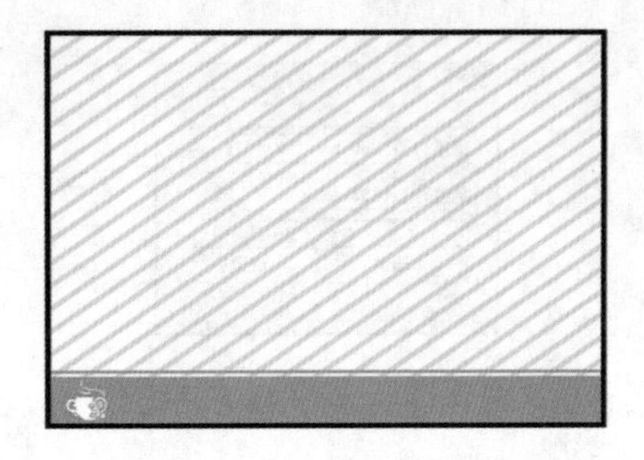

图 9-137 调整完成后的效果

(11) 使用【直线段工具】，在画板上绘制两条线段，将描边颜色设置为白色，描边粗细设置为 2，完成后的效果如图 9-138 所示。

(12) 在工具箱中选择【文字工具】，在画板上单击鼠标，输入文字，将字体设置为【汉仪中黑简】，字体大小设置为 15pt，字符间距设置为 100，字体颜色设置为白色，完成后的效果如图 9-139 所示。

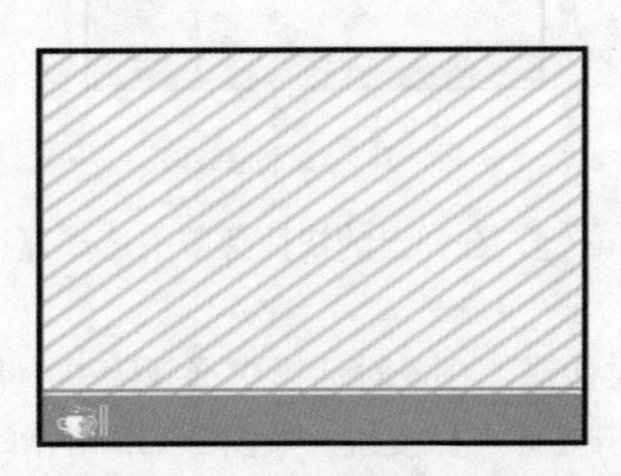

图 9-138 绘制线段

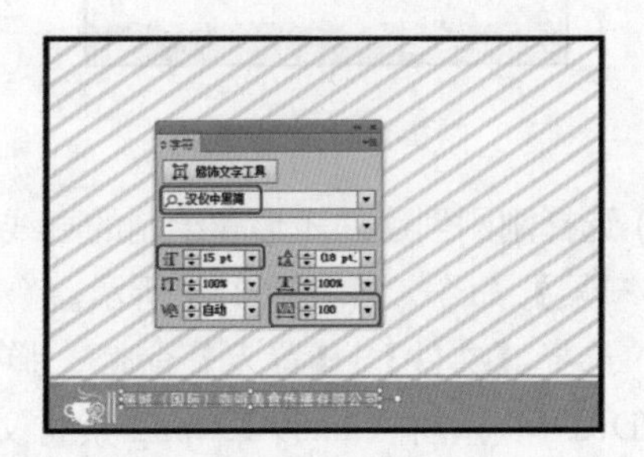

图 9-139 输入文字

(13) 继续使用【文字工具】输入文字，将字体设置为【方正大黑简体】，字体大小设置为 8pt，字符间距设置为 50，字体颜色设置为白色，完成后的效果如图 9-140 所示。

(14) 使用同样的方法输入其他的文字并进行相应的调整，完成后的效果如图 9-141 所示。

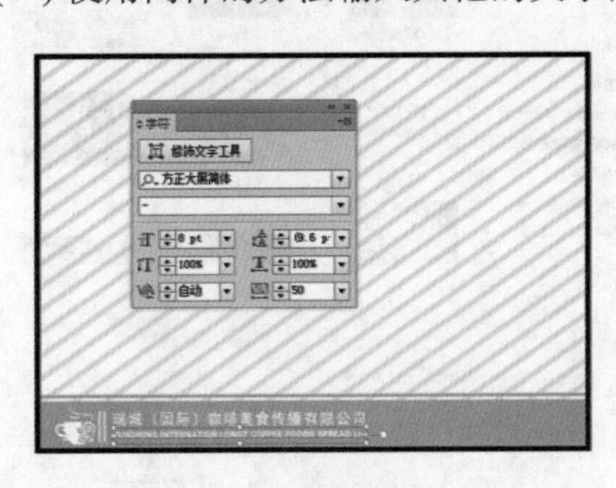

图 9-140 输入英文

图 9-141 输入剩余的文字

(15) 对绘制的所有对象进行复制，并调整复制图形的位置，然后选择绘制的所有对象，按 Ctrl+2 组合键将所有对象锁定，效果如图 9-142 所示。

(16) 选择【文件】|【置入】命令，弹出【置入】对话框，在该对话框中选择随书附带光盘中的 CDROM\ 素材 \Cha09\K2.png 素材图片，如图 9-143 所示。

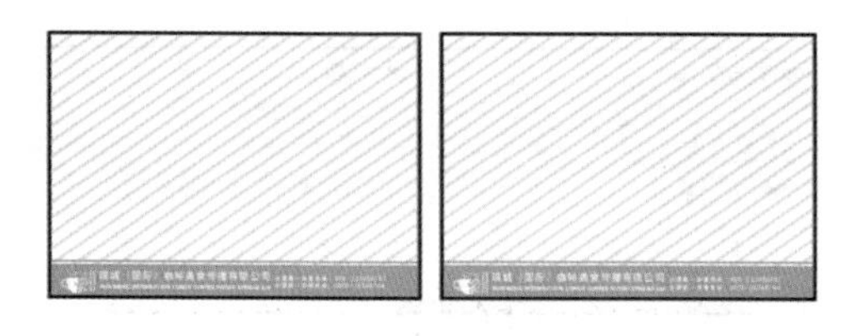

图 9-142　复制并进行调整

图 9-143　【置入】对话框

(17) 单击【置入】按钮，然后在画板上单击，置入图片，并调整图片的位置和大小。在属性栏中单击【嵌入】按钮，完成后的效果如图 9-144 所示。

(18) 继续执行【置入】命令，在弹出的对话框中选择 K3.png 素材文件，并调整图片的位置和大小，然后在属性栏中单击【嵌入】按钮，效果如图 9-145 所示。

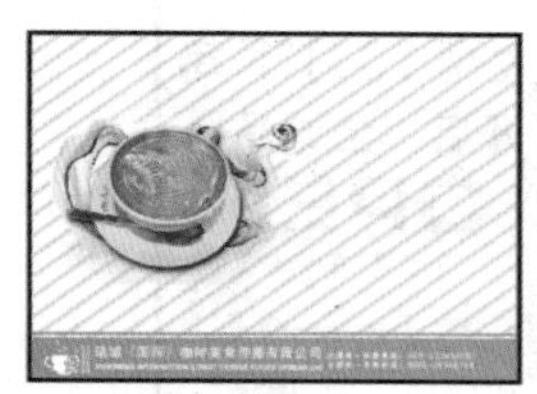

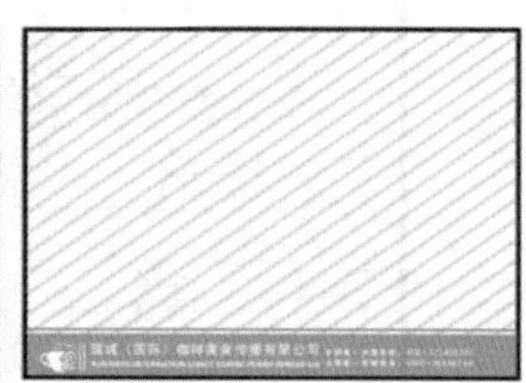

图 9-144　置入图片

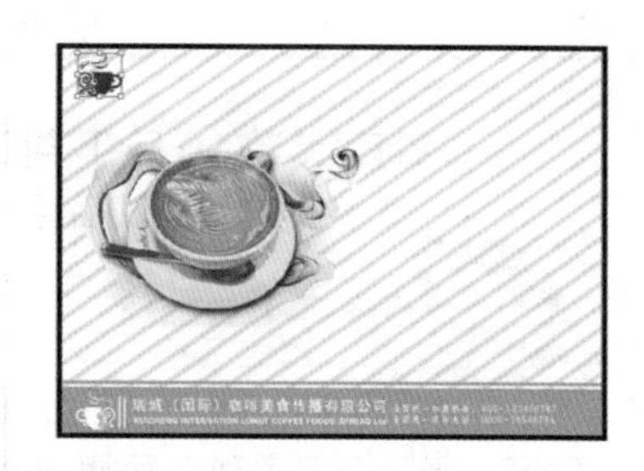

图 9-145　置入图片

(19) 选择刚刚置入的图片，单击鼠标右键，在弹出的快捷菜单中选择【变换】|【对称】命令，弹出【镜像】对话框，在该对话框中选中【垂直】单选按钮，如图 9-146 所示。

(20) 单击【确定】按钮，调整图片的位置，使用【文字工具】输入文字，将字体设置为 Geometr415 Blk BT Black，字体大小设置为 12pt，字符间距设置为 0，字体颜色的 CMYK 值设置为 67、72、81、40，完成后的效果如图 9-147 所示。

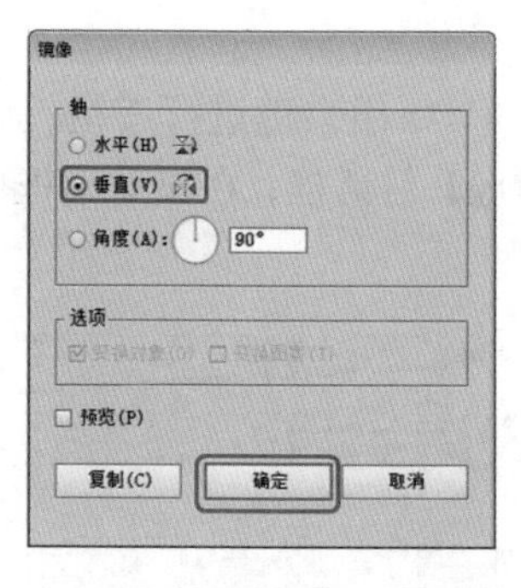

图 9-146　【镜像】对话框

图 9-147　输入文字

(21) 继续使用【文字工具】输入文字，将字体设置为【创意简黑体】，字体大小设置为 18pt，字符间距设置为 0，字体颜色的 CMYK 值设置为 67、72、81、40，效果如图 9-148 所示。

(22) 对置入的图片和输入的文字进行复制，并调整复制对象的位置，完成后的效果如图 9-149 所示。

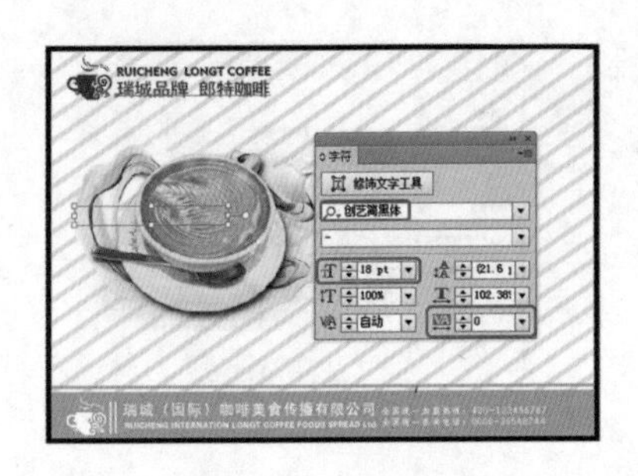

图 9-148 输入文字

图 9-149 复制文字并进行调整

(23) 使用同样的方法输入文字，并对文字进行相应的设置，完成后的效果如图 9-150 所示。

(24) 使用【文字工具】输入文字，将字体设置为【汉仪综艺体简】，字体大小设置为 62pt，字符间距设置为 50，字体颜色的 CMYK 值设置为 82、79、77、60，完成后的效果如图 9-151 所示。

图 9-150 输入文字

图 9-151 输入文字

(25) 对刚刚输入的文字进行复制，然后调整其位置。选择复制的文字，单击鼠标右键，在弹出的快捷菜单中选择【创建轮廓】命令，按 Ctrl+8 组合键建立复合路径，按 Ctrl+F9 组合键打开【渐变】面板，在该面板中将【类型】设置为【线性】，【角度】设置为 90°，左侧渐变滑块的 CMYK 值设置为 0、0、63、0，右侧渐变滑块的 CMYK 值设置为 0、55、70、75，完成后的效果如图 9-152 所示。

(26) 选择建立复合路径的文字和“OPEN”文字，按 Ctrl+G 组合键进行编组。确定编组对象处于选择状态，在工具箱中双击【镜像工具】，弹出【镜像】对话框，在该对话框中选中【水平】单选按钮，如图 9-153 所示。

图 9-152 为对象填充渐变

图 9-153 【镜像】对话框

(27) 单击【复制】按钮，然后调整复制对象的位置。选择【矩形工具】，绘制【宽】、【高】分别为 78mm、18mm 的矩形，并调整矩形的位置使其覆盖住镜像的文字，完成后的效果如图 9-154 所示。

(28) 选择绘制的矩形和镜像的文字，按 Ctrl+Shift+F10 组合键打开【透明度】面板，在该面板中单击按钮，在弹出的下拉菜单中选择【建立不透明蒙版】命令，进入编辑不透明蒙版模式，如图 9-155 所示。

图 9-154　绘制矩形

图 9-155　建立不透明蒙版

(29) 打开【渐变】面板，在该面板中将右侧渐变滑块的 CMYK 值设置为 100、100、100、100，左侧渐变滑块的 CMYK 值设置为 0、0、0、0，然后使用【渐变工具】调整渐变条，完成后的效果如图 9-156 所示。

(30) 停止编辑不透明蒙版，选择编组后的对象和建立不透明蒙版的对象，按 Ctrl+G 组合键进行编组，完成后的效果如图 9-157 所示。

图 9-156　设置不透明蒙版

图 9-157　完成后的效果

(31) 使用【矩形工具】绘制矩形，将【宽】、【高】分别设置为 230mm、73mm，填充颜色的 CMYK 值设置为 88、84、84、74，旋转角度设置为 4°，完成后的效果如图 9-158 所示。

(32) 选择【文件】|【置入】对话框，在该对话框中选择“K4.jpg”素材图片，单击【置入】按钮，然后锁定图片的宽高比，将【高】设置为 40mm，旋转角度设置为 4°，并调整其位置，在属性栏中单击【嵌入】按钮，完成后的效果如图 9-159 所示。

图 9-158　绘制矩形

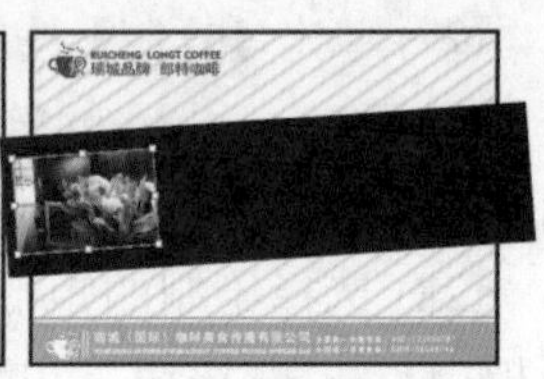

图 9-159　置入图片

(33) 使用同样的方法置入图片并进行设置。选择置入的图片和绘制的矩形，按 Ctrl+G 组合键进行编组，完成后的效果如图 9-160 所示。

(34) 使用【矩形工具】绘制矩形，将【宽】、【高】分别设置为 198mm、137mm，描边粗细设置为 5pt，并调整位置，然后选择绘制的矩形和编组的对象，按 Ctrl+7 组合键建立剪切蒙版，并调整蒙版的顺序，完成后的效果如图 9-161 所示。

图 9-160　置入图片

图 9-161　建立剪切蒙版

(35) 使用【文本工具】输入文字，并对文字进行相应的设置，完成后的效果如图 9-162 所示。

图 9-162　输入文字

第10章 画册设计

本章重点

- 夏威夷旅游攻略画册内页
- 商务公司画册内页
- 装饰公司画册内页
- 营养膳食养生画册目录
- 科技公司画册封面
- 蛋糕店画册目录

画册是图文并茂的一种理想表达，相对于单一的文字或图册，画册都有着无与伦比的绝对优势。因为画册够醒目，能让人一目了然，也够明了，因为其有相对的精简文字说明。本章将通过 6 个案例来介绍如何设计画册。

案例精讲 059　夏威夷旅游攻略画册内页

 案例文件：CDROM \ 场景 \Cha10\ 夏威夷旅游攻略画册内页 . ai

 视频文件：视频教学 \ Cha10 \ 夏威夷旅游攻略画册内页 .avi

制作概述

本例将介绍如何制作旅游攻略画册内页，首先使用【矩形工具】绘制出画册内页的结构，然后利用【剪切蒙版】命令，将图片置于矩形框内，最后使用【文字工具】在画册上输入文字，完成后的效果如图 10-1 所示。

图 10-1　旅游攻略画册内页

学习目标

- 学习制作旅游攻略画册内页。
- 掌握【矩形工具】、【圆角矩形工具】、【文字工具】的使用，以及【剪切蒙版】命令的应用。

操作步骤

(1) 启动软件后，按 Ctrl+N 组合键，在弹出的【新建文档】对话框中将【名称】设置为“夏威夷旅游攻略画册内页”，【宽度】、【高度】分别设置为 420mm、285mm，【单位】设置为【毫米】，【颜色模式】设置为 CMYK，如图 10-2 所示。

(2) 单击【确定】按钮，即可新建空白文档，在工具箱中选择【矩形工具】，在画板中绘制矩形，在属性栏中单击【变换】按钮，在弹出的下拉面板中将【宽】、【高】分别设置为 420mm、5mm，如图 10-3 所示。

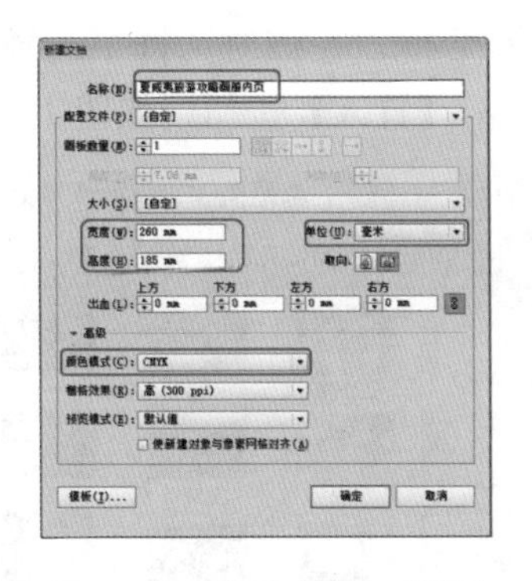

图 10-2 【新建文档】对话框

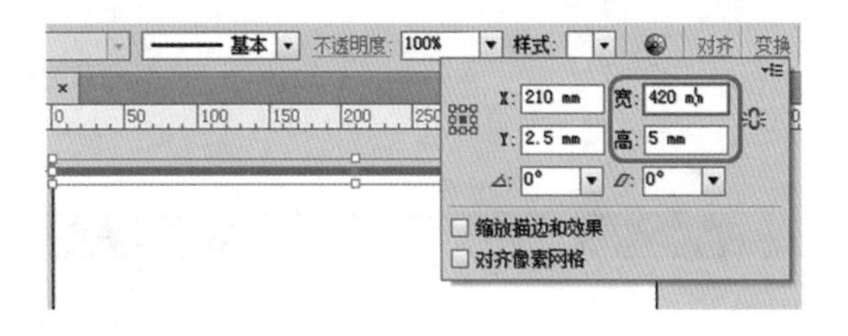

图 10-3 绘制矩形并进行调整

(3) 选择绘制的矩形，双击【填色】，弹出【拾色器】对话框，在该对话框中将 CMYK 设置为 87、57、2、0，【描边】设置为无，然后单击【确定】按钮，如图 10-4 所示。

(4) 继续使用【矩形工具】，在绘图区中绘制矩形，将【宽】、【高】分别设置为 140mm、20mm，填充颜色的 CMYK 值设置为 87、57、2、0，然后调整其位置，如图 10-5 所示。

图 10-4 【拾色器】对话框

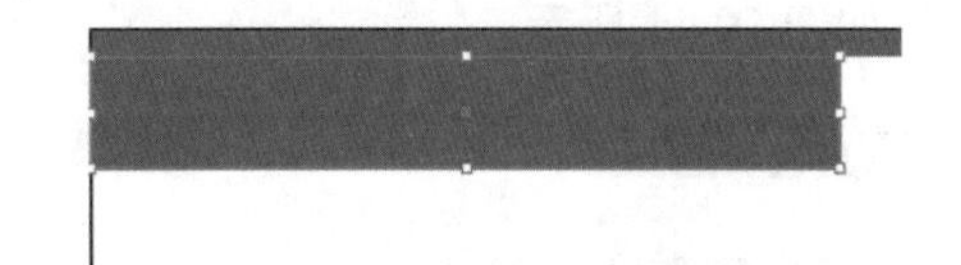

图 10-5 绘制矩形

(5) 在工具箱中选择【直接选择工具】，使用该工具调整矩形的右下顶点，将该顶点向内水平移动，完成后的效果如图 10-6 所示。

(6) 对刚刚绘制的矩形进行复制，然后在属性栏中单击【变换】按钮，在弹出的下拉面板中单击☰按钮，在弹出的快捷菜单中选择【水平翻转】命令，然后调整复制矩形的位置，完成后的效果如图 10-7 所示。

图 10-6 调整完成后的效果

图 10-7 复制矩形并进行水平翻转

(7) 继续使用【矩形工具】，在画板中绘制四个矩形，将【宽】、【高】分别设置为 20mm、60mm，填充颜色的 CMYK 值分别设置为 87、57、2、0，6、45、90、0，87、57、2、0 和 31、24、23、0，完成后的效果如图 10-8 所示。

(8) 使用【矩形工具】绘制【宽】、【高】为 185mm、123mm 的矩形，填充颜色为任意颜色，

在菜单栏中选择【文件】|【置入】命令，弹出【置入】对话框，在该对话框中选择随书附带光盘中的 CDROM\ 素材 \Cha10\L01.jpg 素材文件，最后单击【置入】按钮，如图 10-9 所示。

图 10-8　绘制四个矩形

图 10-9　【置入】对话框

(9) 在画板上单击鼠标，将图片置入，然后调整图片的大小和位置，在图片上单击鼠标右键，在弹出的快捷菜单中选择【排列】|【后移一层】命令，如图 10-10 所示。

(10) 选择绘制的矩形和置入的图片，按 Ctrl+7 组合键对选择的对象建立剪切蒙版，完成后的效果如图 10-11 所示。

图 10-10　选择【后移一层】命令

图 10-11　建立剪切蒙版

(11) 绘制三个【宽】、【高】均为 40mm 的矩形，然后使用同样的方法置入图片，再选择置入的图片和矩形建立剪切蒙版，完成后的效果如图 10-12 所示。

(12) 使用【矩形工具】在画板的底部绘制矩形，将【宽度】、【高度】分别设置为 420mm、75mm，选择绘制的矩形，打开【渐变】面板，将【类型】设置为【线性】，在位置为 50% 处添加渐变滑块，然后将左侧渐变滑块的 CMYK 值设置为 87、57、2、0，右侧渐变滑块的 CMYK 值设置为 87、57、2、0，50% 位置处渐变滑块的 CMYK 值设置为 87、27、0、0，效果如图 10-13 所示。

(13) 在工具箱中选择【圆角矩形】工具，在画板中单击，弹出【圆角矩形】对话框，在该对话框中将【宽度】、【高度】分别设置为 50mm、35mm，【圆角半径】设置为 5mm，如图 10-14 所示。

(14) 单击【确定】按钮即可新建圆角矩形，使用前面介绍的方法置入图片，并选择绘制的

圆角矩形和置入的图片，按 Ctrl+ 7 组合键建立剪切蒙版，完成后的效果如图 10-15 所示。

图 10-12　创建矩形并建立剪切蒙版

图 10-13　为矩形填充线性渐变

(15) 选择刚刚建立的剪切蒙版，将描边颜色设置为白色，打开【描边】面板，将【粗细】设置为 2pt，完成后的效果如图 10-16 所示。

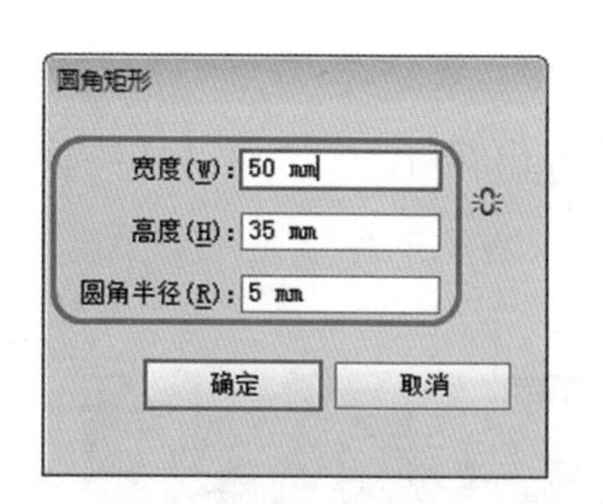

图 10-14　【圆角矩形】对话框

图 10-15　创建剪切蒙版

图 10-16　设置描边

(16) 使用同样的方法绘制圆角矩形和置入图片，并将置入的图片和绘制的圆角矩形建立剪切蒙版，完成后的效果如图 10-17 所示。

(17) 在工具箱中选择【文字工具】，在画板上单击鼠标，然后输入文字“夏威夷篇”，按 Ctrl+T 组合键，在弹出的面板中将字体设置为【方正黑体简体】，字体大小设置为 35pt，选择“夏威夷”文字，将字体大小设置为 42pt，字体颜色的 CMYK 值设置为 6、45、90、0，剩余文字字体颜色的 CMYK 值设置为 87、57、2、0，完成后的效果如图 10-18 所示。

图 10-17　绘制圆角矩形和置入图片

图 10-18　输入文字

(18) 使用【文字工具】在画板上绘制文本框，在文本框中输入文字，将字体设置为【仿宋_GB2312】，字体大小设置为 15pt，行间距设置为 30pt，字符间距设置为 50，字体颜色设置为黑色，完成后的效果如图 10-19 所示。

(19) 使用同样的方法输入其他文字并进行设置，完成后的效果如图 10-20 所示。

图 10-19　输入文字并进行设置

图 10-20　输入其他文字

(20) 至此，旅游画册内页就制作完成了，场景保存后将效果导出即可。

案例精讲 060　商务公司画册内页

案例文件：CDROM \ 场景 \Cha10\ 商务公司画册内页 . ai

视频文件：视频教学 \ Cha10 \ 商务公司画册内页 .avi

制作概述

本例将介绍如何制作商务公司画册内页，利用【矩形工具】、【椭圆形工具】和【直线段工具】将画板进行布局，然后使用【路径查找器】面板中的【减去顶部】命令来制作出新的图形，再使用文本工具输入文字，完成后的效果如图 10-21 所示。

图 10-21　商务公司画册内页

学习目标

- 学习制作商务公司画册内页。
- 掌握【矩形工具】、【文字工具】、【椭圆形工具】等的使用，以及【路径查找器】面板中【减去顶部】按钮的应用。

(1) 按Ctrl+N组合键，在弹出的【新建文档】对话框中将【名称】设置为“商务公司画册内页”，【宽度】、【高度】分别设置为420mm、285mm，【单位】设置为【毫米】，【颜色模式】设置为CMYK，如图10-22所示。

(2) 在工具箱中选择【矩形工具】，在画板上绘制矩形，在属性栏中单击【变换】按钮，在弹出的下拉菜单中将【宽】、【高】分别设置为9mm、9mm，然后在工具箱中双击【填色】，弹出【拾色器】对话框，在该对话框中将CMYK值设置为51、0、98、0，如图10-23所示。

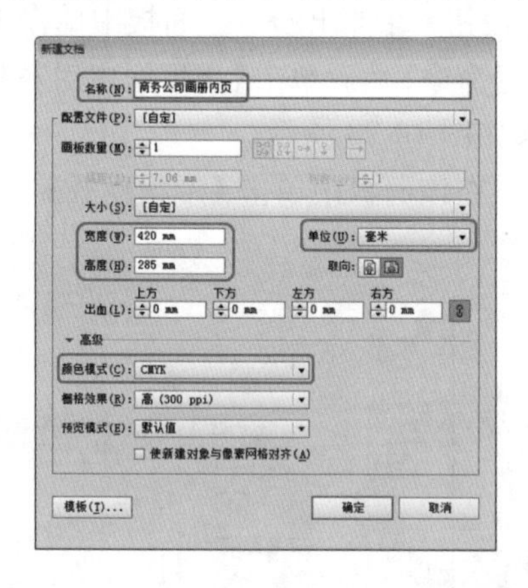

图10-22　【新建文档】对话框

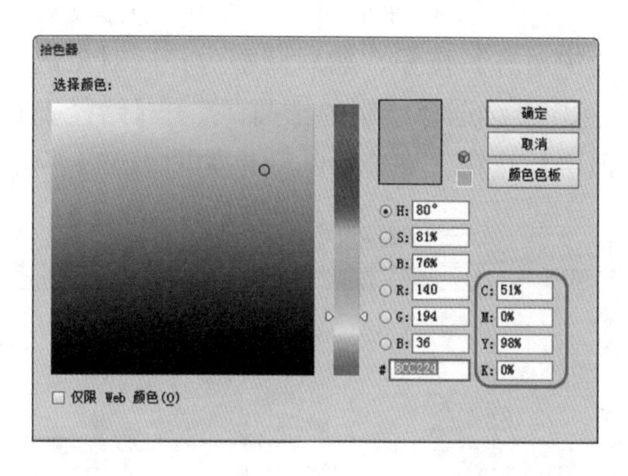

图10-23　设置颜色

(3) 将【描边】设置为无，然后对该矩形进行复制，并调整复制矩形的位置，然后再使用【矩形工具】绘制两个矩形，将其【宽】、【高】分别设置为20、4和4、20，完成后的效果如图10-24所示。

(4) 在工具箱中选择【直线段工具】，在画板中按住Shift键绘制线段，在属性栏中将【描边粗细】设置为2pt，描边颜色的CMYK值设置为61、0、100、0，单击【变换】按钮，在弹出的下拉面板中将【宽】设置为342mm，完成后的效果如图10-25所示。

图10-24　绘制其他矩形

图10-25　使用【直线段工具】绘制线段

(5) 选择刚刚绘制的直线段，按住Alt键的同时单击鼠标左键进行拖动，对绘制的直线段进行复制，并调整其位置。然后使用【直线段工具】绘制垂直的线段，将【高】设置为122mm，完成后的效果如图10-26所示。

(6) 选择【椭圆形工具】，按住 Shift 键在画板上绘制正圆，在属性栏中单击【变换】按钮，在弹出的面板中将【宽】、【高】均设置为 95mm，然后继续使用【椭圆形工具】，绘制正圆，将【宽】、【高】均设置为 70mm，圆形填充颜色的 CMYK 值设置为 51、0、98、0，完成后的效果如图 10-27 所示。

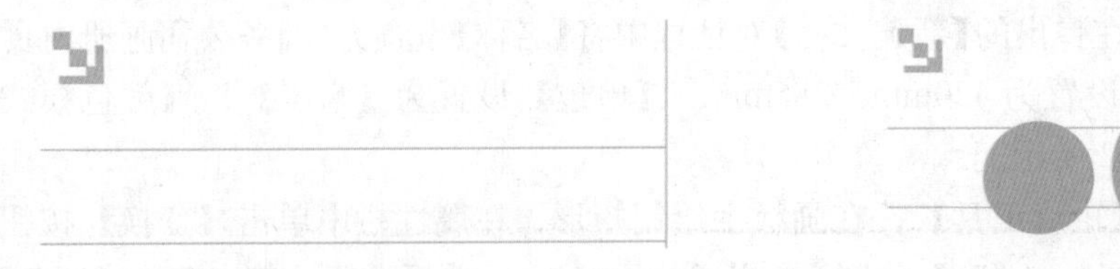

图 10-26　绘制剩余的线段　　　　图 10-27　绘制正圆

(7) 选择绘制的两个正圆，在属性栏中单击【对齐】按钮，在弹出的下拉面板中单击【对齐】下的按钮，在弹出的下拉菜单中选择【对齐所选对象】命令，然后单击【水平居中对齐】和【垂直居中对齐】按钮，然后调整对齐后对象的位置，效果如图 10-28 所示。

(8) 继续选择绘制的正圆，打开【路径查找器】面板，在该面板中单击【形状模式】下的【减去顶层】按钮，完成后的效果如图 10-29 所示。

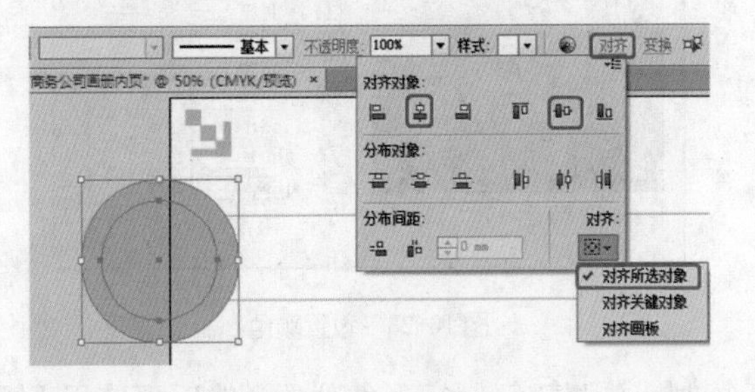

图 10-28　对齐对象

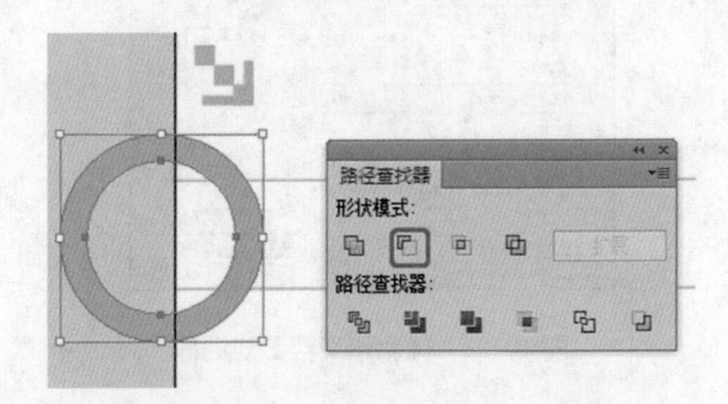

图 10-29　减去顶层后的效果

(9) 在工具箱中选择【矩形工具】，在画板上绘制矩形，将【宽】、【高】分别设置为 65mm、100mm，调整矩形的位置，然后选择刚刚创建的矩形和创建的圆环对象，在【路径查找器】面板中单击【减去顶层】按钮，完成后的效果如图 10-30 所示。

(10) 选择对象，打开【透明度】面板，在该面板中将【不透明度】设置为 65%，完成后的效果如图 10-31 所示。

图 10-30　减去顶层后的效果

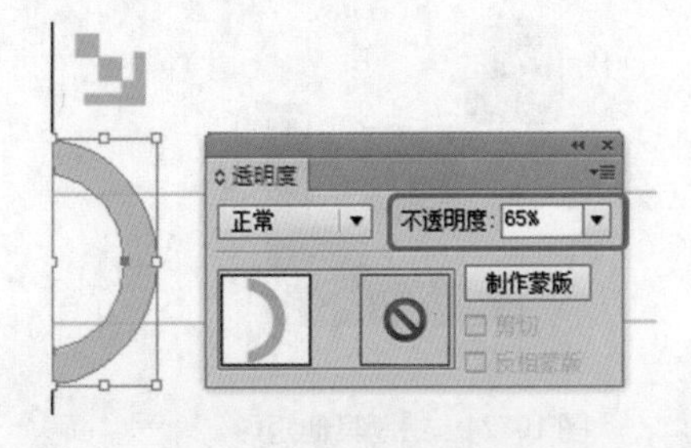

图 10-31　设置不透明度

(11) 在工具箱中选择【文字工具】，在画板上单击鼠标，输入文字“凯隆商务咨询有限公司”，选择输入的文字，按 Ctrl+T 组合键，在弹出的面板中将字体设置为【汉仪综艺体简】，

并将字体大小设置为 46pt，如图 10-32 所示。

(12) 选择刚刚创建的文字，单击鼠标右键，在弹出的快捷菜单中选择【创建轮廓】命令，确定创建轮廓后的文字处于选择状态，在菜单栏中选择【对象】|【复合路径】|【建立】命令，建立复合路径，如图 10-33 所示。

图 10-32　输入文字

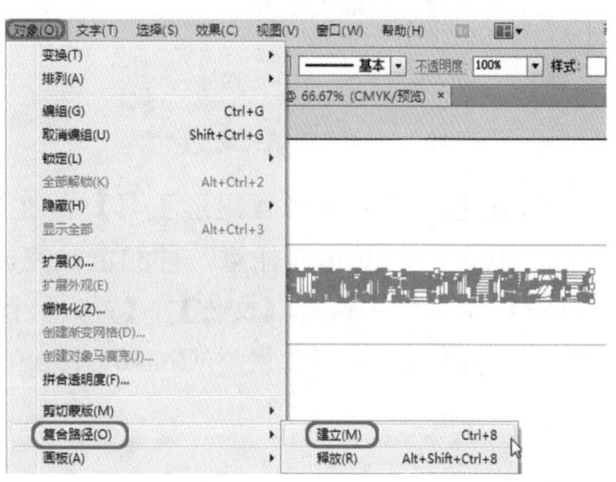

图 10-33　建立复合路径

> **知识链接**
>
> 复合路径包含两个或多个已上色的开放或闭合路径，在路径重叠处将呈现孔洞。将对象定义为复合路径后，复合路径中的所有对象都将采用堆栈顺序中最后方对象的上色和样式属性。

(13) 确定创建复合路径的文字处于选择状态，打开【渐变】面板，将【类型】设置为【线性】，在该面板中将右侧渐变滑块的 CMYK 值设置为 73、0、100、0，左侧渐变滑块的 CMYK 值设置为 65、0、83、0，完成后的效果如图 10-34 所示。

(14) 继续选择【文字工具】，在画板上输入英文“KAILONG Business Consulting Co.,Ltd”，将字体设置为【华文中宋】，字体大小设置为 22pt，如图 10-35 所示。

图 10-34　创建渐变

图 10-35　输入英文

(15) 选择输入的英文，单击鼠标右键，在弹出的快捷菜单中选择【创建轮廓】命令，然后按 Ctrl+8 组合键，为英文字母建立复合路径，然后为其填充与汉字相同的渐变颜色，完成后的效果如图 10-36 所示。

(16) 继续使用【文字工具】，在画板上单击鼠标左键输入文字“企业文化”，将字体设置为【黑体】，字体大小设置为 18pt，然后使用【文字工具】在绘图区中绘制文本框，并在文本框内输入文字。选择输入的文字，将字体设置为【方正报宋简体】，字体大小设置为 14pt，完成后的效果如图 10-37 所示。

图 10-36　为英文填充渐变颜色

图 10-37　输入文字

(17) 在工具箱中选择【矩形工具】，在画板上绘制矩形，将【宽】、【高】分别设置为 210mm、160mm，并填充任意一种颜色，完成后的效果如图 10-38 所示。

(18) 在菜单栏中选择【文件】|【置入】命令，弹出【置入】对话框，在该对话框中选择随书附带光盘中的 CDROM\素材\Cha10\S1.jpg 素材文件，然后单击【置入】按钮，如图 10-39 所示。

图 10-38　绘制矩形

图 10-39　【置入】对话框

(19) 在画板上单击鼠标，置入图片，然后调整图片的大小和位置，按 Ctrl+[组合键，将图片向后移一层，然后选择绘制的矩形和置入的图片，按 Ctrl+7 组合键建立剪切蒙版，完成后的效果如图 10-40 所示。

(20) 选择建立剪切蒙版的对象，按 Shift+Ctrl+[组合键，将对象置于底层，完成后的效果如图 10-41 所示。

图 10-40　建立剪切蒙版

图 10-41　置于底层后的效果

(21) 对“企业文化”文字进行复制，然后更改其内容为“服务范围”，并调整文字的位置，

然后使用【文字工具】绘制文本框，在文本框内输入文字，将字体设置为【方正报宋简体】，字体大小分别设置为 16pt、14pt，行间距设置为 25pt，完成后的效果如图 10-42 所示。

(22) 使用【椭圆形工具】按住 Shift 键绘制正圆，将【宽】、【高】分别设置为 110mm，再绘制同心圆，将【宽】、【高】分别设置为 85mm，填充颜色的 CMYK 值设置为 51、0、98、0，完成后的效果如图 10-43 所示。

图 10-42　输入文本

图 10-43　绘制同心圆

(23) 打开【路径查找器】面板，在该面板中单击【减去顶部】按钮。然后使用【钢笔工具】在创建的图形上绘制不规则的多边形，并再次在【路径查找器】面板中单击【减去顶部】按钮，完成后的效果如图 10-44 所示。

(24) 使用【椭圆形工具】绘制正圆，将【宽】、【高】分别设置为 70mm、70mm，打开【渐变】面板，在该面板中将【类型】设置为【线性】，将左侧滑块的 CMYK 值设置为 8、86、97、0，右侧滑块的 CMYK 值设置为 51、100、100、35，完成后的效果如图 10-45 所示。

图 10-44　减去顶部后的效果

图 10-45　创建圆形并填充渐变颜色

(25) 使用【椭圆形工具】绘制同心圆，将【宽】、【高】分别设置为 55mm，在菜单栏中选择【文件】|【置入】命令，弹出【置入】对话框，在该对话框中选择“S2.jpg”素材文件，然后单击【置入】按钮，并调整图片的大小和位置。选择置入的图片，按 Ctrl+[组合键，将图片后移一层，然后选择绘制的小圆和置入的图片，按 Ctrl+7 组合键，建立剪切蒙版，完成后的效果如图 10-46 所示。

(26) 选择建立的剪切蒙版，打开【描边】面板，在该面板中将【粗细】设置为 8pt，描边颜色设置为白色，完成后的效果如图 10-47 所示。

图 10-46　建立剪切蒙版　　　　图 10-47　设置描边

知识链接

要在被蒙版的图稿中添加或删除对象，可在【图层】面板中，将对象拖入或拖出包含剪切路径的组或图层。要从剪切蒙版中释放对象，可以执行下列操作之一：选择包含剪切蒙版的组，并选择【对象】|【剪切蒙版】|【释放】命令；单击位于【图层】面板底部的【建立/释放剪切蒙版】按钮，或单击【图层】面板右上方的按钮，在弹出的下拉菜单中选择【释放剪切蒙版】命令。

(27) 使用前面介绍的方法制作其他对象，完成后的效果如图 10-21 所示。至此画册内页就制作完成了，效果导出后将场景进行保存即可。

案例精讲 061　装饰公司画册内页

案例文件：CDROM \ 场景 \Cha10\ 装饰公司画册内页 . ai

视频文件：视频教学 \ Cha10 \ 装饰公司画册内页 .avi

制作概述

本例将介绍如何制作装饰公司画册内页，使用【矩形工具】对画板进行布局，然后通过置入图片和使用【文字工具】输入文字填充内容，完成后的效果如图 10-48 所示。

图 10-48　装饰公司画册内页

学习目标

■　学习制作装饰公司画册内页。

■ 掌握【矩形工具】、【文字工具】的使用，并了解【剪切蒙版】的使用。

(1) 启动软件后，新建一个【宽度】、【高度】为分别420mm、285mm，【单位】为【毫米】，【颜色模式】为CMYK的文档，在工具箱中选择【矩形工具】，在画板上单击，弹出【矩形】对话框，在该对话框中将【宽度】、【高度】分别设置为420mm、285mm，单击【确定】按钮，如图10-49所示。

(2) 选择绘制的矩形，单击属性栏中的【对齐】按钮，在弹出的下拉面板中单击按钮，在弹出的下拉菜单中选择【对齐画板】命令，然后单击【水平居中对齐】按钮和【垂直居中对齐】按钮，将矩形填充颜色的CMYK值设置为12、9、9、0，完成后的效果如图10-50所示。

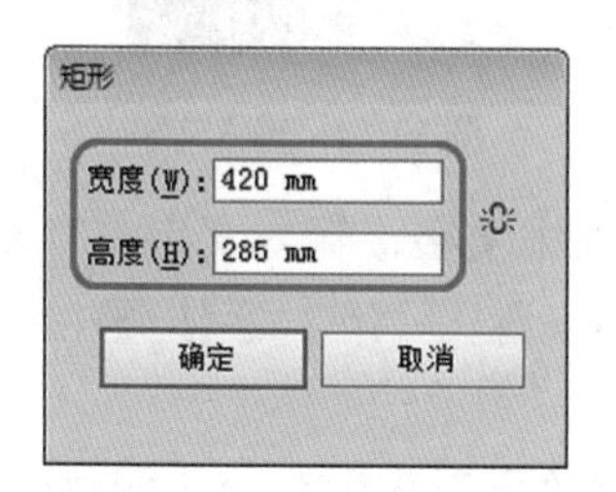

图10-49 【矩形】对话框

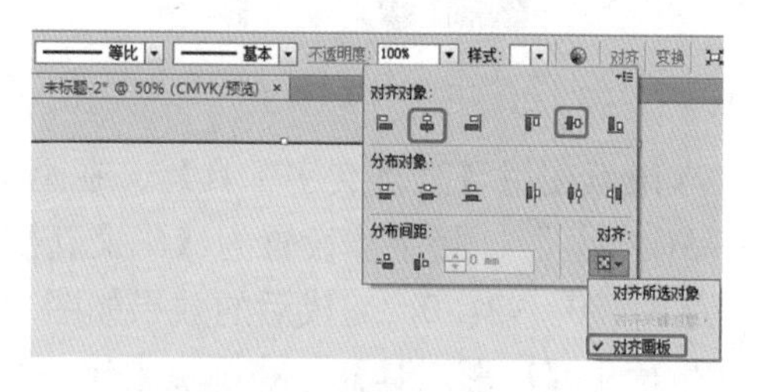

图10-50 设置对齐方式

(3) 确定绘制的矩形处于选择状态，按Ctrl+2组合键即可将矩形进行锁定。按Ctrl+R组合键，打开标尺，在标尺上拖出一条垂直的辅助线。在属性栏中单击【变换】按钮，在弹出的面板中将X设置为210。使用同样的方法拖曳出X为305、325的垂直辅助线，完成后的效果如图10-51所示。

(4) 选择【矩形工具】，在画板上绘制矩形，将【宽】、【高】分别设置为105mm、285mm，填充颜色的CMYK值设置为81、80、82、66，描边设置为无。单击【对齐】按钮，在弹出的下拉面板中单击【垂直顶对齐】按钮，然后将矩形的右侧边与X位置为210的辅助线对齐，完成后的效果如图10-52所示。

图10-51 创建垂直的辅助线

图10-52 绘制矩形

(5) 使用【矩形工具】绘制矩形，将【宽】、【高】分别设置为20mm、285mm，其填充颜色的CMYK值设置为81、80、82、66，描边设置为无，绘制的矩形左右两侧边与辅助线对齐，然后单击【对齐】按钮，在弹出的下拉面板中单击【垂直顶对齐】按钮，完成后的效果如图10-53所示。

(6) 选择绘制的两个矩形，按Ctrl+2组合键将矩形锁定。在工具箱中选择【直排文字工具】，

在画板上单击输入的文字“雅居装饰有限公司”。选择输入的文字，将字体设置为【黑体】，字体大小设置为35pt，字体颜色的CMYK值设置为0、80、92、0，如图10-54所示。

图 10-53　绘制矩形

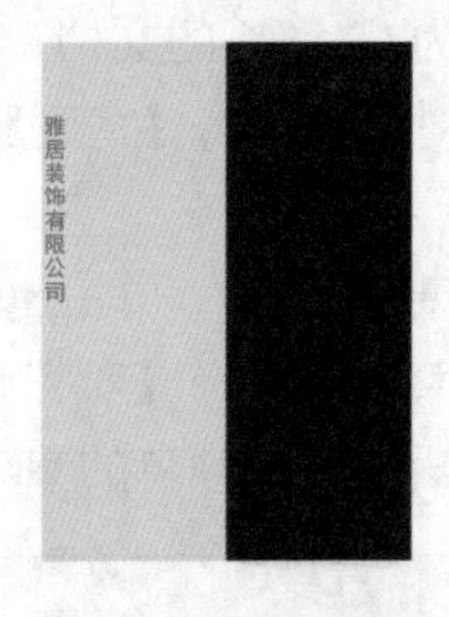

图 10-54　输入文字

(7) 继续使用【直排文字工具】，在画板上单击创建直排文字，输入文字“享受卓越生活 专注品质空间”，将字体设置为【华文新魏】，字体大小设置为28pt，字体颜色的CMYK值设置为0、80、92、0，完成后的效果如图10-55所示。

(8) 使用【矩形工具】，在画板上绘制矩形，将填充颜色设置为无，描边颜色的CMYK值设置为81、86、91、74，【宽】、【高】分别设置为20mm、27mm，效果如图10-56所示。

图 10-55　输入直排文字

图 10-56　绘制小矩形

(9) 对刚刚绘制的矩形进行复制，将描边颜色的CMYK值设置为74、68、66、26，然后调整复制矩形的位置，完成后的效果如图10-57所示。

(10) 对矩形再次进行复制，将【宽】、【高】分别设置为32mm、42mm，填充颜色设置为无，描边颜色的CMYK值设置为74、68、66、26，效果如图10-58所示。

图 10-57　复制矩形并进行调整

图 10-58　绘制矩形

(11) 使用同样的方法绘制其他矩形，并对其进行相应的设置，完成后的效果如图 10-59 所示。

(12) 选择【文字工具】，在画板上单击鼠标，输入文字“核心价值”，按 Ctrl+T 组合键，在弹出的面板中将字体设置为【黑体】，字体大小设置为 20pt，字体颜色设置为白色，并调整其位置，完成后的效果如图 10-60 所示。

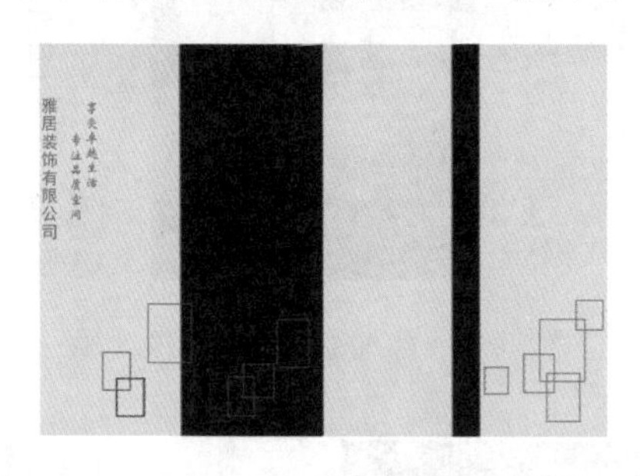

图 10-59　绘制其他矩形

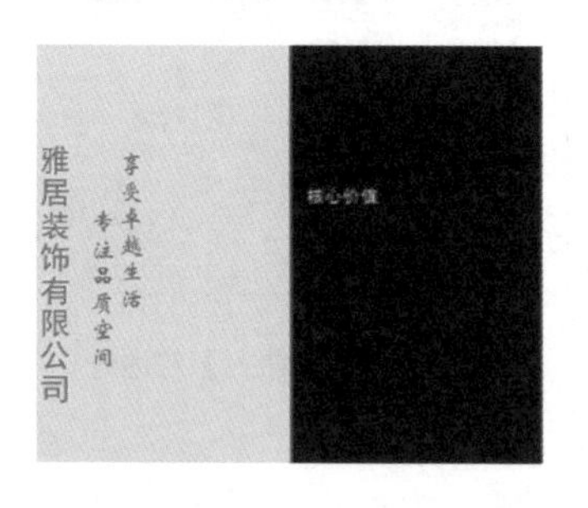

图 10-60　输入文字

(13) 使用【文字工具】绘制文本框，在文本框内输入文字，然后选择文本框内的文字，将字体设置为【微软雅黑】，字体大小设置为 16pt，字体颜色设置为白色，完成后的效果如图 10-61 所示。

(14) 在工具箱中选择【矩形工具】，在画板上绘制矩形，将【宽】、【高】分别设置为 105mm、80mm，填充颜色设置为任意颜色，然后调整矩形的位置，完成后的效果如图 10-62 所示。

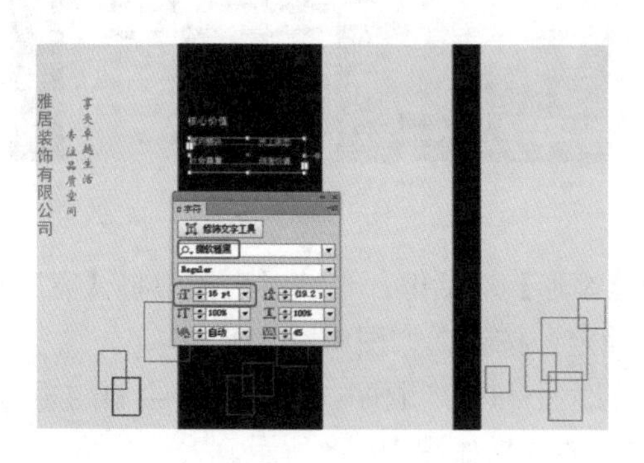

图 10-61　输入文字

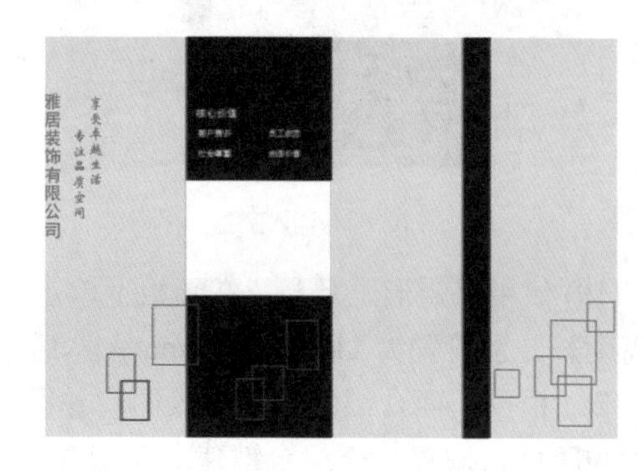

图 10-62　绘制矩形

(15) 在菜单栏中选择【文件】|【置入】命令，弹出【置入】对话框，在该对话框中选择随书附带光盘中的 CDROM\ 素材 \Cha10\Z1.jpg 素材文件，如图 10-63 所示。

(16) 单击【置入】按钮，然后在画板上单击鼠标，将图片置入画板上。调整图片的大小和位置，按 Ctrl+[组合键将图片置于矩形的下方，然后选择图片和矩形，按 Ctrl+7 组合键建立剪切蒙版，完成后的效果如图 10-64 所示。

(17) 在工具箱中选择【文字工具】，在画板上单击输入文字，按 Ctrl+T 组合键，打开【字符】面板，在该面板中将字体设置为【黑体】，字体大小设置为 20pt，字体颜色的 CMYK 值设置为 0、80、92、0，完成后的效果如图 10-65 所示。

(18) 继续选择【文字工具】，在画板上绘制文本框，并在文本框内输入文字，然后选择输入的文字，将字体设置为【微软雅黑】，字体大小设置为 13pt，行间距设置为 25pt，完成后的效果如图 10-66 所示。

图 10-63　【置入】对话框

图 10-64　置入图片并建立剪切蒙版

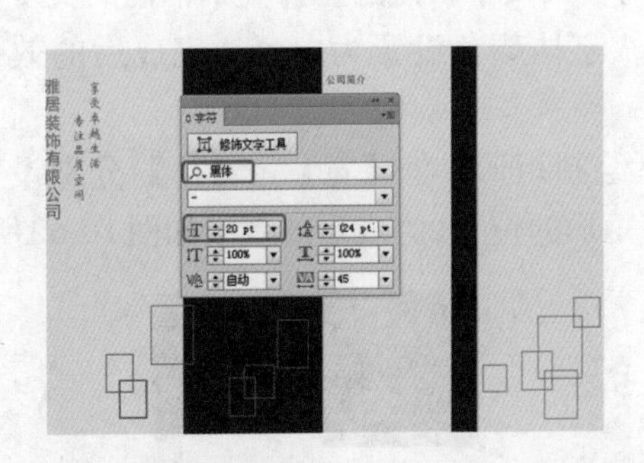

图 10-65　输入文字

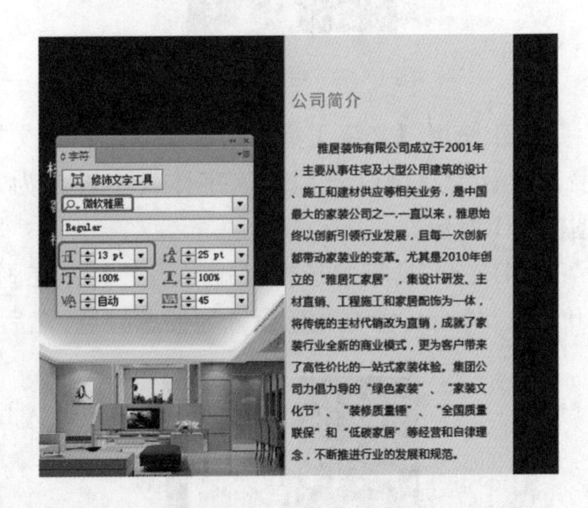

图 10-66　输入段落文字

(19) 使用【矩形工具】，在画板上单击，弹出【矩形】对话框，在该对话框中将【宽度】、【高度】分别设置为 115mm、64mm，然后单击【确定】按钮，如图 10-67 所示。

(20) 根据前面介绍的方法置入图片并调整图片的大小和排列顺序，然后选择绘制的矩形和置入的图片，按 Ctrl+7 组合键建立剪切蒙版，完成后的效果如图 10-68 所示。

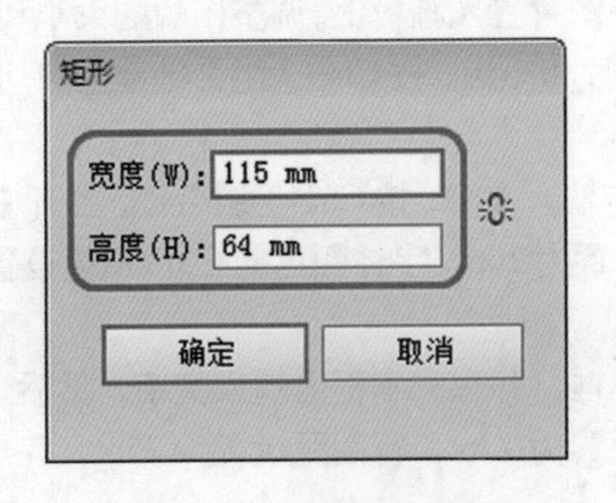

图 10-67　【矩形】对话框

图 10-68　绘制矩形和置入图片并建立剪切蒙版

(21) 继续绘制矩形，将【宽】、【高】分别设置为 88mm、60mm，置入图片 Z3.jpg，并调整图片的大小和排列顺序，然后按 Ctrl+7 组合键建立剪切蒙版，完成后的效果如图 10-69 所示。

(22) 使用【文字工具】输入文字，并对输入的文字进行相应的设置，完成后的效果如图 10-70 所示。

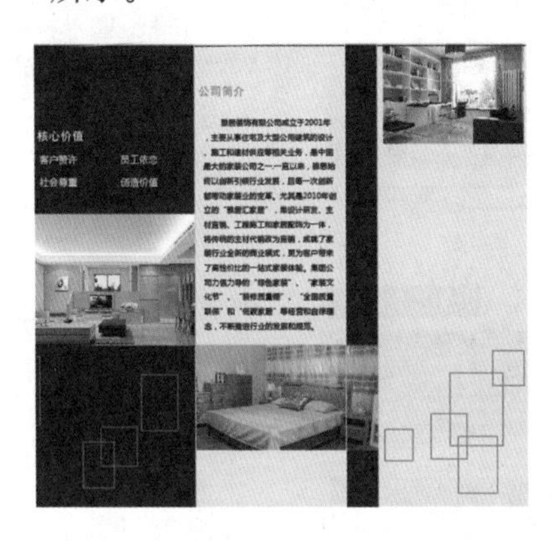

图 10-69　建立剪切蒙版后的效果

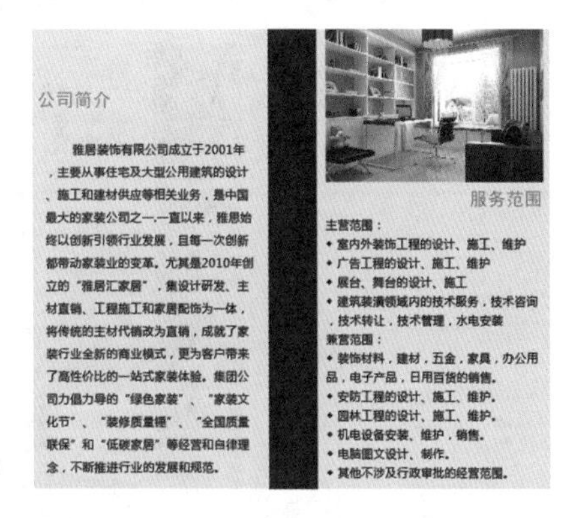

图 10-70　输入文字后的效果

(23) 至此，画册就制作完成了，按 Ctrl+S 组合键，在弹出的【存储为】对话框中设置存储路径，将【文件名】设置为“装饰公司画册内页”，【保存类型】保持默认设置，如图 10-71 所示。

(24) 单击【保存】按钮，弹出【Illustrator 选项】对话框，在该对话框中保持默认设置并单击【确定】按钮，在菜单栏中选择【文件】|【导出】命令，弹出【导出】对话框，在该对话框中设置存储路径，将【文件名】命名为“装饰画册内页”，【保存类型】设置为 JPEG，如图 10-72 所示。单击【导出】按钮，弹出【JPEG 选项】对话框，在该对话框中保持默认设置并单击【确定】按钮，即可将图片导出。

图 10-71　【存储为】对话框

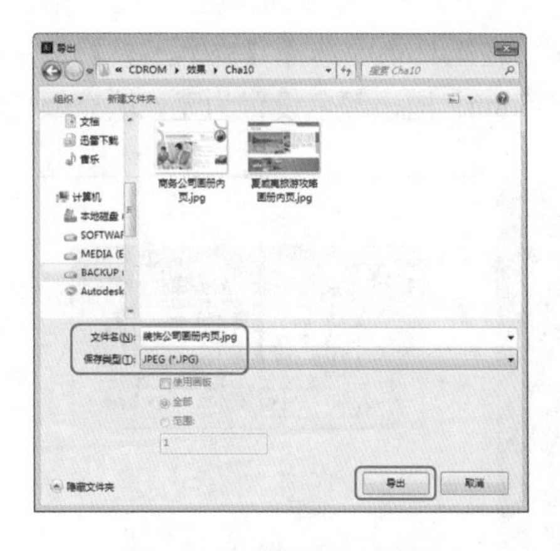

图 10-72　【导出】对话框

案例精讲 062　营养膳食养生画册目录

 案例文件：CDROM \ 场景 \Cha10\ 营养膳食养生画册目录 . ai

 视频文件：视频教学 \ Cha10 \ 营养膳食养生画册目录 .avi

制作概述

本例将介绍如何制作营养膳食养生画册目录，首先使用【矩形工具】绘制矩形，同时配合【钢笔工具】绘制箭头装饰矩形，最后使用【文字工具】和置入图片填充画册内容，完成后的效果如图 10-73 所示。

图 10-73　营养膳食养生画册目录

学习目标

■ 学习制作营养膳食画册目录。

■ 掌握【矩形工具】、【文字工具】的使用。

(1) 新建一个【宽度】、【高度】为 420mm、285mm，【单位】为【毫米】，【颜色模式】为 CMYK 的空白文档，文件名称为“营养膳食养生画册目录”。在工具箱中选择【矩形工具】，在画板上绘制矩形，将【宽】、【高】分别设置为 60mm、285mm，填充颜色的 CMYK 值设置为 7、50、73、0，描边颜色设置为无，然后调整矩形位置，完成后的效果如图 10-74 所示。

(2) 在工具箱中选择【钢笔工具】，在画板上绘制图形，将【宽】设置为 60mm，【高】设置为 35mm，描边颜色设置为无，填充颜色的 CMYK 值设置为 12、64、83、0，如图 10-75 所示。

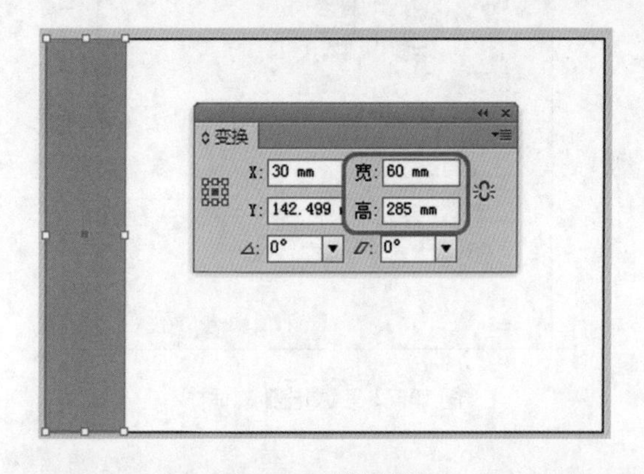

图 10-74　绘制矩形

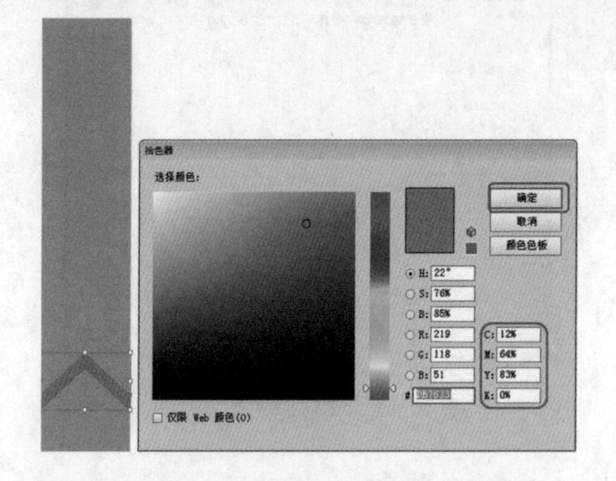

图 10-75　使用【钢笔工具】绘制图形

(3) 选择刚刚绘制的图形，按住 Alt 键拖动鼠标进行复制，然后调整图形对象的位置，将填充颜色设置为白色，完成后的效果如图 10-76 所示。

(4) 继续对绘制的图像进行复制，并调整其位置。然后使用【矩形工具】绘制矩形，将【宽】、【高】分别设置为 30mm、180mm，填充颜色设置为白色。打开【透明度】面板，将【不透明

度】设置为 50%，如图 10-77 所示。

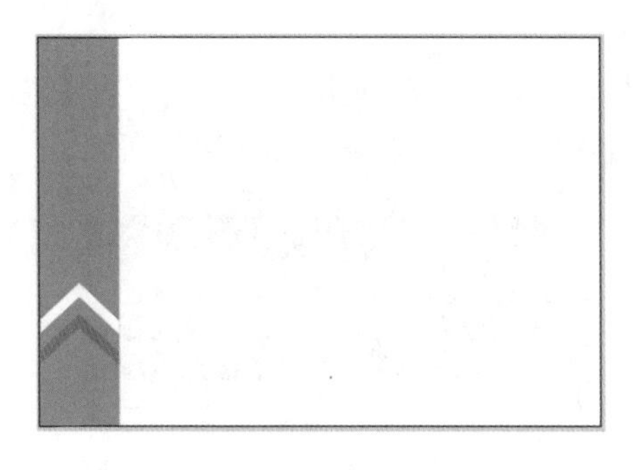

图 10-76　复制图形并更改颜色

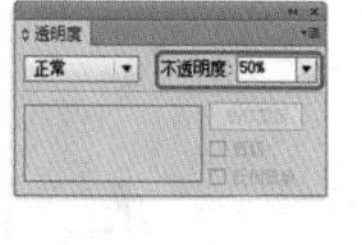

图 10-77　绘制矩形并设置其不透明度

(5) 继续使用【矩形工具】，在画板上绘制矩形，将填充颜色的 CMYK 值设置为 56、11、82、0，描边颜色设置为无，【宽】、【高】分别设置为 210mm、70mm，在【对齐】面板中单击【垂直顶对齐】按钮和【水平右对齐】按钮，完成后的效果如图 10-78 所示。

(6) 选择使用【钢笔工具】绘制的图形，对该图形进行复制，然后选择复制的图形，按 Shift+Ctrl+] 组合键将图形置于顶层，并将其旋转 −90°，【宽】、【高】分别设置为 45mm、70mm，填充颜色的 CMYK 值设置为 47、2、97、0，完成后的效果如图 10-79 所示。

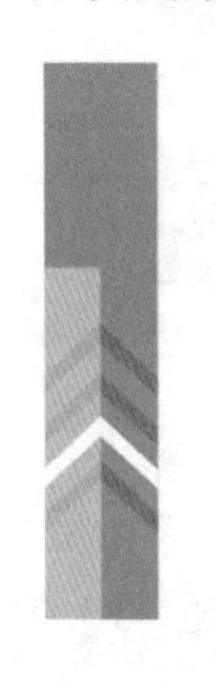
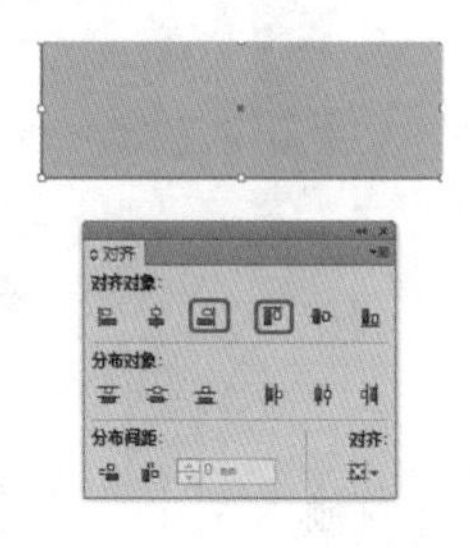

图 10-78　绘制矩形

图 10-79　复制图形并进行调整

(7) 对复制的图形进行复制并调整其位置和颜色，完成后的效果如图 10-80 所示。

(8) 使用【矩形工具】，在画板上绘制矩形，将【宽】、【高】分别设置为 210mm、18mm，填充颜色的 CMYK 值设置为 56、11、82、0。按 Shift+F7 组合键，在弹出的面板中单击【水平右对齐】按钮和【垂直底对齐】按钮，完成后的效果如图 10-81 所示。

图 10-80　复制后的效果

图 10-81　绘制矩形

(9) 在工具箱中选择【矩形工具】，在画板上绘制矩形，将【宽】、【高】分别设置为

123mm、12mm，填充颜色的 CMYK 值设置为无，描边颜色的 CMYK 值设置为 7、50、73、0，【描边粗细】设置为 4pt，完成后的效果如图 10-82 所示。

(10) 在工具箱中选择【圆角矩形工具】，在画板上单击鼠标，在弹出的对话框中将【宽度】、【高度】分别设置为 20mm、12mm，然后调整其位置，完成后的效果如图 10-83 所示。

图 10-82　绘制矩形

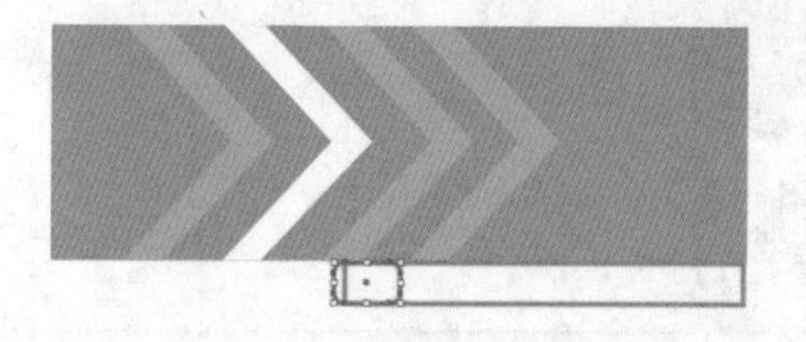

图 10-83　绘制圆角矩形

(11) 选择绘制的圆角矩形和矩形，打开【路径查找器】面板，在该面板中单击【联集】按钮，即可将圆角矩形和矩形联集，完成后的效果如图 10-84 所示。

(12) 继续使用【矩形工具】绘制矩形，并对绘制的矩形进行相应的设置，完成后的效果如图 10-85 所示。

图 10-84　联集后的效果

图 10-85　绘制不同的矩形

(13) 在工具箱中选择【文字工具】，在联集的矩形框内输入文字“目录”，将字体设置为【汉仪书魂体简】，字体大小设置为 30pt，字体颜色的 CMYK 值设置为 64、13、98、0，完成后的效果如图 10-86 所示。

(14) 继续使用【文字工具】输入英文，将字体设置为【创意简老宋】，字体大小设置为 25pt，字体颜色的 CMYK 值设置为 7、50、53、0，完成后的效果如图 10-87 所示。

(15) 使用【文字工具】输入剩余的文字，将字体设置为【汉仪书宋一简】，字体大小设置为 18pt，完成后的效果如图 10-88 所示。

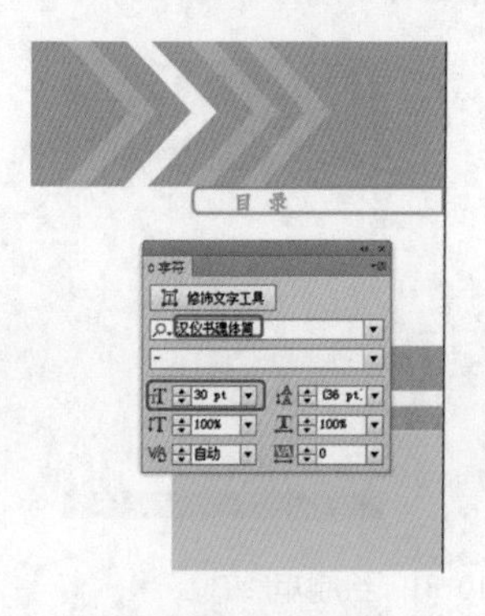

图 10-86　输入汉字

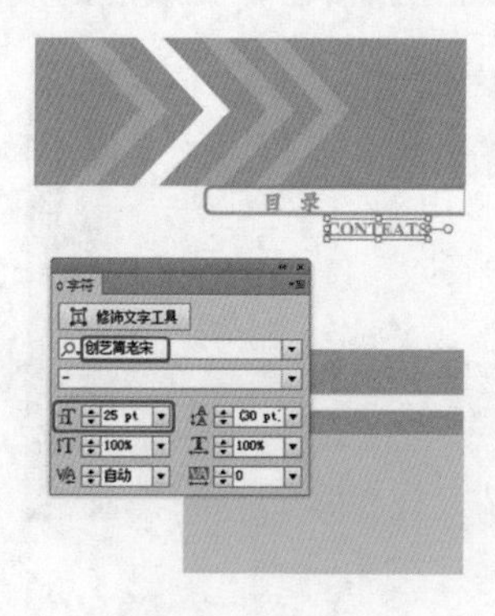

图 10-87　输入英文

图 10-88　输入剩余的文字

(16) 在工具箱中选择【直线段工具】，在画板上绘制直线段，按 Ctrl+F10 组合键，在弹出的面板中将【粗细】设置为 1pt，选中【虚线】复选框，单击【保留虚线和间隙精确长度】按钮，将【虚线】、【间隙】均设置为 2pt，完成后的效果如图 10-89 所示。

(17) 使用同样的方法绘制其他虚线，并在绘制的线段右侧输入页码，完成后的效果如图 10-90 所示。

(18) 使用同样的方法输入剩余的文字，完成后的效果如图 10-91 所示。

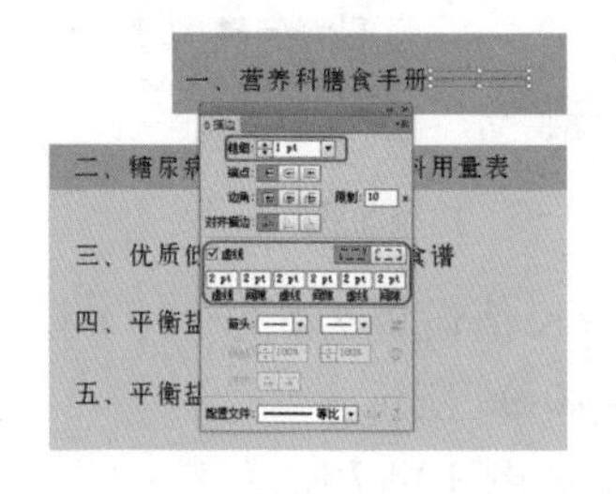

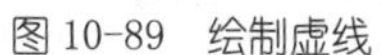
图 10-89　绘制虚线

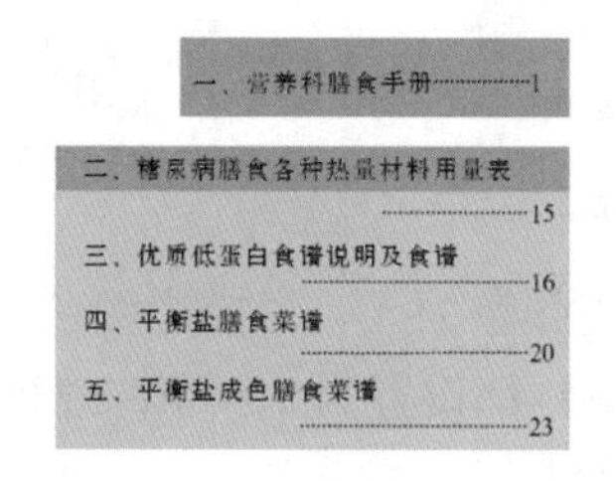

图 10-90　绘制虚线并输入文字

图 10-91　输入剩余的文字

(19) 选择【文件】|【置入】命令，弹出【置入】对话框，在该对话框中选择随书附带光盘中的 CDROM\ 素材 \Cha10\Y1.jpg 素材文件，如图 10-92 所示。

(20) 单击【置入】按钮，在画板上单击鼠标，调整图片的大小和位置，然后在图片上单击鼠标右键，在弹出的快捷菜单中选择【变换】|【对称】命令，弹出【镜像】对话框，在该对话框中选中【垂直】单选按钮，如图 10-93 所示。

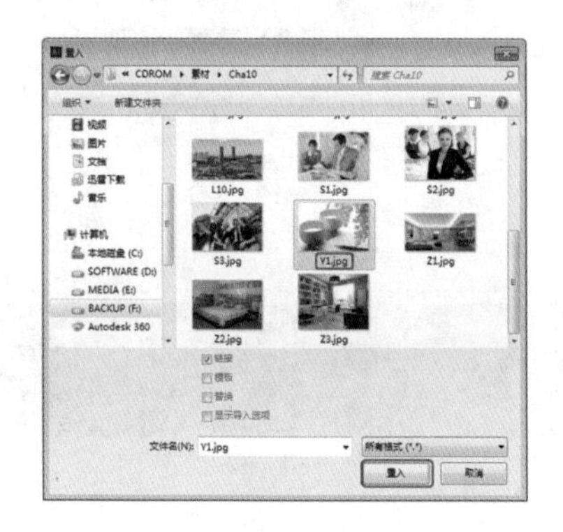

图 10-92　【置入】对话框

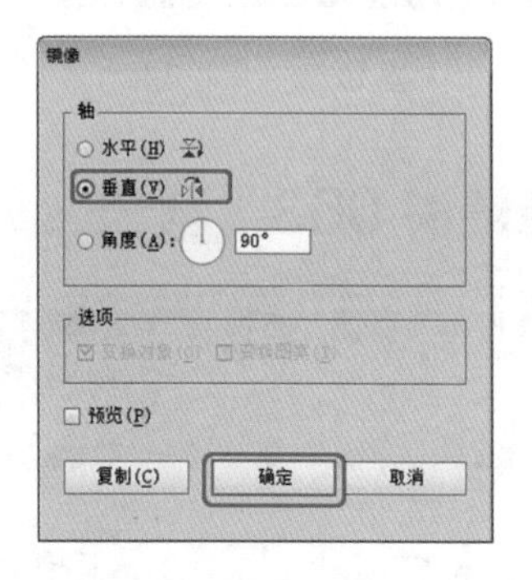

图 10-93　【镜像】对话框

知识链接

在工具箱中双击【镜像工具】亦可弹出【镜像】对话框。

(21) 单击【确定】按钮即可将图片进行垂直翻转，选择【矩形工具】，绘制一个与图片相同大小的矩形，将图片覆盖。按 Shift+Ctrl+F10 组合键，打开【透明度】面板，选择绘制的矩形和图片，然后单击【透明度】面板中的按钮，在弹出的下拉菜单中选择【建立不透明蒙版】命令，如图 10-94 所示。

(22) 在【透明度】面板中选择蒙版缩略图，然后选择【渐变工具】，在绘制的矩形内拖动鼠标，绘制渐变。打开【渐变】面板，在该面板中将【类型】设置为【线性】，【角度】设置

为 140°，完成后的效果如图 10-95 所示。

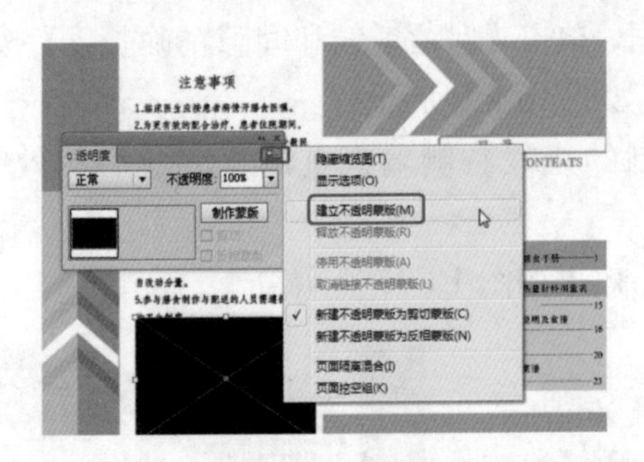

图 10-94　选择【建立不透明蒙版】

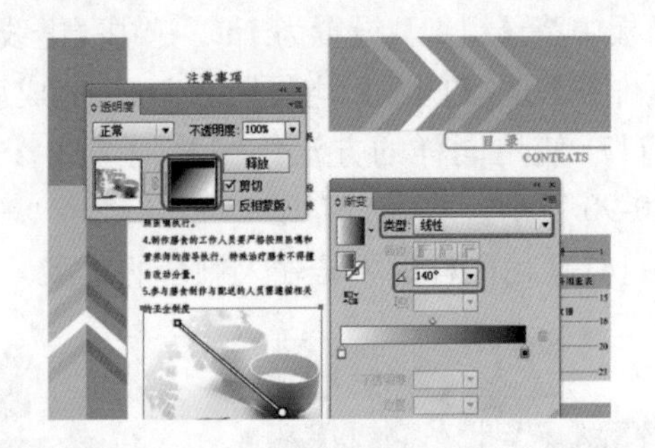

图 10-95　绘制渐变

(23) 使用【矩形工具】绘制填充颜色为无，将描边颜色的 CMYK 值设置为 52、45、44、0，描边粗细设置为 2pt，【宽】、【高】都设置为 15mm，效果如图 10-96 所示。

(24) 继续使用【矩形工具】，绘制不同的矩形，完成后的效果如图 10-97 所示。

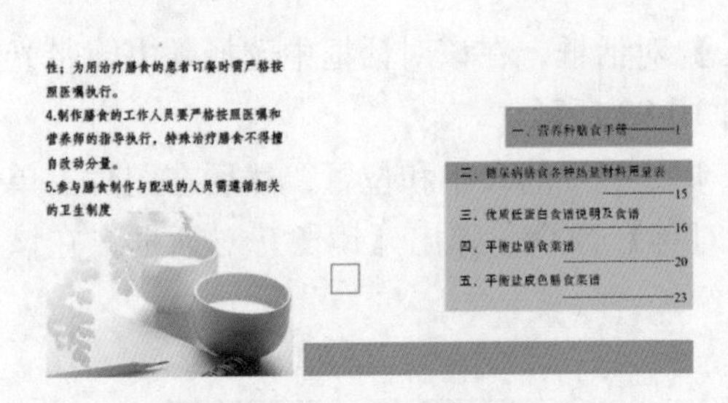

图 10-96　绘制矩形

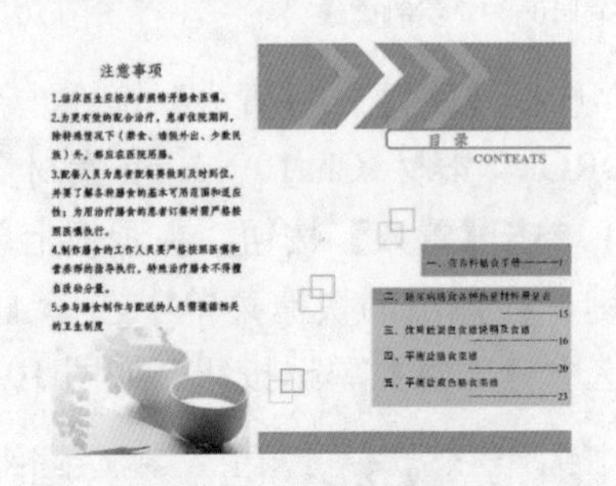

图 10-97　绘制剩余的矩形

案例精讲 063　科技公司画册封面

案例文件：CDROM \ 场景 \Cha10\ 科技公司画册封面 . ai

视频文件：视频教学 \ Cha10 \ 科技公司画册封面 .avi

制作概述

本例将介绍如何制作科技公司画册封面，首先使用【矩形工具】和【渐变工具】制作出封面的主体颜色，然后使用【钢笔工具】和【渐变工具】绘制装饰图形，最后使用【文字工具】来填充封面内容，完成后的效果如图 10-98 所示。

图 10-98　画册封面

学习目标

■ 学习制作科技公司画册封面。

■ 掌握【矩形工具】、【文字工具】和【渐变工具】的使用。

(1) 按 Ctrl+N 组合键，在弹出的【新建文档】对话框中将【名称】设置为“科技公司画册封面”，将【宽度】、【高度】分别设置为 420mm、285mm，【颜色模式】设置为 CMYK，【单位】设置为【毫米】，如图 10-99 所示。

(2) 在工具箱中选择【矩形工具】，在画板上单击，弹出【矩形】对话框，在该对话框中将【宽度】、【高度】分别设置为 420mm、285mm，如图 10-100 所示。

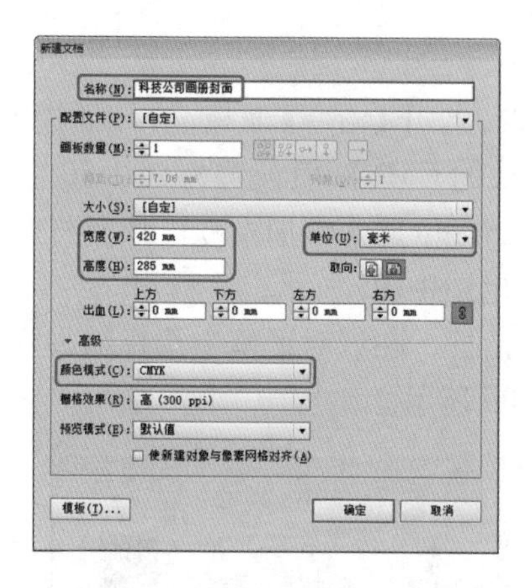

图 10-99 【新建文档】对话框

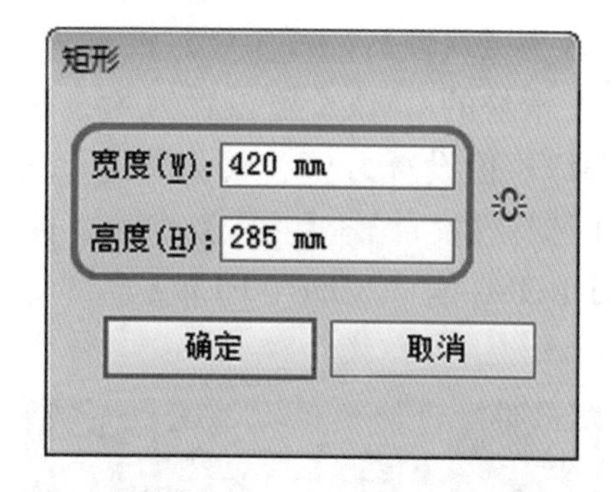

图 10-100 【矩形】对话框

(3) 按 Shift+F7 组合键，打开【对齐】面板，在该面板中将【对齐】设置为【对齐画板】，然后单击【水平居中对齐】按钮和【垂直居中对齐】按钮，如图 10-101 所示。

(4) 按 Ctrl+F9 组合键，打开【渐变】面板，在该面板中将左侧渐变滑块的 CMYK 值设置为 92、74、19、0，右侧渐变滑块的 CMYK 值设置为 98、92、47、15，【类型】设置为【线性】，完成后的效果如图 10-102 所示。

图 10-101 【对齐】面板

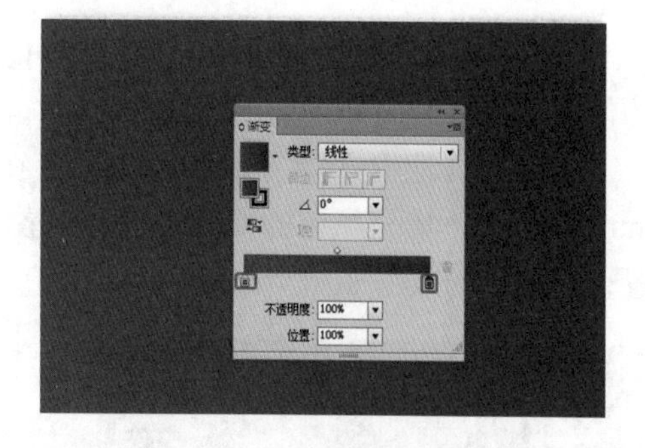

图 10-102 设置渐变后的效果

(5) 在工具箱中选择【钢笔工具】，在画板上绘制图形，绘制完成后的效果如图 10-103 所示。

(6) 选择刚刚绘制的图像，按 Ctrl+F9 组合键，打开【渐变】面板，在该面板中将【类型】设置为【线性】，【角度】设置为 83°，左侧滑块的 CMYK 值设置为 95、80、30、0，右侧渐变滑块的 CMYK 值设置为 85、58、23、0，在 56% 位置处添加渐变滑块，将此渐变滑块的

CMYK 值设置为 95、80、28、0，完成后的效果如图 10-104 所示。

图 10-103　绘制图形

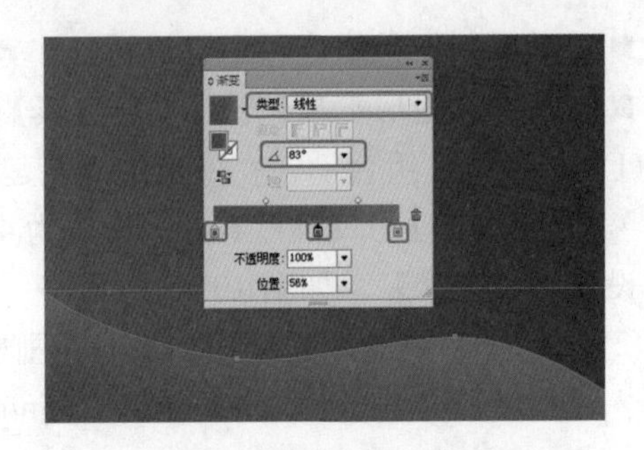

图 10-104　设置渐变后的效果

(7) 继续使用【钢笔工具】绘制图形，选择绘制的图形，打开【渐变】面板，在该面板中将【类型】设置为【线性】，【角度】设置为 83°，左侧滑块的 CMYK 值设置为 95、80、30、0，右侧渐变滑块的 CMYK 值设置为 85、58、23、0，在 56% 位置处添加渐变滑块，将此渐变滑块的 CMYK 值设置为 95、80、28、0，完成后的效果如图 10-105 所示。

(8) 选择【文件】|【置入】命令，弹出【置入】对话框，在该对话框中选择随书附带光盘中的 CDROM\ 素材 \Cha10\F1.jpg 素材文件，如图 10-106 所示。

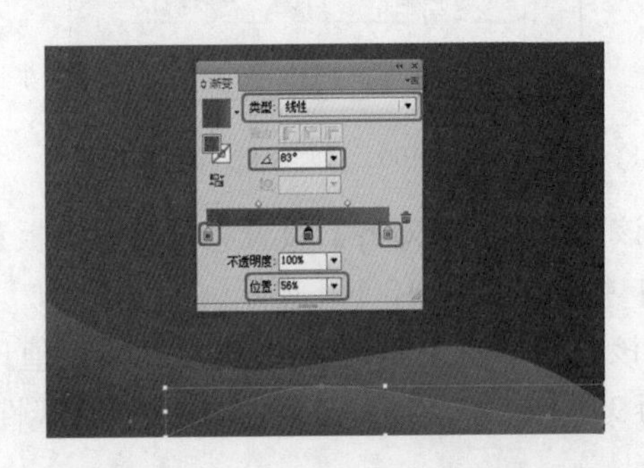

图 10-105　绘制图形完成后的效果

图 10-106　【置入】对话框

(9) 在画板上单击置入图片，然后在属性栏中单击【嵌入】按钮，将图片嵌入，并调整图片的位置，完成后的效果如图 10-107 所示。

(10) 在工具箱中选择【矩形工具】，在画板上绘制矩形，将【宽】、【高】分别设置为 52mm、76mm，填充颜色的 CMYK 值设置为 0、61、92、0，描边颜色设置为无，然后调整其位置，完成后的效果如图 10-108 所示。

图 10-107　嵌入图片

图 10-108　绘制矩形

(11) 对刚刚绘制的矩形进行复制，选择复制后的矩形，将【宽】设置为10mm，然后调整其位置，效果如图10-109所示。

(12) 选择【文件】|【置入】命令，弹出【置入】对话框，在该对话框中选择F2.png素材文件，单击【置入】按钮，然后在画板上单击鼠标，置入图片，再在属性栏中单击【嵌入】按钮，调整图片的位置和大小，完成后的效果如图10-110所示。

图10-109　复制矩形并进行调整

图10-110　置入图片

(13) 选择【文字工具】，在画板上单击鼠标，输入文字“中国红晶科技有限公司”，将字体颜色设置为白色，按Ctrl+T组合键，打开【字符】面板，将字体设置为【汉仪魏碑简】，字体大小设置为25pt，字距调整设置为100，完成后的效果如图10-111所示。

(14) 继续使用【文字工具】在画板上单击输入英文，在【字符】面板中将字体设置为【汉仪魏碑简】，字体大小设置为13pt，字符间距设置为35pt，完成后的效果如图10-112所示。

图10-111　输入文字

图10-112　输入英文

(15) 对刚刚输入的汉字和英文进行复制，并调整其位置，字符间距都设置为0，完成后的效果如图10-113所示。

(16) 使用【文字工具】在画板上输入文字，将字体颜色设置为白色，字体设置为【汉仪魏碑简】，字体大小设置为12pt，字距调整设置为0，完成后的效果如图10-114所示。

图10-113　复制文字并进行调整

图10-114　输入文字

(17) 在菜单栏中选择【文件】|【置入】命令，弹出【置入】对话框，在该对话框中选择

F3.png 素材文件，单击【置入】按钮，然后在画板上单击鼠标，置入图片。在属性栏中单击【嵌入】按钮，图片嵌入文档。然后调整图片的大小和位置，完成后的效果如图 10-115 所示。

(18) 使用【文字工具】在刚刚置入的图片下方输入文字，然后选择输入的文字，将字体设置为【汉仪魏碑简】，字体大小设置为 12pt，字体颜色设置为白色，完成后的效果如图 10-116 所示。

图 10-115　嵌入图片

图 10-116　输入文字

(19) 至此，画册封面就制作完成了。选择【文件】|【存储】命令，弹出【存储为】对话框，在该对话框中设置存储路径，其他保持默认设置，单击【保存】按钮，如图 10-117 所示。

(20) 弹出【Illustrator 选项】对话框，在该对话框中保持默认设置，单击【确定】按钮，在菜单栏中选择【文件】|【导出】命令，弹出【导出】对话框，在该对话框中设置存储路径，将【保存类型】设置为 JPEG，如图 10-118 所示。单击【导出】按钮，弹出【JPEG 选项】对话框，在该对话框中保持默认设置，单击【确定】按钮，即可将图片导出。

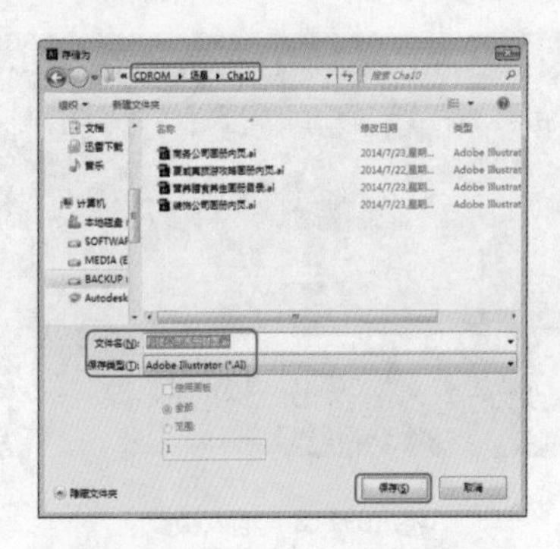
图 10-117　【存储为】对话框

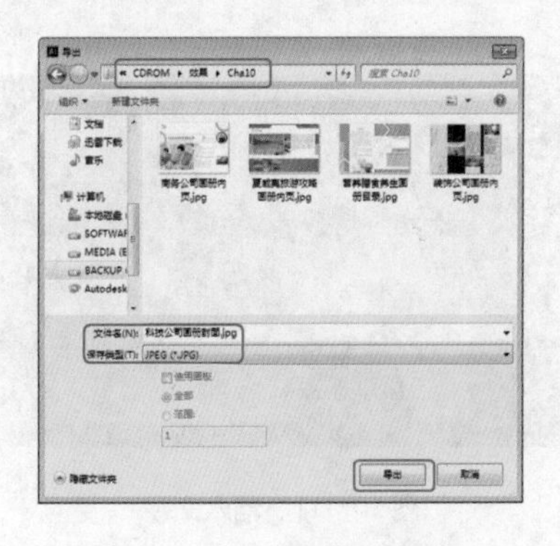
图 10-118　【导出】对话框

案例精讲 064　蛋糕店画册目录

 案例文件：CDROM \ 场景 \Cha10\ 蛋糕店画册目录 . ai

 视频文件：视频教学 \ Cha10 \ 蛋糕店画册目录 .avi

制作概述

本例将介绍如何制作蛋糕店画册目录，首先使用【矩形工具】绘制矩形并为矩形填充颜色，制作出画册目录的底色，然后使用【文字工具】和【置入】命令，来充实目录的内容，完成后的效果如图 10-119 所示。

图 10-119　蛋糕店画册目录

学习目标

- 学习制作蛋糕店画册目录。
- 掌握【矩形工具】、【文字工具】和【置入】命令的使用。

(1) 按 Ctrl+N 组合键，在弹出的【新建文档】对话框中将【名称】设置为“蛋糕店画册目录”，将【宽度】、【高度】分别设置为 420mm、285mm，将【单位】设置为【毫米】，【颜色模式】设置为 CMYK，如图 10-120 所示。

(2) 在工具箱中选择【矩形工具】，在画板上单击鼠标，在弹出的对话框中将【宽度】、【高度】分别设置为 420mm、285mm，单击【确定】按钮，如图 10-121 所示。

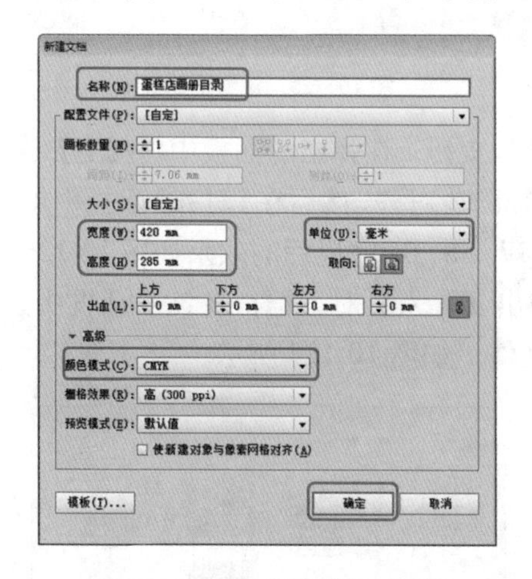

图 10-120　【新建文档】对话框

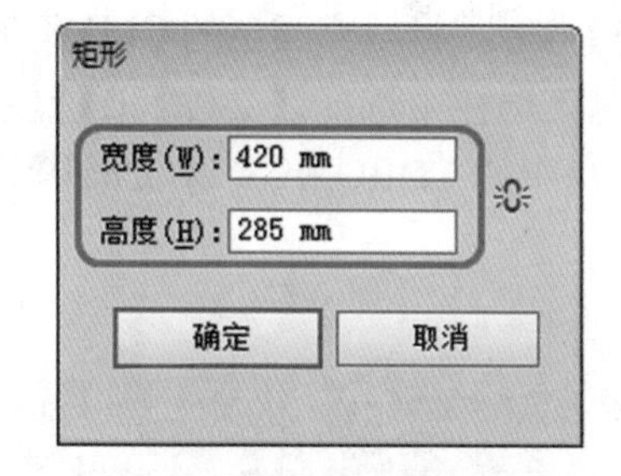

图 10-121　【矩形】对话框

(3) 选择绘制的矩形，在工具箱中双击【填色】按钮，弹出【拾色器】对话框，在该对话框中将 CMYK 设置为 7、6、22、0，如图 10-122 所示。

(4) 按 Shift+F7 组合键，打开【对齐】面板，在该面板中将【对齐】设置为对齐画板，然后单击【水平居中对齐】按钮和【垂直居中对齐】按钮，如图 10-123 所示。

(5) 选择绘制的矩形，按 Ctrl+2 组合键将绘制的矩形锁定，继续使用【矩形工具】，在画板上绘制矩形，将【宽】、【高】分别设置为 10mm、285mm，填充颜色的 CMYK 值设置为 25、26、41、0，完成后的效果如图 10-124 所示。

(6) 按 Ctrl+R 组合键，打开标尺，拖曳出垂直的辅助线，确定辅助线处于选择状态，单击【变换】按钮，在弹出的面板中将 X 设置为 210mm，如图 10-125 所示。

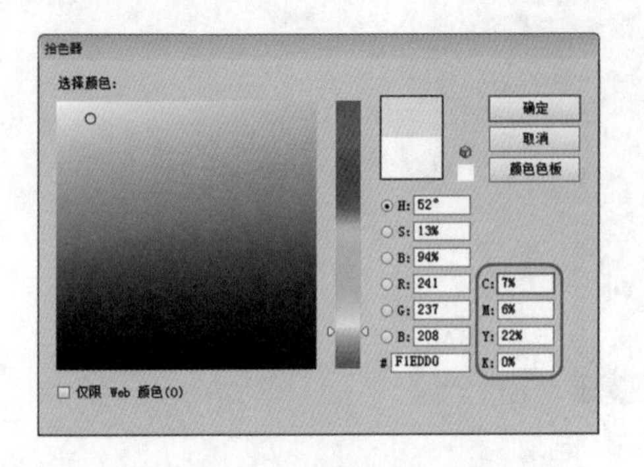

图 10-122　【拾色器】对话框

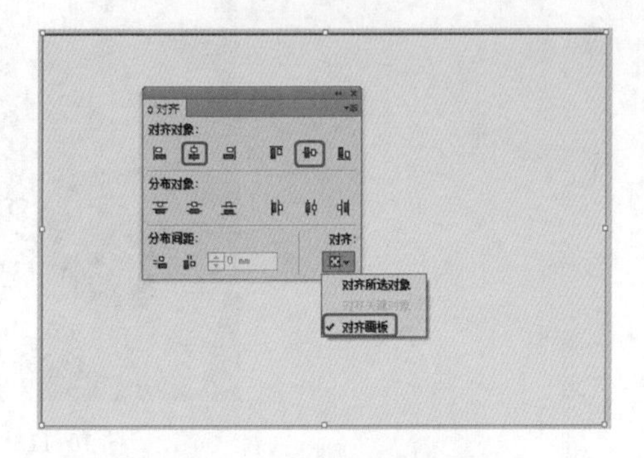

图 10-123　【对齐】面板

图 10-124　绘制矩形

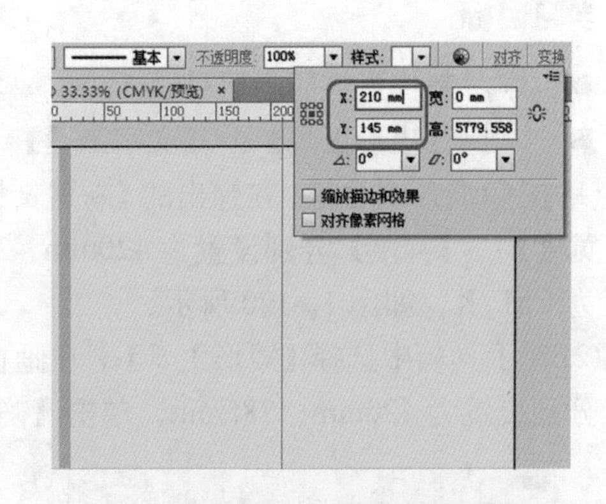

图 10-125　设置辅助线

(7) 继续使用【矩形工具】绘制矩形，单击【变换】按钮，在弹出的面板中将【宽】、【高】分别设置为3mm、285mm，将绘制的矩形的左侧边与辅助线对齐，然后在【对齐】面板中单击【垂直顶对齐】按钮，将填充颜色的CMYK值设置为17、17、38、0，完成后的效果如图10-126所示。

(8) 在菜单栏中选择【文件】|【置入】命令，弹出【置入】对话框，在该对话框中选择随书附带光盘中的CDROM\素材\Cha10\D1.png素材文件，如图10-127所示。

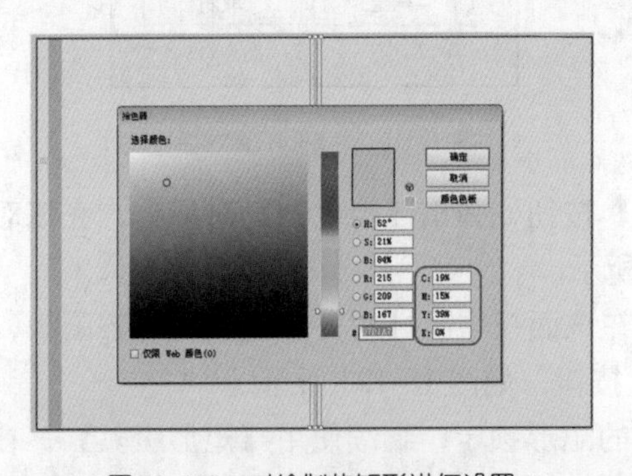

图 10-126　对绘制的矩形进行设置

图 10-127　【置入】对话框

(9) 在画板上单击鼠标，置入图片，在属性栏中单击【嵌入】按钮，然后调整图片的位置和大小，效果如图10-128所示。

(10) 在工具箱中选择【文字工具】，在画板上输入汉字“艾维利奥”，选择输入的文字，将字体设置为【微软雅黑】，字体大小设置为15pt，字符间距设置为450pt。然后继续输入英文，将字体设置为【微软雅黑】，字体大小设置为15pt，字符间距设置为50，完成后的效果如图10-129所示。

图10-128　置入图片并进行调整

图10-129　输入文字

(11) 继续使用【文字工具】，在画板上单击输入文字，将字体设置为【华文楷体】，将字体大小设置为27pt，将字符间距设置为100，将字体颜色设置为40、48、80、0，完成后的效果如图10-130所示。

(12) 使用【矩形工具】绘制矩形，然后选择绘制的矩形，在属性栏中单击【变换】按钮，在弹出的面板中将【宽】、【高】分别设置为294mm、173mm，并填充任意颜色。按Shift+F7组合键，弹出【对齐】面板，在该面板中单击【水平右对齐】按钮和【垂直底对齐】按钮，完成后的效果如图10-131所示。

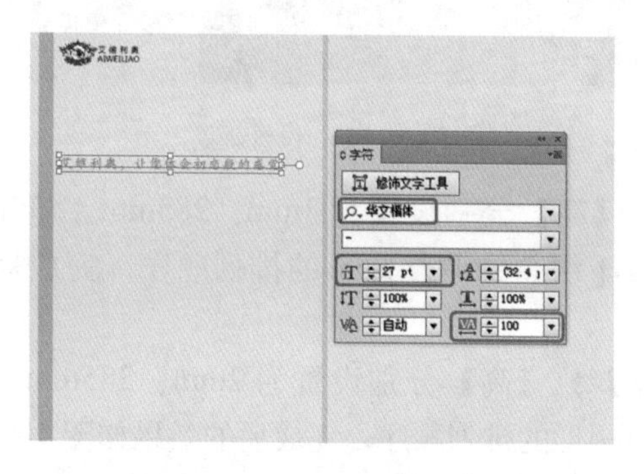

图10-130　输入文字并进行设置

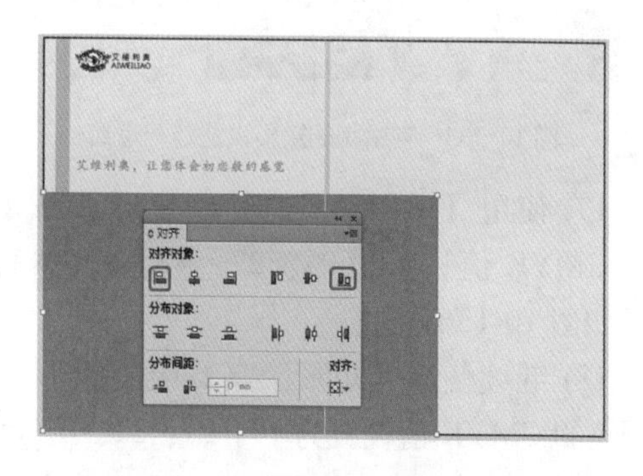

图10-131　绘制矩形并设置对齐方式

(13) 选择【文件】|【置入】命令，弹出【置入】对话框，在该对话框中选择D2.jpg素材文件，单击【置入】按钮。在画板上单击鼠标置入图片，然后单击属性栏中的【嵌入】按钮，将图片嵌入文档。调整图片的位置和大小，按Ctrl+[组合键调整图片的顺序，效果如图10-132所示。

(14) 选择绘制的矩形和置入的图片，按Ctrl+7组合键建立剪切蒙版，完成后的效果如图10-133所示。

(15) 使用【矩形工具】绘制宽为30mm、高为285mm的矩形，将其右侧边与辅助线对齐，按Shift+F7组合键打开【对齐】面板，在该面板中单击【垂直顶对齐】按钮，完成后的效果如图10-134所示。

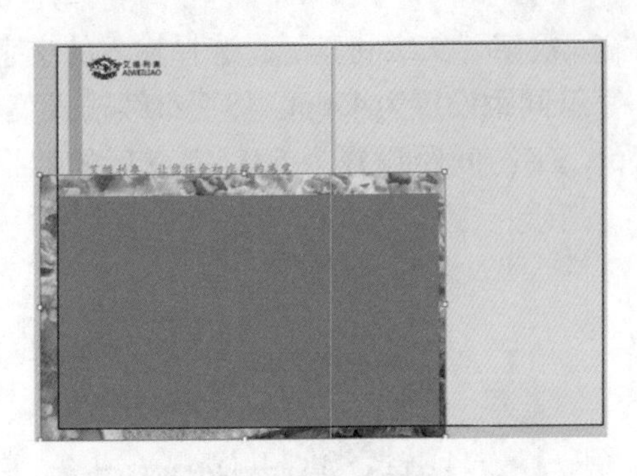

图 10-132　调整图片

图 10-133　建立剪切蒙版

(16) 选择绘制的矩形，按 Ctrl+F9 组合键打开【渐变】面板，在该面板中将【类型】设置为【线性】，左侧渐变滑块的 CMYK 值设置为 25、26、41、0，【不透明度】设置为 0，右侧渐变滑块的 CMYK 值设置为 25、26、41、16，【不透明度】设置为 65%，完成后的效果如图 10-135 所示。

图 10-134　对绘制的矩形设置对齐方式

图 10-135　设置渐变

(17) 使用【矩形工具】绘制矩形，将【宽】、【高】分别设置为 3mm、285mm，填充颜色的 CMYK 值设置为 27、27、42、0，然后按 Ctrl+[组合键调整矩形的排列顺序，完成后的效果如图 10-136 所示。

(18) 继续使用【矩形工具】绘制矩形，将【宽】、【高】分别设置为 2mm、285mm，填充颜色的 CMYK 值设置为 19、21、31、0，然后调整矩形的排列顺序，完成后的效果如图 10-137 所示。

图 10-136　绘制矩形

图 10-137　绘制矩形并进行设置

(19) 使用同样的方法绘制矩形并进行设置，完成后的效果如图 10-138 所示。

(20) 在工具箱中选择【椭圆形工具】，在画板上绘制同心圆，圆的【宽】、【高】分别是 11、11 和 8、8，将填充颜色设置为无，描边颜色的 CMYK 值设置为 32、35、52、0。选择绘制的两个圆形，按 Ctrl+G 组合键进行编组，完成后的效果如图 10-139 所示。

图 10-138 绘制剩余的矩形

图 10-139 绘制同心圆

(21) 使用【文字工具】在画板上输入文字“目录”，将字体设置为【汉仪魏碑简】，字体大小设置为 25pt，字符间距设置为 350pt，字体颜色设置为 40、48、80、0，完成后的效果如图 10-140 所示。

(22) 继续使用【文字工具】输入英文“CONTENTS”，将字体设置为【汉仪魏碑简】，字体大小设置为 15pt，字符间距设置为 0。使用同样的方法输入剩余的文字，完成后的效果如图 10-141 所示。

图 10-140 输入汉字并进行设置

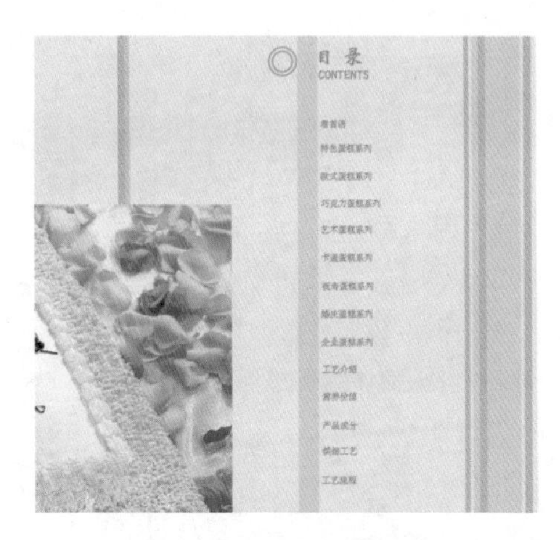

图 10-141 输入剩余的文字

(23) 在工具箱中选择【直线段工具】，在画板上绘制线段，打开【描边】面板，将【粗细】设置为 1pt，选中【虚线】复选框，单击【保留虚线和间隙的精确长度】按钮，将【虚线】设置为 4pt，如图 10-142 所示。

(24) 对绘制的虚线段进行复制并调整其位置，然后使用【文字工具】输入页码，完成后的效果如图 10-143 所示。

(25) 选择【矩形工具】，在画板上绘制矩形，将【宽】、【高】分别设置为 10mm、5mm，填充颜色设置为 53、56、77、0，然后使用【文字工具】在矩形上输入文字，完成后的效果如图 10-144 所示。

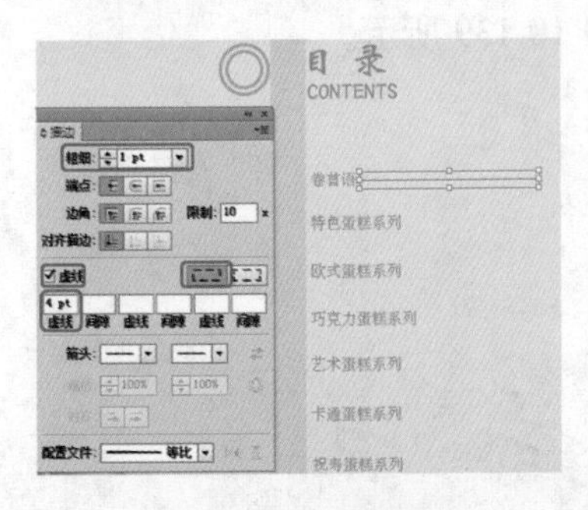

图 10-142　设置线段

图 10-143　复制线段并进行设置

图 10-144　绘制矩形并输入文字

(26) 至此，画册目录就制作完成了，场景保存后将效果导出即可。

第 11 章 书籍封面设计

本章重点

- 养生美食书籍封面设计
- 唐诗宋词书籍封面设计
- 大秦帝国书籍封面设计
- 散文书籍封面设计
- 竹石散文书籍封面设计
- 爱情小说封面设计

不同类型的书封面设计也不同，本章节将讲解如何制作常用书的封面，其中包括饮食类、散文类、小说类，通过本章节的学习可以对封面的设计有一定的了解。

案例精讲 065　养生美食书籍封面设计

案例文件：CDROM \ 场景 \ Cha11 \ 养生美食书籍封面设计 .ai

视频文件：视频教学 \ Cha11\ 养生美食书籍封面设计 .avi

制作概述

本例将学习如何制作美食书籍封面，其中制作背景主旨是复古颜色，在字体选择上也选用了隶书，具体操作方法如下，完成后的效果如图 11-1 所示。

图 11-1　养生美食书籍封面

学习目标

- 学习美食类书籍封面的制作。
- 掌握书籍的制作主旨，掌握书籍封面的布局设置。

操作步骤

(1) 启动软件后，按 Ctrl+N 组合键，在弹出的【新建文档】对话框中输入【名称】为“养生美食书籍封面设计”，将【单位】设为【毫米】，【宽度】设置为 456mm，【高度】设置为 266mm，【颜色模式】设为 CMYK，【栅格效果】设为【高 (300ppi)】，然后单击【确定】按钮，如图 11-2 所示。

(2) 新建文档后，按 Ctrl+R 组合键显示标尺，选择垂直标尺，按着鼠标左键进行拖动，确定拖出的辅助线处于选择状态，在属性栏中单击【变换】按钮，在弹出的对话框中，将 X 设为 3mm，如图 11-3 所示。

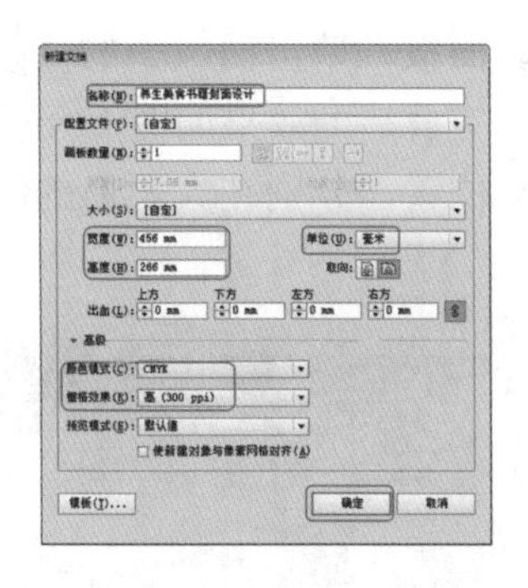

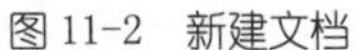
图 11-2　新建文档

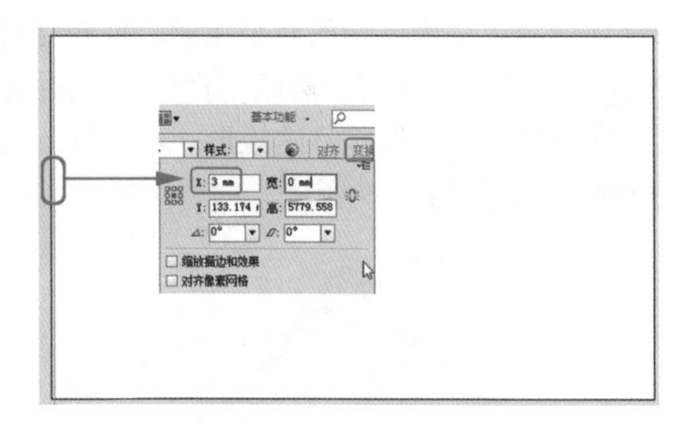

图 11-3　添加辅助线

(3) 使用同样的方法，分别在垂直方向的 213mm、243mm、453mm，在水平方向将【变换】下的 Y 值设为 3mm 和 263mm 位置添加辅助线，完成后的效果如图 11-4 所示。

(4) 利用【矩形工具】绘制和文档同样大小的矩形，并将其【填充颜色】的 CMYK 值设为【渐变色】，【描边】设为无，打开【渐变】面板，将【渐变类型】设为【径向】，0% 位置的 CMYK 值设为 31、51、77、0，49% 位置的 CMYK 值设为 36、67、100、0，100% 位置的 CMYK 值设为 31、51、100、0，如图 11-5 所示。

图 11-4　添加辅助线

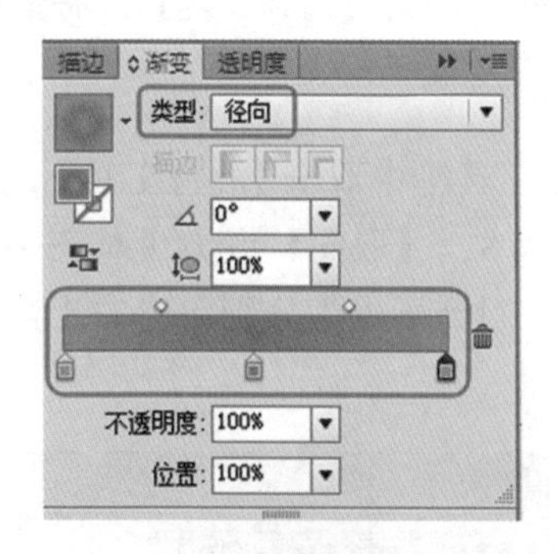

图 11-5　设置渐变色

(5) 返回到场景中利用【渐变工具】对渐变色进行调整，完成后的效果如图 11-6 所示。

(6) 利用【矩形工具】在场景的空白处绘制【宽度】和【高度】都为 13mm 的矩形，将其【填充颜色】的 CMYK 值设为 37、58、84、0，然后在其上绘制一个【宽度】和【高度】都为 10.5mm 的矩形，为了便于观察，先填充任意颜色，并调整位置，使其中心对齐，如图 11-7 所示。

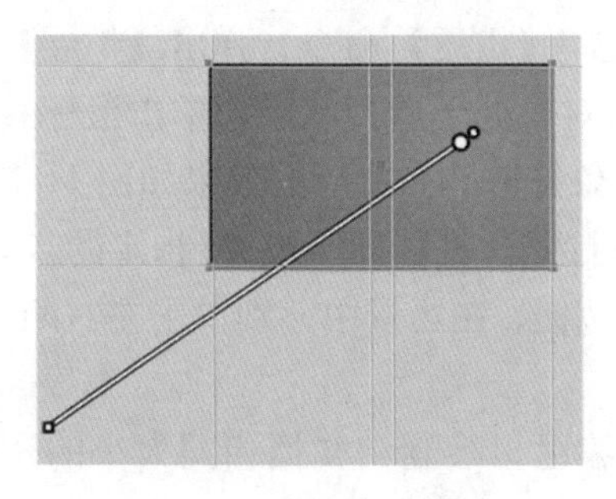
图 11-6　调整渐变色

图 11-7　绘制矩形

(7) 选择上一步创建的两个矩形，打开【路径查找器】面板，单击面板中的【减去顶层】按钮，对其进行修剪，然后按着 Shift 键对其旋转 45°，完成后的效果如图 11-8 所示。

(8) 选择上一步制作好的矩形，对其进行复制，并移动位置，分别在大矩形的四个角放置小矩形，效果如图 11-9 所示。

图 11-8　完成后的效果

图 11-9　调整矩形的位置

在对对象进行旋转时，可以使用【旋转工具】，可以设置任何角度，也可以利用【选择工具】，将鼠标放置到顶点位置，当鼠标变为旋转箭头时，按着 Shift 键可以旋转 45°、90°、135°，这样可以快速进行旋转。

(9) 在工具箱中双击【混合工具】，弹出【混合选项】对话框，将【间距】设为【指定的步数】，其数值设为 8，【取向】设为【对齐路径】，单击【确定】按钮，如图 11-10 所示。

(10) 返回到场景中分别单击右上角和右下角的矩形，进行混合，效果如图 11-11 所示。

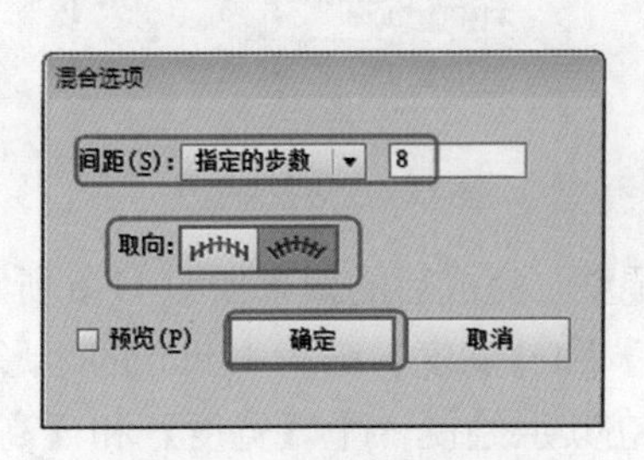

图 11-10　设置混合选项

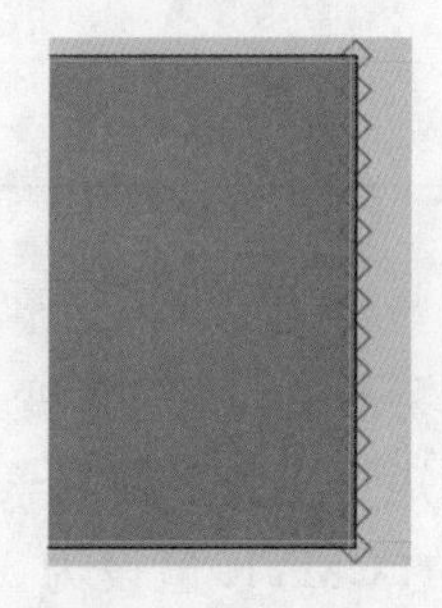

图 11-11　混合后的效果

(11) 使用同样的方法对左上角和左下角的矩形进行混合，完成后的效果如图 11-12 所示。

(12) 选择创建的混合对象，在菜单栏中选择【对象】|【扩展】命令，弹出【扩展】对话框保持默认值，单击【确定】按钮，返回到场景中，确认对象处于选择状态，单击鼠标右键，在弹出的快捷菜单中选择【取消编组】命令，将混合的对象打散，完成后的效果如图 11-13 所示。

(13) 在工具箱中双击【混合工具】，弹出【混合选项】对话框，将【间距】设为【指定的步数】，【步数】设为 16，【取向】设为【对齐路径】，单击【确定】按钮，在场景中分别单击左右两个矩形，进行混合，最终完成后的效果如图 11-14 所示。

(14) 选择所有的混合对象，按 Ctrl+G 组合键将其编组，绘制和文档相同大小的矩形，选择矩形和混合对象，单击鼠标右键，在弹出的快捷菜单中选择【建立剪切蒙版】命令，完成后的效果如图 11-15 所示。

图 11-12　混合后的效果

图 11-13　打散混合对象

图 11-14　混合后的效果

图 11-15　建立剪切蒙版

(15) 打开随书附带光盘中的 CDROM\ 素材 \Cha11\ 养生美食书籍素材 .ai 素材文件，选择窗花素材文件拖至文档中，并调整位置和角度，完成后的效果如图 11-16 所示。

(16) 利用【矩形工具】绘制【宽】和【高】分别为 46.5mm 和 117mm 的矩形，并将其【填充颜色】设为黑色，如图 11-17 所示。

图 11-16　添加素材文件

图 11-17　绘制矩形

(17) 选择上一步绘制的矩形，将【描边】颜色的 CMYK 值设为 40、70、100、50，在属性栏中单击【描边】按钮，在弹出的面板中将【粗细】设为 8pt，【对齐描边】设为【使描边外侧对齐】，完成后的效果如图 11-18 所示。

(18) 使用【直排文字工具】输入文字，将【字体】设为【华文行楷】，【字体大小】设为 111pt，【字符字距】设为 −100，如图 11-19 所示。

(19) 选择上一步创建的文字单击鼠标右键，在弹出的快捷菜单中选择【创建轮廓】命令，将文字的【填充颜色】设为渐变，打开【渐变】面板，将【类型】设为【线性】，【角度】设为 −90°，0% 位置的 CMYK 值设为 46、88、100、15，100% 位置的 CMYK 值设为 0、49.5、67、0，完

成后的效果如图 11-20 所示。

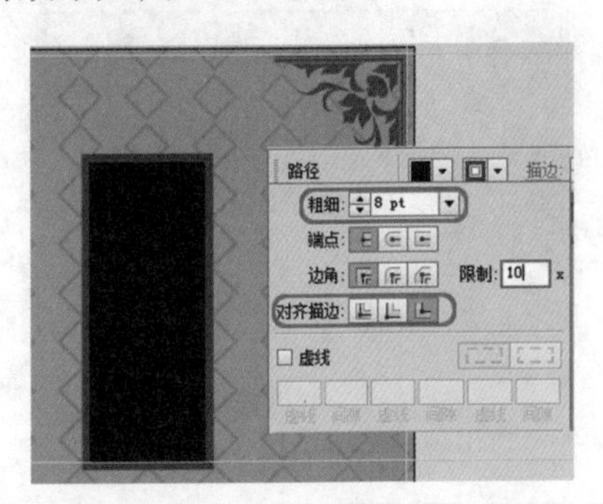

图 11-18　设置描边

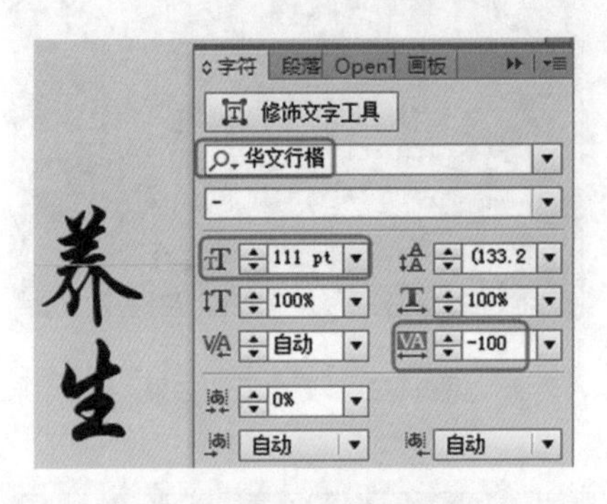

图 11-19　设置文字

(20) 选择上一步创建的文字，将其【描边】设为白色，在属性栏中单击【描边】按钮，在弹出的面板中将【粗细】设为 2pt，【端点】设为【圆头端点】，【边角】设为【圆角连接】，【描边】设为【使描边外侧对齐】，完成后的效果如图 11-21 所示。

图 11-20　调整大小

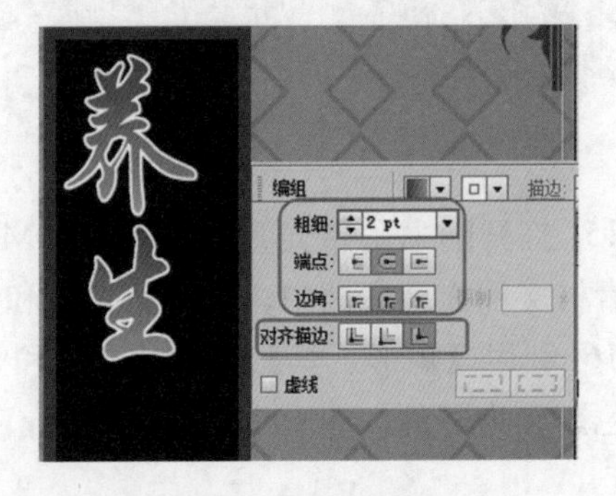

图 11-21　设置描边

(21) 继续输入文字“营养餐”，将【字体】设为【方正隶变简体】，【字体大小】设为 36pt，【字体颜色】设为白色，完成后的效果如图 11-22 所示。

(22) 利用矩形工具绘制【宽度】和【高度】分别为 17mm 和 55mm 的矩形，将【填充颜色】的 CMYK 值设为 15、100、90、10，【描边颜色】的 CMYK 值设为 30、50、75、10，在属性栏中，单击【描边】按钮，在弹出的面板中，将【粗细】设为 6pt，【对齐描边】设为【使描边外侧对齐】，完成后的效果如图 11-23 所示。

图 11-22　输入文字

图 11-23　绘制矩形

(23) 在素材文件中选择窗花对象，将其复制到场景文件中，将其颜色的CMYK值设为25、40、65、0，在【变换】面板中将其【宽】和【高】都设为4.5mm，并调整其位置，完成后的效果如图11-24所示。

(24) 在工具箱中选择【直排文字工具】，输入文字“鲁菜”，将【字体】设为【方正隶变简体】，【字体大小】设为54pt，如图11-25所示。

图11-24　调整大小

图11-25　添加文字

(25) 选择上面创建的矩形并对其进行复制，在【变换】面板中将【宽】和【高】设为14mm和86mm，将【描边粗细】设为4pt，完成后的效果如图11-26所示。

(26) 使用【直排文字工具】输入文字“中国八大菜系大全”，将【字体】设为【方正隶变简体】，【字体大小】设为28pt，【字体颜色】设为白色，完成后的效果如图11-27所示。

图11-26　调整矩形

图11-27　输入文字

(27) 利用【椭圆工具】绘制【宽】和【高】分别为89.5mm和34mm的椭圆，并将其【填充颜色】的CMYK值设为15、100、90、10，如图11-28所示。

(28) 激活【文字工具】输入文字“顶级主厨独家秘方”，将【字体】设为【方正隶变简体】，【字体大小】设为24pt，字体颜色设为白色，如图11-29所示。

(29) 选择上一步创建的文字，在菜单栏中执行【效果】|【变形】|【上弧形】命令，弹出【变形选项】对话框，选中【水平】单选按钮，将【弯曲】设为28%，【水平】和【垂直】都设为0，如图11-30所示。

(30) 继续输入文字“历尽五年精心打造”，将【字体】设为【方正隶变简体】，【字体大小】设为18pt，颜色设为白色，如图11-31所示。

(31) 选择上一步输入的文字，在菜单栏中选择【效果】|【变形】|【下弧形】命令，弹出【变形选项】对话框，选中【水平】单选按钮，将【弯曲】设为28%，【水平】和【垂直】都设为0，

如图 11-32 所示。

图 11-28　绘制椭圆

图 11-29　输入文字

图 11-30　添加变形效果

图 11-31　输入文字

(32) 在素材文件中选择素材将其拖至文档中，调整位置，完成后的效果如图 11-33 所示。

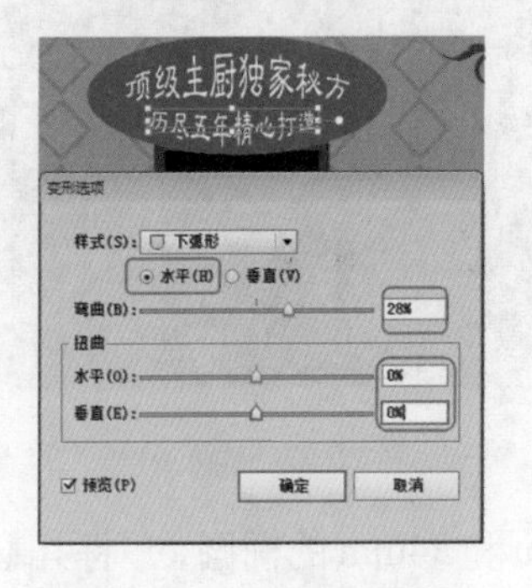

图 11-32　对文字进行变形

图 11-33　添加素材文件

(33) 继续输入文字“秘制”，将【字体】设为【方正隶变简体】，【字体大小】设为 20pt，字体颜色设为白色，如图 11-34 所示。

(34) 利用【矩形工具】绘制【宽度】和【高度】分别为 213mm 和 103mm 的矩形，并将其【填充颜色】的 CMYK 值设为 36、72、100、1，【描边】设为无，如图 11-35 所示。

(35) 选择绘制的矩形，将其放置到窗花的下方，并添加素材文件，完成后的效果如图 11-36 所示。

(36) 在工具箱中选择【直排文字工具】，输入文字“白文才 著”，将【字体】设为【方正隶变简体】，【字体大小】设为 18pt，如图 11-37 所示。

图 11-34　输入文字

图 11-35　绘制矩形

图 11-36　添加素材文件

图 11-37　输入文字

(37) 下面制作书脊部分，根据辅助线绘制矩形，并将其【填充颜色】的 CMYK 值设为 40、65、90、35，描边设为无，完成后的效果如图 11-38 所示。

(38) 利用【椭圆工具】绘制 4 个【宽】和【高】都为 8mm 的正圆，并将其【填充颜色】的 CMYK 值设为 15、100、90、10，如图 11-39 所示。

图 11-38　绘制矩形

图 11-39　绘制正圆

(39) 按 T 键激活【文字工具】分别输入文字“正宗鲁菜”，将【字体】设为【方正隶变简体】，【字体大小】设为 18pt，文字颜色的 CMYK 值设为 25、40、65、0，完成后的效果如图 11-40 所示。

(40) 利用矩形工具绘制【宽度】和【高度】分别为 19.5mm 和 91mm 的矩形，将其【填充颜色】的 CMYK 值设为 15、100、90、10，【描边】设为白色，【描边粗细】设为 2pt，效果如图 11-41 所示。

图 11-40 输入文字

图 11-41 绘制矩形

(41) 在工具箱中选择【直排文字工具】，输入文字“养生营养餐”，将【字体】设为【方正隶变简体】，【字体大小】设为 50pt，文字颜色设为白色，如图 11-42 所示。

(42) 利用【直排文字工具】继续输入文字“白文才　著”，将【字体】设为【方正隶变简体】，【字体大小】设为 21pt，如图 11-43 所示。

图 11-42 输入文字

图 11-43 输入文字

(43) 继续输入文字“中华出版社”，将【字体】设为【华文行楷简】，【字体大小】设为 24pt，如图 11-44 所示。

(44) 利用钢笔工具绘制如图 11-45 所示的形状。

图 11-44 输入文字

图 11-45 绘制形状

(45) 在工具箱中选择【文字工具】，在场景中拾取绘制的形状，输入文字，将【字体】设为【方正隶变简体】，【字体大小】设为 12pt，【字体颜色】的 CMYK 值设为 40、70、100、50，如图 11-46 所示。

(46) 选择前两个文字，将其【字体大小】设为 24pt，如图 11-47 所示。

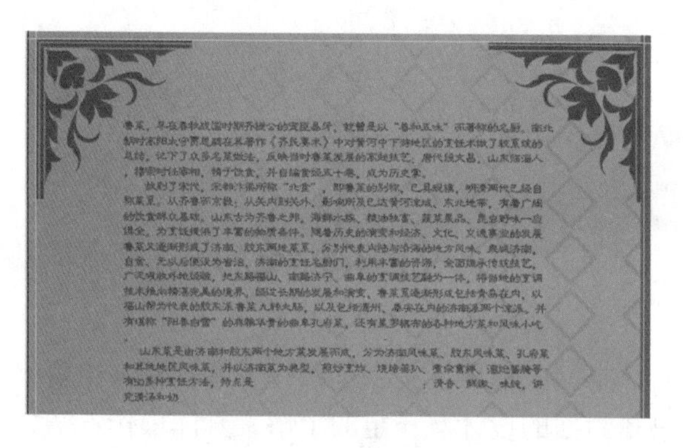

图 11-46 输入文字

图 11-47 修改文字

(47) 在素材文件中选择素材将其添加到文档中，如图 11-48 所示。

(48) 选择上面绘制的矩形和窗花进行复制，调整其位置和文字，效果如图 11-49 所示。

图 11-48 添加素材文件

图 11-49 复制图形并修改

(49) 添加素材文件，如图 11-50 所示。

(50) 利用【文字工具】输入文字“定价 50 元”，将【字体】设为【华文中宋】，【字体大小】设为 18pt，效果如图 11-51 所示。

图 11-50 添加素材文件

图 11-51 输入文字

(51) 书籍封面制作完成后，最后对场景文件进行保存即可。

案例精讲 066　唐诗宋词书籍封面设计

案例文件：CDROM \ 场景 \ Cha11 \ 唐诗宋词书籍封面设计 .ai

视频文件：视频教学 \ Cha11\ 唐诗宋词书籍封面设计 .avi

制作概述

本例将介绍如何制作唐诗宋词类书籍的封面，本例中使用了文字背景作为主背景，主要使用了隶书类字体，通过本例的学习可对复古式书籍封面的设计有一定的了解，具体操作方法如下，完成后的效果如图 11-52 所示。

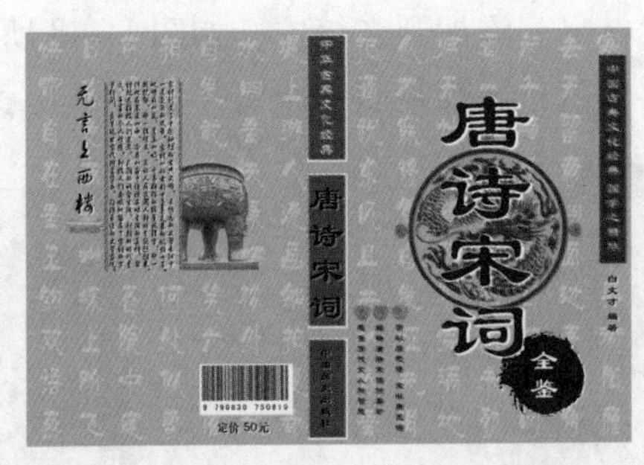

图 11-52　唐诗宋词书籍封面

学习目标

- 学习唐诗宋词类书籍封面的制作。
- 掌握书籍封面的制作要点，掌握如何制作文字背景。

操作步骤

(1) 启动软件后，按 Ctrl+N 组合键，在弹出的【新建文档】对话框中输入【名称】为“唐诗宋词书籍封面设计”，将【单位】设为【毫米】，【宽度】设为 456mm，【高度】设为 303mm，【颜色模式】设为 CMYK，【栅格效果】设为【高 (300ppi)】，然后单击【确定】按钮，如图 11-53 所示。

(2) 新建文档后，按 Ctrl+R 组合键显示标尺，选择垂直标尺，按着鼠标左键进行拖动，确定拖出的辅助线处于选择状态，在属性栏中单击【变换】按钮，在弹出的对话框中，将 X 设为 3mm，如图 11-54 所示。

(3) 使用同样的方法，分别在垂直方向的 213mm、243mm、453mm，在水平方向将【变换】下的 Y 值为 3mm 和 300mm 位置添加辅助线，完成后的效果如图 11-55 所示。

(4) 利用【矩形工具】绘制和文档同样大小的矩形，将【填充颜色】的 CMYK 值设为 12、36、100、0，【描边】设为无，完成后的效果如图 11-56 所示。

(5) 选择【直排文字工具】，输入文字，在属性栏中将【字体】设为【汉仪柏青体简】，【字体大小】设为 72pt，【字体间距】设为 200，文字颜色设为白色，完成后的效果如图 11-57 所示。

(6) 选择上一步创建的文字，按 Ctrl+G 组合键将其合并，在属性栏中单击【不透明度】按钮，在弹出的面板中将【混合模式】设为【柔光】，完成后的效果如图 11-58 所示。

图 11-53　新建文档

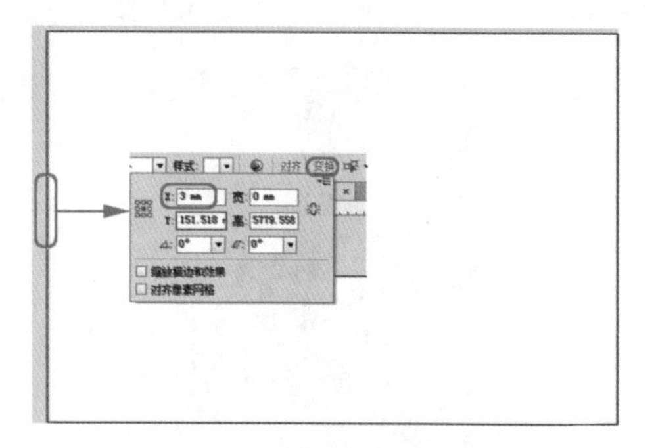

图 11-54　添加辅助线

图 11-55　添加辅助线

图 11-56　绘制矩形

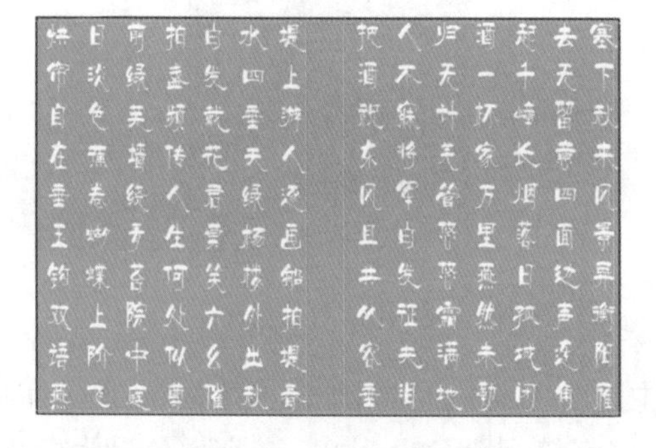

图 11-57　输入文字

图 11-58　设置文字的混合模式

知识链接

柔光：使颜色变亮或变暗具体取决于混合色，此效果与发散的聚光灯照在图像上相似。如果混合色 (光源) 比 50% 灰色亮则图像变亮就像被减淡了一样。如果混合色 (光源) 比 50% 灰色暗则图像变暗就像加深了。用纯黑色或纯白色绘画会产生明显较暗或较亮的区域，但不会产生纯黑色或纯白色。

(7) 打开随书附带光盘中的 CDROM\ 素材 \Cha11 唐诗宋词书籍封面素材 .ai 素材文件，选

择龙纹图案将其拖至文档中，调整位置，完成后的效果如图 11-59 所示。

(8) 在工具箱中选择【直排文字工具】输入“唐诗宋词”，将【字体】设为【方正隶书简体】，【字体大小】设为 200pt，字符间距设为 −270，如图 11-60 所示。

图 11-59　添加素材文件

图 11-60　输入文字

(9) 选择上一步创建的文字，按 Ctrl+Shift+O 组合键，将其转换为轮廓，并将其【描边颜色】设为白色，在属性栏中单击【描边】按钮，在弹出的面板中将【粗细】设为 3pt，【端点】设为【圆头端点】，【边角】设为【圆角连接】，【对齐描边】设为【使描边居中对齐】，完成后的效果如图 11-61 所示。

(10) 利用【矩形工具】绘制【宽度】和【高度】分别为 19.5mm 和 152mm 的矩形，将其【填充颜色】的 CMYK 值设为 40、70、100、50，【描边】设为无，如图 11-62 所示。

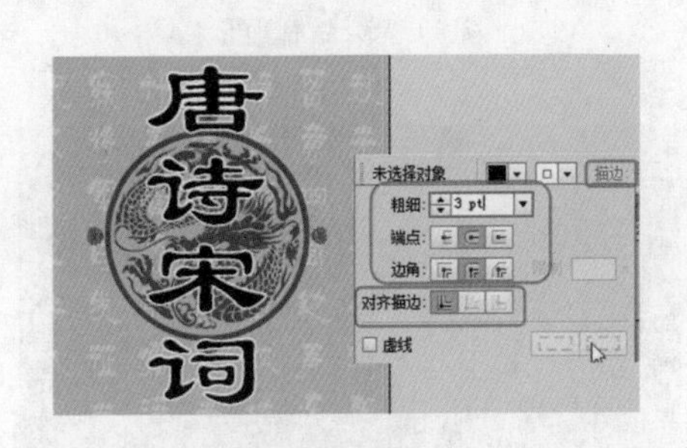

图 11-61　设置文字描边

图 11-62　绘制矩形

(11) 在工具箱中选择【直排文字工具】输入“中国古典文化经典 国学之精华”，将【字体】设为【方正隶书简体】，【字体大小】设为 30pt，【字符间距】设为 0，文字颜色设为白色，完成后的效果如图 11-63 所示。

(12) 继续输入文字“白文才 编著”，将【字体】设为【方正隶书简体】，【字体大小】设为 24pt，【字符间距】设为 0，完成后的效果如图 11-64 所示。

(13) 打开【符号】面板，在面板底部单击【符号库菜单】按钮，在弹出的快捷菜单中选择【污点矢量包】，在弹出的面板中选择【污点矢量包 02】，在工具箱中激活【符号喷枪工具】，在文档中单击进行创建，并将其放置到文字的下方，如图 11-65 所示。

(14) 选择【直排文字工具】输入“全鉴”，将【字体】设为【方正隶书简体】，【字体大小】设为 60pt，字体颜色设为白色，完成后的效果如图 11-66 所示。

图 11-63　输入文字

图 11-64　输入文字

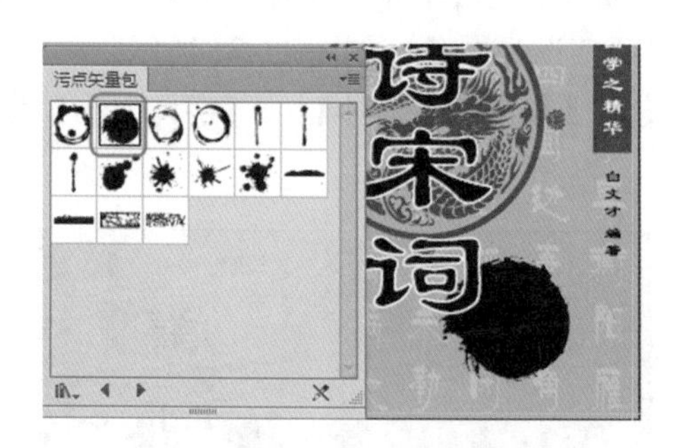

图 11-65　添加符号

图 11-66　输入文字

(15) 在素材文件中选择花素材添加到场景中，利用【直排文字工具】输入“感受历代文人的智慧”，将【字体】设为【汉仪中隶书简】，【字体大小】设为 18pt，【字符间距】设为 200，【字体颜色】的 CMYK 值设为 50、70、80、70，完成后的效果如图 11-67 所示。

(16) 使用同样的方法输入其他文字，完成后的效果如图 11-68 所示。

图 11-67　添加素材并输入文字

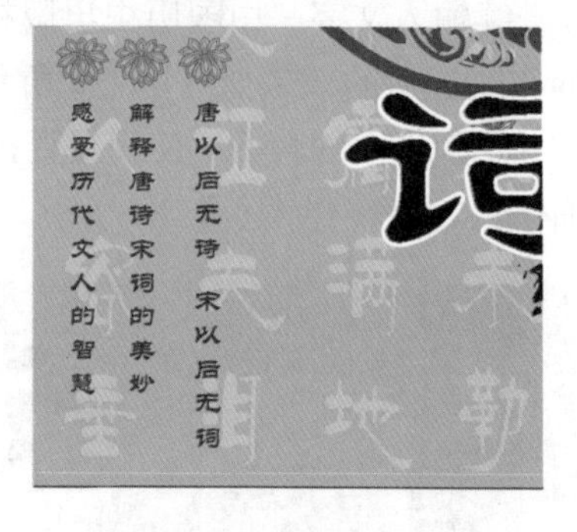

图 11-68　添加素材文件

(17) 利用【矩形工具】绘制【宽度】和【高度】分别为 30mm 和 93.5mm 的矩形，将【填充颜色】的 CMYK 值设为 40、65、90、35，描边设为白色，在属性栏中单击【描边】按钮，在弹出的面板中将【粗细】设为 4pt，【对齐描边】设为【使描边内侧对齐】，完成后的效果如图 11-69 所示。

(18) 选择上一步创建的矩形，对其进行复制两个，分别将其高度设为 113mm 和 74mm 并调整位置，完成后的效果如图 11-70 所示。

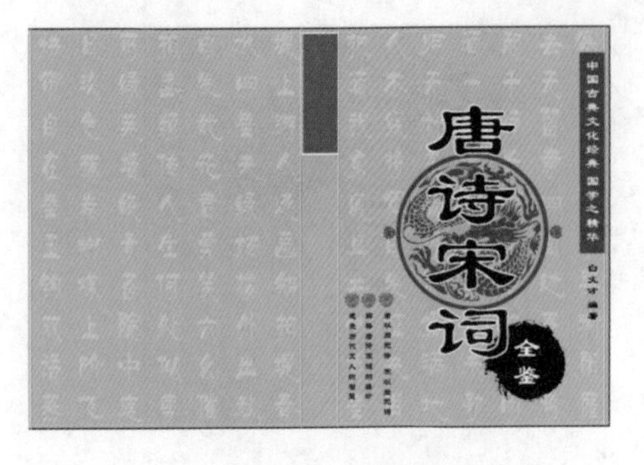

图 11-69　绘制矩形

图 11-70　复制矩形

(19) 选择【直排文字工具】输入“中华古典文化经典”，将【字体】设为【汉仪中隶书简】，【字体大小】设为 31pt，【字符间距】设为 0，字体颜色设为白色，如图 11-71 所示。

(20) 继续输入文字“唐诗宋词”，将【字体】设为【方正隶书简体】，【字体大小】设为 75pt，如图 11-72 所示。

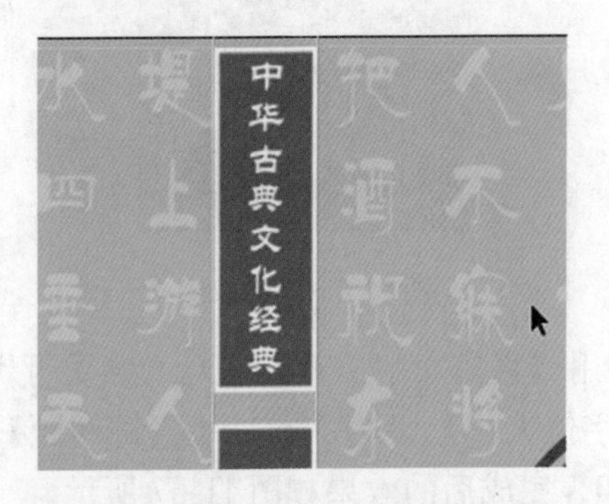

图 11-71　输入文字

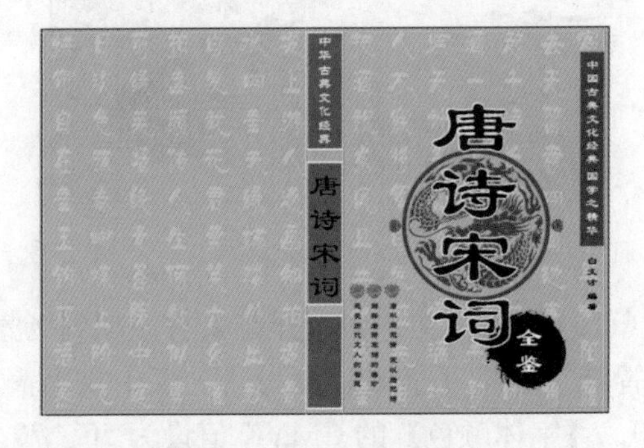

图 11-72　输入文字

(21) 继续输入文字“中国历史出版社”，将【字体】设为【方正隶书简体】，【字体大小】设为 24pt，完成后的效果如图 11-73 所示。

(22) 下面制作书的背面，使用【直排文字工具】输入“无言上西楼”，将【字体】设为【方正黄草简体】，【字体大小】设为 55.5pt，如图 11-74 所示。

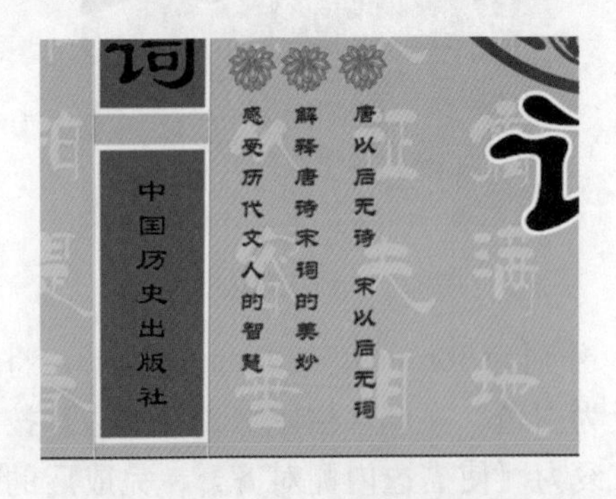

图 11-73　输入文字

图 11-74　输入文字

(23) 添加素材文件到如图 11-75 所示的位置，使用【钢笔工具】绘制线段，将其【描边粗细】设为 2 像素，【描边颜色】的 CMYK 值设为 40、70、100、50，如图 11-75 所示。

(24) 选择素材文件添加到场景文件中，并对上一步创建的直线进行复制，效果如图 11-76 所示。

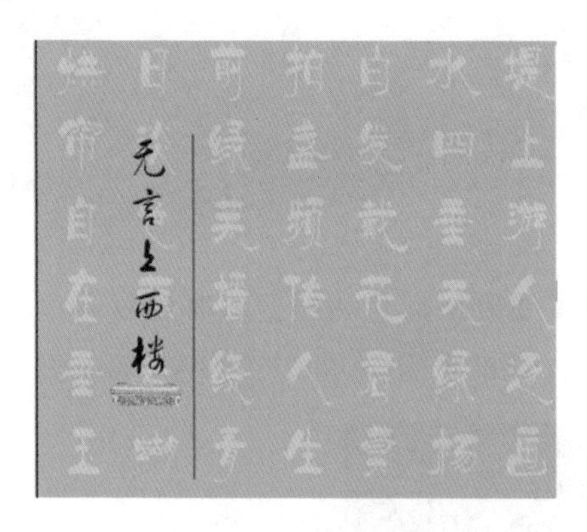

图 11-75　绘制直线

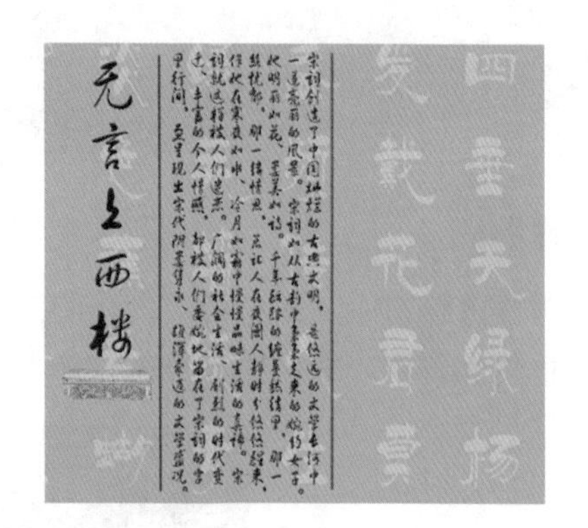

图 11-76　添加素材文件

(25) 将鼎素材文件拖至场景中，并将其【不透明度】的【混合模式】设为【强光】，完成后的效果如图 11-77 所示。

(26) 继续添加素材文件，将条形码素材文件拖至文档中，如图 11-78 所示。

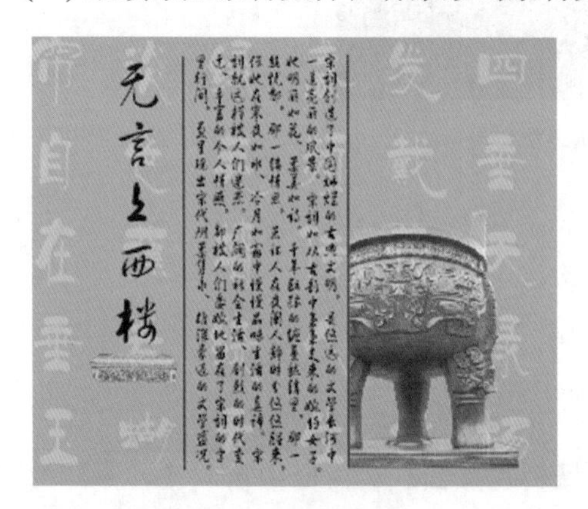

图 11-77　添加素材文件

图 11-78　添加素材文件

(27) 使用【文字工具】输入文字“定价 50 元”，将【字体】设为【华文中宋】，【字体大小】设为 24pt，如图 11-79 所示。

(28) 最后对总体布局再次进行调整，完成后的效果如图 11-80 所示。

图 11-79　添加素材文件

图 11-80　最终效果

案例精讲 067　大秦帝国书籍封面设计

案例文件：CDROM \ 场景 \ Cha11 \ 大秦帝国书籍封面设计 .ai
视频文件：视频教学 \ Cha11\ 大秦帝国书籍封面设计 .avi

制作概述

本例将讲解如何制作史诗类书籍的封面，本例中主要应用黑色和红色，其中以黑色为主背景，红色为副背景，本例的具体操作方法如下，完成后的效果如图 11-81 所示。

图 11-81　大秦帝国书籍封面

学习目标

- 学习史诗类书籍封面的制作。
- 掌握书籍的制作主旨，掌握剪贴蒙版的应用。

操作步骤

(1) 启动软件后，按 Ctrl+N 组合键，在弹出的【新建文档】对话框中输入【名称】为“大秦帝国书籍封面设计”，将【单位】设为【毫米】，【宽度】设置为 456mm，【高度】设置为 303mm，【颜色模式】设为 CMYK，【栅格效果】设为【高 (300ppi)】，然后单击【确定】按钮，如图 11-82 所示。

(2) 新建文档后，按 Ctrl+R 组合键显示标尺，选择垂直标尺，按着鼠标左键进行拖动，确定拖出的辅助线处于选择状态，在属性栏中单击【变换】按钮，在弹出的对话框中，将 X 设为 3mm，如图 11-83 所示。

(3) 使用同样的方法，分别在垂直方向的 213mm、243mm、453mm，在水平方向将【变换】下的 Y 值为 3mm 和 300mm 位置添加辅助线，完成后的效果如图 11-84 所示。

(4) 利用【矩形工具】绘制和文档同样大小的矩形，将【填充颜色】设为黑色，如图 11-85 所示。

(5) 打开随书附带光盘中的 CDROM\ 素材 \Cha11\ 大秦帝国书籍封面素材 .ai 素材文件，选择窗花素材文件拖至文档中，并调整其位置和角度，完成后的效果如图 11-86 所示。

(6) 利用【矩形工具】绘制矩形，将其【填充颜色】设为无，如图 11-87 所示。

图 11-82　新建文档

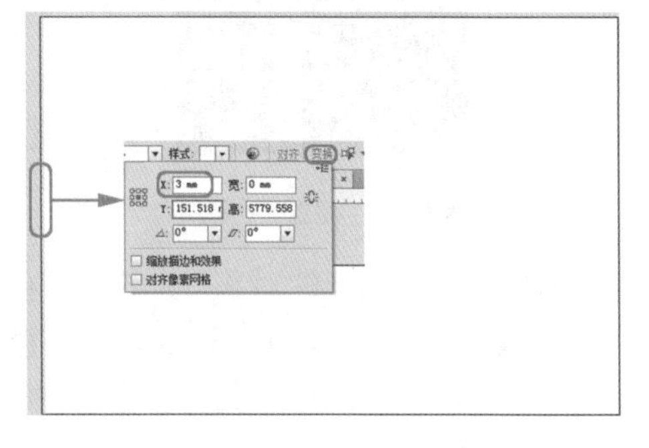

图 11-83　添加辅助线

图 11-84　添加辅助线

图 11-85　绘制矩形

图 11-86　添加素材文件

图 11-87　绘制矩形

(7) 选择上一步绘制的矩形和素材龙，按 Ctrl+7 组合键，建立【剪切蒙版】，效果如图 11-88 所示。

(8) 使用同样的方法将圆形龙纹图案添加到场景中，并对其建立【剪切蒙版】，如图 11-89 所示。

图 11-88　建立剪切蒙版

图 11-89　建立剪切蒙版

(9) 选择上一步创建的对象，单击鼠标右键，在弹出的快捷菜单中选择【变换】|【对称】命令，弹出【镜像】对话框，将【轴】设为【垂直】，然后单击【复制】按钮，如图 11-90 所示。

(10) 在场景中选择镜像后的文件，调整位置，完成后的效果如图 11-91 所示。

图 11-90　镜像文件

图 11-91　镜像后的效果

(11) 继续添加素材文件，如图 11-92 所示。

(12) 利用矩形工具，绘制和上一步添加素材文件同样大小的矩形，将其【填充颜色】的 CMYK 值设为 0、100、100、0，【描边】设为无，如图 11-93 所示。

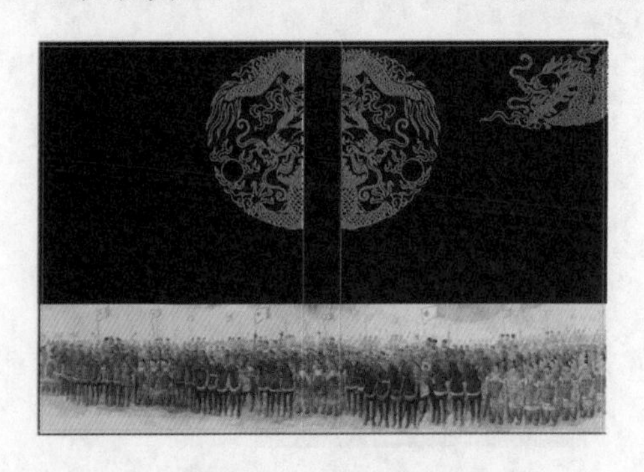

图 11-92　添加素材文件

图 11-93　添加素材文件

(13) 选择上一步创建的矩形，将【不透明度】下的【混合模式】设为【变暗】，效果如图 11-94 所示。

(14) 激活【文字工具】输入“大”，将其【填充颜色】的 CMYK 值设为 0、100、100、0，【字体】设为【华文行楷】，【字体大小】设为 255pt，如图 11-95 所示。

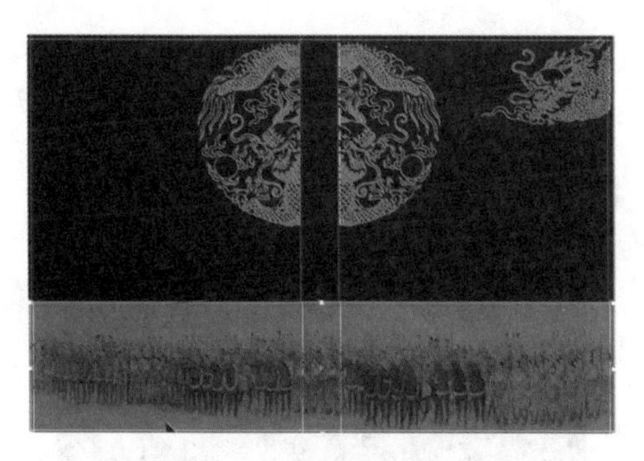

图 11-94　设置混合模式

图 11-95　输入文字

(15) 选择上一步创建的文字，将其进行复制，并将复制文字修改为“秦”，调整其位置，如图 11-96 所示。

(16) 继续选择上一步创建的文字进行复制两次，并将其修改为“帝”和“国”，将【文字大小】设为 165pt，调整其位置，完成后的效果如图 11-97 所示。

图 11-96　输入文字

图 11-97　复制并修改文字

(17) 在素材文件中选择素材添加到场景文件中，调整大小和位置，并利用【直排文字工具】输入“一统天下”，将【字体】设为【方正隶书简】，【字体大小】设为 33pt，效果如图 11-98 所示。

(18) 继续添加素材文件，并在其上输入文字“白文才 编”，将【字体】设为【方正隶书简体】，【字体大小】设为 48pt，完成后的效果如图 11-99 所示。

图 11-98　添加素材文件

图 11-99　添加素材文件

(19) 选择上一步创建的文字印章“一统天下”，对其进行复制，并将其适当放大，放置到如图 11-100 所示的位置，效果如图 11-100 所示。

(20) 激活【直排文字工具】输入“大秦帝国”，将其【填充颜色】的 CMYK 值设为 0、100、100、0，【字体】设为【方正隶书简体】，【字体大小】设为 76.5pt，【字符间距】设为 −200，完成后的效果如图 11-101 所示。

图 11-100　复制并调整

图 11-101　输入文字

(21) 利用【矩形工具】绘制【宽度】和【高度】分别为 30mm 和 100mm 的矩形，并将其【填充颜色】的 CMYK 值设为 0、100、100、0，如图 11-102 所示。

(22) 利用【直排文字工具】输入“中国历史出版社”，将【字体】设为【方正隶书简体】，【字体大小】设为 36pt，【字符间距】设为 0，完成后的效果如图 11-103 所示。

图 11-102　绘制矩形

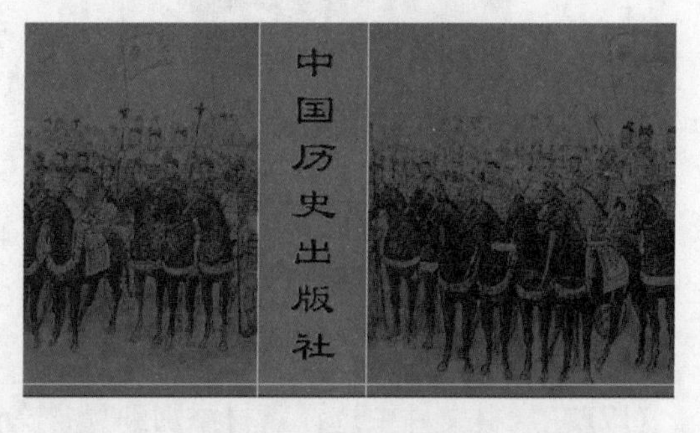

图 11-103　输入文字

(23) 选择上一步创建的文字，进行复制，选择复制的文字，在菜单栏中选择【文字】|【文字方向】|【水平】命令，并调整位置，完成后的效果如图 11-104 所示。

(24) 添加素材文件到封面的背面，如图 11-105 所示。

图 11-104　变形文字

图 11-105　添加素材文件

(25) 利用【文字工具】输入文字，将【字体】设为【华文隶书】，【字体大小】设为 18pt，【字

体颜色】的 CMYK 值设为 0、100、100、0，如图 11-106 所示。

(26) 选择上一步文字中的“秦始皇嬴政”，将【文字大小】设为 30pt，如图 11-107 所示。

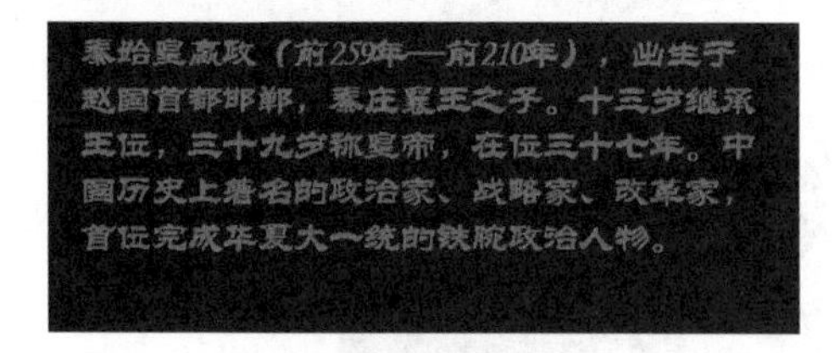

图 11-106　输入文字

图 11-107　完成后的效果

在对部分文字进行修饰时，可以使用【文字工具】选择相应的文字进行属性修改，也可以使用【装饰文字工具】对部分文字进行修改。

(27) 继续添加条形码素材，将其添加到场景文件中，如图 11-108 所示。

(28) 使用【文字工具】输入“定价：50 元”，将【字体】设为【华文中宋】，【字体大小】设为 18pt，字体颜色设为白色，完成后的效果如图 11-109 所示。

图 11-108　添加素材文件

图 11-109　输入文字

(29) 封面设计完成后，对场景文件进行保存。

案例精讲 068　散文书籍封面设计

案例文件：CDROM \ 场景 \ Cha11 \ 散文书籍封面设计 .ai

视频文件：视频教学 \ Cha11\ 散文书籍封面设计 .avi

制作概述

本例将学习如何制作现代散文书籍封面，其中主要应用文字工具和投影效果，具体操作方法如下，完成后的效果如图 11-110 所示。

图 11-110　现代散文书籍封面

学习目标

- 学习散文类书籍封面的制作。
- 掌握书籍的制作主旨，掌握阴影效果的使用。

操作步骤

(1) 启动软件后，按 Ctrl+N 组合键，在弹出的【新建文档】对话框中输入【名称】为“散文书籍封面设计”，将【单位】设为【毫米】，【宽度】设为 456mm，【高度】设为 303mm，【颜色模式】设为 CMYK，【栅格效果】设为【高 (300ppi)】，然后单击【确定】按钮，如图 11-111 所示。

(2) 新建文档后，按 Ctrl+R 组合键显示标尺，选择垂直标尺，按着鼠标左键进行拖动，确定拖出的辅助线处于选择状态，在属性栏中单击【变换】按钮，在弹出的对话框中，将 X 设为 3mm，如图 11-112 所示。

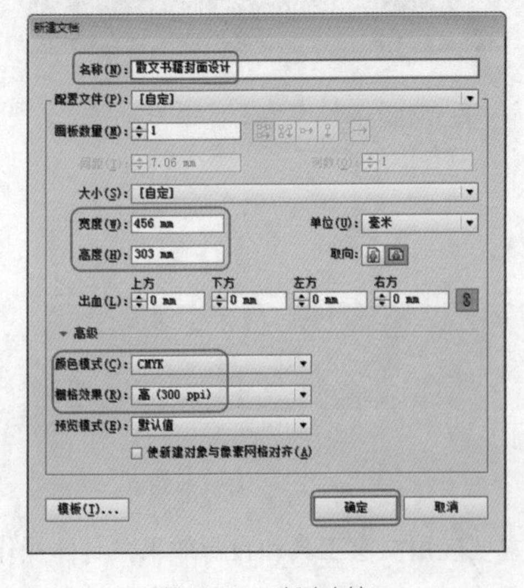

图 11-111　新建文档

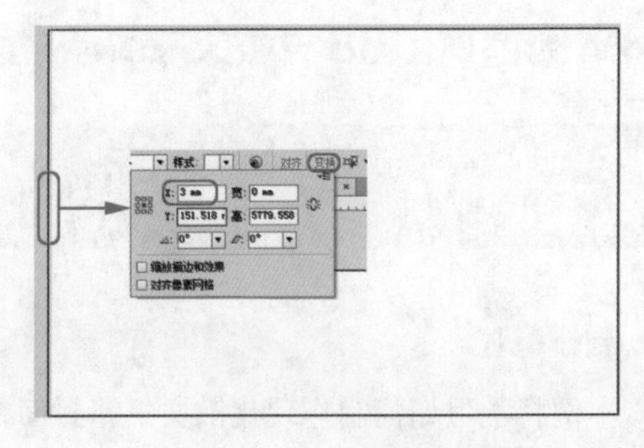

图 11-112　添加辅助线

知识链接

散文：有广义和狭义之分，广义指的是广义的散文，在古代指的是一切不押韵的文章，但是古代没有“散文”这一个名称。“散文”这个名称是“五四”时期才有的。狭义的散文，指不讲究韵律的散体文章，包括杂文、随笔、游记等。散文是最自由的文体，不讲究音韵，不讲究排比，没有任何的束缚及限制，也是中国出现较早的行文体例。通常一篇散文具有一个或多个中心思想，以抒情、记叙、议论等方式表达。

(3) 使用同样的方法，分别在垂直方向的 213mm、243mm、453mm，在水平方向将【变换】下的 Y 值为 3mm 和 300mm 位置添加辅助线，完成后的效果如图 11-113 所示。

(4) 在菜单栏中选择【文件】|【置入】命令，选择随书附带光盘中的 CDROM\ 素材 \Cha11\ 散文书籍封面背景 .jpg 素材文件，单击【置入】按钮，如图 11-114 所示。

图 11-113　添加辅助线

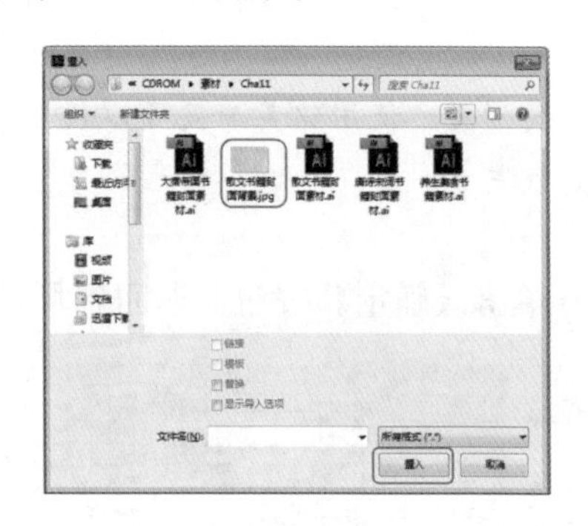

图 11-114　【置入】对话框

(5) 返回到场景中单击鼠标左键，完成导入，选择导入的背景素材，打开【对齐】面板，将【对齐类型】设为【对齐面板】，分别单击【水平居中对齐】和【垂直居中对齐】，完成后的效果如图 11-115 所示。

(6) 利用【矩形工具】绘制与文档同样大小的矩形，并对其填充白色，如图 11-116 所示。

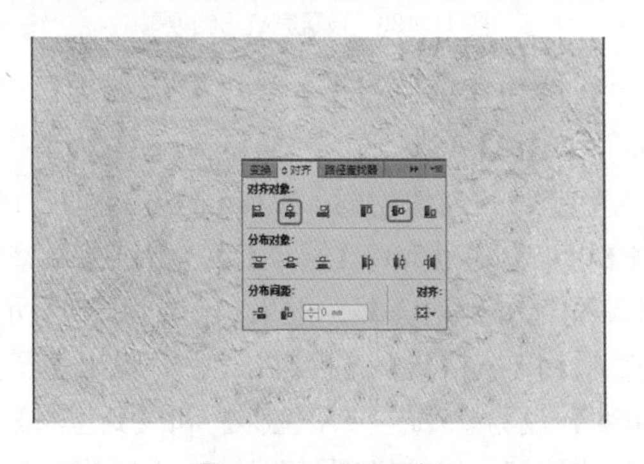

图 11-115　对齐面板

图 11-116　绘制矩形

(7) 选择上一步绘制的矩形，将其【不透明度】的【混合模式】设为【柔光】，完成后的效果如图 11-117 所示。

(8) 打开随书附带光盘中的 CDROM\ 素材 \Cha11\ 散文书籍封面素材 .ai 素材文件，选择屋檐将其拖至场景文档中，如图 11-118 所示。

图 11-117　设置混合模式

图 11-118　添加素材文件

(9) 选择上一步添加的素材文件，在菜单栏选择【效果】|【效果画廊】命令，弹出【滤镜库】对话框，选择【素描】|【铬黄渐变】命令，将【细节】设为4，【平滑度】设为7，如图 11-119 所示。

知识链接

铬黄渐变：使用铬黄渐变可以使其具有擦亮的铬黄般的效果，高光在反射表面上是高点，暗调是低点。

(10) 单击【确定】按钮，返回到场景中查看效果，如图 11-120 所示。

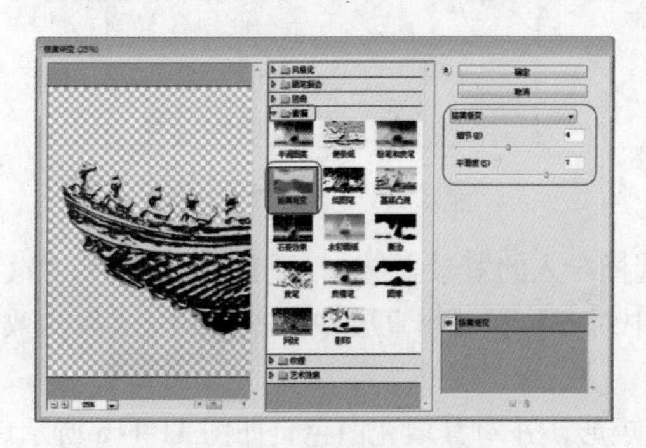

图 11-119　设置【铬黄渐变】

图 11-120　设置完成后的效果

(11) 利用【文字工具】输入“现”，将【字体】设为【华文行楷】，【字体大小】设为285pt，文字颜色的 CMYK 值设为 71、77、88、55，如图 11-121 所示。

(12) 选择上一步创建的文字，按 Shift+Ctrl+O 组合键对其创建轮廓，将其【描边】设为白色，在属性栏中，单击【描边】按钮，在弹出的面板中将【粗细】设为 5pt，【端点】设为【圆头端点】，【边角】设为【圆角连接】，【对齐描边】设为【使描边外侧对齐】，效果如图 11-122 所示。

(13) 选择上一步创建的对象，在菜单栏选择【效果】|【风格化】|【投影】命令，弹出【投影】对话框，将【模式】设为【正片叠底】，【不透明度】设为 75%，【X 位移】和【Y 位移】都设为 3mm，【模糊】设为 1.76mm，选中【颜色】单选按钮，确认【颜色】的 CMYK 值设为 0、0、0、100，单击【确定】按钮，如图 11-123 所示。

(14) 继续输入文字“代”，将【字体】设为【华文行楷】，【字体大小】设为 174pt，如图 11-124 所示。

图 11-121　输入文字

图 11-122　设置描边

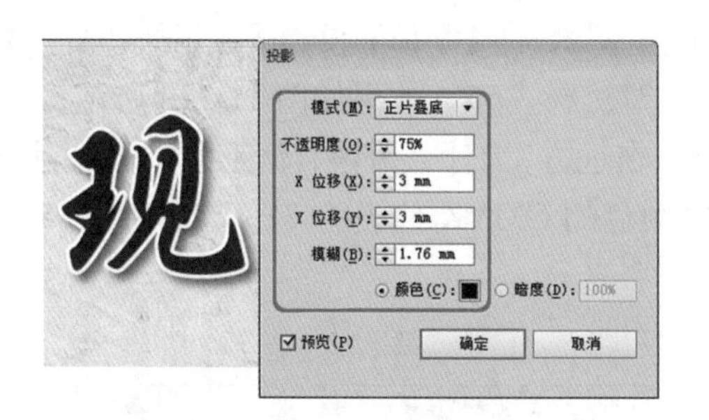

图 11-123　设置投影

图 11-124　输入文字

(15) 使用前面讲过的方法对上一步创建的文字添加与文字“现”相同的【描边】和【投影】，完成后的效果如图 11-125 所示。

(16) 激活【文字工具】输入“散文集”，将【字体】设为【方正隶书简体】，【字体大小】设为 97pt，如图 11-126 所示。

图 11-125　完成后的效果

图 11-126　输入文字

(17) 选择上一步创建的对象，在菜单栏选择【效果】|【风格化】|【投影】命令，弹出【投影】对话框，将【模式】设为【正片叠底】，【不透明度】设为 75%，【X 位移】和【Y 位移】都设为 2mm，【模糊】设为 1.76mm，选中【颜色】单选按钮，确认【颜色】的 CMYK 值设为 0、0、0、100，单击【确定】按钮，如图 11-127 所示。

(18) 利用【文字工具】输入“我们可以平凡，但我们不甘于平凡”，将【字体】设为【华文楷体】，【字体大小】设为 21pt，文字颜色的 CMYK 值设为 71、77、88、55，如图 11-128 所示。

图 11-127　添加投影后的效果

图 11-128　输入文字

(19) 继续输入“朱自清·荷塘月色　巴金·鸟的天堂”，将【字体】设为【方正姚体】，【字体大小】设为 24pt，文字颜色的 CMYK 值设为 71、77、88、55，效果如图 11-129 所示。

(20) 继续输入文字“不要问我从哪里来，我的故乡在远方，为什么流浪，流浪远方。”将【字体】设为【华文楷体】，【字体大小】设为 18pt，字体颜色的 CMYK 值设为 71、77、88、55，如图 11-130 所示。

图 11-129　输入文字

图 11-130　输入文字

(21) 继续输入“白文才 编著”，将【字体】设为【华文中宋】，【字体大小】设为 24pt，文字颜色的 CMYK 值设为 71、77、88、55，完成后的效果如图 11-131 所示。

(22) 继续输入文字“现代文学出版社”，将【字体】设为【华文行楷】，【字体大小】设为 24pt，如图 11-132 所示。

图 11-131　输入文字

图 11-132　输入文字

(23) 在素材文件中选择印章素材将其拖至文档中，利用【文字工具】分别输入“现”和“代”，将【字体】设为【华文行楷】，【字体大小】设为 36pt，文字颜色设为白色，完成后的效果如图 11-133 所示。

(24) 使用【直排文字工具】，输入“现代散文集”，将【文字】设为【方正隶书简体】，【字体大小】设为 60pt，如图 11-134 所示。

图 11-133　添加素材文件

图 11-134　输入文字

(25) 选择上一步创建的对象，在菜单栏选择【效果】|【风格化】|【投影】命令，弹出【投影】对话框，将【模式】设为【正片叠底】，【不透明度】设为 75%，【X 位移】和【Y 位移】都设为 1mm，【模糊】设为 1.76mm，选中【颜色】单选按钮，【颜色】的 CMYK 值设为 0、0、0、100，单击【确定】按钮，效果如图 11-135 所示。

(26) 利用【直排文字工具】输入“白文才 编著”，将【字体】设为【方正隶书简体】，【字体大小】设为 24pt，如图 11-136 所示。

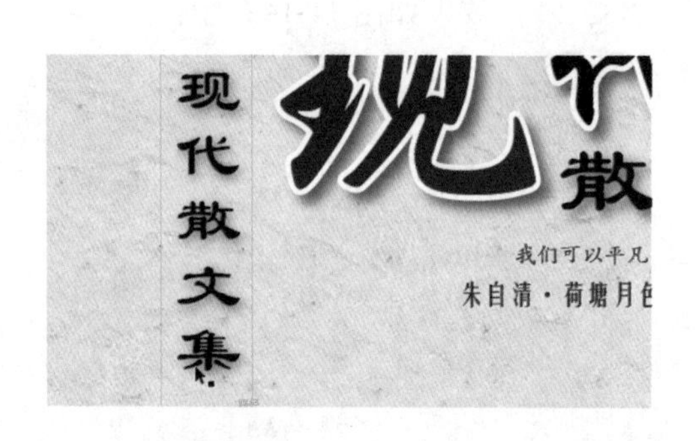

图 11-135　添加投影效果

图 11-136　输入文字

(27) 继续输入文字“现代文学出版社”，将【字体】设为【华文行楷】，【字体大小】设为 21pt，效果如图 11-137 所示。

(28) 选择前面创建的文字“现”和“代”对其进行复制，并将其【描边】设为无，适当调整大小，如图 11-138 所示。

(29) 选择文字“散文集”对其进行复制，调整大小和位置，如图 11-139 所示。

(30) 使用同样的方法对其他文字进行复制，如图 11-140 所示。

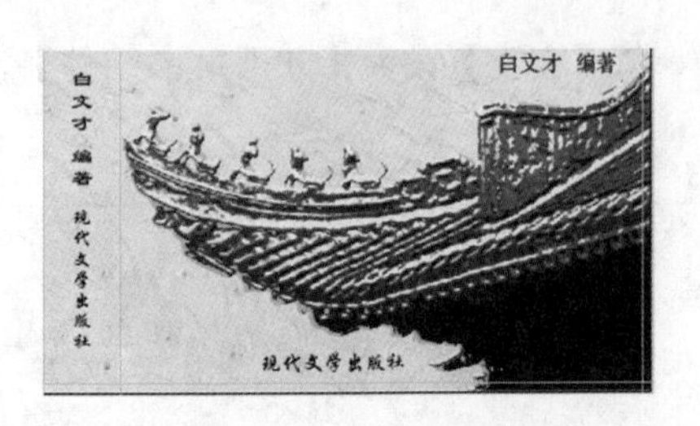

图 11-137 输入文字

图 11-138 复制文字并调整

图 11-139 添加素材文件

图 11-140 复制文字

(31) 继续输入文字，将【字体】设为【华文楷体】，【字体大小】设为 16pt，如图 11-141 所示。

(32) 继续输入文字“朱自清 · 荷塘月色”，将【字体】设为【方正姚体】，【字体大小】设为 24pt，【字体颜色】的 CMYK 值设为 71、77、88、55，效果如图 11-142 所示。

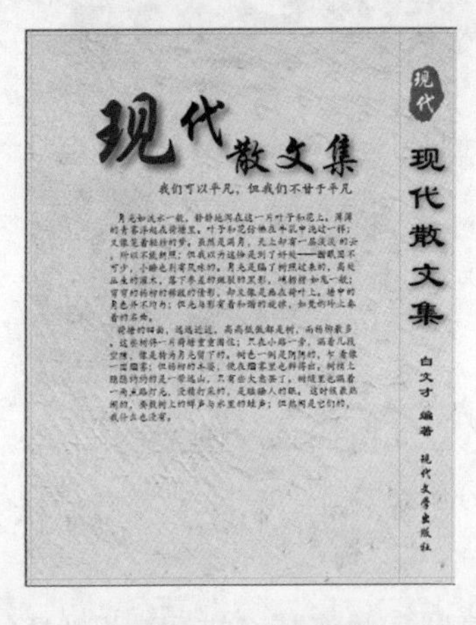

图 11-141 输入文字

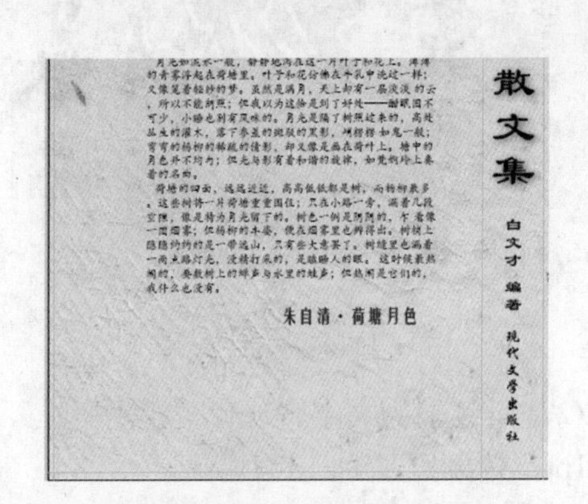

图 11-142 输入文字

(33) 选择条形码素材插入到文档中，然后利用【文字工具】输入“定价：50 元”，将【字体】设为【华文中宋】，【字体大小】设为 21pt，如图 11-143 所示。

(34) 对场景文件的总体布局再次进行调整，最终效果如图 11-144 所示。

图 11-143　添加素材文件并输入文字

图 11-144　完成后的效果

案例精讲 069　竹石散文书籍封面设计

 案例文件：CDROM \ 场景 \ Cha11 \ 竹石散文书籍封面设计 .ai

 视频文件：视频教学 \ Cha11\ 竹石散文书籍封面设计 .avi

制作概述

本例将介绍竹石散文书籍封面的设计。本例在制作过程中主要应用了渐变色和文字工具的应用，其中具体操作方法如下，完成后的效果如图 11-145 所示。

图 11-145　竹石散文书籍封面

学习目标

■　学习散文类书籍封面的制作。

■　掌握书籍渐变色的设置和文字工具的应用。

操作步骤

(1) 启动软件后，按 Ctrl+N 组合键，在弹出的【新建文档】对话框中输入【名称】为“竹石散文书籍封面设计”，将【单位】设为【毫米】，【宽度】设为 456mm，【高度】设为 303mm，【颜色模式】设为 CMYK，【栅格效果】设为【高 (300ppi)】，然后单击【确定】按钮，如图 11-146 所示。

(2) 新建文档后，按 Ctrl+R 组合键显示标尺，选择垂直标尺，按着鼠标左键进行拖动，确定拖出的辅助线处于选择状态，在属性栏中单击【变换】按钮，在弹出的对话框中，将 X 设

为 3mm，如图 11-147 所示。

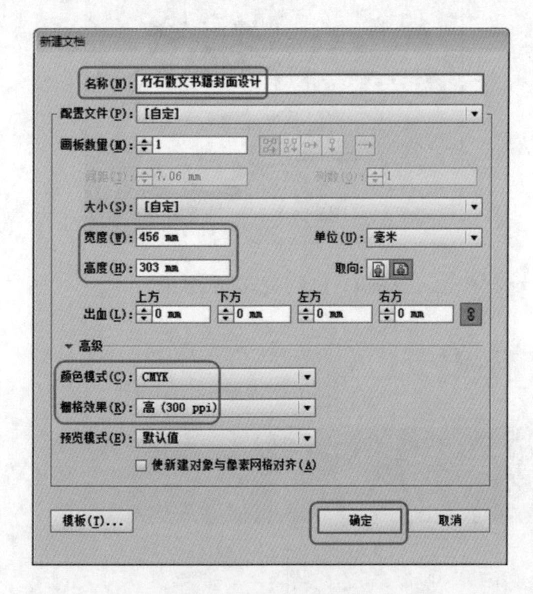

图 11-146　新建文档

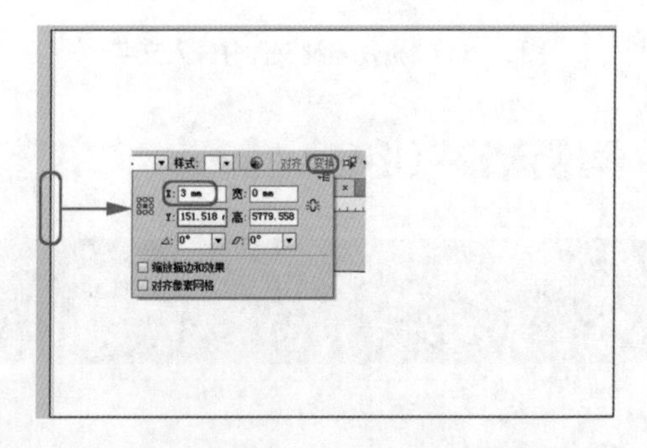

图 11-147　添加辅助线

(3) 使用同样的方法，分别在垂直方向的 213mm、243mm、453mm，在水平方向将【变换】下的 Y 值为 3mm 和 300mm 位置添加辅助线，完成后的效果如图 11-148 所示。

(4) 使用【矩形工具】绘制和文档同样大小的矩形，并将其填充白色，利用【对齐】面板将其与画板对齐，如图 11-149 所示。

图 11-148　创建辅助线

图 11-149　绘制白色矩形

(5) 继续绘制【宽度】和【高度】分别为 456mm 和 151.5mm 的矩形，并将其【填充颜色】的 CMYK 值设为 90、30、95、30，【描边】设为无，如图 11-150 所示。

(6) 继续绘制矩形，绘制【宽度】和【高度】分别为 456mm 和 5mm 的矩形，将其设置为与上一步矩形相同的颜色，如图 11-151 所示。

(7) 利用【文字工具】输入“竹”，将【字体】设为【华文行楷】，【字体大小】设为 260，按 Shift+Ctrl+O 组合键，将创建的文字转换为轮廓，如图 11-152 所示。

(8) 选择上一步创建的文字，将其填充设为渐变色，打开【渐变】面板，将【类型】设为【线性】，将 0% 位置的 CMYK 值设为 100、24、100、9，49% 位置的 CMYK 值设为 55.6、0、74、0，100% 位置的 CMYK 值设为 100、4、100、9，如图 11-153 所示。

图 11-150　绘制矩形

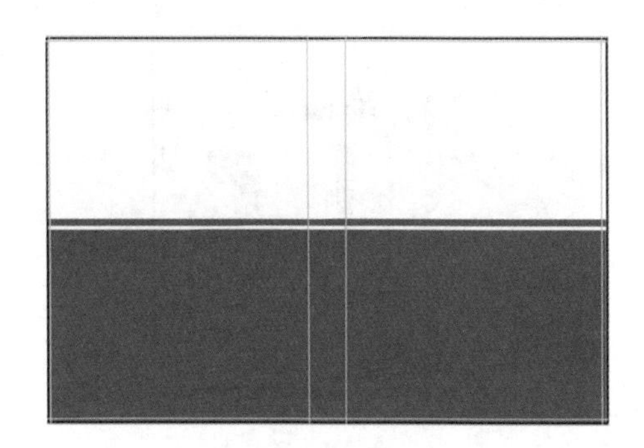

图 11-151　绘制矩形

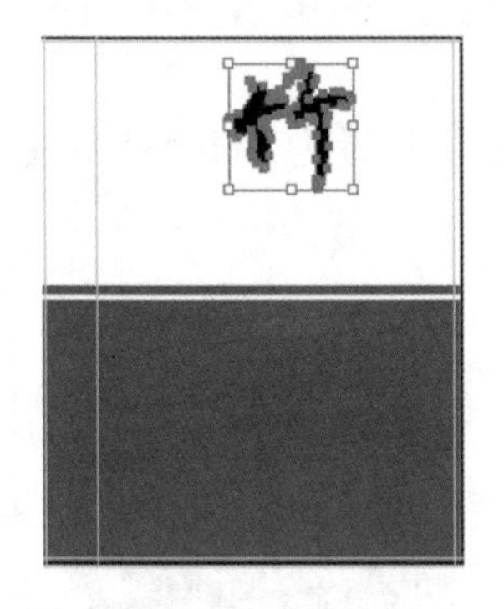

图 11-152　输入文字

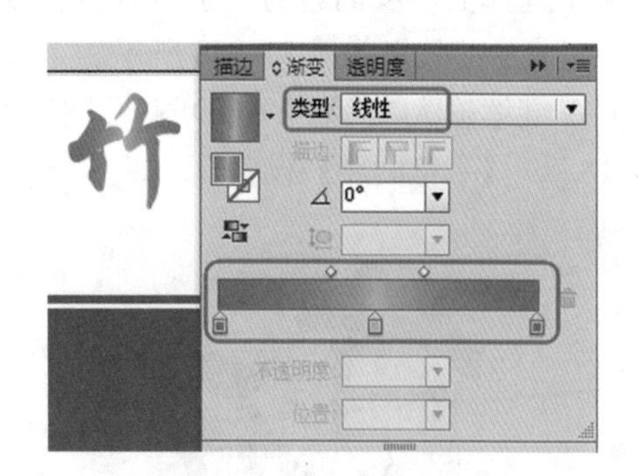

图 11-153　设置文字渐变色

(9) 激活【文字工具】，输入“石”，将【字体】设为【华文行楷】，【字体大小】设为230pt，并将其转换为轮廓，填充与上一步相同的渐变色，将渐变色【角度】修改为45°，完成后的效果如图 11-154 所示。

(10) 利用【直排文字工具】输入“咬定青山”，将【字体】设为【宋体】，【字体大小】设为 50pt，【字符间距】设为 −100，字体颜色的 CMYK 值设为 90、30、95、30，效果如图 11-155 所示。

图 11-154　输入文字

图 11-155　输入文字

(11) 继续输入“不放松”，将【字体】设为【方正黄草简体】，【字体大小】设为 68pt，【字符间距】设为 −100，字体颜色的 CMYK 值设为 90、30、95、30，完成后的效果如图 11-156 所示。

(12) 使用【文字工具】输入“ZHU”，将【字体】设为 Bell MT，【字体大小】设为 50pt，【字符间距】设为 −100，如图 11-157 所示。

图 11-156　输入文字

图 11-157　输入文字

(13) 选择上一步创建的文字对其进行复制，并将其修改为“SHI”，将【字体大小】设为 60pt，完成后的效果如图 11-158 所示。

(14) 继续输入文字“YAODINGQINGSHAN”，将【字体】设为 Bell MT，【字体大小】设为 18.7，【字符间距】设为 0，如图 11-159 所示。

图 11-158　复制文字

图 11-159　输入文字

(15) 只用【直排文字】输入文字，将【字体】设为【隶书】，【字体大小】设为 14pt，【字符间距】设为 −100，文字颜色的 CMYK 值设为 90、30、95、30，如图 11-160 所示。

(16) 继续输入文字“郑板桥·竹石”，将【字体】设为【隶书】，【字体大小】设为 18pt，【字符间距】设为 −100，字体颜色的 CMYK 值设为 90、30、95、30，效果如图 11-161 所示。

图 11-160　输入文字

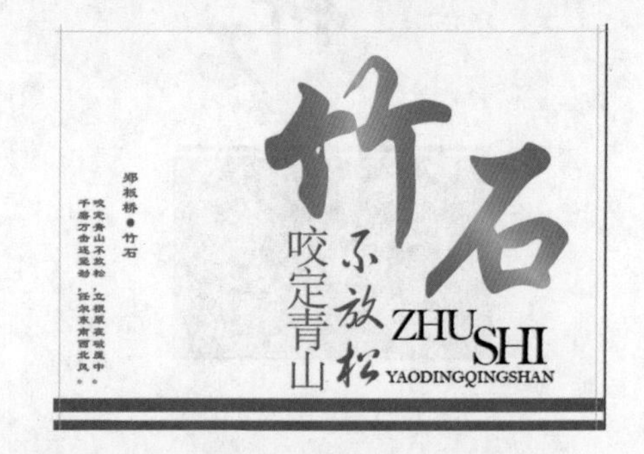

图 11-161　输入文字

(17) 打开随书附带光盘中的 CDROM\ 素材 \Cha11\ 竹石封面素材 .ai 素材文件，选择相应的素材文件拖至文档中，如图 11-162 所示。

(18) 将印章素材文件拖至文档中，并在其上输入“散文”，将【字体】设为【华文行楷】，【字体大小】设为 40pt，字体颜色设为白色，完成后的效果如图 11-163 所示。

图 11-162　添加素材文件

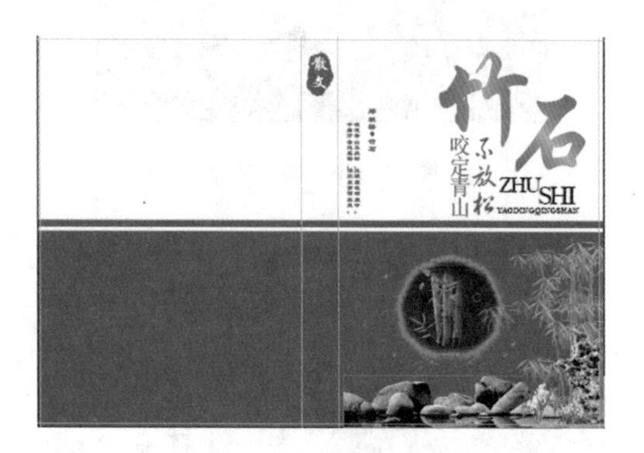

图 11-163　添加素材和文字

(19) 利用【直排文字工具】输入“竹石”，将【字体】设为【华文行楷】，【字体大小】设为 107pt，【字符间距】设为 −100，对其转换为轮廓，并对其填充与封面正面“石”相同的渐变，完成后的效果如图 11-164 所示。

(20) 继续输入文字“白文才 编著”，将【字体】设为【华文中宋】，【字体大小】设为 24pt，【字符间距】设为 −100，文字颜色设为白色，如图 11-165 所示。

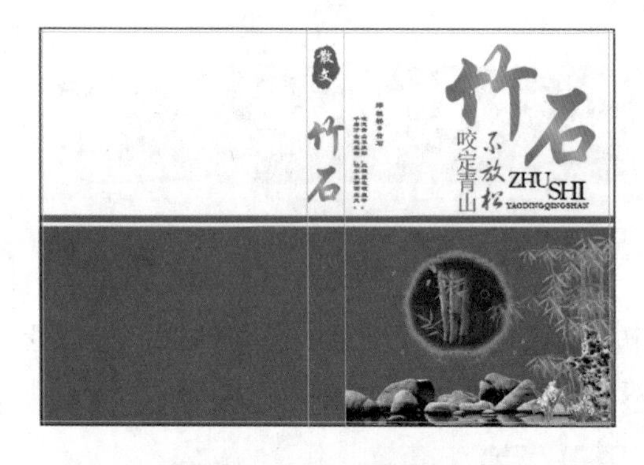

图 11-164　设置文字

图 11-165　输入文字

(21) 继续输入文字“文学出版社”，将【字体】设为【华文行楷】，【字体大小】设为 36pt，【字符间距】设为 0，文字颜色设为白色，如图 11-166 所示。

(22) 选择相应的素材文件添加到封面的背面，如图 11-167 所示。

(23) 选择正面的诗句对其进行复制，并修改颜色为黑色，调整位置，如图 11-168 所示。

(24) 使用【文字工具】输入“定价：50 元”，将【字体】设为【华文中宋】，【字体大小】设为 24pt，【字符间距】设为 0，文字颜色设为白色，如图 11-169 所示。

(25) 封面制作完成后，对场景文件进行保存。

图 11-166 输入文字

图 11-167 添加素材文件

图 11-168 复制诗句

图 11-169 输入文字

案例精讲 070 爱情小说封面设计

案例文件：CDROM \ 场景 \ Cha11 \ 爱情小说封面设计 .ai

视频文件：视频教学 \ Cha11\ 爱情小说封面设计 .avi

制作概述

本例将学习如何制作爱情类小说的封面，其中主要应用了文字工具，通过对文字进行变形得到另一种效果，具体操作方法如下，完成后的效果如图 11-170 所示。

图 11-170 爱情小说书籍封面

学习目标

- 学习散文类书籍封面的制作。
- 掌握书籍的制作主旨，掌握阴影效果的使用。

操作步骤

(1) 启动软件后，按 Ctrl+N 组合键，在弹出的【新建文档】对话框中输入【名称】为“爱情小说封面设计”，将【单位】设为【毫米】，【宽度】设置为 456mm，【高度】设置为 303mm，【颜色模式】设为 CMYK，【栅格效果】设为【高 (300ppi)】，然后单击【确定】按钮，如图 11-171 所示。

(2) 新建文档后，按 Ctrl+R 组合键显示标尺，选择垂直标尺，按着鼠标左键进行拖动，确定拖出的辅助线处于选择状态，在属性栏中单击【变换】按钮，在弹出的对话框中，将 X 设为 3mm，如图 11-172 所示。

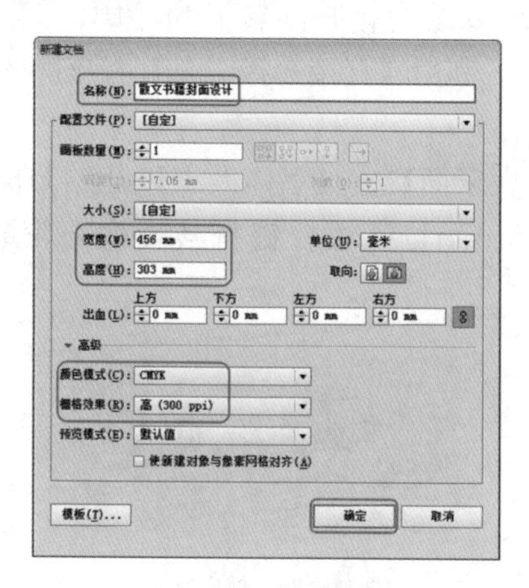

图 11-171　新建文档

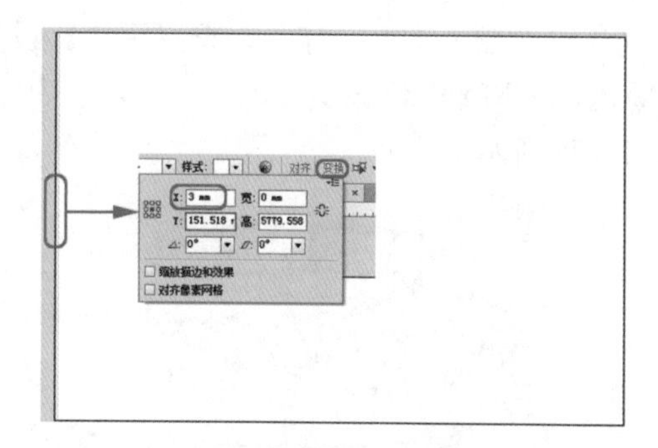

图 11-172　添加辅助线

(3) 使用同样的方法，分别在垂直方向的 213mm、243mm、453mm 在水平方向将【变换】下的 Y 值为 3mm 和 300mm 位置添加辅助线，完成后的效果如图 11-173 所示。

(4) 利用【矩形工具】绘制和文档同样大小的矩形，并将其【填充颜色】的 CMYK 值设为 0、0、0、26，【描边】设为无，如图 11-174 所示。

图 11-173　创建辅助线

图 11-174　绘制矩形

(5) 激活【文字工具】输入“爱”，将【字体】设为【汉仪大宋简】，【字体大小】设为

126pt，文字颜色的 CMYK 值设为 15、100、90、10，如图 11-175 所示。

(6) 选择上一步创建的文字，按 Shift+Ctrl+O 组合键将其转换为轮廓，并利用【钢笔工具】绘制如图 11-176 所示的图形。

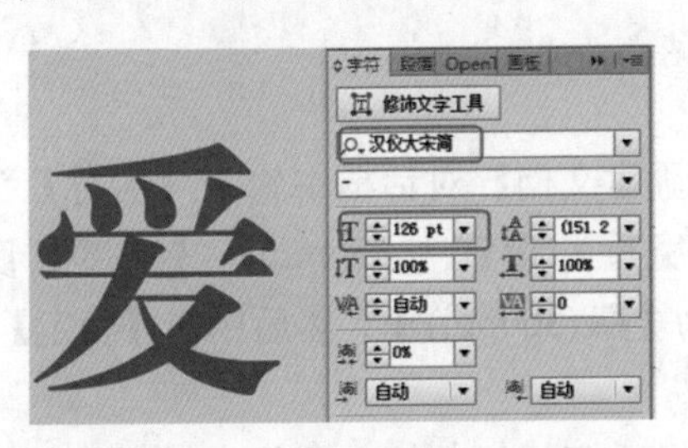

图 11-175　输入文字

图 11-176　绘制形状

(7) 继续输入文字“的”，将【字体】设为【汉仪大宋简】，【字体大小】设为 76pt，文字颜色的 CMYK 值设为 80、10、45、0，按 Shift+Ctrl+O 组合键将其转换为轮廓，然后单击鼠标右键，在弹出的快捷菜单中选择【取消编组】命令，利用【直接选择工具】将里面的“点”删除，如图 11-177 所示。

(8) 继续输入文字“味”，将【字体】设为【汉仪大宋简】，【字体大小】设为 118pt，文字颜色的 CMYK 值设为 90、30、95、30，按 Shift+Ctrl+O 组合键将其转换为轮廓，如图 11-178 所示。

图 11-177　修改文字

图 11-178　输入文字

(9) 继续输入文字“道”，将【字体】设为【汉仪大宋简】，【字体大小】设为 118pt，文字颜色的 CMYK 值设为 0、0、100、0，按 Shift+Ctrl+O 组合键将其转换为轮廓，并利用【橡皮擦工具】将多余的部分擦除，完成后的效果如图 11-179 所示。

(10) 打开随书附带光盘中的 CDROM\ 素材 \Cha11\ 爱情小说封面素材 .ai 素材文件，选择心形文件拖至文档中调整大小和角度，完成后的效果如图 11-180 所示。

图 11-179　新建文档

图 11-180　添加素材文件

(11) 选择上一步创建的所有对象，按 Ctrl+G 组合键将其组合，在菜单栏中选择【效果】|【风格化】|【投影】命令，弹出【投影】对话框，将【模式】设为【正片叠底】，【不透明度】设为 75%，【X 位移】和【Y 位移】都设为 2.47mm，【模糊】设为 1.76mm，选中【颜色】单选按钮，【颜色】的 CMYK 值设为 0、0、0、100，单击【确定】按钮，如图 11-181 所示。

(12) 使用【文字工具】输入“做中国最具影响力的唯美小说”，将【字体】设为【迷你简

中倩】，【字体大小】设为 18pt，【字符间距】设为 600，效果如图 11-182 所示。

图 11-181　添加阴影效果

图 11-182　输入文字

(13) 利用【钢笔工具】绘制直线，将其【描边颜色】的 CMYK 值设为 0、100、100、0，【描边粗细】设为 2pt，完成后的效果如图 11-183 所示。

(14) 继续输入文字，将【字体】设为【宋体】，【字体大小】设为 18pt，如图 11-184 所示。

图 11-183　绘制直线

图 11-184　输入文字

(15) 选择上一步创建的对象，在菜单栏选择【效果】|【风格化】|【投影】命令，弹出【投影】对话框，将【模式】设为【正片叠底】，【不透明度】设为 75%，【X 位移】和【Y 位移】都设为 1mm，【模糊】设为 1.76mm，选中【颜色】单选按钮，【颜色】的 CMYK 值设为 0、0、0、100，单击【确定】按钮，如图 11-185 所示。

(16) 继续输入文字“白文才 编著”，将【字体】设为【宋体】，【字体大小】设为 18pt，并对其添加与上一步相同的投影效果，如图 11-186 所示。

图 11-185　添加阴影

图 11-186　输入文字

(17) 在素材文件中选择相应的素材拖至场景中，如图 11-187 所示。

(18) 继续输入文字“文化出版社”，将【字体】设为【华文行楷】，【字体大小】设为 36pt，然后为其添加相同的投影效果，如图 11-188 所示。

图 11-187　添加素材

图 11-188　输入文字

(19) 继续输入文字“爱的味道”，将【字体】设为【汉仪大宋简】，【字体大小】设为 60pt，文字颜色的 CMYK 值设为 0、100、100、0，描边设为白色，如图 11-189 所示。

(20) 选择上一步输入的文字，按 Ctrl+Shift+O 组合键将其转换为轮廓，在属性栏中单击【描边】按钮，将【粗细】设为 2pt，【端点】设为【圆头端点】，【边角】设为【圆角连接】，【对齐描边】设为【使描边外侧对齐】，完成后的效果如图 11-190 所示。

图 11-189　输入文字

图 11-190　设置描边

(21) 选择上一步创建的对象，在菜单栏中选择【效果】|【风格化】|【投影】命令，弹出【投影】对话框，将【模式】设为【正片叠底】，【不透明度】设为 75%，【X 位移】和【Y 位移】都设为 2mm，【模糊】设为 1.76mm，选中【颜色】单选按钮，确认【颜色】的 CMYK 值设为 0、0、0、100，单击【确定】按钮，如图 11-191 所示。

(22) 添加素材文件，并对其设置与上一步相同的投影效果，如图 11-192 所示。

(23) 利用【直排文字工具】输入文字“白文才 编著”，将【字体】设为【宋体】，【字体大小】设为 24pt，如图 11-193 所示。

(24) 继续输入文字“文化出版社”，将【字体】设为【华文行楷】，【字体大小】设为 24pt，如图 11-194 所示。

图 11-191　添加阴影

图 11-192　添加素材文件

图 11-193　输入文字

图 11-194　输入文字

(25) 利用【矩形工具】根据辅助线绘制矩形，并将其填充颜色的 CMYK 值设为 0、0、0、50，【描边】设为无，并将其调整到文字的下方，完成后的效果如图 11-195 所示。

(26) 选择相应的素材文件拖至文档中，并调整位置，效果如图 11-196 所示。

图 11-195　绘制矩形

图 11-196　添加素材文件

(27) 继续输入文字，将【字体】设为【汉仪小隶书简】，【字体大小】设为 24pt，如图 11-197 所示。

(28) 继续输入文字“张小娴”，将【字体】设为【隶书】，【字体大小】设为 36pt，如

图 11-198 所示。

图 11-197 输入文字

图 11-198 输入文字

(29) 选择上两步创建的文字对象，在菜单栏中选择【效果】|【风格化】|【投影】命令，弹出【投影】对话框，将【模式】设为【正片叠底】，【不透明度】设为 75%，【X 位移】和【Y 位移】都设为 1.5mm，【模糊】设为 1.76mm，选中【颜色】单选按钮，确认【颜色】的 CMYK 值设为 0、0、0、100，单击【确定】按钮，如图 11-199 所示。

(30) 继续输入文字“定价：50 元”，将【字体】设为【华文中宋】，【字体大小】设为 24pt，如图 11-200 所示。

图 11-199 添加投影后的效果

图 11-200 输入文字

(31) 书籍封面制作完成后，对场景文件进行保存即可。

第12章 卡片设计

本章重点

- 名片
- 会员积分卡
- 售后服务保障卡
- 入场券
- KTV 欢唱券
- 服装吊牌

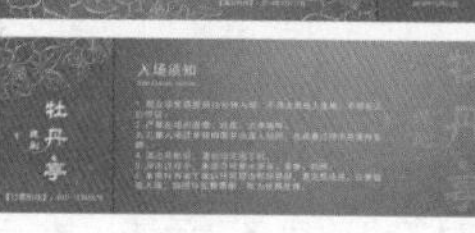

卡片是承载信息或娱乐用的物品，名片、电话卡、会员卡、吊牌、贺卡等均属此类。其制作材料可以是 PVC、透明塑料、金属以及纸质材料等。本章将来介绍一下卡片的设计。

案例精讲 071　名片

案例文件：CDROM \ 场景 \ Cha12 \ 名片 .ai

视频文件：视频教学 \ Cha12 \ 名片 .avi

制作概述

本例将来介绍一下名片的制作方法，其重点和难点是制作 Logo，然后输入内容，完成后的效果如图 12-1 所示。

图 12-1　名片

学习目标

- 学习名片的制作流程。
- 掌握【建立剪切蒙版】命令的使用方法。

操作步骤

(1) 按 Ctrl+N 组合键，在弹出的【新建文档】对话框中输入【名称】为“名片”，将【宽度】和【高度】设置为 850mm，【颜色模式】设置为 RGB，单击【确定】按钮，如图 12-2 所示。

> 知识链接
>
> 名片，中国古代称名刺，是谒见、拜访或访问时用的小卡片，上面印有个人的姓名、地址、职务、电话号码、邮箱等。名片是新朋友互相认识、自我介绍的最快最有效的方法。交换名片是商业交往的第一个标准动作。

(2) 在工具箱中选择【矩形工具】，在画板中绘制一个宽和高为 850mm 的矩形，然后选择绘制的矩形，按 Ctrl+F9 组合键打开【渐变】面板，将【类型】设置为【径向】，【长宽比】设置为 200%，左侧渐变滑块的 RGB 值设置为 102、102、102，右侧渐变滑块的 RGB 值设置为 23、23、23，上方节点的位置设置为 67%，如图 12-3 所示。并将矩形的描边设置为无。

(3) 继续使用【矩形工具】在画板中绘制一个宽为 595mm，高为 340mm 的矩形，并将矩形填充颜色的 RGB 值设置为 219、212、202，效果如图 12-4 所示。

(4) 在工具箱中选择【矩形工具】，在按住 Shift 键的同时绘制正方形，并为正方形填充白色，效果如图 12-5 所示。

(5) 在按住 Alt 键的同时，单击并向右拖动正方形，即可复制正方形，效果如图 12-6 所示。

(6) 在工具箱中选择【混合工具】，在第一个正方形上单击鼠标左键，然后在复制后的正方形上单击鼠标左键，即可添加混合效果，然后双击【混合工具】，弹出【混合选项】对话框，将【间距】设置为【指定的步数】，步数设置为 5，单击【确定】按钮，如图 12-7 所示。

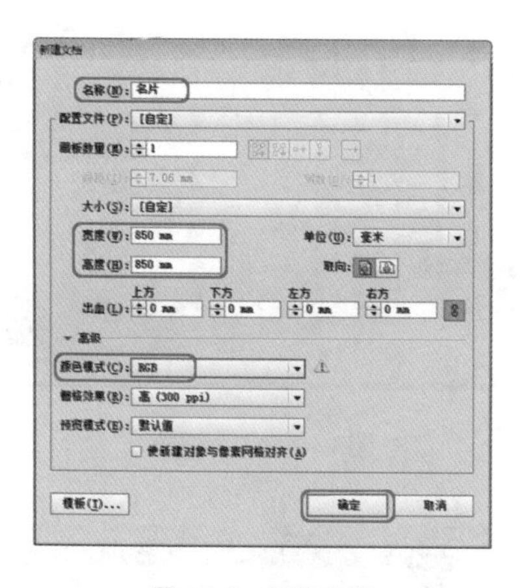

图 12-2　新建文档

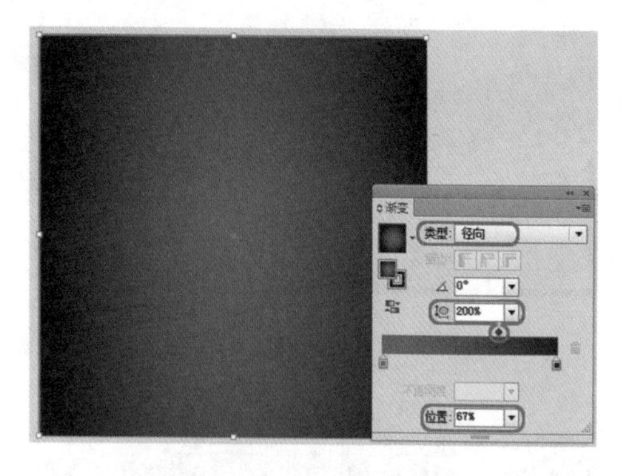

图 12-3　绘制矩形并填充渐变颜色

图 12-4　绘制矩形并填充颜色

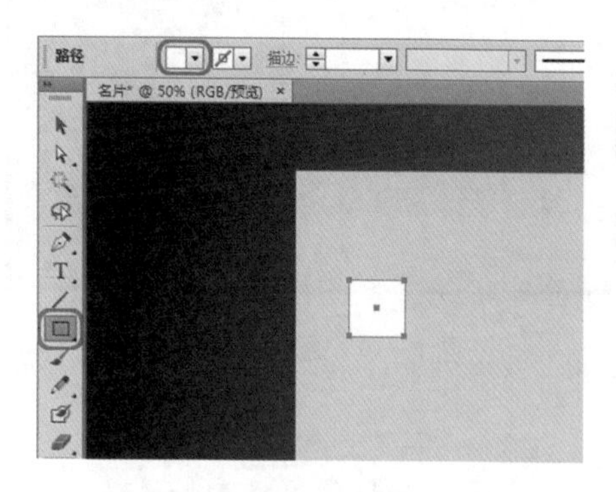

图 12-5　绘制正方形

图 12-6　复制正方形

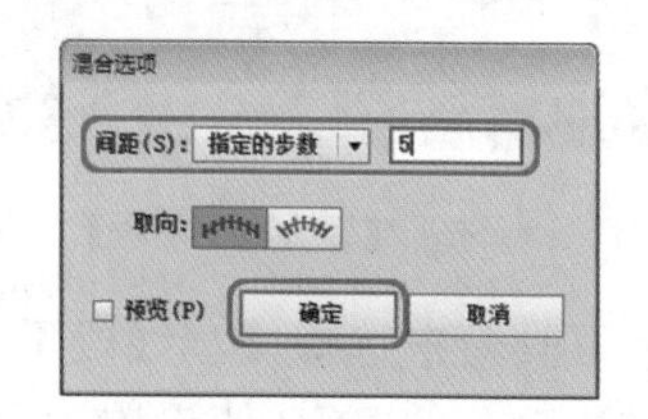

图 12-7　指定步数

(7) 指定步数后的效果如图 12-8 所示。

(8) 然后使用前面介绍的方法，复制添加混合效果后的对象，如图 12-9 所示。

(9) 在画板中选择如图 12-10 所示的正方形对象，然后在属性栏中将填充颜色的 RGB 值设置为 127、127、127。

(10) 在工具箱中选择【钢笔工具】，在画板中绘制星形，效果如图 12-11 所示。

(11) 然后选择绘制的星形和所有添加混合效果的对象，并单击鼠标右键，在弹出的快捷菜单中选择【建立剪切蒙版】命令，如图 12-12 所示。

(12) 建立剪切蒙版后的效果如图 12-13 所示。

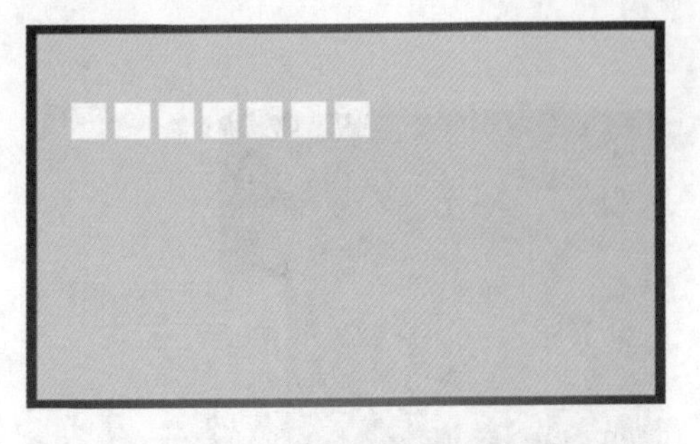

图 12-8　指定步数后的效果

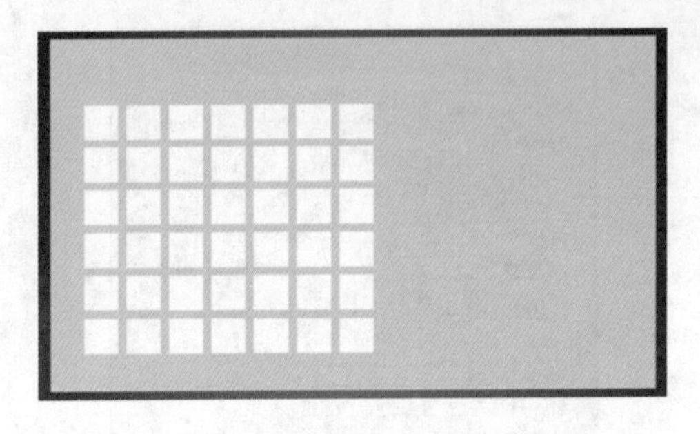

图 12-9　复制对象

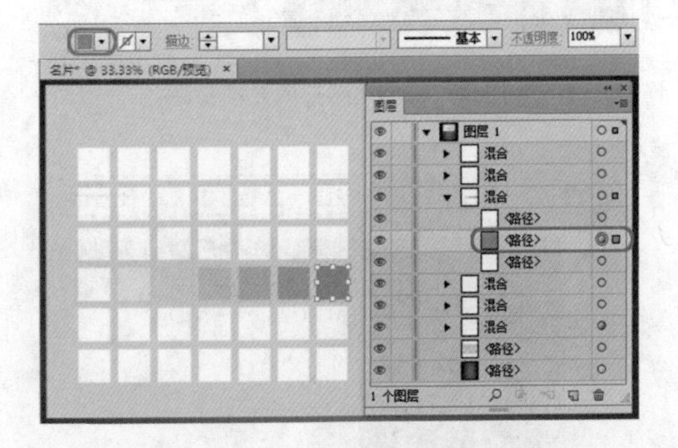

图 12-10　更改填充颜色

图 12-11　绘制星形

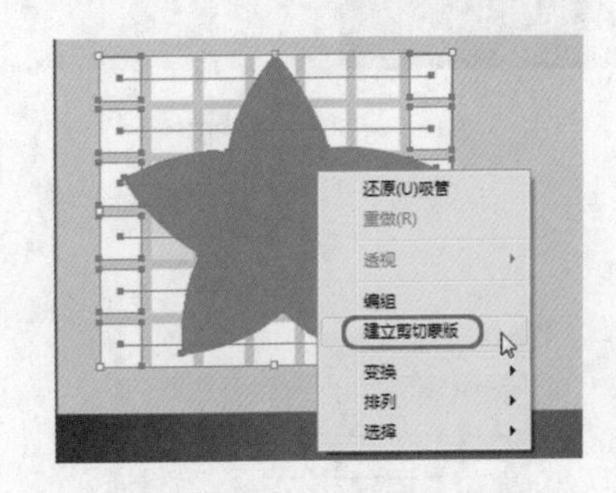

图 12-12　选择【建立剪切蒙版】命令

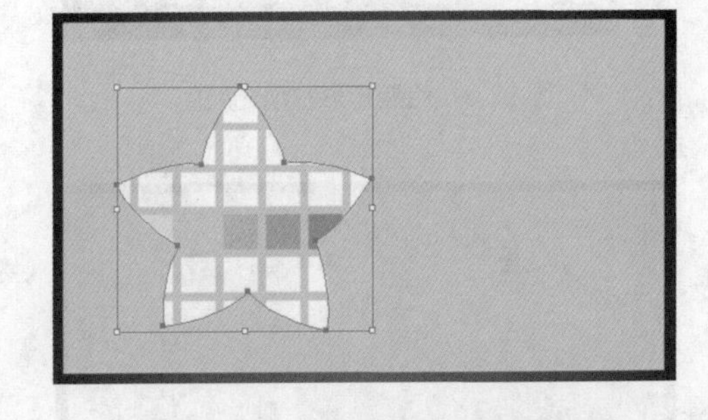

图 12-13　建立剪切蒙版后的效果

(13) 在工具箱中选择【直线段工具】，在画板中绘制直线，并选择绘制的直线，在属性栏中将描边颜色的 RGB 值设置为 237、144、37，然后单击【画笔定义】右侧的下三角按钮，在弹出的下拉列表框中单击【画笔库菜单】按钮，在弹出的下拉菜单中选择【艺术效果】|【艺术效果_粉笔炭笔铅笔】命令，如图 12-14 所示。

(14) 弹出【艺术效果_粉笔炭笔铅笔】面板，在该面板中单击选择【粉笔_涂抹】画笔，效果如图 12-15 所示。

(15) 使用同样的方法，绘制其他直线，效果如图 12-16 所示。

(16) 在工具箱中选择【椭圆工具】，在画板中绘制椭圆，并选择绘制的椭圆，在【渐变】面板中将【类型】设置为【径向】，【长宽比】设置为 20%，左侧渐变滑块的 RGB 值设置为 102、102、102，右侧渐变滑块的 RGB 值设置为 255、255、255，如图 12-17 所示。

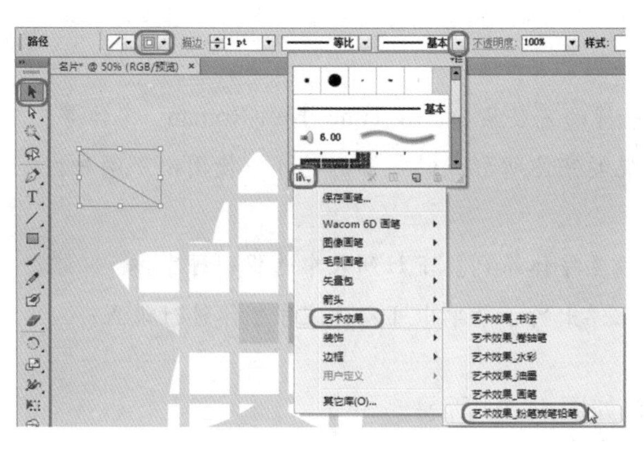

图 12-14　绘制并调整直线

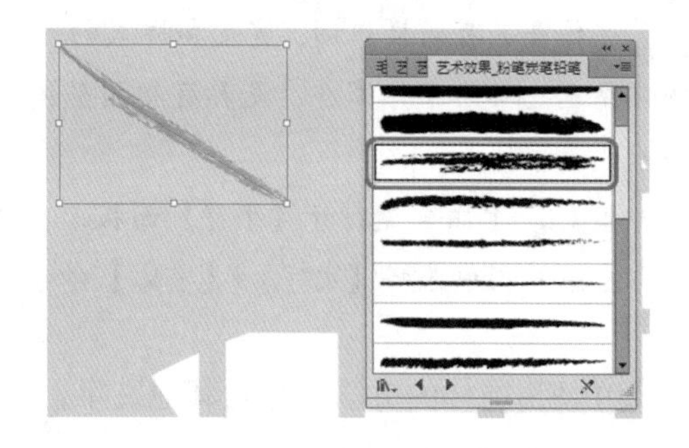

图 12-15　设置画笔后的效果

图 12-16　绘制其他直线

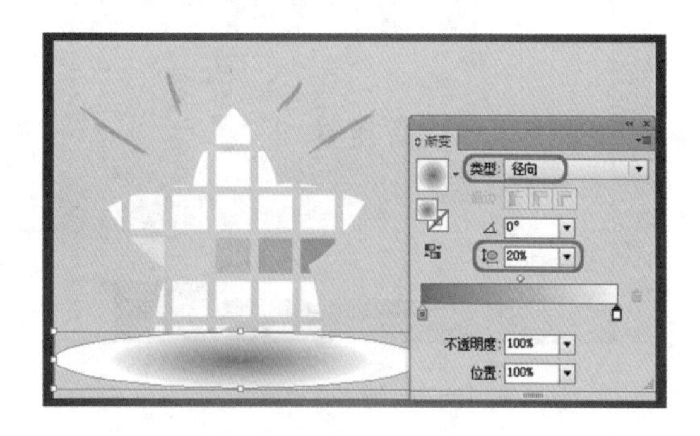

图 12-17　绘制椭圆并填充渐变色

(17) 在【透明度】面板中将【混合模式】设置为【正片叠底】，【不透明度】设置为50%，效果如图 12-18 所示。

(18) 然后在【图层】面板中将其移至剪切组的下方，效果如图 12-19 所示。

图 12-18　设置透明度

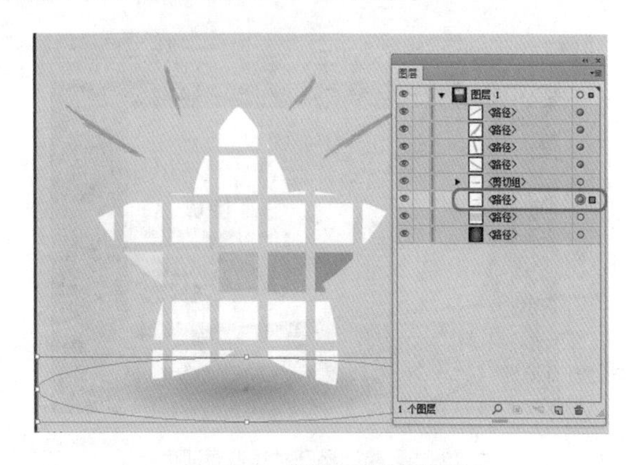

图 12-19　调整对象排列顺序

(19) 在工具箱中选择【文字工具】T，在画板中输入文字，并选择输入的文字，在属性栏中单击【字符】，打开字符面板，将字体设置为【方正美黑简体】，字体大小设置为122pt，效果如图 12-20 所示。

知识链接

字体是具有同样粗细、宽度和样式的一组字符的完整集合，如 Times New Roman、宋体等。字体系列也称为字体家族，是具有相同整体外观的字体所形成的集合。还可以使用以下两种方法来设置字体：

按 Ctrl+T 组合键打开【字符】面板，在【设置字体系列】下拉列表中选择一种字体。

在菜单栏中选择【文字】|【字体】命令，在弹出的子菜单中可以对文字字体进行设置。

(20) 使用同样的方法，输入其他文字，效果如图 12-21 所示。

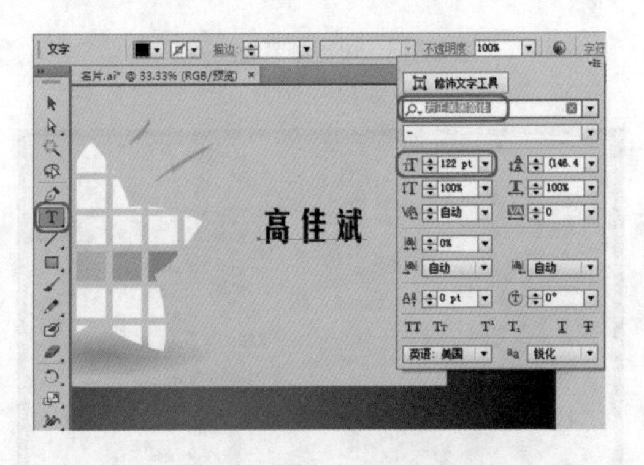

图 12-20　输入并设置文字

图 12-21　输入其他文字

(21) 在工具箱中选择【椭圆工具】，在画板中绘制椭圆，并将其【不透明度】设置为 0%，效果如图 12-22 所示。

(22) 然后复制新绘制的椭圆，为复制后的椭圆填充黑色，将【不透明度】设置为 100%，并在画板中调整其大小和位置，效果如图 12-23 所示。

图 12-22　绘制椭圆并设置透明度

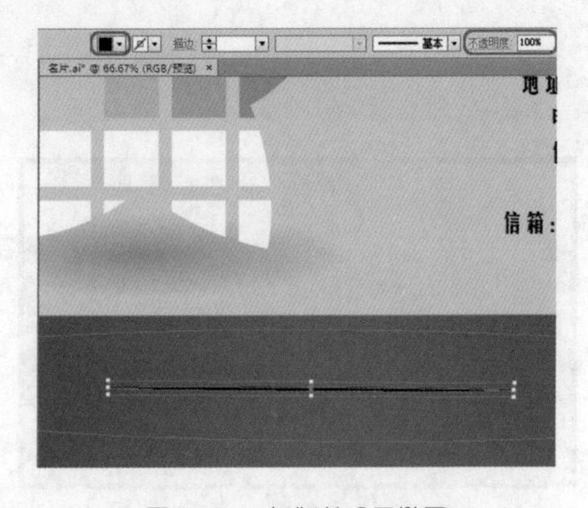

图 12-23　复制并设置椭圆

(23) 在工具箱中选择【混合工具】，在黑色椭圆形上单击鼠标左键，然后在透明的椭圆形上单击鼠标左键，即可添加混合效果，并双击【混合工具】，弹出【混合选项】对话框，将【间距】设置为【指定的步数】，步数设置为 255，单击【确定】按钮，添加混合后的效果如图 12-24 所示。

(24) 选择添加混合效果的对象，在菜单栏中选择【效果】|【变形】|【弧形】命令，弹出【变

形选项】对话框，将【弯曲】设置为 12%，单击【确定】按钮，如图 12-25 所示。

图 12-24　混合效果

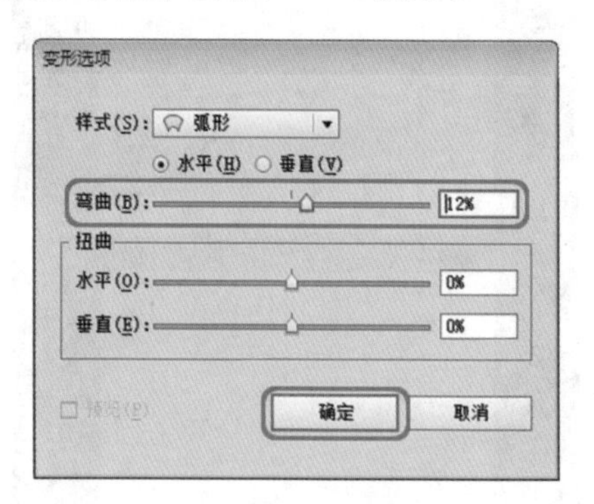

图 12-25　设置变形选项

知识链接

【变形选项】对话框中各选项功能介绍如下：

【样式】：设置图形变形的样式，其中包含弧形、下弧形、上弧形等 15 种变形方式。

【弯曲】：设置图形的弯曲程度，滑块越往两端，图形的弯曲程度就越大。

【扭曲】：设置图形水平、垂直方向的扭曲程度，滑块越往两端，图形的扭曲程度就越大。

(25) 然后在【透明度】面板中将【混合模式】设置为【正片叠底】，效果如图 12-26 所示。

(26) 在【图层】面板中将添加混合效果的对象移至如图 12-27 所示的位置。

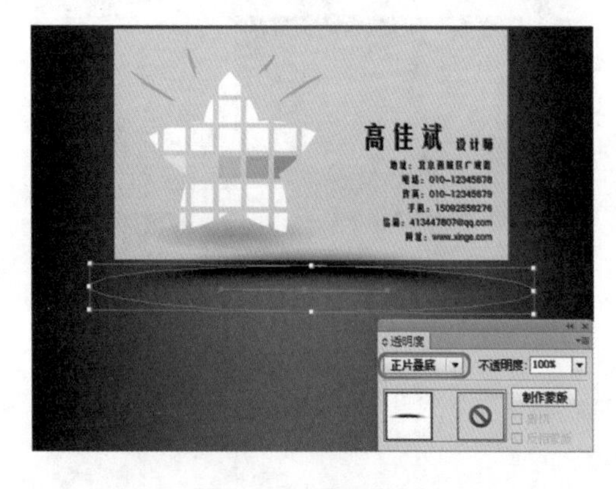

图 12-26　设置透明度

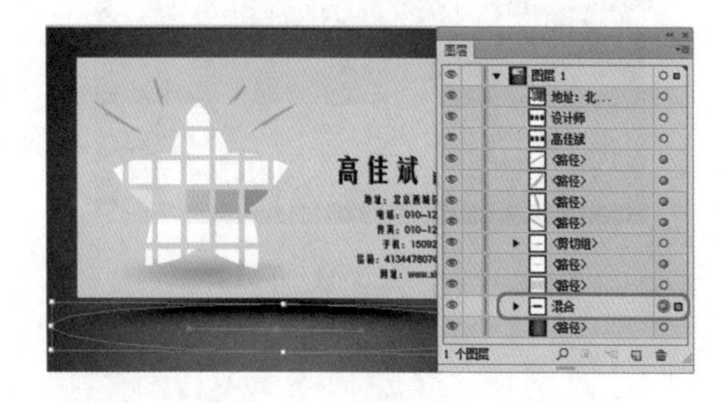

图 12-27　调整对象排列顺序

(27) 在画板中选择除大矩形和文字以外的所有对象，然后在按住 Alt 键的同时，单击并向下拖动选择对象，即可复制选择的对象，效果如图 12-28 所示。

(28) 选择复制后的矩形，在【渐变】面板中将【类型】设置为【径向】，左侧渐变滑块的 RGB 值设置为 255、85、12，右侧渐变滑块的 RGB 值设置为 215、72、10，效果如图 12-29 所示。

图 12-28 复制选择对象

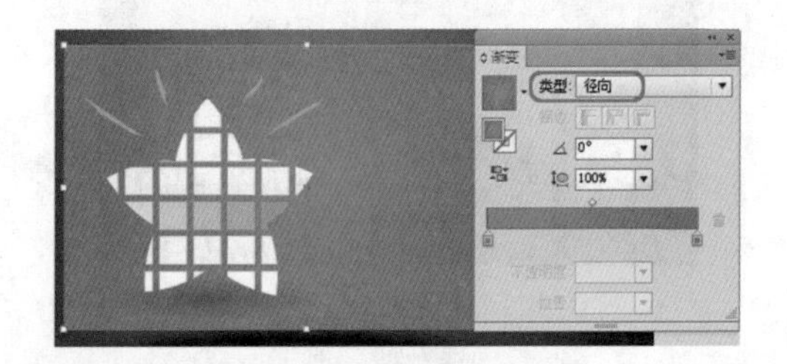

图 12-29 更改填充颜色

(29) 结合前面介绍的方法，更改剪切组内右侧正方形的填充颜色，将其 RGB 值设置为 247、148、30，更改颜色后的效果如图 12-30 所示。

(30) 然后将 Logo 移至名片的右侧，并在工具箱中选择【文字工具】T，在画板中输入文字，选择输入的文字，在属性栏中将填充颜色设置为白色，单击【字符】，打开字符面板，将字体设置为【方正行楷简体】，字体大小设置为 102pt，效果如图 12-31 所示。

图 12-30 更改颜色后的效果

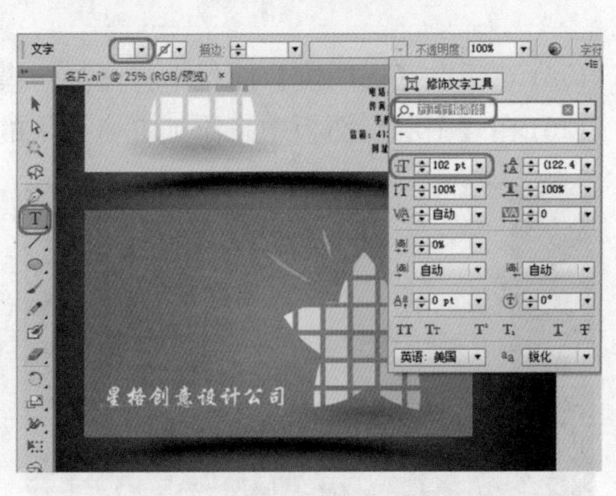

图 12-31 输入并设置文字

案例精讲 072 会员积分卡

案例文件：CDROM \ 场景 \ Cha12 \ 会员积分卡 .ai

视频文件：视频教学 \ Cha12 \ 会员积分卡 .avi

制作概述

本例来介绍一下会员积分卡的制作方法，该例的主要部分是输入并设置文字内容，完成后的效果如图 12-32 所示。

图 12-32　会员积分卡

学习目标

- 学习精确绘制圆角矩形的方法。
- 掌握为文字填充渐变颜色的方法。

操作步骤

(1) 按 Ctrl+N 组合键，在弹出的【新建文档】对话框中输入【名称】为“会员积分卡”，将【宽度】设置为 190mm，【高度】设置为 62mm，【颜色模式】设置为 CMYK，单击【确定】按钮，如图 12-33 所示。

知识链接

会员卡，从字面上看，就是会员持有的卡片。而会员的使用范围更是非常之广，如商场、宾馆、娱乐场所等各式各样的消费中心都拥有会员认证。会员卡是现代文明社会传统营销的一大重要手段，会员卡及详细说明会员制服务也是现在流行的一种服务管理模式，它可以提高顾客的回头率，提高顾客对企业的忠诚度。很多服务行业都采取这样的服务模式，会员制的形式多数都表现为会员卡。

(2) 在工具箱中选择【圆角矩形工具】，然后在画板中单击鼠标左键，弹出【圆角矩形】对话框，将【宽度】设置为 90mm，【高度】设置为 55mm，【圆角半径】设置为 2mm，单击【确定】按钮，如图 12-34 所示。

知识链接

【圆角矩形】对话框中各选项功能介绍如下：

【宽度】和【高度】：在文本框中输入所需的数值，即可按照定义的大小绘制。

【圆角半径】文本框输入的半径数值越大，得到的圆角矩形弧度越大；反之输入的半径数值越小，得到的圆角矩形弧度越小，输入的数值为零时，得到的是矩形。

图 12-33　新建文档

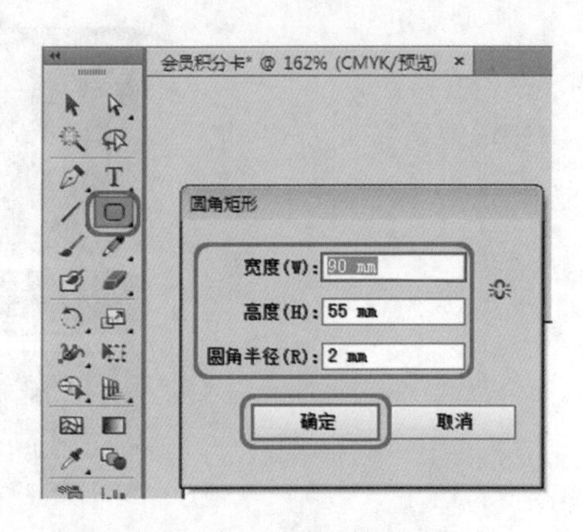

图 12-34　设置圆角矩形参数

(3) 完成上述操作后，即可在画板中创建圆角矩形，确认新创建的圆角矩形处于选择状态，在【渐变】面板中将【类型】设置为【线性】，【角度】设置为 −66°，左侧渐变滑块的 CMYK 值设置为 0、100、100、35，右侧渐变滑块的 CMYK 值设置为 0、100、100、0，效果如图 12-35 所示。然后将圆角矩形的描边设置为无。

(4) 按 Ctrl+O 组合键弹出【打开】对话框，在该对话框中选择随书附带光盘中的素材文件“底纹 .ai”，单击【打开】按钮，如图 12-36 所示。

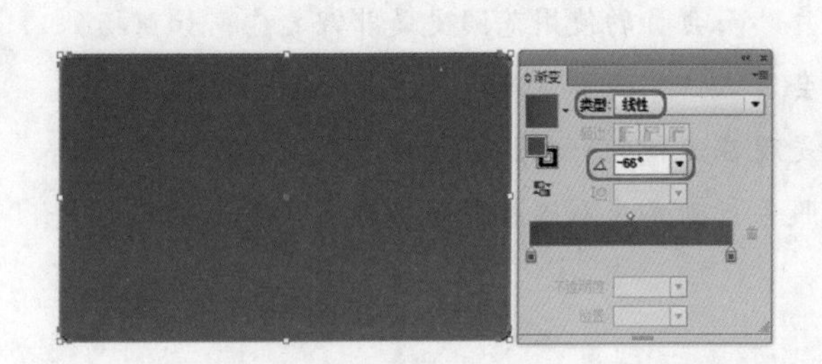

图 12-35　设置渐变颜色

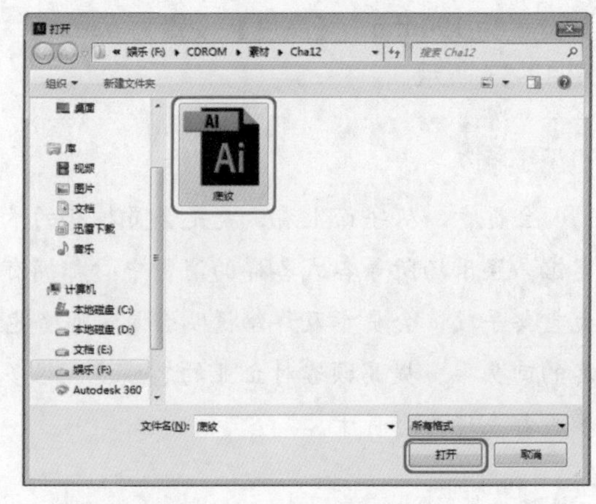

图 12-36　选择素材文件

(5) 完成上述操作后，即可打开选择的素材文件，然后按 Ctrl+A 组合键选择所有的对象，按 Ctrl+C 组合键复制选择的对象，如图 12-37 所示。

(6) 返回到当前制作的场景中，按 Ctrl+V 组合键粘贴选择的对象，并调整复制后的对象的位置，效果如图 12-38 所示。

(7) 在工具箱中选择【文字工具】 T，在画板中输入文字，并选择输入的文字，在属性栏中单击【字符】，打开字符面板，将字体设置为【汉仪大隶书简】，字体大小设置为 17.8pt，【水平缩放】设置为 74%，效果如图 12-39 所示。

(8) 按 Shift+F6 组合键打开【外观】面板，并单击右上角的按钮，在弹出的下拉菜单中选择【添加新填色】命令，如图 12-40 所示。

图 12-37　复制选择对象

图 12-38　粘贴对象

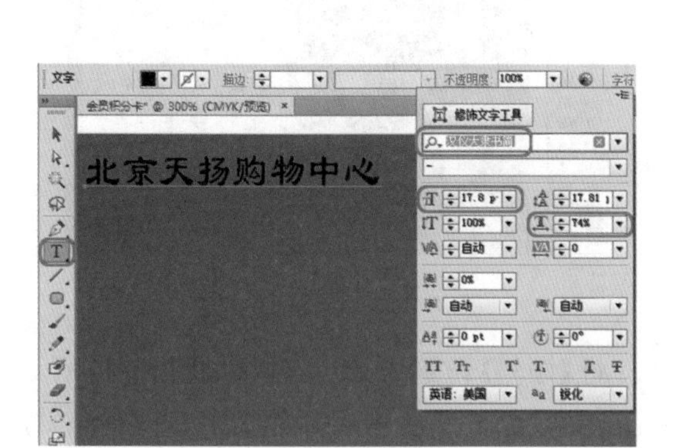

图 12-39　输入并设置文字

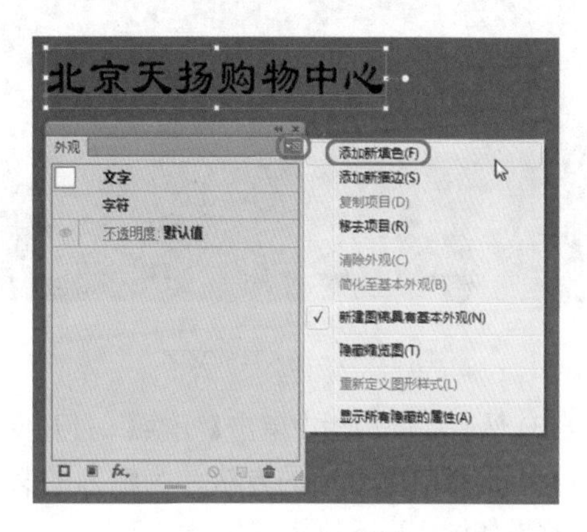

图 12-40　选择【添加新填色】命令

(9) 然后在【渐变】面板中将【类型】设置为【线性】，左侧渐变滑块的 CMYK 值设置为 0、20、60、20，在 51% 位置处添加一个色块，将其 CMYK 值设置为 3、6、37、0，右侧渐变滑块的 CMYK 值设置为 0、20、60、20，效果如图 12-41 所示。

(10) 在工具箱中选择【直线段工具】，在画板中绘制直线，并选择绘制的直线，在属性栏中将描边颜色的 CMYK 值设置为 0、20、60、20，【描边粗细】设置为 0.75pt，效果如图 12-42 所示。

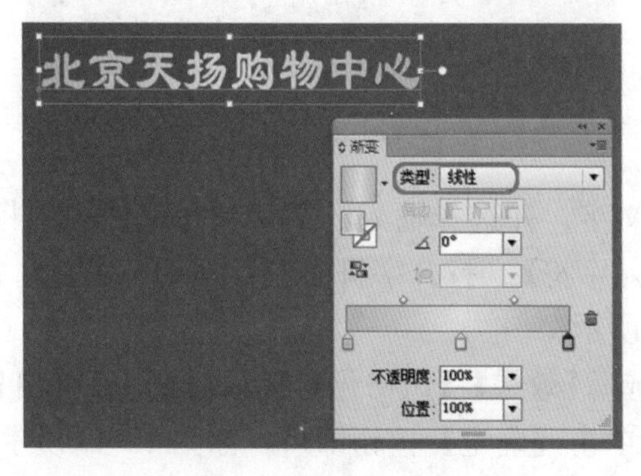

图 12-41　设置渐变颜色

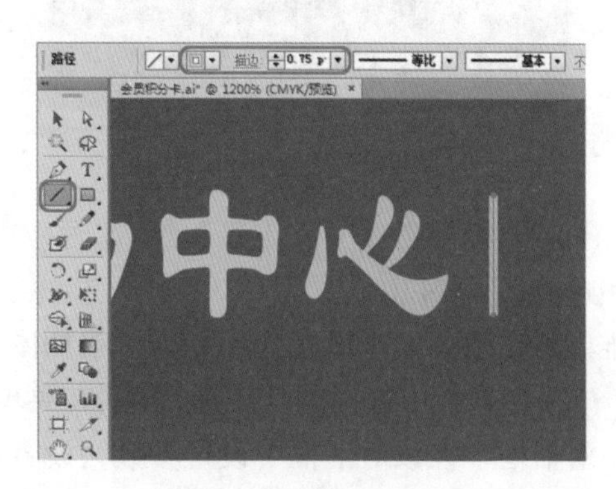

图 12-42　绘制并设置直线

使用【直线段工具】拖动鼠标可绘制直线段，按住 Shift 键可以绘制出 0°、45°或者 90°方向的直线。

(11) 结合前面介绍的方法，输入其他文字并设置渐变色，效果如图 12-43 所示。

(12) 在工具箱中选择【文字工具】T，在画板中输入文字，并选择输入的文字，在属性栏中单击【字符】，打开字符面板，将字体设置为【方正小标宋简体】，字体大小设置为 87pt，效果如图 12-44 所示。

图 12-43 输入其他文字

图 12-44 输入并设置文字

(13) 然后在属性栏中单击【变换】，打开变化面板，将【倾斜】设置为 10°，效果如图 12-45 所示。

(14) 结合前面介绍的方法，为输入的文字填充渐变颜色，然后输入其他文字并设置倾斜角度，效果如图 12-46 所示。

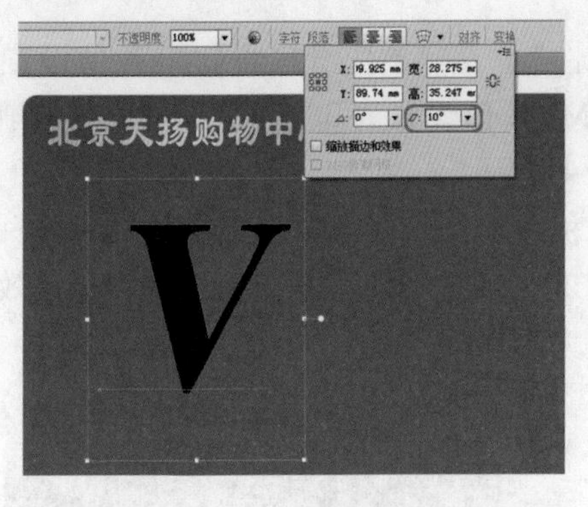

图 12-45 设置倾斜角度

图 12-46 输入并设置文字

(15) 继续使用【文字工具】T 在画板中输入文字，并选择输入的文字，在属性栏中将填充颜色的 CMYK 值设置为 0、0、100、0，然后单击【字符】，打开字符面板，将字体设置为【微软雅黑】，字体大小设置为 10pt，效果如图 12-47 所示。

(16) 在画板中选择圆角矩形，然后在菜单栏中选择【效果】|【风格化】|【投影】命令，弹出【投影】对话框，在该对话框中设置参数，设置完成后单击【确定】按钮即可，如图 12-48 所示。

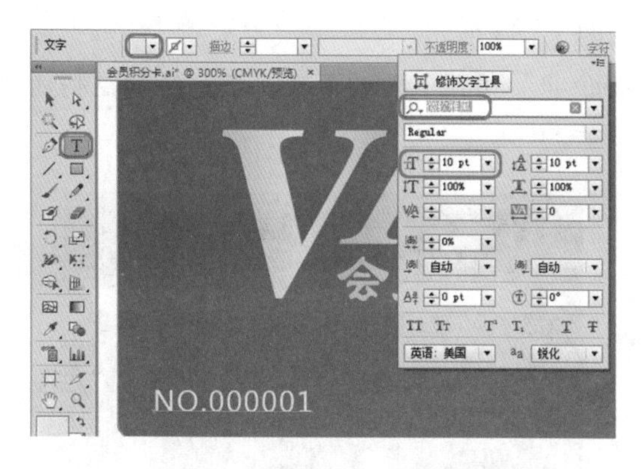

图 12-47　输入并设置文字

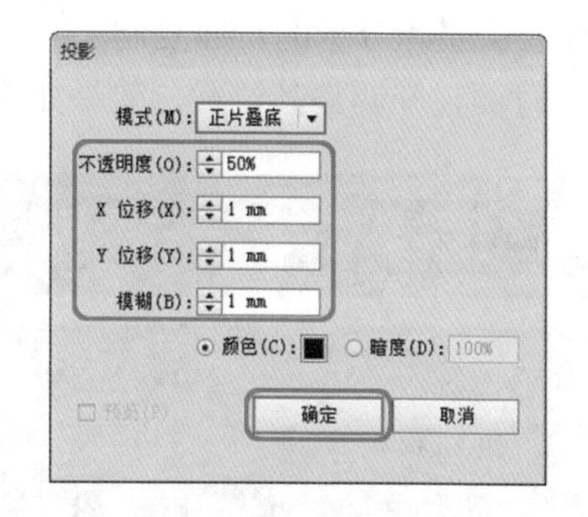

图 12-48　设置投影参数

(17) 完成上述操作后，即可为圆角矩形添加投影，效果如图 12-49 所示。

(18) 在按住 Alt 键的同时，单击并向右拖动圆角矩形，即可复制圆角矩形，效果如图 12-50 所示。

图 12-49　添加投影后的效果

图 12-50　复制圆角矩形

(19) 然后选择【矩形工具】，在画板中绘制一个黑色矩形和白色矩形，效果如图 12-51 所示。

(20) 在工具箱中选择【文字工具】，在画板中输入文字，并选择输入的文字，在属性栏中将填充颜色设置为白色，然后单击【字符】，打开字符面板，将字体设置为【黑体】，字体大小设置为 5pt，效果如图 12-52 所示。

图 12-51　绘制矩形

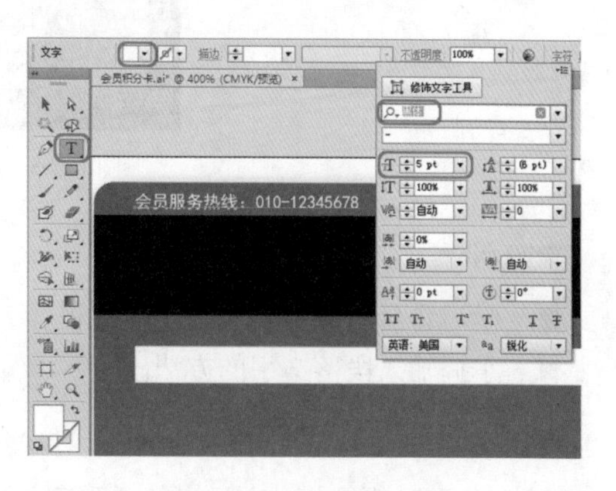

图 12-52　输入并设置文字

(21) 使用同样的方法，输入其他文字，效果如图 12-53 所示。

(22) 在会员积分卡的正面复制文字“百姓放心企业”和其下面的英文，然后将其复制到会员积分卡背面，并调整其位置，效果如图 12-54 所示。

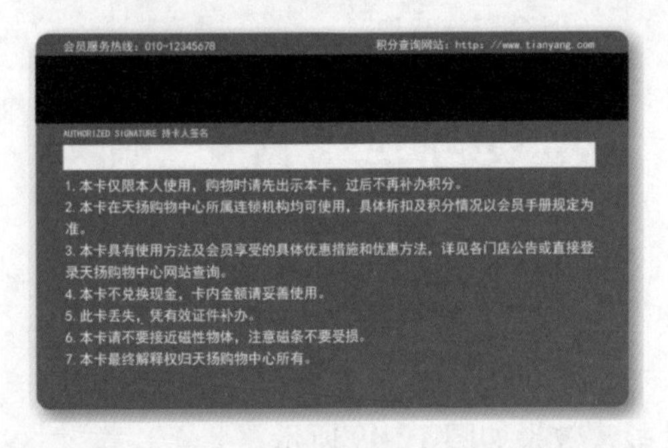

图 12-53　输入其他文字

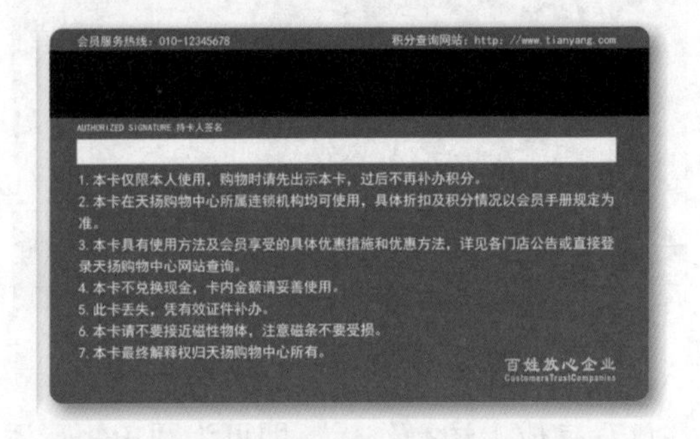

图 12-54　复制并调整对象

案例精讲 073　售后服务保障卡

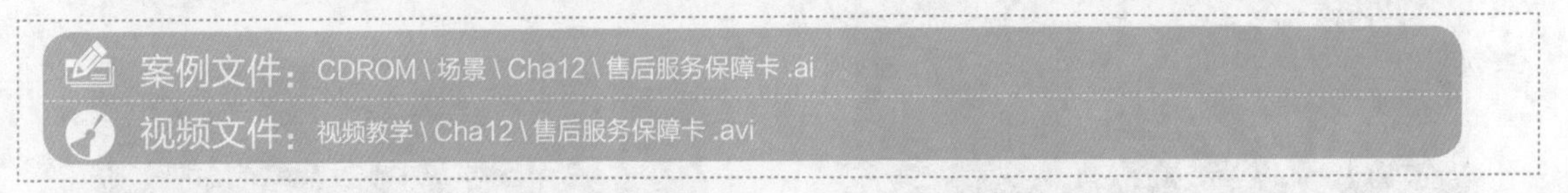

制作概述

本例将来介绍一下售后服务保障卡的制作方法，主要是输入段落文字和绘制矩形，完成后的效果如图 12-55 所示。

图 12-55　售后服务保障卡

学习目标

- 学习售后服务保障卡的制作流程。
- 掌握输入段落文字的方法。

操作步骤

(1) 按 Ctrl+N 组合键，在弹出的【新建文档】对话框中输入【名称】为“售后服务保障卡”，

将【宽度】和【高度】都设置为250mm，【颜色模式】设置为CMYK，单击【确定】按钮，如图12-56所示。

知识链接

随着互联网的快速发展，网上购物已逐渐成为一种普遍的购物形式。随之而来的就是各式各样的售后服务保障卡，它们与产品一起快递到消费者手中，通过该卡可以方便买家退换货物。

(2) 在工具箱中选择【矩形工具】，在画板中绘制一个宽和高为250mm的矩形，然后选择绘制的矩形，按Ctrl+F9组合键打开【渐变】面板，将【类型】设置为【径向】，【长宽比】设置为150%，左侧渐变滑块的CMYK值设置为67、59、56、6，右侧渐变滑块的CMYK值设置为85、81、80、68，上方节点的位置设置为67%，如图12-57所示。并将矩形的描边设置为无。

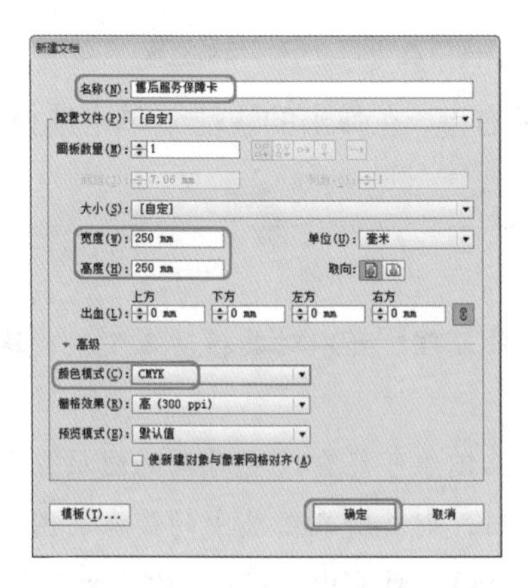

图12-56 新建文档

图12-57 绘制矩形并填充渐变颜色

(3) 继续使用【矩形工具】绘制一个宽为210mm、高为90mm的矩形，在属性栏中将矩形填充颜色的CMYK值设置为13、27、44、0，效果如图12-58所示。

(4) 按Ctrl+O组合键弹出【打开】对话框，在该对话框中选择随书附带光盘中的素材文件“保障卡底纹.ai”，单击【打开】按钮，如图12-59所示。

图12-58 绘制矩形并填充颜色

图12-59 选择素材文件

(5) 完成上述操作后，即可打开选择的素材文件，然后按 Ctrl+A 组合键选择所有的对象，按 Ctrl+C 组合键复制选择的对象，如图 12-60 所示。

(6) 返回到当前制作的场景中，按 Ctrl+V 组合键粘贴选择的对象，并调整复制后的对象的位置，效果如图 12-61 所示。

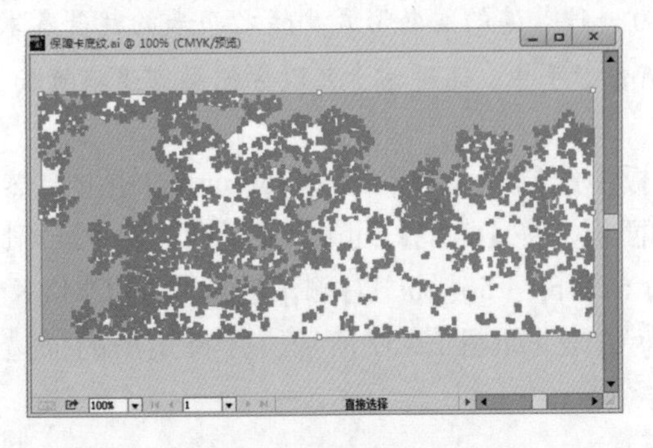

图 12-60　复制选择对象

图 12-61　粘贴对象

(7) 选择复制的对象和其下面的小矩形，并单击鼠标右键，在弹出的快捷菜单中选择【编组】命令，如图 12-62 所示。

知识链接

可以将多个对象编组，编组对象可以作为一个单元被处理。可以对其移动或变换，这些将影响对象各自的位置或属性。

编组对象被连续地堆叠在图稿的同一图层上，因此，编组可能会改变对象的图层分布及其在网层中的堆叠顺序。若选择位于不同图层中的对象编组，则其所在图层中的最靠前图层，即是这些对象将被编入的图层。编组对象可以嵌套，也就是说编组对象中可以包含组对象。使用【选择工具】、【直接选择工具】可以选择嵌套编组层次结构中的不同级别的对象。编组在【图层】面板中显示为【编组】项目，可以使用图层面板在编组中移入或移出项目。

(8) 完成上述操作后，即可编组选择的对象，然后在【图层】面板中选择如图 12-63 所示的矩形。

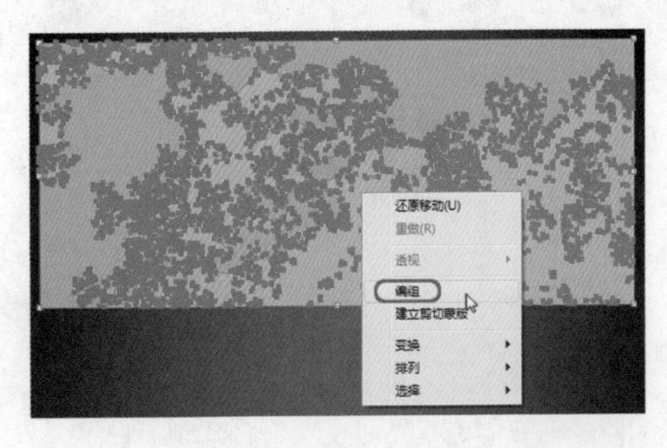

图 12-62　选择【编组】命令

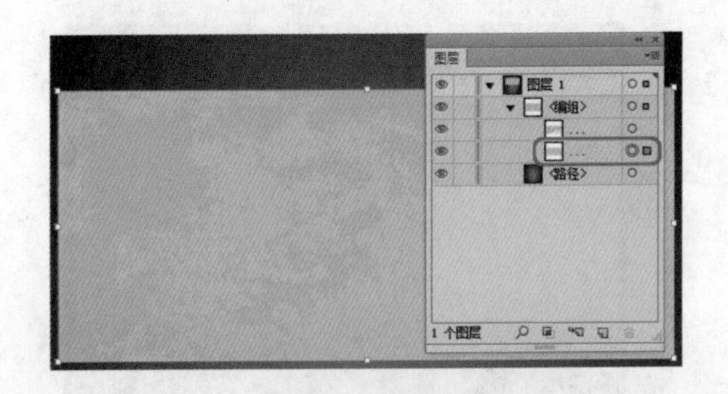

图 12-63　选择矩形

(9) 在菜单栏中选择【效果】|【风格化】|【投影】命令，弹出【投影】对话框，在该对话

框中设置投影参数，效果如图 12-64 所示，设置完成后单击【确定】按钮即可。

(10) 在工具箱中选择【文字工具】T，在画板中输入文字，并选择输入的文字，在属性栏中将填充颜色的 CMYK 值设置为 54、88、98、36，然后单击【字符】，打开字符面板，将字体设置为【方正大黑简体】，字体大小设置为 53pt，效果如图 12-65 所示。

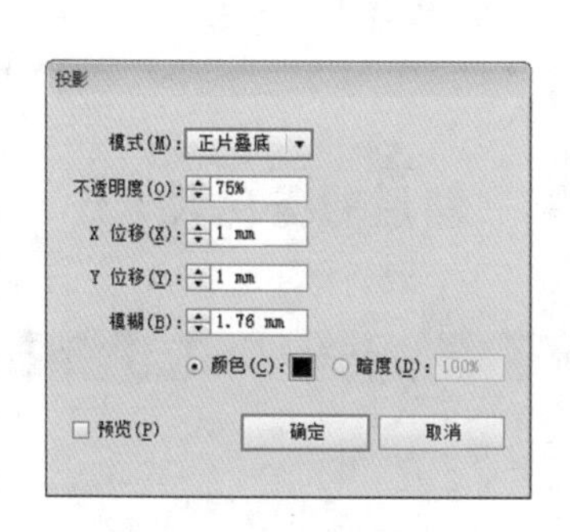

图 12-64 设置投影参数

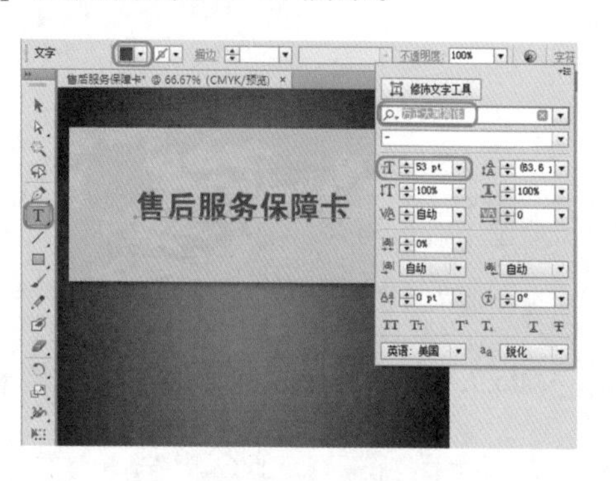

图 12-65 输入并设置文字

(11) 使用同样的方法，输入其他文字，效果如图 12-66 所示。

(12) 在工具箱中选择【星形工具】☆，在画板中绘制星形，并为绘制的星形填充白色，效果如图 12-67 所示。

图 12-66 输入其他文字

图 12-67 绘制星形

(13) 然后复制绘制的星形，并在画板中调整复制后的星形的位置，效果如图 12-68 所示。

(14) 在工具箱中选择【矩形工具】□，在画板中绘制一个白色矩形，效果如图 12-69 所示。

图 12-68 复制星形

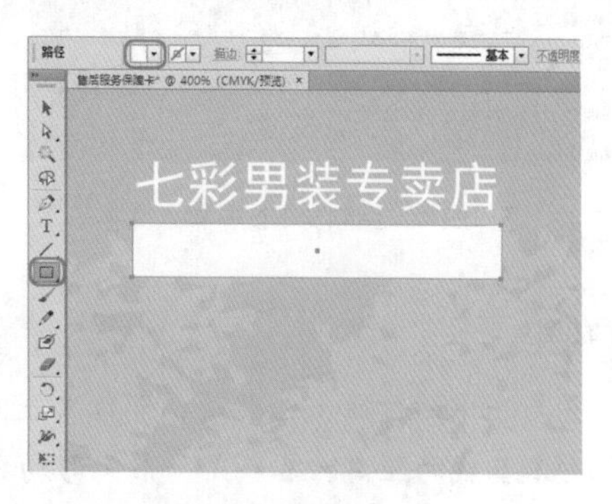

图 12-69 绘制白色矩形

(15) 使用【文字工具】T在绘制的白色矩形上输入文字，并选择输入的文字，在属性栏中将填充颜色的 CMYK 值设置为 54、88、98、36，然后单击【字符】，打开字符面板，将字体设置为 Arial，字体大小设置为 10pt，效果如图 12-70 所示。

(16) 在按住 Alt 键的同时，单击并向下拖动编组对象，即可复制编组对象，效果如图 12-71 所示。

图 12-70　输入并设置文字

图 12-71　复制对象

(17) 在工具箱中选择【文字工具】T，在复制后的编组对象上绘制文本框，然后在文本框中输入内容，输入完成后选择文本框，在属性栏中单击【字符】，打开字符面板，将字体设置为【黑体】，字体大小设置为 9pt，【行距】设置为 13pt，效果如图 12-72 所示。

(18) 使用【文字工具】T在文本框中选择内容“七天无理由退换货服务”，在属性栏中将填充颜色的 CMYK 值设置为 54、88、98、36，然后单击【字符】，打开字符面板，将字体大小设置为 14pt，效果如图 12-73 所示。

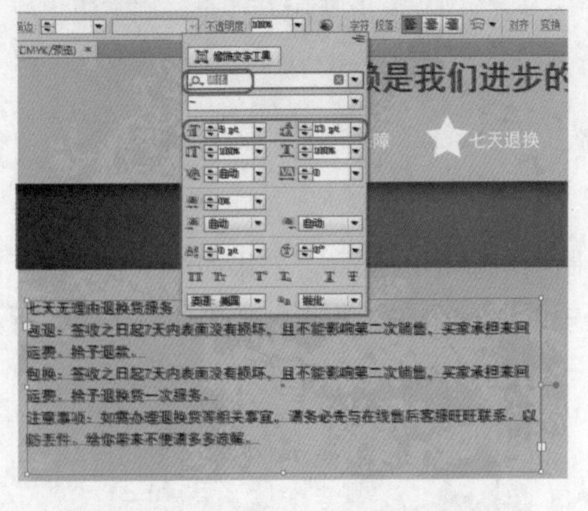

图 12-72　绘制文本框并输入文字

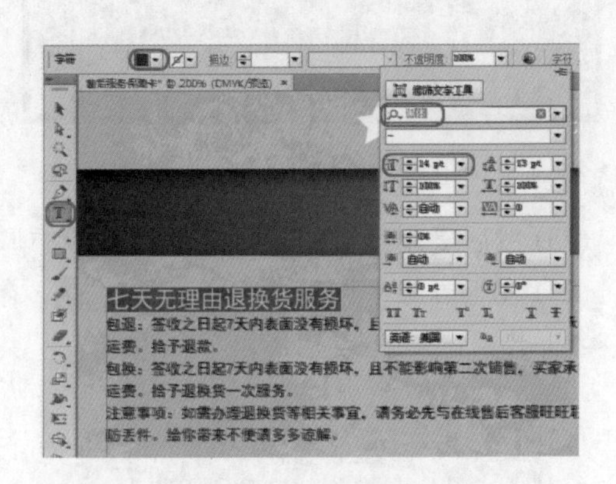

图 12-73　设置文字

知识链接

罗马字中的行距，也就是相邻行文字间的垂直间距。测量行距时是以一行文本的基线到上一行文本基线的距离。基线是一条无形的线，多数字母的底部均以其为准对齐。

(19) 使用【文字工具】在文本框中选择内容“包退”，在属性栏中将描边颜色设置为黑色，【描边粗细】设置为 0.25pt，效果如图 12-74 所示。

(20) 使用同样的方法，为文字“包换”和“注意事项”添加描边，效果如图 12-75 所示。

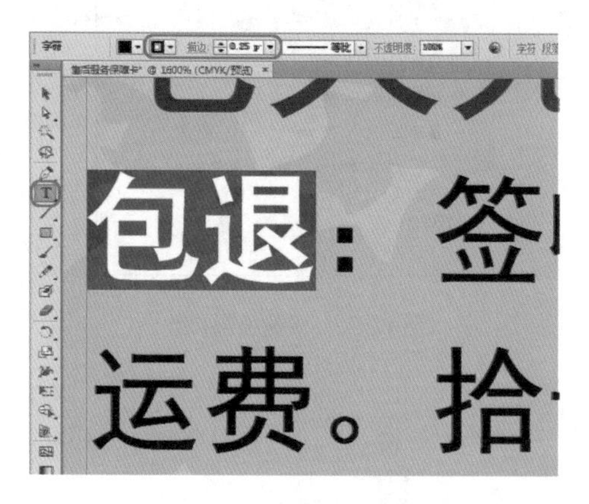

图 12-74　为文字添加描边

七天无理由退换货服务
包退：签收之日起7天内表面没有损坏，且
运费。拾予退款。
包换：签收之日起7天内表面没有损坏，且
运费。拾予退换货一次服务。
注意事项：如需办理退换货等相关事宜，请
防丢件。给你带来不便请多多谅解。

图 12-75　为其他文字添加描边

(21) 在工具箱中选择【圆角矩形工具】，然后在画板中单击鼠标左键，弹出【圆角矩形】对话框，将【宽度】设置为 105mm，【高度】设置为 17mm，【圆角半径】设置为 4mm，单击【确定】按钮，如图 12-76 所示。

(22) 完成上述操作后，即可在画板中创建圆角矩形，确认新创建的圆角矩形处于选择状态，在属性栏中将填充颜色的 CMYK 值设置为 37、49、68、0，描边设置为无，效果如图 12-77 所示。

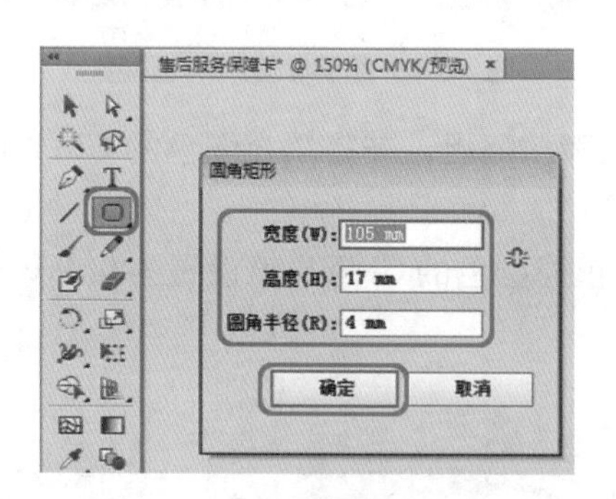

图 12-76　设置圆角矩形参数

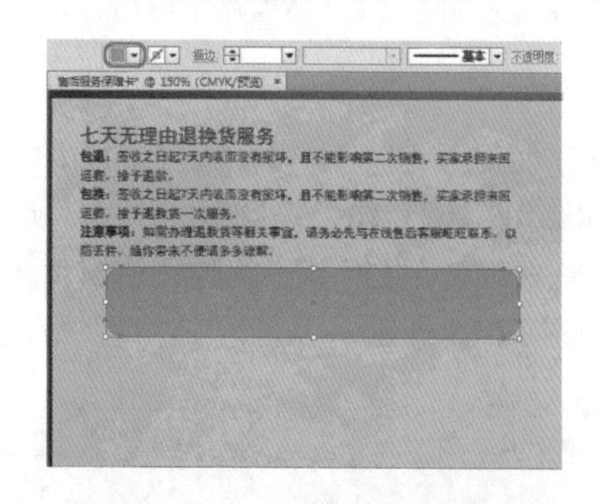

图 12-77　为圆角矩形填充颜色

(23) 在工具箱中选择【椭圆工具】，按住 Shift 键绘制一个正圆，并选择绘制的正圆，在【渐变】面板中将【类型】设置为【径向】，左侧渐变滑块的 CMYK 值设置为 13、27、44、0，右侧渐变滑块的 CMYK 值设置为 36、49、67、0，上方节点的位置设置为 42%，如图 12-78 所示。

(24) 在菜单栏中选择【效果】|【风格化】|【投影】命令，弹出【投影】对话框，在该对话框中设置投影参数，效果如图 12-79 所示。设置完成后单击【确定】按钮即可。

(25) 完成上述操作后，即可为绘制的正圆添加投影，添加投影后的效果如图 12-80 所示。

(26) 在工具箱中选择【椭圆工具】，在画板中绘制椭圆，并选择绘制的椭圆，在【渐变】面板中将【类型】设置为【径向】，左侧渐变滑块的颜色设置为白色，右侧渐变滑块的 CMYK 值设置为 13、27、44、0，【不透明度】设置为 0%，上方节点的位置设置为 71%，使用【渐变工具】调整图形的渐变位置，如图 12-81 所示，将他们的轮廓色均设置为无。

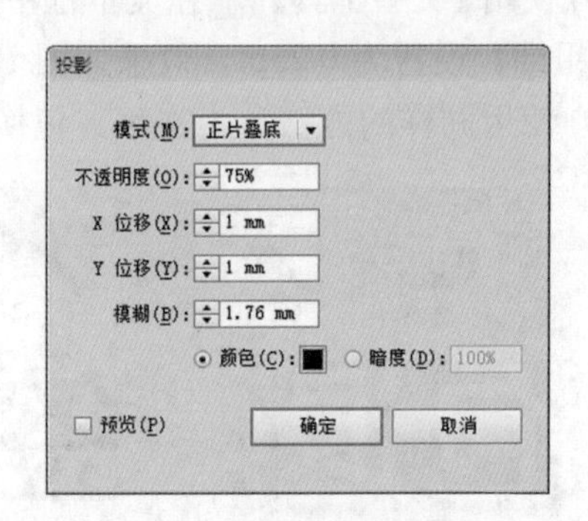

图 12-78　绘制正圆并填充渐变

图 12-79　设置投影参数

图 12-80　添加投影后的效果

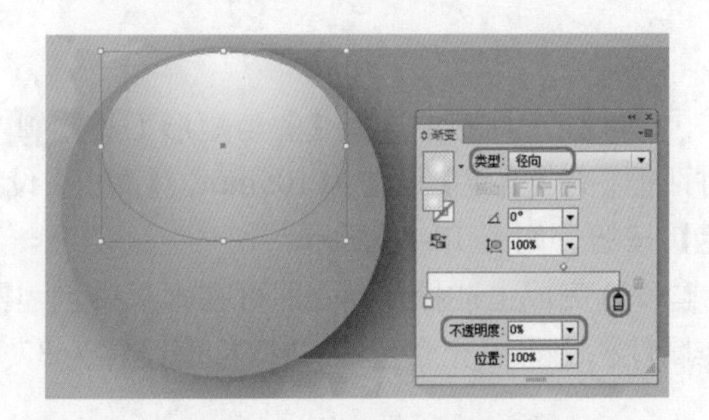

图 12-81　绘制椭圆并填充颜色

(27) 使用【钢笔工具】在画板中绘制笑脸的眼睛和嘴巴，并将填充颜色的 CMYK 值设置为 36、49、67、53，效果如图 12-82 所示。

(28) 继续使用【钢笔工具】绘制舌头，并将舌头填充颜色的CMYK值设置为0、90、85、0，效果如图 12-83 所示。

图 12-82　绘制眼睛和嘴巴

图 12-83　绘制舌头并填充颜色

(29) 在工具箱中选择【文字工具】T，在画板中输入文字，并选择输入的文字，在属性栏中将填充颜色设置为白色，然后单击【字符】，打开字符面板，将字体设置为【方正行楷简

体】，字体大小设置为 25pt，所选字符的字距设置为 50，效果如图 12-84 所示。

(30) 然后选择数字“5”，将填充颜色的 CMYK 值设置为 54、88、98、36，字体设置为【汉仪蝶语体简】，字体大小设置为 40pt，效果如图 12-85 所示。

(31) 在工具箱中选择【文字工具】T，在画板中绘制文本框，然后在文本框中输入内容，输入完成后选择文本框，在属性栏中单击【字符】，打开字符面板，将字体设置为【黑体】，字体大小设置为 9pt，【设置行距】设置为 17pt，效果如图 12-86 所示。

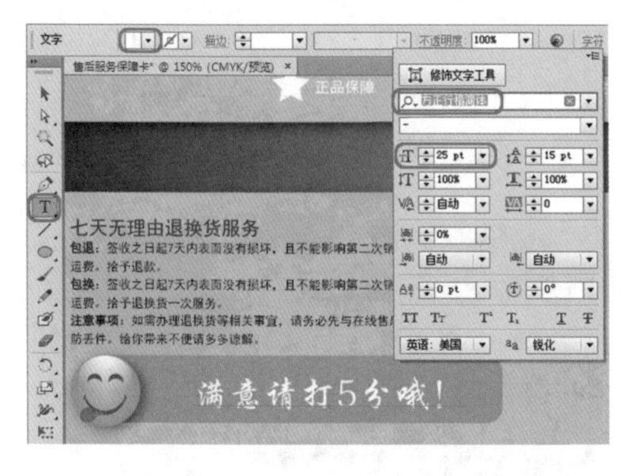

图 12-84　输入并设置文字

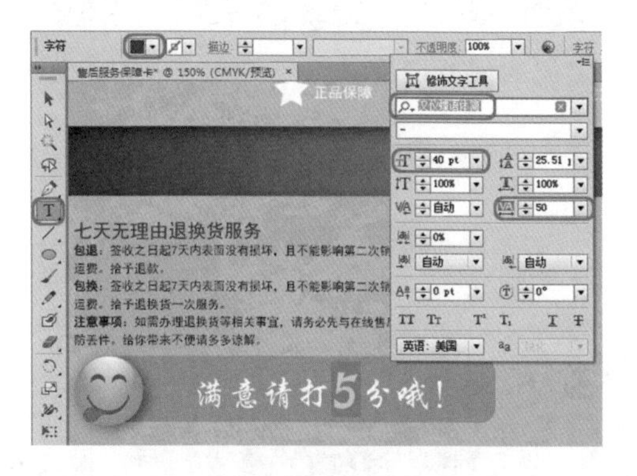

图 12-85　设置数字“5”

(32) 在工具箱中选择【星形工具】☆，在画板中绘制星形，并将星形填充颜色的 CMYK 值设置为 54、88、98、36，效果如图 12-87 所示。

图 12-86　输入并设置文字

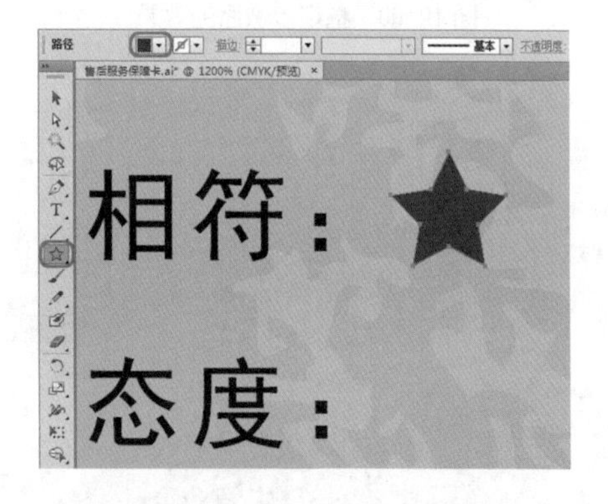

图 12-87　绘制星形并填充颜色

(33) 在按住 Alt 键的同时，单击并向右拖动星形，即可复制星形，效果如图 12-88 所示。

(34) 在工具箱中选择【混合工具】，在第一个星形上单击鼠标左键，然后在复制后的星形上单击鼠标左键，即可添加混合效果，并双击【混合工具】，弹出【混合选项】对话框，将【间距】设置为【指定的步数】，步数设置为 3，单击【确定】按钮，如图 12-89 所示。

(35) 指定步数后的效果如图 12-90 所示。

(36) 然后使用前面介绍的方法，复制添加混合效果后的对象，如图 12-91 所示。

(37) 然后结合前面介绍的方法，继续绘制矩形并输入文字，效果如图 12-92 所示。

(38) 在工具箱中选择【直线段工具】╱，在画板中绘制直线，并选择绘制的直线，在属性栏中将填充颜色的 CMYK 值设置为 37、49、68、0，然后使用同样的方法，绘制其他直线，效果如图 12-93 所示。

图 12-88　复制星形

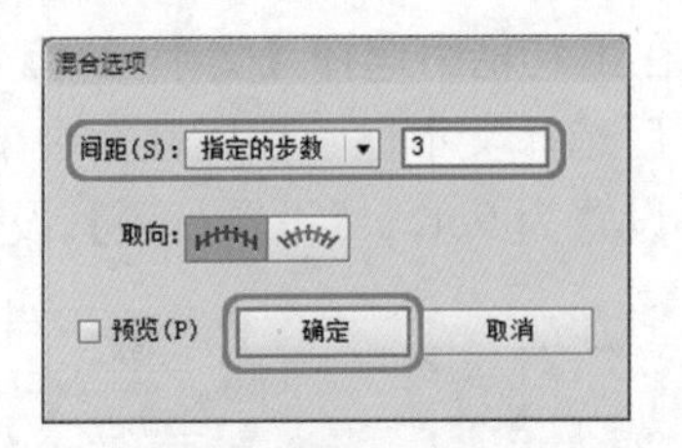

图 12-89　指定步数

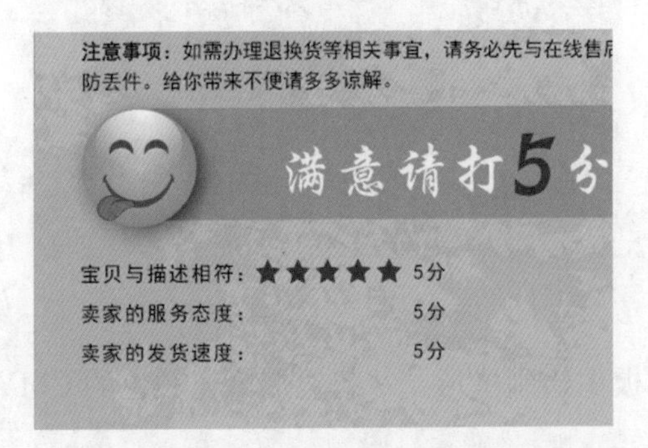

图 12-90　指定步数后的效果

图 12-91　复制对象

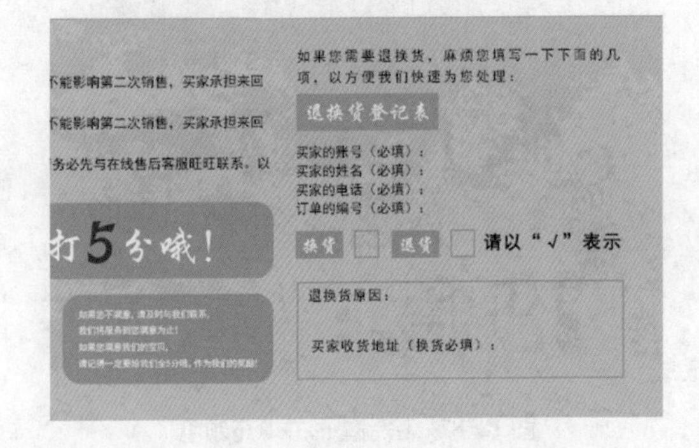

图 12-92　绘制矩形并输入文字

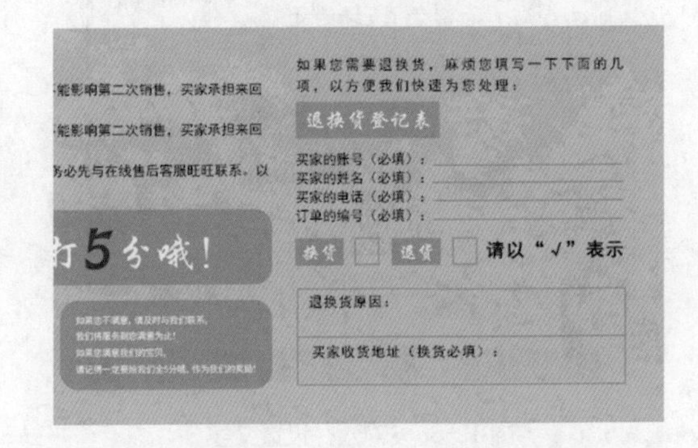

图 12-93　绘制并设置直线

案例精讲 074　入场券

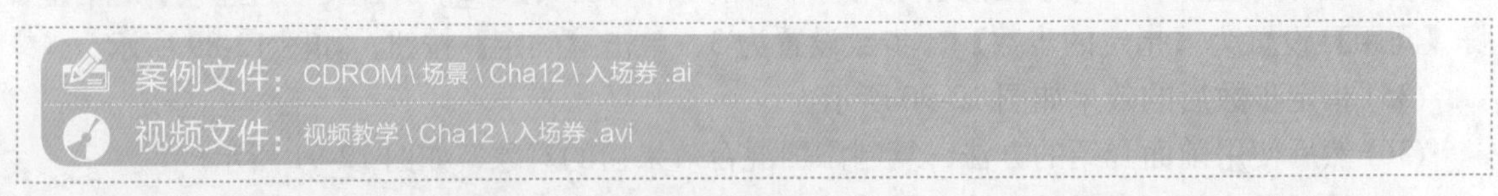

制作概述

本例来介绍一下入场券的制作方法，该例主要是导入素材文件并建立剪切蒙版，然后变形文字，完成后的效果如图 12-94 所示。

图 12-94　入场券

学习目标

- ■ 学习建立剪切蒙版的方法。
- ■ 掌握文字变形的制作流程。

操作步骤

(1) 按 Ctrl+N 组合键，在弹出的【新建文档】对话框中输入【名称】为“入场券”，将【宽度】设置为 275mm，【高度】设置为 200mm，【颜色模式】设置为 CMYK，单击【确定】按钮，如图 12-95 所示。

> **知识链接**
>
> 入场券是进入比赛、演出、会议、展览会等公共活动场所的入门凭证。一般都印有或注明时间、座次、票价或持券者应注意的事项。

(2) 在工具箱中选择【矩形工具】，在画板中绘制一个宽为 275mm、高为 95mm 的矩形，然后选择绘制的矩形，按 Ctrl+F9 组合键打开【渐变】面板，将【类型】设置为【径向】，左侧渐变滑块的 CMYK 值设置为 84、0、2、0，右侧渐变滑块的 CMYK 值设置为 92、72、0、0，上方节点的位置设置为 55%，矩形的描边设置为无，如图 12-96 所示。

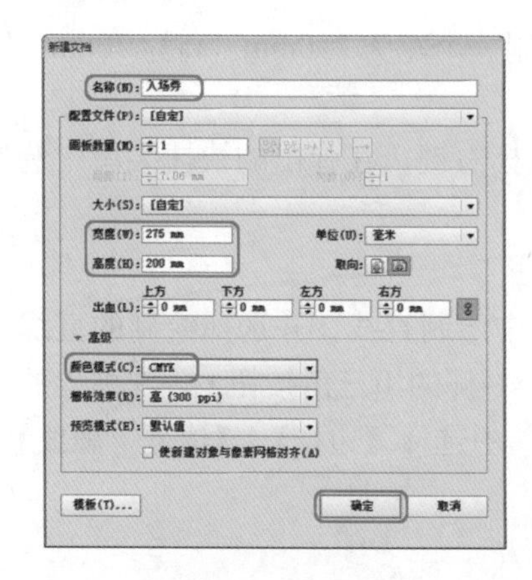

图 12-95　新建文档

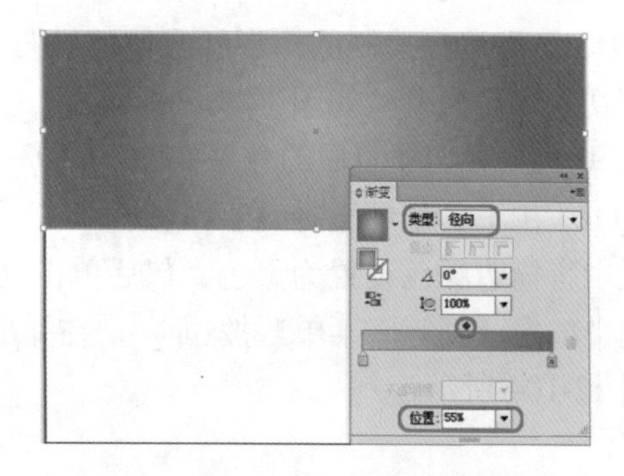

图 12-96　绘制矩形并填充渐变颜色

(3) 在工具箱中选择【渐变工具】▣，在画板中调整渐变，效果如图 12-97 所示。

(4) 按 Ctrl+O 组合键弹出【打开】对话框，在该对话框中选择随书附带光盘中的素材文件“牡丹 .ai”，单击【打开】按钮，如图 12-98 所示。

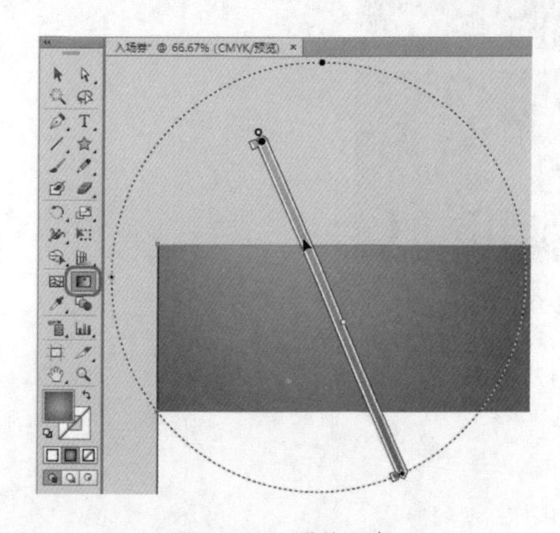

图 12-97　调整渐变

图 12-98　选择素材文件

(5) 打开选择的素材文件，然后按 Ctrl+A 组合键选择所有的对象，按 Ctrl+C 组合键复制选择的对象，如图 12-99 所示。

(6) 返回到当前制作的场景中，按 Ctrl+V 组合键粘贴选择的对象，并调整复制后的对象的位置，效果如图 12-100 所示。

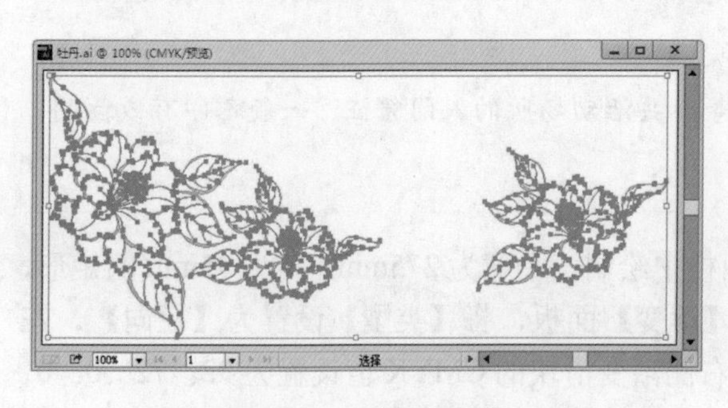

图 12-99　复制选择对象

图 12-100　粘贴对象

(7) 在工具箱中选择【矩形工具】▢，在画板中绘制一个宽为 210mm、高为 70mm 的矩形，如图 12-101 所示。

(8) 然后选择绘制的矩形和复制的牡丹，并单击鼠标右键，在弹出的快捷菜单中选择【建立剪切蒙版】命令，如图 12-102 所示。

(9) 建立剪切蒙版后的效果如图 12-103 所示。

(10) 在工具箱中选择【直线段工具】╱，在画板中绘制直线，并选择绘制的直线，在属性栏中将描边颜色设置为黑色，然后单击【画笔定义】右侧的下三角按钮▾，在弹出的下拉列表框中单击【画笔库菜单】按钮，在弹出的下拉菜单中选择【边框】|【边框 _ 虚线】命令，如图 12-104 所示。

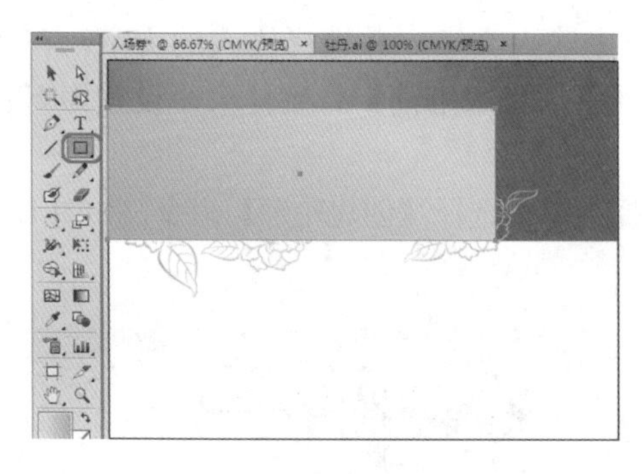

图 12-101　绘制矩形

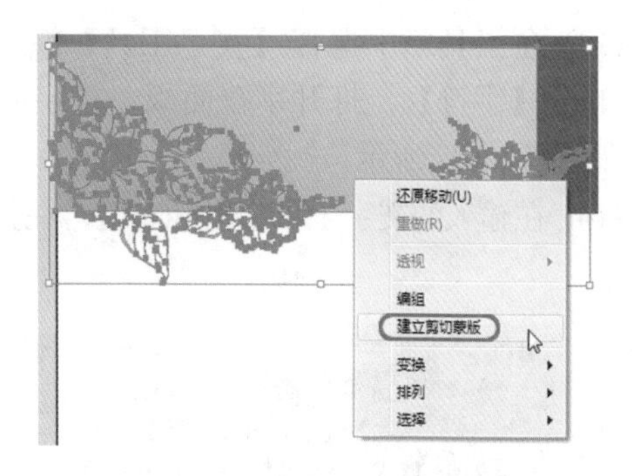

图 12-102　选择【建立剪切蒙版】命令

图 12-103　建立剪切蒙版后的效果

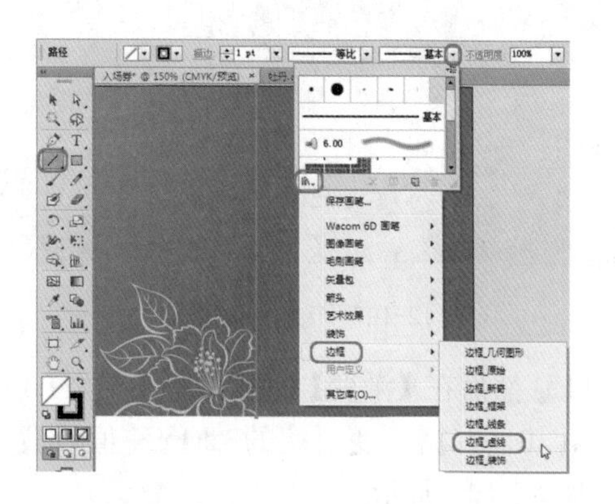

图 12-104　绘制并调整直线

(11) 弹出【边框 _ 虚线】面板，在该面板中单击选择【在此处剪切】画笔，效果如图 12-105 所示。

(12) 在工具箱中选择【直排文字工具】 ，在画板中输入文字，并选择输入的文字，在属性栏中将填充颜色设置为白色，然后单击【字符】，打开字符面板，字体设置为【汉仪中隶书简】，字体大小设置为 27pt，效果如图 12-106 所示。

图 12-105　设置画笔后的效果

图 12-106　输入并设置直排文字

注意

使用【文字工具】和【直排文字工具】时，不要在现有的图形上单击，这样会将文字转换成区域文字或路径文字。

(13) 在工具箱中选择【文字工具】T，在画板中输入文字，并选择输入的文字，在属性栏中单击【字符】，打开字符面板，将字体设置为【汉仪中隶书简】，字体大小设置为62pt，效果如图12-107所示。

(14) 在输入的文字上单击鼠标右键，在弹出的快捷菜单中选择【创建轮廓】命令，如图12-108所示。

图12-107　输入并设置文字

图12-108　选择【创建轮廓】命令

(15) 然后在【渐变】面板中将【类型】设置为【线性】，左侧渐变滑块的CMYK值设置为1、0、44、0，右侧渐变滑块的CMYK值设置为0、20、57、0，上方节点的位置设置为55%，效果如图12-109所示。

(16) 在转换为轮廓的文字上单击鼠标右键，在弹出的快捷菜单中选择【取消编组】命令，如图12-110所示。

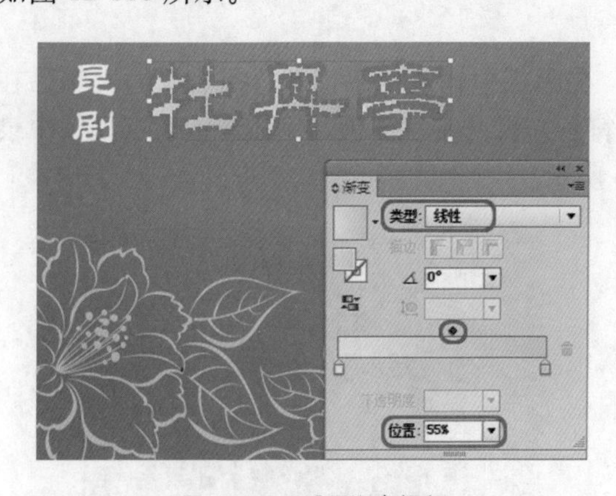

图12-109　设置渐变颜色

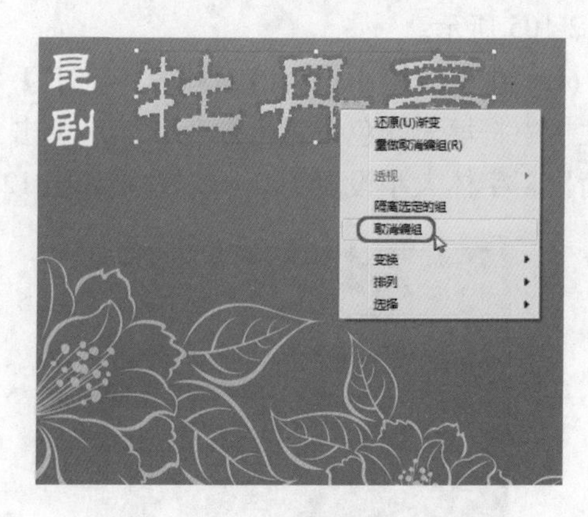

图12-110　选择【取消编组】命令

(17) 然后使用【删除锚点工具】，将【亭】上的点删除，效果如图12-111所示。

(18) 在工具箱中选择【文字工具】T，在画板中输入文字，并选择输入的文字，在属性栏中将填充颜色设置为白色，然后单击【字符】，打开字符面板，将字体设置为【汉仪中隶书简】，字体大小设置为85pt，效果如图12-112所示。

(19) 结合前面介绍的方法，调整文字“入”，效果如图12-113所示。

(20) 按Ctrl+O组合键弹出【打开】对话框，在该对话框中选择随书附带光盘中的素材文件“花苞.ai”，单击【打开】按钮，如图12-114所示。

图 12-111　删除锚点

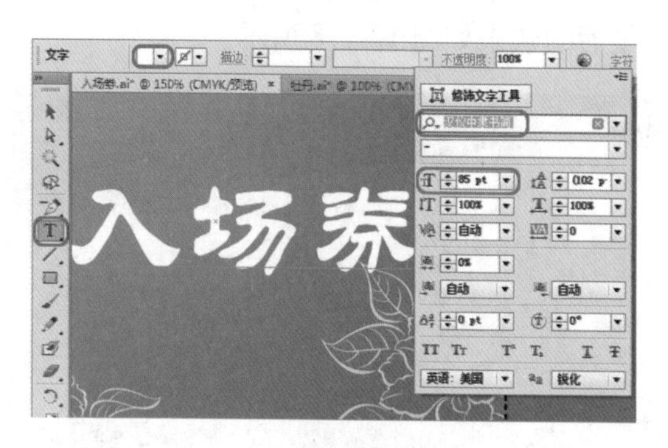

图 12-112　输入并设置文字

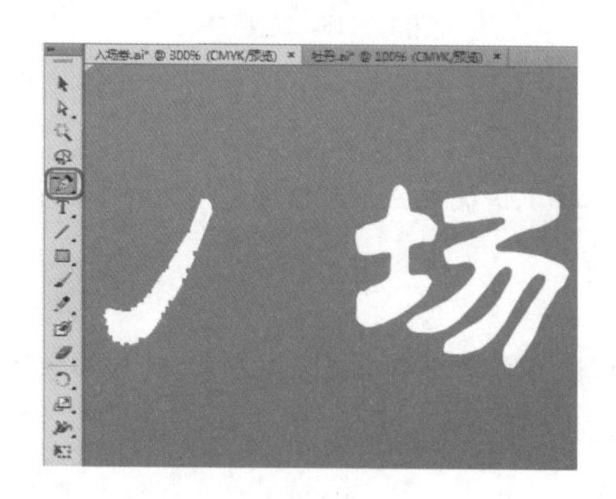

图 12-113　调整文字

图 12-114　选择素材文件

(21) 打开选择的素材文件，然后按 Ctrl+A 组合键选择所有的对象，按 Ctrl+C 组合键复制选择的对象，如图 12-115 所示。

(22) 返回到当前制作的场景中，按 Ctrl+V 组合键粘贴选择的对象，并调整复制后的对象的位置，效果如图 12-116 所示。

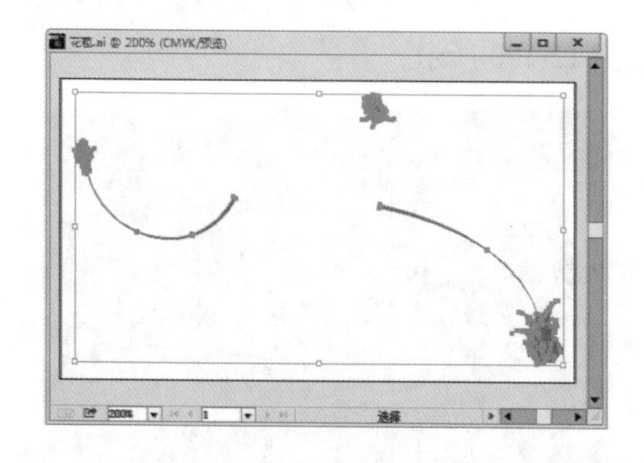

图 12-115　复制选择对象

图 12-116　粘贴对象

(23) 然后为复制的素材文件填充渐变颜色，并在【图层】面板中将其调整至如图 12-117 所示的位置。

(24) 可以看到调整后的文字“入”没有与复制的素材文件连接在一起，而且不平滑，因此使用【直接选择工具】、【删除锚点工具】和【转换锚点工具】再次对其进行调整，调整后的效果如图 12-118 所示。

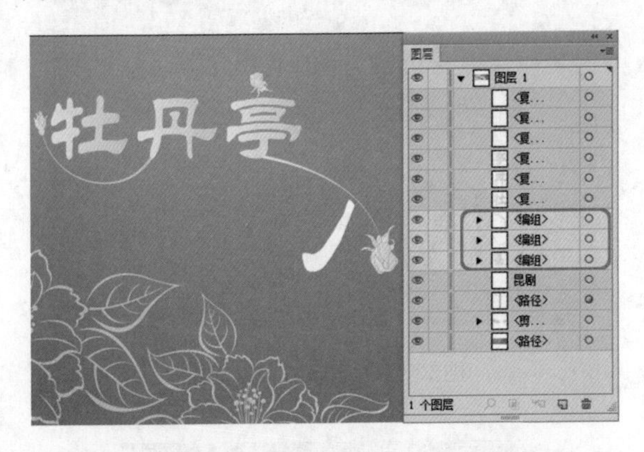

图 12-117　填充渐变颜色并调整位置

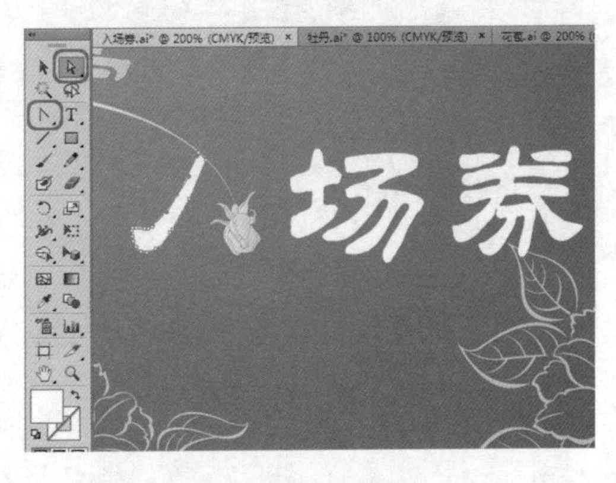

图 12-118　调整对象

知识链接

使用【直接选择工具】可以选择对象上的锚点，按下快捷键 A，选择【直接选择工具】，可以执行下列操作：

单击对象可以选择锚点或群组中的对象。

选中对象时，将激活该对象中的描点，按下 Shift 键，可以选中多个锚点或对象。选中锚点后，可以改变锚点的位置或类型。

选取锚点后，按下 Delete 键，可以删除锚点。

选取锚点后，拖曳鼠标或按下箭头键，可以移动单个、多个锚点。

(25) 在工具箱中选择【文字工具】，在画板中输入文字，并选择输入的文字，在属性栏中将填充颜色设置为白色，然后单击【字符】，打开字符面板，将字体设置为【黑体】，字体大小设置为 10pt，效果如图 12-119 所示。

(26) 使用同样的方法，输入其他文字，效果如图 12-120 所示。

图 12-119　输入并设置文字

图 12-120　输入其他文字

(27) 在“牡丹”素材文件中选择右侧单个的牡丹，并单击鼠标右键，在弹出的快捷菜单中

选择【变换】|【对称】命令，如图 12-121 所示。

(28) 弹出【镜像】对话框，选中【垂直】单选按钮，然后单击【确定】按钮，即可垂直镜像选择的对象，效果如图 12-122 所示。

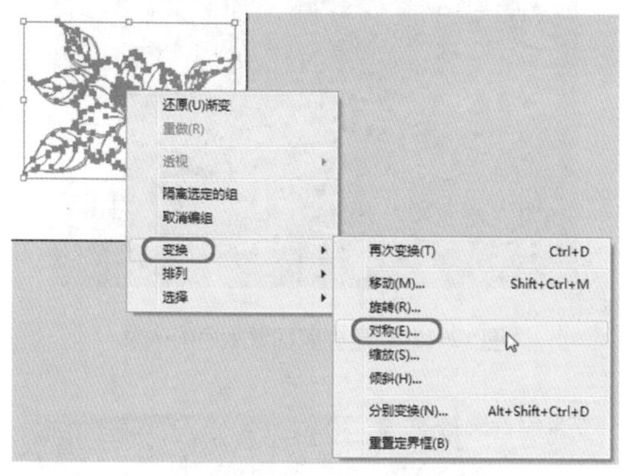

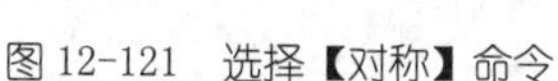

图 12-121 选择【对称】命令

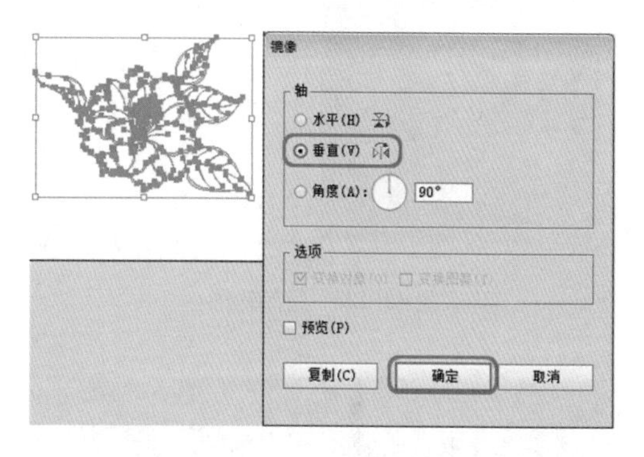

图 12-122 垂直镜像对象

(29) 按 Ctrl+C 组合键复制牡丹对象，返回到当前制作的场景中，按 Ctrl+V 组合键粘贴牡丹对象，然后为其填充白色，并调整其旋转角度、大小和位置，效果如图 12-123 所示。

(30) 然后在【透明度】面板中将【混合模式】设置为【叠加】，【不透明度】设置为 20%，效果如图 12-124 所示。

图 12-123 调整粘贴对象

图 12-124 调整透明度

(31) 在工具箱中选择【矩形工具】▭，在画板中绘制一个宽为 65mm、高为 95mm 的矩形，如图 12-125 所示。

(32) 然后选择绘制的矩形和复制的牡丹，并单击鼠标右键，在弹出的快捷菜单中选择【建立剪切蒙版】命令，建立剪切蒙版后的效果如图 12-126 所示。

(33) 在画板中选择组成文字“昆剧牡丹亭”的所有对象，并对其进行复制，然后调整其大小和位置，效果如图 12-127 所示。

(34) 然后结合前面介绍的方法，输入文字，效果如图 12-128 所示。

图 12-125　绘制矩形

图 12-126　建立剪切蒙版后的效果

图 12-127　复制并调整对象

图 12-128　输入文字

(35) 在画板中选择大矩形和虚线，并单击鼠标右键，在弹出的快捷菜单中选择【变换】|【对称】命令，如图 12-129 所示。

(36) 弹出【镜像】对话框，选中【垂直】单选按钮，然后单击【复制】按钮，即可垂直镜像复制选择的对象，效果如图 12-130 所示。

图 12-129　选择【对称】命令

图 12-130　垂直镜像复制选择的对象

(37) 然后结合前面介绍的方法，创建剪切蒙版对象并输入文字，效果如图 12-131 所示。

(38) 在画板中选择组成文字“昆剧牡丹亭”的所有对象，并对其进行复制，然后调整其排列方式、大小和位置，效果如图 12-132 所示。

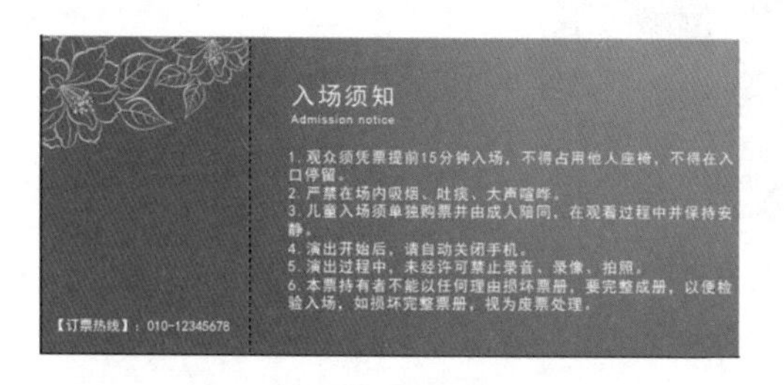

图 12-131　建立剪切蒙版对象并输入文字

图 12-132　复制并调整对象

(39) 选择调整后的“昆剧牡丹亭”，对其进行复制，然后为复制后的对象填充白色，并调整其位置和大小，效果如图 12-133 所示。

(40) 选择复制后的对象，在【透明度】面板中将【不透明度】设置为 20%，效果如图 12-134 所示。

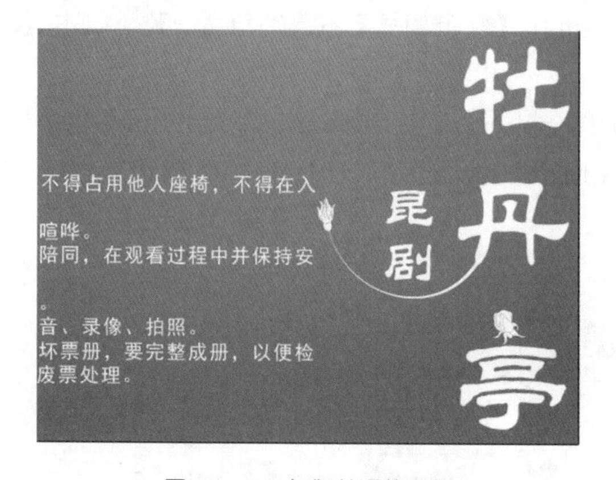

图 12-133　复制并调整对象

图 12-134　设置不透明度

案例精讲 075　KTV 欢唱券

案例文件：CDROM \ 场景 \ Cha12 \ KTV 欢唱券 .ai

视频文件：视频教学 \ Cha12 \ KTV 欢唱券 .avi

制作概述

本例将来介绍一下 KTV 欢唱券的制作方法，首先制作欢唱券背景，然后输入并变形文字，完成后的效果如图 12-135 所示。

图 12-135 KTV 欢唱券

学习目标

- 学习 KTV 欢唱券的制作流程。
- 掌握输入路径文字的方法。

操作步骤

(1) 按 Ctrl+N 组合键，在弹出的【新建文档】对话框中输入【名称】为“KTV 欢唱券”，将【宽度】设置为 245mm，【高度】设置为 254mm，【颜色模式】设置为 CMYK，单击【确定】按钮，如图 12-136 所示。

(2) 在工具箱中选择【矩形工具】，在画板中绘制一个宽为 245mm，高为 123mm 的矩形，然后选择绘制的矩形，在属性栏中将填充颜色的 CMYK 值设置为 2、10、31、0，描边设置为无，效果如图 12-137 所示。

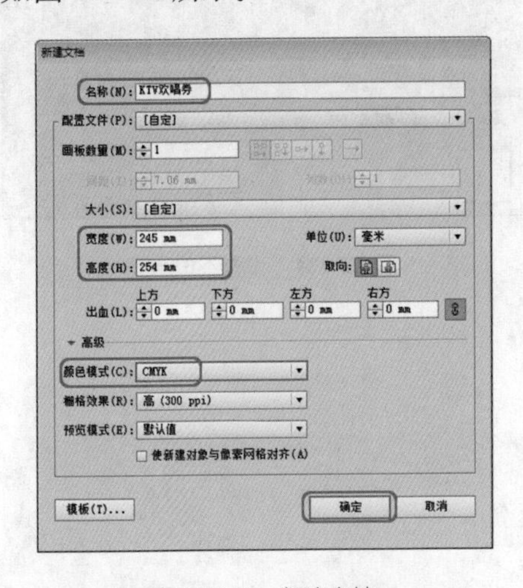

图 12-136 新建文档

图 12-137 绘制矩形并填充颜色

(3) 按 Ctrl+O 组合键弹出【打开】对话框，在该对话框中选择随书附带光盘中的素材文件“欢唱券底纹 .ai”，单击【打开】按钮，如图 12-138 所示。

(4) 打开选择的素材文件，然后按 Ctrl+A 组合键选择所有的对象，按 Ctrl+C 组合键复制选择的对象，如图 12-139 所示。

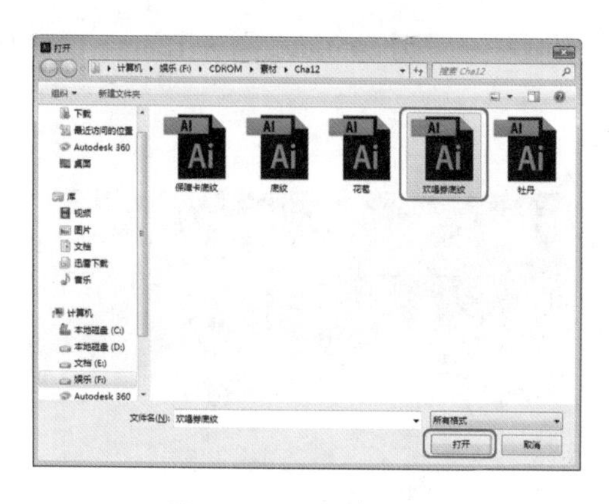

图 12-138 选择素材文件

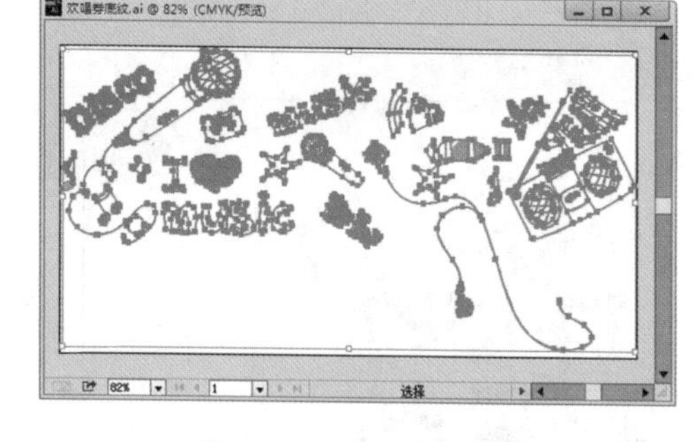

图 12-139 复制选择对象

(5) 返回到当前制作的场景中，按 Ctrl+V 组合键粘贴选择的对象，并调整复制后的对象的位置，效果如图 12-140 所示。

(6) 然后选择复制的素材文件，在【透明度】面板中单击【制作蒙版】按钮，并选择蒙版，使用【矩形工具】在画板中绘制矩形，效果如图 12-141 所示。

图 12-140 粘贴对象

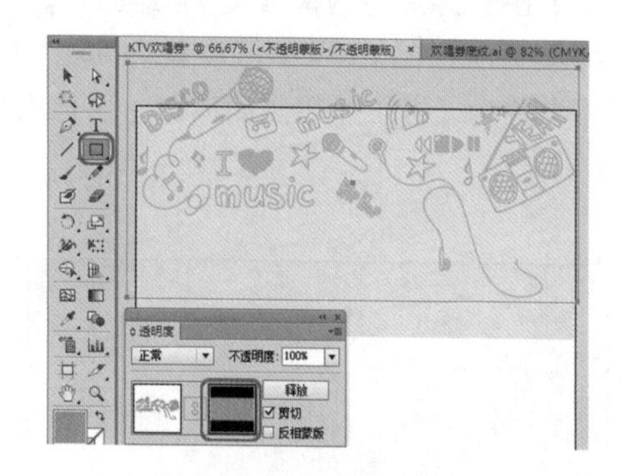

图 12-141 绘制矩形

(7) 在【渐变】面板中将【类型】设置为【线性】，【角度】设置为 −90°，左侧渐变滑块的颜色设置为白色，右侧渐变滑块的颜色设置为黑色，效果如图 12-142 所示。

(8) 在工具箱中选择【渐变工具】，在画板中调整渐变，效果如图 12-143 所示。

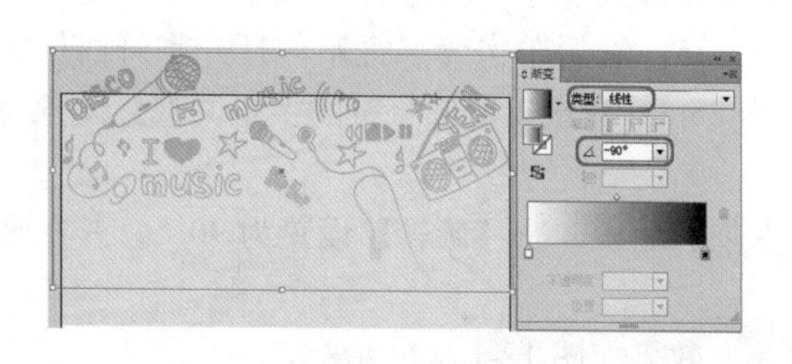

图 12-142 设置渐变色

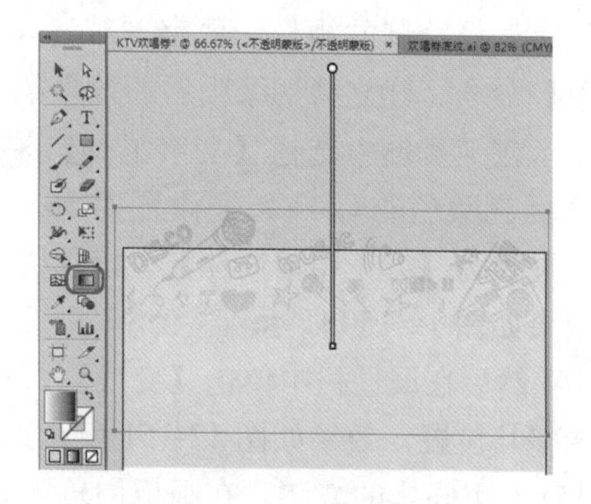

图 12-143 调整渐变

(9) 然后在【透明度】面板中单击原文件图标，以停止编辑不透明度，效果如图 12-144 所示。

(10) 在工具箱中选择【矩形工具】▭，在画板中绘制一个宽为245mm，高为123mm的矩形，如图12-145所示。

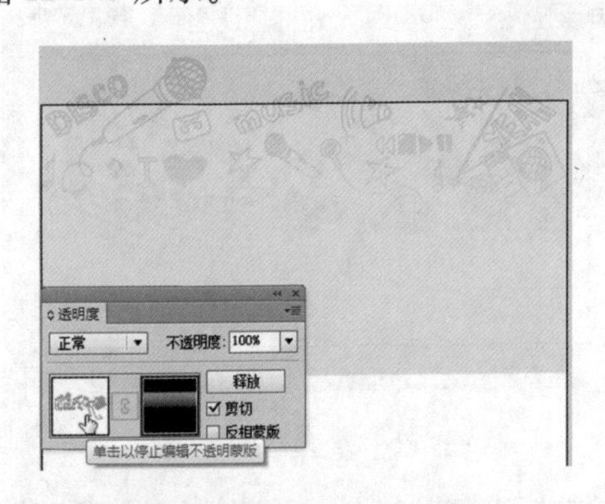

图12-144 停止编辑不透明度

图12-145 绘制矩形

(11) 然后选择绘制的矩形和创建蒙版的素材文件，并单击鼠标右键，在弹出的快捷菜单中选择【建立剪切蒙版】命令，建立剪切蒙版后的效果如图12-146所示。

(12) 在工具箱中选择【文字工具】T，在画板中输入文字，并选择输入的文字，在属性栏中将填充颜色的CMYK值设置为56、71、100、25，然后单击【字符】，打开字符面板，将字体设置为【方正超粗黑简体】，字体大小设置为205pt，效果如图12-147所示。

图12-146 建立剪切蒙版后的效果

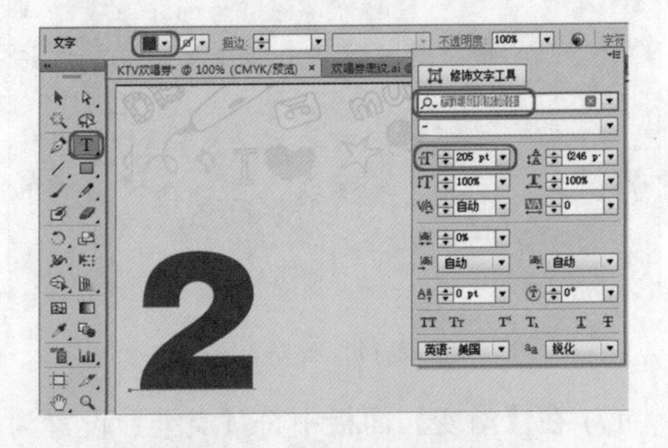

图12-147 输入并设置文字

(13) 在工具箱中选择【矩形工具】▭，在画板中绘制一个矩形，如图12-148所示。

(14) 选择绘制的矩形和数字“2”，并单击鼠标右键，在弹出的快捷菜单中选择【建立剪切蒙版】命令，建立剪切蒙版后的效果如图12-149所示。

(15) 在工具箱中选择【文字工具】T，在画板中输入文字，并选择输入的文字，在属性栏中将填充颜色的CMYK值设置为56、71、100、25，然后单击【字符】，打开字符面板，将字体设置为【方正粗倩简体】，字体大小设置为25pt，【设置所选字符的字距调整】设置为80，效果如图12-150所示。

(16) 然后在属性栏中单击【变换】，打开【变换】面板，将【旋转】设置为90°，并在画板中调整其位置，效果如图12-151所示。

(17) 使用同样的方法，在画板中输入其他文字，效果如图12-152所示。

(18) 选择文字“免费欢唱券”，在属性栏中单击【变换】，打开【变换】面板，将【倾斜】设置为15°，并在画板中适当调整其位置，效果如图12-153所示。

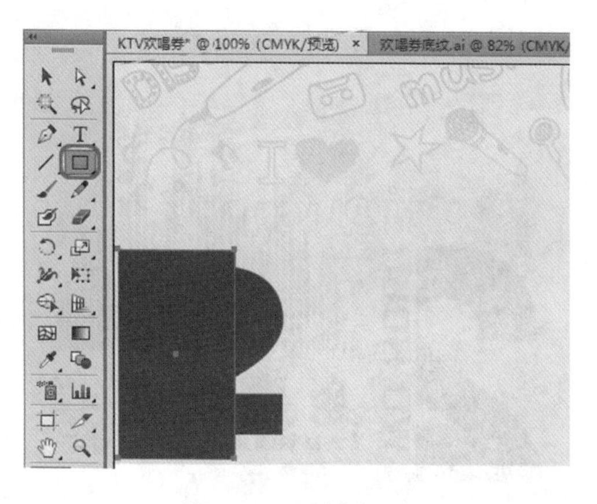

图 12-148　绘制矩形

图 12-149　建立剪切蒙版后的效果

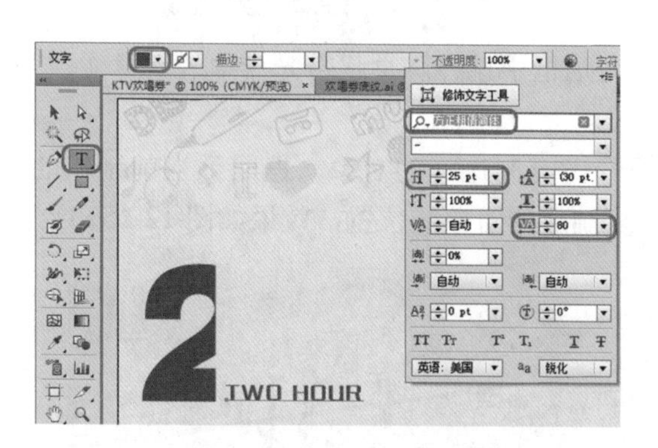

图 12-150　输入并设置文字

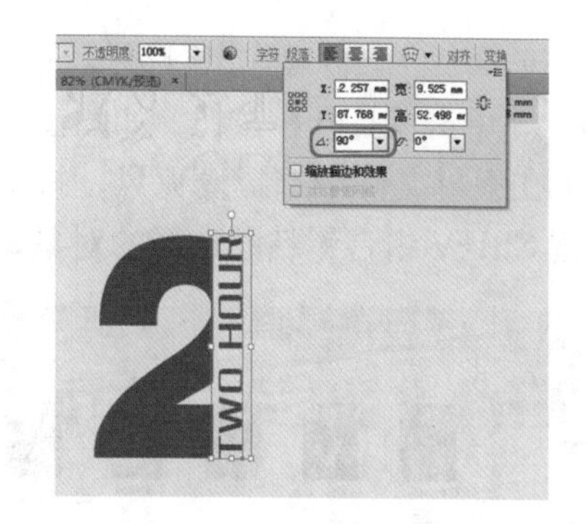

图 12-151　旋转文字

图 12-152　输入其他文字

图 12-153　设置文字倾斜

(19) 在工具箱中选择【圆角矩形工具】，在画板中绘制圆角矩形，并为绘制的圆角矩形填充颜色，效果如图 12-154 所示。

绘制圆角矩形时，在拖曳鼠标时按←或→键，可以设置是否绘制圆角矩形；按住 Shift 键拖曳鼠标，可以绘制圆角正方形；按住 Alt 键拖曳鼠标可以绘制以鼠标落点为中心点向四周延伸的圆角矩形；同时按住 Shift 键和 Alt 键拖曳鼠标，可以绘制以鼠标落点为中心点向四周延伸的圆角正方形。同理，按住 Alt 键单击鼠标，以对话框方式制作的圆角矩形，鼠标的落点即为所绘制圆角矩形的中心点。

(20) 使用同样的方法，绘制其他圆角矩形，效果如图 12-155 所示。

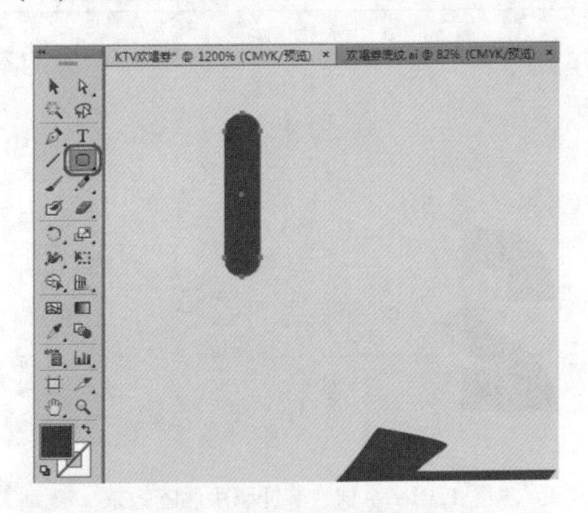

图 12-154　绘制圆角矩形并填充颜色

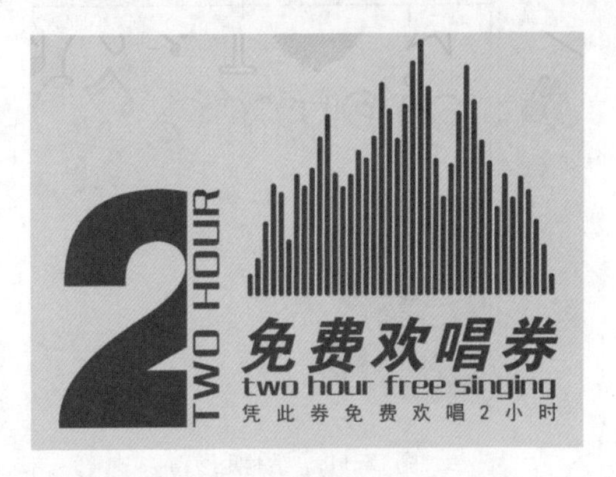

图 12-155　绘制其他圆角矩形

(21) 按 Ctrl+O 组合键弹出【打开】对话框，在该对话框中选择随书附带光盘中的素材文件“麦克风 .ai”，单击【打开】按钮，如图 12-156 所示。

(22) 在素材文件中选择麦克风，按 Ctrl+C 组合键复制选择的对象，返回到当前制作的场景中，按 Ctrl+V 组合键粘贴选择的对象，并调整复制后的对象的位置，效果如图 12-157 所示。

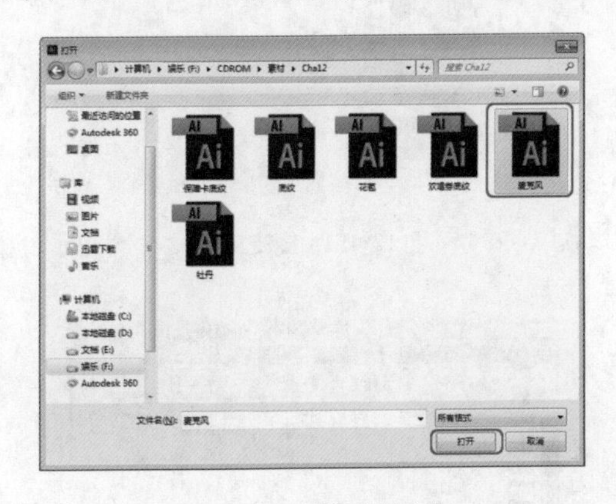

图 12-156　选择素材文件

图 12-157　复制并调整素材文件

(23) 在工具箱中选择【钢笔工具】，在画板中绘制圆弧，如图 12-158 所示。

(24) 在工具箱中选择【路径文字工具】，在绘制的路径上输入文字，并为输入的文字填充颜色，然后在属性栏中单击【字符】，打开字符面板，将字体设置为【方正大黑简体】，字体大小设置为 15pt，【设置所选字符的字距调整】设置为 −75，效果如图 12-159 所示。

(25) 在工具箱中选择【文字工具】，在画板中输入文字，并选择输入的文字，在属性栏中将填充颜色的 CMYK 值设置为 37、38、89、0，然后单击【字符】，打开字符面板，将字体设置为【方正大黑简体】，字体大小设置为 84pt，【水平缩放】设置为 45%，效果如图 12-160 所示。

(26) 然后在【透明度】面板中将【不透明度】设置为 20%，效果如图 12-161 所示。

(27) 在画板中选择绘制的矩形、剪切蒙版对象、数字 2 和其右侧的英文，在按住 Alt 键的同时，单击并向下拖动选择对象，即可复制选择的对象，效果如图 12-162 所示。

(28) 将复制后的矩形的填充颜色的 CMYK 值设置为 56、71、100、25，复制后的数字“2”

和英文填充颜色的 CMYK 值设置为 2、10、31、0，并调整数字“2”和英文的大小和位置，效果如图 12-163 所示。

图 12-158　绘制圆弧

图 12-159　输入并设置路径文字

图 12-160　输入并设置文字

图 12-161　设置不透明度

图 12-162　复制选择对象

图 12-163　更改填充颜色并调整大小

(29) 在工具箱中选择【圆角矩形工具】，在画板中绘制一个【宽度】为 140mm，【高度】为 100mm，【圆角半径】为 8mm 的圆角矩形，并将圆角矩形的填充颜色设置为无，描边颜色的 CMYK 值设置为 2、10、31、0，【描边粗细】设置为 2pt，效果如图 12-164 所示。

(30) 在工具箱中选择【文字工具】T，在画板中绘制文本框，然后在文本框中输入内容，输入完成后选择文本框，在属性栏中将填充颜色的CMYK值设置为2、10、31、0，然后单击【字符】，打开字符面板，将字体设置为【黑体】，字体大小设置为20.5pt，效果如图12-165所示。

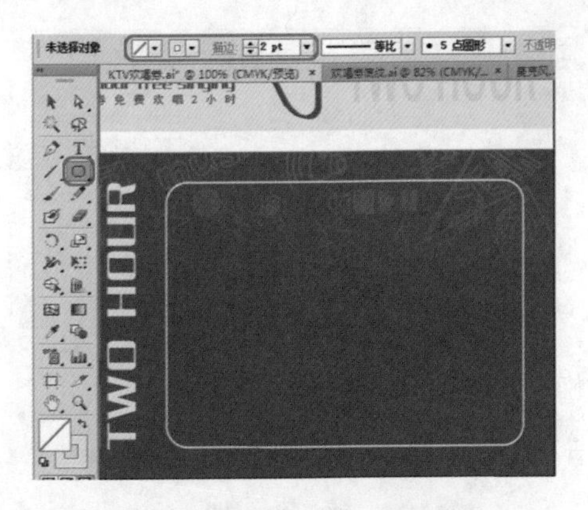

图 12-164　绘制并调整圆角矩形

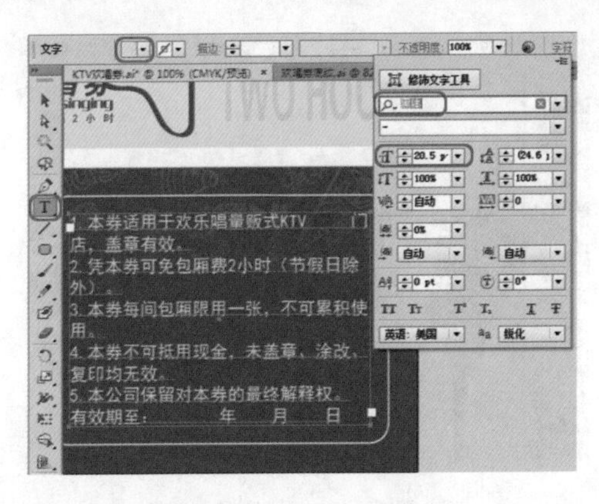

图 12-165　输入并设置文字

案例精讲 076　服装吊牌

制作概述

本例来介绍一下服装吊牌的制作方法，首先制作小吊牌和大吊牌，然后将大小吊牌组合在一起，完成后的效果如图12-166所示。

图 12-166　服装吊牌

学习目标

- 学习服装吊牌的制作流程。
- 掌握设置段落文字的方法。

操作步骤

(1) 按Ctrl+N组合键，在弹出的【新建文档】对话框中输入【名称】为“服装吊牌”，将【宽度】设置为475mm，【高度】设置为260mm，【颜色模式】设置为CMYK，单击【确定】按钮，如图12-167所示。

(2) 在工具箱中选择【矩形工具】▭，在画板中绘制一个宽为475mm，高为260mm的矩形，然后选择绘制的矩形，按Ctrl+F9组合键打开【渐变】面板，将【类型】设置为【线性】，【角度】设置为90°，左侧渐变滑块的CMYK值设置为0、0、0、16，右侧渐变滑块的CMYK值设置为42、34、32、20，如图12-168所示。并将矩形的描边设置为无。

(3) 在工具箱中选择【圆角矩形工具】▢，在画板中绘制一个【宽度】为52mm，【高度】为158mm，【圆角半径】为4mm的圆角矩形，并将圆角矩形的填充颜色设置为白色，效果如图12-169所示。

(4) 继续使用【圆角矩形工具】▢绘制一个小的圆角矩形，然后为其填充一种颜色，效果如图 12-170 所示。

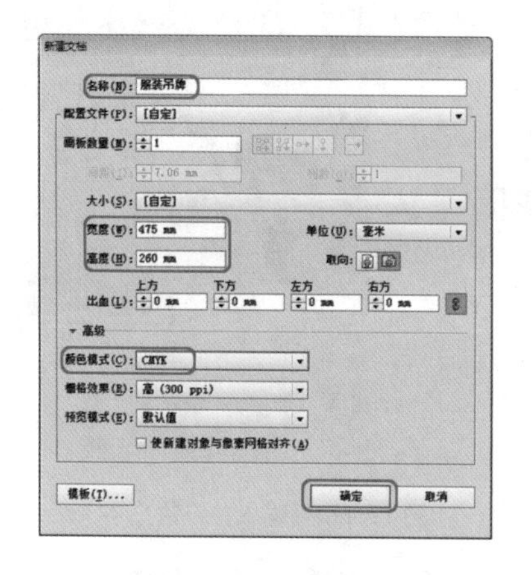

图 12-167 新建文档

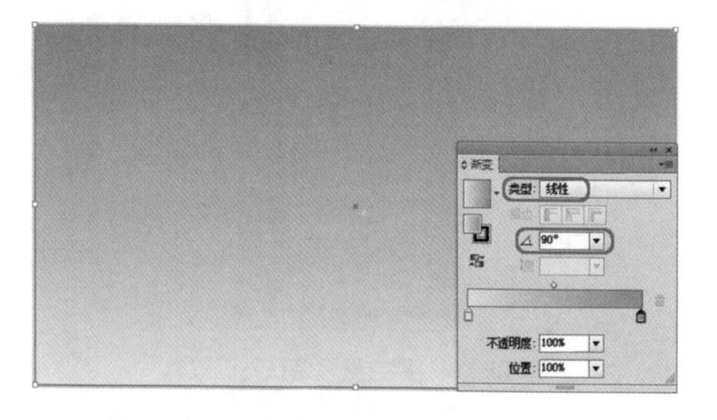

图 12-168 绘制矩形并填充渐变颜色

(5) 选择新绘制的两个圆角矩形，并单击鼠标右键，在弹出的快捷菜单中选择【建立复合路径】命令，如图 12-171 所示。

图 12-169 绘制白色圆角矩形

图 12-170 绘制小圆角矩形

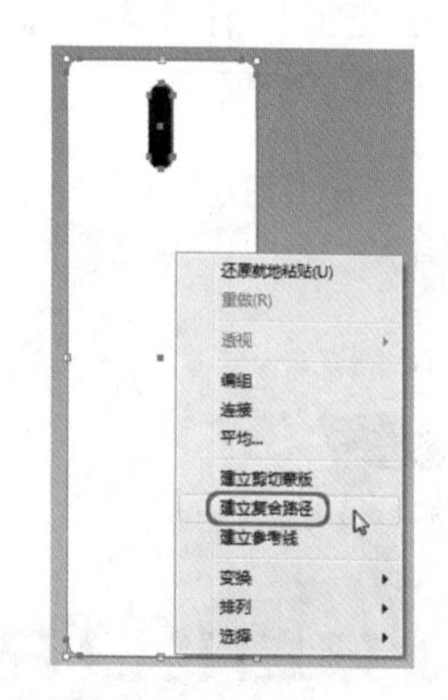

图 12-171 选择【建立复合路径】命令

知识链接

【复合路径】包含两个或多个已经填充完颜色开放或闭合的路径，在路径重叠处将呈现孔洞。将对象定义为复合路径后，复合路径中的所有对象都将使用堆栈顺序中最下层对象的上填充颜色和样式属性。

在画板中选择已经创建好的复合路径，在菜单栏中选择【对象】|【复合路径】|【释放】命令，可以取消已经创建的复合路径。

(6) 建立复合路径后的效果如图 12-172 所示。

(7) 在工具箱中选择【文字工具】T，在画板中输入数字“7”，并选择输入的数字，在属性栏中将填充颜色的 CMYK 值设置为 80、81、81、66，然后单击【字符】，打开字符面板，将字体设置为【方正小标宋简体】，字体大小设置为 143pt，效果如图 12-173 所示。

图 12-172　建立复合路径后的效果

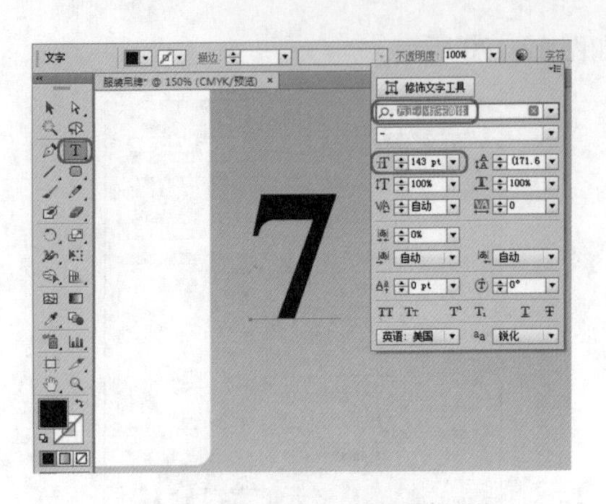

图 12-173　输入并设置文字

(8) 继续使用【文字工具】 T 在画板中输入文字，并为输入的文字填充颜色，然后在属性栏中单击【字符】，打开字符面板，将字体设置为 Bank Gothic Medium BT，字体大小设置为 45pt，效果如图 12-174 所示。

(9) 在工具箱中选择【钢笔工具】，在画板中绘制图形，并为绘制的图形填充颜色，效果如图 12-175 所示。

图 12-174　输入并设置文字

图 12-175　绘制图形并填充颜色

(10) 使用同样的方法，绘制其他图形，效果如图 12-176 所示。

(11) 选择组成 Logo 的所有对象，并将其编组，然后在属性栏中单击【变换】，打开变换面板，将【旋转】设置为 −90°，并在画板中调整 Logo 的位置，效果如图 12-177 所示。

在菜单栏中选择【对象】|【编组】命令，或按 Ctrl+G 组合键，都可以将选择的对象编组。也可以在选择的对象上单击鼠标右键，在弹出的快捷菜单中选择【编组】命令。若要取消编组对象，可以在菜单栏中选择【对象】|【取消编组】菜单命令，或按下 Shift+Ctrl+G 组合键。

(12) 在画板中选择白色圆角矩形，在按住 Alt 键的同时单击并向右拖动，即可复制白色圆角矩形，效果如图 12-178 所示。

(13) 在工具箱中选择【文字工具】 T，在画板中输入文字，并选择输入的文字，在属性栏中单击【字符】，打开字符面板，将字体设置为【汉仪方隶简】，字体大小设置为 23pt，效果如图 12-179 所示。

图 12-176　绘制其他图形

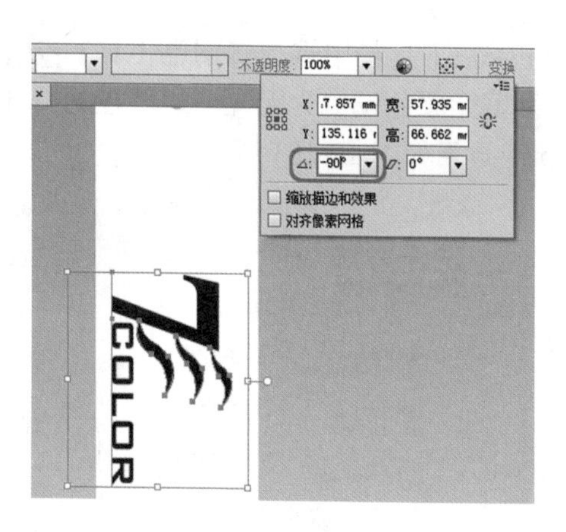

图 12-177　调整 Logo

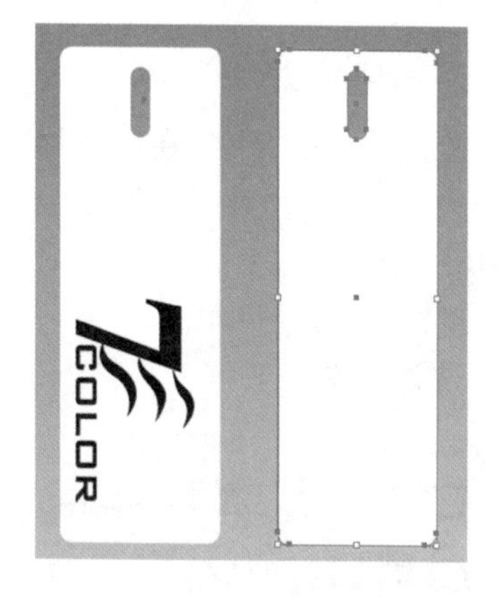

图 12-178　复制白色圆角矩形

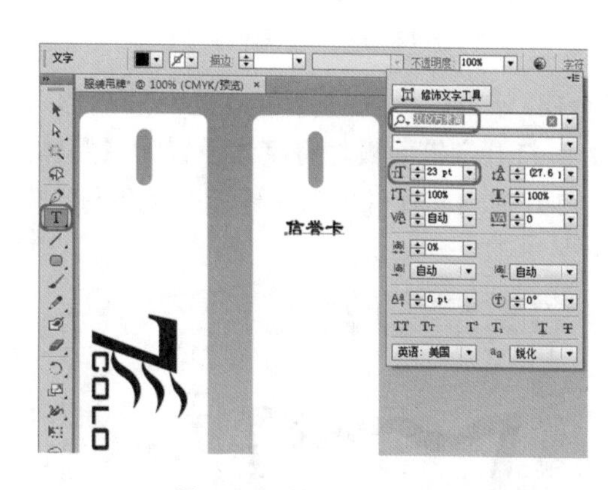

图 12-179 输入并设置文字

(14) 继续使用【文字工具】T，在画板中绘制文本框，然后在文本框中输入内容，输入完成后选择文本框，在属性栏中单击【字符】，打开字符面板，将字体设置为【黑体】，字体大小设置为 7pt，【设置行距】设置为 14pt，【设置所选字符的字距调整】设置为 75，效果如图 12-180 所示。

(15) 单击【段落】，打开段落面板，将【首行左缩进】设置为 15pt，效果如图 12-181 所示。

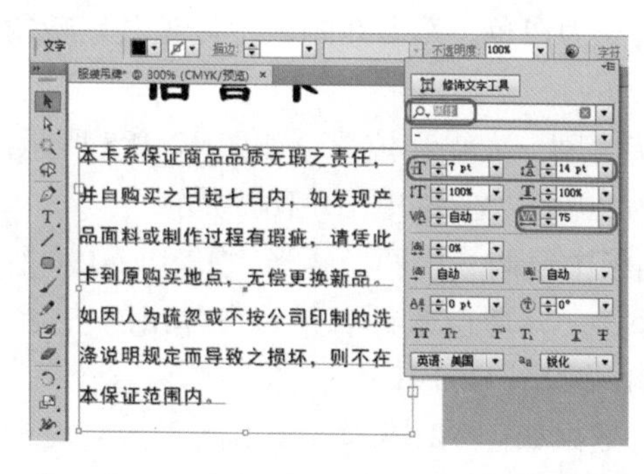

图 12-180　设置文字

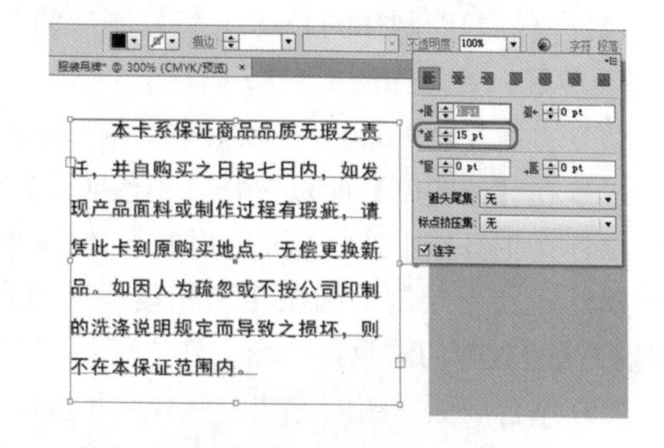

图 12-181　设置首行左缩进

(16) 结合前面介绍的方法，输入其他文字，效果如图 12-182 所示。

(17) 在工具箱中选择【钢笔工具】，在画板中绘制曲线，并选择绘制的曲线，在属性栏中将填充颜色设置为无，描边颜色的 CMYK 值设置为 0、0、0、100，【描边粗细】设置为 0.75pt，效果如图 12-183 所示。

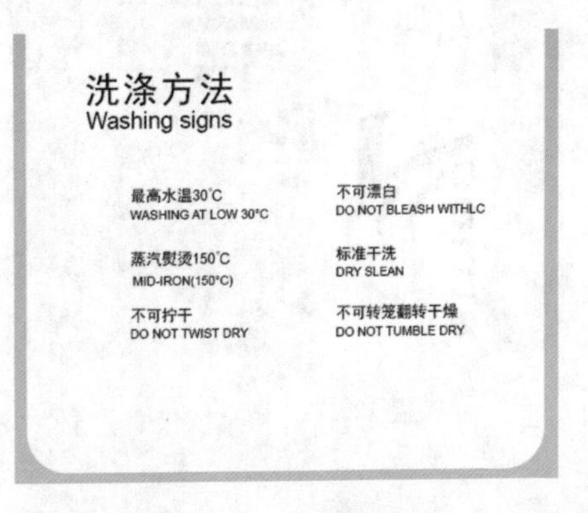

图 12-182　输入其他文字

图 12-183　绘制图形

(18) 使用【文字工具】在绘制的图形内输入文字，并选择输入的文字，在属性栏中单击【字符】，打开字符面板，将字体设置为【黑体】，字体大小设置为 3pt，效果如图 12-184 所示。

(19) 使用同样的方法，绘制其他图标，效果如图 12-185 所示。

图 12-184　输入并设置文字

图 12-185　绘制其他图标

(20) 结合前面介绍的方法，制作大吊牌形状，效果如图 12-186 所示。

(21) 复制前面制作的 Logo，将复制后的 Logo 填充为白色，然后在画板中调整其旋转角度、大小和位置，效果如图 12-187 所示。

(22) 再次复制 Logo，在画板中调整 Logo 的旋转角度、大小和位置，如图 12-188 所示。

(23) 在【透明度】面板中将【不透明度】设置为 20%，效果如图 12-189 所示。

(24) 在工具箱中选择【圆角矩形工具】，在画板中绘制一个圆角矩形，如图 12-190 所示。

(25) 选择新绘制的圆角矩形和设置透明度的 Logo，并单击鼠标右键，在弹出的快捷菜单中选择【建立剪切蒙版】命令，建立剪切蒙版后的效果如图 12-191 所示。

(26) 结合前面介绍的方法，制作大吊牌的背面，效果如图 12-192 所示。

(27) 选择组成大吊牌正面的所有对象，并将其编组，然后复制大吊牌正面，并选择复制的对象，在属性栏中单击【变换】，打开变换面板，将【旋转】设置为 6°，效果如图 12-193 所示。

图 12-186　制作大吊牌

图 12-187　复制并调整 Logo

图 12-188　再次复制 Logo

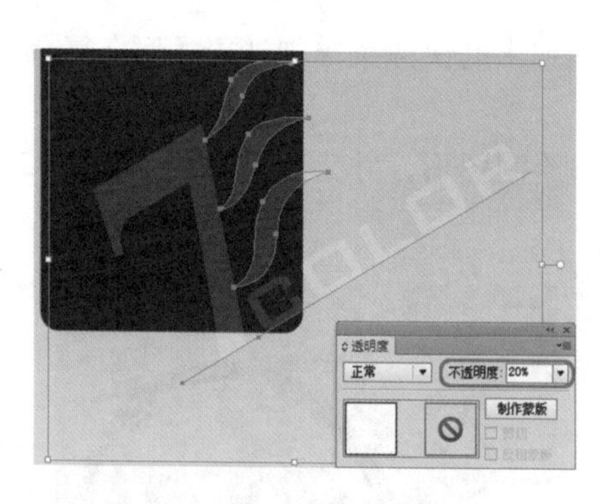

图 12-189　设置不透明度

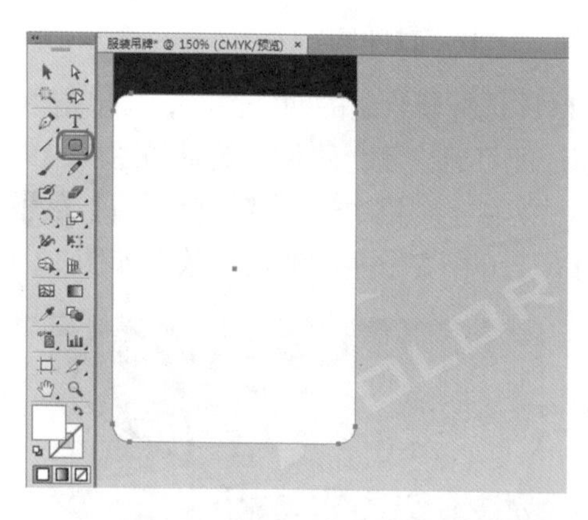

图 12-190　绘制圆角矩形

图 12-191　建立剪切蒙版后的效果

图 12-192　制作大吊牌背面

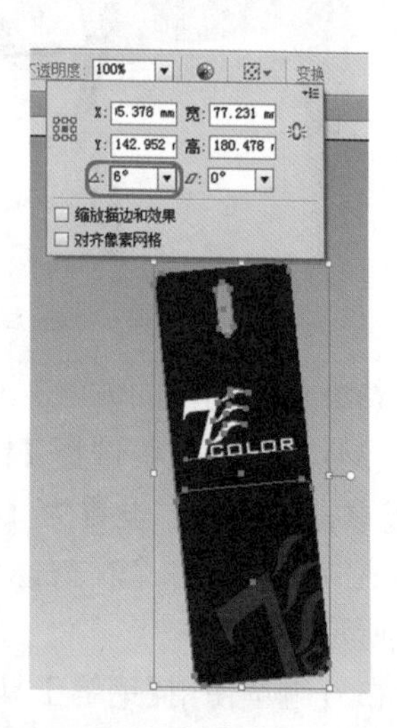

图 12-193　复制并调整大吊牌正面

(28) 复制小吊牌正面，并调整其旋转角度和位置，效果如图 12-194 所示。

(29) 在工具箱中选择【钢笔工具】，在画板中绘制图形，并为绘制的图形填充 CMYK

值为 80、81、81、66 的颜色，效果如图 12-195 所示。

(30) 继续使用【钢笔工具】在画板中绘制图形，效果如图 12-196 所示。

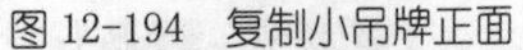

图 12-194 复制小吊牌正面

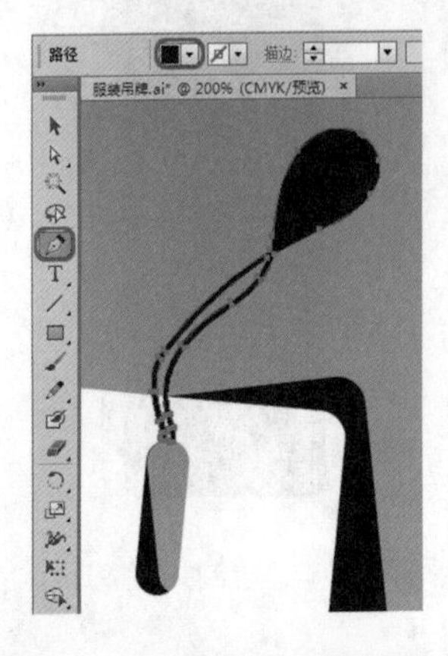

图 12-195 绘制图形并填充颜色

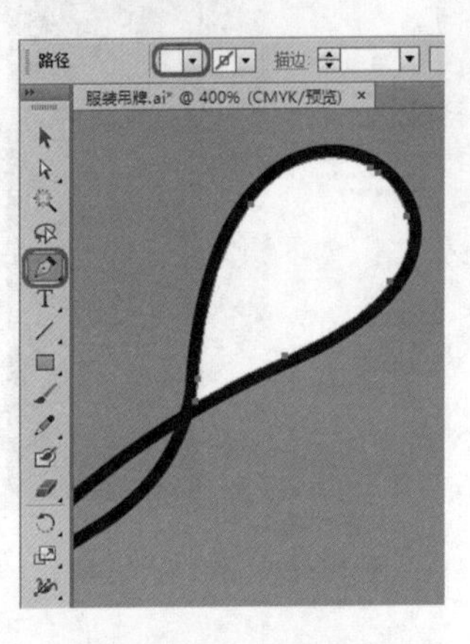

图 12-196 绘制图形

(31) 选择新绘制的两个图形，并单击鼠标右键，在弹出的快捷菜单中选择【建立复合路径】命令，即可建立复合路径，效果如图 12-197 所示。

(32) 在工具箱中选择【钢笔工具】，在画板中绘制图形，并为绘制的图形填充 CMYK 值为 67、60、57、7 的颜色，效果如图 12-198 所示。

图 12-197 建立复合路径

图 12-198 复制图形并填充颜色

(33) 使用同样的方法，绘制其他图形，效果如图 12-199 所示。

(34) 在工具箱中选择【钢笔工具】，在画板中绘制图形，并选择绘制的图形，在【渐变】面板中将【类型】设置为【线性】，【角度】设置为 −37°，左侧渐变滑块的 CMYK 值设置为 18、49、100、29，右侧渐变滑块的 CMYK 值设置为 43、72、100、38，效果如图 12-200 所示。

(35) 继续使用【钢笔工具】在画板中绘制图形，并选择绘制的图形，在【渐变】面板中将【类型】设置为【线性】，【角度】设置为 −36°，左侧渐变滑块的 CMYK 值设置为 11、32、74、38，右侧渐变滑块的 CMYK 值设置为 15、49、100、73，效果如图 12-201 所示。

图 12-199　绘制其他图形

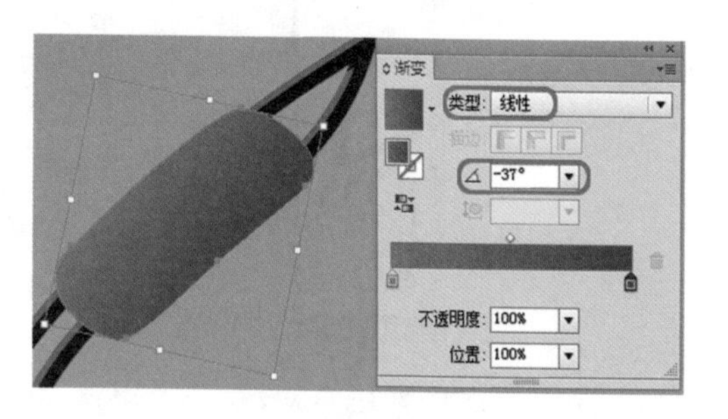

图 12-200　绘制图形并填充渐变颜色

(36) 选择小吊牌正面对象，在菜单栏中选择【效果】|【风格化】|【投影】命令，弹出【投影】对话框，在该对话框中设置投影参数，设置完成后单击【确定】按钮即可，如图 12-202 所示。

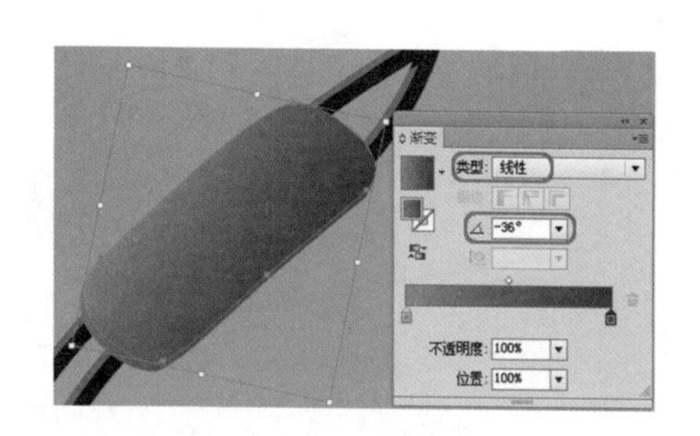

图 12-201　绘制图形并填充颜色

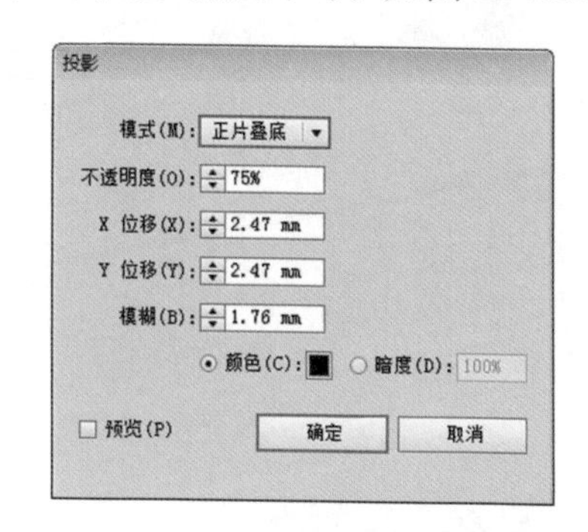

图 12-202　设置投影参数

知识链接

【投影】对话框中各选项功能介绍如下：

【模式】：在该选项的下拉列表框中可以选择投影的混合模式。

【不透明度】：用来指定所需的投影不透明度。当该值为 0%时，投影完全透明，为 100%时，投影完全不透明。

【X 位移】/【Y 位移】：用来指定投影偏离对象的距离。

【模糊】：用来指定投影的模糊范围。Illustrator 会创建一个透明栅格对象来模拟模糊效果。

【颜色】：用来指定投影的颜色，默认为黑色。如果要修改颜色，可以单击选项右侧的颜色框，在打开的【拾色器】对话框中进行设置。

【暗度】：用来设置应用投影效果后阴影的深度，选择该选项后，将以对象自身的颜色与黑色混合。

(37) 完成上述操作后，即可为选择的对象添加投影，效果如图 12-203 所示。

(38) 使用同样的方法，为其他对象添加投影，效果如图 12-204 所示。

图 12-203　添加投影

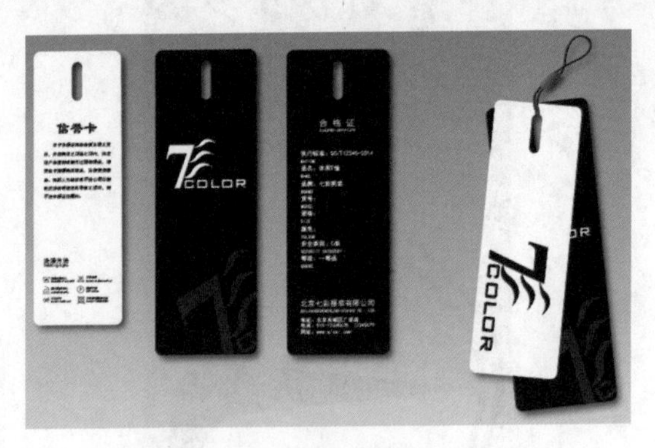

图 12-204　为其他对象添加投影

第 13 章 Logo 设计

本章重点

- 物流公司 Logo
- 金融公司 Logo
- 房地产 Logo
- 矿泉水 Logo
- 乳业 Logo
- 童装 Logo

在日益激烈的全球市场上，严格管理和正确使用统一标准的公司的徽标，将为我们提供一个更有效、更清晰和更亲切的市场形象。Logo是人们在长期的生活和实践中形成的一种视觉化的信息表达方式，具有一定含义并能够使人理解的视觉图形。其有简洁、明确、一目了然的视觉传递效果。本章将通过6个案例来介绍Logo的制作方法，其中包括物流公司Logo、金融公司Logo、房地产Logo以及童装Logo等。

案例精讲077　物流公司Logo

案例文件：CDROM \ 场景 \ Cha13 \ 物流公司 Logo.ai

视频文件：视频教学 \ Cha13 \ 物流公司 Logo.avi

制作概述

本案例将介绍如何制作物流公司的Logo，该标志主要以公司名称的首字母进行变形，外侧的圆弧主要体现出双手呵护，体现担保、保护以及可以信赖的形象，效果如图13-1所示。

图13-1　物流公司Logo

学习目标

- 学习文字的变形。
- 掌握对象的成组、镜像等操作。
- 了解文字位置的摆放。

操作步骤

(1) 按Ctrl+N组合键，在弹出的对话框中将【名称】设置为“物流公司Logo”，将【宽度】、【高度】分别设置为7cm、6cm，如图13-2所示。

(2) 设置完成后，单击【确定】按钮，在工具箱中单击【矩形工具】，在画板中绘制一个与文档大小相同的矩形，并将其填充颜色的CMYK值设置为4、3、3、0，描边设置为无，效果如图13-3所示。

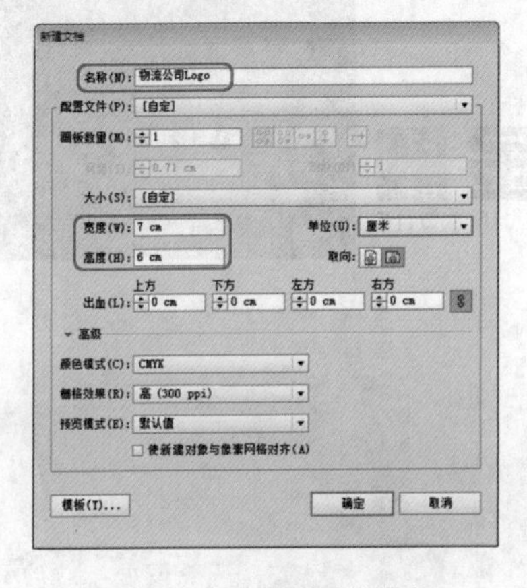

图13-2　设置新建文档参数

图13-3　绘制矩形

(3) 在工具箱中单击【文字工具】T，在画板中单击鼠标，输入文字，选中输入的文字，在【字符】面板中将字体设置为【汉仪圆叠体简】，字体大小设置为27，如图13-4所示。

(4) 设置完成后，继续选中该文字，在【变换】面板中将【倾斜】设置为20，如图13-5所示。

(5) 设置完成后，右击鼠标，在弹出的快捷菜单中选择【创建轮廓】命令，如图13-6所示。

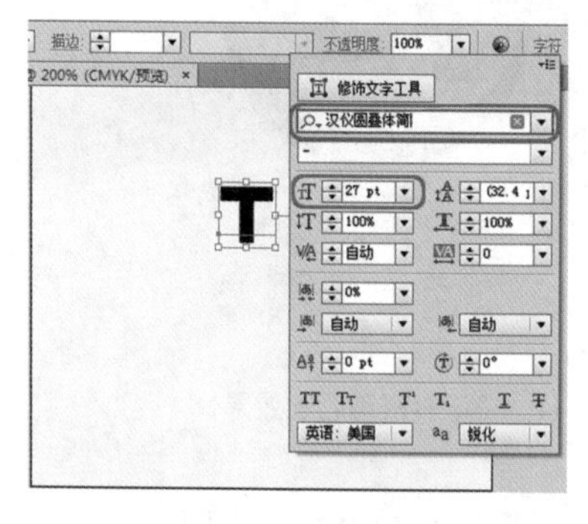

图13-4 输入文字并进行设置

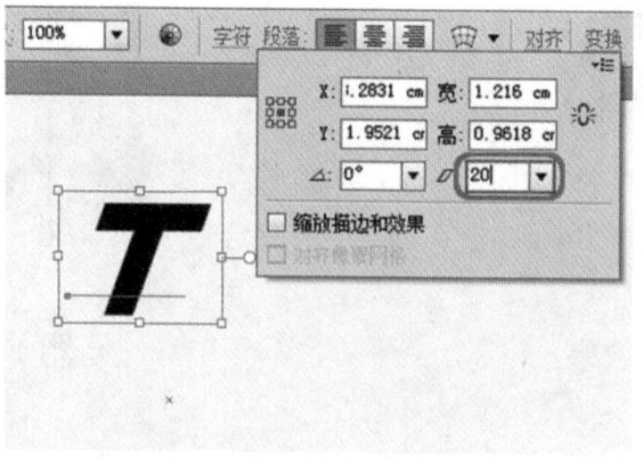

图13-5 设置倾斜参数

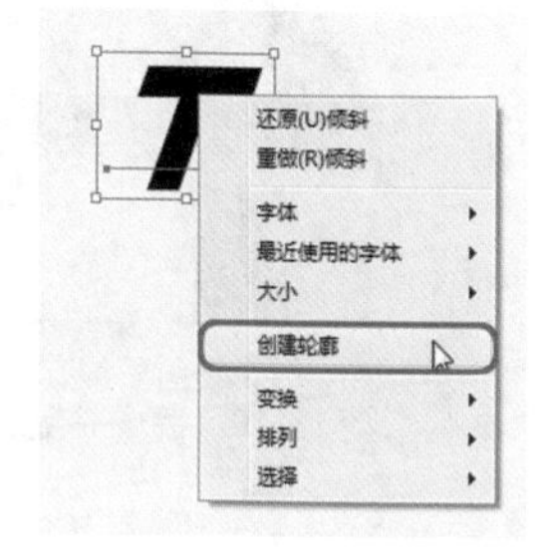

图13-6 选择【创建轮廓】命令

(6) 在工具箱中单击【直接选择工具】，在画板中对文字进行调整，调整完成后，将其填充颜色的CMYK值设置为8、80、95、0，如图13-7所示。

(7) 在工具箱中单击【钢笔工具】，在画板中绘制如图13-8所示的图形，并为其填充颜色。

(8) 选中绘制的图形和调整后的文字，按Ctrl+G组合键将其进行成组，在该对象上右击鼠标，在弹出的快捷菜单中选择【变换】|【对称】命令，如图13-9所示。

图13-7 调整文字形状

图13-8 绘制图形

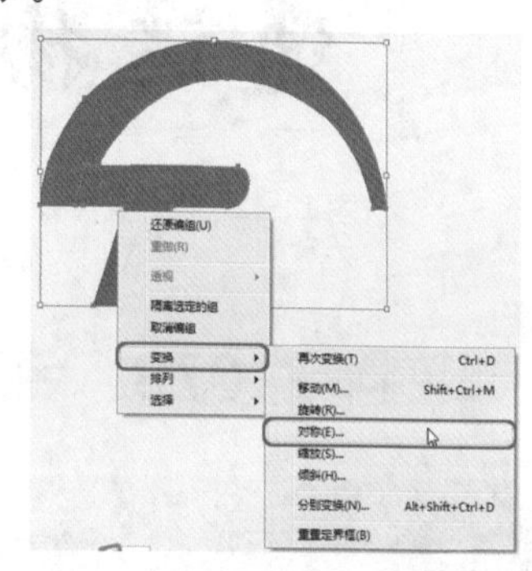

图13-9 选择【对称】命令

(9) 在弹出的对话框中选中【垂直】单选按钮，单击【复制】按钮，完成镜像并复制，效果如图13-10所示。

(10) 再次执行【对称】命令，将镜像后的对象再进行水平镜像，调整其位置，然后使用【删除锚点工具】对镜像后的对象进行修剪，效果如图13-11所示。

(11) 继续选中该对象，将其填充颜色的CMYK值设置为30、100、95、0，在工具箱中单击【文字工具】T，在画板中单击鼠标，输入文字，选中输入的文字，在【字体】面板中将字体设置为【方正行楷简体】，字体大小设置为42，字符间距设置为20，如图13-12所示。

(12) 在工具箱中单击【文字工具】T，在画板中单击鼠标，输入文字，选中输入的文字，在【字体】面板中将字体设置Californian FB，字体大小设置为15，字符间距设置为200，如图13-13所示。

图 13-10　镜像并复制后的效果

图 13-11　镜像并修剪后的效果

图 13-12　输入文字并进行设置

图 13-13　输入文字

案例精讲 078　金融公司 Logo

案例文件：CDROM \ 场景 \ Cha13 \ 金融公司 Logo.ai

视频文件：视频教学 \ Cha13 \ 金融公司 Logo.avi

制作概述

本案例将介绍金融公司 Logo 的制作方法，听到金融公司，首先会想到钱币，所以本案例以外圆内方，古代钱币的形式来体现金融服务行业的特点，在标志的中间以一个抽象的“中”字来体现公司的名称，效果如图 13-14 所示。

图 13-14　金融公司 Logo

学习目标

- 学习图形的绘制。
- 掌握文字的创建与设置。

操作步骤

(1) 按 Ctrl+N 组合键，在弹出的对话框中将【名称】设置为“金融公司 Logo”，将【宽度】、【高度】分别设置为 33、13cm，如图 13-15 所示。

(2) 设置完成后，单击【确定】按钮，在工具箱中单击【钢笔工具】，在画板中绘制如图 13-16 所示的图形，将其填充颜色的 CMYK 值设置为 19、100、100、0，描边设置为无。

(3) 在工具箱中单击【矩形工具】，在画板中绘制一个白色的矩形，并调整其位置，效果如图 13-17 所示。

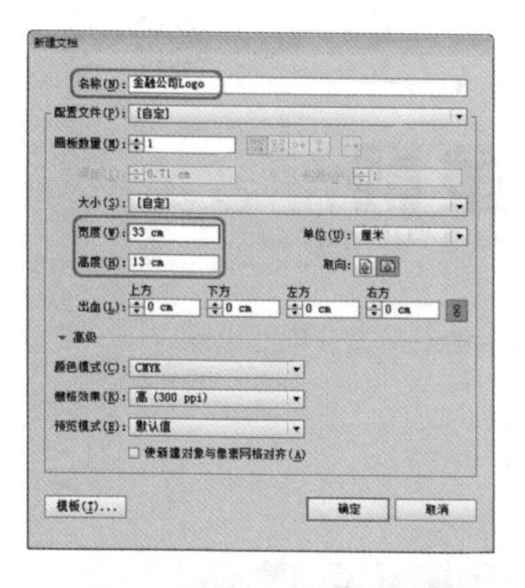

图 13-15　设置新建文档参数

图 13-16　绘制图形

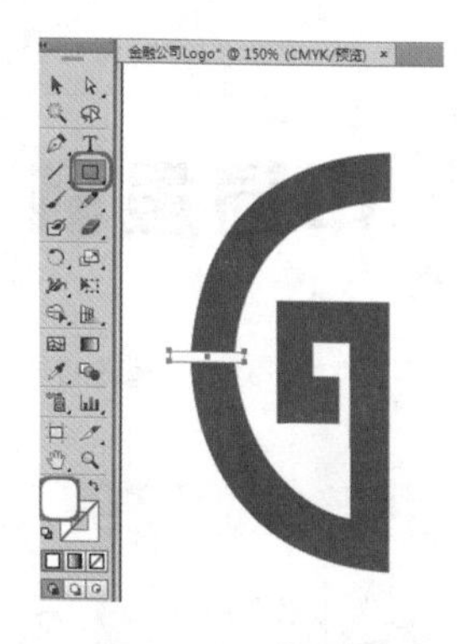

图 13-17　绘制矩形

(4) 选中矩形和前面所绘制的图形，在【路径查找器】面板中单击【减去顶层】按钮，如图 13-18 所示。

> **知识链接**
>
> 金融公司在西方国家是一类极其重要的金融机构，主要靠在货币市场上发行商业票据、在资本市场上发行股票、债券。

(5) 在该对象上右击鼠标，在弹出的快捷菜单中选择【变换】|【对称】命令，如图 13-19 所示。

(6) 在弹出的对话框中选中【垂直】单选按钮，单击【复制】按钮，在画板中调整其位置，效果如图 13-20 所示。

图 13-18　减去顶层图形

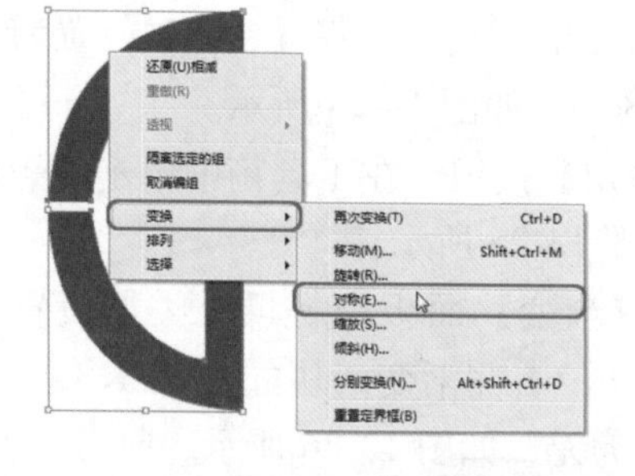

图 13-19　选择【对称】命令

图 13-20　镜像并调整位置后的效果

(7) 再次对该对象进行水平翻转，在工具箱中单击【文字工具】，在画板中单击鼠标，输入文字，选中输入的文字，在【字符】面板中将字体设置为【长城新艺体】，字体大小设置为 130，字符间距设置为 200，效果如图 13-21 所示。

(8) 在工具箱中单击【文字工具】，在画板中单击鼠标左键，输入文字，选中输入的文字，在【字符】面板中将字体设置为 Corbel，字体样式设置为 Bold，字体大小设置为 48，字符间距设置为 85，效果如图 13-22 所示。

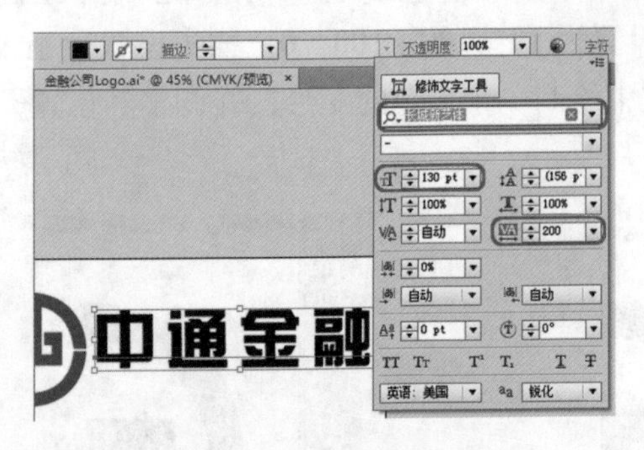

图 13-21　翻转对象并输入文字

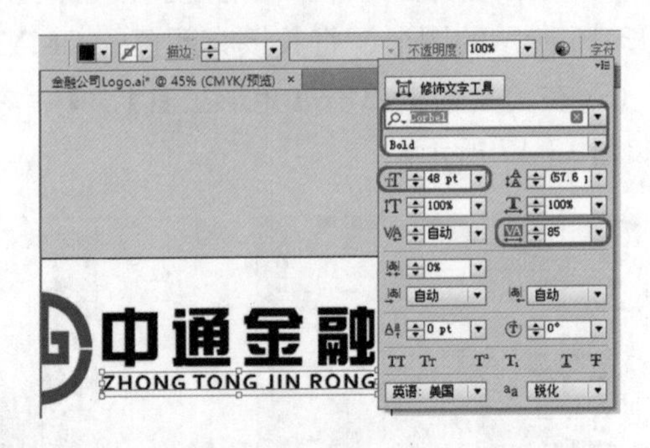

图 13-22　输入文字并进行设置

案例精讲 079　房地产 Logo

案例文件：CDROM \ 场景 \ Cha13 \ 房地产 Logo.ai

视频文件：视频教学 \ Cha13 \ 房地产公司 Logo.avi

制作概述

本案例将介绍如何制作房地产的 Logo，该 Logo 以凤凰的形状来体现公司名称，效果如图 13-23 所示。

图 13-23　房地产 Logo

学习目标

- 学习图形的绘制。
- 掌握渐变的设置。

操作步骤

(1) 按 Ctrl+N 组合键，在弹出的对话框中将【名称】设置为“房地产 Logo”，将【宽度】、【高度】分别设置为 23cm、18cm，如图 13-24 所示。

(2) 设置完成后，单击【确定】按钮，在工具箱中单击【矩形工具】，在画板中绘制一个与画板大小相同的矩形，如图 13-25 所示。

(3) 选中绘制的矩形，在【渐变】面板中将填充类型设置为【径向】，左侧渐变滑块的 CMYK 值设置为 67、59、56、6，右侧渐变滑块的 CMYK 值设置为 85、81、80、68，上方节点的位置设置为 67，描边设置为无，如图 13-26 所示。

(4) 在工具箱中单击【钢笔工具】，在画板中绘制一个图形，选中绘制的图形，在【渐变】面板中将填充类型设置为【线性】，左侧渐变滑块的 CMYK 值设置为 3、27、88、0.4，在位置 26 处添加一个渐变滑块，将其 CMYK 值设置为 3、37、91、0，在位置 57 处添加一个渐变滑块，将其 CMYK 值设置为 11、80、96、2，右侧渐变滑块的 CMYK 值设置为 0、100、93、

0，如图 13-27 所示。

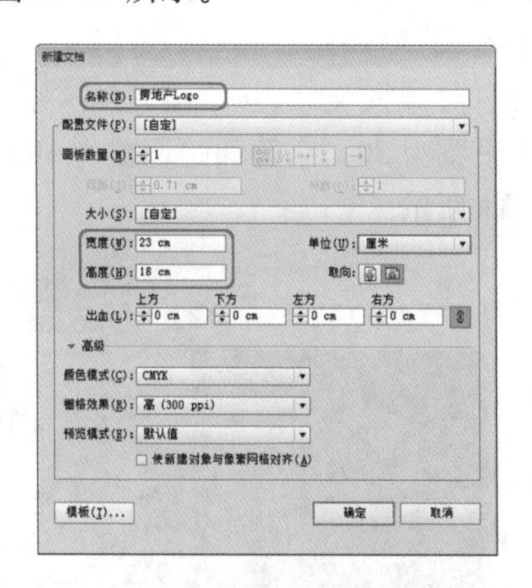

图 13-24　设置新建文档参数

图 13-25　绘制矩形

图 13-26　设置渐变颜色

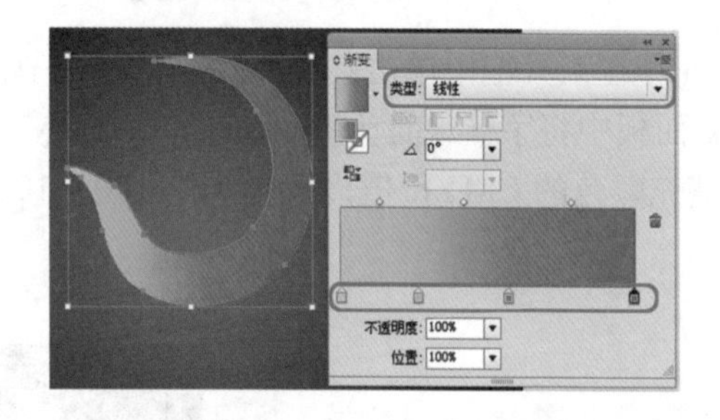

图 13-27　绘制图形并设置渐变颜色

(5) 再次使用【钢笔工具】在画板中绘制三个图形，为其填充与前面图形相同的渐变颜色，在工具箱中单击【渐变工具】，在画板中对图形的渐变进行调整，效果如图 13-28 所示。

(6) 使用【钢笔工具】在画板中绘制一个如图 13-29 所示的图形，在【渐变】面板中将除最左侧和最右侧外的其他渐变滑块删除，左侧渐变滑块的 CMYK 值设置为 2.4、62、76、0.4，右侧渐变滑块的 CMYK 值设置为 2.5、22、85、0，上方节点的位置设置为 52。

图 13-28　绘制图形并调整渐变颜色

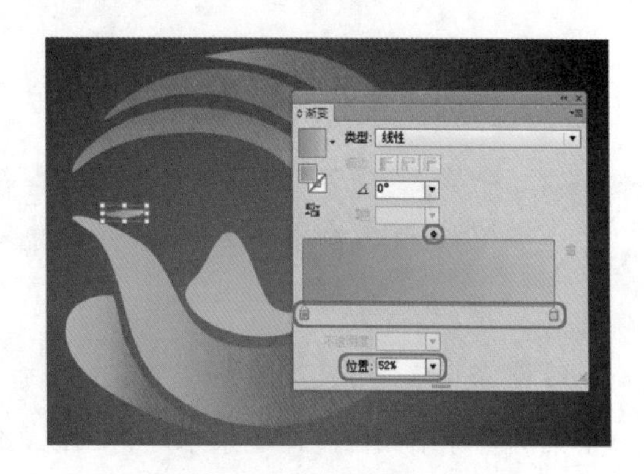

图 13-29　绘制图形并设置渐变颜色

(7) 在工具箱中单击【椭圆工具】，在画板中绘制一个椭圆形，并将其填充颜色设置为白色，在【变换】面板中将【旋转】设置为 −50°，如图 13-30 所示。

(8) 在工具箱中单击【文字工具】T，在画板中单击鼠标，输入文字，选中输入的文字，在【字符】面板中将字体设置为【汉仪综艺体简】，字体大小设置为 80，字符间距设置为 100，其填充颜色的 CMYK 值设置为 32、100、100、1，如图 13-31 所示。

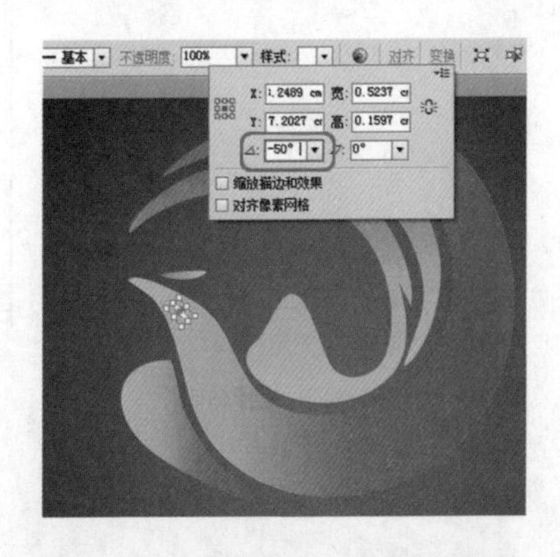
图 13-30　绘制椭圆形并设置旋转参数

图 13-31　输入文字

(9) 在工具箱中单击【文字工具】T，在画板中单击鼠标，输入文字，选中输入的文字，在【字符】面板中将字体设置为 Lucida Calligraphy Italic，字体大小设置为 30，字符间距设置为 −25，其填充颜色的 CMYK 值设置为 32、100、100、1，如图 13-32 所示。

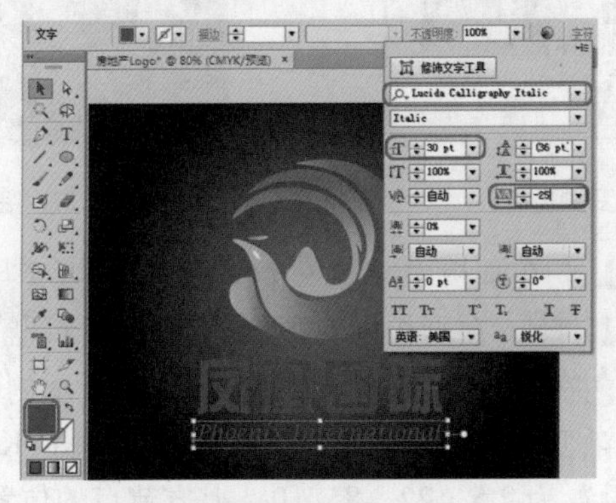
图 13-32　输入文字并进行设置

案例精讲 080　矿泉水 Logo

案例文件：CDROM \ 场景 \ Cha13 \ 矿泉水 Logo.ai

视频文件：视频教学 \ Cha13 \ 矿泉水 Logo.avi

制作概述

本案例将介绍如何制作矿泉水广告，该案例以白色和蓝色体现雪山效果，以标示天然矿泉水及水源地点，效果如图 13-33 所示。

图 13-33　矿泉水 Logo

学习目标

- ■ 掌握图形的绘制。
- ■ 掌握文字的输入及排列。

操作步骤

(1) 按 Ctrl+N 组合键，在弹出的对话框中将【名称】设置为“矿泉水 Logo”，将【宽度】、【高度】分别设置为 128mm、101mm，如图 13-34 所示。

(2) 设置完成后，单击【确定】按钮，在工具箱中单击【钢笔工具】，在画板中绘制一个与画板大小相同的矩形，如图 13-35 所示。

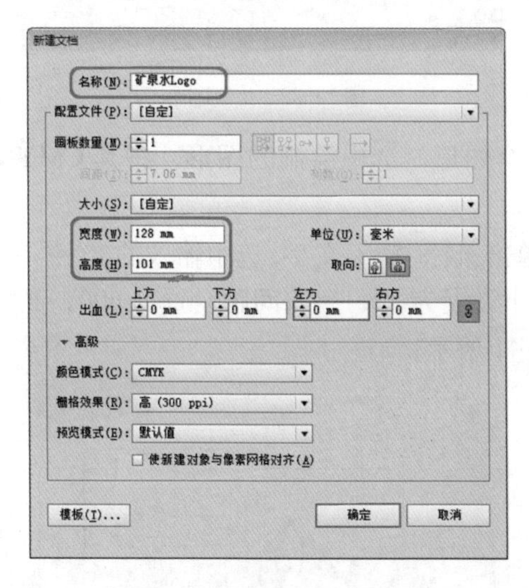

图 13-34　设置新建文档参数

图 13-35　绘制矩形

(3) 选中绘制的矩形，将其填充颜色的 CMYK 值设置为 19、14、14、0，描边设置为无，效果如图 13-36 所示。

(4) 在工具箱中单击【钢笔工具】，在画板中绘制一个如图 13-37 所示的图形，将其填充颜色的 CMYK 值设置为 94、75、50、13。

(5) 使用【钢笔工具】在画板中绘制一个图形，并为其填充白色，效果如图 13-38 所示。

(6) 使用【钢笔工具】在画板中绘制一个图形，将其填充颜色的 CMYK 值设置为 79、33、13、0，如图 13-39 所示。

图 13-36　填充颜色并取消描边后的效果

图 13-37　绘制图形并填充颜色

图 13-38　绘制图形并填充颜色

图 13-39　绘制图形

(7) 使用【钢笔工具】再次在画板中绘制多个图形，选中绘制的图形，将其 CMYK 值设置为 94、75、50、13，效果如图 13-40 所示。

(8) 在工具箱中单击【文字工具】，在画板中单击鼠标，输入文字，选中输入的文字，在【字符】面板中将字体设置为【长城新艺体】，字体大小设置为 52，字符间距设置为 600，其填充颜色的 CMYK 值设置为 94、75、50、13，如图 13-41 所示。

图 13-40　绘制多个图形并设置填充颜色

图 13-41　输入文字并进行设置

(9) 继续选中该文字，在【变换】面板中将【倾斜】设置为 5，如图 13-42 所示。

(10) 对倾斜后的文字进行复制，并调整其位置，在属性栏中将填色和描边都设置为白色，描边粗细设置为 7pt，如图 13-43 所示。

图 13-42　设置倾斜参数

图 13-43　复制文字并对其进行设置

(11) 设置完成后，在该对象上右击鼠标，在弹出的快捷菜单中选择【排列】|【后移一层】命令，如图 13-44 所示。

(12) 在工具箱中单击【椭圆工具】，在画板中绘制一个椭圆形，将其填充颜色的 CMYK 值设置为 0、0、0、86，为其添加【羽化】效果，并将羽化半径设置为 7，如图 13-45 所示。

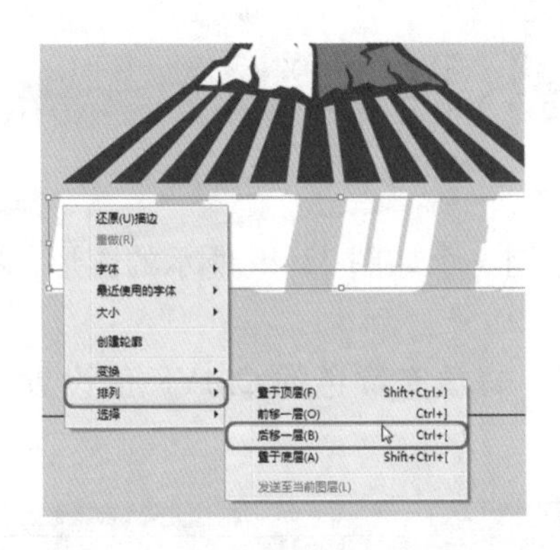

图 13-44　选择【后移一层】命令

图 13-45　绘制椭圆形添加羽化

案例精讲 081　乳业 Logo

案例文件：CDROM \ 场景 \ Cha13 \ 乳业 Logo.ai

视频文件：视频教学 \ Cha13 \ 乳业 Logo .avi

制作概述

本案例将介绍如何绘制乳业 Logo，绿色代表着自然、环保，所以在该 Logo 中采用了绿色的叶子对牛进行环绕，体现了该乳业的乳品自然、健康，其效果如图 13-46 所示。

图 13-46　乳业 Logo

学习目标

- 学习绘制叶子、牛。
- 掌握颜色的搭配。

操作步骤

(1) 按 Ctrl+N 组合键，在弹出的对话框中将【名称】设置为“乳业 Logo”，将【宽度】、【高度】都设置为 6cm，如图 13-47 所示。

(2) 设置完成后，单击【确定】按钮，在画板中绘制一个与画板大小相同的矩形，将其填充颜色的 CMYK 值设置为 19、14、14、0，描边设置为无，效果如图 13-48 所示。

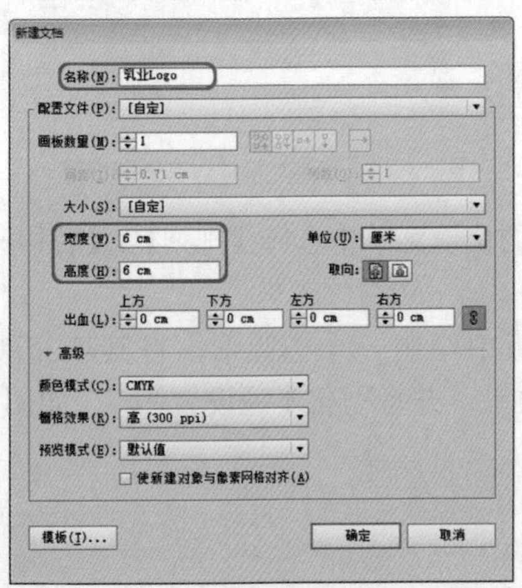

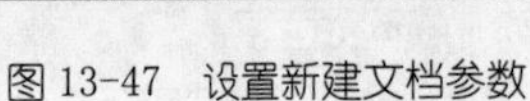

图 13-47 设置新建文档参数

图 13-48 绘制矩形

(3) 在工具箱中单击【钢笔工具】，在画板中绘制一个如图 13-49 所示的图形，将其填充颜色的 CMYK 值设置为 62、13、91、0。

(4) 使用【钢笔工具】在画板中绘制一个图形，将填充颜色的 CMYK 值设置为 50、70、100、54，效果如图 13-50 所示。

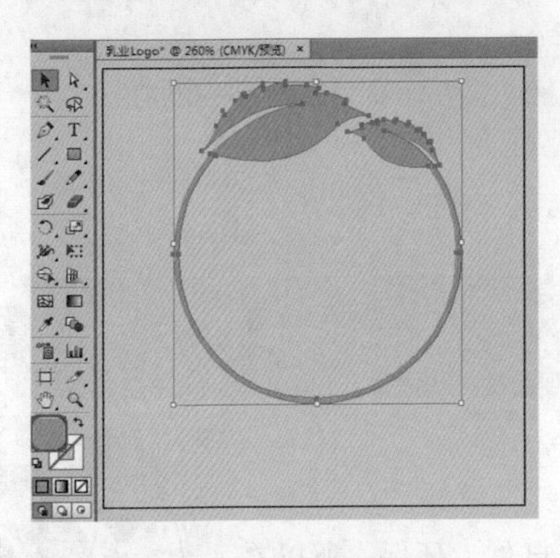

图 13-49 绘制图形并填充颜色

图 13-50 绘制图形

(5) 使用【钢笔工具】在画板中绘制五个星形，为其填充颜色，并调整其位置，效果如图 13-51 所示。

(6) 在工具箱中单击【钢笔工具】，在画板中绘制一个图形，为其填充颜色，效果如图 13-52 所示。

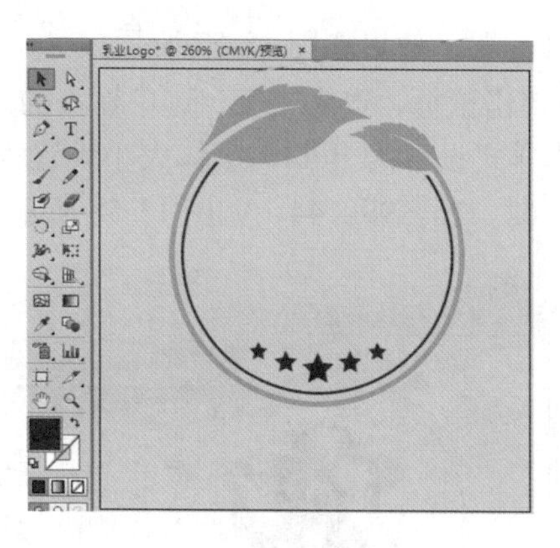

图 13-51　绘制星形

图 13-52　绘制图形并填充颜色

(7) 在工具箱中单击【钢笔工具】绘制多个图形，并为其填充任意一种颜色，效果如图 13-53 所示。

(8) 按住 Shift 键选择绘制的图形，在菜单栏中选择【对象】|【复合路径】|【建立】命令，效果如图 13-54 所示。

图 13-53　绘制图形

图 13-54　建立复合路径后的效果

(9) 使用同样的方法绘制其他图形，并为其填充颜色，效果如图 13-55 所示。

(10) 在工具箱中单击【直线段工具】，在画板中绘制一条水平的直线，将描边粗细设置为 2pt，其描边颜色的 CMYK 值设置为 62、13、91、0，效果如图 13-56 所示。

图 13-55　绘制其他图形

图 13-56　绘制直线并设置描边颜色

(11) 按住 Alt 键对绘制的直线进行复制，并调整其位置，效果如图 13-57 所示。

(12) 在工具箱中单击【文字工具】T，在画板中单击鼠标，输入文字，选中输入的文字，在【字符】面板中将字体设置为【微软雅黑】，字体样式设置为 Bold，字体大小设置为 24，字符间距设置为 150，其填充颜色的 CMYK 值设置为 62、76、99、44，如图 13-58 所示。

图 13-57　复制直线

图 13-58　输入文字并进行设置

案例精讲 082　童装 Logo

案例文件：CDROM \ 场景 \ Cha13 \ 童装 Logo.ai

视频文件：视频教学 \ Cha13 \ 童装 Logo.avi

制作概述

本案例将介绍如何制作童装 Logo，在本案例中以一头呆萌的小鹿作为服装的标志，融合纯真童趣、精致品位、流行时尚等多种元素，效果如图 13-59 所示。

图 13-59　童装 Logo

学习目标

- 学习并掌握小鹿的绘制。
- 学习阴影的绘制。
- 掌握文字的创建及排序。

操作步骤

(1) 按 Ctrl+N 组合键，在弹出的对话框中将【名称】设置为“童装 Logo”，将【宽度】、【高度】分别设置为 236mm、188mm，如图 13-60 所示。

(2) 设置完成后，单击【确定】按钮，在工具箱中单击【矩形工具】，在画板中绘制一个与画板大小相同的矩形，将其填充颜色的 CMYK 值设置为 19、14、14、0，描边设置为无，效果如图 13-61 所示。

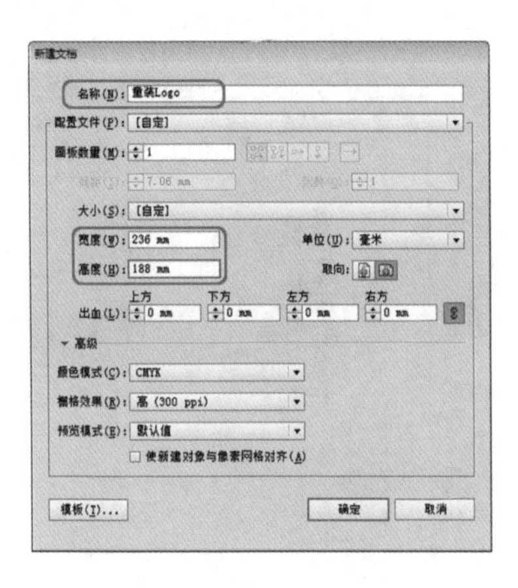

图 13-60 设置新建文档参数

图 13-61 绘制矩形

(3) 在工具箱中单击【钢笔工具】，在画板中绘制一个如图 13-62 所示的图形，将其填充颜色的 CMYK 值设置为 8、32、72、0，描边颜色的 CMYK 值设置为 52、70、88、16，描边粗细设置为 2pt，如图 13-62 所示。

(4) 在工具箱中单击【钢笔工具】，在画板中绘制如图 13-63 所示的两个图形，选中绘制的两个图形，将填充颜色的 CMYK 值设置为 35、23、77、0，描边颜色的 CMYK 值设置为 59、76、100、38，效果如图 13-63 所示。

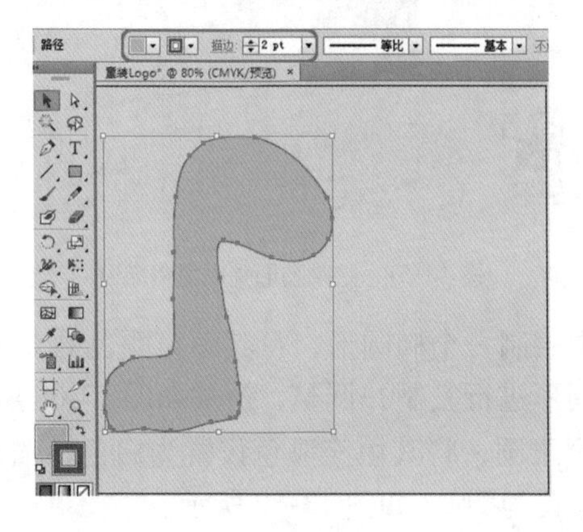

图 13-62 绘制图形并设置填充颜色和描边

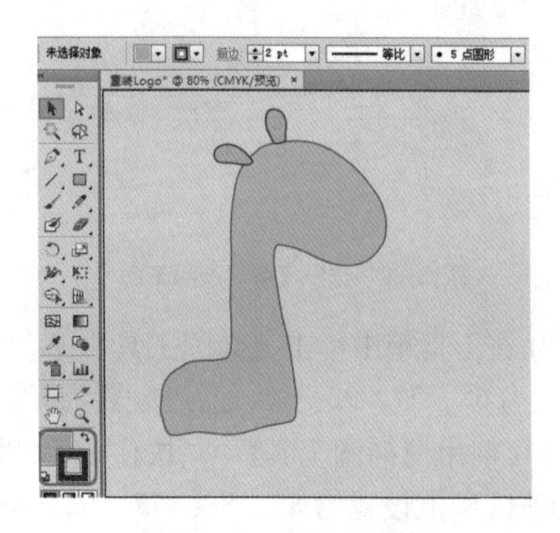

图 13-63 绘制两个图形

(5) 使用【钢笔工具】在画板中绘制一个如图 13-64 所示的图形，将其填充颜色的 CMYK 值设置为 42、56、72、0，效果如图 13-64 所示。

(6) 使用【选择工具】选中该对象，按住 Alt 键对其进行复制，并使用【直接选择工具】对复制的图形进行调整，效果如图 13-65 所示。

(7) 在画板中选择橘黄色图形，右击鼠标，在弹出的快捷菜单中选择【排列】|【置于顶层】命令，如图 13-66 所示。

(8) 在工具箱中单击【钢笔工具】，在画板中绘制如图 13-67 所示的图形，选中该图形，将其填充颜色的 CMYK 值设置为 7、65、73、0，描边粗细设置为 1.5pt，效果如图 13-67 所示。

图 13-64　绘制图形并设置填充颜色

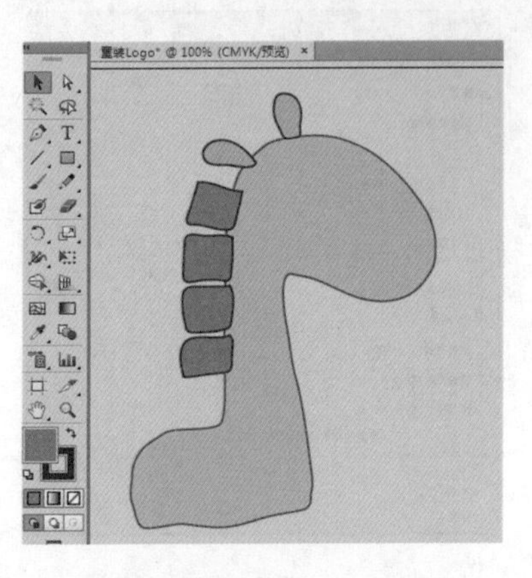

图 13-65　复制图形并进行调整

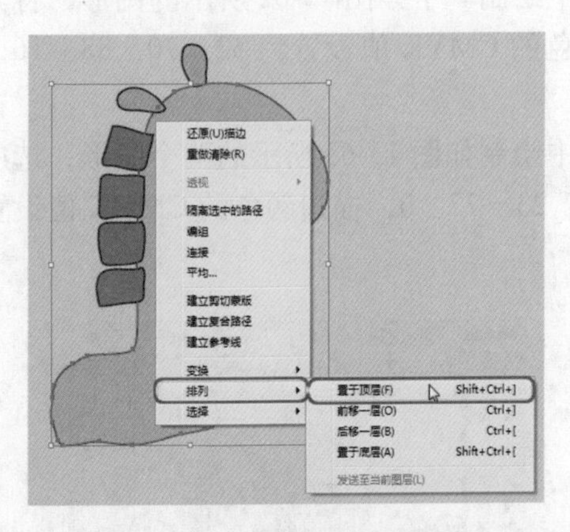

图 13-66　选择【置于顶层】命令

图 13-67　绘制图形并填色和描边

(9) 在工具箱中单击【椭圆工具】，在画板中绘制一个椭圆形，将其填充颜色的 CMYK 值设置为 68、79、92、57，描边设置为无，对该椭圆形进行复制并调整，效果如图 13-68 所示。

(10) 使用【椭圆工具】按住 Shift 键绘制一个正圆，将其填充颜色设置为白色，描边颜色的 CMYK 值设置为 82、80、77、62，描边粗细设置为 2pt，如图 13-69 所示。

图 13-68　绘制椭圆形并复制

图 13-69　绘制正圆并设置颜色和描边

(11) 使用同样的方法再在画板中绘制一个椭圆形和正圆，为其填充颜色，并取消描边，效果如图 13-70 所示。

(12) 在工具箱中单击【钢笔工具】，在画板中绘制眼睫毛和眉毛，将其填充颜色的 CMYK 值设置为 81、79、76、61，效果如图 13-71 所示。

图 13-70　绘制椭圆和正圆

图 13-71　绘制眼睫毛和眉毛

(13) 在工具箱中单击【椭圆工具】，按住 Shift 键在画板中绘制一个正圆，将其填充颜色的 CMYK 值设置为 12、76、57、0，效果如图 13-72 所示。

(14) 在工具箱中单击【钢笔工具】，在画板中绘制如图 13-73 所示的图形，将其填充颜色的 CMYK 值设置为 59、76、100、38。

图 13-72　绘制正圆并填充颜色

图 13-73　绘制图形并填充颜色

(15) 使用【钢笔工具】在画板中绘制 4 个如图 13-74 所示的图形，将其填充颜色的 CMYK 值设置为 8、32、72、0，描边颜色的 CMYK 值设置为 52、70、88、16，描边粗细设置为 2pt，如图 13-74 所示。

(16) 使用【钢笔工具】在画板中绘制多个图形，将其填充颜色的 CMYK 值设置为 51、88、70、15，描边设置无，并将绘制的图形进行成组，效果如图 13-75 所示。

图 13-74　绘制图形并设置填充颜色

图 13-75　绘制多个图形并设置填色及描边

(17) 使用【钢笔工具】再在画板中绘制一个图形，将其填充颜色设置为无，为其填充任意一种描边颜色，如图 13-76 所示。

注意

由于该图形是作为剪切蒙版的轮廓，所以描边没有特定的颜色，但是为了方便观察，在此将描边设置为红色。

(18) 在画板中按住 Shift 键选中绘制的轮廓和成组的对象，右击鼠标，在弹出的快捷菜单中选择【建立剪切蒙版】命令，如图 13-77 所示。

图 13-76　绘制图形

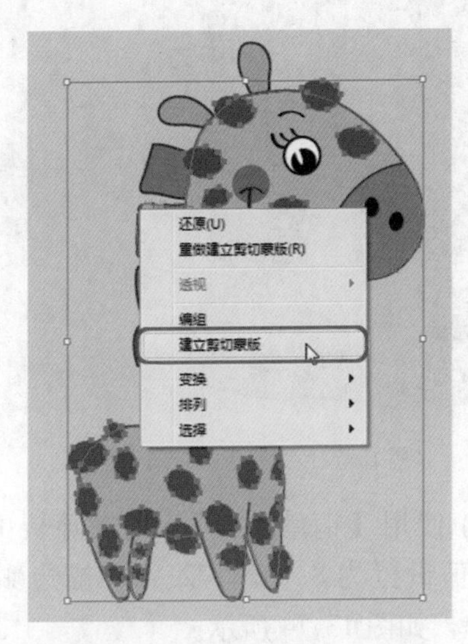

图 13-77　选择【建立剪切蒙版】命令

(19) 在工具箱中单击【椭圆工具】，在画板中绘制一个椭圆形，在工具箱中单击【网格工具】，为绘制的椭圆填充颜色，效果如图 13-78 所示。

(20) 在画板中按住 Shift 键选中该对象和背景图形，右击鼠标，在弹出的快捷菜单中选择【排

列】|【置于底层】命令，如图 13-79 所示。

图 13-78　绘制椭圆并填充颜色

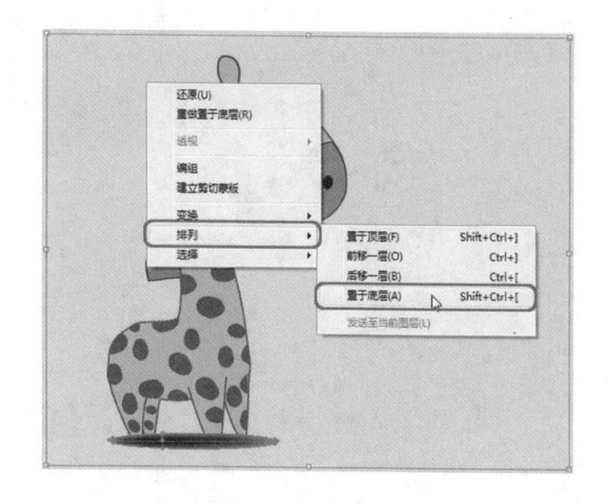

图 13-79　选择【置于底层】命令

在此将椭圆和背景图形一起置于底层是为了将椭圆置于除背景图形外的其他图形的下面。

(21) 选中网格填充的椭圆形，在【外观】面板中将【混合模式】设置为【强光】，将【不透明度】设置为 30，如图 13-80 所示。

(22) 根据前面所介绍的方法绘制其他图形，在工具箱中单击【文字工具】T，在画板中单击鼠标，输入文字，选中输入的文字，将字体设置为【方正少儿简体】，文字“豆豆”的字体大小设置为 86，文字“童装”的字体大小设置为 48，填充颜色和描边颜色的 CMYK 值都设置为 52、70、88、16，描边粗细设置为 4pt，效果如图 13-81 所示。

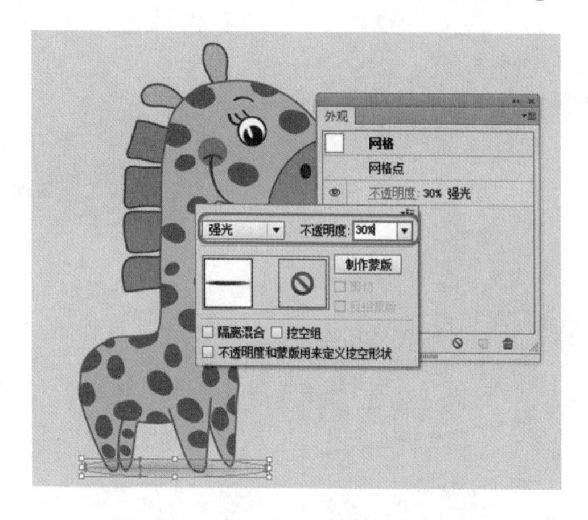

图 13-80　设置混合模式和不透明度

图 13-81　输入文字并进行设置

(23) 使用【选择工具】选中输入的文字，按住 Alt 键对其进行复制，将其填充颜色的 CMYK 值设置为 8、32、72、0，描边设置为无，并调整其位置，效果如图 13-82 所示。

(24) 在工具箱中单击【文字工具】T，在画板中单击鼠标，输入文字，选中输入的文

字，将字体设置为【方正少儿简体】，字体大小设置为 42，字符间距设置为 85，填充颜色的 CMYK 值都设置为 56、74、99、30，效果如图 13-83 所示。

图 13-82　复制文字并进行调整

图 13-83　输入文字并进行设置

第 14 章 VI 设计

本章重点

- Logo
- 名片
- 工作证
- 档案袋
- 手提袋
- 信封制作

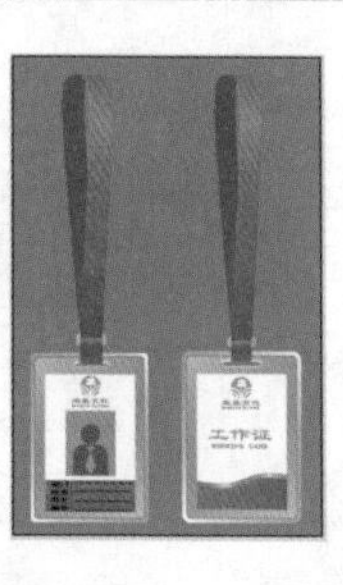

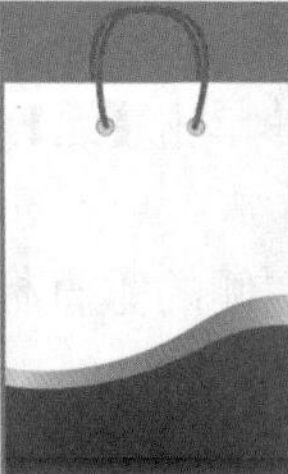

本例将详细讲解 VI 的制作过程，其中包括 Logo、名片、工作证、档案袋的设计，通过本章节的学习可以对 VI 的制作有一定的了解。

案例精讲 083　Logo

案例文件：CDROM \ 场景 \ Cha14 \ Logo.ai

视频文件：视频教学 \Cha14 \Logo.avi

制作概述

本例将讲解如何设计制作 Logo，首先利用椭圆形工具绘制基础大小，通过文字工具输入文字变形文字，使用路径查找器制作出镂空效果，具体操作方法如下，完成后的效果如图 14-1 所示。

图 14-1　Logo

学习目标

- 学习 Logo 的设计及制作过程。
- 掌握 Logo 的制作流程及设计思路。

操作步骤

(1) 启动软件后，按 Ctrl+N 组合键，打开【新建文档】对话框，将【宽度】设置为 200 mm，【高度】设置为 200 mm，然后单击【确定】按钮，如图 14-2 所示。

(2) 在工具箱中选择【椭圆工具】，在画板中按住 Shift 键并按住鼠标左键拖动绘制正圆，双击工具箱中的【填色】色块，打开【拾色器】对话框，将 CMYK 分别设置为 72%、28%、0%、0%，然后单击【确定】按钮，如图 14-3 所示。

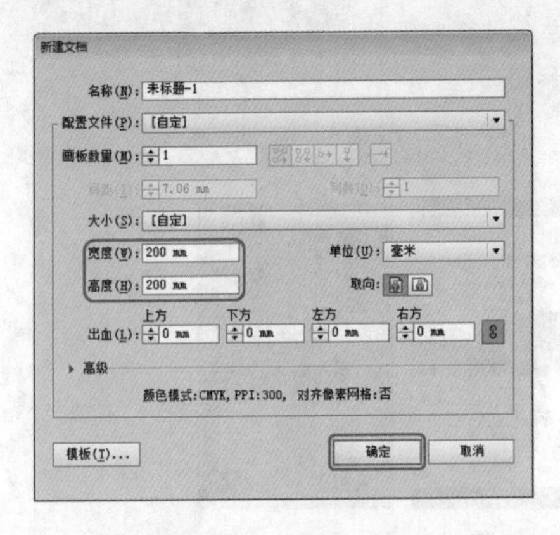

图 14-2　新建文档

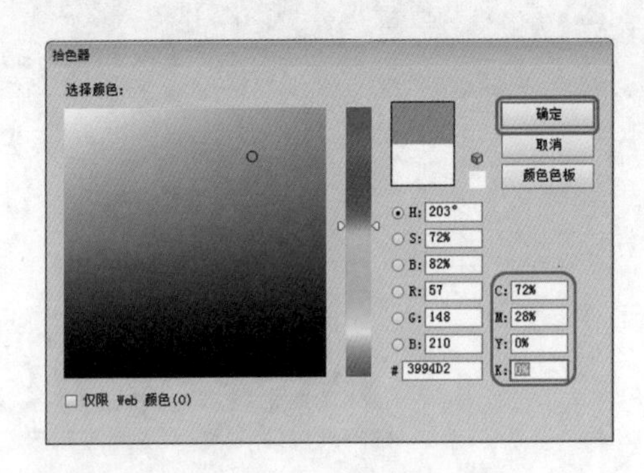

图 14-3　设置填充

(3) 在工具箱中单击【描边】色块，并单击【无】按钮，将绘制的圆形描边颜色设置为无，如图 14-4 所示。

(4) 按 Ctrl+R 组合键打开标尺，在左侧的垂直标尺中按下鼠标左键向右拖动，拖出辅助线并对齐正圆的中心，如图 14-5 所示。

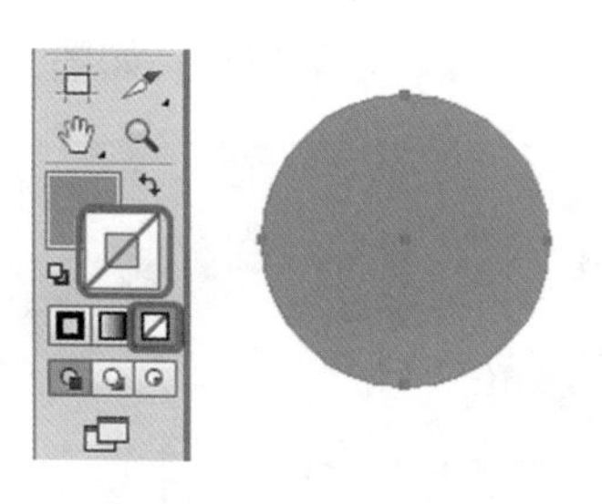

图 14-4　设置其描边

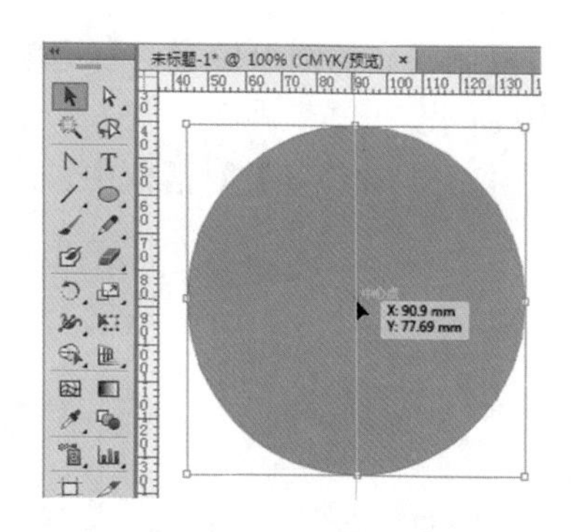

图 14-5　进行再次绘制

(5) 在上方水平的标尺中使用同样方法拖出辅助线，继续使用【椭圆工具】，在画板中绘制正圆并填充任意颜色，如图 14-6 所示。

(6) 以第二个圆形的中心为圆心，绘制正圆并填充任意颜色，效果如图 14-7 所示。

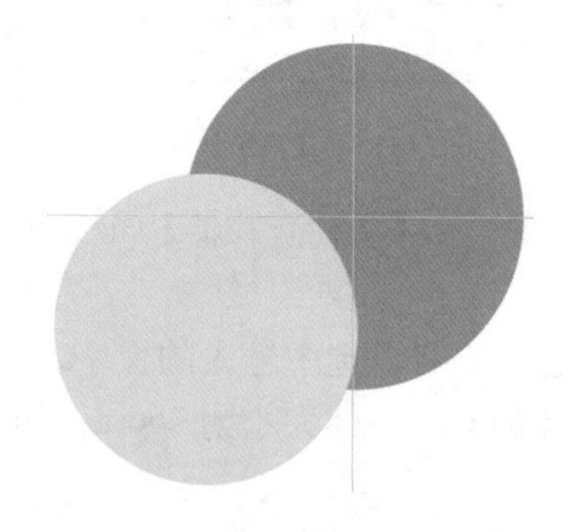

图 14-6　拖出辅助线并绘制圆

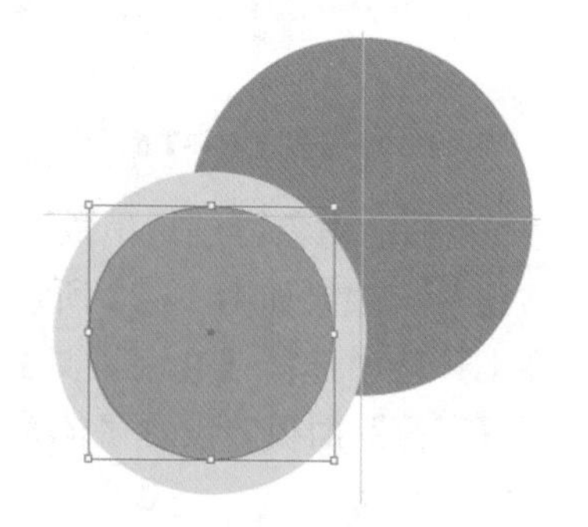

图 14-7　再次绘制圆

(7) 选中绘制的黄色正圆和绿色正圆，按 Shift+Ctrl+F9 组合键打开【路径查找器】面板，单击【减去顶层】按钮，如图 14-8 所示。

(8) 按 Ctrl+C 组合键，对得到的圆环进行复制，按 Ctrl+Shift+V 组合键进行就地粘贴，使用【选择工具】，调整复制得到的圆形位置，选中这两个圆环，按 Ctrl+G 组合键组合这两个对象，如图 14-9 所示。

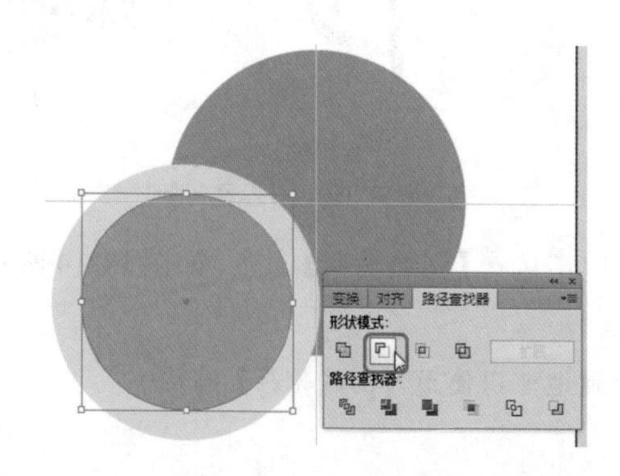

图 14-8　减去上面的对象

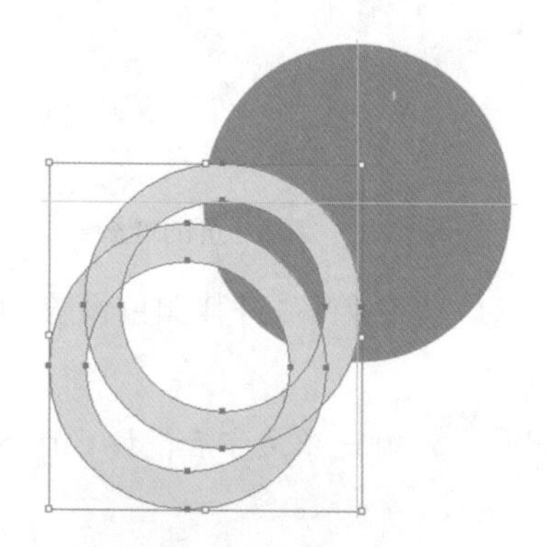

图 14-9　复制并组合圆环

(9) 按 Ctrl+C 组合键再次复制对象，按 Ctrl+Shift+V 组合键进行就地粘贴，使用【选择工具】

，调整复制得到的圆形位置，右键单击，在弹出的快捷菜单中选择【变换】|【对称】命令，如图 14-10 所示。

(10) 在打开的【镜像】对话框中，选择【垂直】选项，单击【确定】按钮，如图 14-11 所示。

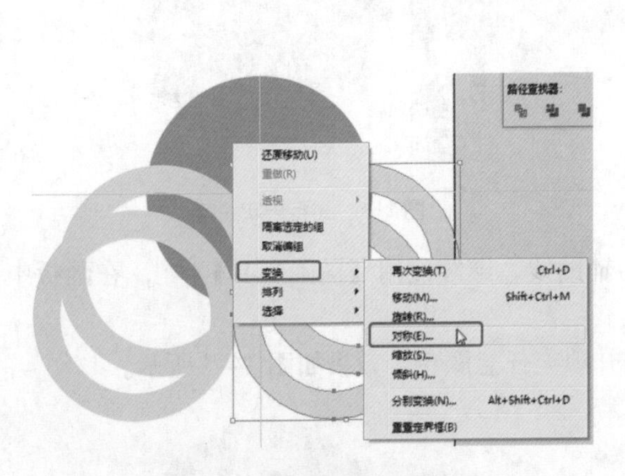

图 14-10　选择【对称】命令

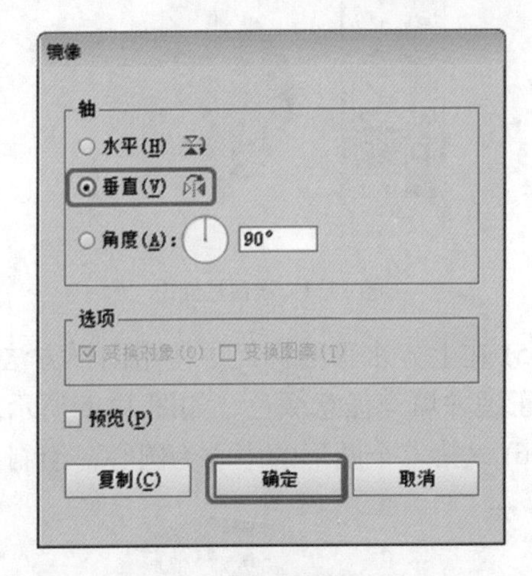

图 14-11　【镜像】对话框

(11) 对镜像后的对象再进行稍微调整，选中所有的对象，在【路径查找器】面板中单击【减去顶层】按钮，效果如图 14-12 所示。

(12) 在工具箱中选择【文字工具】T，在画板中输入文字，选中输入的文字，按 Ctrl+T 组合键打开【字符】面板，设置字体系列为【汉仪柏青体简】，字体大小为 266pt，如图 14-13 所示。

图 14-12　减去上面的对象

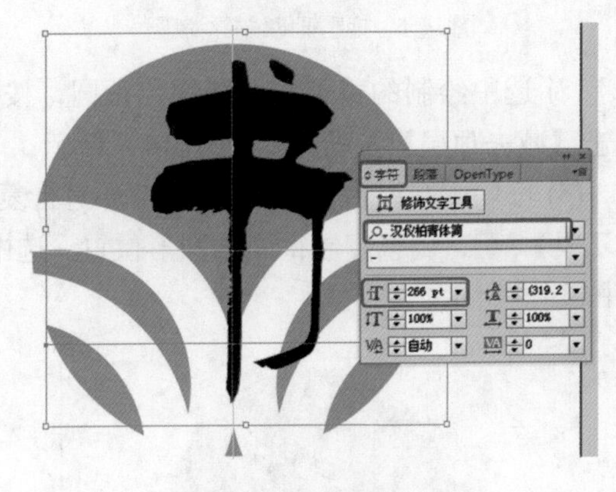

图 14-13　输入并设置文字

(13) 确认选中文字，将其颜色设置为白色，右键单击选择【创建轮廓】命令，如图 14-14 所示。

选中文字后，按 Ctrl+Shift+O 组合键也可以使用【创建轮廓】命令。

(14) 在工具箱中选择【橡皮擦】工具，擦除多余部分，继续使用【文字工具】输入文字，如图 14-15 所示。

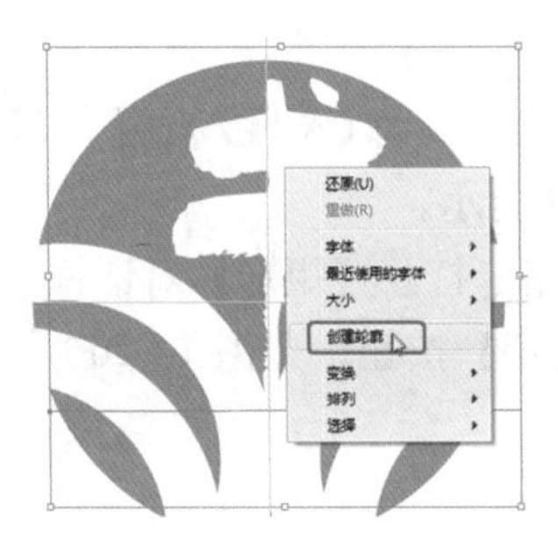

图 14-14 选择【创建轮廓】命令

图 14-15 输入文字

(15) 在【字符】面板中，将字体系列设置为【隶书】，字体大小设置为 100pt，【水平缩放】设置为 125，文字的颜色设置为与蓝色圆形相同的颜色，如图 14-16 所示。

(16) 继续使用【文字工具】输入文字，在【字符】面板中将字体系列设置为【汉仪水波体简】，字体大小设置为 39pt，【水平缩放】设置为 125，颜色设置与上一步文字相同，如图 14-17 所示。

图 14-16 设置输入的文字

图 14-17 再次输入并设置文字

(17) 使用【椭圆工具】绘制一个与蓝色正圆相同大小的圆，并填充白色，将其放置在最底层，至此 Logo 制作完成，最后将文档进行保存即可。

案例精讲 084 名片

 案例文件：CDROM \ 场景 \ Cha14 \ 名片 .ai

 视频文件：视频教学 \Cha14 \ 名片 .avi

制作概述

本例将讲解如何设计制作名片，首先利用圆角矩形工具绘制基础大小，通过文字工具输入文字，具体操作方法如下，完成后的效果如图 14-18 所示。

图 14-18 名片

学习目标

- 学习名片的设计及制作过程。
- 掌握名片的制作流程及设计思路。

操作步骤

(1) 启动软件后，按 Ctrl+N 组合键，打开【新建文档】对话框，将【宽度】设置为 150 mm，【高度】设置为 200 mm，然后单击【确定】按钮，如图 14-19 所示。

(2) 在工具箱中选择【矩形工具】，在画板中单击左键打开【矩形】对话框，将【宽度】设置为 150 mm，【高度】设置为 200 mm，然后单击【确定】按钮，如图 14-20 所示

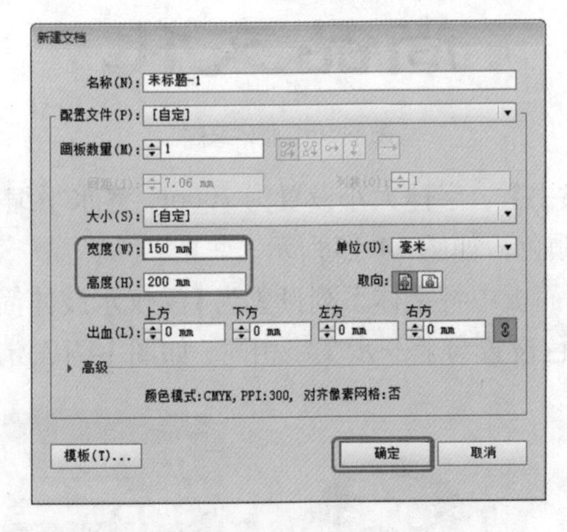

图 14-19 新建文档

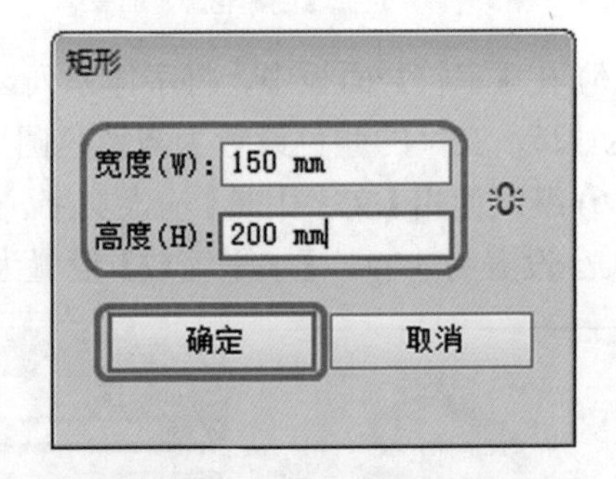

图 14-20 设置矩形大小

(3) 双击工具箱中的【填色】色块，打开【拾色器】对话框，将 CMYK 分别设置为 62%、54%、50%、1%，然后单击【确定】按钮，如图 14-21 所示。

(4) 在工具箱中选择【圆角矩形工具】，在画板中单击鼠标，在打开的【圆角矩形】对话框中将【宽度】设置为 86mm，【高度】设置为 54mm，【圆角半径】设置为 2.5mm，单击【确定】按钮，如图 14-22 所示。将圆角矩形的填充颜色设置为白色，描边设置为无。

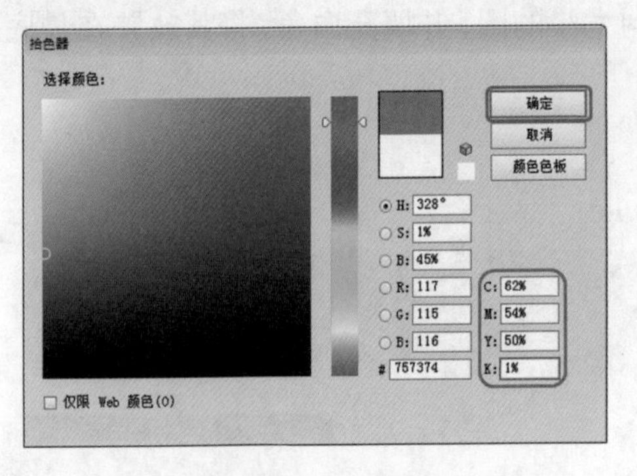

图 14-21 设置填充颜色

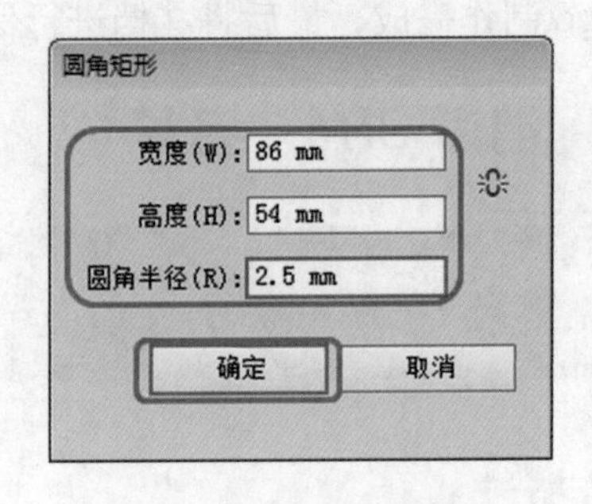

图 14-22 设置圆角矩形

(5) 在工具箱中使用【矩形工具】，在画板中绘制矩形，然后选择【渐变工具】，在绘制的矩形上单击，显示出渐变，如图 14-23 所示。

(6) 按 Ctrl+F9 组合键打开【渐变】面板，将【类型】设置为【径向】，选中【填充】按钮，将左侧的滑块移动至 60% 的位置，双击该滑块，在打开的面板中使用 CMYK 模式，将 CMYK 分别设置为 0%、100%、100% 、10%，右侧滑块的 CMYK 设置为 53%、100%、85%、40%，如图 14-24 所示。

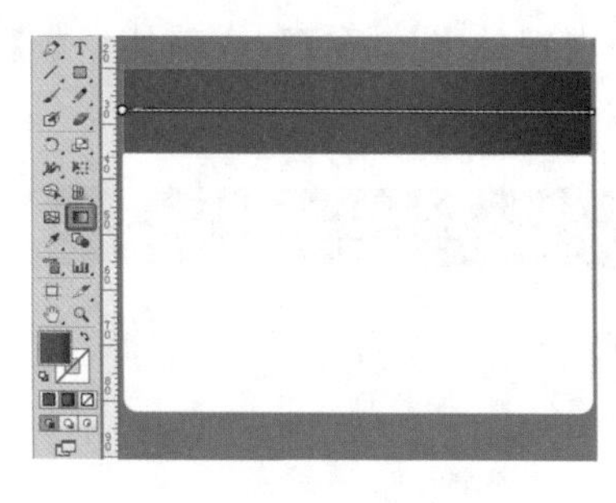

图 14-23　绘制矩形并使用渐变

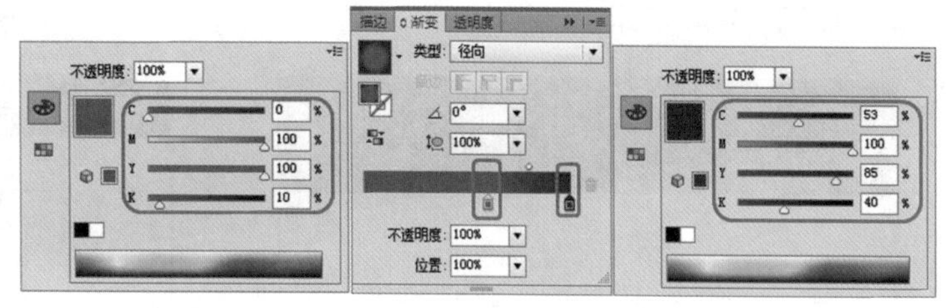

图 14-24　设置渐变色

(7) 使用【渐变工具】在画板中，调整矩形的渐变，调整效果如图 14-25 所示。

(8) 在工具箱中选择【钢笔工具】，在画板中绘制图形，并与上方矩形填充相同的渐变色，如图 14-26 所示。

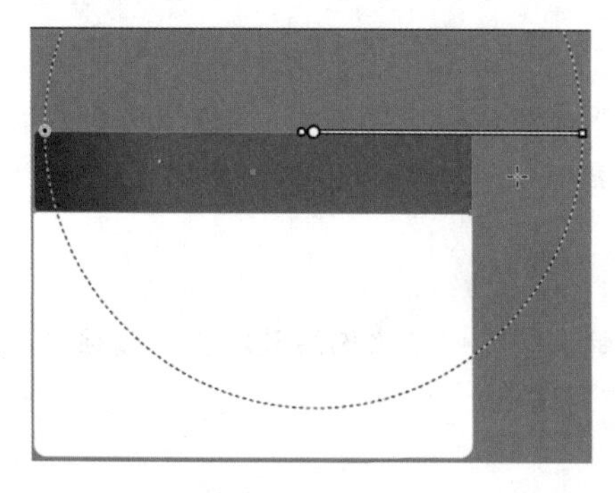

图 14-25　调整渐变

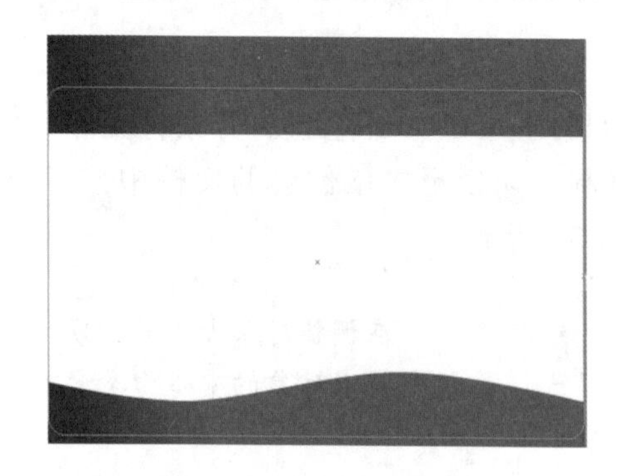

图 14.26　绘制并填充对象

(9) 按 Ctrl+C 组合键对绘制的图形进行复制，按 Ctrl+Shift+V 组合键即可就地粘贴，然后选择两个图形并右键单击选择【变换】|【对称】命令，打开【镜像】对话框，选中【垂直】，单击【确定】按钮，在工具箱中选择【选择工具】，调整画板中复制得到的对象位置，调整后的效果如图 14-27 所示。

(10) 确认选中复制的对象，打开【渐变】面板，将【类型】设置为【线性】并设置渐变颜色、滑块的位置及颜色，如图 14-28 所示。

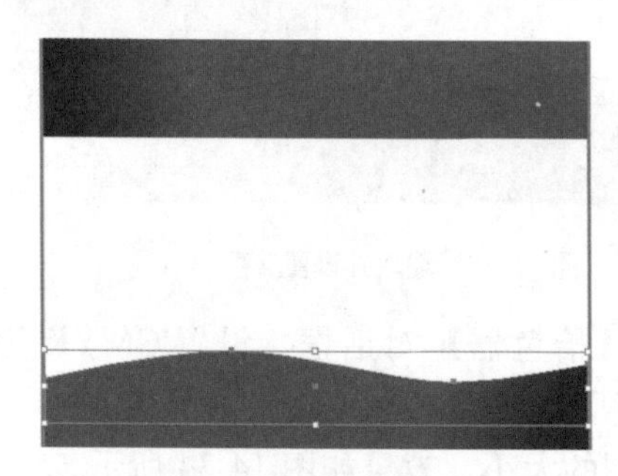

图 14-27　复制并调整对象

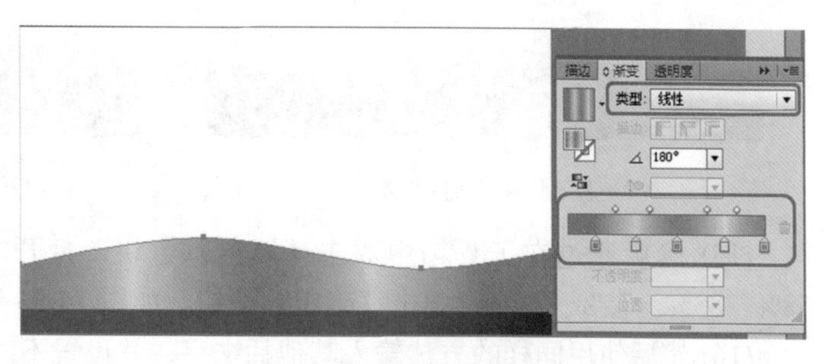

图 14-28　编辑对象的渐变

(11) 按 Ctrl+ [组合键多次，使该对象移动至红色对象的下面，并使填充渐变色的对象组合起来，如图 14-29 所示。

(12) 复制下方的圆角矩形，并就地粘贴，然后使用【选择工具】，选中通过复制得到

的圆角矩形，将其置于顶层，按住 Shift 键选中组合的对象，并右键单击选择【建立剪切蒙版】命令，如图 14-30 所示。

图 14-29　调整并组合对象

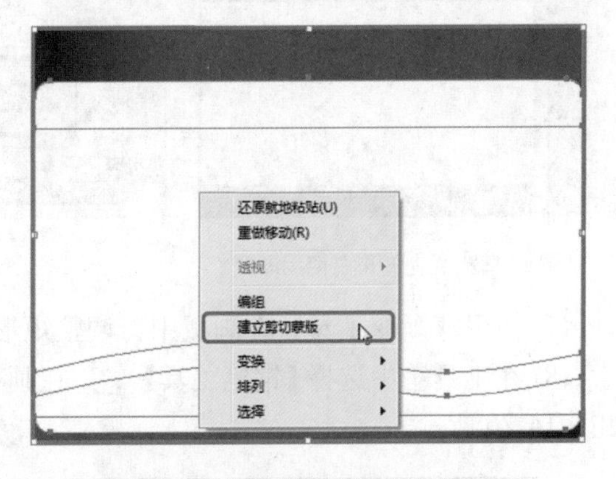

图 14-30　选择【建立剪贴蒙版】命令

(13) 按 Ctrl+O 组合键打开素材文件 logo.ai，将素材打开后选中素材，按 Ctrl+C 组合键进行复制，切换至之前创建的文档中按 Ctrl+V 组合键进行粘贴，调整位置和大小效果，如图 14-31 所示。

在调整对象大小的时候，按住 Shift 键调整可以等比例缩放对象，按住 Alt 键调整将以对象的中心为参考点，均匀向四周缩放。

(14) 在工具箱中选择【文字工具】，输入文字并选中输入的文字，按 Ctrl+T 组合键，在打开的【字符】面板中，设置字体系列为【隶书】，字体大小为 25.8pt，如图 14-32 所示。

图 14-31　调整素材

图 14-32　输入并设置文字

(15) 然后通过在工具箱中双击【填色】色块，打开【拾色器】对话框，设置 CMYK 为 58%、83%、75%、34%，单击【确定】按钮，如图 14-33 所示。

(16) 然后使用同样的方法输入其他的文字，并设置不同的大小，效果如图 14-34 所示。

(17) 根据前面制作名片正面的方法，制作名片的背面，效果如图 14-35 所示。

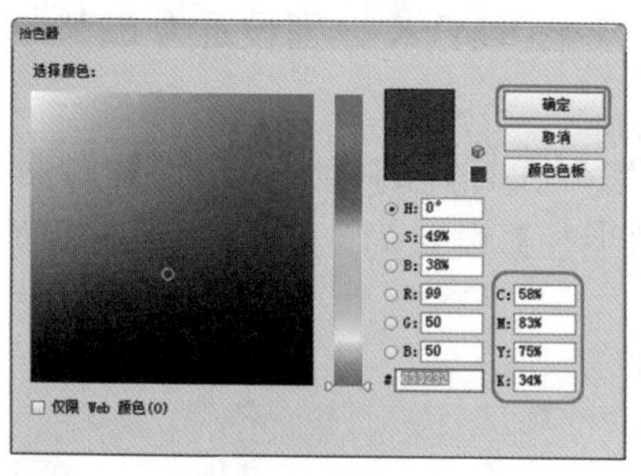

图 14-33　设置填充色

图 14-34　输入其他文字

图 14-35　制作背面

案例精讲 085　工作证

案例文件：CDROM \ 场景 \ Cha14 \ 工作证 .ai
视频文件：视频教学 \Cha14 \ 工作证 .avi

制作概述

本例将讲解如何设计制作工作证，首先利用圆角矩形工具绘制主体大小，通过文字工具输入文字，使用矩形工具和钢笔工具绘制其他图形，具体操作方法如下，完成后的效果如图 14-36 所示。

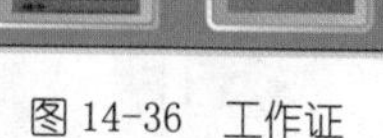
图 14-36　工作证

学习目标

■　学习工作证的设计及制作过程。

■　掌握工作证的制作方法及颜色的过渡运用。

操作步骤

(1) 启动软件后，按 Ctrl+N 组合键，打开【新建文档】对话框，将【宽度】设置为 200 mm，【高度】设置为 300 mm，然后单击【确定】按钮，如图 14-37 所示。

(2) 在工具箱中选择【矩形工具】，在画板中单击左键打开【矩形】对话框，将【宽度】设置为 200 mm，【高度】设置为 300 mm，然后单击【确定】按钮，如图 14-38 所示

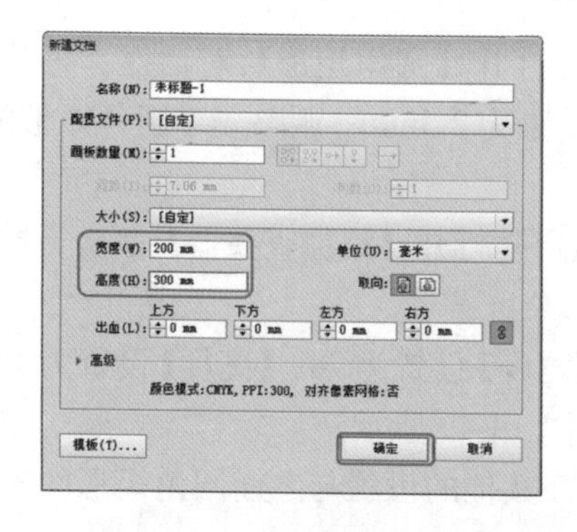
图 14-37　新建文档

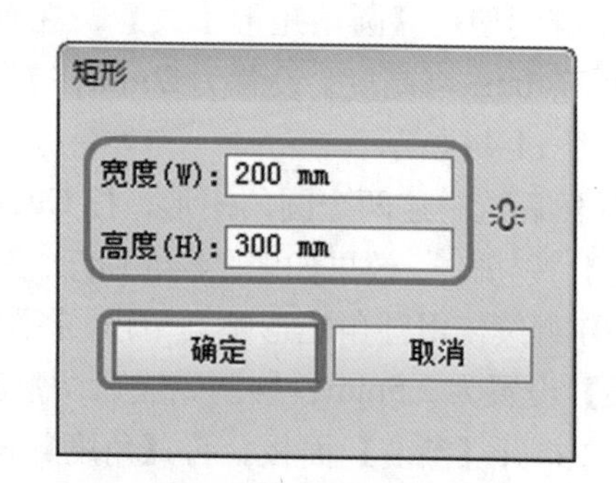

图 14-38　设置矩形大小

(3) 双击工具箱中的【填色】色块，打开【拾色器】对话框，将 CMYK 分别设置为 62%、54%、50%、1%，然后单击【确定】按钮，如图 14-39 所示。

(4) 在工具箱中选择【圆角矩形工具】，在画板中单击鼠标在打开的【圆角矩形】对话框中将【宽度】设置为 70mm，【高度】设置为 100mm，【圆角半径】设置为 2.5mm，单击【确定】按钮，如图 14-40 所示。

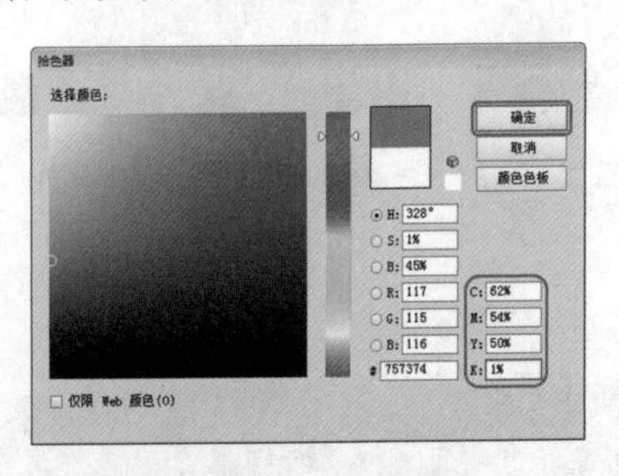

图 14-39 设置填充颜色

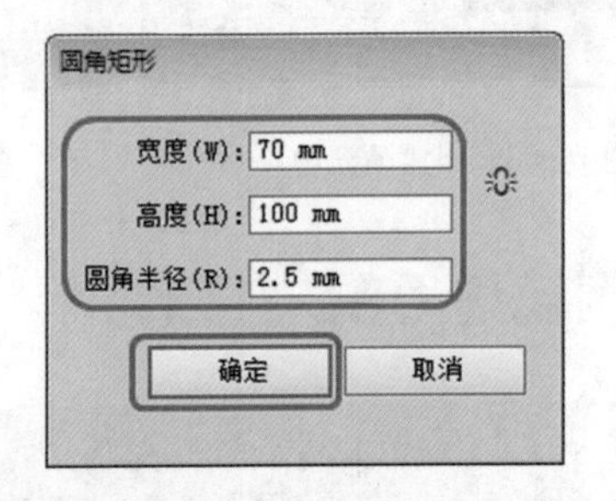

图 14-40 设置圆角矩形

(5) 选择【渐变工具】，在绘制的圆角矩形上单击，显示出渐变，如图 14-41 所示。

(6) 按 Ctrl+F9 组合键打开【渐变】面板，将【类型】设置为【线性】，【角度】设置为 120°，选中【填充】按钮，将左侧和右侧的滑块颜色均设置为白色，在 50% 的位置添加滑块，并根据下图调整滑块和中点的位置，将 CMYK 设置为 43%、34%、33%、0%，如图 14-42 所示。

(7) 在工具箱中将圆角矩形的描边设置为无，在【透明度】面板中将【不透明度】设置为 60%，如图 14-43 所示。

图 14-41 绘制矩形并使用渐变

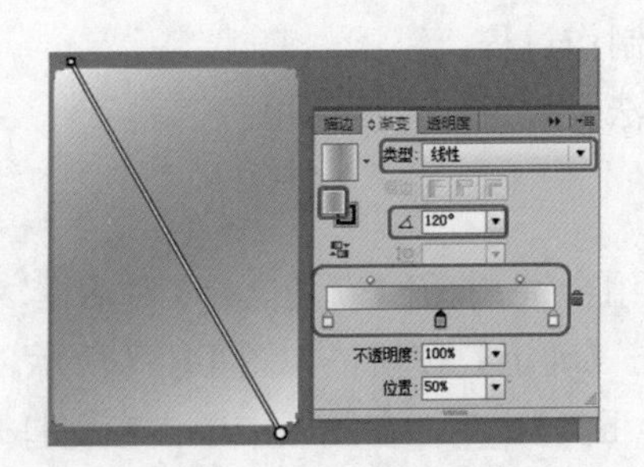

图 14-42 设置渐变色

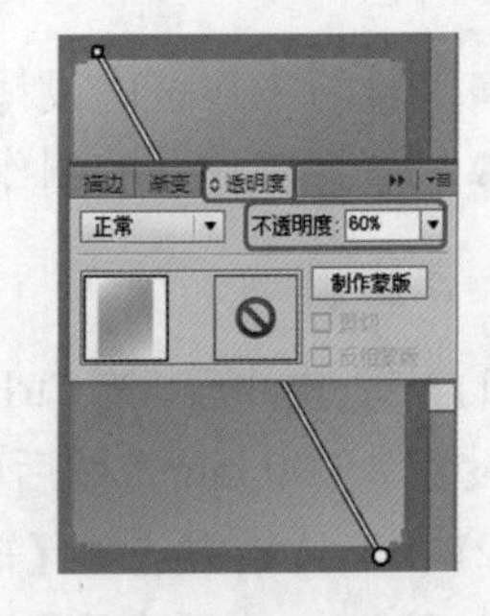

图 14-43 设置描边和透明度

(8) 继续使用【圆角矩形工具】，在画板中单击，打开【圆角矩形】对话框，将【宽度】设置为 20 mm，【高度】设置为 2 mm，【圆角半径】设置为 2.5mm，调整一下圆角矩形的位置，效果如图 14-44 所示。

(9) 然后选中这两个圆角矩形，按 Ctrl+shift+F9 组合键打开【路径查找器】面板，单击【减去顶层】按钮，效果如图 14-45 所示。

(10) 继续使用圆角矩形工具单击，将圆角矩形的【宽度】设置为 74，【高度】设置为 104，【圆角半径】设置为 2.5mm，绘制完成后调整其位置，如图 14-46 所示。

(11) 打开【渐变】面板，将【角度】设置为 45°，其他的设置与之前圆角矩形的渐变色相同，如图 14-47 所示。

(12) 继续使用【圆角矩形工具】绘制，一个【宽度】为 70mm，【高度】为 100mm，【圆

角半径】为 2.5mm 的圆角矩形，为其填充其他任意颜色，并调整其位置，效果如图 14-48 所示。

图 14-44　绘制并调整圆角矩形

图 14-45　减去顶层

图 14-46　绘制圆角矩形

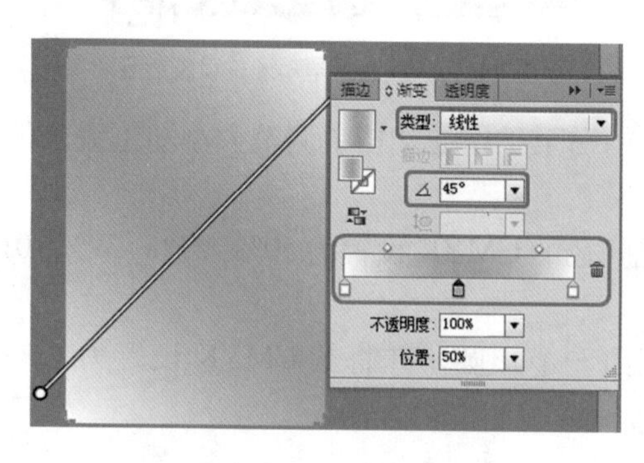

图 14-47　设置渐变色

图 14-48　绘制圆角矩形

(13) 选中新绘制的两个圆角矩形，按 Ctrl+shift+F9 组合键打开【路径查找器】面板，单击【减去顶层】按钮，效果如图 14-49 所示。

(14) 确认选中通过上一步得到的图形，在属性栏中单击【变换】，在打开的面板中将【宽】设置为 76mm，【高】设置为 106mm，如图 14-50 所示。

图 14-49　减去顶层的效果

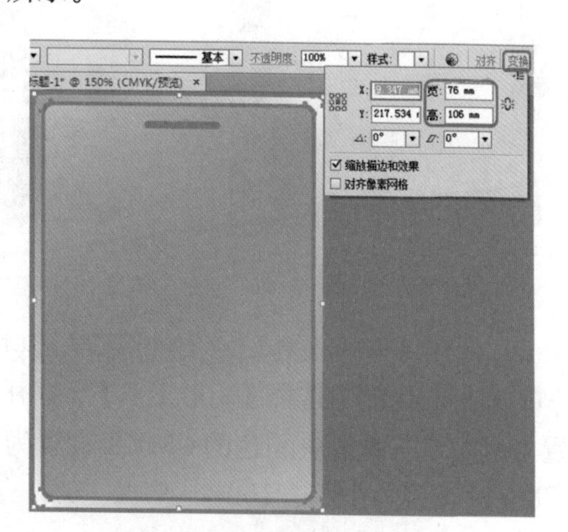

图 14-50　图变换圆角图形

(15) 使用相同的方法再制作一个空心圆角矩形，并填充渐变色，调整圆角矩形的位置，效果如图 14-51 所示。

(16) 在工具箱中选择【矩形工具】，绘制矩形并填充白色，然后再绘制一个矩形，打开【渐变】面板，将【类型】设置为【线性】，【角度】设置为 90°，左侧滑块的 CMYK 设置为 10%、98%、94%、0%，右侧滑块的 CMYK 设置为 0%、90%、62%、0%，如图 14-52 所示。

图 14-51　绘制并调整圆角矩形

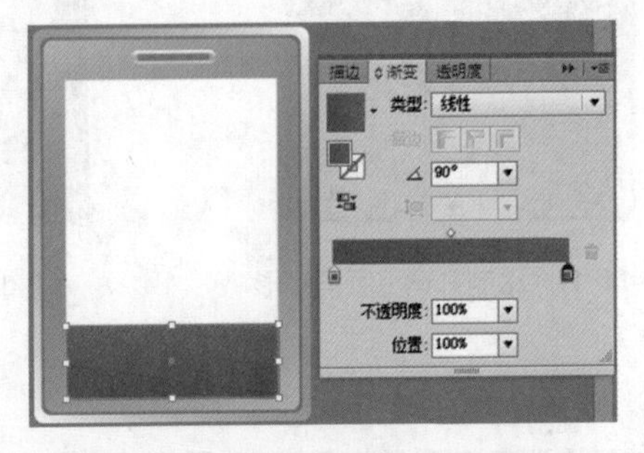

图 14-52　绘制圆角矩形并设置渐变

(17) 打开素材文件 logo.ai，并对其进行复制，粘贴至工作证文档中调整大小和位置，效果如图 14-53 所示。

(18) 使用【矩形工具】，绘制矩形，并将填充颜色的 CMYK 设置为 50%、41%、39%、0%，效果如图 14-54 所示。

(19) 选择【椭圆工具】按住 Shift 键拖动，拖出一个正圆，并将其 CMYK 设置为 72%、65%、59%、15%，效果如图 14-55 所示。

图 14-53　粘贴并调整 Logo

图 14-54　绘制矩形填充从颜色

图 14-55　绘制正圆填充颜色

(20) 使用【钢笔工具】绘制图形，其填充与绘制的正圆颜色相同，效果如图 14-56 所示。

(21) 在工具箱中选择【矩形工具】，打开【渐变】面板，将【类型】设置为【线性】，【角度】设置为 90°，左侧滑块颜色的 CMYK 设置为 0%、93%、72%、0%，在 57% 的位置单击添加滑块，将 CMYK 设置为 18%、100%、92%、0%，右侧滑块的 CMYK 设置为 0%、80%、45%、0%，并调整中点的位置，如图 14-57 所示。

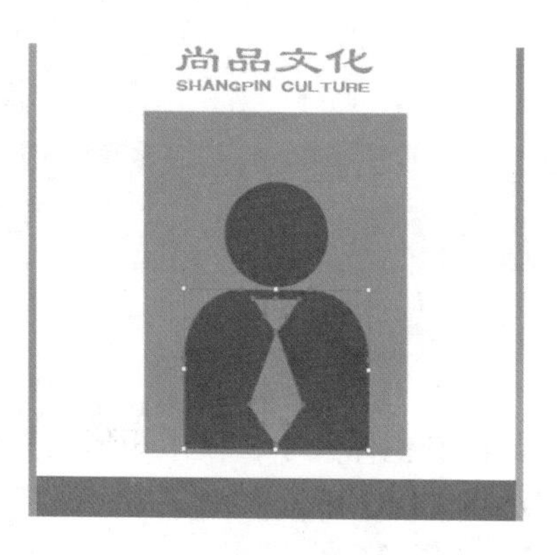

图 14-56　绘制图形

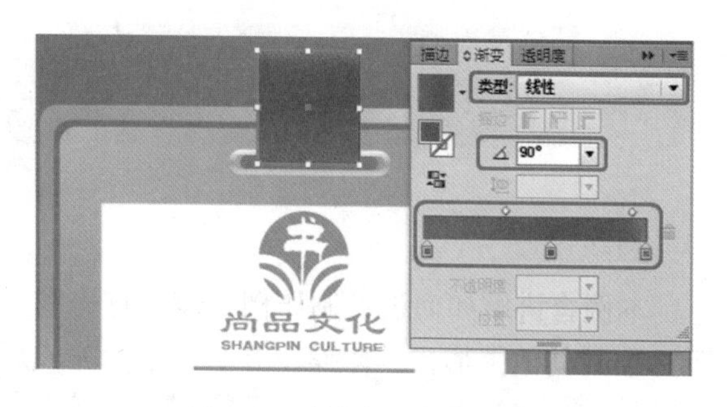

图 14-57　绘制矩形并填充渐变

(22) 根据前面介绍的方法，绘制其他图形并填充渐变色，效果如图 14-58 所示。

(23) 在工具箱中选择【文字工具】T输入文字，打开【字符】面板，设置字体系列为【隶书】，字体大小为 16 pt，如图 14-59 所示。

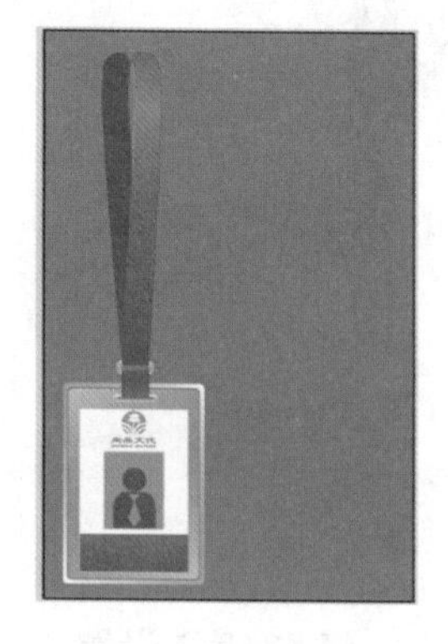

图 14-58　绘制其他图形

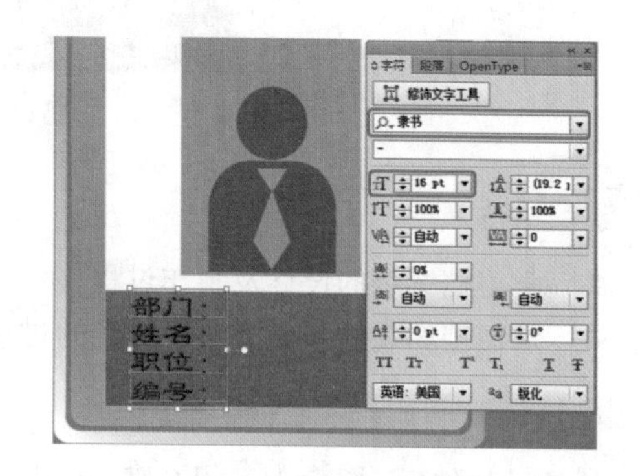

图 14-59　输入并设置文字

(24) 然后将文字的填色 CMYK 设置为 71%、78%、81%、54%，在工具箱中选择【直线工具】╱，在画板中绘制多条水平直线，颜色设置为黑色，效果如图 14-60 所示。

(25) 综合前面介绍的方法，制作出工作证的另一面，完成后的效果如图 14-61 所示。

图 14-60　绘制多条直线

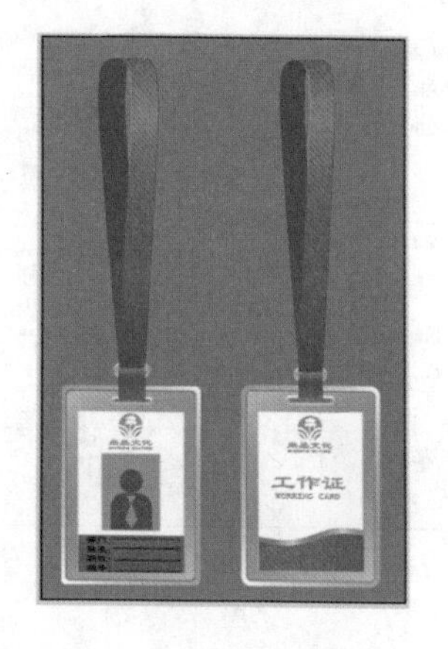

图 14-61　绘制出工作证的另一面

案例精讲 086　档案袋

案例文件：CDROM \ 场景 \ Cha14 \ 档案袋 .ai

视频文件：视频教学 \Cha14 \ 档案袋 .avi

制作概述

本例将讲解如何设计制作档案袋，首先利用矩形工具绘制主体大小，使用矩形工具和钢笔工具绘制其他图形，具体操作方法如下，完成后的效果如图 14-62 所示。

图 14-62　档案袋

学习目标

■　学习档案袋的设计及制作过程。

■　掌握档案袋的制作方法及颜色的过渡运用。

操作步骤

(1) 启动软件后，按 Ctrl+N 组合键，打开【新建文档】对话框，将【宽度】设置为 500 mm，【高度】设置为 400 mm，然后单击【确定】按钮，如图 14-63 所示。

(2) 在工具箱中选择【矩形工具】，在画板中单击左键打开【矩形】对话框，将【宽度】设置为 500 mm，【高度】设置为 400 mm，然后单击【确定】按钮，如图 14-64 所示。

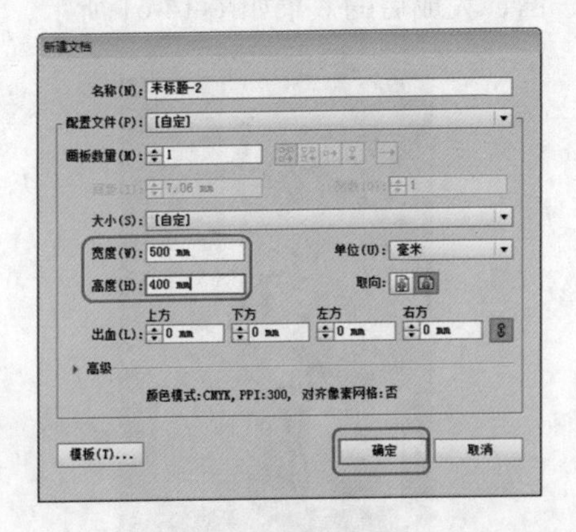

图 14-63　新建文档

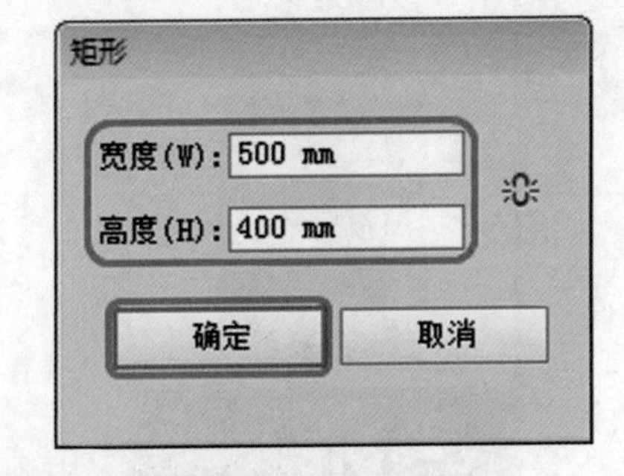

图 14-64　设置矩形大小

(3) 双击工具箱中的【填色】色块，打开【拾色器】对话框，将 CMYK 分别设置为 62%、

54%、50%、1%，然后单击【确定】按钮，如图 14-65 所示。

(4) 在工具箱中选择【矩形工具】▣，在画板中绘制矩形，将【宽度】设置为 340 mm，【高度】设置为 80 mm，效果如图 14-66 所示。

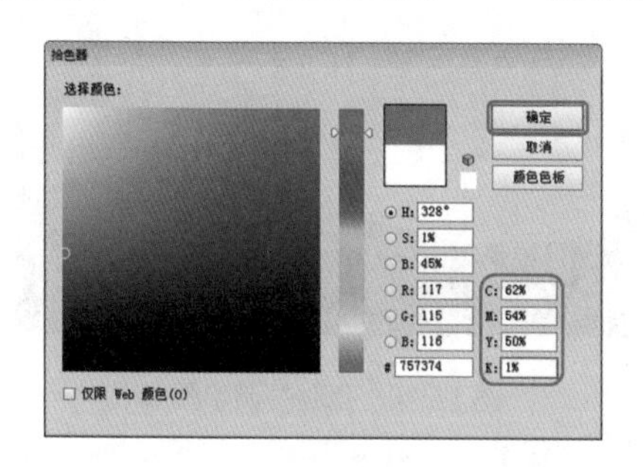

图 14-65　设置填色

图 14-66　绘制矩形

(5) 按 Ctrl+F9 组合键打开【渐变】面板，将【类型】设置为【径向】，【角度】设置为 100，左侧滑块的 CMYK 设置为 34%、100%、73%、37%，在 50% 的位置单击添加滑块，将 CMYK 设置为 0%、99%、99%、11%，右侧滑块的 CMYK 设置为 54%、100%、85%、40%，然后在工具箱中使用【渐变工具】调整图形的渐变，如图 14-67 所示。

(6) 使用【钢笔工具】✎，在画板中绘制图形，效果如图 14-68 所示。

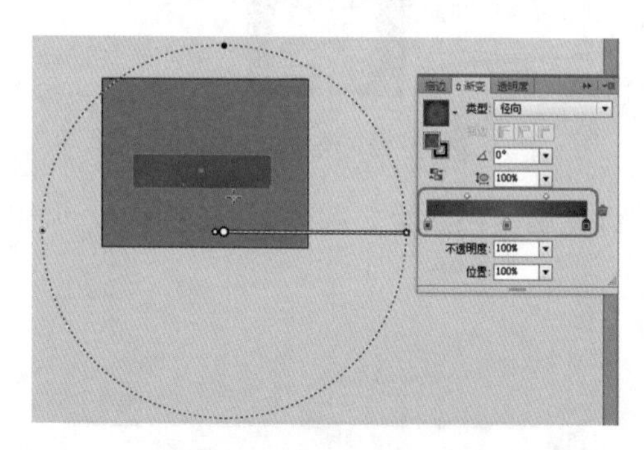

图 14-67　设置矩形的渐变色

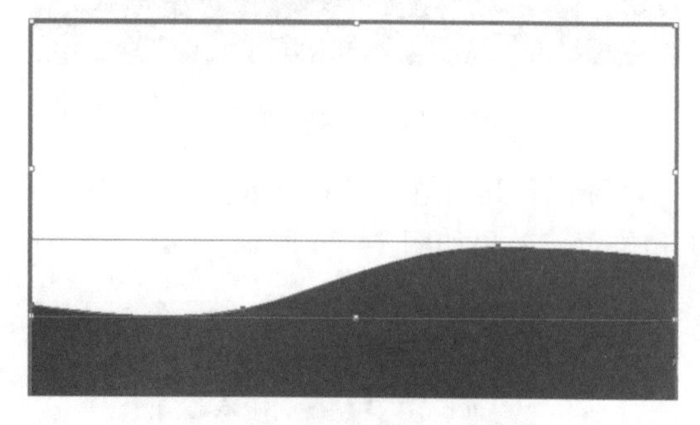

图 14-68　绘制图形

(7) 打开【渐变】面板，将【类型】设置为【径向】，【角度】设置为 100，左侧滑块的 CMYK 设置为 40%、53%、83%、0%，在 65.5% 的位置单击添加滑块，将 CMYK 设置为 19%、16%、18%、0%，右侧滑块移至 86% 的位置，CMYK 设置为 38%、62%、90%、1%，然后在工具箱中使用【渐变工具】调整图形的渐变，如图 14-69 所示。

(8) 复制使用【钢笔工具】绘制的图形，然后就地粘贴调整位置并将颜色设置为白色，效果如图 14-70 所示。

(9) 使用同样的方法绘制其他图形，并填充渐变颜色效果如图 14-71 所示。

(10) 在工具箱中选择【矩形工具】，在画板中绘制两个宽度不同，高度相同的矩形，将大矩形颜色设置为白色，小矩形颜色设置为 12%、9%、10%、0%，使这两个矩形的右侧对齐，如图 14-72 所示。

(11) 在工具箱中选择【混合工具】◙，然后在小矩形上单击，在大矩形上进行单击，按 Shift+F6 组合键打开【外观】面板，单击【不透明度】，在打开的面板中将【混合模式】设置

为【正片叠底】，如图 14-73 所示。

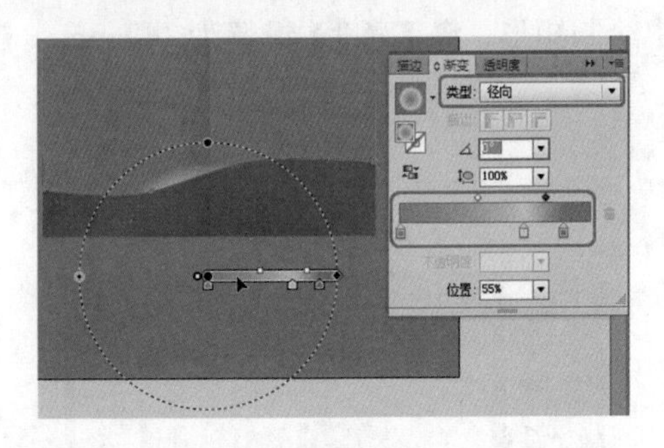

图 14-69　设置绘制图形的渐变

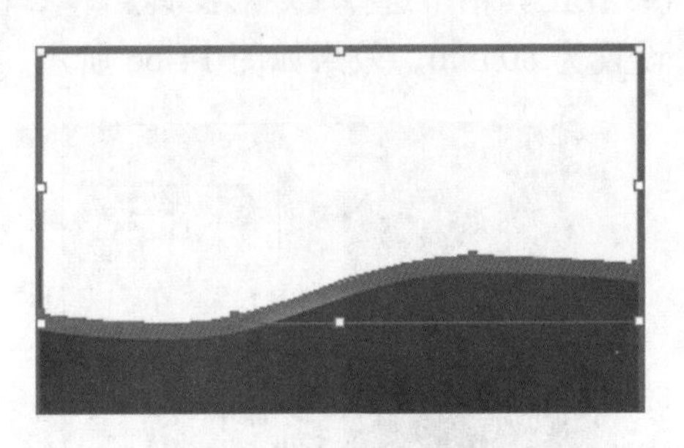

图 14-70　复制并调整图形

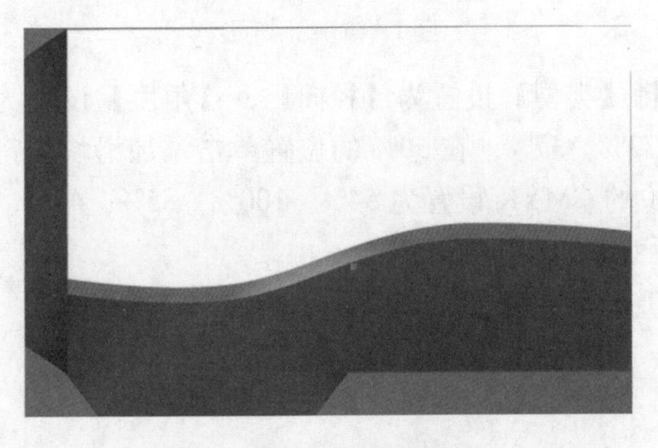

图 14-71　绘制其他图形

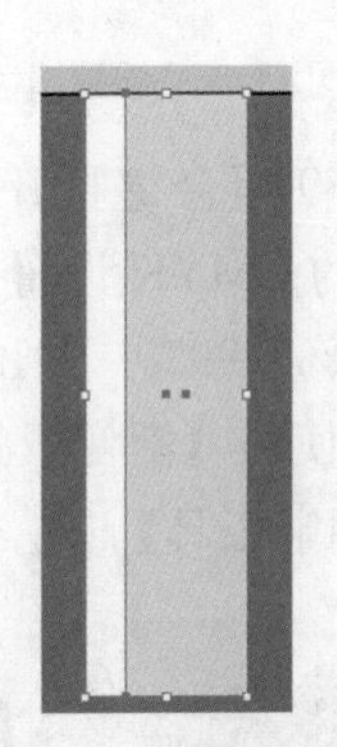

图 14-72　绘制两个矩形

(12) 调整其位置，并打开 logo.ai 素材，对其进行复制，粘贴至之前创建的文档中，调整大小和位置，效果如图 14-74 所示。

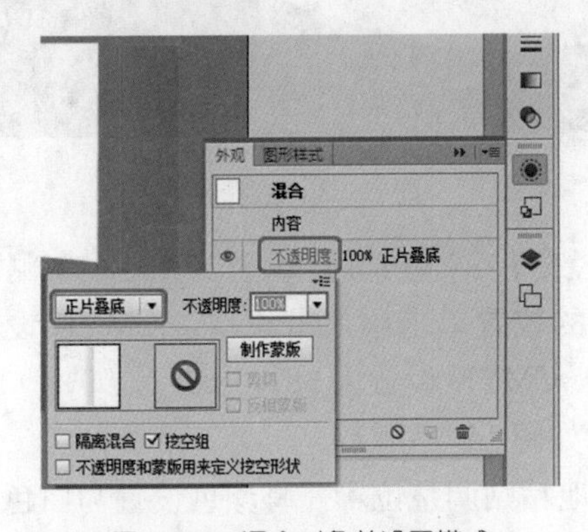

图 14-73　混合对象并设置模式

图 14-74　导入并调整素材

(13) 至此档案袋制作完成，最后对场景进行保存即可。

案例精讲 087　手提袋

 案例文件：CDROM \ 场景 \ Cha14 \ 手提袋 .ai

 视频文件：视频教学 \Cha14 \ 手提袋 .avi

制作概述

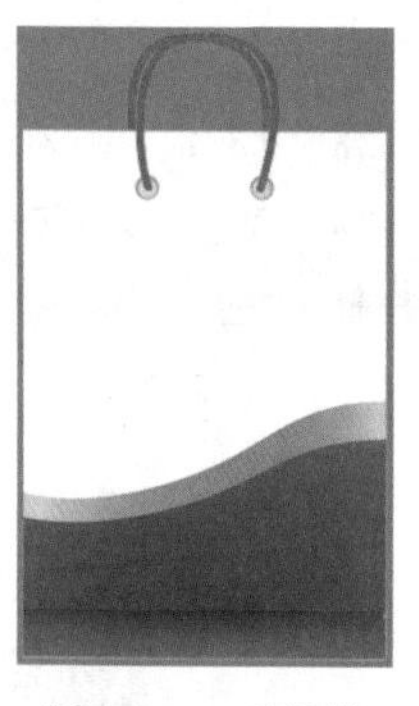

图 14-75　手提袋

本例将讲解如何设计制作手提袋，首先利用矩形工具绘制主体大小，使用矩形工具和钢笔工具绘制其他图形，并为图形设置渐变颜色。具体操作方法如下，完成后的效果如图 14-75 所示。

学习目标

- 学习手提袋的设计及制作过程。
- 掌握手提袋的制作方法及颜色的过渡运用。

操作步骤

(1) 启动软件后，按 Ctrl+N 组合键，打开【新建文档】对话框，将【宽度】设置为 300 mm，【高度】设置为 450 mm，然后单击【确定】按钮，如图 14-76 所示。

(2) 在工具箱中选择【矩形工具】，在画板中单击左键打开【矩形】对话框，将【宽度】设置为 300 mm，【高度】设置为 450 mm，然后单击【确定】按钮，如图 14-77 所示。

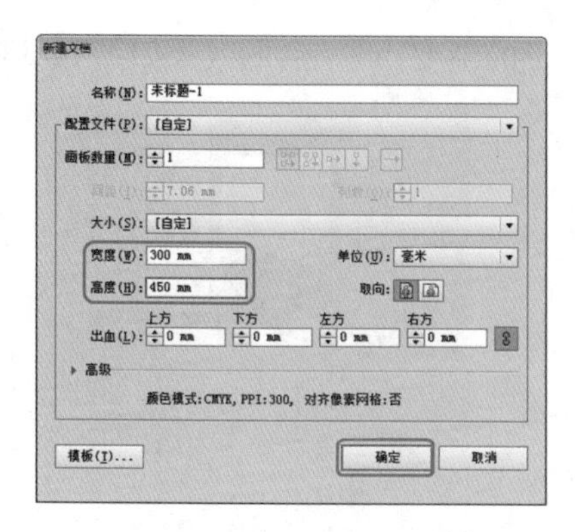

图 14-76　新建文档

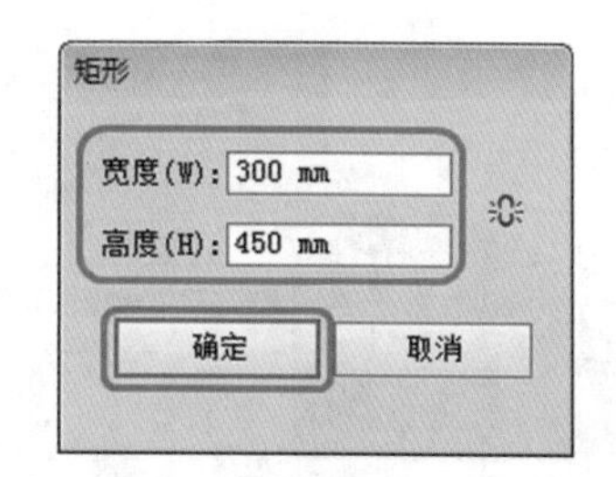

图 14-77　设置矩形大小

(3) 双击工具箱中的【填色】色块，打开【拾色器】对话框，将 CMYK 分别设置为 62%、54%、50%、1%，然后单击【确定】按钮，如图 14-78 所示。

(4) 在工具箱中选择【矩形工具】，在画板中绘制矩形，将【宽度】设置为 250 mm，【高度】设置为 350 mm，填充颜色设置为白色，效果如图 14-79 所示。

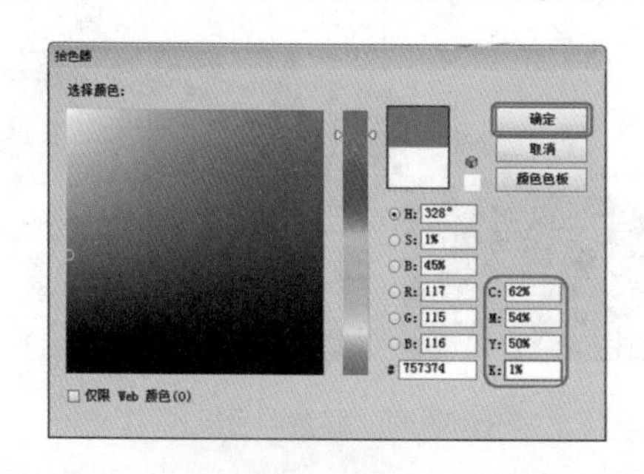

图 14-78　设置填色

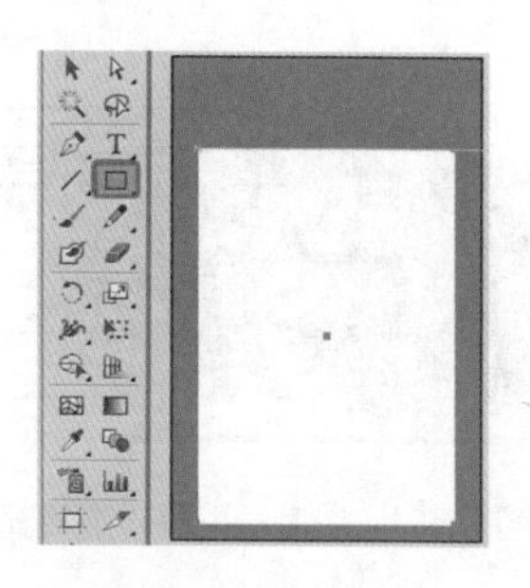

图 14-79　绘制矩形

(5) 在工具箱中选择【钢笔工具】，在画板中绘制图形，绘制后的效果如图 14-80 所示。

(6) 按 Ctrl+F9 组合键打开【渐变】面板，将【类型】设置为【线性】，左侧滑块的

CMYK 设置为 38%、52%、60%、0%，在 21% 的位置单击添加滑块，将其 CMYK 设置为 16%、13%、16%、0%，在 48% 的位置单击添加滑块，将其 CMYK 设置为 27%、59%、79%、0%，在 67% 的位置单击添加滑块，将其 CMYK 设置为 18%、17%、18%、0%，右侧滑块移动至 86% 的位置，CMYK 设置为 35%、61%、89%、0%，并渐变图形的位置，如图 14-81 所示。

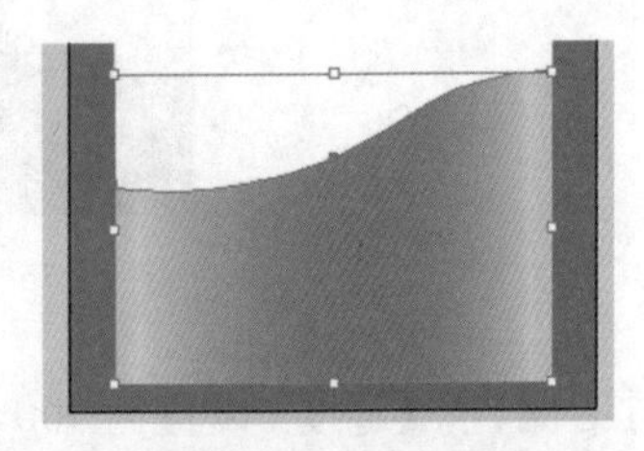

图 14-80 绘制图形

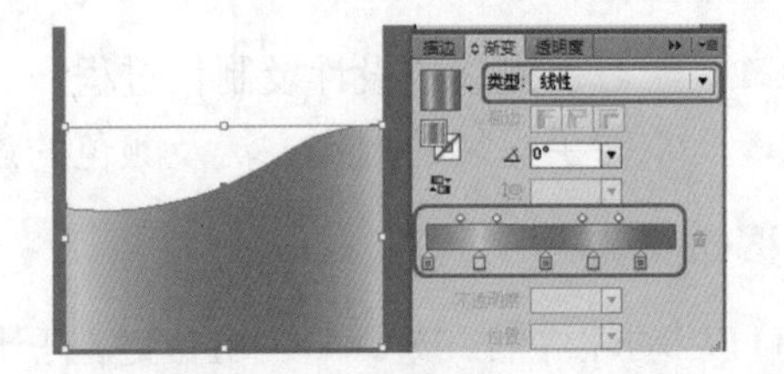

图 14-81 设置图形的渐变

(7) 对图形进行复制，并就地粘贴，调整高度，在【渐变】面板中更改该渐变，如图 14-82 所示。

(8) 在工具箱中选择【渐变工具】，在画板中调整图形的渐变，调整后的效果如图 14-83 所示。

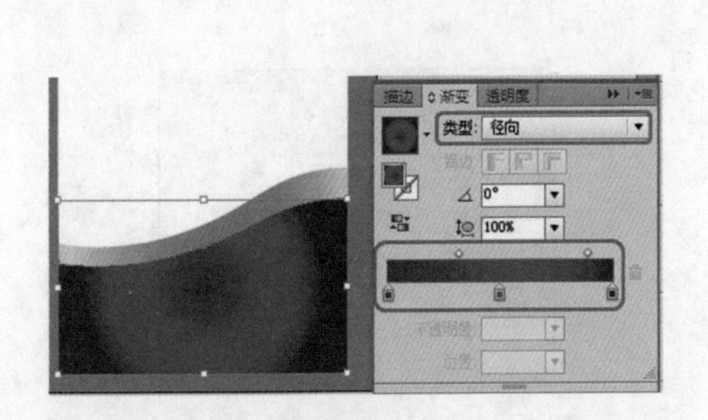

图 14-82 更改渐变色

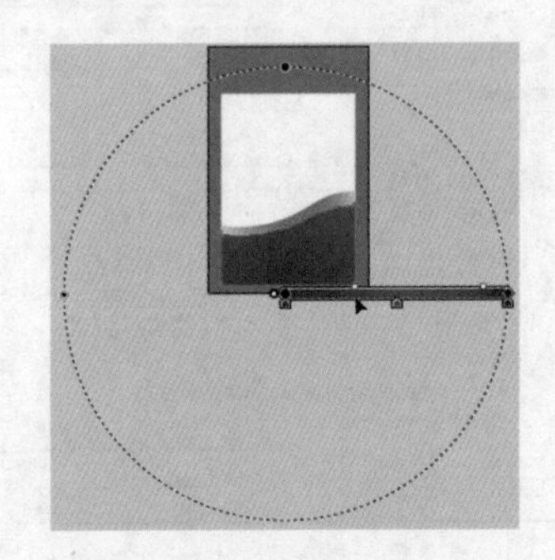

图 14-83 调整渐变

(9) 使用【矩形工具】绘制矩形，在【渐变】面板中为其填充黑白渐变，将【类型】设置为【线性】，【角度】设置为 90°，如图 14-84 所示。

(10) 按 Shift+F6 组合键打开【外观】面板，单击【不透明度】，在打开的面板中将【混合模式】设置为【叠加】，如图 14-85 所示。

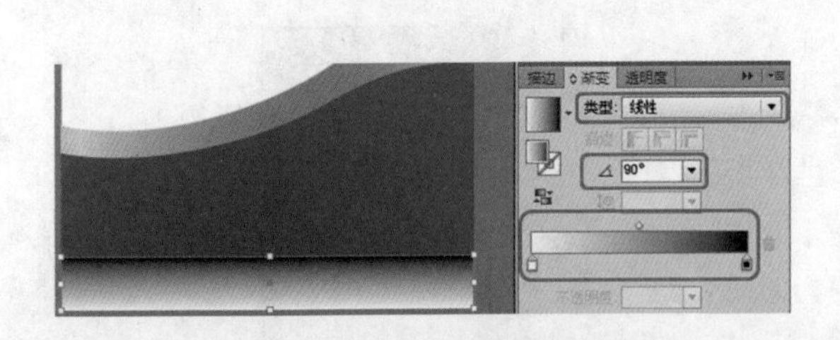

图 14-84 绘制矩形并设置填充

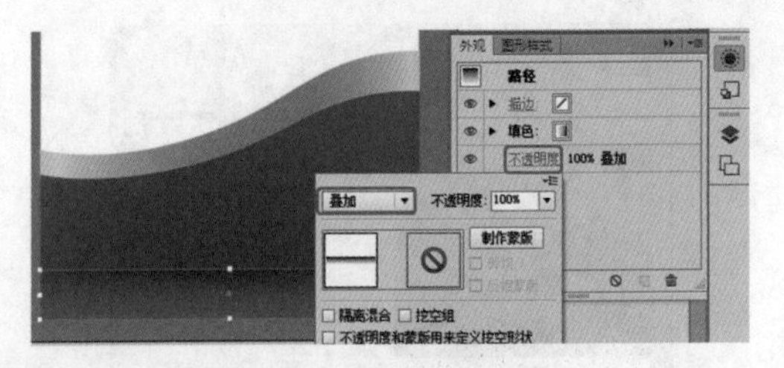

图 14-85 设置混合模式

(11) 使用【椭圆工具】，按住 Shift 键在画板中拖动鼠标绘制正圆，并将填充颜色的 CMYK 设置为 48%、39%、37%、0%，描边颜色设置为无，效果如图 14-86 所示。

(12) 对绘制的圆形进行复制，就地粘贴，调整大小和位置，并更改填充 CMYK 为 19%、

14%、14%、0%，效果如图 14-87 所示。

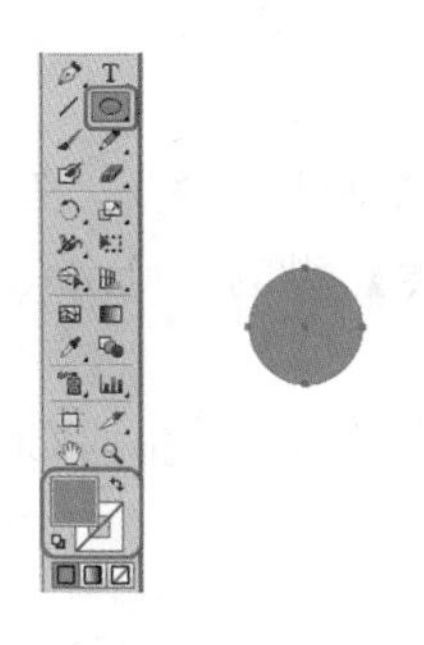
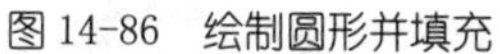

图 14-86　绘制圆形并填充

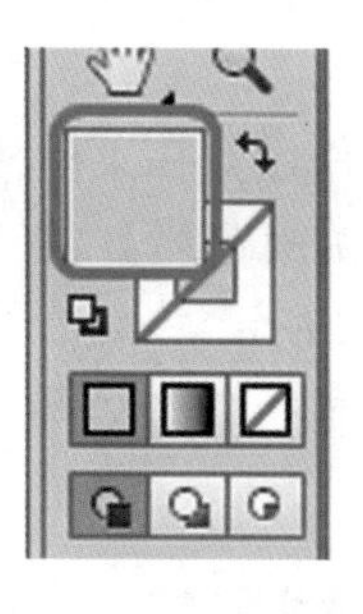
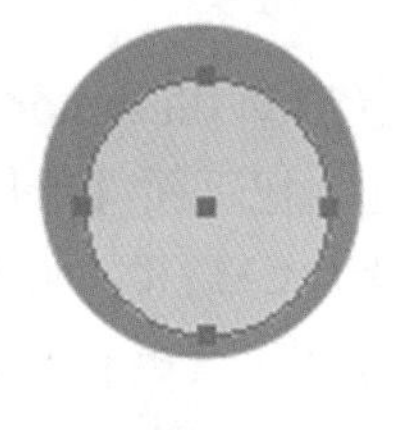

图 14-87　复制调整圆形

(13) 对这两个圆形再次复制并调整位置，调整后的效果如图 14-88 所示。

(14) 使用【钢笔工具】，在画板中绘制图形，并将填充颜色的 CMYK 设置为 9%、98%、85%、0%，效果如图 14-89 所示。

(15) 对该图形进行复制，并就地粘贴，按 Ctrl+[组合键多次将其像下层调整，调整位置，调整后的效果如图 14-90 所示。

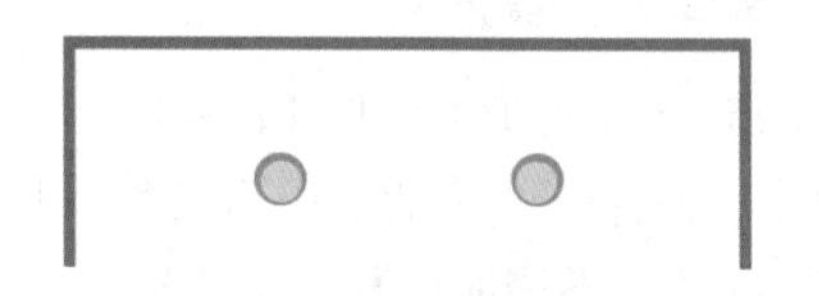

图 14-88　复制并调整绘制的圆

图 14-89　绘制图形

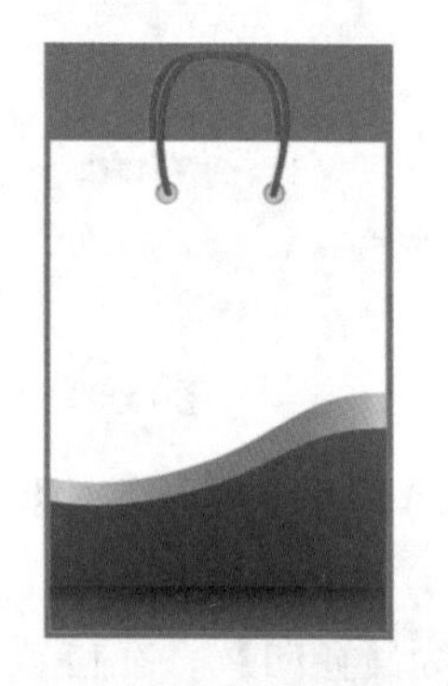

图 14-90　复制并调整图形

(16) 至此手提袋制作完成，最后对场景进行保存即可。

案例精讲 088　信封制作

案例文件：CDROM \ 场景 \ Cha14 \ 信封 .ai

视频文件：视频教学 \ Cha14\ 信封 .ai

制作概述

本例将讲解如何绘制信封，其中主要应用【渐变工具】和【钢笔工具】，具体操作方法如下，完成后的效果如图 14-91 所示。

图 14-91　信封

学习目标

■　学习信封的制作过程。

■ 掌握信封的制作过程。

操作步骤

(1) 启动 Illustrator CC 软件后，在菜单栏中选择【文件】|【新建】命令，弹出【新建文档】对话框，把页面【单位】设为【毫米】后，【宽度】、【高度】设为 100mm、100mm，颜色模式设为 CMYK，如图 14-92 所示。

(2) 使用【矩形工具】绘制一个与文档大小相同的矩形，并将【填色】的 CMYK 值设为 0、0、0、50，如图 14-93 所示。

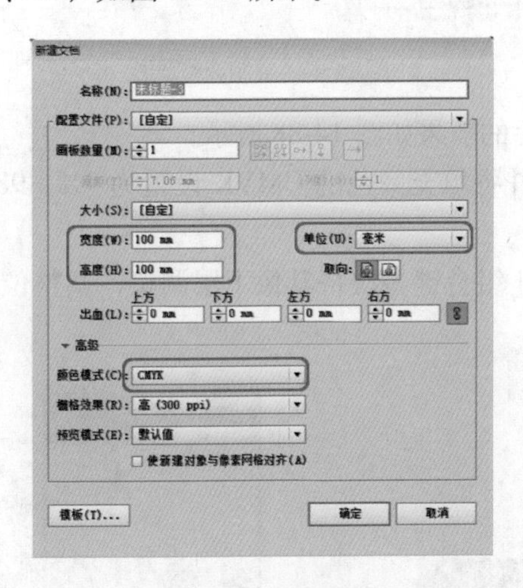

图 14-92 新建文档

图 14-93 绘制矩形

(3) 使用【矩形工具】绘制一个【宽度】为 56mm、【高度】为 25mm 的矩形，如图 14-94 所示。

(4) 选择绘制的矩形，选择菜单栏中的【窗口】|【渐变】命令，在弹出的对话框中将【类型】设置为【径向】，在位置为 50% 处建立一个新的渐变滑块，并将其【不透明度】设为 100%，如图 14-95 所示。

图 14-94 绘制矩形

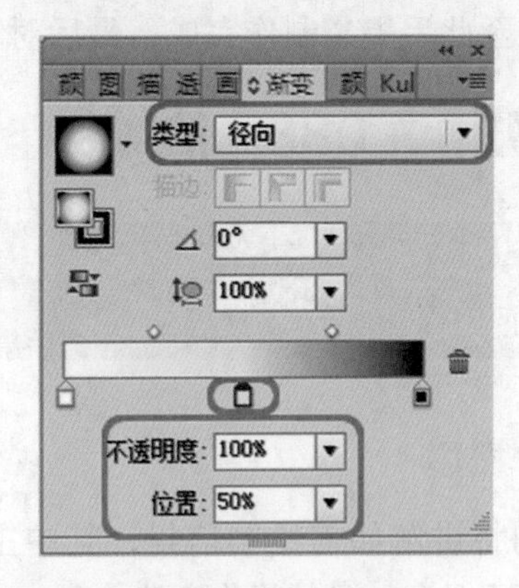

图 14-95 设置渐变

(5) 双击左侧色块，将填色类型设为 CMYK，CMYK 的值设置为 34、100、73、37，如图 14-96 所示。

(6) 使用同样的方法，分别将中间色块和右侧色块的 CMYK 值设置为 0、99、99、11，

54、100、85、40，然后使用【渐变工具】调整渐变。完成后的效果如图 14-97 所示。

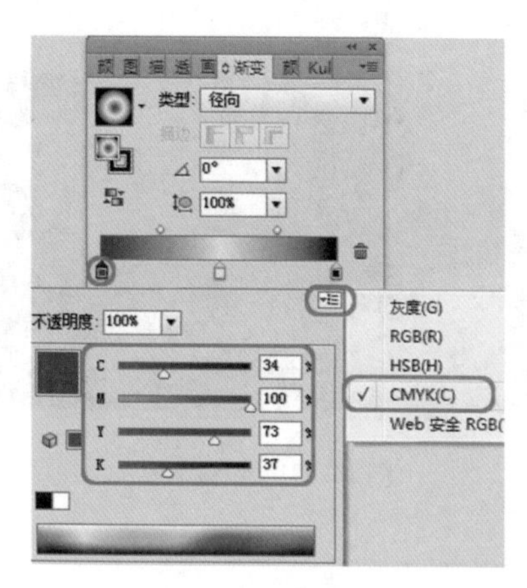

图 14-96　设置渐变颜色

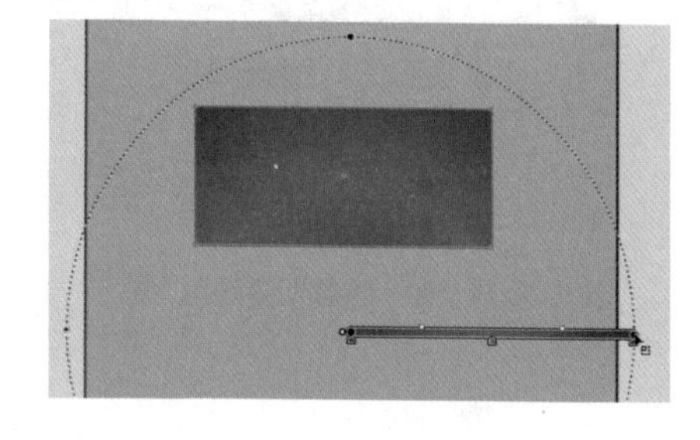

图 14-97　调整渐变

(7) 使用【钢笔工具】绘制如图 14-98 所示图形。

(8) 选择菜单栏中【窗口】|【渐变】命令，在弹出的对话框中将【类型】设为【线性】，在位置为 22、47、66 处建立新的渐变滑块，并把原位置为 100 的渐变滑块拖动到位置为 86 处，如图 14-99 所示。

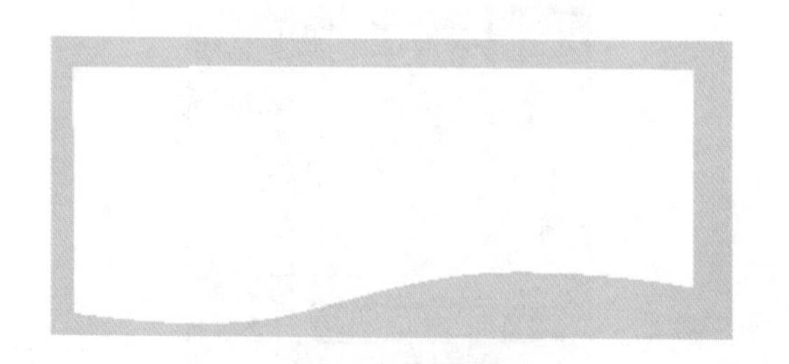

图 14-98　绘制图形

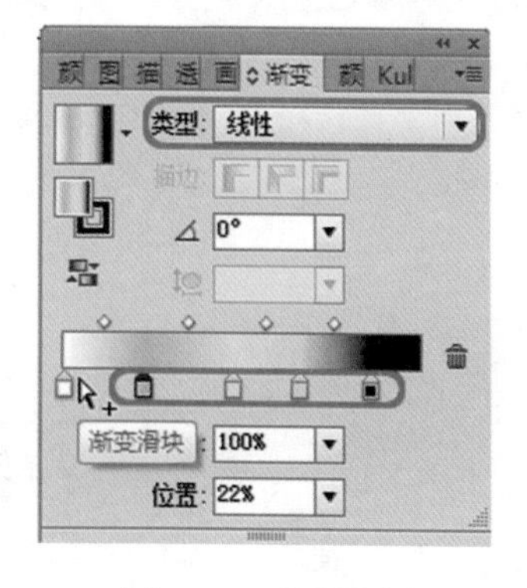

图 14-99　设置渐变

(9) 双击左侧色块，在弹出的菜单栏中，将填色类型设为 CMYK，并将其 CMYK 的值设置为 36、52、80、0，如图 14-100 所示。

(10) 使用相同的方法，分别将位置为 22、47、66、86 渐变滑块的 CMYK 值设为 16、13、16、0，26、59、79、0，18、16、17、0，35、61、89、0，完成后调整位置，效果如图 14-101 所示。

(11) 继续使用【钢笔工具】，将【描边】设为无，【填色】设置为白色，绘制如图 14-102 所示。

(12) 调整位置后，如图 14-103 所示。

(13) 继续使用【钢笔工具】，将【描边】设置为无，绘制如图 14-104 所示图形。

(14) 选择菜单栏中的【窗口】|【渐变】命令，在弹出的对话框中将【类型】设置为【线性】，角度设置为 90°，在位置为 53 处建立一个新的渐变滑块，并将原位置为 0 的渐变滑块拖动到 18 上，如图 14-105 所示。

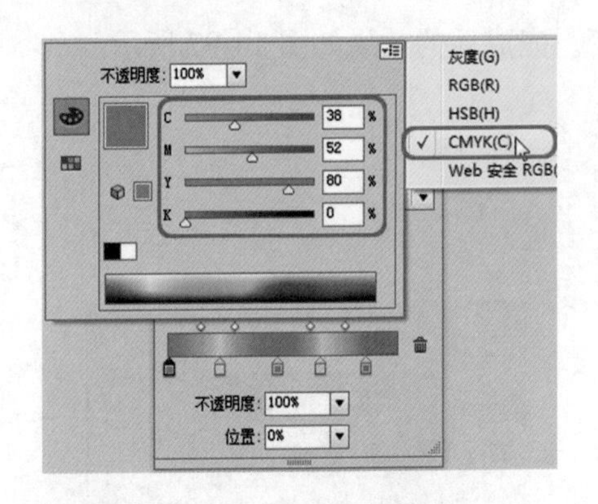

图 14-100　设置渐变颜色

图 14-101　设置渐变

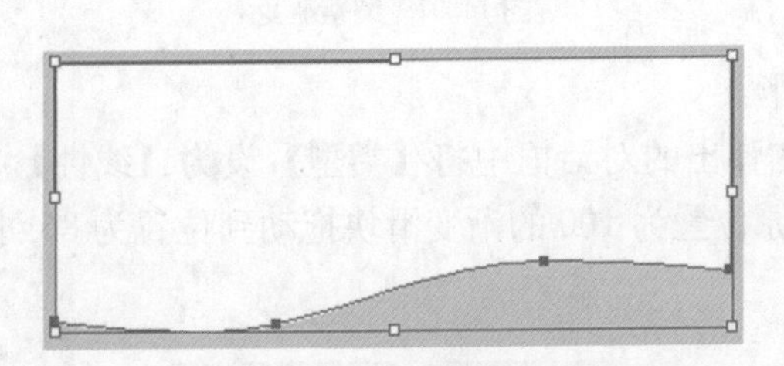

图 14-102　绘制图形

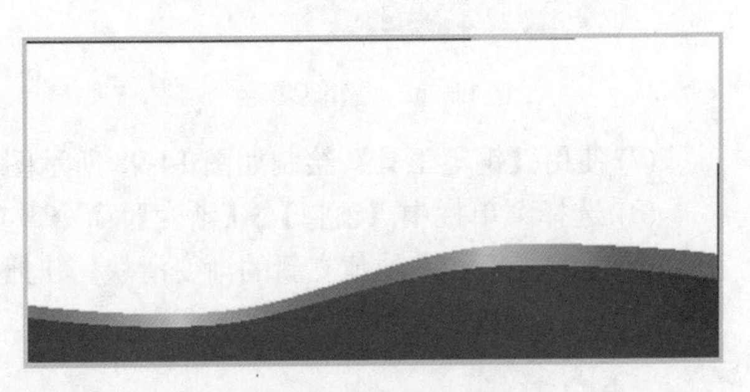

图 14-103　调整图形位置

图 14-104　绘制图形

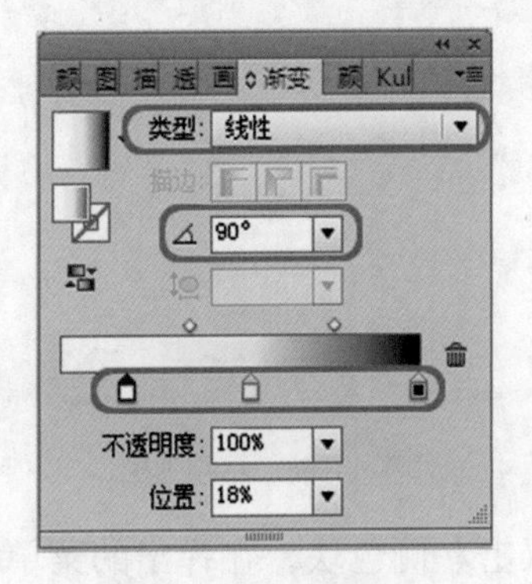

图 14-105　设置渐变

(15) 双击左侧色块，在弹出的菜单栏中，将填色类型设为CMYK，并将其CMYK值设置为27、21、20、0，如图14-106所示。

(16) 使用相同的方法，将位置为53、100渐变滑块的CMYK值设置为0、0、0、0，0、0、0、0，然后调整其位置，效果如图14-107所示。

(17) 完成上述操作后，选择菜单栏中的【文件】|【置入】命令，将CDROM\素材\Cha14\Logo.ai文件置入文档中调整位置，如图14-108所示。

(18) 使用【矩形工具】将填充颜色设置为无，【描边】设置为CMYK值为74、34、6、0的颜色，【宽度】设为2.5mm，【高度】设为2.5mm，绘制如图14-109所示的若干矩形。

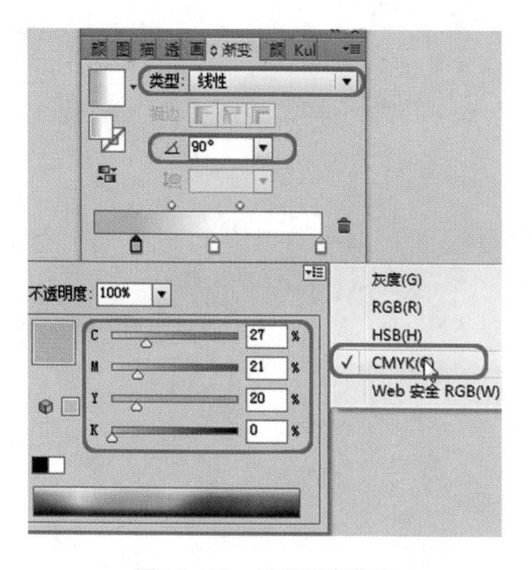

图 14-106　设置渐变颜色

图 14-107　渐变效果

图 14-108　添加素材

图 14-109　绘制图形

(19) 绘制完成后，调整位置，如图 14-110 所示。

图 14-110　调整图形位置

(20) 完成上述操作后保存即可。

第 15 章 包装设计

本章重点

- 月饼包装
- 化妆品包装
- 牙膏盒包装
- 酸奶包装盒
- CD 包装设计
- 丝绸包装设计

包装是品牌理念、产品特性、消费心理的综合反映，它直接影响到消费者的购买欲。在经济全球化的今天，包装与商品已融为一体。包装作为实现商品价值和使用价值的手段，在生产、流通、销售和消费领域中，发挥着极其重要的作用。本章就来介绍一下商品包装的设计。

案例精讲 089　月饼包装

案例文件：CDROM \ 场景 \ Cha15 \ 月饼包装 .ai

视频文件：视频教学 \ Cha15 \ 月饼包装 .avi

制作概述

本例将介绍月饼包装的设计，主要使用基本绘图工具绘制图形并填充渐变颜色，然后导入素材文件并输入文字，完成后的效果如图 15-1 所示。

图 15-1　月饼包装

学习目标

- 学习月饼包装的制作流程。
- 掌握使用基本绘图工具绘制各种花边的方法。

操作步骤

(1) 按 Ctrl+N 组合键，在弹出的【新建文档】对话框中输入【名称】为“月饼包装”，将【宽度】设置为 260mm，【高度】设置为 340mm，【颜色模式】设置为 CMYK，单击【确定】按钮，如图 15-2 所示。

(2) 在工具箱中选择【矩形工具】，在画板中绘制一个宽为 145mm、高为 40mm 的矩形，并将其填充颜色的 CMYK 值设置为 0、15、40、0，描边设置为无，效果如图 15-3 所示。

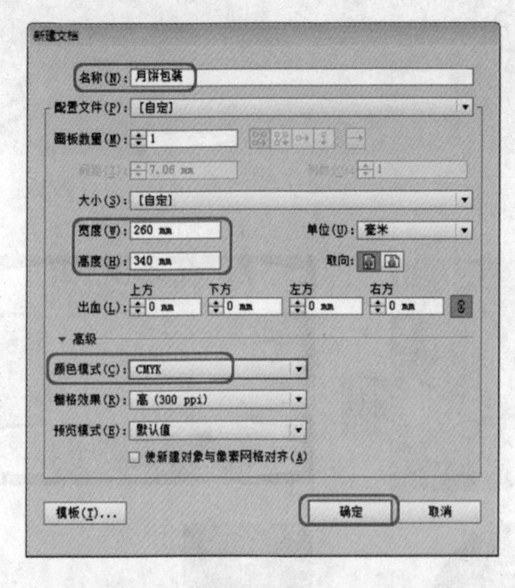

图 15-2　【新建文档】对话框

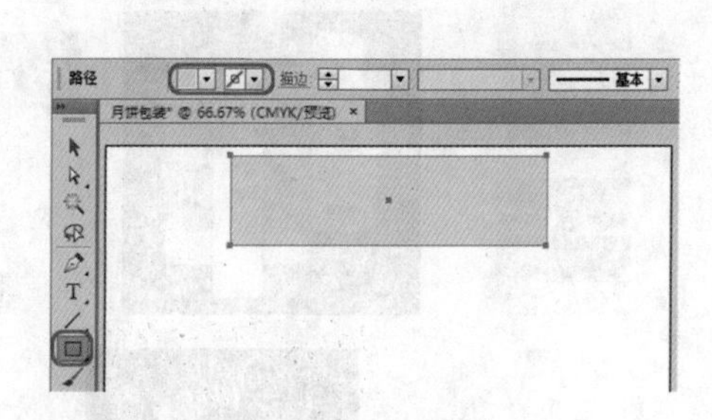

图 15-3　绘制矩形并填充颜色

(3) 继续使用【矩形工具】在画板中绘制一个宽为 145mm、高为 105mm 的矩形，其填充颜色的 CMYK 值设置为 0、100、100、20，效果如图 15-4 所示。

(4) 使用同样的方法，绘制其他矩形并填充颜色，效果如图 15-5 所示。

图 15-4　绘制矩形并填充颜色

图 15-5　绘制其他矩形

(5) 按Ctrl+O组合键，弹出【打开】对话框，在该对话框中选择随书附带光盘中的素材文件“牡丹.ai”，单击【打开】按钮，如图15-6所示。

(6) 打开选择的素材文件，如图15-7所示。然后按Ctrl+A组合键选择所有的对象，按Ctrl+C组合键复制选择的对象。

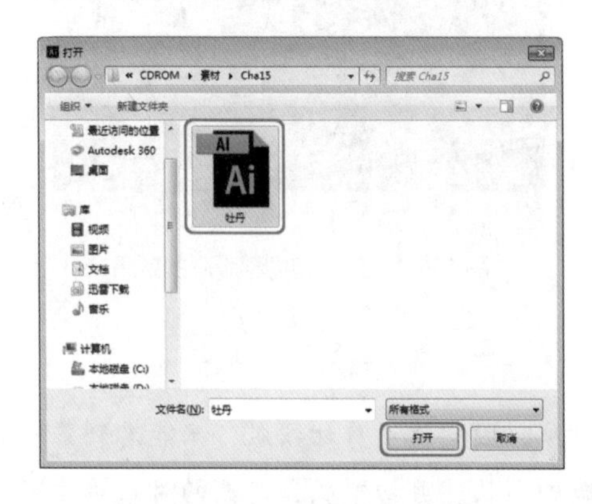

图 15-6　选择素材文件

图 15-7　打开的素材文件

(7) 返回到当前制作的场景中，按Ctrl+V组合键粘贴选择的对象，并调整复制后的对象的位置，效果如图15-8所示。

(8) 选择素材文件中的花边，在【透明度】面板中将【混合模式】设置为【颜色减淡】，【不透明度】设置为70%，效果如图15-9所示。

知识链接

【颜色减淡】：加亮基色以反映混合色。与黑色混合则不发生变化。

(9) 在工具箱中选择【矩形工具】□，在画板中绘制一个宽为145mm、高为105mm的矩形，如图15-10所示。

(10) 选择新绘制的矩形和素材文件，并单击鼠标右键，在弹出的快捷菜单中选择【建立剪切蒙版】命令，建立剪切蒙版后的效果如图15-11所示。

图 15-8　粘贴对象

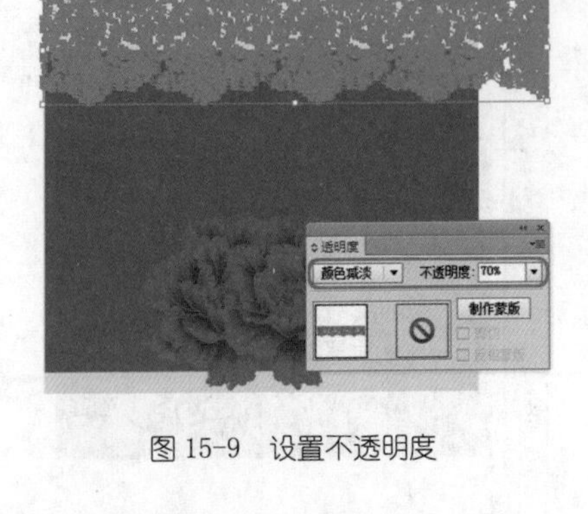

图 15-9　设置不透明度

图 15-10　绘制矩形

图 15-11　建立剪切蒙版后的效果

知识链接

剪切蒙版是一个可以用其形状遮盖其他图稿的对象，因此使用剪切蒙版，只能看到蒙版形状内的区域，从效果上来说，就是将图稿裁剪为蒙版的形状。剪切蒙版和遮盖的对象称为剪切组合。可以通过选择的两个或多个对象或者一个组或图层中的所有对象来建立剪切组合。

(11) 使用【矩形工具】在画板中绘制一个宽为145mm、高为35mm的矩形，并选择绘制的矩形，在【渐变】面板中将【类型】设置为【线性】，左侧渐变滑块的CMYK值设置为0、20、50、5，在50%位置处添加一个渐变滑块，将CMYK值设置为0、10、25、0，右侧渐变滑块的CMYK值设置为0、20、50、5，效果如图15-12所示。

(12) 在工具箱中选择【直线段工具】，在画板中绘制一个长为145mm的直线，并选择绘制的直线，在属性栏中将描边颜色的CMYK值设置为0、50、100、0，【描边粗细】设置为0.7pt，效果如图15-13所示。

提示

使用【直线段工具】绘制直线时在画板中单击的第一点为起点，如果觉得起点不是很适合，可以在拖曳鼠标（未松开）的同时，按住空格键，直线便可随鼠标的拖曳移动位置。

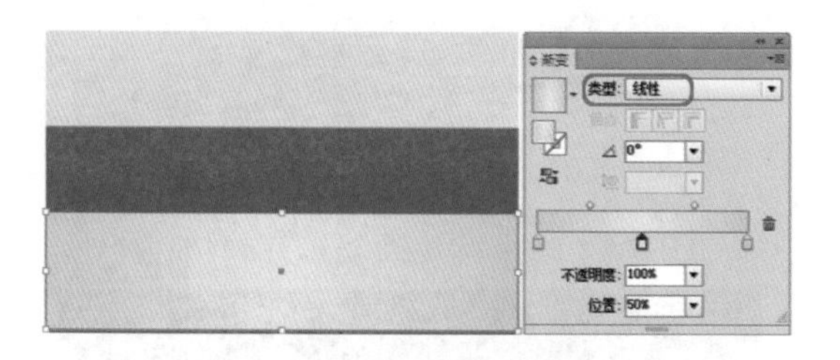

图 15-12　绘制矩形并填充渐变颜色

图 15-13　绘制并设置直线

(13) 在按住 Alt 键的同时，单击并向下拖动绘制的直线，即可复制直线，效果如图 15-14 所示。

(14) 在工具箱中选择【钢笔工具】，在画板中绘制线段，效果如图 15-15 所示。

图 15-14　复制直线

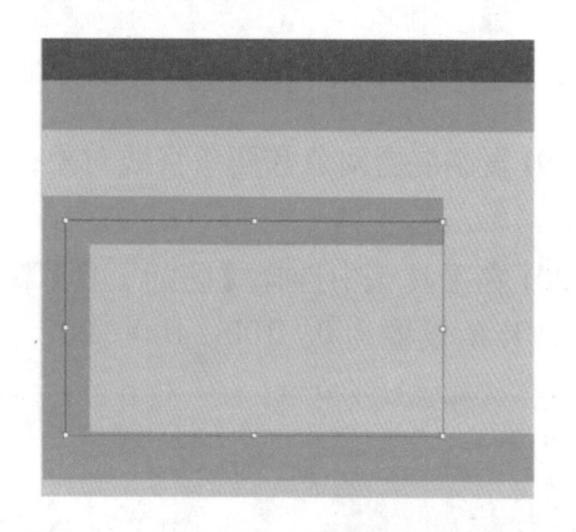

图 15-15　绘制线段

(15) 在绘制的线段上单击鼠标右键，在弹出的快捷菜单中选择【变换】|【对称】命令，弹出【镜像】对话框，选中【水平】单选按钮，然后单击【复制】按钮，即可复制线段对象，效果如图 15-16 所示。

(16) 在复制后的线段上单击鼠标右键，在弹出的快捷菜单中选择【变换】|【对称】命令，弹出【镜像】对话框，选中【垂直】单选按钮，然后单击【确定】按钮，即可垂直镜像选择的对象，并在画板中调整对象位置，效果如图 15-17 所示。

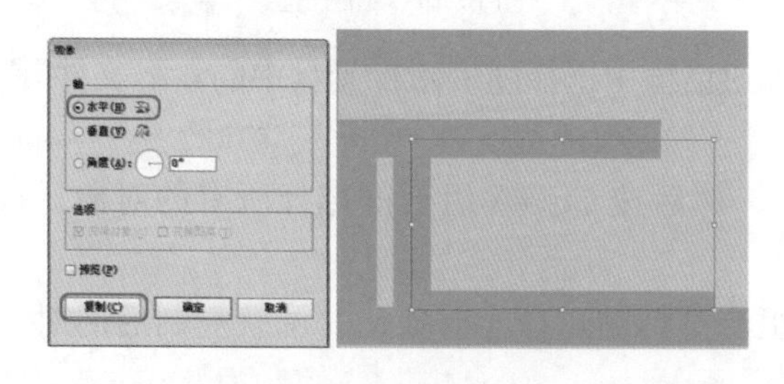

图 15-16　水平镜像复制

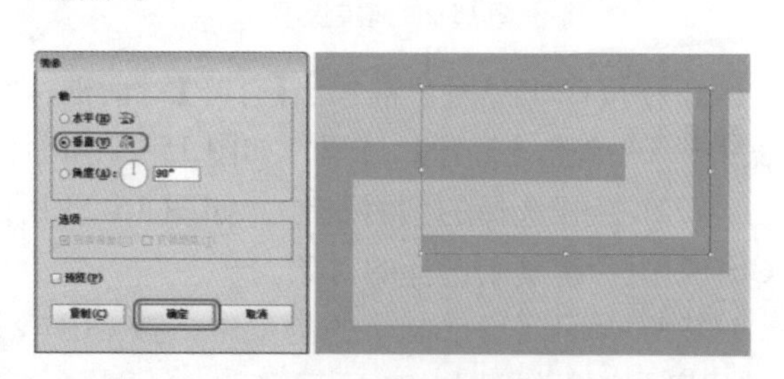

图 15-17　垂直镜像对象

(17) 选择两个线段对象，按 Ctrl+G 组合键将其编组，然后在按住 Alt 键的同时，单击并向右拖动，即可复制编组对象，效果如图 15-18 所示。

(18) 在工具箱中选择【混合工具】，在左侧的编组对象上单击鼠标左键，然后在复制后的编组对象上单击鼠标左键，即可添加混合效果，并双击【混合工具】，弹出【混合选项】对话框，将【间距】设置为【指定的步数】，步数设置为43，单击【确定】按钮，指定步数后的效果如图15-19所示。

图15-18　复制编组对象

图15-19　指定步数后的效果

(19) 复制混合对象和两条直线对象，并在画板中调整复制后的对象的位置，效果如图15-20所示。

(20) 在工具箱中选择【椭圆工具】，在按住Shift键的同时绘制正圆，并将其填充颜色的CMYK值设置为0、100、100、20，描边设置为无，效果如图15-21所示。

图15-20　复制对象

图15-21　绘制正圆

(21) 按Ctrl+O组合键弹出【打开】对话框，在该对话框中选择随书附带光盘中的素材文件“图案.ai”，单击【打开】按钮，如图15-22所示。

(22) 打开选择的素材文件，如图15-23所示，然后按Ctrl+A组合键选择所有的对象，按Ctrl+C组合键复制选择的对象。

(23) 返回到当前制作的场景中，按Ctrl+V组合键粘贴选择的对象，并调整复制后的对象的位置，效果如图15-24所示。

(24) 继续使用【椭圆工具】在画板中绘制正圆，并选择绘制的正圆，在【渐变】面板中将【类型】设置为【径向】，左侧渐变滑块的CMYK值设置为0、30、60、20，右侧渐变滑块的CMYK值设置为0、5、20、0，效果如图15-25所示。

图 15-22　选择素材文件

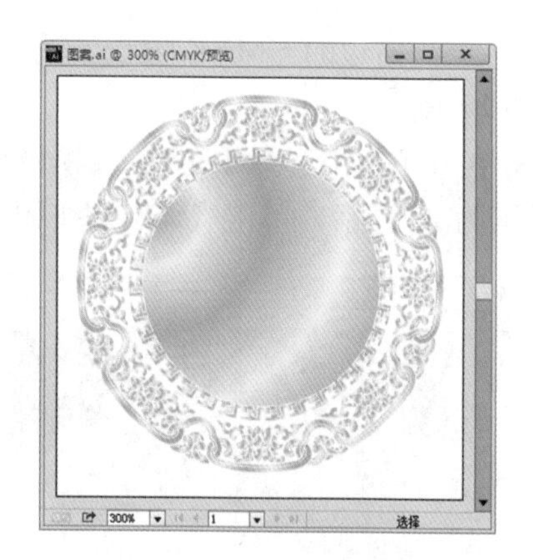

图 15-23　打开的素材文件

图 15-24　粘贴对象

图 15-25　绘制正圆并设置渐变颜色

(25) 复制新绘制的正圆，并在画板中调整其大小和位置，效果如图 15-26 所示。

(26) 选择复制后的正圆，在【渐变】面板中将【类型】设置为【线性】，【角度】设置为 −40°，左侧渐变滑块的 CMYK 值设置为 0、60、100、0，在 50% 位置处添加一个渐变滑块，将 CMYK 值设置为 0、20、80、0，右侧渐变滑块的 CMYK 值设置为 0、0、0、0，效果如图 15-27 所示。

图 15-26　复制并调整正圆

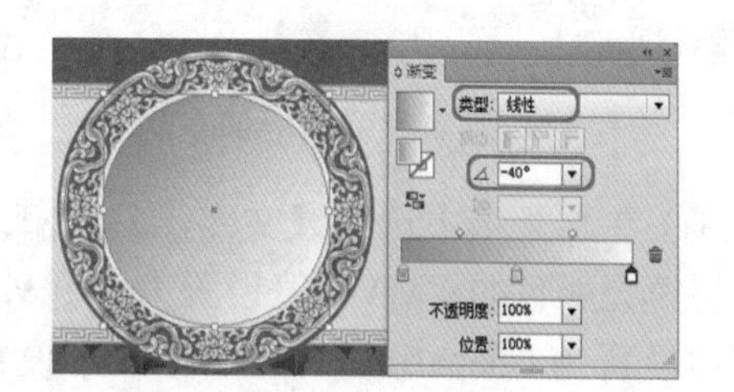

图 15-27　更改渐变颜色

(27) 使用【椭圆工具】在画板中绘制正圆，并选择绘制的正圆，在属性栏中将填充颜

色设置为无，描边的 CMYK 值设置为 0、50、80、20，【描边粗细】设置为 5.6pt，效果如图 15-28 所示。

(28) 在菜单栏中选择【效果】|【模糊】|【高斯模糊】命令，弹出【高斯模糊】对话框，将【半径】设置为 20 像素，单击【确定】按钮，效果如图 15-29 所示。

图 15-28　绘制并设置正圆

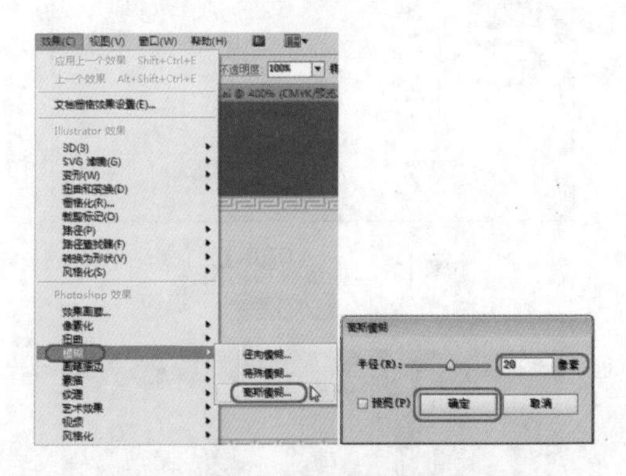

图 15-29　设置高斯模糊参数

(29) 在【透明度】面板中将【混合模式】设置为【正片叠底】，效果如图 15-30 所示。

知识链接

【正片叠底】：将基色与混合色相乘，得到的颜色总是比基色和混合色都要暗一些。将任何颜色与黑色相乘都会产生黑色。将任何颜色与白色相乘则颜色保持不变。

(30) 继续使用【椭圆工具】 在画板中绘制正圆，并选择绘制的正圆，在属性栏中将描边的 CMYK 值设置为 0、100、100、20，【描边粗细】设置为 1pt，效果如图 15-31 所示。

图 15-30　设置不透明度

图 15-31　绘制并调整正圆

(31) 在工具箱中选择【文字工具】 T，在画板中输入文字，并选择输入的文字，在属性栏中将填充颜色的 CMYK 值设置为 51、93、96、30，然后单击【字符】，打开【字符】面板，将字体设置为 Chaparral Pro，字体大小设置为 5pt，设置所选字符的字距调整设置为 −50，效果如图 15-32 所示。

(32) 按 Ctrl+O 组合键，弹出【打开】对话框，在该对话框中选择随书附带光盘中的素材

文件“礼.ai”，单击【打开】按钮，即可打开选择的素材文件，如图 15-33 所示。

图 15-32　输入并设置文字

图 15-33　打开的素材文件

(33) 按 Ctrl+A 组合键选择所有的对象，按 Ctrl+C 组合键复制选择的对象，返回到当前制作的场景中，按 Ctrl+V 组合键粘贴选择的对象，并调整复制后的对象的位置，效果如图 15-34 所示。

(34) 结合前面介绍的方法，继续使用【文字工具】T 输入文字，并为输入的文字填充颜色，效果如图 15-35 所示。

图 15-34　复制对象

图 15-35　输入其他文字

(35) 在工具箱中选择【直排文字工具】IT，在画板中绘制文本框，然后在文本框中输入内容，输入完成后选择文本框，在属性栏中将填充颜色的 CMYK 值设置为 0、100、100、20，并单击【字符】，打开【字符】面板，将字体设置为【方正黄草简体】，字体大小设置为 12pt，效果如图 15-36 所示。

(36) 在【透明度】面板中将【混合模式】设置为【叠加】，【不透明度】设置为 40%，效果如图 15-37 所示。

知识链接

【叠加】：对颜色进行相乘或滤色，具体取决于基色。图案或颜色叠加在现有的图稿上，在与混合色混合以反映原始颜色的亮度和暗度的同时，保留基色的高光和阴影。

图 15-36　输入并设置文字

图 15-37　设置不透明度

(37) 在工具箱中选择【文字工具】T，在画板中输入文字，并选择输入的文字，在属性栏中将填充颜色的 CMYK 值设置为 51、93、96、30，然后单击【字符】，打开【字符】面板，将字体设置为【方正综艺简体】，字体大小设置为 30pt，【设置所选字符的字距调整】设置为 75，效果如图 15-38 所示。

(38) 使用同样的方法，输入其他文字，并为输入的文字填充颜色，效果如图 15-39 所示。

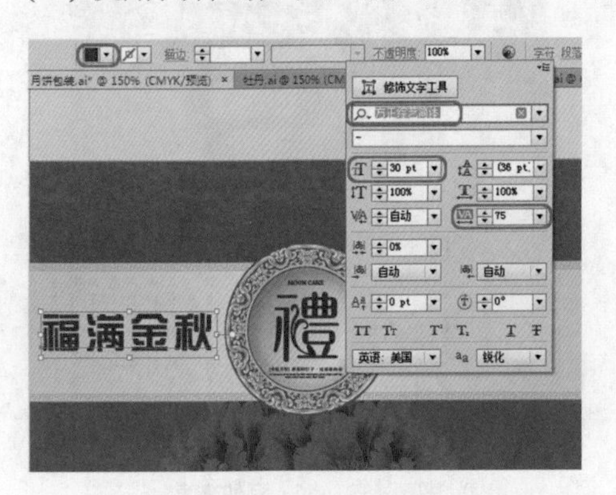

图 15-38　输入并设置文字

图 15-39　输入其他文字

(39) 在工具箱中选择【钢笔工具】，在画板中绘制图形，并为其填充与文字相同的颜色，效果如图 15-40 所示。

(40) 继续使用【钢笔工具】在画板中绘制图形，并选择绘制的图形，在属性栏中将填充颜色设置为无，描边的 CMYK 值设置为 0、50、100、0，【描边粗细】设置为 1.5pt，效果如图 15-41 所示。

(41) 使用【文字工具】T在绘制的图形上输入文字，并选择输入的文字，在属性栏中将填充颜色的 CMYK 值设置为 0、100、100、20，然后单击【字符】，打开【字符】面板，将字体设置为【方正综艺简体】，字体大小设置为 21.5pt，效果如图 15-42 所示。

(42) 使用同样的方法，继续复制图形并输入文字，效果如图 15-43 所示。

(43) 结合前面介绍的方法，绘制矩形并制作花边，效果如图 15-44 所示。

(44) 复制三个新绘制的图形，并在画板中调整其位置，效果如图 15-45 所示。

图 15-40　绘制图形

图 15-41　绘制图形并设置描边

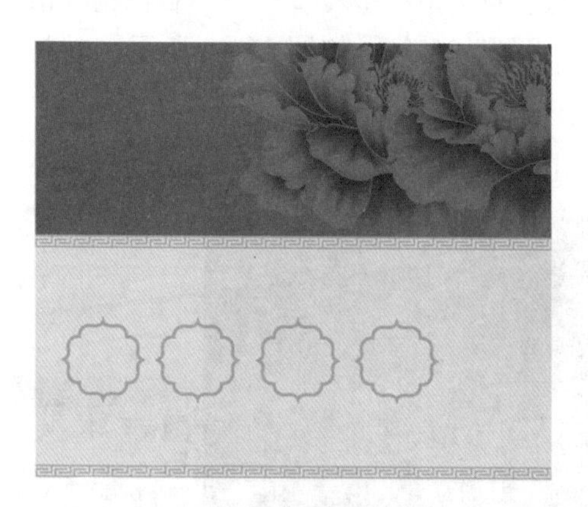

图 15-42　复制图形

图 15-43　输入并设置文字

图 15-44　复制图形并输入文字

图 15-45　绘制矩形并制作花边

案例精讲 090　化妆品包装

案例文件：CDROM \ 场景 \ Cha15 \ 化妆品包装 .ai

视频文件：视频教学 \ Cha15 \ 化妆品包装 .avi

制作概述

本例介绍化妆品包装的设计，该例的制作比较简单，主要使用【矩形工具】绘制包装平面图，然后输入文字，完成后的效果如图 15-46 所示。

图 15-46 化妆品包装

学习目标

- 学习化妆品包装的制作流程。
- 掌握输入文字的方法。

操作步骤

(1) 按 Ctrl+N 组合键，在弹出的【新建文档】对话框中输入【名称】为“化妆品包装”，将【宽度】和【高度】设置为 300mm，【颜色模式】设置为 CMYK，单击【确定】按钮，如图 15-47 所示。

(2) 在工具箱中选择【矩形工具】，在画板中绘制一个宽和高均为 300mm 的矩形，然后选择绘制的矩形，按 Ctrl+F9 组合键打开【渐变】面板，将【类型】设置为【径向】，【长宽比】设置为 200%，左侧渐变滑块的 CMYK 值设置为 67、59、59、6，右侧渐变滑块的 CMYK 值设置为 85、84、80、68，上方节点的位置设置为 67%，如图 15-48 所示。并将矩形的描边设置为无。

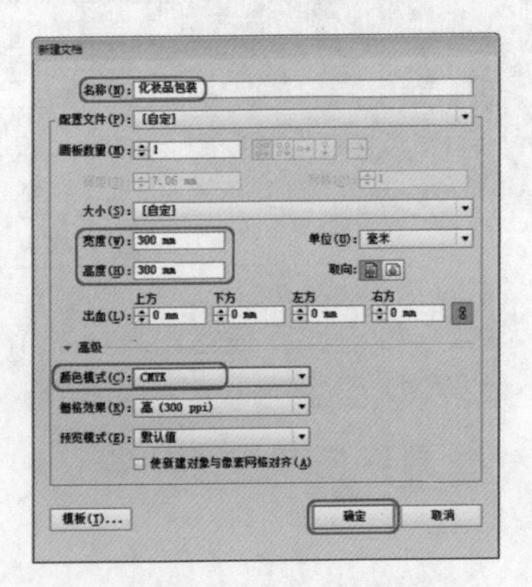

图 15-47 【新建文档】对话框

图 15-48 绘制矩形并填充颜色

(3) 继续使用【矩形工具】在画板中绘制一个宽为 50mm、高为 130mm 的矩形，并选择绘制的矩形，在属性栏中将填充颜色设置为白色，描边的 CMYK 值设置为 0、0、0、100，【描边粗细】设置为 0.25pt，效果如图 15-49 所示。

(4) 在工具箱中选择【圆角矩形工具】，在画板中绘制一个宽为 50mm、高为 65mm、圆角半径为 10mm 的圆角矩形，效果如图 15-50 所示。

(5) 在工具箱中选择【矩形工具】，在画板中绘制一个宽和高均为 50mm 的矩形，如图 15-51 所示。

(6) 继续使用【矩形工具】在画板中绘制一个宽为 50mm、高为 130mm 的矩形，并选择绘制的矩形，在属性栏中将填充颜色的 CMYK 值设置为 0、100、50、0，描边的 CMYK 值设置为 0、0、0、100，【描边粗细】设置为 0.25pt，效果如图 15-52 所示。

(7) 在工具箱中选择【钢笔工具】，在画板中绘制图形，并选择绘制的图形，在属性栏

中将填充颜色设置为白色，效果如图 15-53 所示。

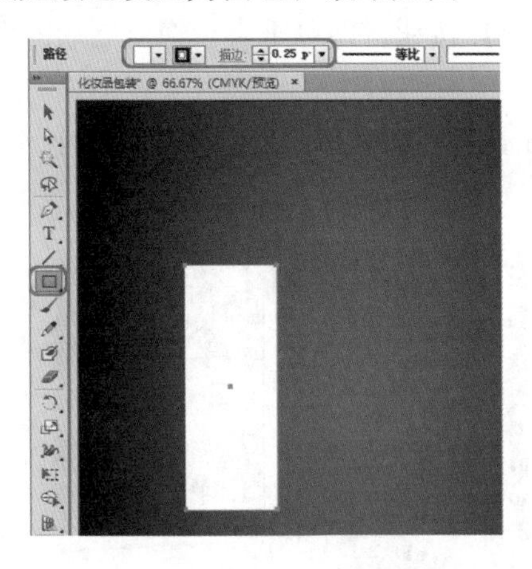

图 15-49　绘制矩形并填充颜色

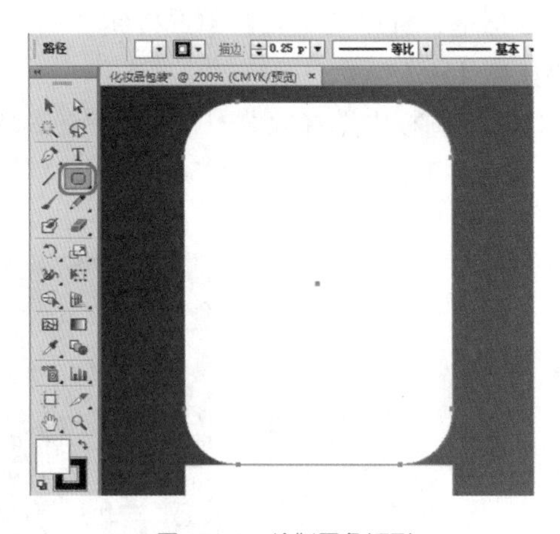

图 15-50　绘制圆角矩形

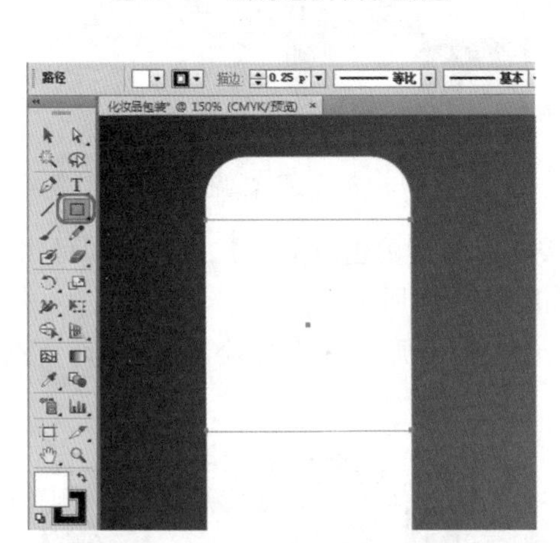

图 15-51　绘制矩形

图 15-52　绘制矩形并填充颜色

(8) 在新绘制的图形上单击鼠标右键，在弹出的快捷菜单中选择【变换】|【对称】命令，弹出【镜像】对话框，选中【水平】单选按钮，然后单击【复制】按钮，即可水平镜像复制绘制的图形，并在画板中调整其位置，效果如图 15-54 所示。

图 15-53　绘制图形并填充颜色

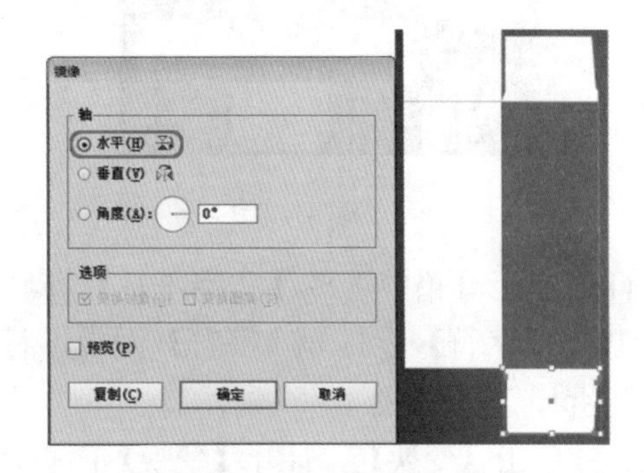

图 15-54　复制并调整图形

(9) 在复制后的图形上单击鼠标右键，在弹出的快捷菜单中选择【变换】|【对称】命令，弹出【镜像】对话框，选中【垂直】单选按钮，然后单击【确定】按钮，即可垂直镜像复制后的图形，效果如图 15-55 所示。

(10) 在画板中选择除背景以外的所有对象，并单击鼠标右键，在弹出的快捷菜单中选择【变换】|【对称】命令，如图 15-56 所示。

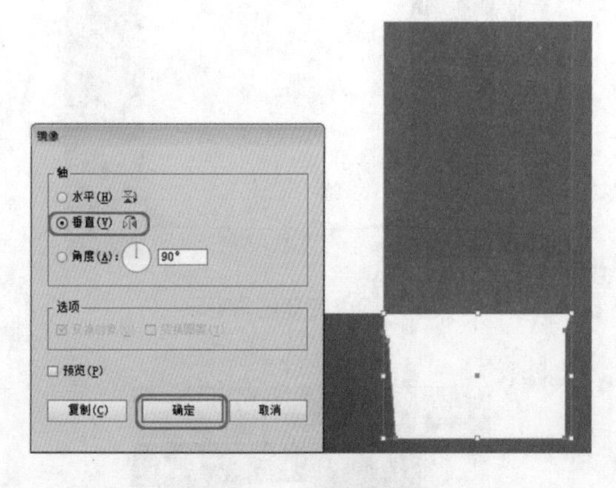

图 15-55　垂直镜像对象

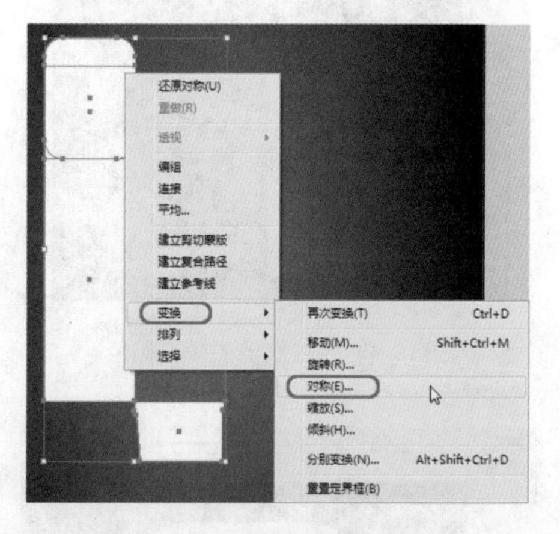

图 15-56　选择【对称】命令

(11) 弹出【镜像】对话框，选中【水平】单选按钮，然后单击【复制】按钮，即可水平镜像复制选择的对象，并在画板中调整其位置，效果如图 15-57 所示。

(12) 在工具箱中选择【钢笔工具】，在画板中绘制图形，并选择绘制的图形，在属性栏中将填充颜色设置为白色，效果如图 15-58 所示。

图 15-57　复制并调整对象

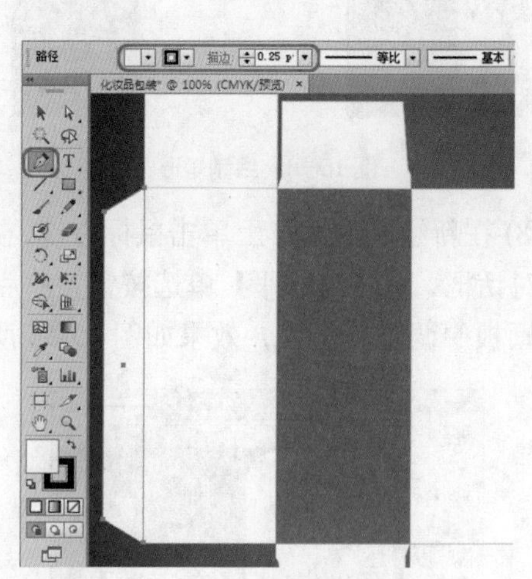

图 15-58　绘制图形

(13) 在工具箱中选择【文字工具】T，在画板中输入文字，并选择输入的文字，在属性栏中单击【字符】，打开【字符】面板，将字体设置为 Exotc350 Bd BT Bold，字体大小设置为 30.34pt，效果如图 15-59 所示。

(14) 单击【变换】，打开【变换】面板，将【旋转】设置为 90°，并在画板中调整其位置，效果如图 15-60 所示。

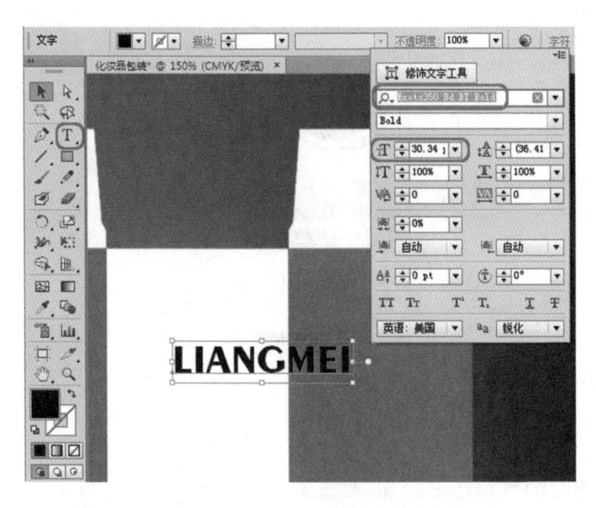

图 15-59　输入并设置文字

图 15-60　设置文字旋转角度

(15) 按 Ctrl+O 组合键弹出【打开】对话框，在该对话框中选择随书附带光盘中的素材文件“花边 .ai”，单击【打开】按钮，即可打开选择的素材文件，如图 15-61 所示。

(16) 按 Ctrl+A 组合键选择所有的对象，按 Ctrl+C 组合键复制选择的对象，返回到当前制作的场景中，按 Ctrl+V 组合键粘贴选择的对象，并调整复制后的对象的位置，效果如图 15-62 所示。

图 15-61　打开的素材文件

图 15-62　复制对象

(17) 在工具箱中选择【文字工具】T，在花边上输入文字，并选择输入的文字，在属性栏中将填充颜色设置为白色，然后单击【字符】，打开【字符】面板，将字体设置为 Exotc350 Bd BT Bold，字体大小设置为 32.6pt，效果如图 15-63 所示。

(18) 结合前面介绍的方法，输入其他文字，并设置文字的字体和大小等，效果如图 15-64 所示。

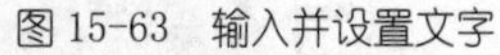

图 15-63　输入并设置文字

图 15-64　输入其他文字

(19) 在画板中选择花边和花边上的文字，按 Ctrl+G 组合键将其编组，然后单击鼠标右键，在弹出的快捷菜单中选择【变换】|【对称】命令，弹出【镜像】对话框，选中【垂直】单选按钮，然后单击【复制】按钮，即可垂直镜像复制选择的对象，并在画板中调整其位置，效果如图 15-65 所示。

(20) 再次复制编组对象，并在画板中调整其大小和位置，效果如图 15-66 所示。

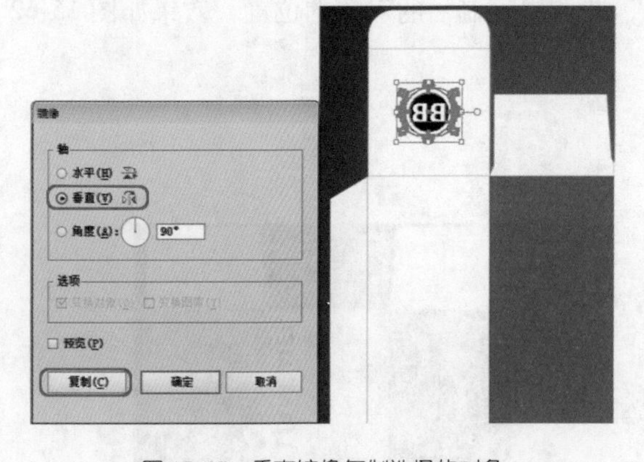

图 15-65　垂直镜像复制选择的对象

图 15-66　再次复制编组对象

(21) 按 F7 键打开【图层】面板，在该面板中选择编组对象中的文字对象，并在属性栏中将填充颜色的 CMYK 值更改为 0、100、50、0，效果如图 15-67 所示。

知识链接

如果要选择单一的对象，可在【图层】面板中单击 ◯ 图标，当该图标变为 ◎ 时，表示该图层被选中；在按住 Ctrl 键的同时可以选择多个对象；如果想取消选择某个对象，可以在按住 Ctrl 键的同时再次单击该对象，即可取消选择该对象。

如果要在当前所选择对象的基础上，再选择其所在图层中的所有对象，在菜单栏中选择【选择】|【对象】|【同一图层上的所有对象】命令，即可选择该图层上的所有对象。

(22) 在【图层】面板中选择编组对象中的花边对象，并在属性栏中将填充颜色更改为白色，

效果如图 15-68 所示。

图 15-67　更改文字颜色

图 15-68　更改花边填充颜色

(23) 在工具箱中选择【矩形工具】，在画板中绘制矩形，如图 15-69 所示。

(24) 选择绘制的矩形和编组对象，并单击鼠标右键，在弹出的快捷菜单中选择【建立剪切蒙版】命令，建立剪切蒙版后的效果如图 15-70 所示。

图 15-69　绘制矩形

图 15-70　建立剪切蒙版后的效果

(25) 在工具箱中选择【文字工具】，在画板中绘制文本框，然后在文本框中输入内容，输入完成后选择文本框，在属性栏中将填充颜色设置为白色，并单击【字符】，打开【字符】面板，将字体设置为【黑体】，字体大小设置为 9pt，行距设置为 12pt，效果如图 15-71 所示。

(26) 结合前面介绍的方法，继续复制并调整编组对象，然后输入文字，效果如图 15-72 所示。

(27) 继续使用【文字工具】在画板中输入文字，并对输入的文字进行设置，效果如图 15-73 所示。

(28) 在工具箱中选择【矩形工具】，在画板中绘制一个宽为 0.2mm、高为 11mm 的矩形，并选择绘制的矩形，在属性栏中将填充颜色的 CMYK 值设置为 0、0、0、100，描边设置为无，效果如图 15-74 所示。

图 15-71　输入并设置段落文字

图 15-72　复制对象并输入文字

图 15-73　输入其他文字

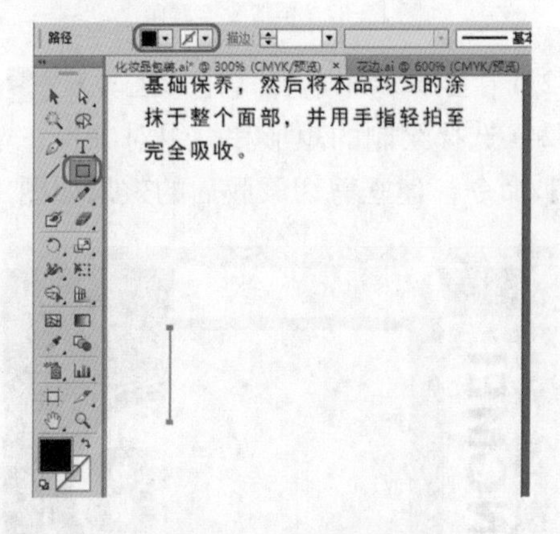

图 15-74　绘制矩形

(29) 使用同样的方法，绘制其他矩形，制作出条形码，效果如图 15-75 所示。

(30) 在工具箱中选择【文字工具】T，在画板中输入文字，并选择输入的文字，在属性栏中单击【字符】，打开【字符】面板，将字体设置为【黑体】，字体大小设置为 3pt，【设置所选字符的字距调整】设置为 125，效果如图 15-76 所示。

图 15-75　绘制其他矩形

图 15-76　输入并设置文字

(31) 在工具箱中选择【椭圆工具】，在按住 Shift 键的同时绘制正圆，并选择绘制的正圆，在属性栏中将填充颜色的 CMYK 值设置为 0、0、0、100，描边设置为无，如图 15-77 所示。

(32) 在工具箱中选择【钢笔工具】，在画板中绘制图形，并为绘制的图形填充一种颜色，如图 15-78 所示。

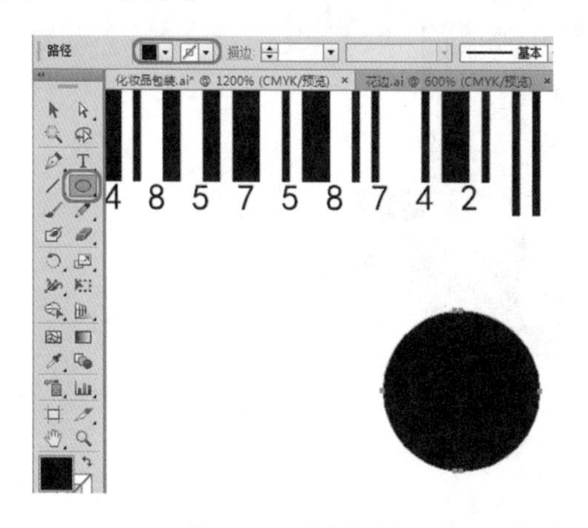

图 15-77　绘制正圆

图 15-78　绘制图形

(33) 选择绘制的图形和正圆，并单击鼠标右键，在弹出的快捷菜单中选择【建立复合路径】命令，即可建立复合路径，效果如图 15-79 所示。

(34) 在工具箱中选择【文字工具】，在画板中输入文字，并选择输入的文字，在属性栏中单击【字符】，打开【字符】面板，将字体设置为 Arial，字体大小设置为 6.5pt，【设置所选字符的字距调整】设置为 25，效果如图 15-80 所示。

图 15-79　建立复合路径效果

图 15-80　输入并设置文字

案例精讲 091　牙膏盒包装

 案例文件：CDROM \ 场景 \ Cha15 \ 牙膏盒包装 .ai

 视频文件：视频教学 \ Cha15 \ 牙膏盒包装 .avi

制作概述

本例介绍牙膏盒包装的设计，主要是绘制图形，然后输入文字，完成后的效果如图 15-81 所示。

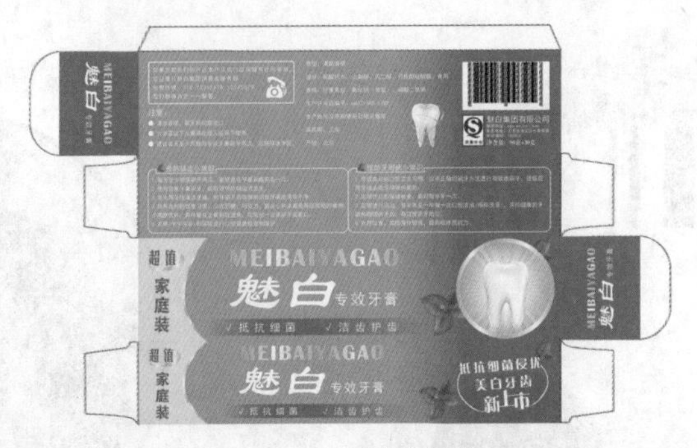

图 15-81　牙膏盒包装

学习目标

- 学习牙膏盒包装的制作流程。
- 掌握设置文字的方法。

操作步骤

(1) 按 Ctrl+N 组合键，在弹出的【新建文档】对话框中输入【名称】为“牙膏盒包装”，将【宽度】设置为 340mm，【高度】设置为 215mm，【颜色模式】设置为 CMYK，单击【确定】按钮，如图 15-82 所示。

(2) 在工具箱中选择【矩形工具】，在画板中绘制一个宽为 210mm、高为 50mm 的矩形，然后选择绘制的矩形，按 Ctrl+F9 组合键打开【渐变】面板，将【类型】设置为【线性】，左侧渐变滑块的 CMYK 值设置为 69、5、21、0，在 59% 位置处添加一个渐变滑块，将 CMYK 值设置为 69、5、21、0，右侧渐变滑块的 CMYK 值设置为 100、41、0、0，右侧渐变滑块移至 77% 位置处，上方第二个节点的位置设置为 62.5%，效果如图 15-83 所示。并将矩形的描边设置为无。

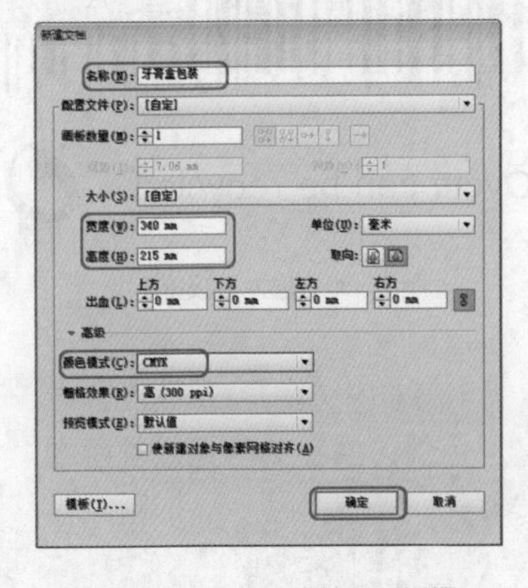

图 15-82　【新建文档】对话框

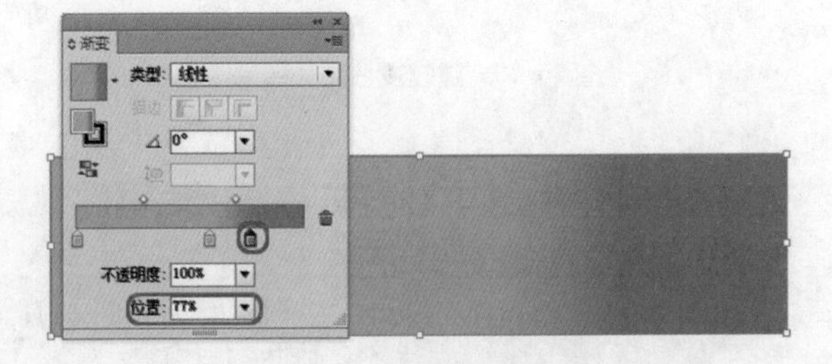

图 15-83　绘制矩形并填充颜色

(3) 在工具箱中选择【钢笔工具】，在画板中绘制图形，并选择绘制的图形，在【渐变】面板中将【类型】设置为【径向】，左侧渐变滑块的 CMYK 值设置为 29、23、21、0，在 24% 位置处添加一个渐变滑块，将 CMYK 值设置为 0、0、0、0，在 56% 位置处添加一个渐变滑块，将 CMYK 值设置为 29、23、21、0，在 80% 位置处添加一个渐变滑块，将 CMYK 值设置为 0、0、0、0，右侧渐变滑块的 CMYK 值设置为 29、23、21、0，效果如图 15-84 所示。

(4) 复制新绘制的图形，并在画板中调整复制后的图形的位置，然后将其填充颜色的 CMYK 值更改为 0、0、100、0，效果如图 15-85 所示。

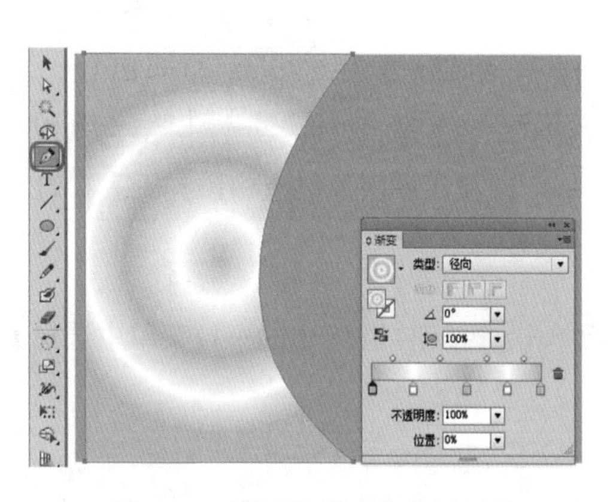

图 15-84　绘制图形并设置渐变颜色

图 15-85　复制图形并填充颜色

(5) 在工具箱中选择【钢笔工具】，在画板中绘制图形，并为绘制的图形填充步骤 3 中设置的渐变颜色，然后在【渐变】面板中将【类型】设置为【线性】，如图 15-86 所示。

(6) 在工具箱中选择【文字工具】，在画板中输入文字，并选择输入的文字，在属性栏中将填充颜色的 CMYK 值设置为 100、41、0、0，然后单击【字符】，打开【字符】面板，将字体设置为【方正美黑简体】，字体大小设置为 22.5pt，效果如图 15-87 所示。

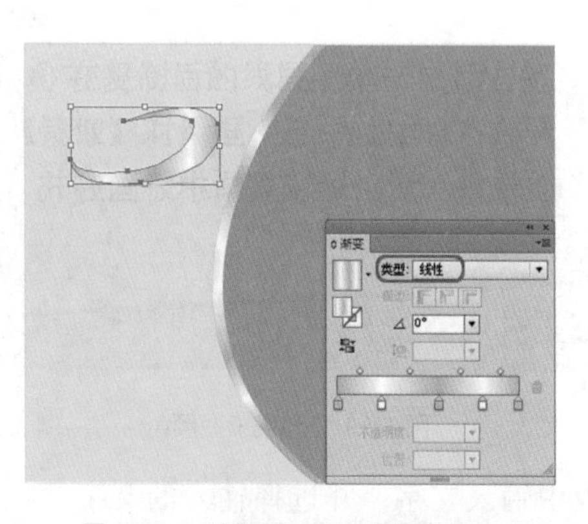

图 15-86　绘制图形并填充渐变颜色

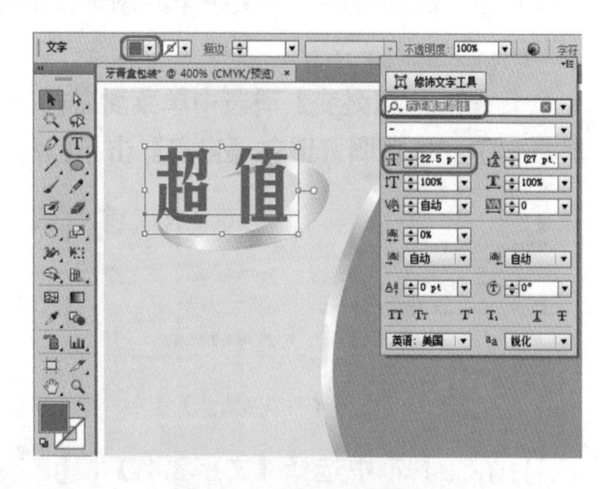

图 15-87　输入并设置文字

(7) 在工具箱中选择【直排文字工具】，在画板中输入文字，并选择输入的文字，在属性栏中将填充颜色的 CMYK 值设置为 0、90、95、0，然后单击【字符】，打开【字符】面板，将字体设置为【方正大黑简体】，字体大小设置为 24pt，效果如图 15-88 所示。

(8) 使用【文字工具】T 在画板中输入文字，并选择输入的文字，在属性栏中将填充颜色设置为白色，然后单击【字符】，打开【字符】面板，将字体设置为 Britannic Bold，字体大小设置为 34.6pt，效果如图 15-89 所示。

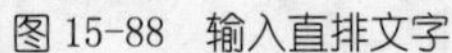
图 15-88 输入直排文字

图 15-89 输入并设置文字

(9) 按 Shift+F6 组合键，打开【外观】面板，然后单击 按钮，在弹出的下拉菜单中选择【添加新填色】命令，如图 15-90 所示。

知识链接

在菜单栏中选择【窗口】|【外观】命令，打开【外观】面板，通过该面板可以查看和调整对象、组或图层的外观属性，各种效果会按其在图稿中的应用顺序从上到下排列。

【外观】面板可以显示层、组或对象(包括文字)的描边、填充、透明度、效果等，在【外观】面板中，上方所示为对象的名称，下方列出对象属性的序列，如描边、填充、圆角矩形等效果。

(10) 为其添加“超值”文字下方图形上的渐变颜色，效果如图 15-91 所示。

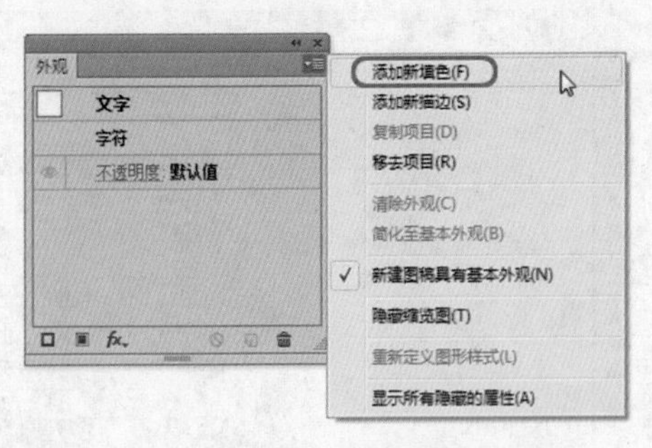

图 15-90 选择【添加新填色】命令

图 15-91 添加渐变颜色

(11) 在工具箱中选择【文字工具】T，在画板中输入文字，并选择输入的文字，在属性栏中将填充颜色设置为白色，然后单击【字符】，打开【字符】面板，将字体设置为【方正隶书简体】，字体大小设置为 75.7 pt，效果如图 15-92 所示。

(12) 单击【变换】，打开【变换】面板，将【倾斜】设置为 15°，并适当调整其位置，效果如图 15-93 所示。

图 15-92　输入并设置文字

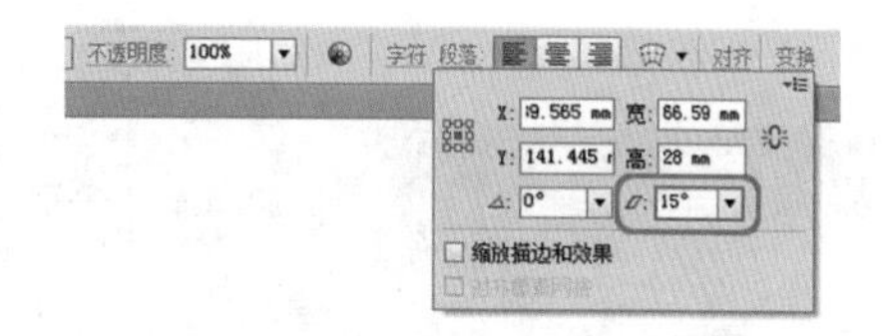

图 15-93　设置文字倾斜角度

(13) 继续使用【文字工具】T在画板中输入其他文字，效果如图 15-94 所示。

(14) 在工具箱中选择【矩形工具】，在画板中绘制一个矩形，然后选择绘制的矩形，在【渐变】面板中将【类型】设置为【线性】，左侧渐变滑块的 CMYK 值设置为 100、41、0、0，不透明度设置为 0，在 23% 位置处添加一个渐变滑块，将 CMYK 值设置为 100、41、0、0，在 50% 位置处添加一个渐变色块，CMYK 值设置为 100、41、0、0，右侧渐变滑块的 CMYK 值设置为 100、41、0、0，【不透明度】设置为 0%，效果如图 15-95 所示。

图 15-94　输入其他文字

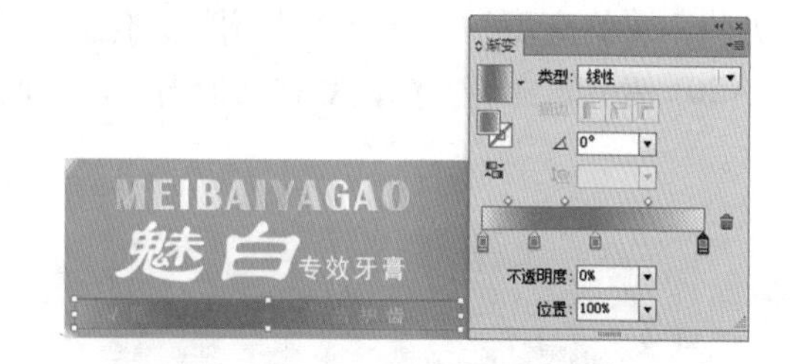

图 15-95　绘制矩形并填充渐变颜色

(15) 在【图层】面板中将其移至文字的下方，效果如图 15-96 所示。

在【图层】面板中图层的排列顺序，与在画板中创建图像的排列顺序是一致的，在【图层】面板中顶层的对象，在画板中则排列在最上方，在最底层的对象，在画板中则排列在最底层，同一图层中的对象也是按照该结构进行排列的。

(16) 按 Ctrl+O 组合键，弹出【打开】对话框，在该对话框中选择随书附带光盘中的素材文件“牙齿 .ai”，单击【打开】按钮，即可打开选择的素材文件，然后在素材文件中选择如图 15-97 所示的对象。

(17) 按 Ctrl+C 组合键复制选择的对象，返回到当前制作的场景中，按 Ctrl+V 组合键粘贴选择的对象，并调整复制后的对象的位置，效果如图 15-98 所示。

(18) 在画板中复制宽为 210mm、高为 50mm 的渐变矩形，然后将复制后的矩形的高更改为 40mm，并调整其位置，效果如图 15-99 所示。

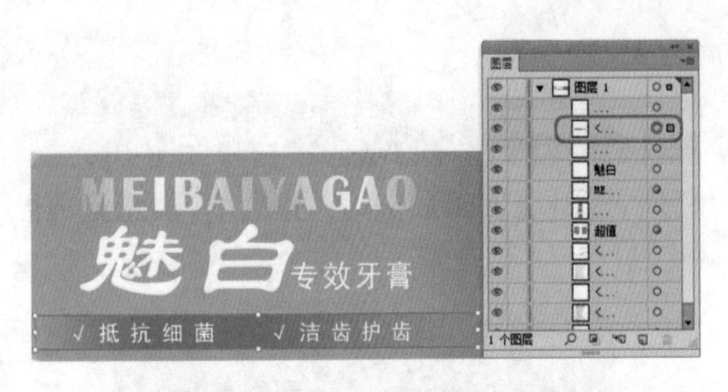

图 15-96 调整排列顺序

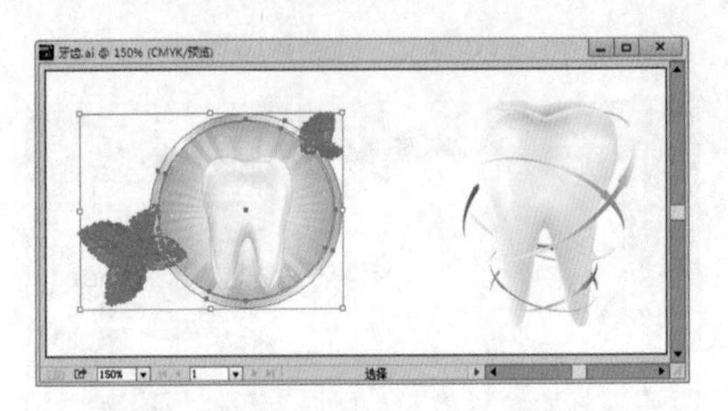

图 15-97 选择对象

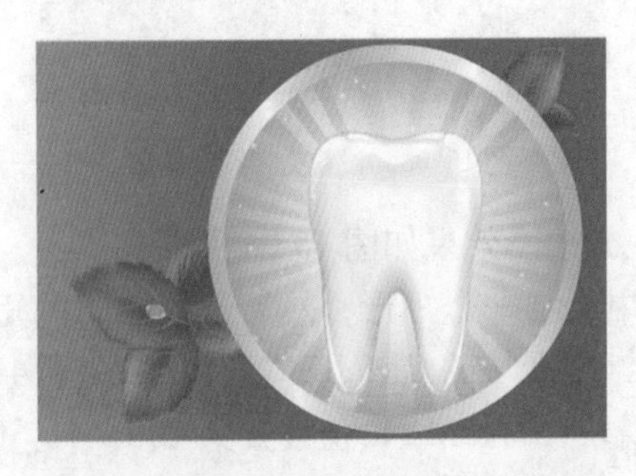

图 15-98 复制对象

图 15-99 复制并调整矩形

(19) 复制黄色图形和其下方的渐变图形，通过使用【直接选择工具】调整图形的顶点来更改图形的高度，并在画板中调整其位置，效果如图 15-100 所示。

(20) 使用同样的方法，复制其他内容，并调整复制后的对象的大小和位置，效果如图 15-101 所示。

图 15-100 复制并调整图形高度

图 15-101 复制其他内容

(21) 在工具箱中选择【文字工具】T，在画板中输入文字，并选择输入的文字，在属性栏中将填充颜色设置为白色，然后单击【字符】，打开【字符】面板，将字体设置为【方正粗倩简体】，字体大小设置为 16.5 pt，【设置所选字符的字距调整】设置为 200，效果如图 15-102 所示。

(22) 单击【变换】，打开【变换】面板，将【旋转】设置为 4.3°，效果如图 15-103 所示。

(23) 使用同样的方法，输入其他文字，然后使用【钢笔工具】绘制图形，效果如图 15-104 所示。

(24) 在画板中复制树叶素材文件，并调整其大小和位置，效果如图 15-105 所示。

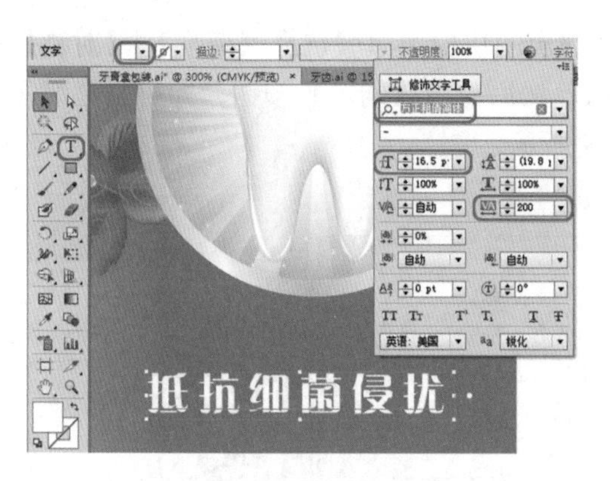

图 15-102　输入并设置文字

图 15-103　设置旋转角度

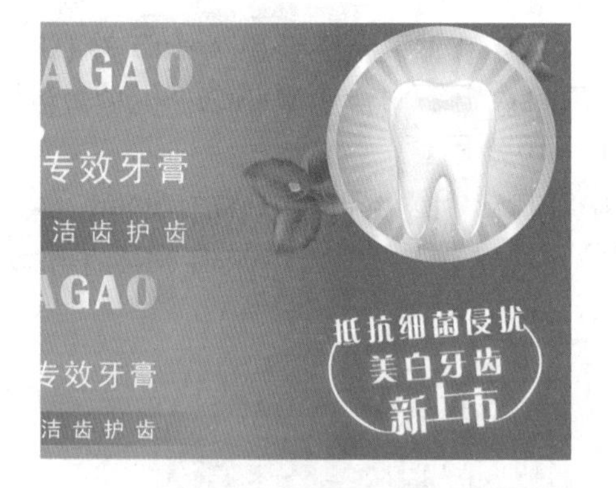

图 15-104　输入文字并绘制图形

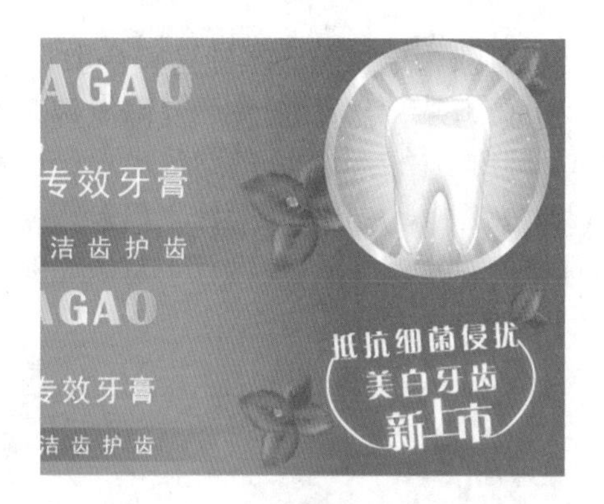

图 15-105　复制并调整树叶素材文件

(25) 在画板中选择两个渐变矩形，对其进行复制，然后调整其位置，效果如图 15-106 所示。

(26) 在工具箱中选择【钢笔工具】，在画板中绘制图形，并选择绘制的图形，在属性栏中将填充颜色设置为白色，描边的 CMYK 值设置为 0、0、0、100，【描边粗细】设置为 0.6pt，效果如图 15-107 所示。

图 15-106　复制矩形

图 15-107　绘制图形并填充颜色

(27) 在新绘制的图形上单击鼠标右键，在弹出的快捷菜单中选择【变换】|【对称】命令，弹出【镜像】对话框，选中【水平】单选按钮，然后单击【复制】按钮，即可水平镜像复制的图形对象，效果如图 15-108 所示。

(28) 在复制后的图形对象上单击鼠标右键，在弹出的快捷菜单中选择【变换】|【对称】命令，弹出【镜像】对话框，选中【垂直】单选按钮，然后单击【确定】按钮，即可垂直镜像图形对象，并在画板中调整其位置，效果如图 15-109 所示。

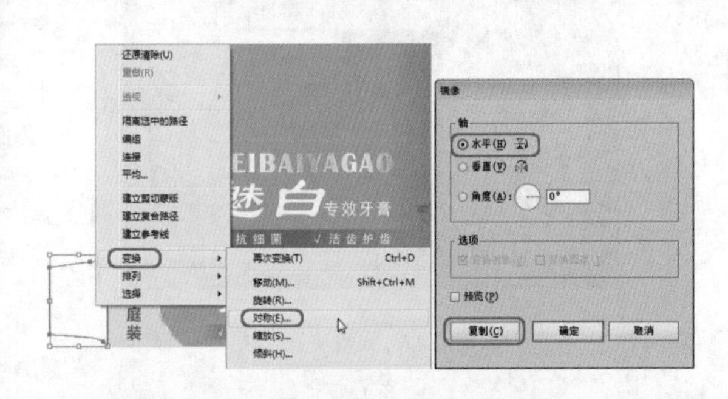

图 15-108　水平镜像复制的图形对象

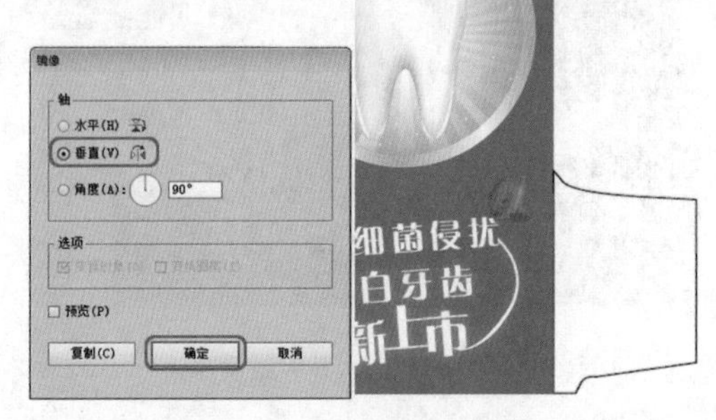

图 15-109　垂直镜像图形对象

(29) 在工具箱中选择【圆角矩形工具】，在画板中绘制一个宽度为 54mm、高度为 50mm、圆角半径为 16mm 的圆角矩形，效果如图 15-110 所示。

(30) 在工具箱中选择【矩形工具】，在画板中绘制一个宽为 39mm、高为 50mm 的矩形，然后选择绘制的矩形，在属性栏中将填充颜色的 CMYK 值设置为 100、41、0、0，描边设置为无，效果如图 15-111 所示。

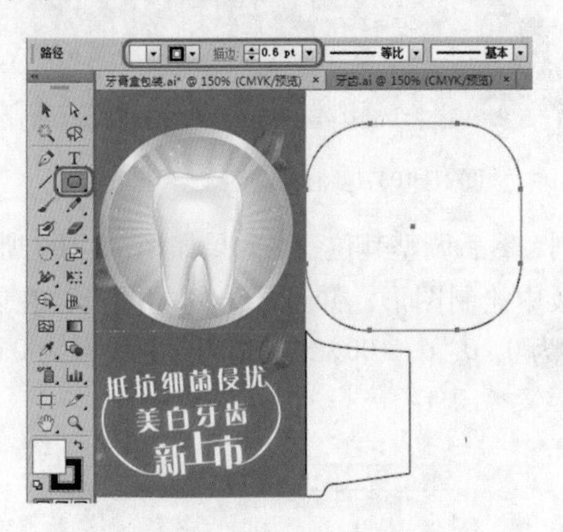

图 15-110　绘制圆角矩形

图 15-111　绘制矩形并填充颜色

(31) 在画板中选择“MEIBAIYAGAO”和“魅白专效牙膏”，对其进行复制，然后调整其旋转角度、大小和位置，效果如图 15-112 所示。

(32) 在画板中选择如图 15-113 所示的对象，并单击鼠标右键，在弹出的快捷菜单中选择【变换】|【对称】命令。

(33) 弹出【镜像】对话框，选中【垂直】单选按钮，然后单击【复制】按钮，如图 15-114 所示。

(34) 完成上述操作后，即可垂直镜像复制选择的对象，并在画板中调整其位置，效果如图 15-115 所示。

(35) 选择垂直镜像复制后的“MEIBAIYAGAO”和“魅白专效牙膏”对象，并单击鼠标右键，在弹出的快捷菜单中选择【变换】|【对称】命令，如图 15-116 所示。

(36) 弹出【镜像】对话框，选中【水平】单选按钮，然后单击【确定】按钮，即可水平镜

像选择的对象，并在画板中调整其位置，效果如图 15-117 所示。

图 15-112　复制并调整文字

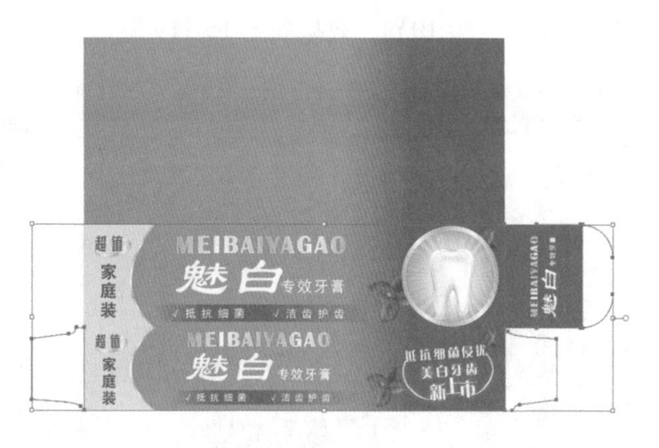

图 15-113　选择对象

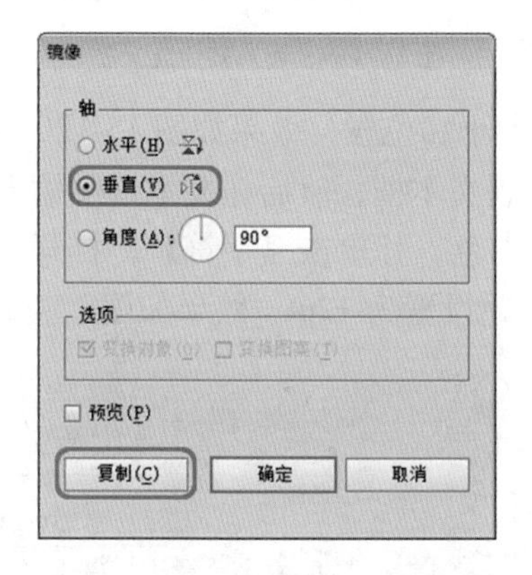

图 15-114　【镜像】对话框

图 15-115　垂直镜像复制对象

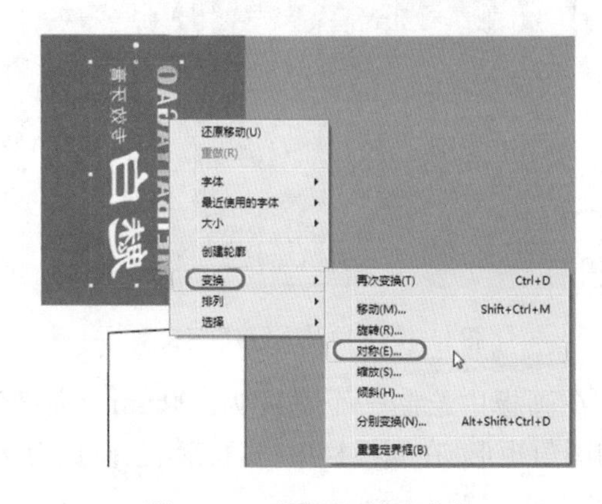

图 15-116　选择【对称】命令

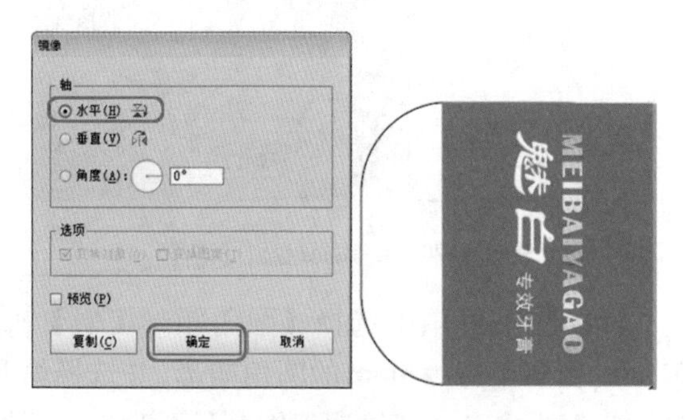

图 15-117　水平镜像选择的对象

(37) 在工具箱中选择【钢笔工具】，在画板中绘制图形，并选择绘制的图形，在属性栏中将填充颜色设置为白色，描边的 CMYK 值设置为 0、0、0、100，【描边粗细】设置为 0.6pt，效果如图 15-118 所示。

(38) 在工具箱中选择【文字工具】T，在画板中输入文字，并选择输入的文字，在属性

栏中将填充颜色设置为白色，然后单击【字符】，打开【字符】面板，将字体设置为【黑体】，字体大小设置为 10 pt，效果如图 15-119 所示。

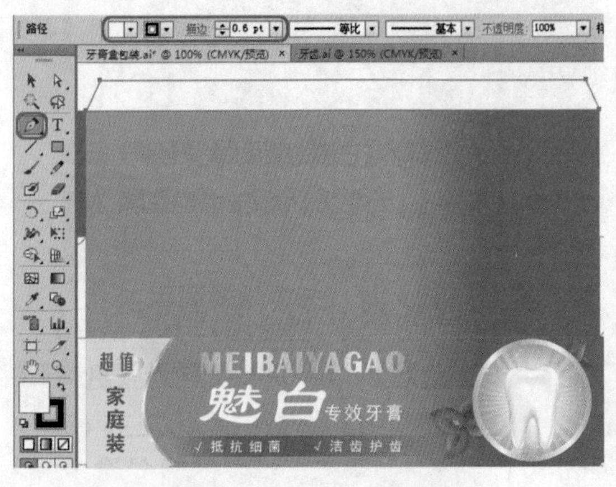

图 15-118　绘制图形并填充颜色

图 15-119　输入并设置文字

(39) 在画板中复制两个叶子的素材对象，并调整其大小和位置，效果如图 15-120 所示。

(40) 在工具箱中选择【文字工具】T，在画板中绘制文本框，然后在文本框中输入内容，输入完成后选择文本框，在属性栏中将填充颜色设置为白色，并单击【字符】，打开【字符】面板，将字体设置为【黑体】，字体大小设置为 8pt，行距设置为 12pt，效果如图 15-121 所示。

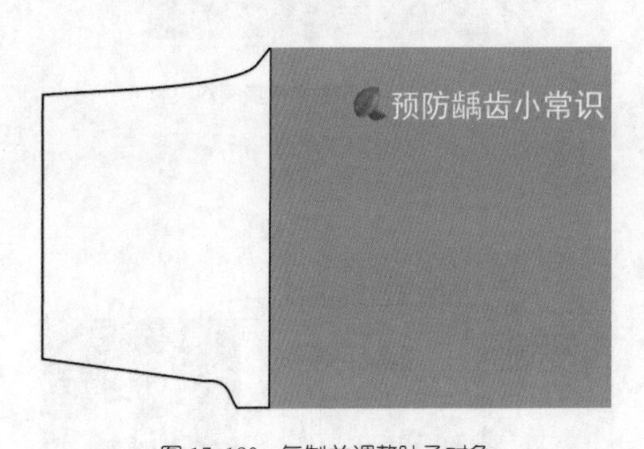

图 15-120　复制并调整叶子对象

图 15-121　输入并设置段落文字

(41) 在工具箱中选择【圆角矩形工具】，在画板中绘制一个宽度为 100mm、高度为 31mm、圆角半径为 3mm 的圆角矩形，并选择绘制的圆角矩形，在属性栏中将填充颜色设置为无，描边设置为白色，【描边粗细】设置为 1pt，效果如图 15-122 所示。

(42) 在工具箱中选择【矩形工具】，在画板中绘制一个宽为 30mm、高为 5mm 的矩形，效果如图 15-123 所示。

(43) 选择新绘制的圆角矩形和矩形，在菜单栏中选择【窗口】|【路径查找器】命令，打开【路径查找器】面板，在该面板中单击【减去顶层】按钮，如图 15-124 所示。

(44) 减去顶层后的效果如图 15-125 所示。

图 15-122　绘制圆角矩形

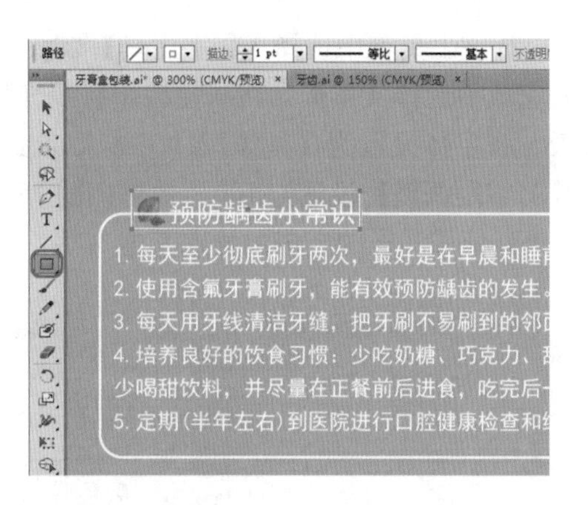

图 15-123　绘制矩形

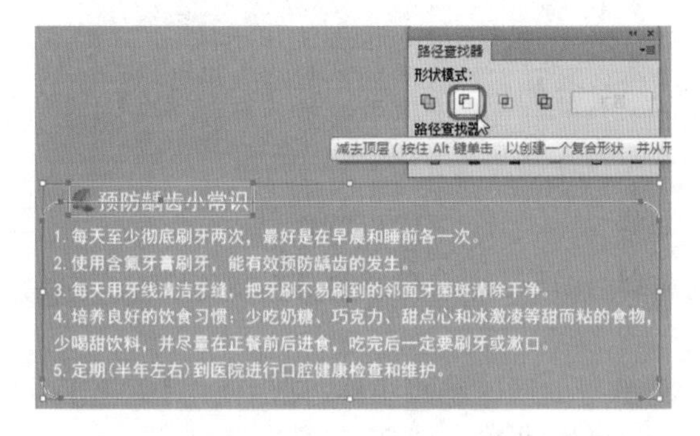

图 15-124　单击【减去顶层】按钮

图 15-125　减去顶层后的效果

按 Shift+Ctrl+F9 组合键也可以打开【路径查找器】面板。

(45) 结合前面介绍的方法，继续输入文字并设置路径形状，效果如图 15-126 所示。

(46) 在工具箱中选择【圆角矩形工具】，在画板中绘制一个宽度为 73mm、高度为 20mm、圆角半径为 1mm 的圆角矩形，并选择绘制的圆角矩形，在属性栏中将填充颜色设置为无，描边设置为白色，【描边粗细】设置为 1.4pt，效果如图 15-127 所示。

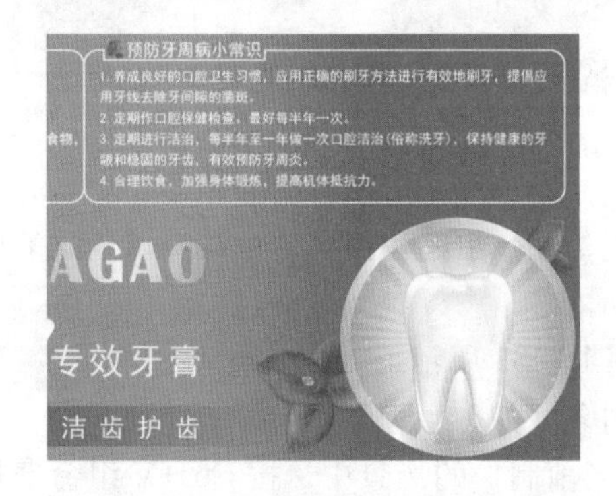

图 15-126　输入其他文字并调整路径

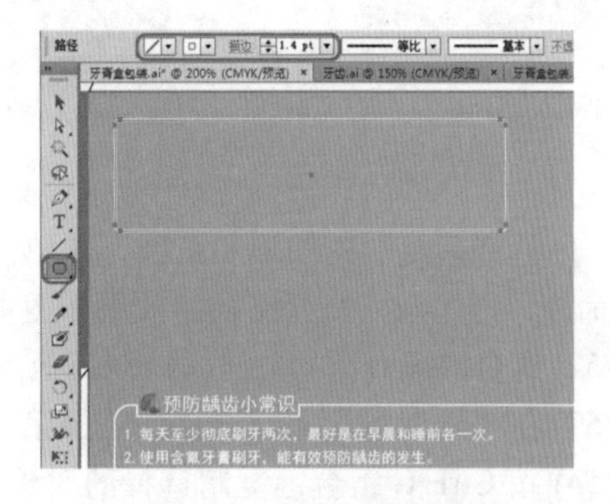

图 15-127　绘制圆角矩形

(47) 在工具箱中选择【文字工具】T，在画板中绘制文本框，然后在文本框中输入内容，输入完成后选择文本框，在属性栏中将填充颜色设置为白色，并单击【字符】，打开【字符】面板，将字体设置为【黑体】，字体大小设置为 8pt，【设置行距】设置为 12pt，【设置所选字符的字距调整】设置为 100，效果如图 15-128 所示。

(48) 使用同样的方法，输入其他文字，效果如图 15-129 所示。

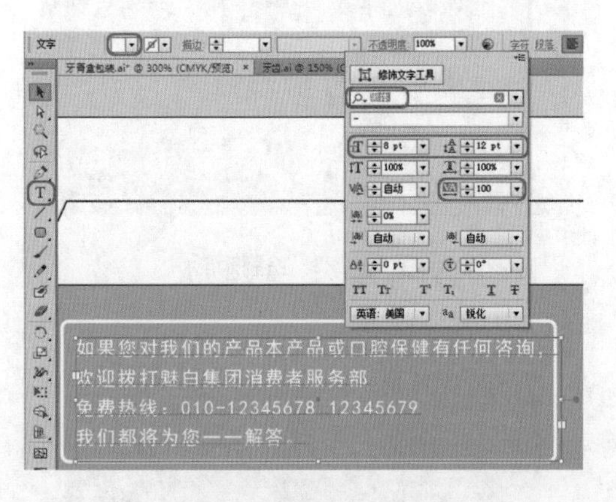

图 15-128　输入并设置段落文字

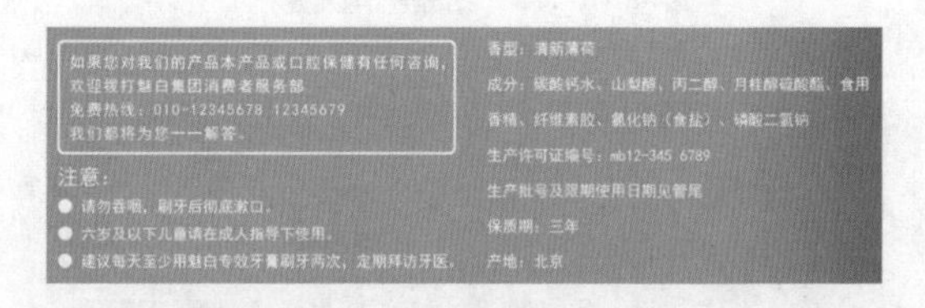

图 15-129　输入其他文字

(49) 在工具箱中选择【钢笔工具】，在画板中绘制图形，并将图形的填充颜色设置为白色，描边设置为无，效果如图 15-130 所示。

(50) 在工具箱中选择【椭圆工具】，在按住 Shift 键的同时绘制正圆，然后使用【钢笔工具】绘制图形，并为绘制的正圆和图形填充一种颜色，效果如图 15-131 所示。

图 15-130　绘制图形并填充颜色

图 15-131　绘制正圆和图形

(51) 选择新绘制的图形和正圆，并单击鼠标右键，在弹出的快捷菜单中选择【建立复合路径】命令，即可建立复合路径，效果如图 15-132 所示。

(52) 结合前面介绍的方法，绘制其他图形，如图 15-133 所示。

(53) 在"牙齿 .ai"素材文件中选择第二个牙齿对象，如图 15-134 所示。

(54) 按 Ctrl+C 组合键复制选择的对象，返回到当前制作的场景中，按 Ctrl+V 组合键粘贴选择的对象，并调整复制后的对象的大小和位置，效果如图 15-135 所示。

图 15-132　建立复合路径

图 15-133　绘制其他图形

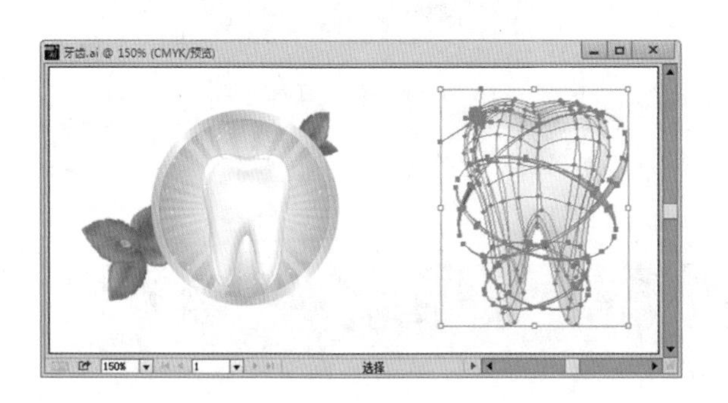

图 15-134　选择牙齿对象

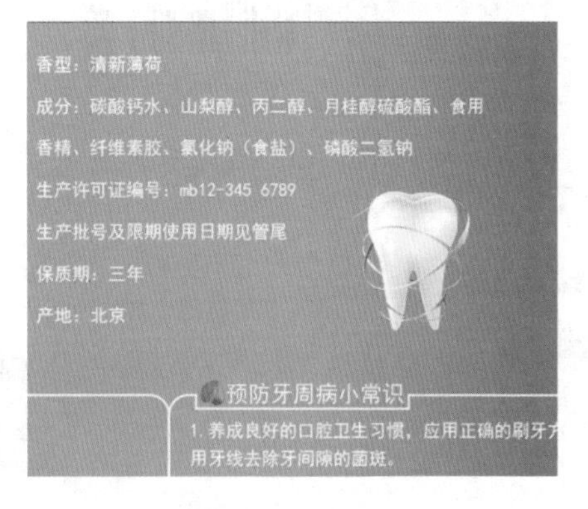

图 15-135　复制对象

(55) 按 Ctrl+O 组合键，弹出【打开】对话框，在该对话框中选择随书附带光盘中的素材文件“标志 .ai”，单击【打开】按钮，即可打开选择的素材文件，如图 15-136 所示。

(56) 在素材文件中选择条形码和质量安全图标，按 Ctrl+C 组合键复制选择的对象，并返回到当前制作的场景中，按 Ctrl+V 组合键粘贴选择的对象，并调整复制后的对象的位置，效果如图 15-137 所示。

图 15-136　打开的素材文件

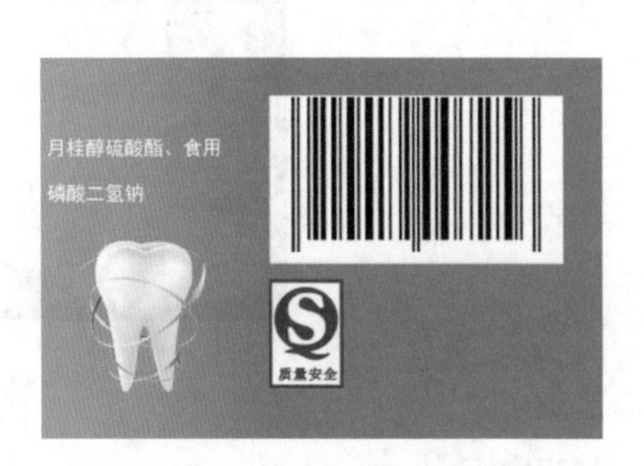

图 15-137　复制对象

(57) 在工具箱中选择【文字工具】 T，在画板中输入文字，并选择输入的文字，在属性栏中将填充颜色设置为白色，然后单击【字符】，打开【字符】面板，将字体设置为【黑体】，字体大小设置为 11pt，效果如图 15-138 所示。

(58) 结合前面介绍的方法，输入其他文字，并设置文字的字体和大小等，效果如图 15-139 所示。

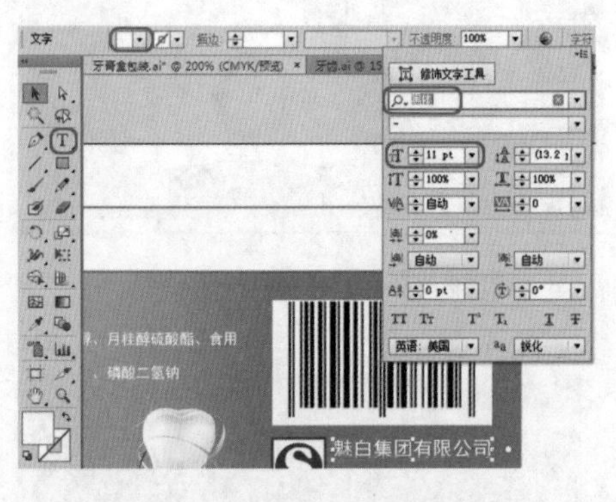

图 15-138　输入并设置文字

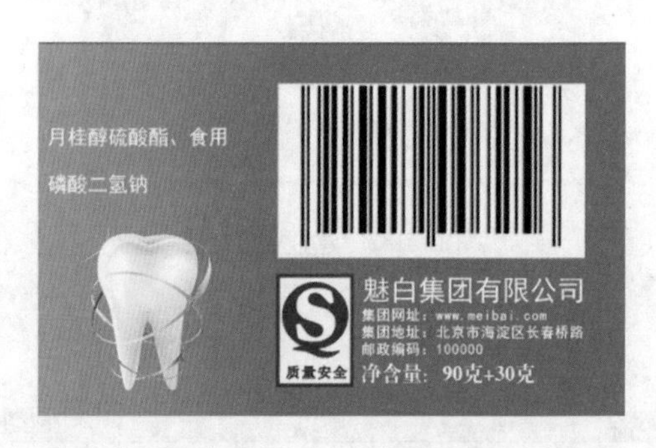

图 15-139　输入其他文字

案例精讲 092　酸奶包装盒

 案例文件：CDROM \ 场景 \ Cha15 \ 酸奶包装盒 .ai

 视频文件：视频教学 \ Cha15 \ 酸奶包装盒 .avi

制作概述

本案例将介绍如何制作酸奶包装盒的制作方法，该案例主要介绍了包装盒正面图形、文字的制作方法，此外，在本案例中还简单介绍了包装盒侧面的制作方法，通过全面的结合，从而完成包装盒的绘制，效果如图 15-140 所示。

图 15-140　酸奶包装盒

学习目标

■　学习包装上图形和文字的表现方式。

■ 了解素材文件位置的摆放。

■ 掌握图形的绘制及文字的设置方法。

■ 学习利用【路径查找器】面板合并路径。

■ 掌握对象的镜像、旋转等。

操作步骤

(1) 按 Ctrl+N 组合键，在弹出的【新建文档】对话框中将【名称】设置为“酸奶包装盒”，【宽度】、【高度】分别设置为 42cm、28cm，如图 15-141 所示。

(2) 设置完成后，单击【确定】按钮，在工具箱中单击【矩形工具】，在画板中绘制一个与画板大小相同的矩形，如图 15-142 所示。

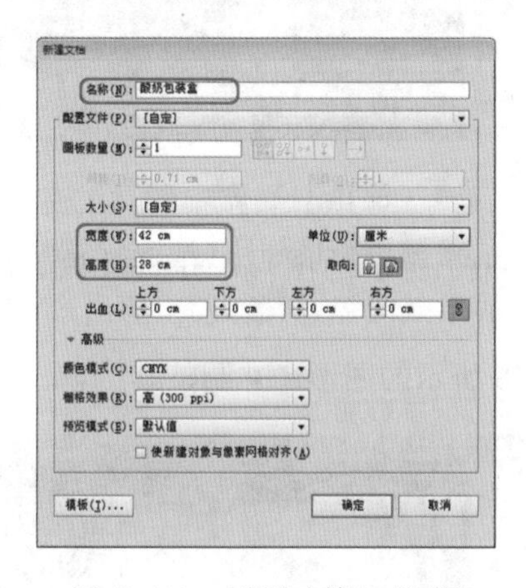

图 15-141 【新建文档】对话框

图 15-142 绘制矩形

(3) 选中该矩形，在【渐变】面板中将填充类型设置为【径向】，左侧渐变滑块的 CMYK 值设置为 67、59、56、6，右侧渐变滑块的 CMYK 值设置为 85、81、80、68，上方节点的位置设置为 67，描边设置为无，如图 15-143 所示。

(4) 在工具箱中单击【矩形工具】，在画板中绘制一个宽、高分别为 26cm、6.5cm 的矩形，将其填充颜色的 CMYK 值设置为 75、25、0、0，效果如图 15-144 所示。

图 15-143 设置渐变颜色

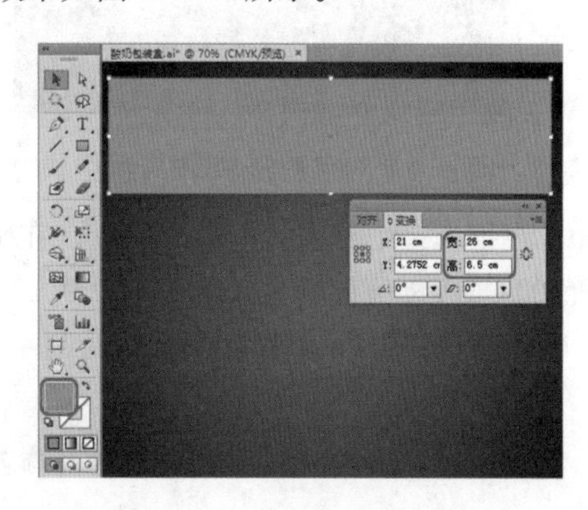

图 15-144 绘制矩形并填充颜色

(5) 在工具箱中单击【钢笔工具】，在画板中绘制一个如图 15-145 所示的图形，并为其填充白色。

(6) 使用【钢笔工具】在白色图形的两侧绘制两个图形，效果如图 15-146 所示。

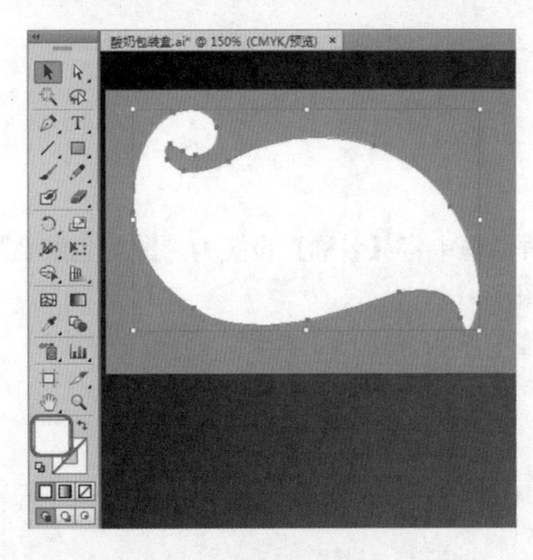

图 15-145　绘制图形并填充白色

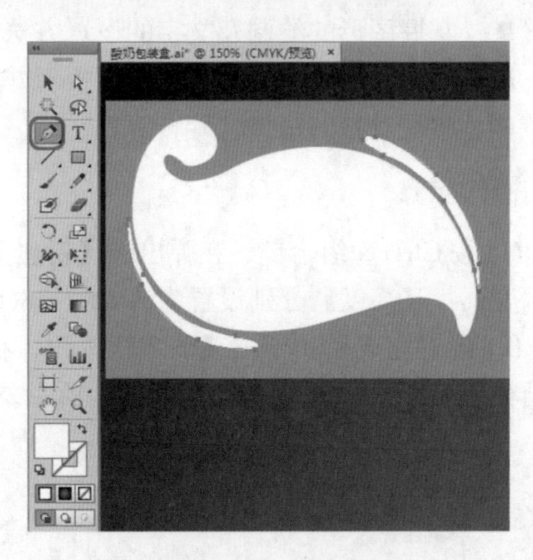

图 15-146　绘制图形

(7) 使用【钢笔工具】在画板中绘制一个如图 15-147 所示的图形，并将其填充颜色的 CMYK 值设置为 32、3、4、0。

(8) 在画板中使用【钢笔工具】绘制一个如图 15-148 所示的图形，并调整其位置。

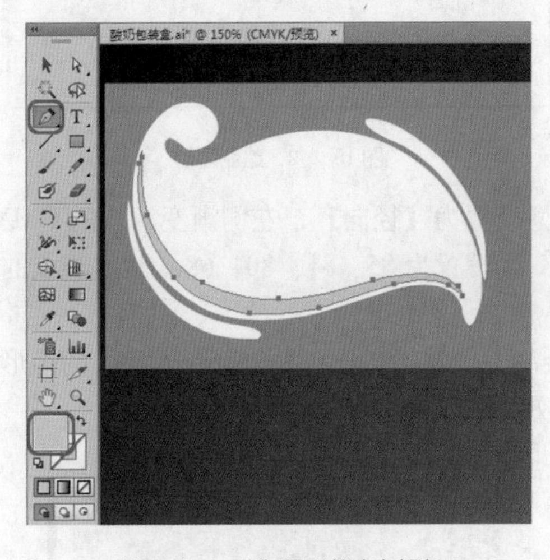

图 15-147　绘制图形并填充颜色

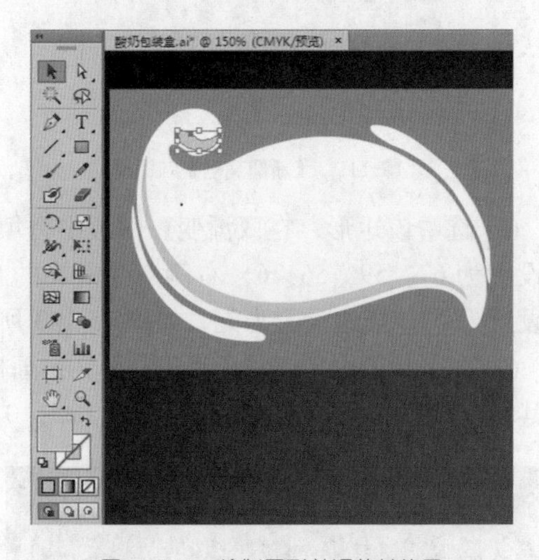

图 15-148　绘制图形并调整其位置

(9) 在工具箱中单击【钢笔工具】，在画板中绘制两个如图 15-149 所示的图形，并将其填充颜色的 CMYK 值设置为 27、7、3、0。

(10) 使用【钢笔工具】在画板中绘制 4 个如图 15-150 所示的图形。

在此使用前面所设置的颜色即可，在后面会对绘制的 4 个图形进行修改。

(11) 选中新绘制的 4 个图形，按 Ctrl+G 组合键，将其进行成组，按住 Alt 键对该对象进行复制，如图 15-151 所示。

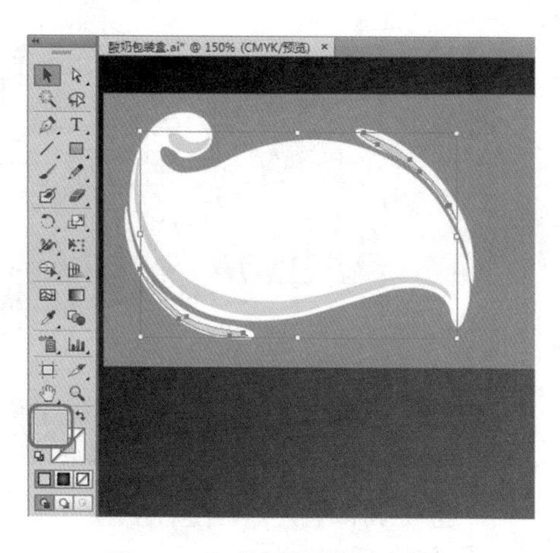

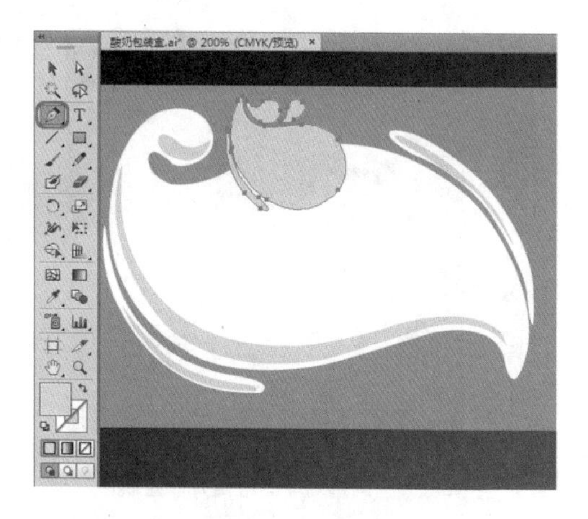

图 15-149　绘制图形并填充颜色

图 15-150　绘制图形

(12) 选中源对象，将其填充颜色和描边颜色都设置为白色，描边粗细设置为 6pt，效果如图 15-152 所示。

将复制的对象先放置在一边即可，在后面的操作中会提到调整其位置。

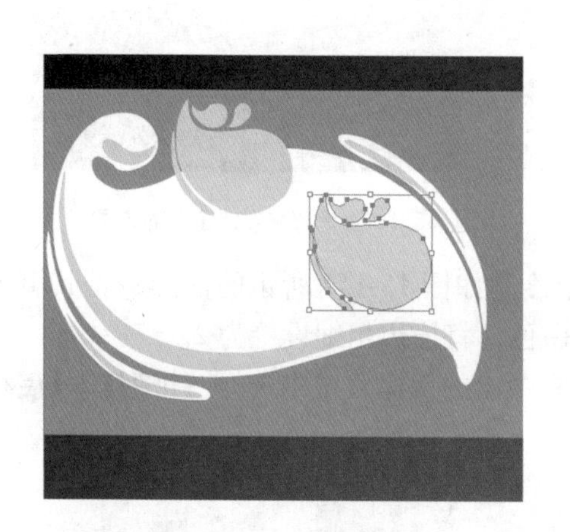

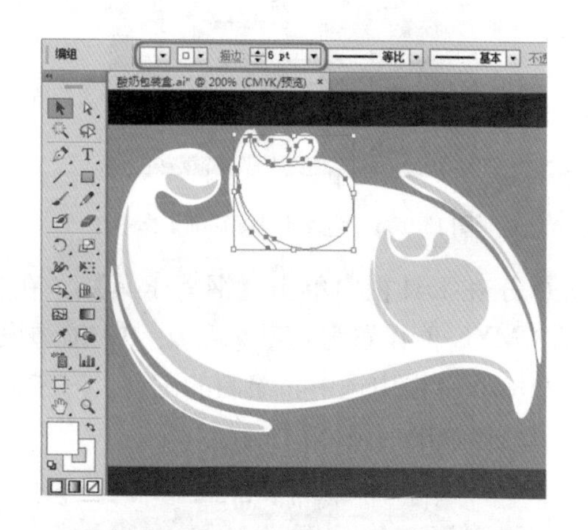

图 15-151　复制对象

图 15-152　设置填色和描边

(13) 设置完成后，将前面所复制的对象调整至原来的位置上，并将其填充颜色的 CMYK 值设置为 75、25、0、0，效果如图 15-153 所示。

(14) 在工具箱中单击【文字工具】，在画板中单击鼠标，输入文字，并选中输入的文字，在【字符】面板中将字体设置为【长城特圆体】，字体大小设置为 44，其填充颜色的 CMYK 值设置为 75、26、0、0，如图 15-154 所示。

(15) 在该文字对象上右击鼠标，在弹出的快捷菜单中选择【创建轮廓】命令，如图 15-155 所示。

(16) 再在该对象上右击鼠标，在弹出的快捷菜单中选择【取消群组】命令，在工具箱中单击【直接选择工具】，在画板中对创建轮廓的文字对象进行调整，效果如图 15-156 所示。

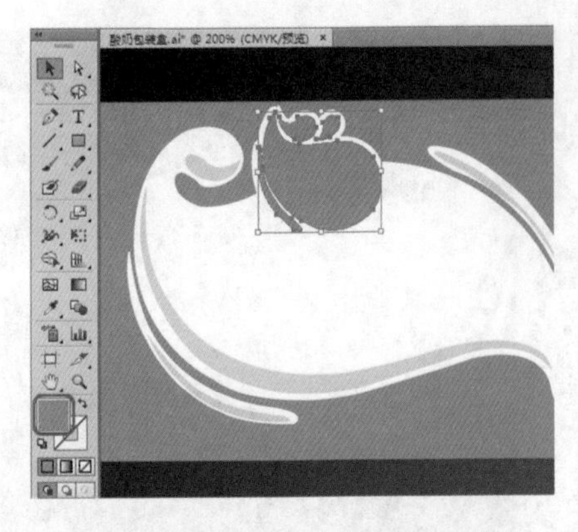

图 15-153　调整对象的位置并设置填色

图 15-154　输入文字并进行设置

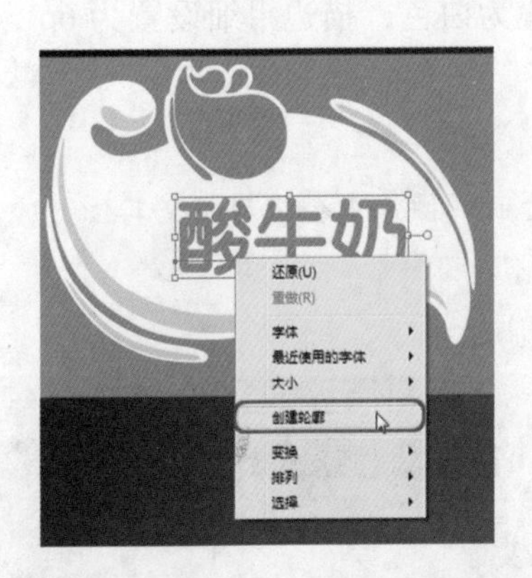

图 15-155　选择【创建轮廓】命令

图 15-156　调整文字对象后的效果

(17) 在工具箱中单击【钢笔工具】，在画板中绘制如图 15-157 所示的图形，将其填充颜色的 CMYK 值设置为 75、26、0、0，描边设置为白色，将描边粗细设置为 2。

(18) 在画板中选中新绘制的图形，右击鼠标，在弹出的快捷菜单中选择【排列】|【后移一层】命令，如图 15-158 所示。

图 15-157　绘制图形并设置填色和描边

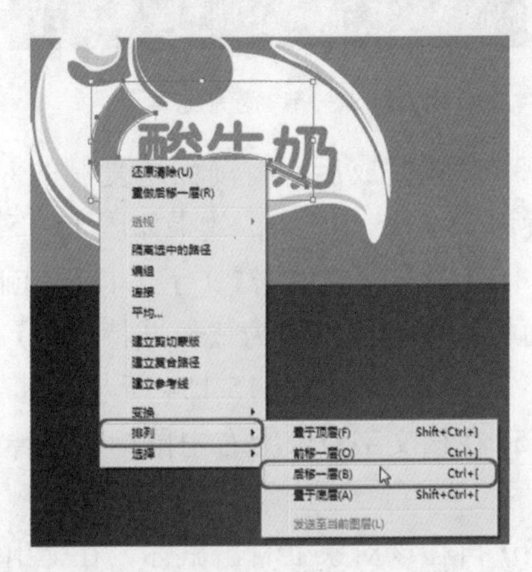

图 15-158　选择【后移一层】命令

(19) 在工具箱中单击【文字工具】，在画板中单击鼠标，输入文字，并选中输入的文字，在【字符】面板中将字体设置为【文鼎 CS 中黑】，字体大小设置为 18，其填充颜色的 CMYK 值设置为 71、19、4、0，如图 15-159 所示。

(20) 在工具箱中单击【文字工具】，在画板中单击鼠标，输入文字，并选中输入的文字，在【字符】面板中将字体设置为【方正水柱简体】，字体大小设置为 27，其填充颜色设置为白色，如图 15-160 所示。

图 15-159　输入文字并进行设置

图 15-160　输入文字

(21) 使用同样的方法输入其他文字，并对其进行相应的设置，效果如图 15-161 所示。

(22) 在画板中选中标志的所有对象，按 Ctrl+G 组合键，将选中的对象进行成组，在【变换】面板中将【旋转】设置为 15°，效果如图 15-162 所示。

图 15-161　输入其他文字后的效果

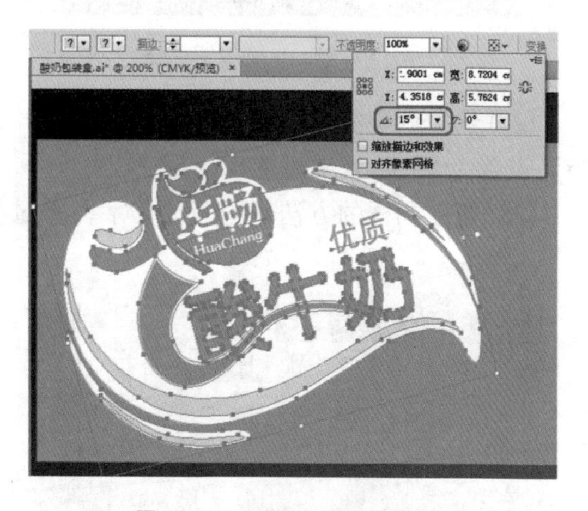

图 15-162　成组并设置旋转参数

(23) 在工具箱中单击【文字工具】，在画板中单击鼠标，输入文字，并选中输入的文字，在【字符】面板中将字体设置为【长城特圆体】，字体大小设置为 35.8，填充颜色设置为白色，效果如图 15-163 所示。

(24) 按住 Alt 键对该文字进行复制，选中源文字，在属性栏中将描边颜色设置为白色，将描边粗细设置为 10，效果如图 15-164 所示。

图 15-163　输入文字并进行设置

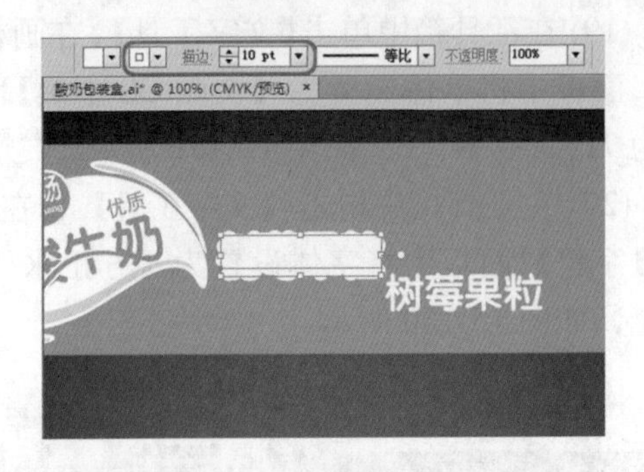
图 15-164　复制文字并进行设置

(25) 再对添加描边后的文字进行复制，将其描边颜色的 CMYK 值设置为 75、25、0、0，描边粗细设置为 5，效果如图 15-165 所示。

(26) 设置完成后，将第一次复制的文字调整至原来的位置，效果如图 15-166 所示。

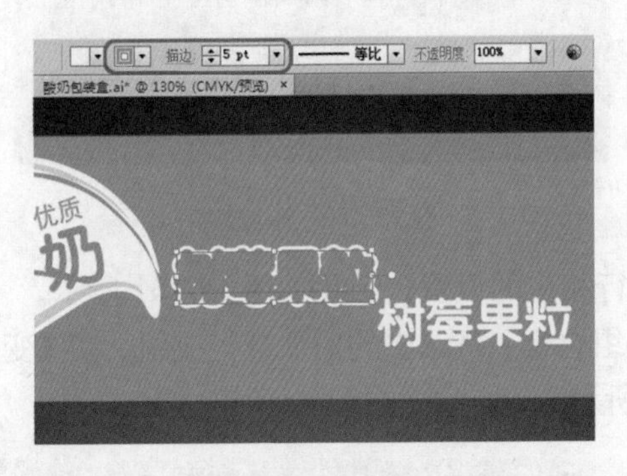
图 15-165　复制文字并进行调整

图 15-166　调整文字的位置

(27) 选中创建完成后的三个文字，按 Ctrl+G 组合键，对其进行成组，在【变换】面板中将【旋转】设置为 5°，效果如图 15-167 所示。

(28) 使用同样的方法输入其他文字，并对其进行相应的调整，效果如图 15-168 所示。

图 15-167　设置旋转参数

图 15-168　输入其他文字后的效果

(29) 在菜单栏中选择【文件】|【置入】命令，在弹出的对话框中选择“果粒酸奶.ai”素材文件，如图 15-169 所示。

(30) 单击【置入】按钮，在画板中单击鼠标，将选中的素材文件置入画板中，然后单击【嵌入】按钮，在画板中调整该素材文件的位置，效果如图 15-170 所示。

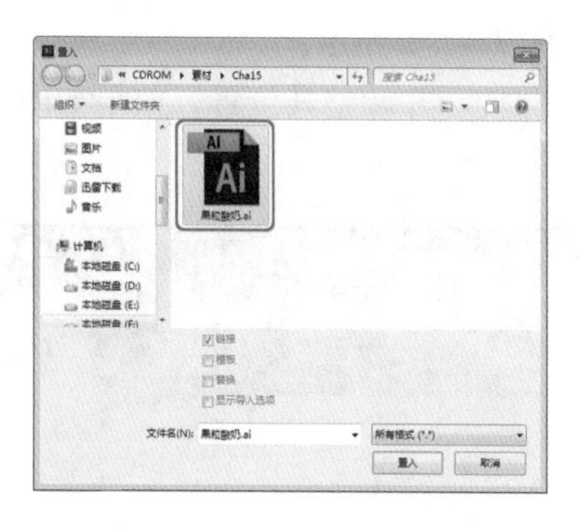

图 15-169　选择素材文件

图 15-170　调整素材的位置

(31) 在工具箱中单击【矩形工具】，在画板中绘制一个宽、高分别为 26cm、6.5cm 的矩形，如图 15-171 所示，将填色设置无，随意设置一种描边颜色即可。

(32) 在画板中选中除黑色背景外的其他对象，然后右击鼠标，在弹出的快捷菜单中选择【建立剪切蒙版】命令，如图 15-172 所示。

图 15-171　绘制图形

图 15-172　选择【建立剪切蒙版】命令

(33) 在工具箱中单击【矩形工具】，在画板中绘制一个宽、高分别为 26cm、13cm 的矩形，将其填色设置为白色，描边设置为无，效果如图 15-173 所示。

(34) 在画板中选择前面建立剪切蒙版后的对象，右击鼠标，在弹出的快捷菜单中选择【变换】|【对称】命令，如图 15-174 所示。

图 15-173　绘制矩形

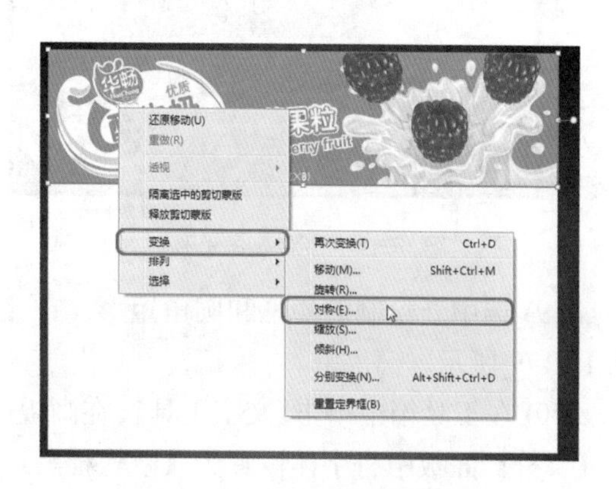

图 15-174　选择【对称】命令

(35) 在弹出的对话框中选中【水平】单选按钮，如图 15-175 所示。

(36) 单击【复制】按钮，再对镜像的对象进行垂直翻转，并调整其位置，效果如图 15-176 所示。

图 15-175 选中【水平】单选按钮

图 15-176 镜像对象并调整其位置

(37) 在工具箱中单击【圆角矩形工具】，在画板中单击鼠标，在弹出的对话框中将【宽度】、【高度】分别设置为 13cm、6.5cm，【圆角半径】设置为 0.5，单击【确定】按钮，将其填充颜色的 CMYK 值设置为 75、25、0、0，如图 15-177 所示。

(38) 在工具箱中单击【矩形工具】，在画板中绘制一个宽、高分别为 13cm、2cm 的矩形，如图 15-178 所示。

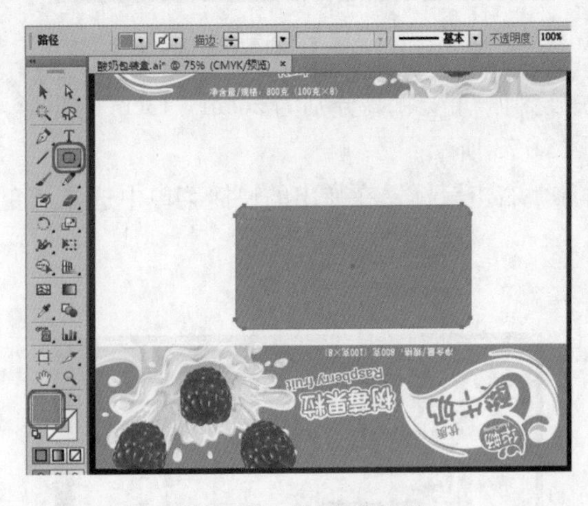

图 15-177 绘制圆角矩形

图 15-178 绘制矩形

(39) 选中新绘制的矩形和圆角矩形，在【路径查找器】面板中单击【联集】按钮，效果如图 15-179 所示。

(40) 在工具箱中单击【文字工具】，在画板中绘制一个文本框，输入文字，并选中输入的文字，在【字符】面板中将字体设置为【微软雅黑】，字体大小设置为 11，其填充颜色设置为白色，效果如图 15-180 所示。

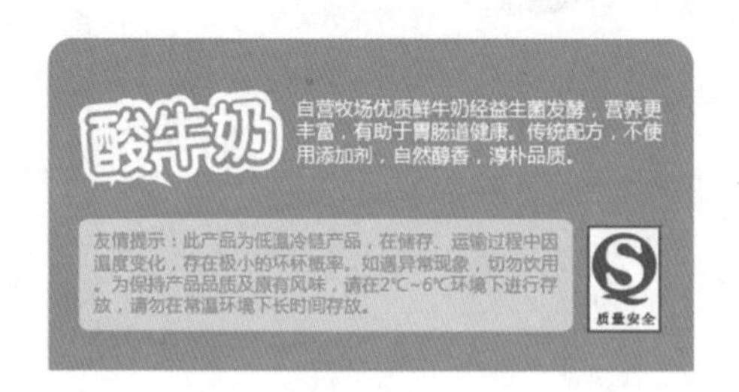

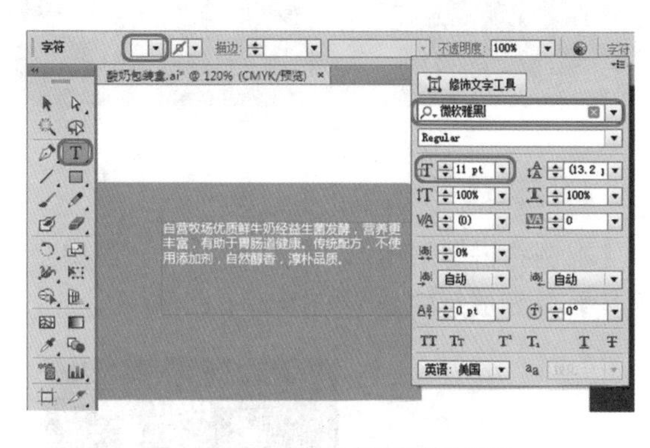

图 15-179　联集路径

图 15-180　绘制文本框并输入文字

(41) 使用同样的方法创建其他图形和文字，创建后的效果如图 15-181 所示。

(42) 在画板中选择如图 15-182 所示的对象，按 Ctrl+G 组合键，对其进行成组。

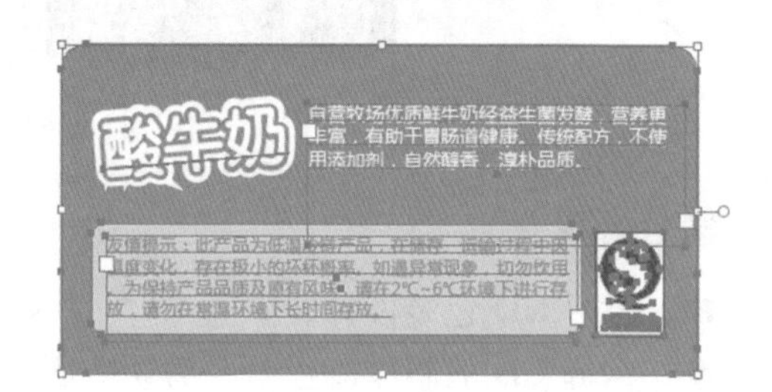

图 15-181　创建其他图形和文字后的效果

图 15-182　选择对象并进行成组

(43) 在【变换】面板中将其旋转 90°，并调整其位置，调整后的效果如图 15-183 所示。

(44) 根据前面所介绍的方法创建其他图形和文字，并根据前面所介绍的方法导入“包装盒标志 .ai”素材文件，效果如图 15-184 所示。

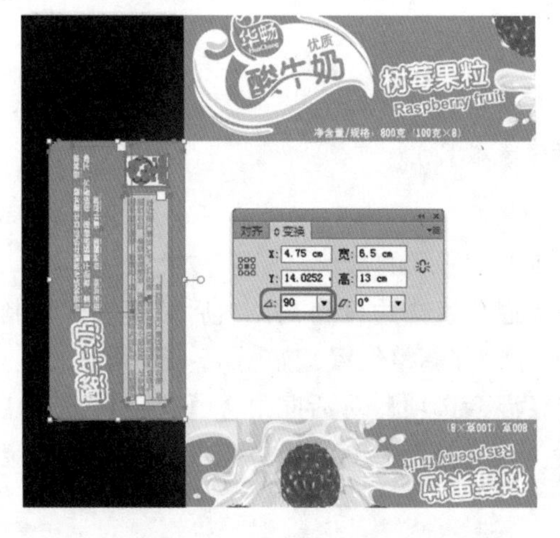

图 15-183　设置旋转并调整其位置

图 15-184　创建其他对象后的效果

案例精讲 093　CD 包装设计

案例文件：CDROM \ 场景 \ Cha15 \CD 包装设计 .ai

视频文件：视频教学 \ Cha15\ CD 包装设计 .avi

制作概述

本例将讲解常用 CD 包装的设计，其中主要应用了【钢笔工具】、剪切蒙版功能、【文字工具】，完成后的效果如图 15-185 所示。

图 15-185　CD 包装设计

学习目标

- 学习 CD 包装设计。
- 掌握 CD 的制作流程以及剪切蒙版的应用。

操作步骤

(1) 启动软件后，按 Ctrl+N 组合键，在弹出的【新建文档】对话框中输入【名称】为“CD 包装设计”，将【单位】设为【毫米】，【宽度】设置为 456mm，【高度】设置为 266mm，【颜色模式】设为 CMYK，【栅格效果】设为【高 (300ppi)】，然后单击【确定】按钮，如图 15-186 所示。

知识链接

ppi：图像分辨率（在图像中，每英寸所包含的像素数目）。

(2) 在工具箱中选择【钢笔工具】，绘制如图 15-187 所示的形状。

(3) 选择上一步绘制的对象，将其填充颜色设为白色，描边设为无，然后对其进行复制，并将复制图形的颜色的 CMYK 值设为 38、31、29、0，并调整位置，如图 15-188 所示。

(4) 在工具箱中双击【混合工具】，在弹出的【混合选项】对话框中将【间距】设为【指定的步数】，【指定的步数】设为 7，【取向】设为【对齐路径】，设置完成后单击【确定】按钮，如图 15-189 所示。

图 15-186 【新建文档】对话框

图 15-187 绘制图形

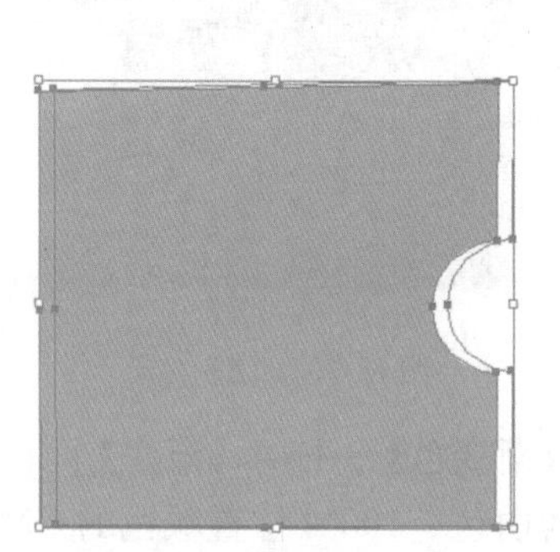

图 15-188 复制图形

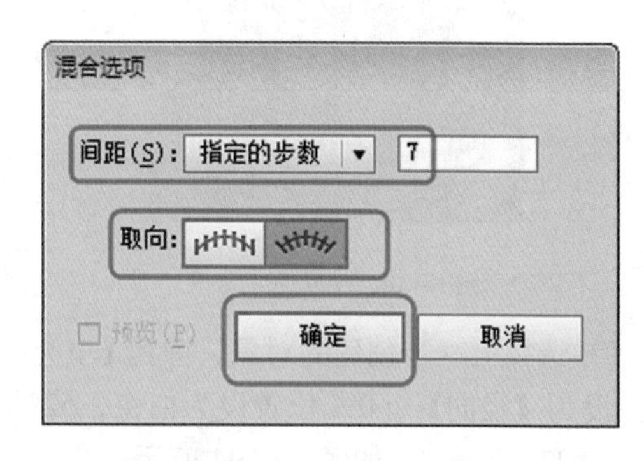

图 15-189 设置混合选项

(5) 返回到场景中，分别单击绘制的图形，混合后的效果如图 15-190 所示。

(6) 选择上一步创建的混合对象，对其进行复制，将复制对象的【不透明度】的【混合模式】设为【颜色加深】，如图 15-191 所示。

图 15-190 混合后的效果

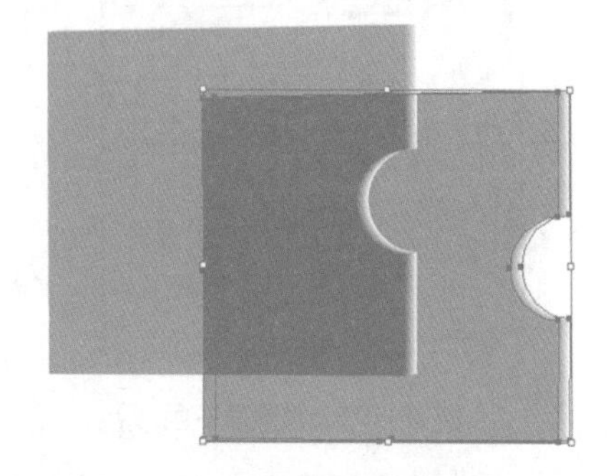

图 15-191 复制对象

知识链接

【颜色加深】：加深基色以反映混合色。与白色混合后不产生变化。

(7) 选择创建的两个混合对象，打开【对齐】面板，将【对齐】设为【所选对象】，然后单击【水

平居中对齐】和【垂直居中对齐】，效果如图 15-192 所示。

知识链接

要对齐对象上的锚点，可使用【直接选择工具】选择相应的锚点；要相对于所选对象之一对齐或分布，请再次单击该对象，此次单击时无须按住 Shift 键，然后单击所需类型的对齐按钮或分布按钮。

(8) 根据对齐的对象，利用【钢笔工具】绘制图像，只留出阴影部分，如图 15-193 所示。

图 15-192　对齐后的效果

图 15-193　绘制对象

(9) 选择上一步创建的对象，将其【填充颜色】设为【渐变色】，打开【渐变】面板，将【类型】设为【径向】，0% 位置设为白色，52% 位置也设为白色，100% 位置颜色的 CMYK 值设为 23、22、21、0，如图 15-194 所示。

(10) 继续选择绘制的对象，将其【描边】设为无，并利用【渐变工具】对渐变色进行调整，如图 15-195 所示。

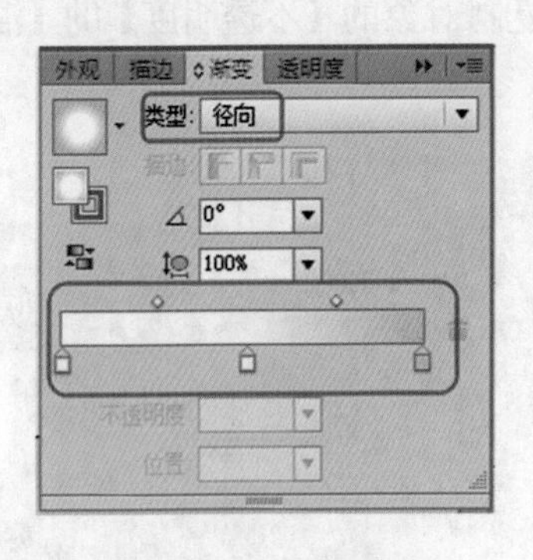

图 15-194　设置渐变色

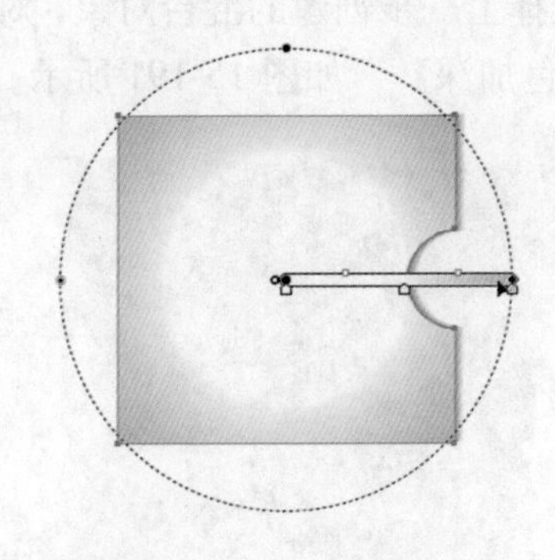

图 15-195　设置渐变色

(11) 打开随书附带光盘中的 CDROM\ 素材 \Cha15\CD 包装素材 .ai 素材文件，选择相应的素材文件拖曳到文档中，如图 15-196 所示。

(12) 将文字素材拖曳到文档中，并将其颜色修改为白色，效果如图 15-197 所示。

(13) 激活【文字工具】，输入“Warm Blood”，将【字体】设为 Kunstler Script，字体大小设为 41pt，文字颜色设为白色，效果如图 15-198 所示。

(14) 选择创建的所有包装封面对象，按 Ctrl+G 组合键将其组合，然后选择创建的渐变对象进行复制，为了便于观察，将填充色设为无，【描边】设为红色，【描边粗细】设为 5pt，

如图 15-199 所示。

图 15-196　添加素材文件

图 15-197　添加文字素材

图 15-198　输入文字

图 15-199　复制对象

(15) 选择创建的对象和素材，按 Ctrl+7 组合键，创建剪切蒙版，并对其调整位置，如图 15-200 所示。

(16) 利用【椭圆工具】绘制【宽】和【高】分别为 160mm 和 15mm 的椭圆，并将其填充颜色的 CMYK 值设为 76、72、67、32，如图 15-201 所示。

图 15-200　创建剪切蒙版

图 15-201　绘制椭圆

(17) 选择上一步创建的对象，在菜单栏中选择【效果】|【风格化】|【羽化】命令，弹出【羽化】对话框，将【半径】设为 6mm，单击【确定】按钮，完成后的效果如图 15-202 所示。

(18) 选择创建的对象将其移动到图层的最下方，完成后的效果如图 15-203 所示。

(19) 下面制作光盘部分，利用【椭圆工具】绘制【宽】和【高】都为 147.5mm 的正圆，并对其填充白色，将其【不透明度】设为 50%，如图 15-204 所示。

(20) 选择上一步创建的对象，按 Ctrl+C 组合键，然后按 Ctrl+F 组合键进行粘贴，对其添

加描边，将【描边颜色】的 CMYK 值设为 57、48、45、0，【描边粗细】设为 2pt，如图 15-205 所示。

图 15-202　羽化对象

图 15-203　调整位置

图 15-204　绘制正圆

图 15-205　复制图形

知识链接

如果当前没有选择任何对象，则执行【贴在前面】命令时，粘贴的对象将位于被复制对象的上面，并且与该对象重合，如果在执行【贴在前面】命令前选择了一个对象则执行该命令时，粘贴的对象与被复制的对象仍处于相同的位置，但它位于被选择对象的上面。

【贴在后面】菜单命令与【贴在前面】菜单命令的效果相反。执行【贴在后面】命令时，如果没有选择任何对象，粘贴的对象将位于被复制对象的下面，如果在执行该命令前选择了对象，则粘贴的对象位于被选择的对象的下面。

(21) 利用【椭圆工具】绘制【高】和【宽】均为 143mm 的矩形，将其【填充颜色】设为渐变色，并打开【渐变】面板，将【类型】设为【径向】，0% 位置设为白色，52% 位置也设为白色，100% 位置颜色的 CMYK 值设为 59、50、47、0，如图 15-206 所示。

(22) 返回到场景中，使用【渐变工具】对渐变色进行调整，效果如图 15-207 所示。

(23) 使用前面讲过的方法，添加素材和文字，效果如图 15-208 所示。

(24) 将上一步制作的光盘对象，按 Ctrl+G 组合键进行组合，并选择创建的渐变对象，对其进行复制，并调整位置，为了便于观察，将【填充颜色】设为无，如图 15-209 所示。

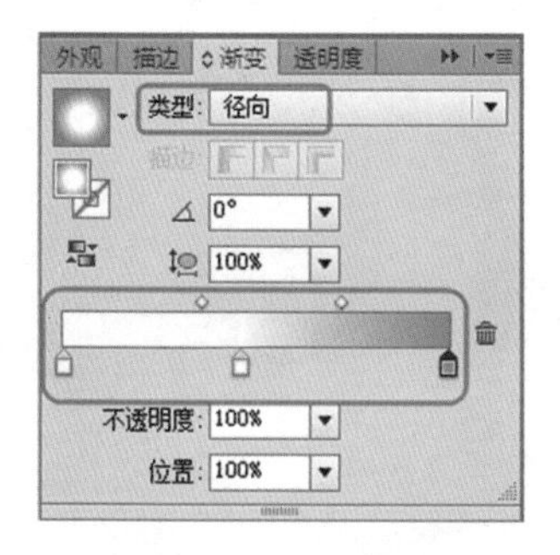

图 15-206　设置渐变色

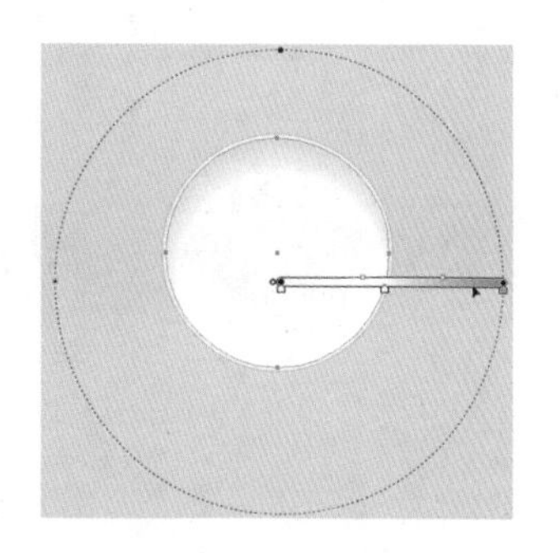

图 15-207　设置渐变

图 15-208　添加素材文件

图 15-209　复制图形

(25) 选择创建的素材对象和渐变对象，按 Ctrl+7 组合键创建剪切蒙版，并调整位置，完成后的效果如图 15-210 所示。

(26) 利用【椭圆工具】绘制半径分别为 47.5mm 和 18.5mm 的同心圆，为了便于观察填充不同的颜色，如图 15-211 所示。

图 15-210　创建剪切蒙版

图 15-211　绘制同心圆

(27) 选择上一步创建的同心圆，打开【路径查找器】面板，单击【减去顶层】按钮，对创建的新图形填充白色，将【描边】设为黑色，【描边粗细】设为 2pt，其【不透明度】设为 20%，效果如图 15-212 所示。

(28) 选择上一步创建的对象，按 Ctrl+C 组合键进行复制，按 Ctrl+F 组合键将其粘贴到当前位置，在【变换】面板中将【宽】和【高】都设为 41.5mm，将其【描边颜色】的 CMYK 值设为 36、30、28、0，【描边粗细】设为 1pt，【不透明度】设为 100%，如图 15-213 所示。

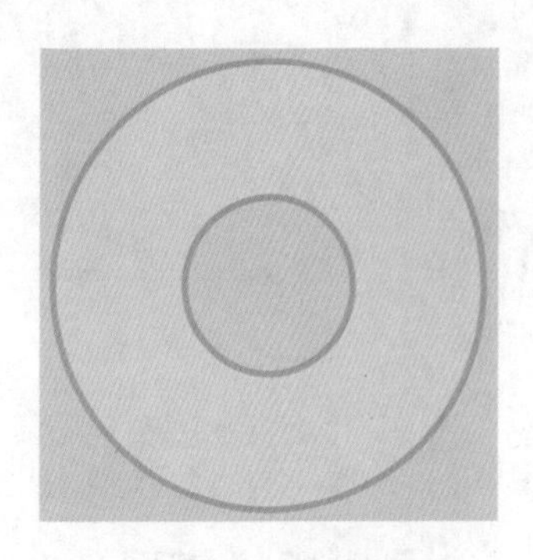

图 15-212　完成后的效果

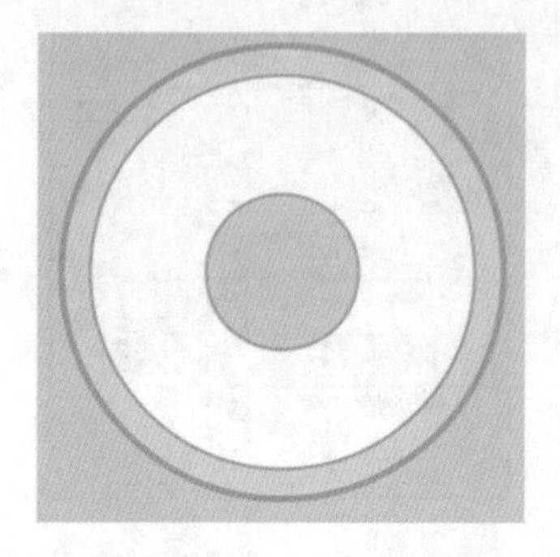

图 15-213　复制并修改

(29) 选择上一步创建的对象，将其【填充颜色】设为【渐变】，打开【渐变】面板，将【类型】设为【线性】，【角度】设为 -60°，0% 位置设为白色，38% 位置的 CMYK 值设为 46、37、35、0，52% 位置设为白色，100% 位置的 CMYK 值设为 34、27、26、0，如图 15-214 所示。

(30) 利用【椭圆工具】绘制半径为 48.5mm 的正圆，将其【填充颜色】的 CMYK 值设为 0、0、0、5，并将其放置到上一步对象的下方，如图 15-215 所示。

图 15-214　设置渐变色

图 15-215　完成后的效果

案例精讲 094　丝绸包装设计

案例文件：CDROM \ 场景 \ Cha15\ 丝绸包装设计 .ai

视频文件：视频教学 \ Cha15 \ 丝绸包装设计 .avi

制作概述

本例将讲解如何制作丝绸包装，其中主要应用了【文字工具】、【渐变工具】等，完成后的效果如图 15-216 所示。

图 15-216　丝绸包装设计

学习目标

■　学习丝绸包装的设计。

■　掌握丝绸的制作流程以及【渐变工具】的使用。

(1) 启动软件后，按 Ctrl+N 组合键，在弹出的【新建文档】对话框中输入【名称】为“丝绸包装设计”，将【单位】设为【毫米】，【宽度】

设置为 376mm，【高度】设置为 646mm，【颜色模式】设为 CMYK，【栅格效果】设为【高 (300ppi)】，然后单击【确定】按钮，如图 15-217 所示。

(2) 在工具箱中选择【矩形工具】，绘制【宽】和【高】分别为 54mm 和 647mm 的矩形，对其填充渐变色。打开【渐变】面板，将【类型】设为【线性】，0% 位置的 CMYK 值设为 100、100、0、14，50% 位置的 CMYK 值设为 65、32、0、9，100% 位置的 CMYK 值设为 100、100、0、60，如图 15-218 所示。

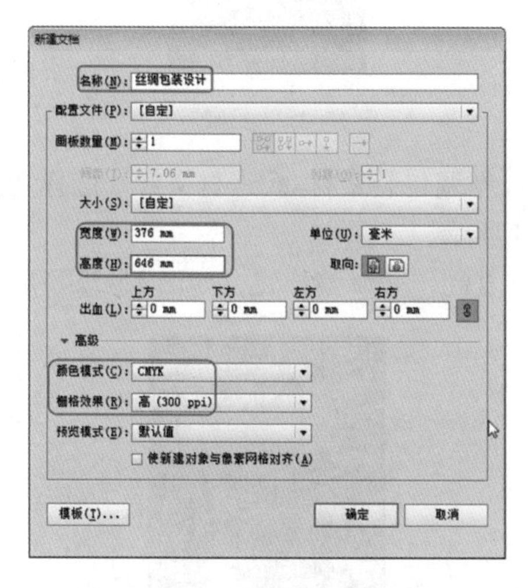

图 15-217 【新建文档】对话框

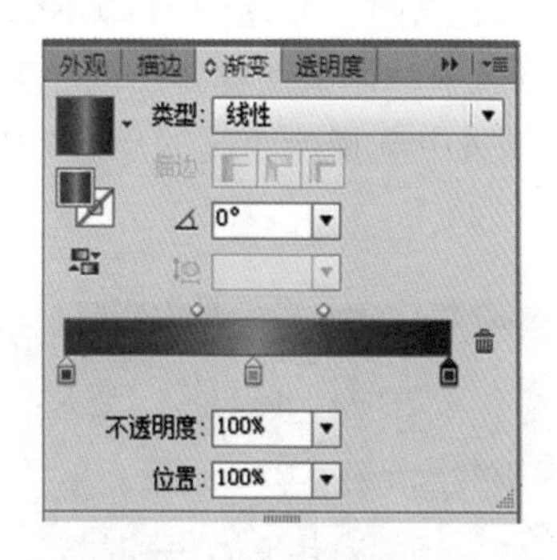

图 15-218 设置渐变色

(3) 返回到场景中，利用【渐变工具】对渐变色进行调整，如图 15-219 所示。

(4) 选择创建的矩形并对其进行复制。选择复制的矩形，打开【对齐】面板，将【对齐】设为【对齐画板】，分别单击【水平右对齐】和【垂直底对齐】按钮，效果如图 15-220 所示。

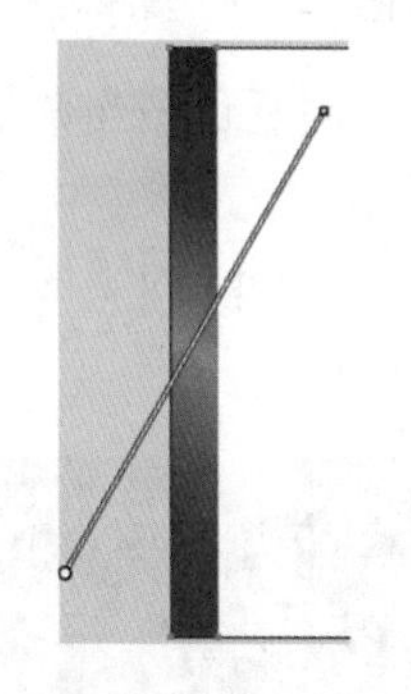

图 15-219 调整渐变色

图 15-220 复制矩形

(5) 继续使用【矩形工具】绘制【宽】和【高】分别为 269mm 和 53mm 的矩形，将其填充颜色设为【渐变色】，在【渐变】面板中将【类型】设为【线性】，【角度】设为 −90°，0% 位置颜色的 CMYK 值设为 100、100、0、14，100% 位置的 CMYK 值设为 100、100、0、60，最终效果如图 15-221 所示。

(6) 继续绘制矩形，绘制【宽】和【高】分别为 269mm 和 270mm 的矩形，并对其填充与步骤 2 相同的渐变色，如图 15-222 所示。

图 15-221　绘制矩形

图 15-222　绘制矩形

(7) 打开随书附带光盘中的 CDROM\ 素材 \Cha11\ 丝绸包装素材 .ai 素材文件，选择地图将其添加到场景中，调整两侧矩形的位置，如图 15-223 所示。

(8) 在场景中选择除两侧的矩形外对其他对象进行复制，并调整位置，如图 15-224 所示。

图 15-223　添加素材文件

图 15-224　复制对象

(9) 选择上一步复制对象的最上侧矩形，利用【渐变工具】对渐变色适当调整，如图 15-225 所示。

(10) 利用【矩形工具】绘制【宽】和【高】分别为 270mm、87mm 的矩形，并对其填充与两侧矩形相同的渐变色，如图 15-226 所示。

图 15-225　调整渐变色

图 15-226　绘制矩形

(11) 利用【椭圆工具】绘制半径为 116.5mm 的正圆，对其填充渐变色，在【渐变】面板中将【类型】设为【径向】，0% 位置的 CMYK 值设为 0、0、16、0，100% 位置的 CMYK 值设为 16.5、19.5、48、0，效果如图 15-227 所示。

(12) 选择上一步创建的对象，将其【描边颜色】的 CMYK 值设为 100、54、0、0，【描边粗细】设为 5pt，完成后的效果如图 15-228 所示。

图 15-227　绘制正圆

图 15-228　设置描边

(13) 选择素材拖曳到文档中，适当调整大小和位置，完成后的效果如图 15-229 所示。

(14) 利用【文字工具】输入“丝”，将【字体】设为【华文行楷】，【字体大小】设为 120pt，按 Ctrl+Shift+O 组合键将创建的文字转换为轮廓，并对其填充和两侧矩形相同的渐变，完成后的效果如图 15-230 所示。

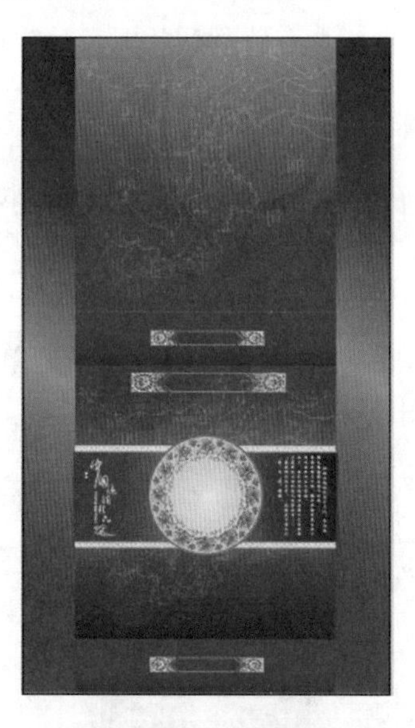

图 15-229　添加素材文件

图 15-230　输入文字

(15) 使用同样的方法输入“绸”，并对其添加印章素材，完成后的效果如图 15-231 所示。

(16) 继续输入文字“张记丝绸”，将【字体】设为【隶书】，【字体大小】设为 35pt，将其转换为轮廓，设置与中心圆盘相同的渐变色，如图 15-232 所示。

图 15-231 输入其他文字

图 15-232 输入文字

知识链接

将文字转换为轮廓后可以对其进行编辑和处理，就像任何其他图形对象一样。作为轮廓的文字对更改大型显示文字的外观非常有用，但对于正文文本或其他小型文字，作用就不那么明显了。

字体轮廓信息来自系统上安装的实际字体文件。当创建文本轮廓时，字符会在其当前位置转换；这些字符仍保留着所有的图形格式，如描边和填色。

将文字转换为轮廓时，这些文字会丢失其提示，这些提示是字体中内置的说明性信息，用于调整字体形状，以确保无论文字是何种大小，系统都能以最佳方式显示或打印它们。如果准备对文字进行缩放，请在转换之前调整其大小。

必须转换一个选区中的所有文字；而不能只转换文字字符串中的单个字母。要将单个字母转换为轮廓，请先创建一个只包含该字母的单独文字对象，然后再进行转换。

(17) 选择创建的文字，对其进行复制，并将其添加到其他对象内，适当调整大小，完成后的效果如图 15-233 所示。

(18) 选择中心圆盘中的所有对象，按 Ctrl+G 组合键对其进行编组，单击鼠标右键，在弹出的快捷菜单中选择【变换】|【对称】命令，弹出【镜像】对话框，选中【水平】单选按钮，然后单击【复制】按钮，并将复制的对象调整位置，如图 15-234 所示。

图 15-233 复制文字

图 15-234 完后的效果

第 16 章
工业设计

本章重点

- 青花瓷盘
- 钳子
- 液晶电视
- iPad
- 手表
- 水果刀

本章将介绍工业设计方面的制作，在制作过程中读者可以掌握一般工业产品的设计思路。在进行工业设计时，主要通过使用【钢笔工具】绘制产品外形，然后为其设置渐变颜色，使设计出的产品更具真实性。

案例精讲 095　青花瓷盘

案例文件：CDROM \ 场景 \ Cha16 \ 青花瓷盘 .ai

视频文件：视频教学 \ Cha16 \ 青花瓷盘 .avi

制作概述

本例将讲解如何制作青花瓷盘。首先绘制圆盘，然后制作圆盘的阴影效果，最后导入素材花纹，完成后的效果如图 16-1 所示。

图 16-1　青花瓷盘

学习目标

- 掌握圆盘的绘制方法。
- 学习使用【混合工具】设置阴影效果。

操作步骤

(1) 启动软件后按 Ctrl+N 组合键新建文档。在【新建文档】对话框中，将【宽度】设置 250mm，【高度】设置为 200mm，【颜色模式】设置为 RGB，【栅格效果】设置为 150dpi，然后单击【确定】按钮，如图 16-2 所示。

(2) 使用【矩形工具】绘制一个与画板一样大小的矩形，如图 16-3 所示。

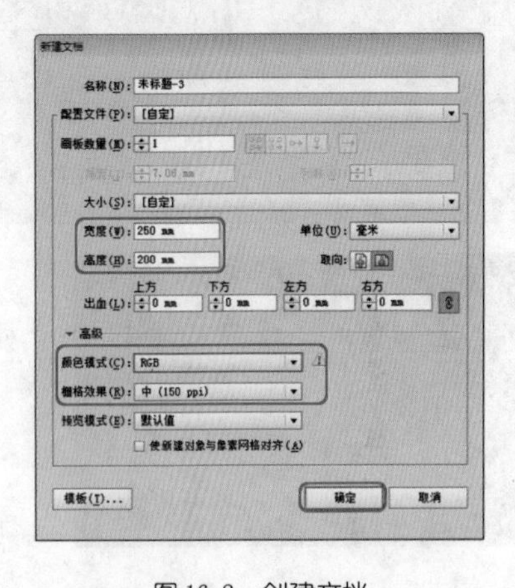

图 16-2　创建文档

图 16-3　绘制矩形

(3) 选中绘制的矩形，将其描边设置为无，打开【渐变】面板，将【类型】设置为【径向】，然后将 0% 位置渐变滑块的 RGB 值设置为 201、212、240，100% 位置渐变滑块的 RGB 值设置为 144、159、189，填充渐变后的效果如图 16-4 所示。

(4) 使用【椭圆工具】，按住 Shift 键绘制一个宽和高都为 180mm 的圆形，将其填充颜色的 RGB 值设置为 221、221、221，描边设置为无，如图 16-5 所示。

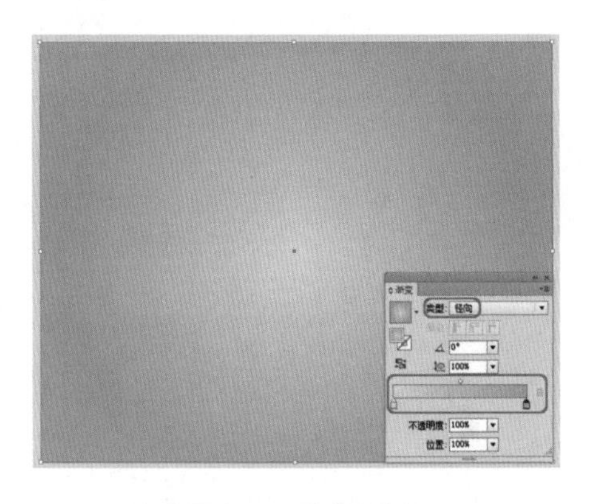

图 16-4　填充渐变

图 16-5　绘制圆

在属性栏中单击【变换】，在弹出的面板中可以设置圆的宽和高。

(5) 双击【比例缩放工具】按钮，在弹出的对话框中，将【等比】设置为 99%，然后单击【复制】按钮，如图 16-6 所示。

(6) 选中复制得到的圆，打开【渐变】面板，将【类型】设置为【径向】，【角度】设置为 180°，然后将 0% 位置渐变滑块的 RGB 值设置为 211、218、222，100% 位置渐变滑块的 RGB 值设置为 255、255、255，如图 16-7 所示。

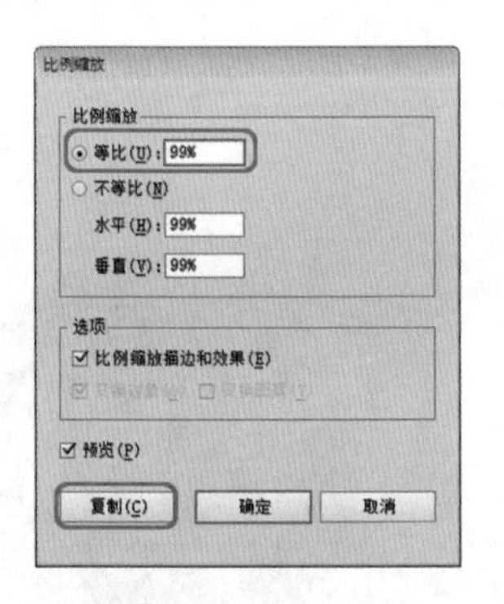

图 16-6　设置等比缩放

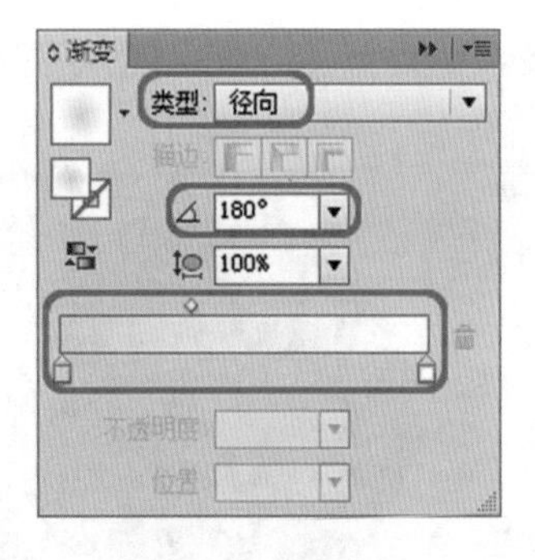

图 16-7　设置渐变

(7) 单击【渐变工具】按钮，对圆的渐变位置进行调整，如图 16-8 所示。

(8) 将较小的圆进行复制，将其填充颜色设置为白色，然后将其所在图层向下移动，然后向左上方向调整其位置，如图 16-9 所示。

(9) 选中 3 个圆形，然按 Ctrl+G 组合键，将其成组，并将组命名为“圆盘”，如图 16-10 所示。

(10) 使用【椭圆工具】，绘制一个如图 16-11 所示的椭圆，将其填充颜色设置为白色，描边设置为无，如图 16-11 所示。

(11) 分别按 Ctrl+C 和 Ctrl+F 组合键，原位置复制椭圆，将其填充颜色的 RGB 值设置为 86、111、125，然后调整其位置，如图 16-12 所示。

(12) 使用【混合工具】，分别单击绘制两个椭圆，为其设置混合效果，如图 16-13 所示。

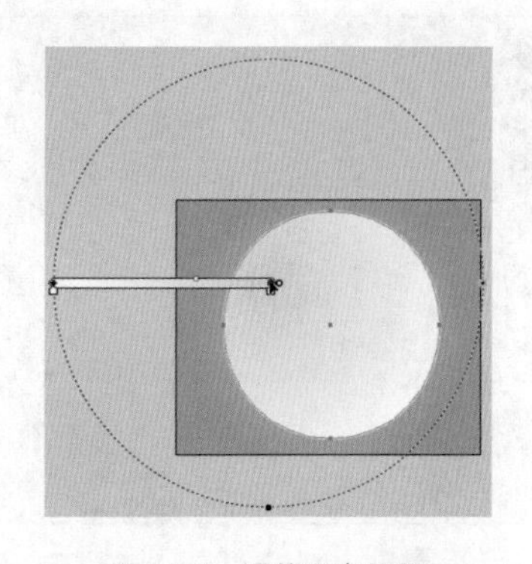

图 16-8　调整渐变位置

图 16-9　复制圆并填充颜色

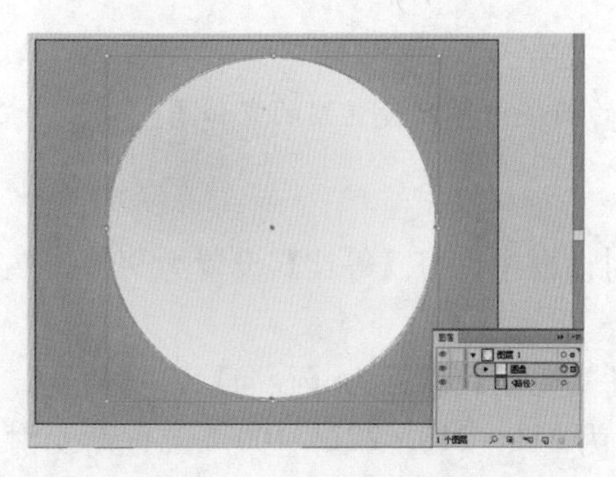

图 16-10　成组图形

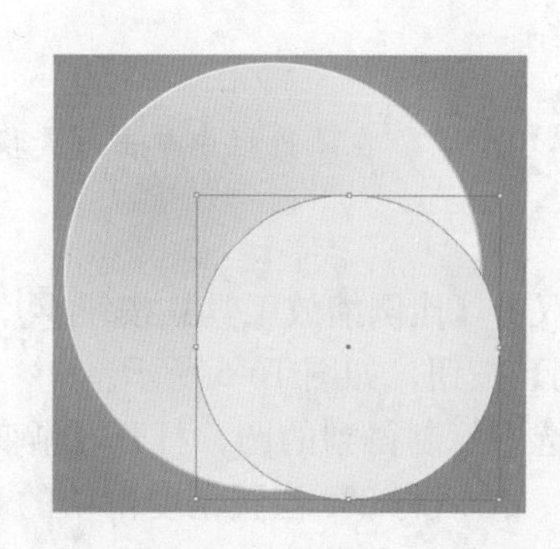

图 16-11　绘制椭圆

图 16-12　复制椭圆

图 16-13　设置混合效果

(13) 选中【混合】图层，打开【透明度】面板，将【混合模式】设置为【正片叠底】，【不透明度】设置为 70%，如图 16-14 所示。

(14) 在【图层】面板中，将【混合】图层移动到【圆盘】图层的下面，然后调整【混合】图层的位置，如图 16-15 所示。

(15) 使用【直接选择工具】，调整椭圆节点，如图 16-16 所示。

(16) 在菜单栏中选择【文件】|【置入】命令，在弹出的【置入】对话框中，选择随书附带光盘中的 CDROM\ 素材 \Cha16\ 青花瓷花纹 .ai 文件，然后单击【置入】按钮，将素材图片置

入到画板中，如图 16-17 所示。

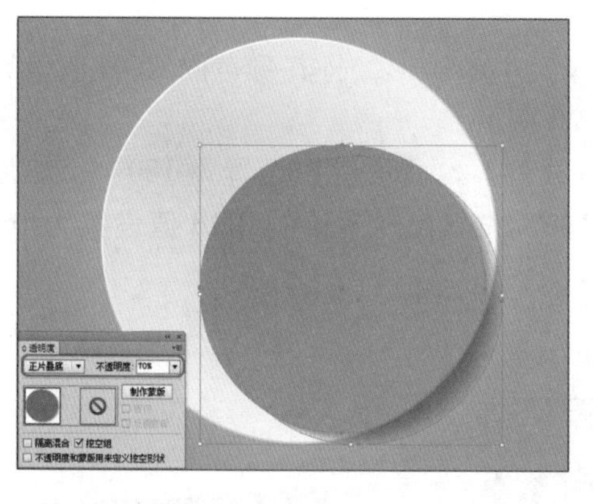

图 16-14 【透明度】面板

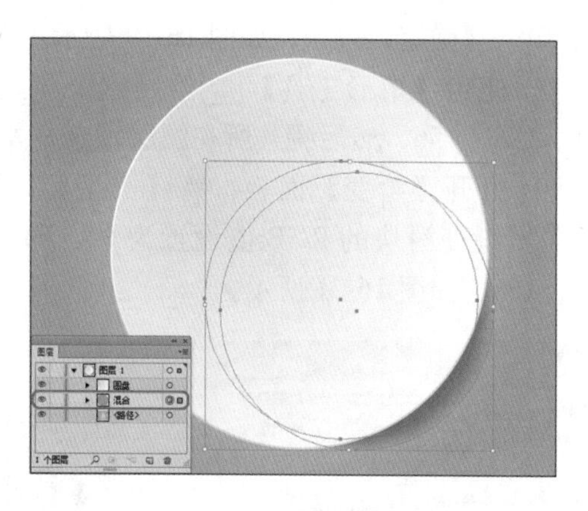

图 16-15 调整图层位置

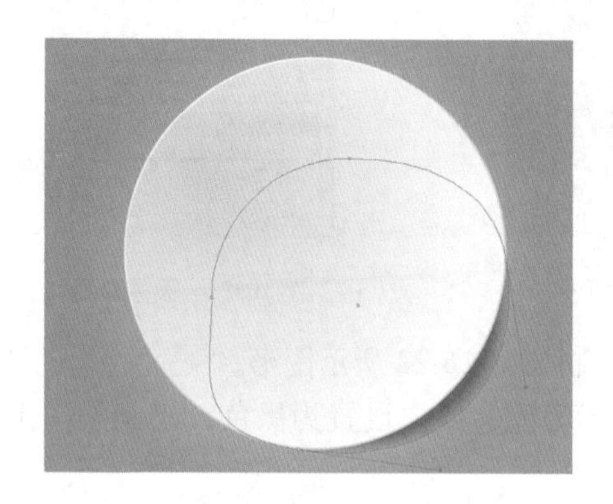

图 16-16 调整椭圆节点

图 16-17 置入素材

(17) 调整素材花纹的大小及位置。最后将场景文件进行保存并导出效果图片。

案例精讲 096 钳子

 案例文件：CDROM \ 场景 \ Cha16 \ 钳子 .ai

 视频文件：视频教学 \ Cha16 \ 钳子 .avi

制作概述

本例将讲解如何制作钳子。使用【钢笔工具】和【矩形工具】，绘制钳子头部，然后使用【钢笔工具】和【圆角矩形工具】，绘制钳子把手。完成后的效果如图 16-18 所示。

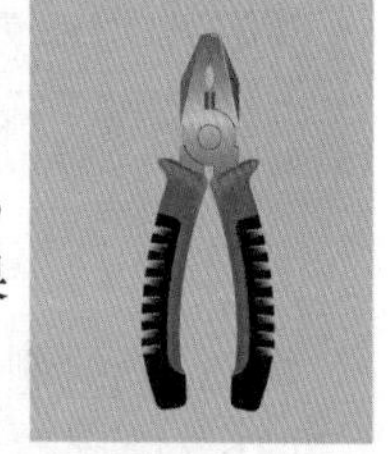

图 16-18 钳子

学习目标

- 掌握圆盘的绘制方法。
- 学习使用【混合工具】设置阴影效果。

(1) 启动软件后按 Ctrl+N 组合键新建文档。在【新建文档】对话框中，将【宽度】设置为

200mm，【高度】设置为250mm，【颜色模式】设置为RGB，【栅格效果】设置为150dpi，然后单击【确定】按钮，如图16-19所示。

(2) 使用【矩形工具】绘制一个与画板一样大小的矩形，将其颜色的RGB值设置为201、188、156，然后将其所在图层锁定，如图16-20所示。

(3) 打开【渐变】面板，将【类型】设置为【线性】，【角度】设置为180°，然后将0%位置渐变滑块的RGB值设置为64、64、64，100%位置渐变滑块的RGB值设置为166、166、166，如图16-21所示。

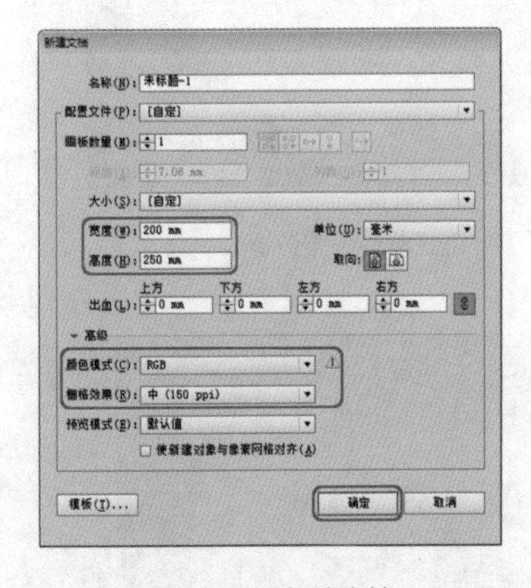

图16-19　新建文档

图16-20　创建矩形

图16-21　设置渐变

(4) 使用【钢笔工具】，将描边设置为无，绘制如图16-22所示图形。

(5) 继续使用【钢笔工具】，将填充颜色设置为无，描边设置为黑色，绘制如图16-23所示图形。

图16-22　绘制图形

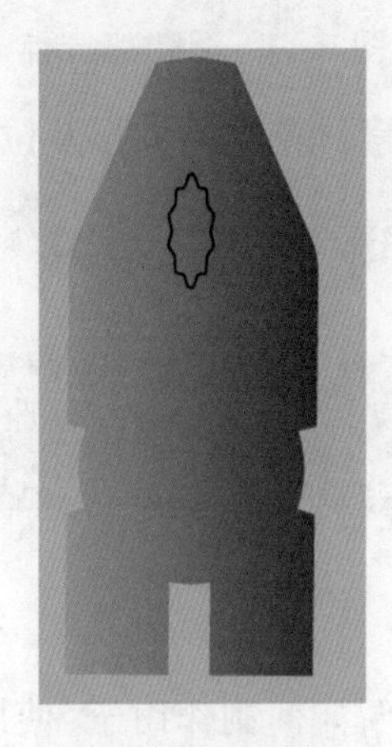
图16-23　绘制图形

(6) 选择绘制的两个图形，鼠标右键单击，在弹出的快捷菜单中选择【建立复合路径】命令，如图16-24所示，复合路径效果如图16-25所示。

(7) 选中绘制的复合路径图形，分别按Ctrl+C和Ctrl+F组合键将其原位置复制，然后将底层复合路径图形所在的图层锁定，如图16-26所示。

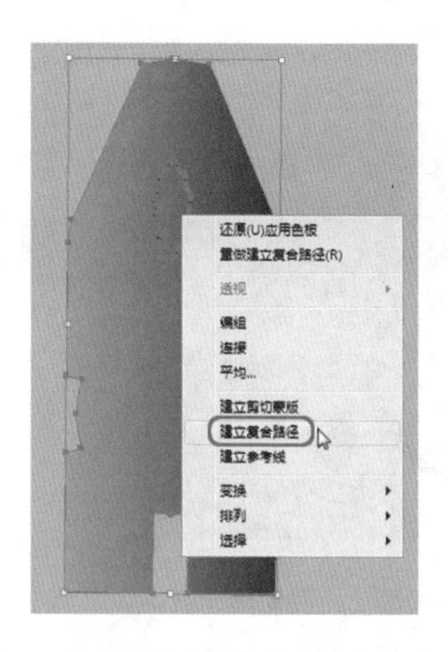

图 16-24 选择【建立复合路径】命令

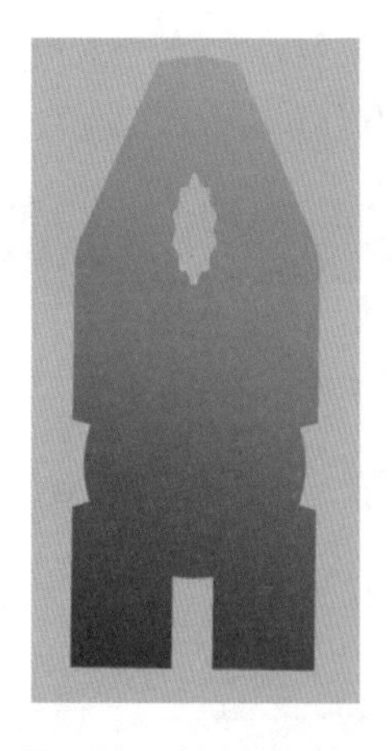
图 16-25 复合路径效果

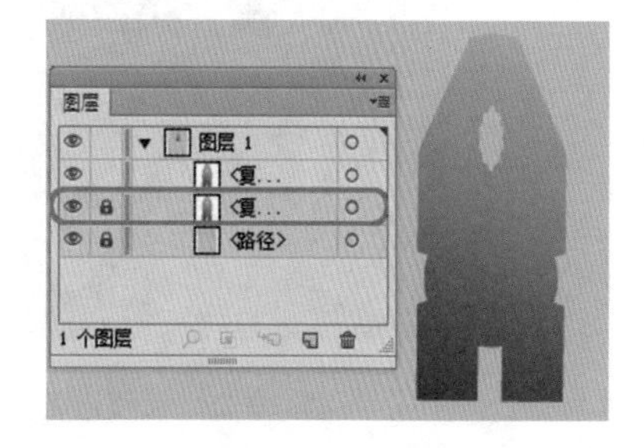

图 16-26 锁定图层

(8) 然后选择顶层复合路径图形，打开【渐变】面板，将【类型】设置为【线性】，【角度】设置为 90°，然后将 15% 位置渐变滑块的 RGB 值设置为 124、124、124，45% 位置渐变滑块的 RGB 值设置为 206、206、206，100% 位置渐变滑块的 RGB 值设置为 97、97、97，渐变滑块上侧的光标位置分别设置为 64% 和 35%，如图 16-27 所示。

(9) 使用【直接选择工具】，选择如图 16-28 所示的锚点，然后单击属性栏中的【删除所选锚点】按钮，将锚点删除，如图 16-28 所示。

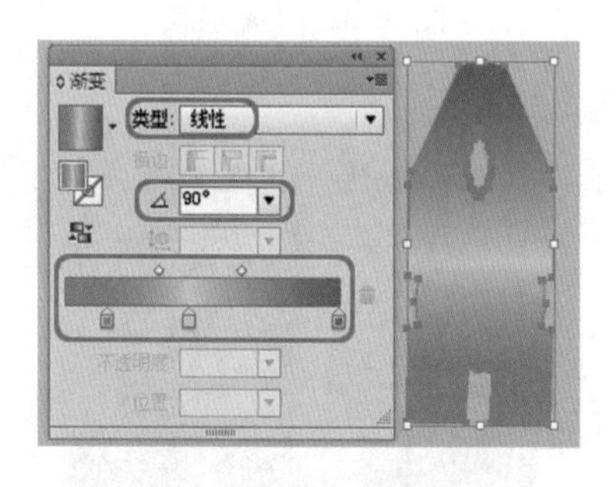

图 16-27 设置渐变

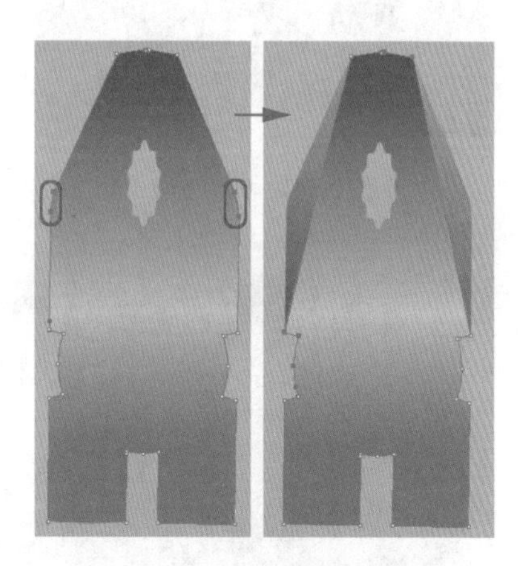
图 16-28 删除锚点

(10) 然后调整顶部锚点的位置，并将多余的锚点删除，如图 16-29 所示。

(11) 使用【矩形工具】绘制一个矩形，如图 16-30 所示。

(12) 然后按住 Shift 键选中钳子头部图形，在【路径查找器】面板中，单击【减去顶层】按钮，对图形进行剪切，剪切后的效果如图 16-31 所示。

(13) 使用【添加锚点工具】按钮，在如图 16-32 所示的路径上添加 20 个锚点。

(14) 使用【直接选择工具】选中新添加的锚点，然后在属性栏中单击【垂直居中分布】按钮，平均分布锚点的位置，如图 16-33 所示。

(15) 选中如图 16-34 所示的锚点，将其向左侧移动。

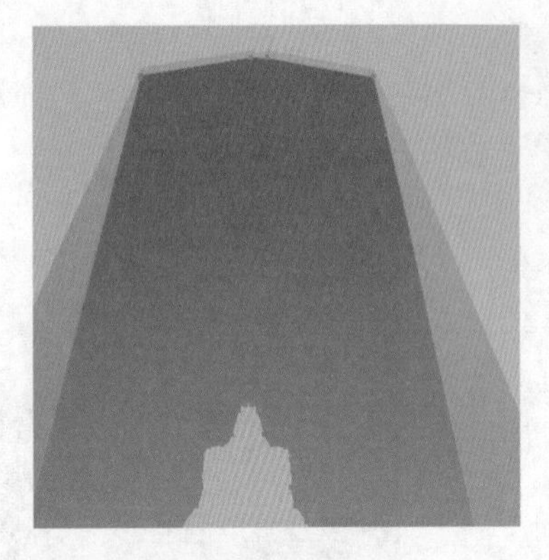

图 16-29　调整锚点

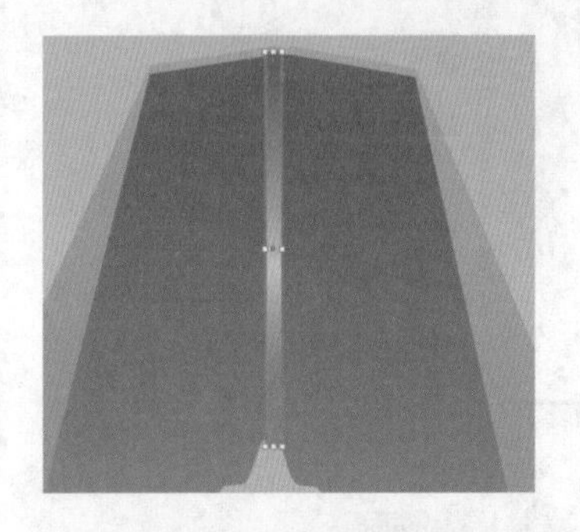

图 16-30　绘制矩形

图 16-31　剪切图形

图 16-32　添加锚点

图 16-33　调整锚点位置

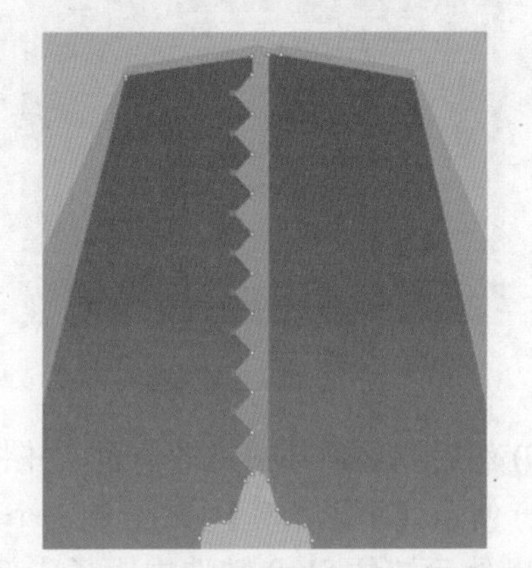

图 16-34　移动锚点

(16) 使用相同的方法制作另一边的锯齿，然后将图形的描边设置为黑色，【描边粗细】设置为 0.25pt，如图 16-35 所示。

(17) 然后使用【选择工具】，选中图形并将其向下移动，如图 16-36 所示。

(18) 使用【钢笔工具】，绘制图形，并将其填充颜色的 RGB 值设置为 92、92、92，如图 16-37 所示。

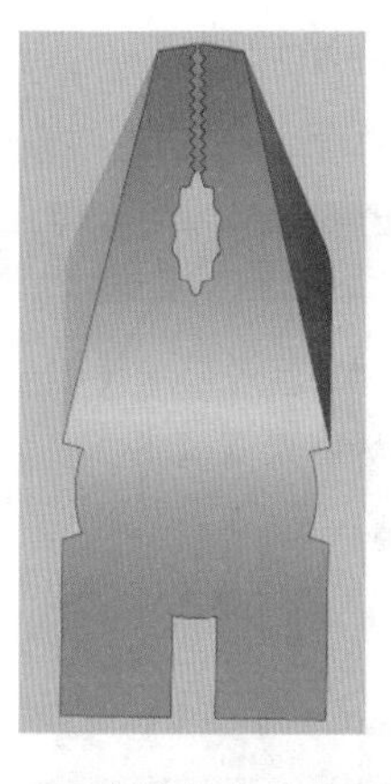

图 16-35　制作锯齿并设置描边

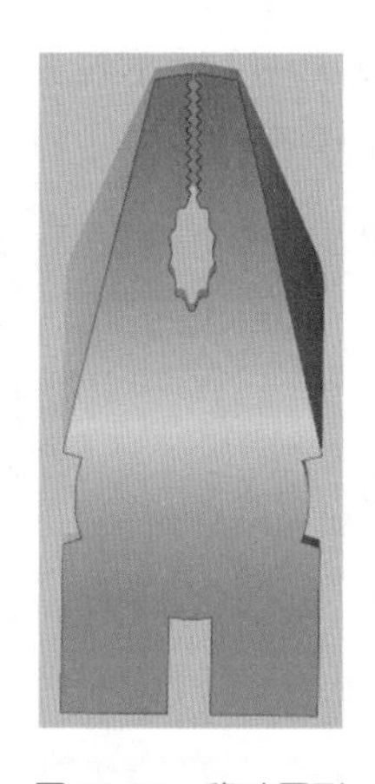

图 16-36　移动图形

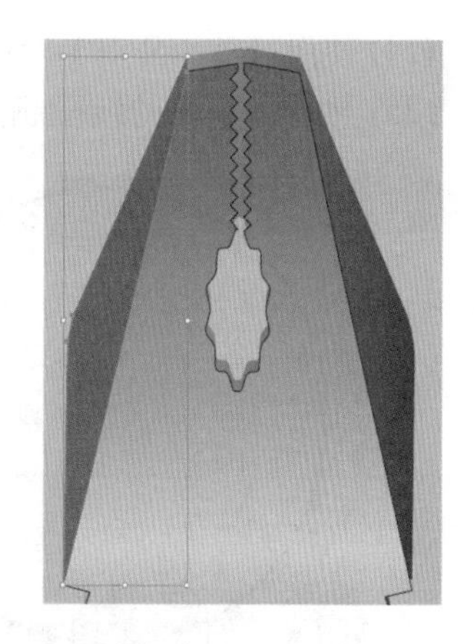

图 16-37　绘制图形

(19) 打开【渐变】面板，将【类型】设置为【线性】，然后将 0% 位置渐变滑块的 RGB 值设置为 165、165、165， 100% 位置渐变滑块的 RGB 值设置为 64、64、64，渐变滑块上侧的光标位置设置为 15%，如图 16-38 所示。

(20) 然后使用【矩形工具】 ，绘制一个矩形，如图 16-39 所示。

图 16-38　设置渐变

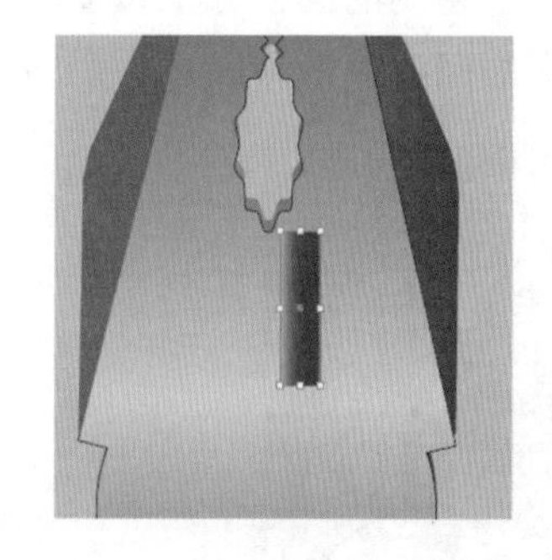

图 16-39　绘制矩形

(21) 将绘制的矩形进行复制，然后将其垂直对称，并调整其位置，如图 16-40 所示。

(22) 使用【椭圆工具】 ，将填充颜色设置为无，描边颜色设置为黑色，描边宽度设置为 1pt，绘制如图 16-41 所示的圆。

(23) 根据绘制的圆形，调整图形的锚点位置，如图 16-42 所示。

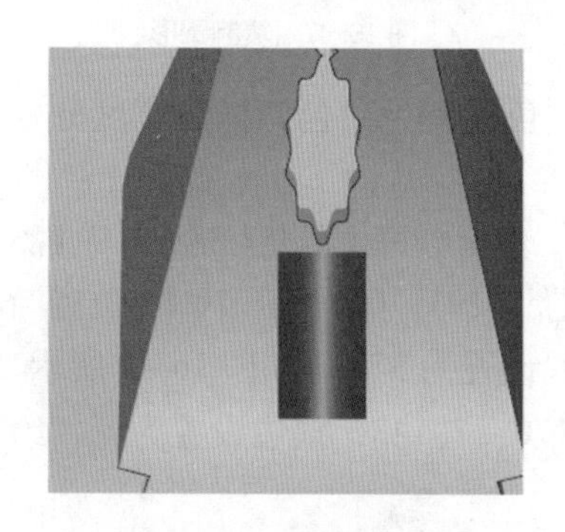

图 16-40　复制矩形并调整

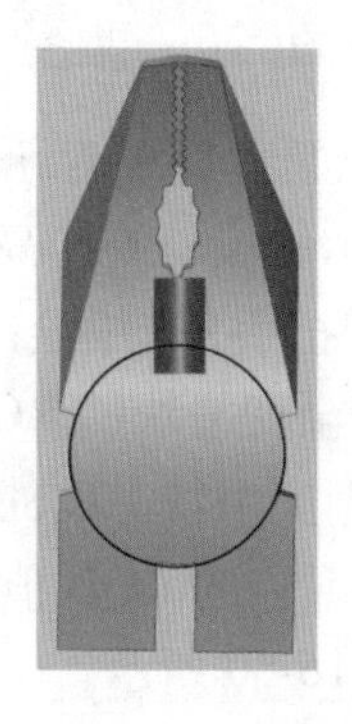

图 16-41　绘制圆

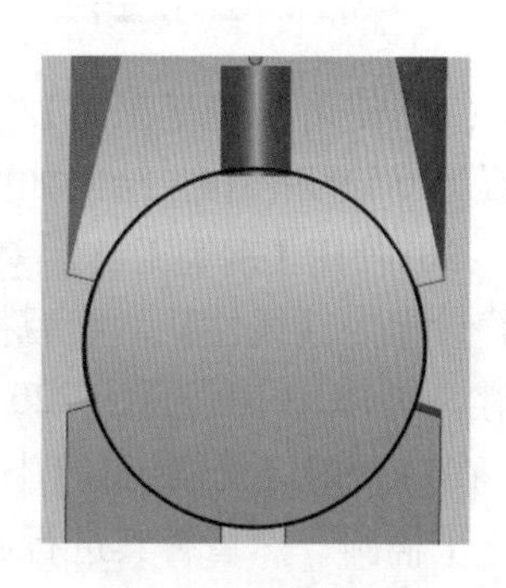

图 16-42　调整图形

(24) 使用【剪刀工具】，在如图 16-43 所示位置分别单击，添加路径端点。

(25) 然后将多余的线段删除，如图 16-44 所示。

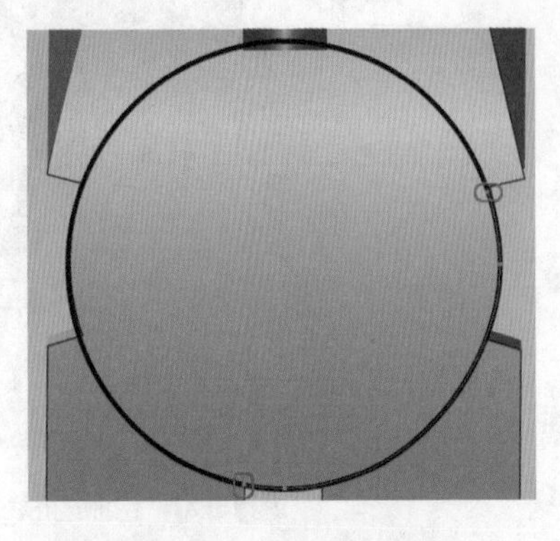

图 16-43　添加路径端点

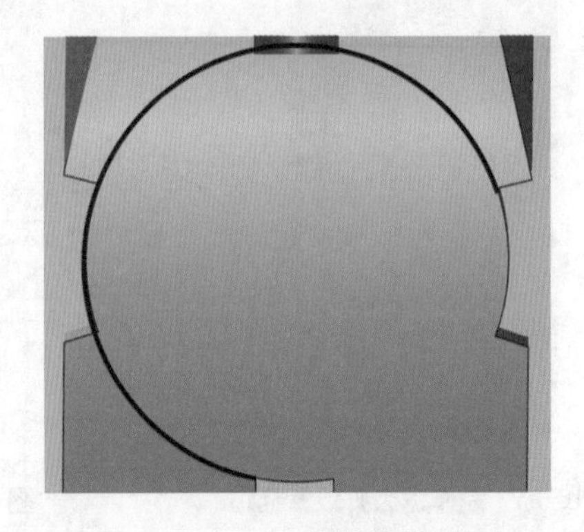

图 16-44　删除线段

(26) 使用相同的方法修剪圆形，如图 16-45 所示。

(27) 使用【椭圆工具】，将填充颜色设置为无，描边颜色设置为白色，描边宽度设置为 1pt，绘制如图 16-46 所示的圆形。

(28) 选中绘制的圆，分别按 Ctrl+C 和 Ctrl+F 组合键将其原位置复制，将其描边颜色设置为黑色，然后向上调整其位置，如图 16-47 所示。

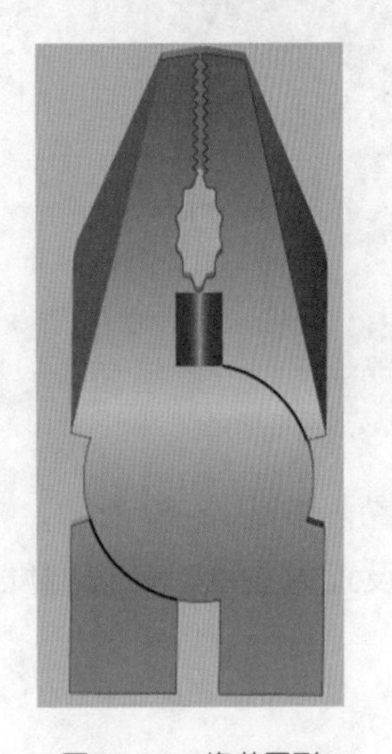

图 16-45　修剪圆形

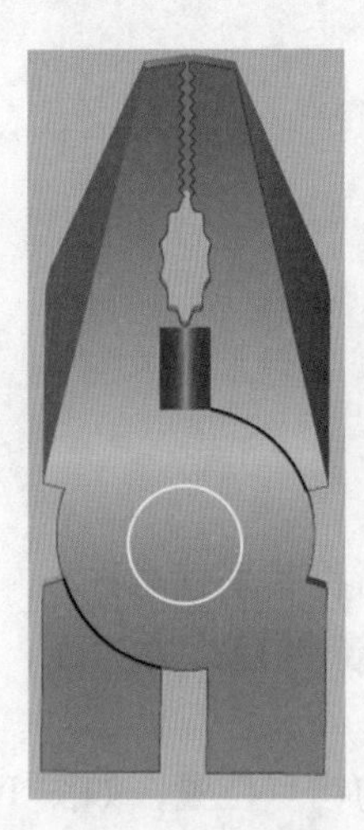

图 16-46　绘制圆形

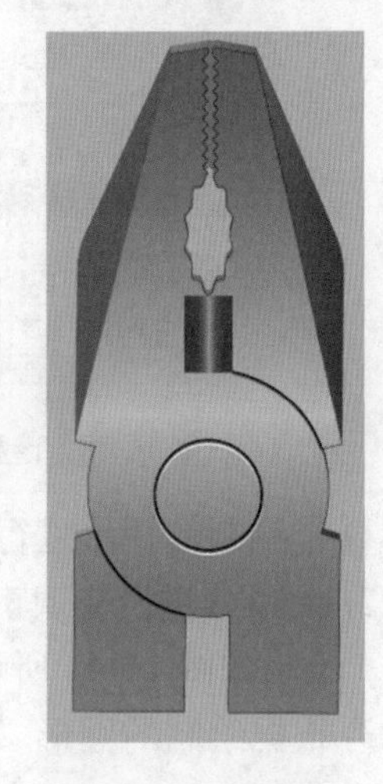

图 16-47　复制圆形

(29) 使用【钢笔工具】，将填充颜色设置为无，描边颜色设置为白色，描边宽度分别设置为 0.5pt 和 1pt，绘制如图 16-48 所示线段，制作高光效果。

(30) 使用【钢笔工具】，绘制钳子把手，选中绘制的图形，然后打开【渐变】面板，将【类型】设置为【线性】，然后将 70% 位置渐变滑块的 RGB 值设置为 191、0、10，100% 位置渐变滑块的 RGB 值设置为 220、92、52，渐变滑块上侧的光标位置设置为 37%，如图 16-49 所示。

(31) 使用【椭圆工具】，将填充颜色的 RGB 值设置为 170、7、43，描边设置为无，绘制一个椭圆，然后将其进行旋转，如图 16-50 所示。

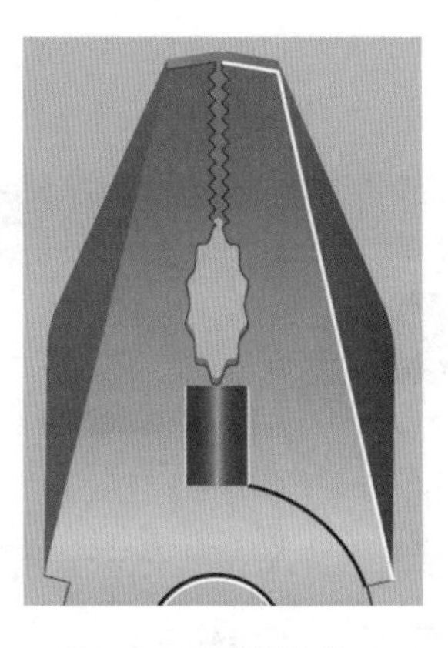

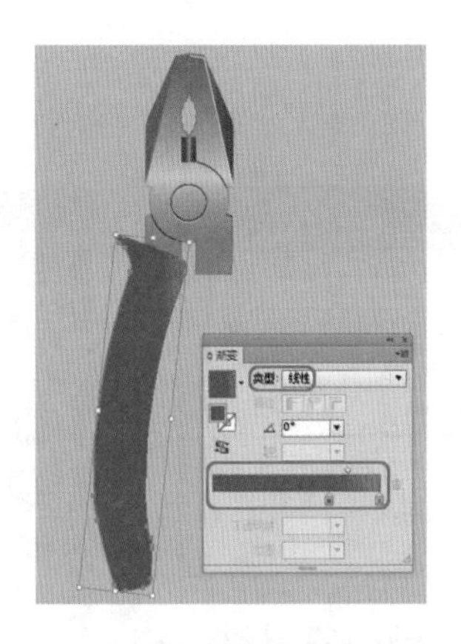

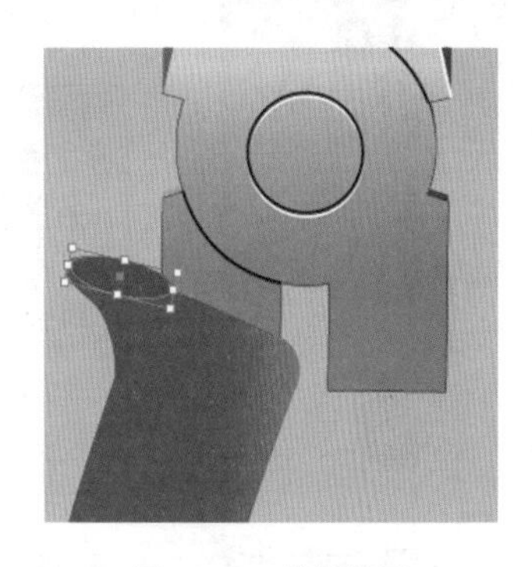

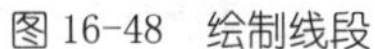

图 16-48　绘制线段　　图 16-49　绘制图形　　图 16-50　绘制椭圆

(32) 然后调整椭圆形所在图层的图层顺序，如图 16-51 所示。

(33) 使用【钢笔工具】绘制图形，选中绘制的图形，将描边设置为无，然后打开【渐变】面板，将【类型】设置为【线性】，【角度】设置为 60°，然后将 45% 位置渐变滑块的 RGB 值设置为 227、0、17，74% 位置渐变滑块的 RGB 值设置为 206、0、13，100% 位置渐变滑块的 RGB 值设置为 220、79、52，渐变滑块上侧的光标位置分别设置为 50% 和 70%，如图 16-52 所示。

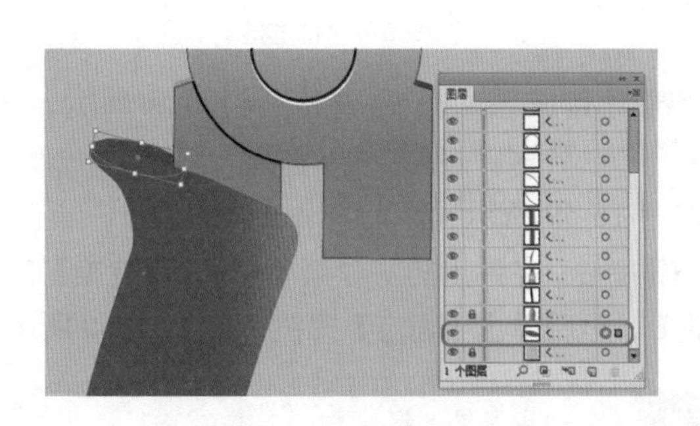

图 16-51　调整图层顺序

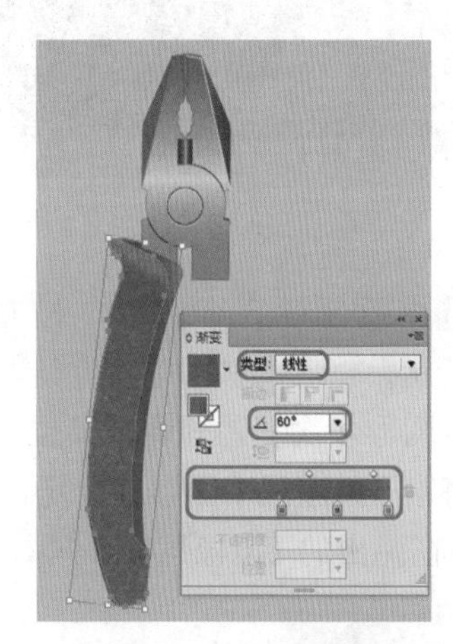

图 16-52　绘制图形

(34) 使用【钢笔工具】绘制图形，选中绘制的图形，将其填充颜色设置为黑色，将描边设置为无，如图 16-53 所示。

(35) 使用【圆角矩形工具】，在画板中单击鼠标左键，在弹出的【圆角矩形】对话框中，将【宽度】设置为 10mm，【高度】设置为 4mm，【圆角半径】设置为 1mm，然后单击【确定】按钮，如图 16-54 所示。

(36) 选中绘制的圆角矩形，将描边设置为无，然后打开【渐变】面板，将【类型】设置为【线性】，【角度】设置为 −20°，然后将 0% 位置渐变滑块的 RGB 值设置为 191、191、191，30% 位置渐变滑块的 RGB 值设置为 113、113、113，100% 位置渐变滑块的 RGB 值设置为 0、0、0，渐变滑块上侧的光标位置分别设置为 50% 和 44%，如图 16-55 所示。

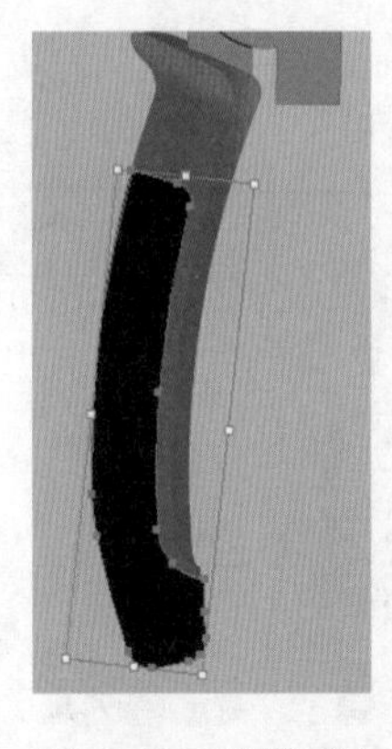

图 16-53　绘制图形

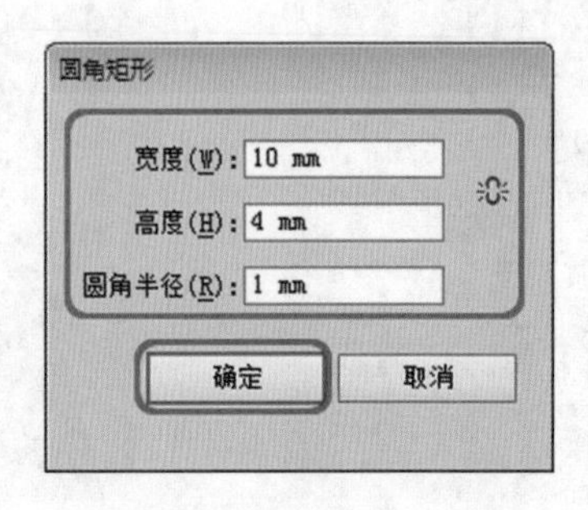

图 16-54　【圆角矩形】对话框

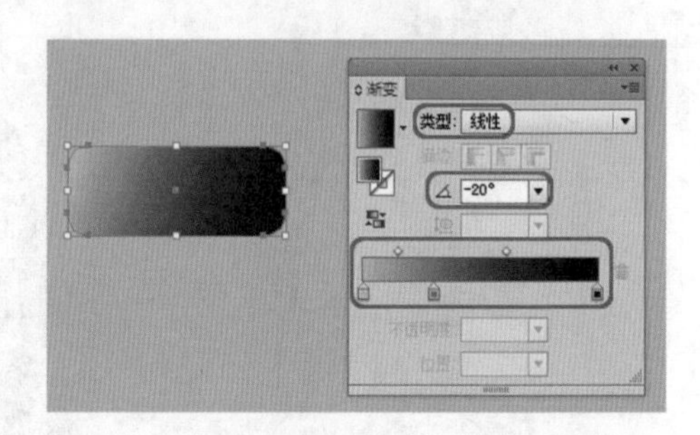

图 16-55　设置渐变

(37) 使用【钢笔工具】绘制图形，选中绘制的图形，将其填充颜色的 RGB 设置为 58、58、58，描边设置为无，如图 16-56 所示。

(38) 使用【钢笔工具】绘制图形，选中绘制的图形，将其填充颜色的 RGB 设置为 219、219、219，描边设置为无，如图 16-57 所示。

图 16-56　绘制图形

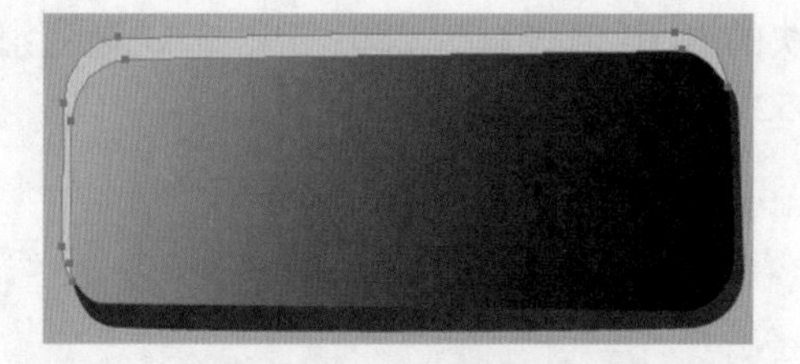

图 16-57　绘制图形

(39) 选中绘制的 3 个图形，按 Ctrl+G 组合键将其成组，然后调整其位置和角度，如图 16-58 所示。

(40) 将图形多次复制并调整其位置和角度，如图 16-59 所示。

(41) 将钳子的左把手图形进行复制，然后鼠标右键单击，在弹出的快捷菜单中选择【变换】|【对称】命令，在弹出的【镜像】对话框中，选中【垂直】，然后单击【确定】按钮，如图 16-60 所示。

图 16-58　调整图形位置和角度

图 16-59　复制图形

图 16-60　【镜像】对话框

(42) 最后调整图形的位置和图层顺序，将场景文件进行保存并导出效果图片。

案例精讲 097　液晶电视

案例文件：CDROM \ 场景 \ Cha16 \ 液晶电视 .ai

视频文件：视频教学 \ Cha16 \ 液晶电视 .avi

图 16-61　液晶电视

制作概述

本例将来介绍液晶电视的绘制方法，主要使用【钢笔工具】绘制图形然后填充渐变颜色，完成后的效果如图 16-61 所示。

学习目标

- 学习【钢笔工具】的使用方法。
- 掌握渐变颜色的表现技法。

操作步骤

(1) 按 Ctrl+N 组合键，在弹出的【新建文档】对话框中输入【名称】为“液晶电视”，将【单位】设置为 pt，【宽度】设置为 2542 pt，【高度】设置为 1590 pt，【颜色模式】设置为 RGB，单击【确定】按钮，如图 16-62 所示。

(2) 在菜单栏中选择【文件】|【置入】命令，弹出【置入】对话框，在该对话框中选择素材图片“液晶电视背景 .jpg”，单击【置入】按钮，如图 16-63 所示。

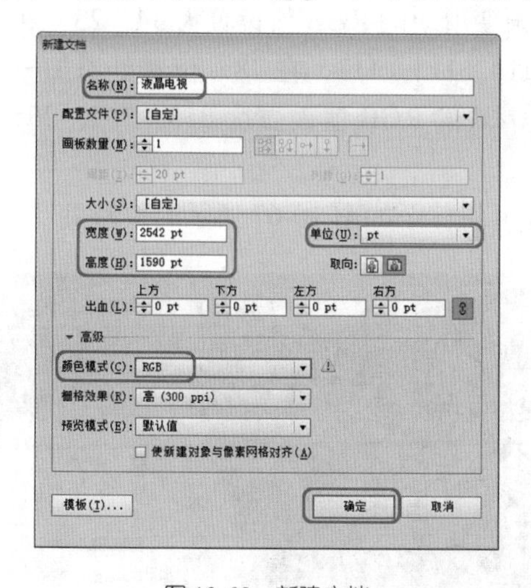

图 16-62　新建文档

图 16-63　选择素材图片

知识链接

【置入】命令是导入文件的主要方式，该命令提供了有关文件的格式、置入选项和颜色的最高级别的支持。在置入文件后，可以使用【链接】面板来识别、选择、监控和更新文件。

(3) 在画板中单击鼠标左键，即可置入选择的素材图片，并在画板中调整素材图片的大小和位置，然后在属性栏中单击【嵌入】按钮，如图 16-64 所示。

(4) 在工具箱中选择【钢笔工具】，在画板中绘制图形，并选择绘制的图形，在【渐变】面板中将【类型】设置为【径向】，左侧渐变滑块的 RGB 值设置为 0、0、0，将其移至 42% 位置处，在 77% 位置处添加一个渐变滑块，将 RGB 值设置为 181、181、182，右侧渐变滑块的 RGB 值设置为 220、221、221，上方左侧节点的位置设置为 70%，如图 16-65 所示。并将图形的描边设置为无。

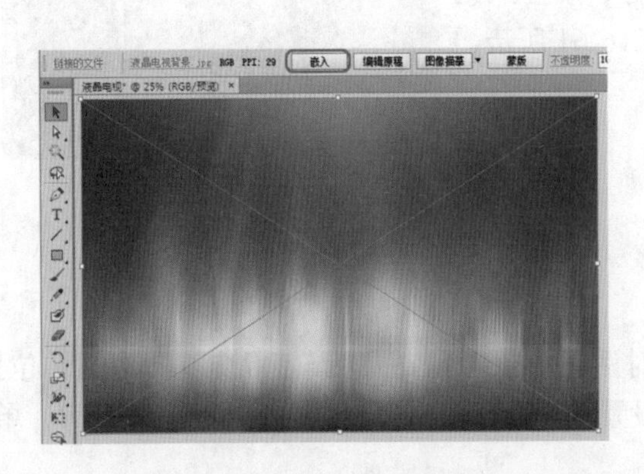

图 16-64　置入的素材图片

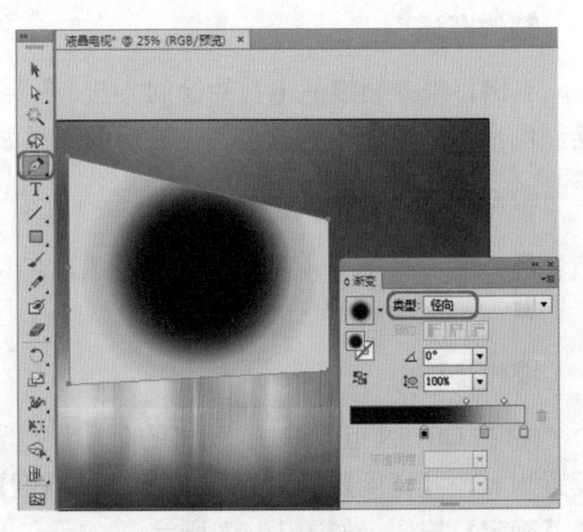

图 16-65　绘制图形并填充渐变颜色

(5) 继续使用【钢笔工具】在画板中绘制图形，并选择绘制的图形，在【渐变】面板中将【类型】设置为【线性】，【角度】设置为 17°，左侧渐变滑块的 RGB 值设置为 34、23、20，在 50% 位置处添加一个渐变滑块，将 RGB 值设置为 114、113、113，在 78% 位置处添加一个渐变滑块，将 RGB 值设置为 40、30、28，右侧渐变滑块的 RGB 值设置为 255、255、255，效果如图 16-66 所示。

(6) 然后在【渐变】面板中将 50% 位置处的渐变滑块移至如图 16-67 所示的位置处。

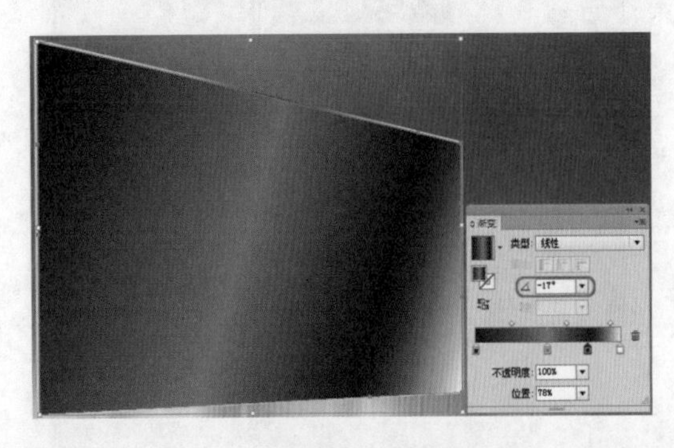

图 16-66　绘制图形并填充渐变颜色

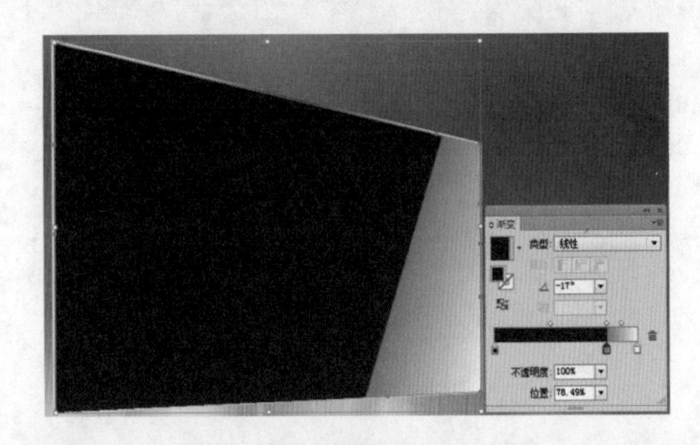

图 16-67　调整渐变滑块位置

(7) 在工具箱中选择【钢笔工具】，在画板中绘制图形，并选择绘制的图形，在【渐变】面板中将【类型】设置为【线性】，【角度】设置为 90°，左侧渐变滑块的 RGB 值设置为 255、255、255，在 15% 位置处添加一个渐变滑块，将 RGB 值设置为 34、23、20，在 31%

位置处添加一个渐变滑块，将 RGB 值设置为 34、23、20，将右侧渐变滑块的 RGB 值设置为 61、58、57，上方左侧节点的位置设置为 18%，效果如图 16-68 所示。

(8) 继续使用【钢笔工具】 在画板中绘制图形，并为绘制的图形填充一种颜色，如图 16-69 所示。

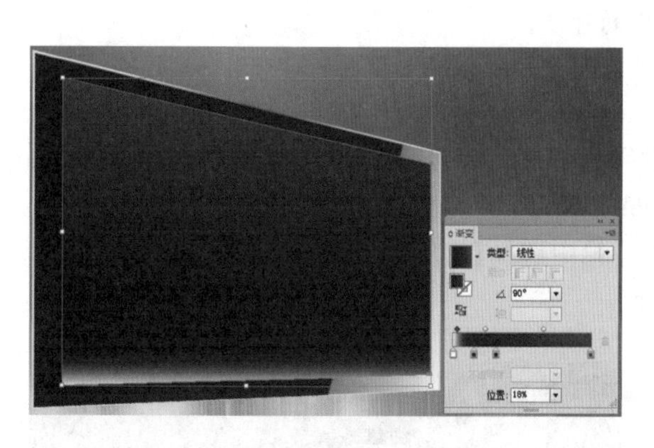

图 16-68　绘制图形并填充渐变颜色

图 16-69　绘制图形

(9) 选择新绘制的两个图形，并单击鼠标右键，在弹出的快捷菜单中选择【建立复合路径】命令，即可建立复合路径，效果如图 16-70 所示。

(10) 在菜单栏中选择【文件】|【置入】命令，弹出【置入】对话框，在该对话框中选择素材图片“显示屏画面 .jpg”，单击【置入】按钮，如图 16-71 所示。

图 16-70　建立复合路径效果

图 16-71　选择素材图片

知识链接

在【置入】对话框中各选项功能介绍如下：

【文件名】：选择置入的文件后，可以在该文本框中显示文件的名称。

【文件类型】：在该选项的下拉列表中可以选择需要置入的文件的类型，默认为【所有格式】。

【链接】：选择该复选框后，置入的图稿同源文件保持链接关系。此时如果源文件的存储位置发生变化，或者被删除了，则置入的图稿也会从 Illustrator 文件中发生变换或消失。取消选择时，可以将图稿嵌入到文档中。

【模板】：选择该选项后，置入的文件将成为模板文件。

【替换】：如果当前文档中已经包含了一个置入的对象，并且处于选中状态，选中【替换】选项，新置入的对象会替换掉当前文档中被选中的对象。

【显示导入选项】：选中该复选框后，在置入文件时将会弹出相应的对话框。

(11) 在画板中单击鼠标左键，即可置入选择的素材图片，并在画板中调整素材图片的大小和位置，然后在属性栏中单击【嵌入】按钮，如图 16-72 所示。

(12) 暂时隐藏新置入的素材图片，然后在工具箱中选择【钢笔工具】，在画板中绘制图形，并为绘制的图形填充颜色，效果如图 16-73 所示。

图 16-72 置入的素材图片

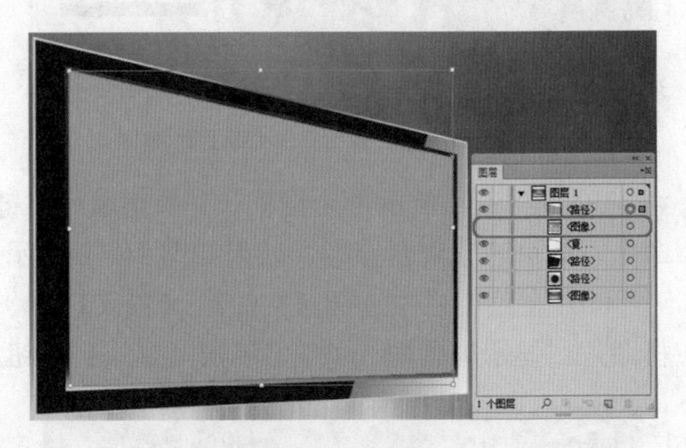

图 16-73 绘制图形

(13) 然后显示新置入的素材图片，并在画板中选择素材图片和新绘制的图形，单击鼠标右键，在弹出的快捷菜单中选择【建立剪切蒙版】命令，建立剪切蒙版后的效果如图 16-74 所示。

(14) 在工具箱中选择【钢笔工具】，在画板中绘制图形，并选择绘制的图形，在属性栏中将填充颜色的 RGB 值设置为 34、23、20，效果如图 16-75 所示。

图 16-74 建立剪切蒙版后的效果

图 16-75 绘制图形

(15) 继续使用【钢笔工具】 在画板中绘制图形，效果如图 16-76 所示。

(16) 使用【钢笔工具】 在画板中绘制图形，并选择绘制的图形，在【渐变】面板中将【类型】设置为【线性】，左侧渐变滑块的 RGB 值设置为 34、23、20，右侧渐变滑块的 RGB 值设置为 255、255、255，上方节点的位置设置为 75%，效果如图 16-77 所示。

图 16-76　绘制图形

图 16-77　设置渐变颜色

(17) 在菜单栏中选择【效果】|【风格化】|【羽化】命令，弹出【羽化】对话框，将【半径】设置为 10pt，单击【确定】按钮，设置羽化后的效果如图 16-78 所示。

使用【羽化】效果可以柔化对象的边缘，使其产生从内部到边缘逐渐透明的效果。

(18) 在工具箱中选择【钢笔工具】 ，在画板中绘制图形，并选择绘制的图形，在属性栏中将填充颜色的 RGB 值设置为 61、58、57，效果如图 16-79 所示。

图 16-78　设置羽化效果

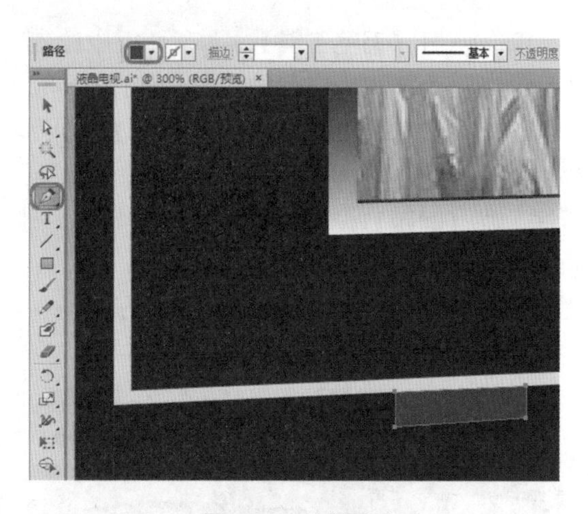

图 16-79　绘制图形

(19) 在工具箱中选择【椭圆工具】 ，在新绘制的图形上绘制正圆，并选择绘制的正圆，在属性栏中将填充颜色的 RGB 值设置为 138、186、40，效果如图 16-80 所示，即可完成液晶显示器的绘制。

知识链接

液晶显示器，简称 LCD(Liquid Crystal Display)。液晶是一种介于固态和液态之间的物质，是具有规则性分子排列的有机化合物，如果把它加热会呈现透明状的液体状态，把它冷却则会出现结晶颗粒的混浊固体状态。正是由于它的这种特性，所以被称之为液晶。液晶电视是在两张玻璃之间的液晶内，加入电压，通过分子排列变化及曲折变化 再现画面，屏幕通过电子群的冲撞，制造画面并通过外部光线的透视反射来形成画面。

(20) 在工具箱中选择【钢笔工具】，在画板中绘制图形，并选择绘制的图形，在【渐变】面板中将【类型】设置为【线性】，【角度】设置为 95°，左侧渐变滑块的 RGB 值设置为 247、249、249，将其移至 12% 位置处，在 52% 位置处添加一个渐变滑块，将 RGB 值设置为 61、58、57，右侧渐变滑块的 RGB 值设置为 34、23、20，上方左侧节点的位置设置为 32%，效果如图 16-81 所示。

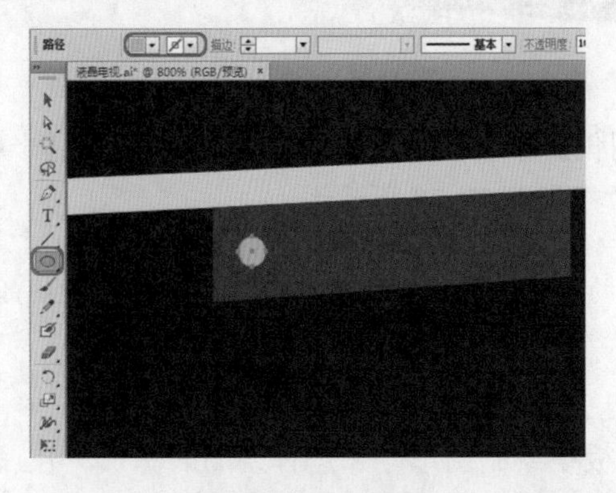

图 16-80　绘制正圆

图 16-81　绘制图形并设置渐变颜色

(21) 使用【钢笔工具】在画板中绘制一个描边颜色的 RGB 值为 34、23、20 的线段，然后绘制一个描边为白色的线段，如图 16-82 所示。

(22) 在工具箱中选择【混合工具】，在上方的线段上单击鼠标左键，然后在下方的白色线段上单击鼠标左键，即可添加混合效果，并双击【混合工具】，弹出【混合选项】对话框，将【间距】设置为【指定的步数】，步数设置为 234，单击【确定】按钮，添加混合后的效果如图 16-83 所示。

图 16-82　绘制线段

图 16-83　添加混合后的效果

(23) 继续使用【钢笔工具】在画板中绘制图形，并为绘制的图形填充不同的颜色，然后将描边设置为无，效果如图 16-84 所示。

(24) 在工具箱中选择【椭圆工具】，在画板中绘制椭圆，并选择绘制的椭圆，在属性栏中将填充颜色的 RGB 值设置为 88、87、87，描边设置为无，效果如图 16-85 所示。

图 16-84　绘制图形并填充颜色

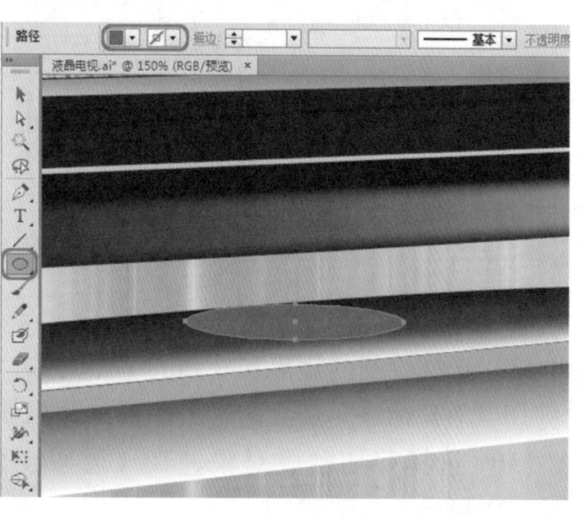

图 16-85　绘制椭圆并填充颜色

(25) 结合前面介绍的方法，继续使用【钢笔工具】绘制图形，并为绘制的图形填充渐变颜色，效果如图 16-86 所示。

(26) 在【图层】面板中选择组成底座的所有对象，将其移至背景图片的上方，效果如图 16-87 所示。

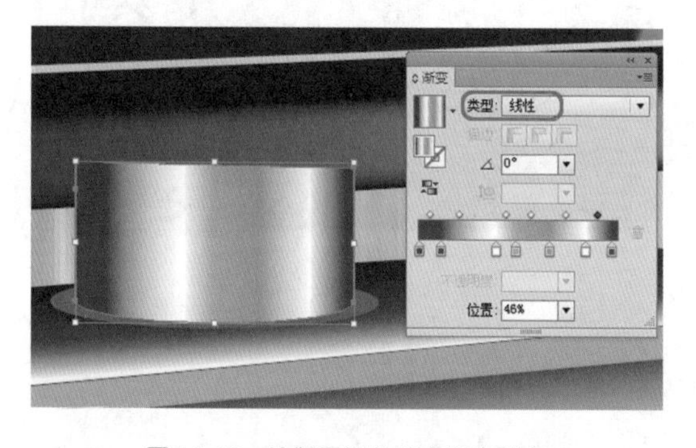

图 16-86　绘制图形并填充渐变颜色

图 16-87　调整排列顺序

(27) 在画板中选择除背景图片以外的所有对象，按 Ctrl+G 组合键编组选择对象，并单击鼠标右键，在弹出的快捷菜单中选择【变换】|【对称】命令，弹出【镜像】对话框，选中【水平】单选按钮，然后单击【复制】按钮，即可水平镜像复制选择对象，并在画板中调整复制后对象的位置，效果如图 16-88 所示。

(28) 在工具箱中选择【矩形工具】，在画板中绘制矩形，如图 16-89 所示。

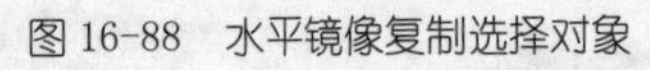

图 16-88　水平镜像复制选择对象

图 16-89　绘制矩形

(29) 选择绘制的矩形和复制的编组对象，并单击鼠标右键，在弹出的快捷菜单中选择【建立剪切蒙版】命令，建立剪切蒙版后的效果如图 16-90 所示。

(30) 选择剪切蒙版对象，在【透明度】面板中将【不透明度】设置为 20%，效果如图 16-91 所示。

图 16-90　建立剪切蒙版后的效果

图 16-91　设置不透明度

案例精讲 098　iPad

案例文件：CDROM \ 素材 \ Cha16 \iPad.ai

视频文件：视频教学 \ Cha16\iPad.avi

制作概述

本案例将介绍如何绘制 iPad。首先绘制其外形框架，然后分别制作摄像头和按钮。完成后的效果如图 16-92 所示。

图 16-92　iPad

学习目标

- 学习渐变颜色的设置方法。

操作步骤

(1) 启动 Illustrator 软件后，在菜单栏中选择【文件】|【新建】命令，弹出【新建文档】对话框，把页面【单位】设为【毫米】后，将【宽度】、【高度】分别设置为 64mm、79mm，颜色模式设为 CMYK，如图 16-93 所示。

(2) 使用【圆角矩形工具】将【描边】的 RGB 值设置为 201、201、202，【描边粗细】设置为 0.1pt，绘制一个【宽度】、【高度】分别为 60mm、78mm 的圆角矩形，将【圆角半径】设置为 2.5mm，效果如图 16-94 所示，填色设置为无。

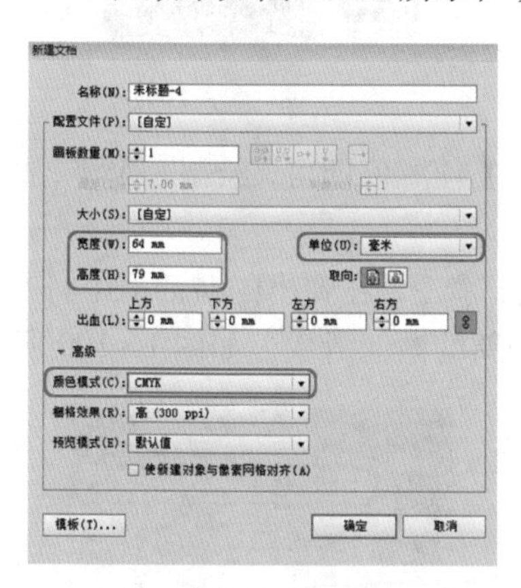

图 16-93　创建文档

图 16-94　绘制圆角矩形

(3) 继续使用【圆角矩形工具】将【描边】的 RGB 值设置为 113、112、113，【描边粗细】设置为 0.1pt，绘制一个【宽度】、【高度】分别为 59mm、77mm 的圆角矩形，将【圆角半径】设置为 2mm，效果如图 16-95 所示。

(4) 使用【混合工具】依次点击所制作的两个圆角矩形，效果如图 16-96 所示。

图 16-95　绘制圆角矩形

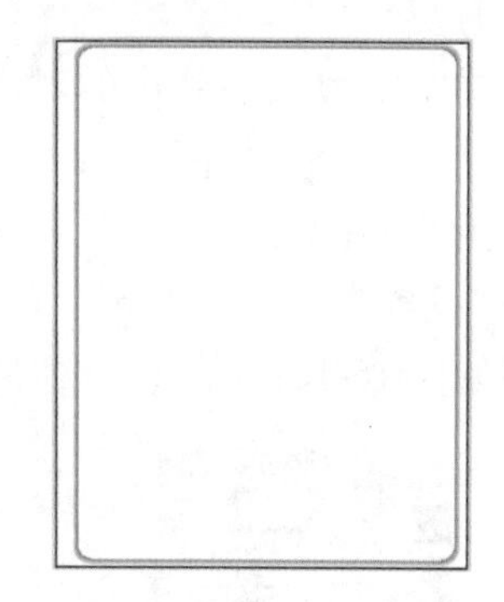

图 16-96　效果图

(5) 使用【圆角矩形工具】将其【描边】设置为无，【填色】的 RGB 值设置为 4、0、0，绘制一个【宽度】、【高度】分别为 60mm、78mm 的圆角矩形，将【圆角半径】设置为 2.5mm，效果如图 16-97 所示并将它向下移动一层。

(6) 选择菜单栏中的【文件】|【置入】命令，将随书附赠光盘中的 CDROM\ 素材 \Ch16\ 界面 .jpg 置入到当前文档中，调整适当的位置，如图 16-98 所示。

图 16-97　绘制圆角矩形

图 16-98　置入素材

(7) 使用【椭圆形工具】将【描边】设置为无，【填色】任意值即可，绘制一个半径为 1.5mm 的圆形，如图 16-99 所示。

(8) 选中绘制圆形，选择菜单栏中的【窗口】|【渐变】命令，在弹出的对话框中将其【类型】设置为【径向】，然后在位置为 45%、86% 处建立两个新的渐变滑块，如图 16-100 所示。

图 16-99　绘制圆形

图 16-100　填充渐变

(9) 双击左侧色块，在弹出的对话框中，将填色类型设置为 CMYK，并将其 CMYK 的值设置为 62、55、54、28，如图 16-101 所示。

(10) 使用相同的方法，将位置为 45% 的 CMYK 值设置为 69、61、60、58，位置为 86% 的 CMYK 值设置为 75、67、67、89，位置为 100% 的 CMYK 值设置为 75、67、67、89，完成后的效果如图 16-102 所示，并使用【渐变工具】调整渐变的位置。

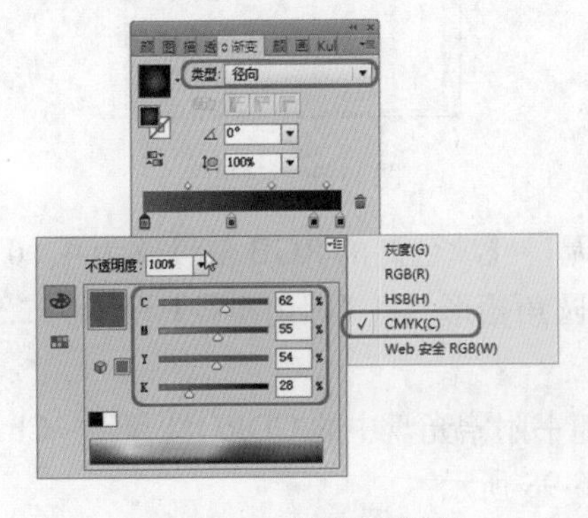

图 16-101　设置渐变类型

图 16-102　效果图

(11) 继续使用【椭圆形工具】将【描边】设置为无，【填色】任意即可，绘制一个半径为 1.2mm 的圆形，如图 16-103 所示。

(12) 选中绘制圆形，选择菜单栏中的【窗口】|【渐变】命令，在弹出的对话框中将其【类型】设置为【径向】，其渐变属性的设置与上述制作圆形相同，完成后效果如图 16-104 所示。

图 16-103　绘制正圆

图 16-104　效果图

(13) 使用【椭圆形工具】将【描边】设置为无，【填色】任意即可，绘制一个半径为 1mm 的圆形，如图 16-105 所示。

(14) 选中绘制圆形，选择菜单栏中的【窗口】|【渐变】命令，在弹出的对话框中将其【类型】设置为【线性】，在位置为 24%、85% 处建立两个新的渐变滑块，并将【角度】设置为 90°，如图 16-106 所示。

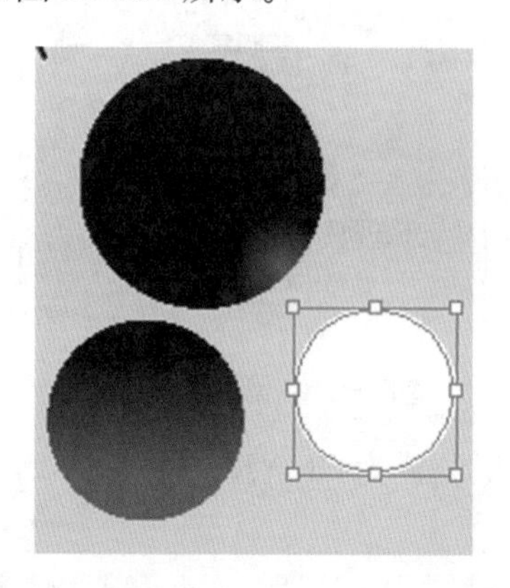

图 16-105　绘制正圆

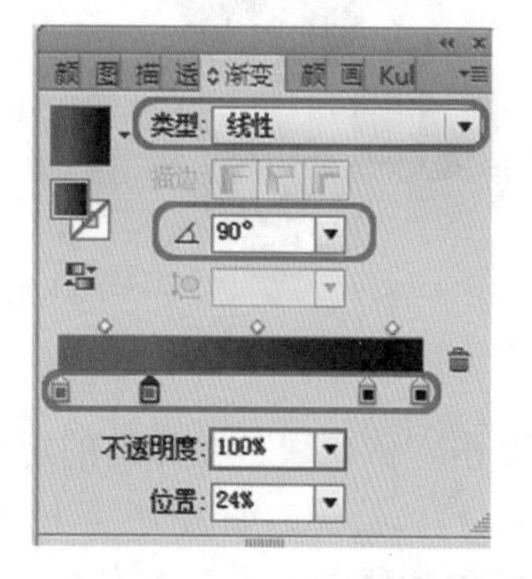

图 16-106　设置渐变填充

(15) 双击左侧色块，在弹出的对话框中将其填色类型设置为 CMYK，并将 CMYK 值设置为 62、55、54、28，如图 16-107 所示。

(16) 使用相同的方法，将位置为 24% 的 CMYK 值设置为 62、55、54、28，位置为 85% 的 CMYK 值设置为 75、67、67、89，位置为 100% 的 CMYK 值设置为 75、67、67、89，完成后的效果如图 16-108 所示。

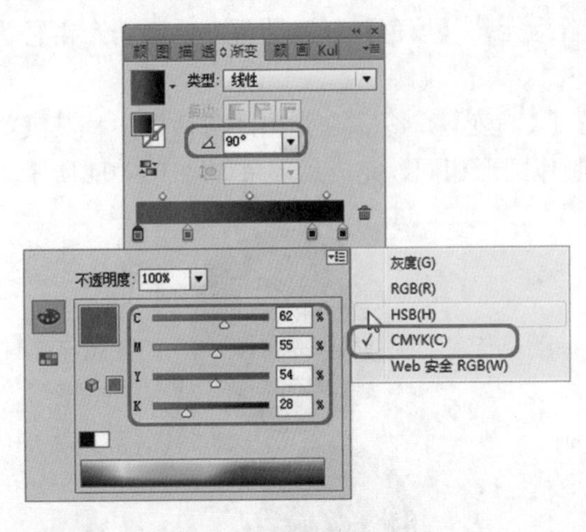

图 16-107　设置渐变类型

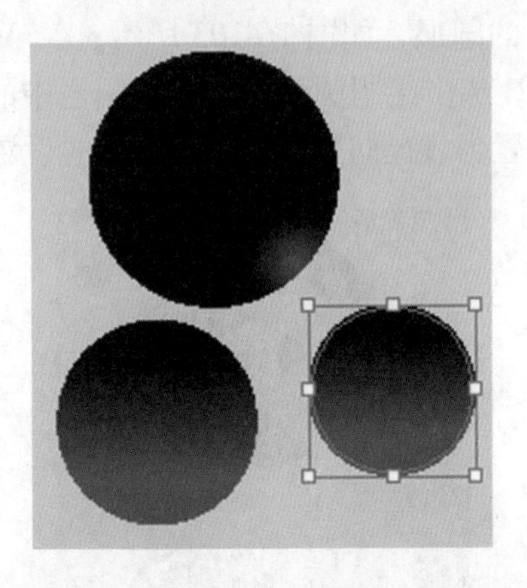

图 16-108　效果图

(17) 继续使用【椭圆形工具】将【描边】设为无，【填色】随意即可，绘制一个半径为 0.7mm 的圆形，如图 16-109 所示。

(18) 选中绘制圆形，选择菜单栏中的【窗口】|【渐变】命令，在弹出的对话框中将其【类型】设置为【径向】，在位置为 36%、50% 处建立两个新的渐变滑块，如图 16-110 所示。

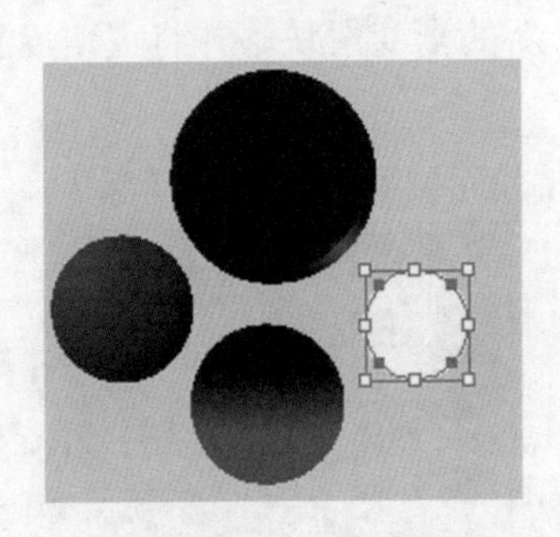

图 16-109　绘制正圆

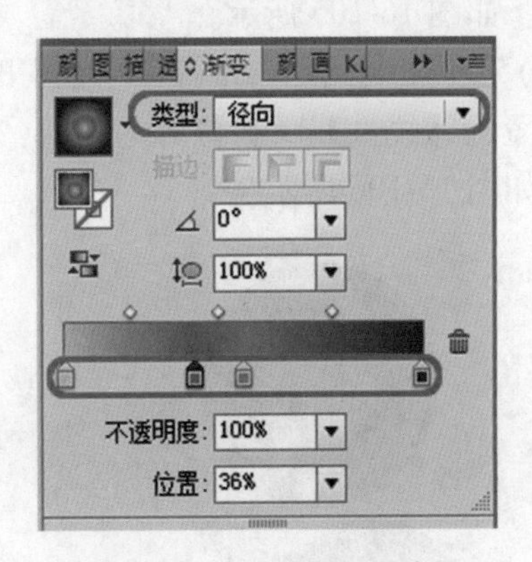

图 16-110　设置渐变填充

(19) 双击左侧色块，在弹出的对话框中将其填色类型设置为 CMYK，并将其 CMYK 的值设置为 39、17、4、0，如图 16-111 所示。

(20) 使用相同的方法，将位置为 36% 的 CMYK 值设置为 82、58、34、13，位置为 50% 的 CMYK 值设置为 74、46、27、4，位置为 100% 的 CMYK 值设置为 70、64、63、67，完成后进行排列，效果如图 16-112 所示。

(21) 将上述制作好的图形，进行编组命令然后放置适当位置，如图 16-113 所示。

(22) 选择菜单栏中的【文件】|【置入】命令，将随书附赠光盘中的 CDROM\ 素材 \Ch06\ipad.ai 置入当前文档，如图 16-114 所示。

(23) 使用【椭圆形工具】将【描边】、【填色】均设置为【无】，绘制一个半径为 3 mm 的圆形，然后将其放入上一步导入的素材中，如图 16-115 所示。

(24) 鼠标拖曳全选后，右键单击选择【建立剪切蒙版】命令，效果如图 16-116 所示。

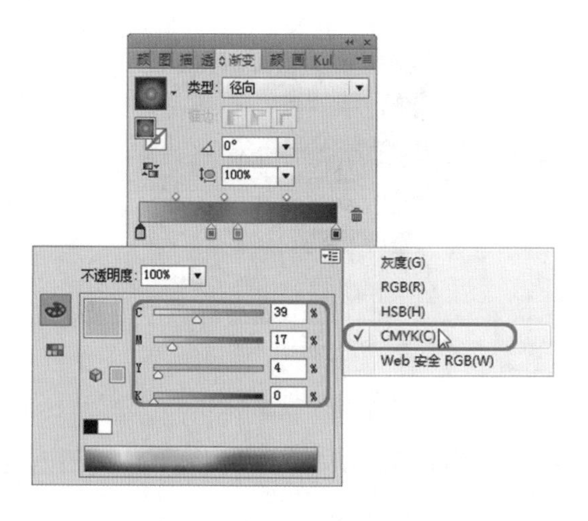

图 16-111　设置渐变类型

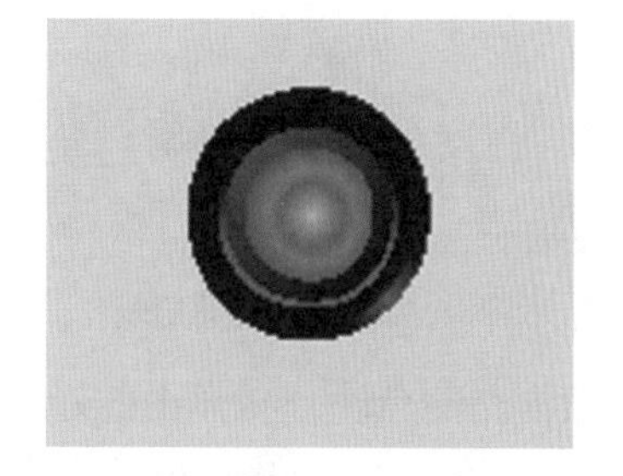

图 16-112　效果图

图 16-113　效果图

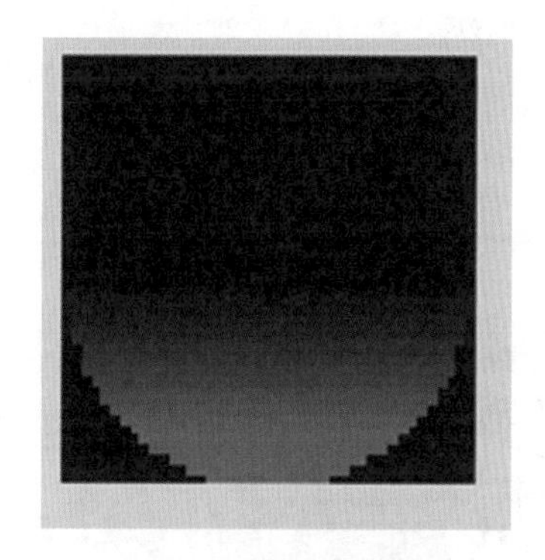

图 16-114　置入素材

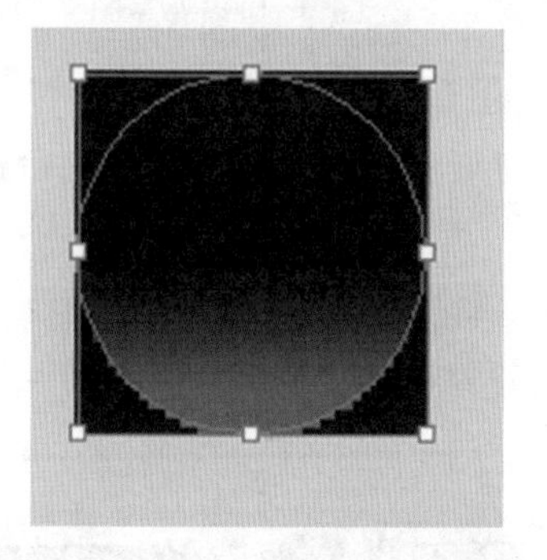

图 16-115　绘制正圆并放置素材中

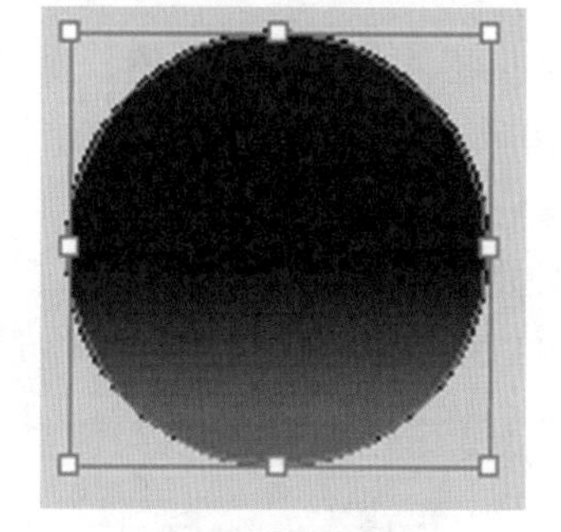

图 16-116　效果图

(25) 使用【圆角矩形工具】将【描边】设置为无，【圆角半径】设置为0.1，【填色】随意即可，绘制两个【宽度】、【高度】分别为1.2mm、1.2mm，1mm、1mm的圆角矩形，如图16-117所示。

(26) 选中其中一个，选择菜单栏中的【窗口】|【渐变】命令，在弹出的对话框中将【类型】设置为【线性】，角度设置为 −90°，上方色块的位置更改为61%，如图16-118所示。

图 16-117　绘制圆角矩形

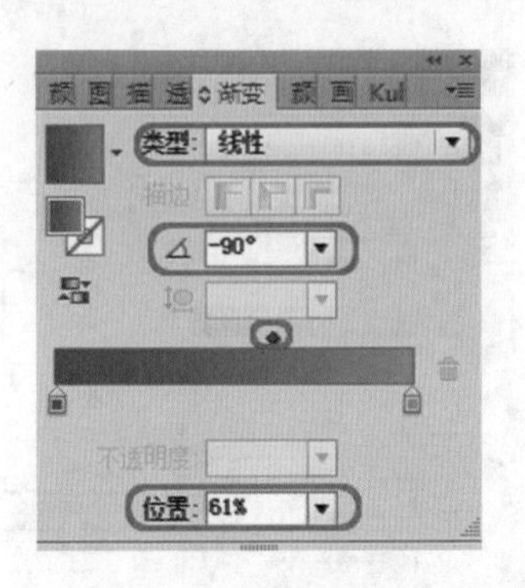

图 16-118　设置渐变填充

(27) 双击左侧色块，在弹出的对话框中将其填色类型设置为 CMYK，并将 CMYK 的值设置为 68、60、55、40，如图 16-119 所示。

(28) 使用相同的方法，将右侧色块的 CMYK 值设置为 51、44、40、6，完成后的效果如图 16-120 所示。

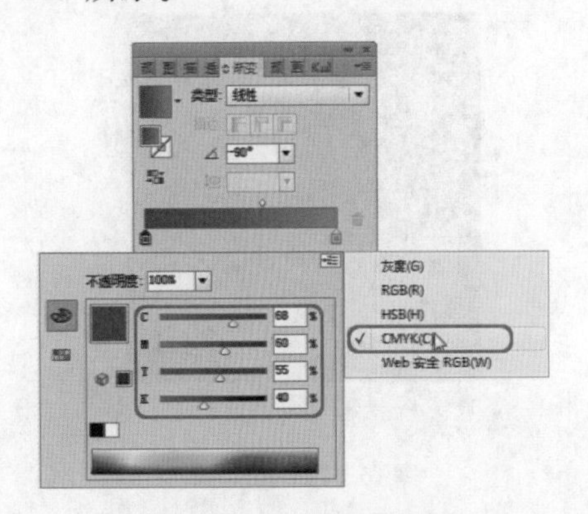

图 16-119　设置渐变填充

图 16-120　效果图

(29) 使用相同的方法和数值，对另外一个圆角矩形的【填色】进行设置，然后与上一步所做图形排列后，鼠标拖曳全选，单击鼠标右键，在弹出的菜单栏中选择【建立复合路径】命令，效果如图 16-121 所示。

(30) 使用【圆角矩形工具】将【描边】设置为无，【圆角半径】设置为 0.1，【填色】的 RGB 值设置为 4、0、0，绘制两个【宽度】、【高度】分别为 1.2mm、1.2mm，1mm、1mm 的圆角矩形，如图 16-122 所示。

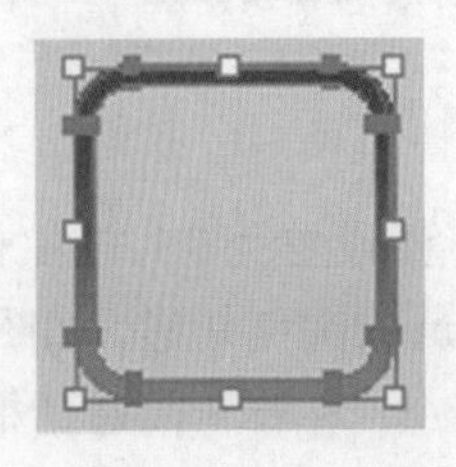

图 6-121　复合路径命令

图 6-122　绘制矩形

(31) 按 Shift 键全选上一步绘制的圆角矩形，选择菜单栏中的【窗口】|【透明度】命令，在弹出的对话框中将透明度设置为 25%，效果如图 16-123 所示。

(32) 使用相同的方法建立复合路径后，将制作部分的各个部位进行组合，效果如图 16-124 所示。

(33) 最后放入适当的位置，如图 16-125 所示。

图 16-123　设置透明度

图 16-124　效果图

图 16-125　放置图中

案例精讲 099　手表

案例文件：CDROM \ 素材 \ Cha16 \ 手表 .ai

视频文件：视频教学 \ Cha16\ 手表 .avi

制作概述

本案例将介绍如何制作手表。该案例主要用到的工具有【钢笔工具】、【圆角矩形工具】、【椭圆形工具】和【文本工具】，在绘制的过程中，需要为图形填充渐变颜色，完成后的效果如图 16-126 所示。

图 16-126　手表

学习目标

- 学习渐变工具的设置功能。
- 掌握文本属性的设置方法。

操作步骤

(1) 启动 Illustrator 软件后，在菜单栏中选择【文件】|【打开】命令，打开随书附赠光盘中的 CDROM\ 素材 \Cha16\ 手表 .ai 文件，如图 16-127 所示。

(2) 使用【文字工具】将【字体大小】设置为 16pt，字体系列设置为【微软雅黑】，字体【填色】设置为白色，输入如图 16-128 所示文字。

(3) 使用【矩形工具】将描边设置为黑色，绘制一个【宽度】、【高度】分别为 33mm、11mm 的矩形，如图 16-129 所示。

(4) 选中所绘制的矩形，选择菜单栏中的【窗口】|【渐变】命令，在弹出的对话框中将其【类型】设置为【线性】，角度设置为 −90°，在位置为 24%、63%、98% 处建立 3 个新的渐变色块，并把原位置为 0% 的渐变色块更改为 4%，如图 16-130 所示。

图 16-127　打开素材文件

图 16-128　输入文字

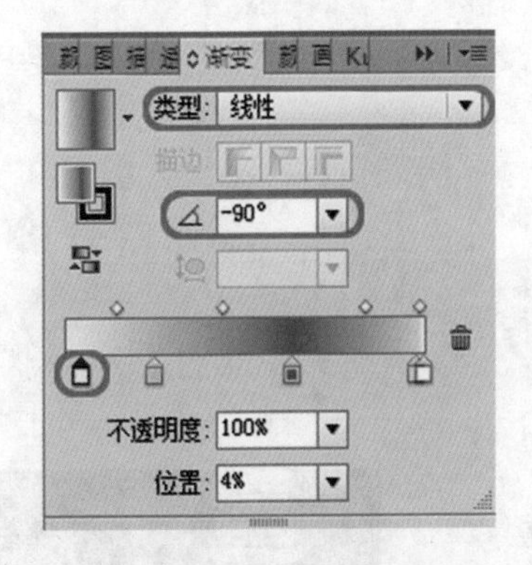

图 16-129　设置渐变填充

图 16-130　绘制矩形

(5) 双击右侧色块，在弹出的对话框中将其填色类型设置为 CMYK，并将其 CMYK 的值设置为 0、0、0、0，如图 16-131 所示。

(6) 使用相同的方法，将位置为 24% 的 CMYK 值设置为 0、0、0、32，位置为 63% 的 CMYK 值设置为 0、0、0、80，位置为 98% 的 CMYK 值设置为 0、0、0、21，位置为 100% 的 CMYK 值设置为 0、0、0、0，效果如图 16-132 所示。

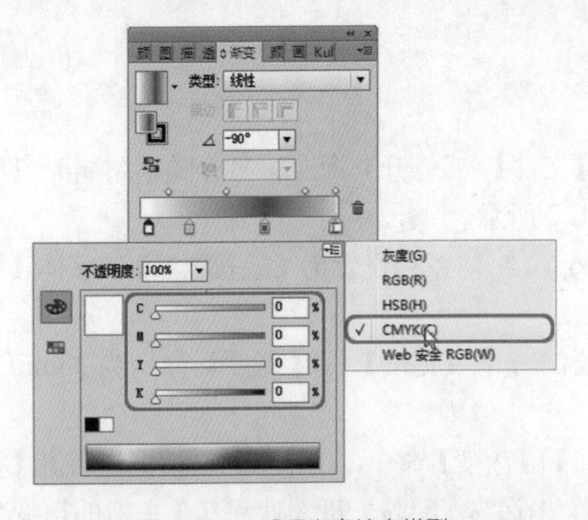

图 16-131　设置渐变填充类型

图 16-132　效果图

(7) 继续使用【矩形工具】将描边设置为黑色，绘制两个【宽度】、【高度】分别为 5mm、13mm，3mm、11mm 的矩形，如图 16-133 所示。

(8) 选中较大的矩形，选择菜单栏中的【窗口】|【渐变】命令，在弹出的对话框中将【类

型】设置为【线性】，角度设置为 90°，并在位置为 24%、67% 处建立两个新的渐变滑块，如图 16-134 所示。

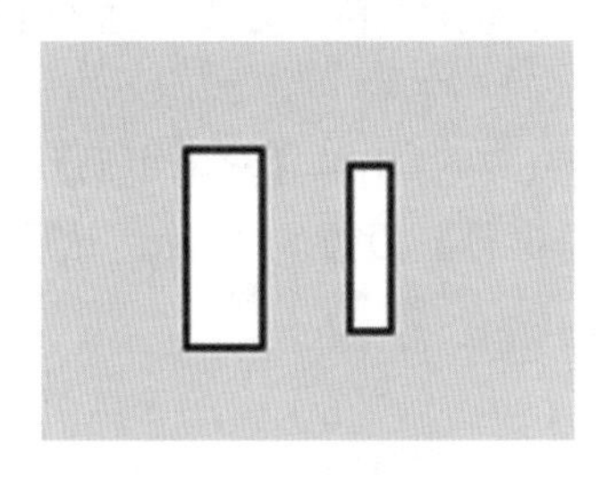

图 16-133　绘制矩形

图 16-134　设置渐变填充

(9) 双击左侧色块，在弹出的对话框中将填色类型设置为灰度，并将其数值设置为 11，如图 16-135 所示。

(10) 使用相同的方法，将位置为 24% 的灰度数值设置为 65，位置为 67% 的灰度数值设置为 82，位置为 100% 的灰度数值设置为 21，完成后的效果如图 16-136 所示。

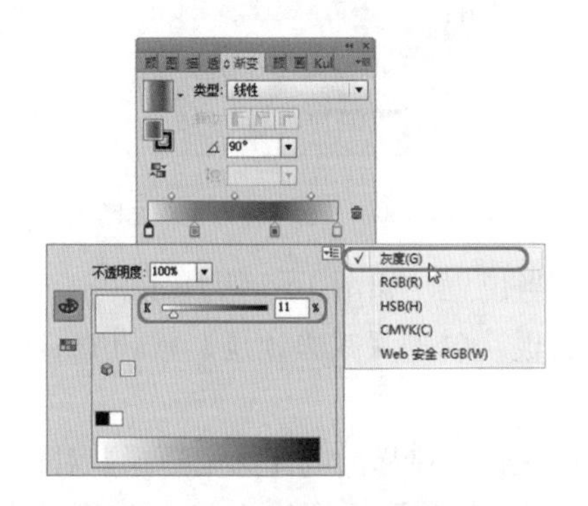

图 16-135　设置灰度

图 16-136　填充渐变

(11) 选中另一个较小的矩形，打开【渐变】面板，将【类型】设置为【线性】，角度设置为 −90°，然后将 0% 位置渐变滑块的灰度值设置为 11%，25% 位置渐变滑块的灰度值设置为 70%，92% 位置渐变滑块的灰度值设置为 0%，100% 位置渐变滑块的灰度值设置为 88%，渐变滑块上侧的光标位置分别设置为 50%、76% 和 50%，如图 16-137 所示。

(12) 将绘制的矩形进行复制，并调整矩形的位置，如图 16-138 所示。

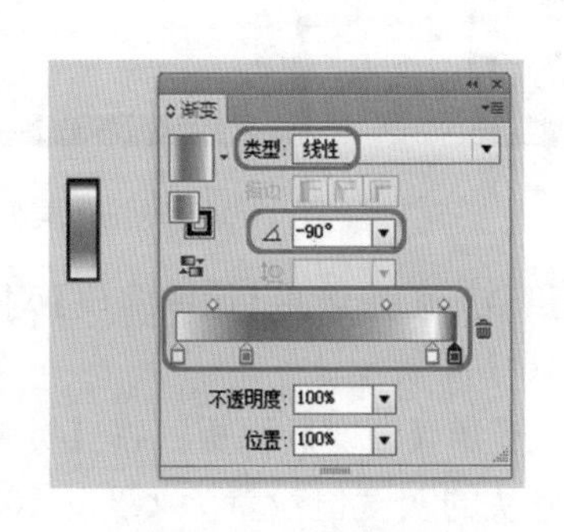

图 16-137　设置渐变

图 16-138　复制矩形

(13) 使用【矩形工具】，绘制一个46mm×64mm的矩形，选中绘制的矩形，打开【渐变】面板，将【类型】设置为【线性】，角度设置为-90°，然后将0%位置渐变滑块的灰度值设置为0%，45%位置渐变滑块的灰度值设置为82%，100%位置渐变滑块的灰度值设置为4%，如图16-139所示。

(14) 使用【圆角矩形工具】，在画板中单击鼠标左键，在弹出的【圆角矩形】对话框中，将【宽度】设置为34mm，【高度】设置为11mm，【圆角半径】设置为1mm，然后单击【确定】按钮，如图16-140所示。

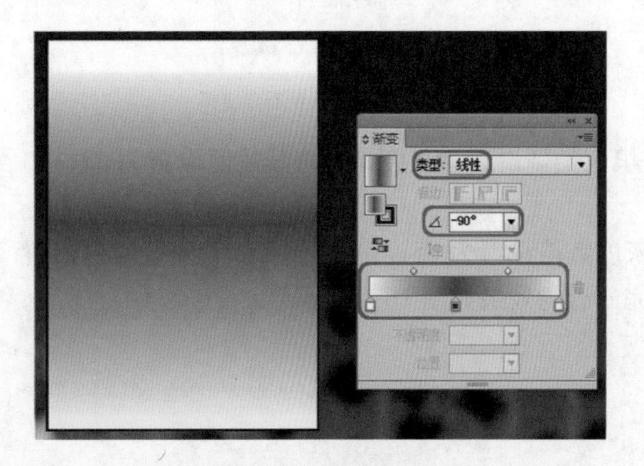

图16-139 创建矩形

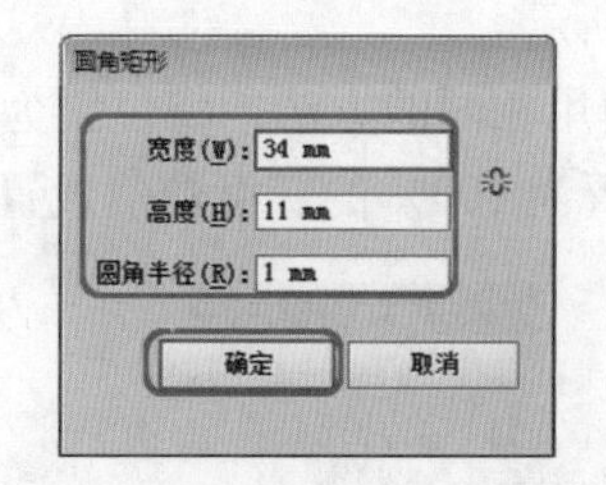

图16-140 【圆角矩形】对话框

(15) 调整圆角矩形的位置，然后复制圆角矩形到适当位置，如图16-141所示。

(16) 选中矩形和圆角矩形，打开【路径查找器】面板，单击【减去顶层】按钮，然后调整修剪后图形的位置，如图16-142所示。

(17) 使用【圆角矩形工具】，在画板中单击鼠标左键，在弹出的【圆角矩形】对话框中，将【宽度】设置为35mm，【高度】设置为46mm，【圆角半径】设置为1mm，然后单击【确定】按钮，将其填充颜色设置为白色，描边设置为无，然后调整其位置，如图16-143所示。

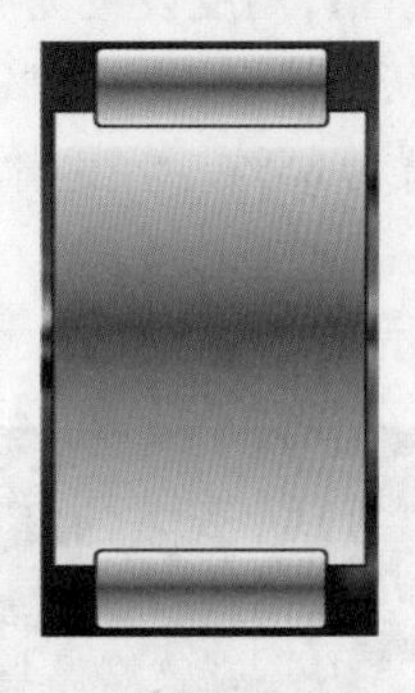

图16-141 复制圆角矩形并调整其位置

图16-142 调整图形位置

图16-143 绘制圆角矩形

(18) 选中绘制的圆角矩形，单击【比例缩放工具】按钮，在弹出的【比例缩放】对话框中，将【等比】设置为96%，然后单击【复制】按钮，如图16-144所示。

(19) 选中复制得到的圆角矩形，将描边设置为黑色，打开【渐变】面板，将【类型】设置为【线性】，角度设置为-90°，然后将0%位置渐变滑块的灰度值设置为17%，100%位置渐变滑块的灰度值设置为84%，如图16-145所示。

(20) 使用相同的方法复制圆角矩形，并将其填充颜色设置为黑色，描边设置为无，如图 16-146 所示。

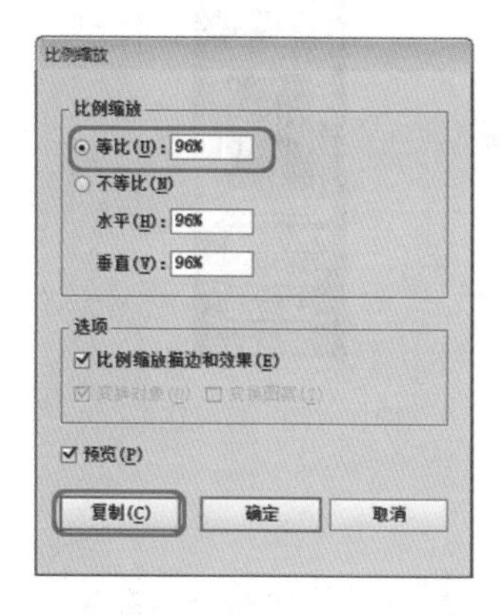

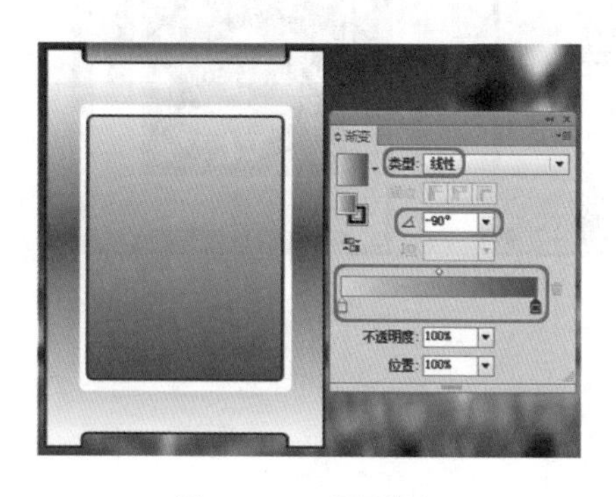

图 16-144 【比例缩放】对话框　　图 16-145 设置渐变　　图 16-146 复制矩形

(21) 打开随书附带光盘中的 CDROM\ 素材 \Cha16\ 手表素材 .ai 文件，将素材复制到当前画板中，然后复制多个钻石素材，并调整各个素材的位置，如图 16-147 所示。

(22) 使用【文字工具】T，输入文字，将字体设置为 Birch Std，字体大小设置为 18pt，字体颜色设置为白色，如图 16-148 所示。

(23) 使用【钢笔工具】，绘制图形，打开【渐变】面板，将【类型】设置为【线性】，角度设置为 90°，然后将 0% 位置渐变滑块的灰度值设置为 23%，78% 位置渐变滑块的灰度值设置为 78%，100% 位置渐变滑块的灰度值设置为 100%，如图 16-149 所示。

图 16-147 导入素材　　图 16-148 输入文字　　图 16-149 绘制图形

(24) 使用【钢笔工具】，绘制图形，打开【渐变】面板，将【类型】设置为【线性】，角度设置为 90°，然后将 0% 位置渐变滑块的灰度值设置为 0%，100% 位置渐变滑块的灰度值设置为 100%，如图 16-150 所示。

(25) 使用【椭圆工具】绘制一个椭圆，将其填充颜色的 RGB 值设置为 204、204、204，描边颜色设置为无，如图 16-151 所示。

(26) 将表带图形进行复制，将其复制到下侧并调整其方向及位置，如图 16-152 所示。将场景文件进行保存并导出效果图片。

图 16-150　设置渐变

图 16-151　绘制椭圆

图 16-152　复制图形

案例精讲 100　水果刀

案例文件：CDROM \ 场景 \ Cha16 \ 水果刀 .ai

视频文件：视频教学 \Cha16 \ 绘制水果刀 .avi

制作概述

本例将讲解如何绘制水果刀，主要使用矩形工具和钢笔工具绘制对象，使用网格工具填充颜色，具体操作方法如下，完成后的效果如图 16-153 所示。

图 16-153　水果刀

学习目标

- 学习水果刀的绘制方式。
- 掌握水果刀的制作方法及设计思路。

操作步骤

(1) 启动软件后，按 Ctrl+N 组合键，打开【新建文档】对话框，将【宽度】设置为 200 mm，【高度】设置为 380 mm，然后单击【确定】按钮，如图 16-154 所示。

(2) 在工具箱中选择【矩形工具】，在画板中单击鼠标左键，即可打开【矩形】对话框，在该对话框中将【宽度】设置为 50 mm，【高度】设置为 210 mm，单击【确定】按钮，如图 16-155 所示。

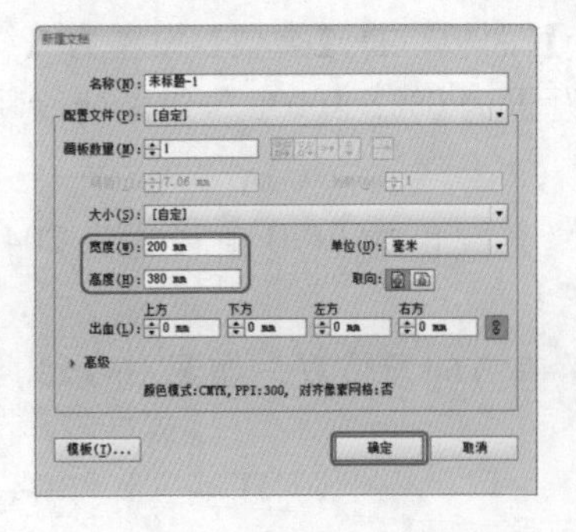

图 16-154　新建文档

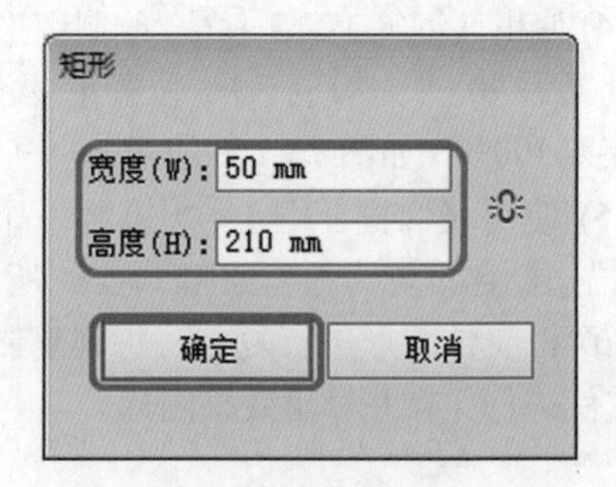

图 16-155　设置矩形大小

(3) 矩形的颜色可以随意填充，在工具箱中选择【网格工具】，在绘制的矩形中单击左键即可添加路径和锚点，如图 16-156 所示。

使用【网格工具】添加路径和锚点后，可以按住 Alt 键删除位置不对的路径和锚点。

(4) 在工具箱中选择【直接选择工具】，在画板选中左侧垂直方向的锚点，在工具箱中双击【填色】，打开【拾色器】对话框，在该对话框中选择白色，单击【确定】按钮，如图 16-157 所示。

系统默认的填色和描边分别为白色和黑色。

(5) 使用【直接选择工具】选中左侧第 2 列的锚点，在工具箱中双击【填色】，打开【拾色器】对话框，在该对话框中将 CMYK 设置为 41%、32%、29%、0%，单击【确定】按钮，效果如图 16-158 所示。

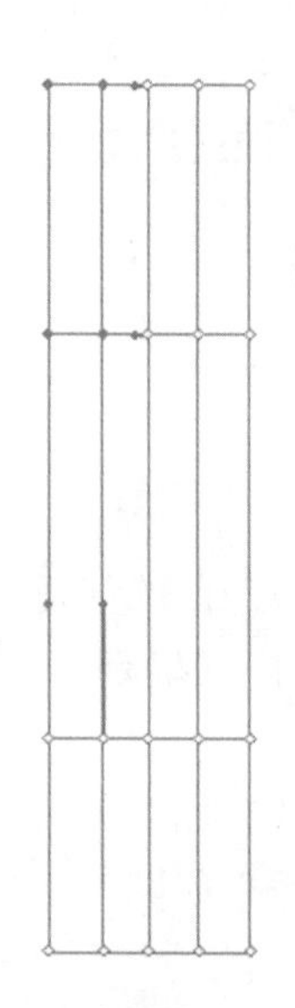

图 16-156　为矩形使用网格

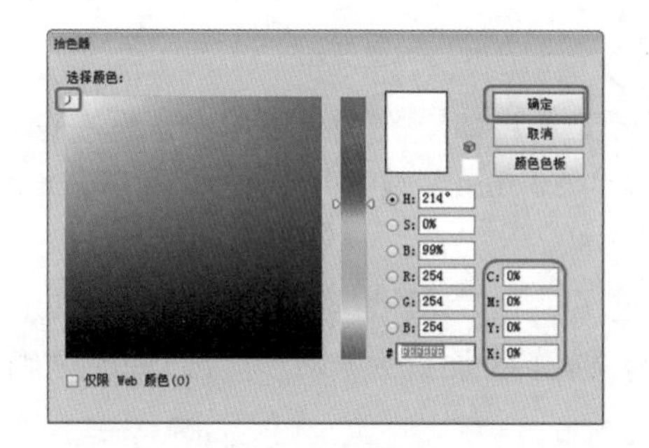

图 16-157　设置填色

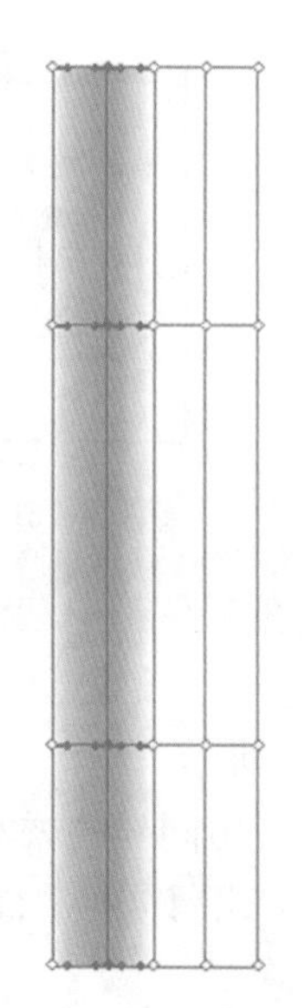

图 16-158　设置第 2 列锚点的颜色

(6) 选中第 3 列的锚点，将其 CMYK 设置为 47%、38%、35%、0%，将第 4 列锚点的 CMYK 设置为 21%、15%、15%、0%，并将右侧垂直锚点的颜色设置为白色，设置后的效果如图 16-159 所示。

(7) 按 Shift+F8 组合键打开【变换】面板，将【旋转】设置为 −25°，按 Enter 键确认，如图 16-160 所示。

(8) 调整其位置，使用【钢笔工具】绘制图形，并调整位置，效果如图 16-161 所示。

(9) 选中这两个对象，右键单击选择【建立剪切蒙版】命令，如图 16-162 所示。

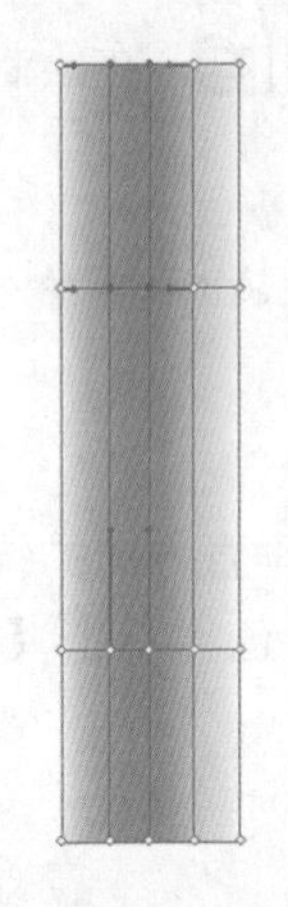

图 16-159　绘制椭圆

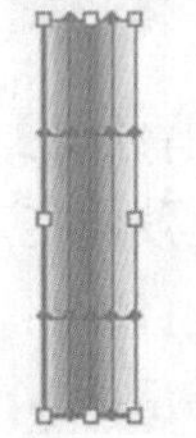

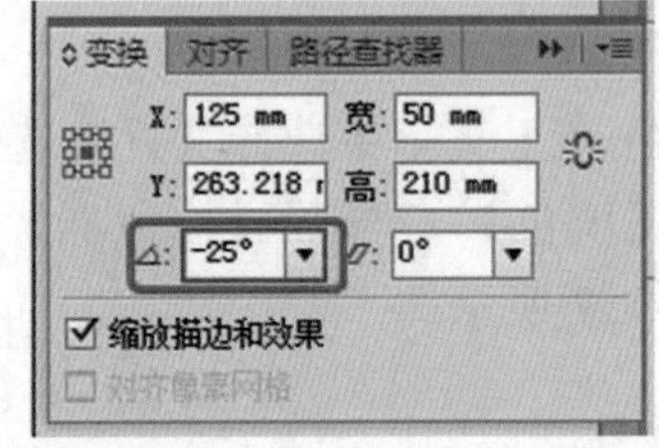

图 16-160　设置颜色

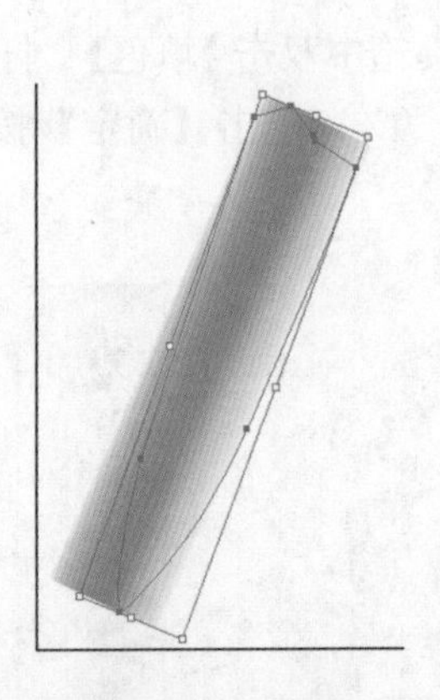

图 16-161　绘制图形

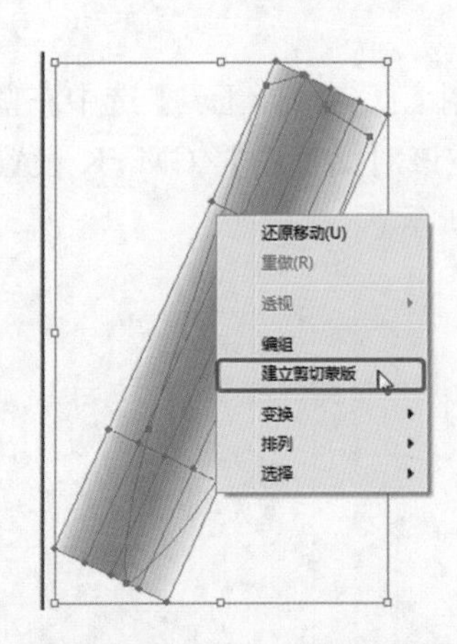

图 16-162　【建立剪切蒙版】

(10) 在工具箱中选择【矩形工具】，在画板中单击鼠标左键，即可打开【矩形】对话框，在该对话框中将【宽度】设置为 30 mm，【高度】设置为 202 mm，单击【确定】按钮，如图 16-163 所示。

(11) 使用同样的方法，通过【网格工具】为矩形填充颜色，填充后的效果如图 16-164 所示。

(12) 打开【变换】面板，将【旋转】设置为 −22°，按 Enter 键确认，效果如图 16-165 所示。

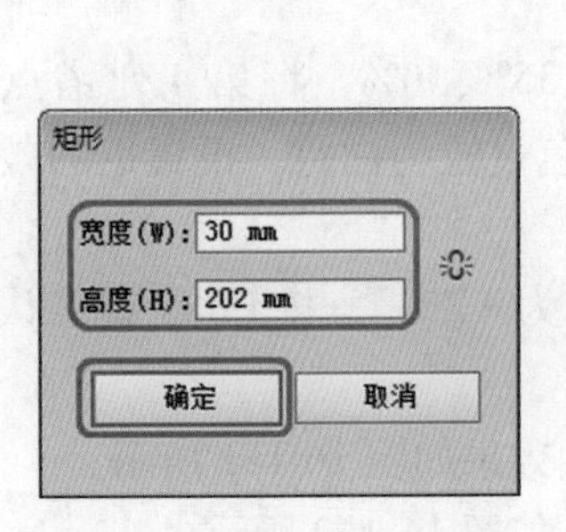

图 16-163　复制并调整图形

图 16-164　为对象使用网格填充

图 16-165　旋转对象

(13) 调整其位置，使用【钢笔工具】绘制图形，并调整位置，效果如图 16-166 所示。

(14) 选中新绘制的这两个对象，在右键菜单中选择【建立剪切蒙版】命令，如图 16-167 所示，根据情况对图形进行调整。

(15) 根据前面介绍的方法绘制图形并填充颜色，效果如图 16-168 所示。

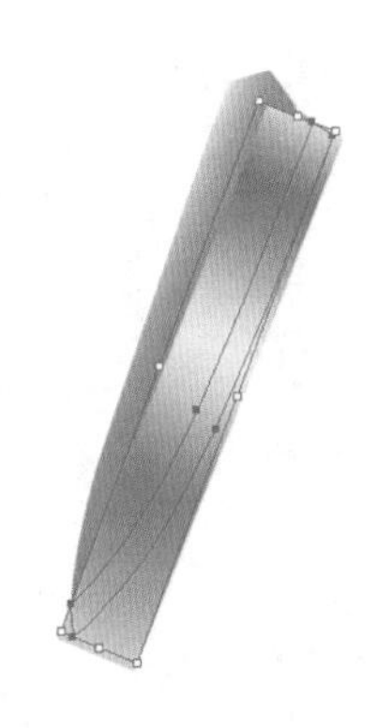

图 16-166　绘制图形

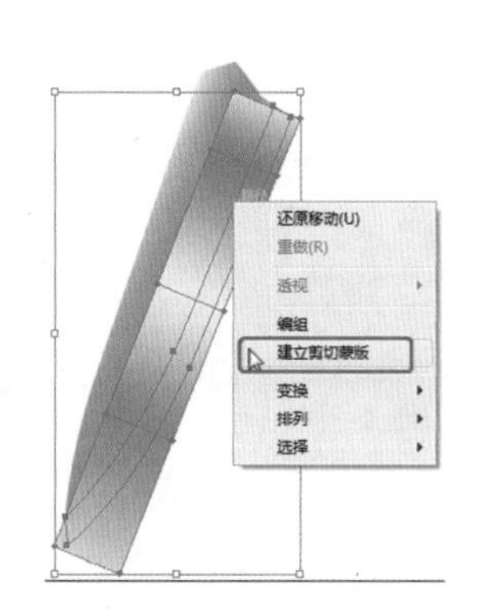

图 16-167　选择【建立剪切蒙版】命令

图 16-168　绘制出其他效果